发展现代农业
防治立体污染
保护自然环境
永续碧水清风

宋健

2007年6月

"十一五"国家重点图书

当代农业学术专著系列丛书

农产品与产地环境质量安全科技系列丛书

立体污染综合防治

——农业卷

◎ 章力建
◎ 蔡典雄
等编著

大气
阻控
阻控
土壤
水体
生物
阻控

中国农业科学技术出版社

图书在版编目（CIP）数据

立体污染综合防治．农业卷/章力建，蔡典雄等编著．—北京：中国农业科学技术出版社，2010.10
ISBN 978－7－80233－423－6

Ⅰ．立…　Ⅱ．①章…②蔡…　Ⅲ．农业环境－环境污染－污染防治　Ⅳ．X5　X322

中国版本图书馆 CIP 数据核字（2007）第 157102 号

责任编辑　鲁卫泉　黄　卫
责任校对　贾晓红

出 版 者　中国农业科学技术出版社
北京市中关村南大街 12 号　　邮编：100081
电　　话　(010)82106636(编辑室)　(010)82109702(发行部)
(010)82109703(读者服务部)
传　　真　(010)82106636
网　　址　http://www.castp.cn
经 销 者　新华书店北京发行所
印 刷 者　北京华忠兴业印刷有限公司
开　　本　880 mm×1 230 mm　1/16
印　　张　25.625
字　　数　720 千字
版　　次　2010 年 10 月第 1 版　2010 年 10 月第 1 次印刷
定　　价　128.00 元

版权所有·翻印必究

编委会

顾　问： 卢良恕　李文华　刘更另　陈宗懋　刘　旭　王　韧
屈冬玉　李金祥　唐华俊　林而达　温铁军　梅方权
李里特　郑建新　靳晓明　吴远彬　贾敬敦　李　远
马忠玉　张宏安
叶志华　王小虎　刘继芳　史志国　付静彬　张陆彪
童光志　王道龙　蔡辉益　郑永权　王　勇　韩惠鹏
林定根　戴小枫　赵庆惠　顾晓君　任天志　孟宪学
贡锡锋　李锁平　任洪涛

主　任： 翟虎渠　马爱国

副主任： 梅旭荣　胡世辉　孙晓明　金发忠　程金根

主　编： 章力建　蔡典雄

副主编： 黄鸿翔　侯向阳　朱立志　王文生　武雪萍　林聚家
王小彬　包　菲　杨正礼

编　委：（按姓氏笔画排序）
刁青云　王凤忠　王迎春　王惠荣　王　强　王　蓉
叶青群　冯东昕　庄　严　刘君璞　刘国强　刘建安
孙　虹　杨永坤　杨　修　李　正　李世东　李　龙
李红康　李建萍　李思经　李　勇　肖宏儒　吴会军
吴　进　汪飞杰　汪学军　宋丹阳　张可煜　张纪新
张志芳　张建君　张燕卿　陆建中　陈永军　范　静
罗长富　金　轲　周志勇　郑时选　孟　晨　赵全胜
赵俊辉　胡育骄　查　燕　侯　鸿　姜梅林　袁　平
聂　荣　铁永忠　徐俊宝　郭荣君　黄修柱　黄德林
章力勇　梁　二　董洪岩　覃志豪　程　奇　曾　庆
谢晓红　赖燕萍　路文如　薛飞群

主　审： 黄鸿翔

副主审： 汪德水

序（一）

能为《立体污染综合防治——农业卷》一书作序感到欣慰。我国政府高度关注农业环境污染问题，先后投入大量资金，开展了多次全国性的农业环境污染防治研究工作，取得了很大的进展。

当前，我国已经成为世界上化肥、农药、配合饲料、地膜等用量最多和作物秸秆、畜禽粪便等有机废弃物产出量最大的国家之一，农业源污染正在成为继工业“三废”之后新的污染源，而且随着集约度的不断提高和国民经济高速发展，农业自身污染的潜力和风险在成倍增大，局部地区已出现了经济高速增长，绿色 GDP 负增长的不正常现象，这对于保障我国农业环境安全与食物安全、提高农产品国际竞争力、推进农村经济可持续发展与实现和谐社会等构成了重大颈瓶。

由于目前农业污染的高度综合性、复杂性、潜伏性，传统单一的污染防治思路与技术已无法解决复杂的“立体化”农业污染问题，农业污染防治面临着从认识、政策、法规、管理到技术等一系列难题，迫切需要完善农业污染综合防治新理论、新生产模式和相应的配套新技术。

我国科学工作者在科学发展观的指导下，首次提出农业立体污染综合防治新概念，探讨了人类生存空间三维污染的真实性、污染发展与形成过程的多源性和多维性，开展了对以往农业环境治理技术成果集成研究，提出了农业立体污染循环链全程治理的新思路，寻求了“水—土—气—生”一体化的农业污染综合防治的技术体系，这是我国农业污染防治科学研究与实践理论的一大创新与技术突破。农业立体污染防治作为一项全局性、公益性工作，应长期予以支持，以加速实施农业立体污染综合防治战略，实现社会经济与生态环境的协调发展。农业立体污染防治又是一项全球性、前瞻性的工作，需要国际社会共同努力，我国政府鼓励就此项工作开展广泛的国际合作，共同探讨农业立体污染综合防治的机理，采取更为综合有效的措施。

我国作为一个负责任的大国，应在生态环境保护领域为人类做出应有的贡献。本书的出版，不仅是农业污染防治领域的一件大事，同时也是我国资源与环境研究领域的一件幸事。特别在农业环境问题正在受到前所未有挑战的今天，本书的出版无疑有助于进一步加速丰富我国农业立体污染防治新理论，健全新的科学研究方法和防治体系，有利于完善发展清洁化农业生产模式，培育新的交叉学科与研究领域，形成一批农业环保新产业，以保障农产品产地环境质量，提高我国食物安全和农产品国际竞争力，为促进现代农业和社会主义新农村建设服务。

国务院副秘书长 楼继伟

二〇〇七年春

序（二）

农业立体污染是当前环境学科新生的新型学科，是在继西方发达国家提出的点源污染、面源污染概念的基础上，我国科学工作者从根治农业污染角度出发，率先提出的全新概念。可以说，该概念的提出是我国农业污染防治研究已从一维（点）、二维（面）治污研究向农业系统立体“动态”治污研究发展的重要标志，表明农业污染防治研究已进入以农业生态、物质循环和圈层为系统理论的农业污染防治研究新阶段。

无论农业点源污染防治研究，还是面源污染防治研究，都是由传统源头污染防治、末端污染治理思路为主要出发点，而农业立体污染防治研究突出强调了农业清洁生产过程的自净能力，突出强调了不同物质在不同界面、不同阶段的危害作用是不同的；突出强调了不同形态物质在不同阶段、不同界面转化能力、危害能力也是不同的，这意味着在不同界面采取不同措施控制物质数量与形态（污染链控制）滞留时间，不仅不会造成污染，甚至有利于提高物质的利用效率，提高物质循环利用的经济效益。因此，树立农业污染防治清本治源的观念，抓污染根源治理，是建立节约型社会、生态家园，发展循环经济的重要对策。

随着我国农业、农村经济的迅速发展和集约化程度的提高，农业污染的立体化特征更加明显，问题日益严重。但农业立体污染不仅有农业生产自身产生的污染问题，同时，更多的来自工业与生活污染物造成的农业污染，为了解决中国立体化农业污染新问题，不仅需要传统的农业污染防治技术，而且还需要新思路、新方法。《立体污染综合防治——农业卷》一书的出版，对于充分利用农业自净生产和农业净化能力，从理论上与方法上全面开创了农业污染防治的新思路，对于新形势下农业污染治理具有重要的指导意义和借鉴作用。

以中国农业科学院资源与环境领域为主的科学家，经过长期的潜心研究，在总结传统农业污染防治研究的基础上，将农业立体污染防治研究最新进展、最新动态和最新成果编著成本书，相信本书的出版无论是对从事相关理论、技术研究的科技工作者，还是相关管理工作者，都大有裨益。

农业部副部长
教授、博士生导师 张宝文

二〇〇七年春

序（三）

随着我国社会经济和工农业生产的快速发展，农业生产日益承受着大范围工业对农业的污染、农业自身污染和生态环境恶化的多重影响，呈现出污染物种类增多、污染面积扩大、污染强度增大的趋势，并逐步显现出复合交叉、时空延伸和循环污染的立体化特征。针对农业污染表现出复合交叉与时空延伸的新特征，传统的“点源”、“面源”污染防治思路与技术已经满足不了现实“立体化”农业污染防治的客观需求。

中国农业科学院历来重视农业资源与环境学科的建设工作，在农业环境和可持续发展研究领域有相当强的实力，一大批科技人员长期从事有关资源环境生态方面的研究，还有一批实验室（站）、野外监测（观察）站和示范区，在该研究领域取得了许多成果，在示范推广方面也积累了许多经验。近年来经过科技体制改革、人才引进和学科整合，资源环境已成为我院成长最快的学科之一，是我院国际合作与交流的重点领域。

为贯彻落实“科学发展观”和可持续发展战略，进一步深入研究这一科学问题，中国农业科学院组织有关专家积极开展了农业立体污染原理及防治措施的研究，为农业污染防治研究开辟了更广阔的研究领域。《立体污染综合防治——农业卷》一书提出的农业立体污染新理论、集成化的综合防治思路和政策保障措施等，相信定会引起国家有关部门、学术界专家的高度关注，必将有利于资源环境领域新型交叉学科的形成、环保产业的发展，有利于促进创新理论体系的形

成，院所学科整合，新型学科创建，跨学科、跨所、跨领域大团队协作与联合攻关，集中力量办大事，实现科学研究的跨越式发展。

非常高兴能为《立体污染综合防治——农业卷》作序，希望我院农业立体污染防治研究能更上一层楼，为提高我国农业环境治理水平、保障食物安全和增强农产品国际竞争力做出更大贡献。

中国农业科学院院长 翟虎渠

二〇〇七年春

序（四）

非常高兴为《立体污染综合防治——农业卷》一书作序。其一是农业环境问题正在受到前所未有的挑战，已经成为国际社会广为关注的重大热点；其二是农业污染已成为影响我国食物安全和农产品国际竞争力的重要因素，我国农业污染科学研究与防治实践期待理论创新与技术突破。农业立体污染综合防治新理念、新方法的提出令人为之一振，值得探究。

人地关系紧张和数量型增长导致了我国农业环境长期处于高负荷状态。耕地质量下降、水质恶化、农药残留超标、畜禽粪便非清洁排放、作物秸秆遗弃与焚烧、农业温室气体排放、农产品安全水平下降等，形成国民经济高速增长，绿色 GDP 快速负增长的不正常现象。在 WTO 框架和全球经济一体化的大背景下，这些因素已经构成了保障我国农业环境安全与食物安全、提高农产品国际竞争力、推进农村经济可持续发展与实现和谐社会等的重大颈瓶。

目前，我国已有 2/3 以上的水域和 1/6 以上的土地受到不同程度的污染，土壤退化面积不断增加，水、肥料和农药的平均利用率仅 30% ~40%，比发达国家低 30 个百分点以上，城郊集约化农区地下水硝酸盐超标 20%（按国内标准估算），因不合理施肥每年流失纯氮超过 1 500 万 t，直接经济损失约 300 亿元，农药浪费造成的损失达到 150 多亿元。我国已经成为世界上化肥、农药、配合饲料、地膜等用量最多和作物秸秆、畜禽粪便等有机废弃物产出量最大的国家之一，继工业“三废”之后，农业污染正在成为新的污染源，而且随着农业生产集约化程度的不断提高，农业自身污染的潜力和风险在增大。

近年，我国农业污染集中表现为如下特点：第一，农业污染物种类增多，污染面积呈现扩大趋势。除了农药、化肥、重金属污染，大量的废弃秸秆、塑料薄膜、城乡废弃物等对农业的污染程度加大，集约化畜禽水产养殖场污染已经成为我国农业的污染大户，集约化种植业过程中不合理的农业耕种措施导致温室气体排放也日渐显露。第二，大范围言，污染源逐步由工业为主与工农并重，向以农业为主转变，各种污染物进一步向农村转移，农业产地生态系统已经成为最广阔、最直接的受害者。第三，污染物通过在生态系统中的积累、传递、转化、再生，使污染过程具有复合交叉与时空延伸特征，对人、畜和大区域生态系统构成危害。第四，大气、水域等污染的无限制扩张，日渐成为国际社会关注的重大环境问题。

我国政府曾先后开展多项重大农业环境污染防治工作，取得了可喜成绩。但由于农业污染的高度综合性、复杂性和潜伏性等，传统而单一的污染防治思路与技术已无法解决复杂的“立体化”农业污染问题，对水体、土壤和大气的单方面研究已经远远不能从根本上有效解决农业污染问题，我国农业污染治理面临着从认识、政策、法规、管理到技术等一系列难题。构建新的污染防治思路，攻克一体化防治技术瓶颈，是我国农业污染防治的当务之急。

《立体污染综合防治——农业卷》提出了农业立体污染防治的新概念，初步探讨了相关重大基础科学或理论问题，对以往农业环境治理技术成果进行了集成研究。在农业污染防治思路选择上，以生态学圈层理论和农业循环经济等理论为指导，以农业生态系统污染减量化、资源化、无害化为原则，提出了农业立体污染循环链全程治理的新思路，初步构建起农业污染防治领域的一体化快速监测技术、污染物阻断与控制技术、环境友好型新产品研发等关键技术为一体的农业污染防治体系，在高层次上寻求“水—土—气—生”一体化、“海、陆、空”立体化的农业污染综合防治的技术体系。

本书的出版定能引起我国有关部门、学术界对农业污染问题的高度关注和相关科学研究的深入开展，有利于形成一整套新的农业立体污染综合防治理论与技术体系，有利于培育新的交叉学科与研究领域，有利于形成一批农业立体污染防治新产品、新产业，有利于构建我国农业污染防治和产地环境建设的新思路和新体系，以适应科学发展观和创建资源节约型社会，为建设社会主义新农村服务。

农业污染防治是一个世界性的难题。作为世界上第一人口和农业大国，我国科技工作者在污染防治上任重而道远。包括本书编著者在内的一大批仁人志士正在不懈努力，积极探讨适合中国国情的农业污染综合防治道路与模式，为我国的生态农业和环境建设，进而为全球的可持续发展做出贡献。

中国工程院院士

国家食物与营养咨询委员会主任

农业部专家咨询委员会副主任

中国农业科学院学术委员会名誉主任

二〇〇七年春

序（五）

“杏花疏雨，杨柳摇风，村落浮烟，沙汀印月……”，当这些词句渐渐从人们的记忆中退去时，碧水、蓝天、净土、洁物也就成了不折不扣的奢侈品。因此，人们越来越关注环境、生态问题也就理所当然。

资料显示，由于工业“三废”和城乡居民生活废弃物源源不断地输入，使得原本脆弱的农业系统承受着前所未有的污染压力，这种输入在一些地区已经远远超出农业生态系统的自净能力，而不合理的农药化肥施用、畜禽粪便排放、农业废弃物处置等，又进一步加剧了农业生态系统的失衡。

农产品产地环境日趋恶化，必然降低健康食品的生产能力。来自大气圈、土壤圈、生物圈和水圈的交叉立体式污染不断显现，使得局部地区农业土壤酸化、水质恶化、重金属污染加重和大气污染沉降物增加，导致生物污染概率加大，并通过生物富集及食物链等途径进一步扩大污染范围，构成了环境问题对农业农村经济可持续发展的严重威胁，并日益成为新时期我国推进生态文明和社会主义新农村建设的突出问题。

2006 年颁布实施的《农产品质量安全法》，对农产品产地环境、农产品生产投入品等作了明确规定，要求从源头抓起，全程防止污染发生，确保农产品质量安全。与全社会对食品安全、环境安全问题的关注和期待相比，农业污染防治面临的任务异常艰巨。

如何妥善处理这些问题?《立体污染综合防治——农业卷》做出了系统分析和回答，该书从农业生产各环节综合整治和保护生态环境质量、促进农业循环、协调、可持续发展的角度，突出点源、面源污染防治，同时积极探索综合、系统防治农业立体污染的方法途径，提出了一系列农业立体污染综合防治新理念、新思路和新技术。衷心希望本书的出版，对全面实施农业污染综合防治工作能够起到积极的推动作用。

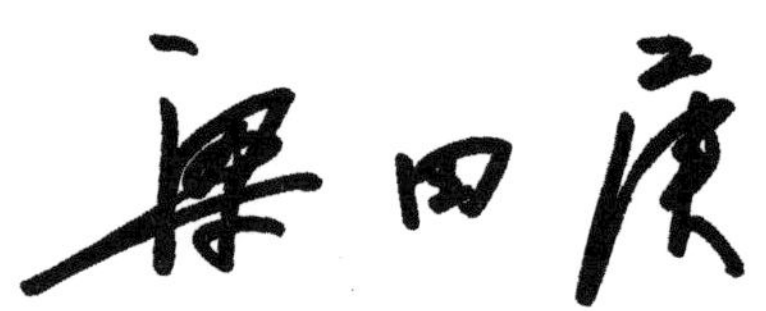

二〇一〇年十月

目　　录

综　合　篇

规　划　篇

技　术　篇

导　论

综合防治农业污染是一个世界性的课题，是人类抵御人为灾害最主要的方法。在世界范围内，农业遭受污染对经济发展和社会进步造成的损失是无法估量的。面对世纪人口剧增和农产品供需矛盾、食品数量与质量矛盾等日益尖锐的严峻形势，全球性农业资源安全、环境安全、食物安全问题从未像今天这样引人注目，关注的焦点是如何解决由于全球性人增地减矛盾不断加剧，区域性农业资源超负荷开发利用、资源严重短缺，引发的环境质量日趋恶化、农产品产地环境质量下降和“健康、清洁”食物生产能力不足等涉及国计民生的重大问题。

随着我国国民经济的快速发展，农业生产的生态环境正面临着前所未有的严峻压力，尤其是工业、生活废弃污染物大量向农区排放，已远远超过农业本身的自净能力，对农业生态系统中土壤、生物、水体、大气（含温室气体）形成严重的破坏，已成为制约农业和农村经济发展的重要因素。同时，随着农业生产环境污染的加重和农业生产模式转型，农业自身污染问题日益突出，相对工业污染和生活污染而言，农业污染主要是由于不合理地使用化肥农药、畜禽粪便、农业废弃物和农村生活垃圾等形成的，构成对水体、土壤、生物、大气进一步的污染，进而威胁到人类健康的一种污染。随着环境污染研究的不断深入，人们对农业污染的认识已经从最初的点源污染和面源污染，深入到更全面、系统揭示农业污染规律，并提出了立体污染新课题。

一、“立体污染”概念、内涵与外延

“立体污染”是中国农业科学院一批专家在探求农业污染综合防治的过程中，经过多年多点试验研究于2004年在世界上首次提出的新概念。立体污染广义上是指全球工农业快速发展、科学技术进步与经济快速提升过程中，因不合理的人类活动（包括工农业生产、生活和经济发展方式），造成全球范围内不同尺度生态系统中水体—土壤—生物—大气各界面内产生对人类或其他生物有害的物质，其数量或程度达到或超出环境承载力，直接、间接地改变生态环境正常状态，导致生态系统质量不同程度的受损。

从农业生态系统来看，狭义的农业立体污染是指由农业生产系统内部引发和外部导入，因不合理的农药化肥施用、畜禽粪便排放、农田废弃物处置、耕种措施以及工业、生活废弃物处理不当及其农业利用等造成农业生态系统水—土—气—生各界面受损的现象，其中不合理的生产方式与人类活动通常是造成农业立体污染的根源。

农业污染过程是农业生态系统一种受损的过程，主要是通过各界面间（或界面内）污染物相互转移、转化、累积或复合，形成多维（多途径）的、跨时空的、交叉或循环式污染现象。但无论污染如何发生、如何转化或迁移、强度如何，各类污染的终极受损现象均只能发生在三维生态空间，即所谓的立体污染。农业系统内部立体污染循环链（图 1）直观反映水圈、生物圈、土壤圈、大气圈各圈层间污染发生与转变的关键，物质累积、转移、转化体现了立体污染的实质和真实内涵。

“立体污染”新概念的提出，对引导人们进行农业污染综合防治提供了更为科学的理论依据，突破了农业污染的点源和面源防治研究的局限性，是运用系统工程理论，通过多学科的交叉分析研究，从宏观上提出了农业污染存在内部系统污染源和外部环境污染源的概念，揭示了农业污染必须综合防治的理念，有助于人们从系统与整体的角度更好地认识、研究和综合解决农业污染问题，促进各部门、各产业现有的涉及农业污染治理的资源、资金、人才、技术等各方面的进一步整合，形成一个有利于农产品产地环境建设、食品安全、人体健康、农业循环经济发展和国家环境外交等方面协调、高效的综合防治平台，为彻底根治农业污染开辟了更为广阔的研究领域。

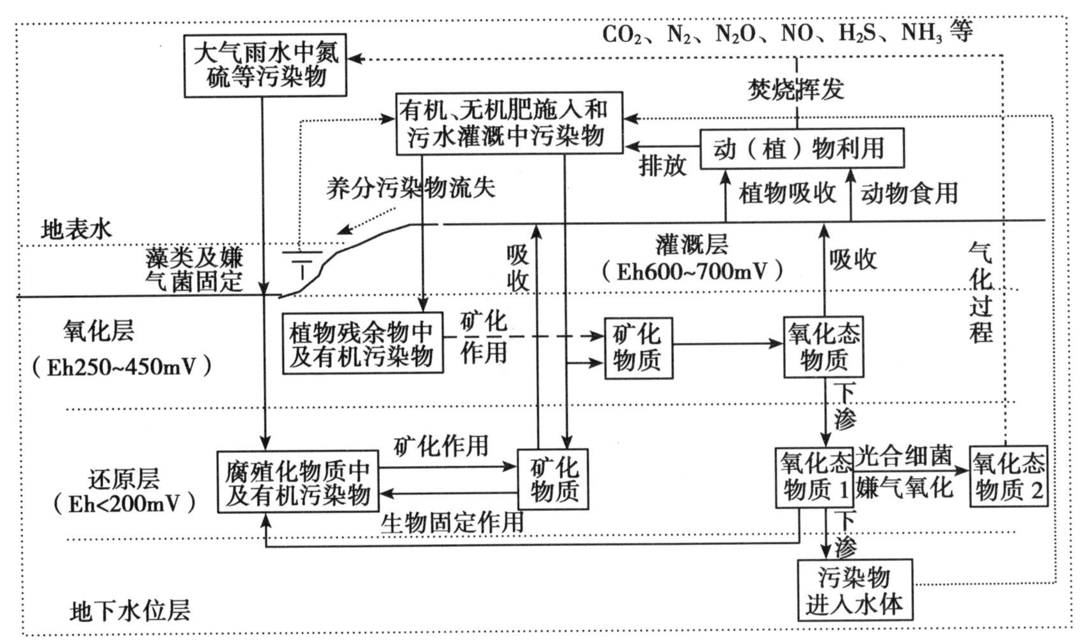

图 1　农业系统内部立体污染循环链框图

二、农业污染防治研究概况

1. 国外相关研究

美国对面源污染的研究始于 1930 年，提出洪水泛滥与面源污染密切相关。美国十分重视对面源污染输入大河的可能性研究，规定化肥、农药的管理应重视保护生态平衡和防止剧毒性农药在环境中的积累。20 世纪 60 年代以来，日本、英国等一些发达国家也开始农业面源污染研究，主要是研究面源污染的分类特征。进入 70 年代中期，面源污染问题受到各国普遍关注和重视，全世界每年发表的有关面源污染的文献约有 500 余篇。面源污染基础研究进入降雨—径流污染物迁移转化过程的研究，并应用数学模型，对不同土地的渗漏率进行了分类研究。进入20世纪80年代后，因素分析和污染物的迁移转化机理研究更加深入，开展了大气层污染如何通过输送与沉积进入地表水的研究。90年代，微生物的迁移成为面源污染物迁移转化研究的新领域。在此期间，以美国为代表的国家开展了面源污染扩散与负荷的模型分析研究，除建立城市污染模拟模型外，还建立了农业与农村地区污染模型，如，农药化肥迁移模型，农业径流管理模型，统一迁移模型，农业管理系统中农药、径流与侵蚀模型，区域性面源及水面环境响应的模拟模型等。在欧共体，面源污染研究主要集中于农田管理、滨岸流域管理、畜禽废物管理、农药化肥管理等，涉及环境化学、环境地学、水文学、农业经济学、土地学、农学、生物学等多种学科。

2. 国内相关研究

我国面源污染研究始于80年代的湖泊富营养化调查，之后在北京以及珠江流域、辽河流域、长江中下游流域的广州、沈阳、上海、杭州、苏州、南京等城市开展了面源污染研究，农业面源污染研究先后在大伙房水库、于桥水库、滇池、太湖、巢湖、晋江流域等区域展开。另外，在广州、沈阳、上海、苏州等地相继开展了畜禽废物污染研究。在研究方法上，面源污染负荷的估算采取了一种“间接方法”，即抛开污染物在区域地表的实际迁移过程，而只以受纳水体所接受的污染物量的观测负荷，减去点源负荷（还应考虑迁移衰减的影响），得出面源污染负输出量（或污染输入量）。与此同时，中国科学院等以剖析土地利用方式与污染负荷之间的内在联系为出发点开展了研究。农村面源污染研究主要采用径流试验场法，监测降雨径流的水质、水量，确定污染物单位负荷量，从而估算面源污染发生负荷量。在面源排污模型研究方面，建立了污染区划模型、水库入库流量的经验预测模型、排污系统面污染源产污总量估算模型，其中包括化肥流入湖泊的污染物估算模型、水土流失泥沙量的估算模型、水土流失的有机质和营养物的估算模型等。

2004年是我国农业污染防治研究的快速发展阶段和关键时期。我国先后加入了《生物多样性公约》、《防治荒漠化国际公约》、《气候变化框架公约》、《湿地公约》等重要生态环境保护国际公约，成为国际环境保护大家庭的重要一员。同年，我国开展了《生态建设、环境保护与循环经济科技问题研究》中长期科学与技术发展规划战略研究。由于我国对资源环境科技的重视、学科间的不断相互交叉渗透和高新技术快速发展及应用，在科技界长期开展农业污染多年多点研究基础上，中国农业科学院有关专家提出了农业污染不仅要解决点、面污染问题，更重要的是解决业已存在的立体污染和综合防治的问题，创建了“立体污染”这一全新学术概念以及农业立体污染综合防治这一全新的思路。

三、农业立体污染防治的理论基础

随着全球经济一体化的发展，人类活动对全球生态环境的影响越来越大，使整个世界受资源—环境—人口—粮食等重大问题的困扰日益突出。水体、土壤作为人类赖以生存的重要自然资源，由于持续的集约利用，亦正在逐渐或迅速地发生变化，这种变化不仅对水、土地承载力产生重要作用，而且对水体、土壤、食品质量以及全球气候产生直接或间接的影响。

因此，当今农业污染研究已由原来的点源污染（即从局部水体、土壤本身点污染源）研究向水圈、土壤圈、生物圈、大气圈各层面的土壤、水体、生物、大气一体化发展，形成“水、陆、空”三维一体的，且各圈层间互为关联的“农业立体污染”研究。

圈层理论概念自1938年S. MatSon提出后，1990年Annold对土壤圈的定义、结构、功能及其在地球系统中的地位做了进一步全面地阐述，为水资源学、土壤科学、生物科学、农业气象学等学科参与解决全球资源环境问题奠定了基础。圈层理论不仅说明土壤圈是地球上气圈、水圈、生物圈及岩石圈交界面上一个最重要的圈层，也是其他4个圈层的中心，既是地球各圈层间物质循环与能量交换的枢纽，又是地球各圈层间相互作用的产物，是最活跃最富有生命力的圈层，而且还是过去和现在自然环境和人类活动综合作用信息的记忆“棒”。土壤是万物生长的基础，是资源环境的“消化通道和净化器”；水是物质转化条件和运移的动力；物质不合理的转化和迁移是农业立体污染的根源。因此，可以说圈层理论是农业立体污染研究的理论基础，土壤是农业立体污染研究的中心，水分运移是农业立体污染防治研究重点，物质转化和迁移机理是农业立体污染研究的核心，水—土—生物—大气相互污染的农业源头控制和综合防治技术是农业立体污染研究的关键。

多年来，我国资源环境科学研究工作面向经济建设，在资源环境保护、开发、利用、提高农田土壤肥力，中低产田改良治理和农药、化肥合理施用等方面做了大量工作，为环境整治和资源高效利用做出了很大贡献。在基础研究方面，填补了不少分支学科的空白。事实上，我国农业立体污染防治的基础分支学科发展的比较齐全，其中一些研究工作已和国际上同类研究处于相当的水平，某些研究如提高污染物资源化利用和再循环、土壤电化学性质、人为土分类、土壤肥力与信息、水肥关系研究等，目前在国际上还处于领先水平。但由于受许多因素的限制，我国农业立体污染防治研究总体水平还较弱，特别是分支学科基础性应用研究、调理技术、高新技术、区域模式研究与国外相比仍然有较大的差距。

四、农业立体污染防治研究重点概述

从农业立体污染研究的基础科学需求，核心技术支撑和政策、法规、管理保障等三大层面出发，遵循生态学、资源环境学、系统工程学、经济学与法学等学科的原理与方法，提出我国农业立体污染防治研究的重点如下。

1. 当务之急——开展本底调研与监测信息网络建设

本底不清是目前我国农业立体污染防治中的首要问题。建议根据我国农业生态区域、农业类型、土地利用类型、耕作制度类型等，选择我国农业立体污染较为严重的代表性区域，组建国家级立体污染长期定位监测基地，并以此为骨架，构建全国产地环境立体污染长期定位监测网，建立我国农业立体污染系统信息资源共享数据库。同时，从我国的实际出发，参照国内外相关指标体系，归纳、整合并提出我国农业立体污染监测指标体系和规范化的操作技术规程，重点针对水体、土壤、大气及生物体中多种形态的农药、养分、温室气体、激素类、重金属和秸秆、粪便、农用塑膜、生活垃圾等固体废弃物，开展长期定位监测，形成定期发布中国农业立体污染报告的能力。

2. 前提与基础——破解相关重大基础与理论问题

农业立体污染既是一个新理念，又是一个崭新的领域，首先必须探明以下基础科学或理论问题，构建农业立体污染的理论基础与科学体系，才能有效指导科学研究与防治实践。

（1）探明立体污染物的危害特征与环境容量

着眼于农业生态环境因子演变、生产加工到形成终产品的全过程，研究我国农业立体污染物的种类、来源、数量、分布、污染特征、对生态系统的危害与环境容量等。

（2）开展立体污染机理与循环链接的生态学研究

重点针对人畜粪便、秸秆、残留农药、有机农膜、生活垃圾、污水、重金属、激素类、温室气体、地下水 NOx^- 等，研究其污染的生态学过程与机理，在生态系统中的转化、迁移与富集规律，污染物相互作用规律，污染物对生物和生态系统的酿灾规律，在生态系统中的循环链接与降解规律，污染物之间的交叉、镶嵌与复合污染等。

（3）开展农业立体污染的系统动力学研究

针对主要农业立体污染物的形成动因、演变特征、成灾条件与机理，研究气候等自然条件变化、农艺措施、生产方式、加工过程等对农业立体污染的影响，揭示其系统动力学特征，构建主要污染物酿灾过程的系统动力学模型。

（4）开展农业立体污染的生物学研究

针对农业生产的主导产品——生物体与污染物的相互作用关系，研究污染物在其生态循环链的不同部位（土壤、水、大气）中的形态变化，这些不同形态污染物对生物体的作用机理，各种生物体吸收、转化不同形态污染物的能力，提出调控污染物形态以保障生物体安全的途径。

（5）明晰防治战略思路，处理好与点源、面源污染的关系

农业立体污染与点源和面源污染有质的不同，它采用了一个新的视角，具有观念上的飞跃，它更能反映农业污染的本质，有助于人们从系统与整体的角度更好地认识和解决农业污染问题。同时，它与点源和面源污染有直接关联，它们针对的都是农业污染问题，可以说，点源和面源污染是立体污染的基本组成部分，只是认识问题的思路与角度不同而已。毫无疑问，以往点源和面源污染研究的技术成果与经验仍是农业立体污染防治的重要参考和基础支撑。

3. 核心依托——关键技术集成与攻关

依据立体污染防治理论，考虑污染物的产生及在土壤、水、生物、大气各个圈层中的循环，构建源头削减、过程调控与末端治理的综合防治技术。与传统治理方式不同的是，立体污染治理开创并重视过程调控这个环节，以将污染物停留在某个对生物体危害最小或者是对生物体有益无害的环节，或者是在其转化过程中，通过一定措施将污染物转化成某种特定的化合物形态，以使其对生物体产生的危害最小甚至无害。这就需要大量研制并集成新的技术。

（1）防治与降解新材料技术

重点研究有利于杜绝或降低农业立体污染的基础生产资料和有利于废弃物处理的新材料

等，主要包括新型肥料、新型农膜、生物农药、生物菌剂、资源节约型生物新品种、环境修复型生物、土壤修复剂与调理剂、新型空气清洁剂、废弃物资源化造粒剂等，并配合以工艺技术研发，为其产业化提供基础。

（2）无害化和污染减量化生产技术

借鉴国外先进的质量管理体系，如“良好农业规范”（GAP）、“良好兽医规范”（GVP）、“良好生产规范”（GMP）和危害分析与关键控制点分析（HACCP）等，针对农业生产的基本环节，开展无害化或最小化污染排放与控制技术试验与整合研究，形成我国农业无害化生产或减量排放的新型农业生产技术体系。

（3）废弃物资源化技术

从资源高效利用与循环利用的角度出发，重点针对人畜粪便、秸秆等农副产品、生活垃圾、污水等污染物源，开展处理技术、多级利用和资源化技术攻关与技术整合研究，重点包括规模化畜禽场粪便高温连续发酵技术、粪便发酵过程除臭技术、作物秸秆发酵转化酒精技术、高效高分子造粒粘结剂及有机物料造粒技术、有机－无机复混肥料生产技术等关键技术。

（4）立体污染阻控技术

重点针对产地环境中的残留农药、重金属、有机农膜、激素类、温室气体、水土与养分流失等问题，开展阻控与降解技术研发，强化生活垃圾、农药、污水、重金属、农膜等的处理与降解技术研究，重点包括：肥药的精准化施用技术、废弃物的分类分级与安全管理技术、生活污泥的生物消化处理及稳定化技术、有机物料高温快速连续发酵技术、畜禽粪便除臭发酵无害化技术、土壤农药残留的降解技术、土壤重金属的生物与化学固化技术等。

（5）关键工艺与工程配套技术

对上述新材料技术、无害化或低排放生产技术、废弃物资源化技术、立体污染阻控技术等，开展科学的工艺试验、工程设计、设备研发与基地示范，实现废弃物资源化技术与工程的配套与衔接，为推进农业立体污染治理提供工程保障。

4. 保障体系——政策法规、组织建设与公民意识培养

（1）制定政策法规是实现农业立体污染防治的机制保障

重点研究与农业立体污染防治相关的政策倾向，制定相应的法律、法规，研究适宜的管理体系与科学的技术标准，为保障我国农业立体污染防治与产地环境建设提供良好的政策法律依据和管理标准与模式，支持与促进环境安全型与资源节约型生产技术的发展。

（2）优化组织机构是实现农业立体污染防治的组织保障

主要研究相关部门之间的分工与协作，技术研发与实施部门之间的配套与衔接，动员各种社会团体和农村基层组织的力量，积极投入并参与到我国农业立体污染防治这项事业中来。

（3）公民意识培养是实现农业立体污染防治的基础工程

研究激励机制与途径，提高民众对农业立体污染严重性的认识，树立清洁生产的理念，自觉参与农业污染防治事业，发挥主力军的作用。

五、农业立体污染综合防治研究进展

1. 技术进展

经过对我国农村生态环境与农业立体污染内部循环的分析和研究，我们认为，农业立体污染的主要防治技术应包括生物技术、沼气发酵技术、“3S”技术、环境放射性核素示踪技术、农业装备技术等高新技术。另外，根据我国种植业、畜牧业以及农产品加工业的特征和立体污染形成通道分析，我们分别提出了各方面的实用技术。

（1）生物技术等高新技术污染防控体系

通过对农业生态系统与农业立体污染内部循环的分析和研究，阐明农业立体污染的防治应以生物技术等高新技术为主（图2）。具体包括：防治与降解新材料技术、废弃物资源化技术、立体污染阻控技术、无害化和污染减量化生产技术以及关键工艺与工程配套技术等。

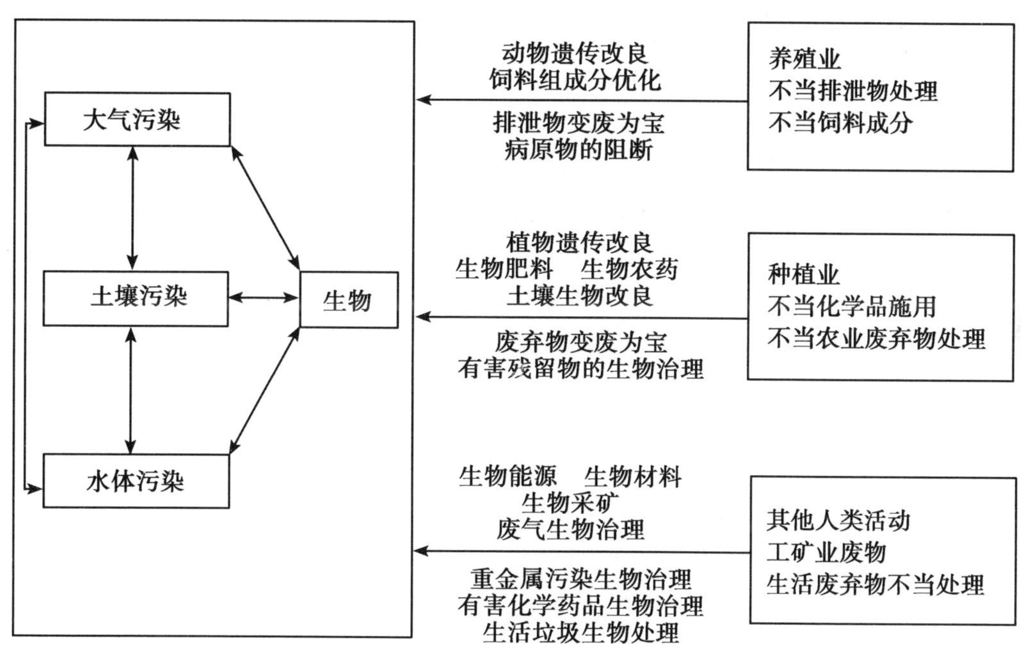

图2　农业立体污染主要污染源及其可行的生物技术治理措施

（2）农田种植业立体污染防治

通过对棉田、稻田、果园等农田生态系统立体污染发生发展的特点分析，我们认为防治农田立体污染就要在环境监测、耕种措施、生产资料的使用以及灌溉和管理体系上加以控制，并分别提出了稻田生态系统、棉田生态系统、果树生态系统以及农田灌溉系统的立体污染防治措施。

例如，从稻田污染发生发展的一般特点分析，防治稻田立体污染的基本对策应该是：建立稻田环境质量监控体系，开展稻区环境综合整治，实施生态种植与生态防治策略，采用环境友好型生产资料，实施精准化农业和稻田保护性耕作法。

再如，针对棉花是使用石油化学品最多的大田作物，特别是地膜和氮肥的使用严重破坏了自然界的生态平衡，提出在棉田立体污染防治过程中应做到按照地膜的规定厚度使用地膜；大力推广应用揭膜灌水和施肥措施；进行土地清洁卫生运动；积极开发替代地膜覆盖的新技术，用高新技术和农学技术结合多途径开发覆盖新技术新产品，替代现有的非自行分解膜。在氮肥使用上提出经济最佳氮磷钾配比优化方案，做到平衡施用；提出两熟多熟种植制度，棉田周年多季平衡施肥；讲究施肥方法，研究开发氮肥缓释剂。

（3）畜牧业立体污染防治

通过对畜牧业立体污染的现状分析，我们提出了畜禽养殖业生产、饲料工业以及兽药使用等方面的立体污染防治措施，指出防治畜牧生态系统中的立体污染，必须从畜禽场的规划管理，畜禽粪便的资源化利用，畜禽疾病的诊断、预防、控制以及兽药的研究、评估、监测、使用和管理体系等方面进行控制。

例如，沼气技术在农业立体污染防治中的应用。通过对农村立体污染形成通道的分析研究，得出畜禽粪便在污染水体、空气、土壤和农产品中占有重要份额（图3）。通过对目前国际和国内治理畜禽养殖污染技术的对比，阐明沼气技术是防治农村立体污染的重要技术（图4）。

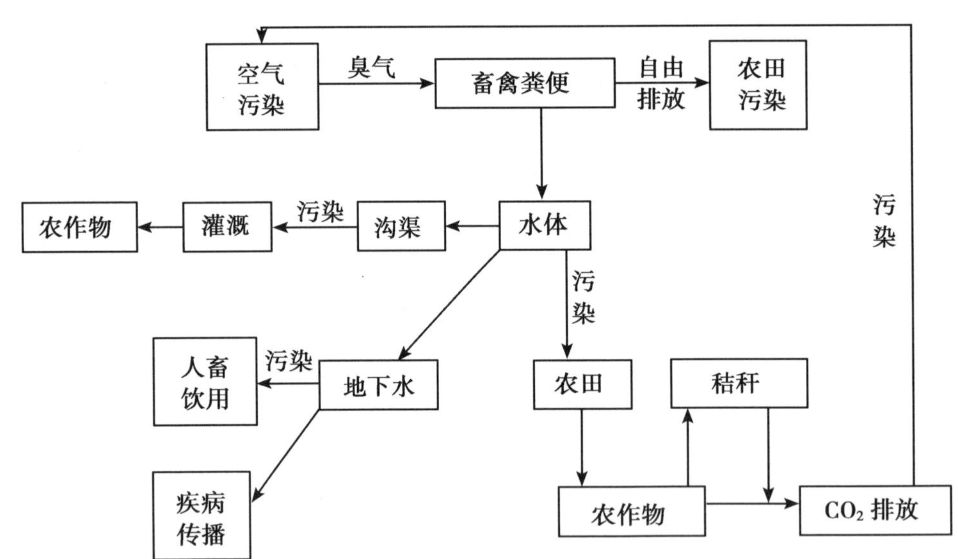

图3　畜禽粪便立体污染形成通道

（4）农产品加工业立体污染防治

通过对农产品加工中的污染因素分析，我们强调防治农产品加工和动物源食品加工过程中产生的立体污染，应从检测、评估、控制、安全标准和管理体系等方面进行全方位控制。

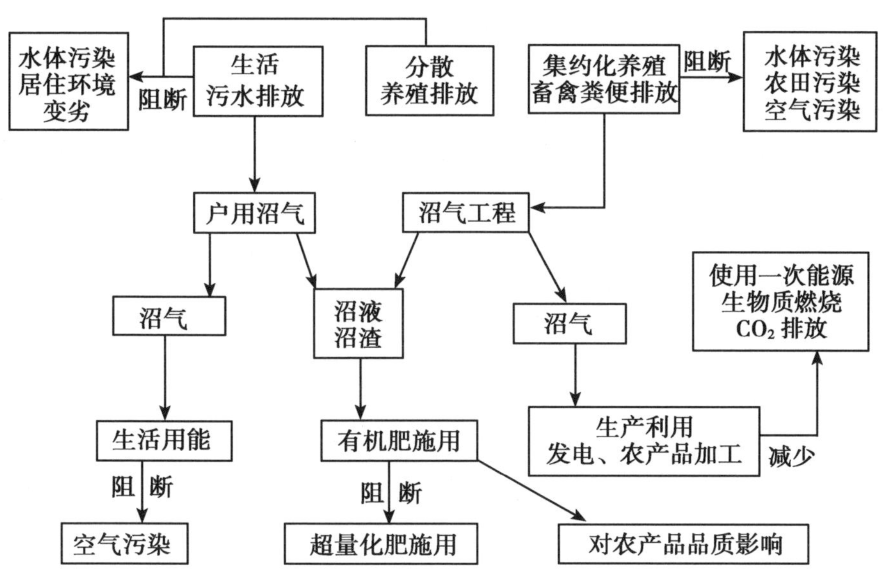

图 4　沼气技术在农业立体污染防治中的功能

2. 保障体系研究

通过对农业立体污染和农村环境问题的深层分析，我们认为经济补偿制度是开展农业立体污染防治的重要保障之一，并对建立经济补偿制度的难点，即补偿标准的确定、补偿资金来源、被补偿者识别以及补偿方式等进行了分析。

在政策保障体系研究方面，为了加快我国农业立体污染防治研究进程，系统地提出了农业立体污染防治研究的集成创新机制和“开源—节流—挖潜”的综合投入机制。建议在国家科技发展规划中，将农业立体污染研究列为重点项目之一，设立农业立体污染治理的重大科技攻关计划；增加科技投入，增强学科发展和技术创新；增加国内外协作，提高研究水平；实施引导和扶持政策，加大国家支持力度；建立和完善“农业立体污染”防治法规体系，使防治工作有法可依；开展本底调研和监测信息网络建设；综合利用资源和能源，大力发展循环经济；加强宣传教育，提高全社会防治农业立体污染意识和参与农业立体污染科学防治的积极性。

3. 区域规划研究

中国农业科学院专家组与有关省、自治区和直辖市合作，开展了农业立体污染综合防治区域规划研究，编制了农业立体污染治理和产地环境建设规划。针对农业立体污染现状，规划提出我国力争在 5 年内形成“一个中心、两个体系、三个能力”，即构建国家农业立体污染防治中心；建立农业立体污染监测网络体系，农业立体污染防治示范体系；提高农业立体污染防治技术支撑能力，农业立体污染治理产业孵化能力和农业立体污染治理政策保障能力等，使我国在农业立体污染防治与产地环境建设技术集成与示范领域整体保持世界先进水平。

规划认为，应从系统思路、整体与全局观念出发，整合点源与面源污染的相关成果，强化软硬“两个方面”。软的方面，即创建我国农业立体污染相关理论基础与科学体系，揭示农业立体污染的机理、发生规律和酿灾途径等重大科学规律，为认识、监测和防治技术研究奠定基础；硬的方面，即组建国家农业立体污染防治与研发中心，构建我国农业立体污染长期定位监测与试验示范基地网络体系。按区域、分步骤、突出重点、部门协同，尽快形成一批具有国际影响力的，拥有自主知识产权的原创性农业废弃物资源化利用与立体污染防治高新技术成果，初步构建我国农业立体污染一体化防治技术与政策法规体系，形成定期发布我国农业立体污染报告的能力，为我国农业立体污染防治提供坚实的技术支撑与依据。

六、农业立体污染防治研究展望

1. 农业立体污染防治研究的总体思路

针对我国农业立体污染特征，开展科学布点和时空动态监测，从源头阻断、过程控制、末端治理出发，开展农业污染监测、防治技术集成与类型示范，沿着“监测评价→技术集成→基地示范→辐射推广”的序列，分步实现研究目标。

在技术路线方面，农业立体污染防治研究强调，农业系统是复杂的生态大系统，农业污染是复杂的复合污染，其防治是一项复杂的系统工程。以往的单项治理技术虽然在解决特定污染方面具有一定作用，但面对当今农业复杂污染的局面，已经远远不能有效解决问题。只有通过控制整个立体污染的循环链，打断农业污染的往复循环和互为因果的各个环节，即采用源头阻断、过程调控和末端治理的综合治理路线才能从根本上解决农业污染问题（彩图7）。

在方法体系方面，农业立体污染防治研究需遵循生态学、资源环境学、系统工程学、经济学与法学等学科的原理与方法，应用系统的理论和技术体系，以科学的农业发展观和循环经济的发展思路为指导，从基础科学需求、核心技术支撑和政策、法规、管理保障等三大层面出发，树立“整体—协调—循环—再生”的生态农业理念，构建我国农业立体污染监测与信息网络，摸清农业立体污染的底数，建立农业立体污染防治平台，整合我国农业污染防治资源，筛选出关键防治技术，进行农业污染的综合防治。

2. 农业立体污染防治研究的重点发展领域

以科学发展观统领我国农业立体污染研究的大局，通过学科交汇融合，研究“人口—粮食—资源—环境”整体系统中资源与环境保护关系，促使人类社会的发展与资源、环境协调和统一。同时，必须注意农业立体污染防治发展的基础理论研究，以促进农业立体污染防治学科的自身发展和增加知识与技术的进一步积累。因此，未来农业立体污染防治研究将从土壤圈与地球系统各圈层间的基础科学角度出发，围绕一个核心和两个方面，即以研究各圈层间即水体—土壤—植（动）物—大气链间物质循环为研究核心，向农业生产良性循环与农业循环经济以及资源保护与生态、环境建设等方面扩展。

我国未来5～10年农业立体污染防治优先考虑的研究领域如下：

（1）充分利用已有农业信息资源开发建立农业立体污染防治信息系统

①农业立体污染分类、标准化和国际化的归一化技术研究。农业立体污染系统分类是农业资源合理利用、保护以及全球气候变化研究的基础。我国农业立体污染系统分类将根据我国国情拟定诊断层和诊断特性谱系，在分类定量化、标准化和国际化方面创立一套全新的系统，还要加强有我国特色的农业立体污染标准化分类方法研究，充实和发展我国农业立体污染基层分类和资源分类在农业与环境保护上的应用和研究，逐步建立当前由分散农业污染分类方法到农业立体污染归一化分类技术体系。

②建立国家级农业立体污染基础信息采集系统。建立国家级农业立体污染信息采集系统的基本目的是以利于有关部门制定农业资源利用和环境保护的决策，加强和改进调查信息收集、贮存、操作和传播手段，使国家级农业立体污染地理信息系统应用于野外作业中，能按信息标准化、区域治理的需要采集。近期该研究的重点是借鉴国际上分支学科经验，以中国土壤分类和土壤普查资料为基础，建设以中国土壤理化属性为主，生物信息、水体质量和气候信息相结合的数据库，加强水体、地表、生物物象信息采集、加大遥感技术应用范围，及加强遥感与非遥感数据综合处理，建立健全以我国最新科技成果为基础的农业立体污染信息采集系统，建立区域 1∶100 万数字化农业立体污染数据库。

③区域农业立体污染信息获取的重点。了解区域农业立体污染信息是立体化综合治理必要前提。对于黄土高原，应加强水、土、肥污染物流失引发的农业立体污染信息的获取研究；对于黄淮海平原，应突出化肥、农药、污水及农业废弃污染物引发的农业立体污染信息的获取研究；对于南方丘陵区，应重点强化季节性水、土、肥流失和水体污染引发的农业立体污染信息的获取研究；对于长江中、下游经济较发达区域，则应注意土壤污染、水体污染引发农业立体污染信息的获取研究；而对于三江平原，重点应放在水体污染物沉积引发的农业立体污染信息的获取研究。上述地区农业立体污染的发生对我国资源环境保护、保证粮食质量有重要意义。

（2）农业立体污染的时空变化、形成机理和阻控对策研究

①农业立体污染的时空变化研究。目标是从不同尺度上对不同类型的农业立体污染形成机理和时空变化进行空间分布上的评价和表达。具体研究内容包括：我国 1∶400 万农业立体污染现状分布图的编制；我国 1∶400 万农业立体污染数据库的建立；农业立体污染的时空变化规律；典型地区农业污染物在不同时间序列上的空间分异比较研究。

②农业立体污染发生机理与阻控研究。农业立体污染发生机理是探讨污染发生的内因外因，静动平衡过程，物质链协调迁移水平，用最基本的科学原理分析水体富营养化、水土养分流失、大气与食品污染、土壤酸化和养分不平衡、重金属富积等污染机理。同时要从综合一体化的角度寻找增强抗污染的途径，内容包括：立体污染的引发机制研究；水体、土壤、生物、大气各界面层污染发生的敏感性研究；层面污染容量和突变发生条件研究；层面间物质迁移过程和速率的研究；农业立体污染分级与污染节点确定研究；农业立体污染链节点阻断研究等。

（3）区域农业立体污染控制技术与模式

①区域农业立体污染中物流及控制技术的研究。农业立体污染系统中物流及控制技术研究不仅是研究土壤—植物系统物流，更重要的是研究不同区域从水体—土壤—生物—大气全

程物流，包括研究土壤微生物与土壤动物在养分活化和迁移中的作用、生态学功能，同时，要加强研究不同区域农业立体污染系统中物质转化途径，探讨不同利用方式与不同耕种制下对物质有效转化，以及土壤、生物、水体、大气在物质转化中的作用，寻求提高物质资源利用的新技术体系，探索区域农业立体污染控制通道与阻控技术。

②区域农业立体污染系统修（恢）复功能的研究。提高农田生态系统良性循环，恢复其良性生态功能的研究是实现“高产、优质、高效”农业的必由之路。在继承传统农业合理部分的同时，适度施用化肥与农药等化学制品，以保持农产品的质量、产量与农田系统良性循环的和谐统一。因此研究区域农业立体污染系统中的不同农田生态功能修（恢）复是当前的防治研究的重要课题，同时要探讨不同区域多种优化耕作轮作模式及其污染物质多层次利用，适度归还有机物，维持并提高土壤污染物容量的途径以及物质平衡的调控措施等。

③区域农业立体污染控制模式的研究。区域农田生态系统中物质循环特点与区域农业立体污染防治模式紧密相关。我国重点区域的农业立体污染有着各自不同的特点，研究不同立体污染系统中物质循环过程是实现不同农业立体污染区域控制污染的基础，而建立区域控制技术模式是降低区域农业立体污染威胁和提高农业系统生产力的主要环节。因此，重点应研究不同区域农业内部系统物质循环特征，探索各界面关系以及根系分泌与根部透水在物质循环中的贡献与污染危害，以及探索区域再生资源再循环的最佳模式，提高区域农业系统生产力，保护与改善区域生态资源环境。

（4）农业立体污染与安全指标和评价体系及其预警预报研究

①农业立体污染与安全指标和评价体系研究。农业立体污染与安全指标和评价体系研究内容包括：农业立体污染与安全指标和评价体系的建立；不同污染源贡献指标体系研究；农业立体污染综合防治技术评价方法与评估模型建立；农业立体污染趋势及其安全性预警预报研究；农业立体污染综合控制指标与治理模式研究；农业立体污染综合治理的决策系统研究等。

②高度集约化条件下污染物控制制度的建立。高度集约化条件下化学物品投入控制制度的建立是防治农业立体污染的重要措施。在高度集约化条件下，有机—无机肥的配合体系是提高土壤污染容量、建立“高产、优质、高效、安全”农业的基础。具体研究包括：不同集约化农业生态系统中物质循环的特点和作用，以及提高再生资源循环效率的措施；物质在土壤中转化和去向及其对增产效果和环境质量的影响；提高农业生态系统中物质循环速度与土壤污染容量的途径；集约农业条件下作物对环境条件需求变化特点等。

③农业立体污染物消长规律与污染界定研究。水体—土壤—生物—大气系统污染物迁移与消长是确定农业立体污染发生的重要依据。农田土壤营养或污染取决于农田现有存量和施肥与农药用量，适度与过量应有明确的界定。因此，应研究科学施肥与用药、合理耕种；研究农业系统物质消长规律与抗污染的调节能力；研究农业系统环境容量与污染界定方法。目前，要研究环境条件对养分迁移、根系吸收及物质沉积的影响；污染物与土壤微结构、表面性质及其与离子吸附和解吸的关系；污染物的种类、数量、活性及其对根际营养的影响；污染物的形成条件及水分对污染物在各界面迁移的数学模型等。

（5）农业立体污染与各圈层间物质循环关系研究

①土壤圈与大气圈的物质交换。土壤圈与大气圈之间进行着频繁的物质交换。土壤作为

大气污染气体（CH_4、N_2O、NH_3 和 NO_x）源和汇是当今世界研究的热点，应重点研究土壤中转化的污染气体及与大气质量有关的其它痕量污染气体产生、排放和吸收的过程及其机理；以及从大气进入土壤的物质，如酸雨、含氮的雨水、沉降物等对土壤的影响过程及机理。

②土壤圈与生物圈物质交换。研究目的在于保证土壤生产力持续发展的基础上，通过调节土壤圈与生物圈的物质交换以提高农作物产量和改善农产品质量。近期研究重点为土壤中生物吸收土壤污染物质数量及其组成；土壤质量对生物吸收污染物质的数量和组成的影响及对生物品质的影响；生物物质对土壤污染物容量，特别是有些植物根际分泌物对土壤质量的影响；植物对不同形态污染物的吸收差异，根系分泌物对污染物形态转化与迁移的影响。

③土壤圈与水圈的物质交换。土壤圈与水圈的物质交换是自然界客观存在的过程，而人类活动已显著加剧了这一进程。近期研究重点为肥料（化肥和农家肥）和农药的投入、污水灌溉及其他废弃物进入土壤后对地下水和地表水的污染；土壤中污染物质向水体的迁移与转化过程及其影响因素；水体污染对农业水利用的影响等。

④圈层间物质循环的数学模型。通过建立土壤圈物质循环的数学模型以揭示圈层间污染物质循环规律，预测土壤圈污染物质的演化趋势。近期的研究重点是建立圈层间污染物质循环单元和整体数学模型。

参考文献

[1] 蔡典雄，汪德水，金　轲，王小彬．水肥耦合互作效应研究．中国北方旱区农业研究．北京：中国农业出版社，2002：500～539.

[2] 蔡典雄，王小彬，高绪科．关于持续性保持耕作体系的探讨．土壤学进展，1993，1：1～8.

[3] 蔡典雄，王小彬．旱地农田水肥关系及其调控．干旱与农业．北京：中国农业出版社，1995：213～228.

[4] 陈珏，何伦志．新农村建设中我国农业污染现状的深层经济分析及防治对策研究．生产力研究，2007（6）

[5] 樊根耀，吴磊，蒋莉．技术整合与集成创新．集团经济研究，2004，12.

[6] 范秀莲．“白色污染”对农业的污染及其防治措施防治．衡水师专学报，1999，1（4）：47～49.

[7] 黄季焜．浅谈我国农业科研投入政策．农业技术经济，1997，2.

[8] 李季，董章杭．中国典型地区农业化学品投入及其对环境的影响．全国农业面源污染与综合防治学术研讨会论文集，2004：133～137.

[9] 李茂松，左旭．中国畜禽废弃物的产出量、污染现状与危害．全国农业面源污染与综合防治学术研讨会论文集，2004：111～114，147.

[10] 李萍．中国农田生态系统环境污染与可持续对策研究．全国农业面源污染与综合防治学术研讨会论文集，2004：148～150，222.

[11] 刘绮，黄庆民，刘跃所．面源污染控制与管理研究现状．辽宁城乡环境科技，2002，2.

[12] 梅旭荣，蔡典雄，逄焕成，杨正礼．节水高效农业理论与技术．北京：中国农业科技出版社，2004.

[13] 钱秀红，徐建民，施加春等．杭嘉湖水网平原农业非点源污染的综合调查和评价．浙江大学学报

（农业与生命科学版），2002，28（2）：147～150.

[14] 王维敏，张镜清，王文山，蔡典雄．黄淮海地区农田土壤有机质平衡的研究．中国农业科学，1988，21（1）：19～26.

[15] 王小彬，Bailey L B，Grant C A，Klein K K. 关于几种土壤脲酶抑制剂的作用条件．植物营养与肥料学报，1998，4（4）：211～218.

[16] 王小彬，蔡典雄，高绪科，张志田．不同农业措施对土壤持水特征的影响及其保水作用．植物营养与肥料学报，1996，2（4）：297～304.

[17] 王小彬，蔡典雄，高绪科．不同供水肥条件与作物生长的关系．旱地农田肥水关系原理与调控技术．北京：中国农业科技出版社，1995：259～264.

[18] 王小彬，蔡典雄，高绪科．土壤水肥条件与作物养分吸收的关系．旱地农田肥水关系原理与调控技术．北京：中国农业科技出版社，1995：161～165.

[19] 王小彬，蔡典雄，高绪科．我国旱农区保持耕作现状及其发展趋势．中国青年农业科学学术年报．全国第四届青年农业科学学术年会．中国农学会．北京：中国农业出版社，1999：715～719.

[20] 王小彬，蔡典雄，金轲，吴会军，白占国，张灿军，姚宇卿，吕军杰，王玉红，杨波．旱坡地麦田夏闲期耕作措施对土壤水分有效性的影响．中国农业科学，2003，36（9）：1044～1049.

[21] 王小彬，蔡典雄，张镜清，杜建中，王利民，马润生．寿阳旱农试区农牧资源优化模式探讨．农业技术经济，1999，4：40～43.

[22] 王小彬，蔡典雄，张镜清，高绪科．旱地玉米氮吸收及其氮利用率研究．中国农业科学，2001，34（2）：179～186.

[23] 王小彬，蔡典雄，张镜清，高绪科．旱地玉米秸秆还田对土壤肥力的影响．中国农业科学，2000，33（4）：54～61.

[24] 王小彬，蔡典雄，张树勤．土壤调理剂对旱、盐条件下草种萌发的影响．植物营养与肥料学报，2003，9（4）：462～466.

[25] 王小彬，蔡典雄，张志田，高绪科．土壤颗粒大小对水肥保持和运移的影响．干旱地区农业研究，1997，（1）：64～68.

[26] 王小彬，蔡典雄，张志田，高绪科．稳态水流下肥料氮的迁移．植物营养与肥料学报，1996，2（2）：110～115.

[27] 王小彬，蔡典雄．脲酶抑制剂 nBPT 在农业中的应用．中国化工，1998，（5）：53～55.

[28] 王小彬，蔡典雄．土壤调理剂 PAM 的农用研究和应用．植物营养与肥料学报，2000，6（4）：457～463.

[29] 王小彬，蔡典雄．土壤调理剂技术．旱地小麦的引进技术．北京：中国农业科技出版社，2001：73～81.

[30] 王小彬，辛景峰，Grant C D，Bailey L B. 尿素施法与 nBPT 配用对冬小麦植株 N 吸收的影响．干旱地区农业研究，1998，3：6～10.

[31] 吴燕玉，王新，梁仁禄．Cd、Pb、Cu、Zn、As 复合污染在农田生态系统的迁移动态研究．环境科学学报，1998，18（4）：407～414.

[32] 许越先．试用集成创新理论探讨农业科技园区的发展．农业技术经济，2004，2.

[33] 薛泰鳞，蔡典雄．土壤氮运移．农田土壤中的氮．北京：农业出版社，1989.

[34] 闫美玲，李功奎．农业科研成果转化的制约因素及对策．江南论坛，2003，11. 15.

[35] 阎伍玖，鲍祥．巢湖流域农业活动与非点源污染的初步研究．水土保持学报，2001，15（4）：129～132.

[36] 燕惠民．中国农业面源污染现状与防治对策．全国农业面源污染与综合防治学术研讨会论文集，2004：24～26，205.
[37] 杨正礼，卫鸿．我国粮食安全的基础在于藏粮于田．科技导报，2004（9）：14～17.
[38] 杨正礼．当代中国生态农业发展中几个重大科学问题的讨论．中国生态农业学报，2004，12（3）：1～4.
[39] 杨正礼．基于粮食安全下的我国农田生态保育战略探讨．中国土地资源态势与持续利用学术研讨会论文集．昆明：云南科技出版社，2004：121～124.
[40] 翟虎渠．大力提高自主创新能力 努力实现“十一五”期间的跨越发展．中国农科院2006年工作报告．2006.
[41] 翟金良，邓伟．我国农业自身污染及其控制对策．环境保护科学，2001，27（3）：34～36.
[42] 张华胜，薛澜．技术创新管理新范式：集成创新．中国软科学，2002，12.
[43] 张镜清，王文山，王维敏，蔡典雄．CN双标记田青及玉米秸腐解试验．土壤肥料，1984，1：41～44.
[44] 张峭．农业科研投入现状及优化配置设想．中国创业投资与高科技，2004，4.
[45] 张维理，武淑霞，冀宏杰等．中国农业面源污染形势估计及控制对策．中国农业科学，2004，v37（7）：1008～1017.
[46] 张维理，徐爱国，武淑霞，冀宏杰，Kolbe H. 中国农业面源污染形势估计及控制对策. 中国农业科学，2004，37（7）：1008～1034.
[47] 章力建，蔡典雄．农业污染不容忽视．农民日报，2004－12－30.
[48] 章力建，蔡典雄．治理农业污染必须抓“链条”．科技日报，2004－12－10.
[49] 章力建，董红敏，蔡典雄，李玉娥．农业立体污染及其防治．中国农业科学院院报，2004－12－10.
[50] 章力建，董红敏，蔡典雄，李玉娥．“农业立体污染”不容忽视．农民日报，2004－12－30.
[51] 章力建，侯向阳，王庆锁．关于大力发展我国西南山区生态农业的思考与建议．中国农业科技导报，2000，2（6）：41～45.
[52] 章力建，侯向阳．我国农业立体污染防治研究进展．作物杂志，2005，5：13～15.
[53] 章力建，王庆锁，侯向阳．中国西部生态农业发展方略．北京：气象出版社，2004.
[54] 章力建，蔡典雄，王小彬，张建君，金轲．农业立体污染及其防治研究探讨，中国农业科学，2005，38（2）：350～358.
[55] 章力建、朱立志．农业立体污染防治中循环经济的运作机制及模式．农业技术经济，2005，5：2～5.
[56] 章力建，朱立志．我国农业立体污染防治对策研究．农业经济问题，2005，2：1～3.
[57] 章力建．保护生态环境，走农业可持续发展之路．农业经济问题，2004，（10）：49～53.
[58] 章力建．发展绿色产业 加快富民兴省．农业经济问题，1998（9）：8～11.
[59] 章力建．发展山区特色农业 加快西南地区农村经济发展．农业经济问题，2004，（3）：44～47.
[60] 章力建．关于大力发展我国西南山区生态农业的思考与建议．中国农业科技导报，2000，2（6）：41～45.
[61] 章力建．关于当前我国农业生物技术产业发展的若干思考．中国农业科学，2001，34（1）：91～97.
[62] 章力建．我国西部地区生态农业的建设问题．农业经济问题，2001，（2）：23～26.
[63] 章力建．再造生态保护环境开发扶贫．全面推进我省可持续发展战略实施．贵州改革与发展国际研讨会论文集．1997：140～156.
[64] 章力建．中国的粮食生产前景．中美食品安全与世界贸易研讨会论文集．1997.
[65] 章力建．中国西部生态农业发展方略．北京：气象科学出版社，2004.

[66] 赵其国．发展与创新现代土壤科学．土壤学报，2003，40（3）：321～327.

[67] 赵阳．中国农业科研投入的理论分析和政策建议．中国农村观察，2001，6.

[68] Cai D X，Roock M De，Jin K，Schiettecatte W，Wu H J，Gabriels D，Hartmann R，Cornelis W. Nutrients load in runoff from small plots：laboratory and field rainfall simulation tests on Chinese loess soils. Proceedings of the 12th International Soil Conservation Organization Conference，May 26-31，2002，Beijing，China.（in Chinese）.

[69] Cai D X，Wang X B. Conservation tillage systems for spring corn in the semihumid to arid areas of China. In：Stott D E，Mohttar R H，Steinhardt G C.（eds）. Sustaining the Global Farm. Selected papers from the 10th ISCO，USDA-ARS，USA. 2002：366～370.

[70] Wang X B，Cai D X，Zhang J Q，Gao X K. Land application of organic and inorganic fertilizer for corn in dryland farming region of north China. In：Stott D E，Mohttar R H，Steinhardt G C.（eds）. Sustaining the Global Farm. Selected papers from the 10th ISCO，USDA-ARS，USA. 2002：419～422.

[71] Zhang LJ，Cai DX，Wang X. B. Zhang J. J. and JinK. A study of agriculture tridimension pollution and its control. Agricultural Sciences in China，2005，4（3）：214～224.

（章力建、蔡典雄）

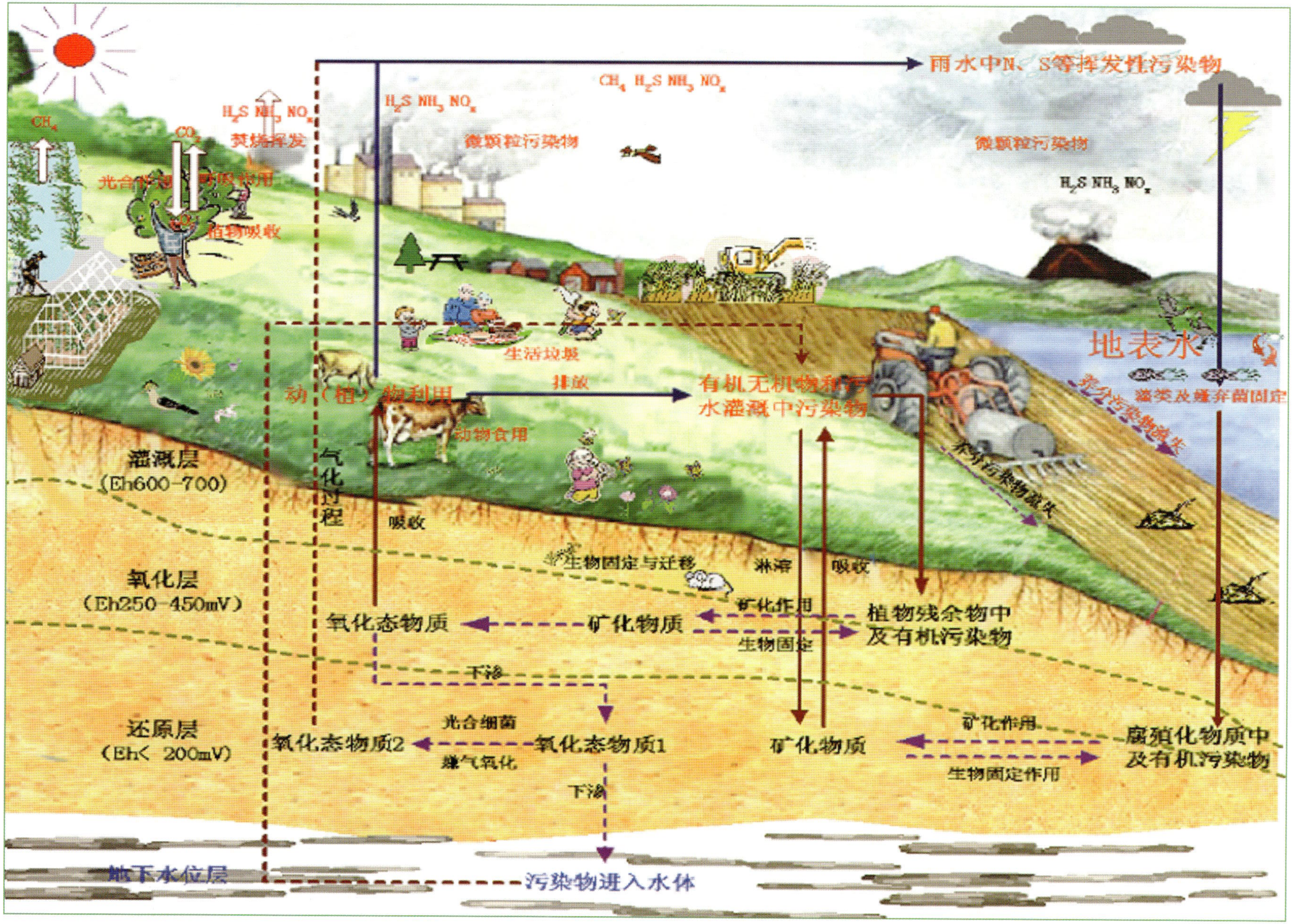

农业立体污染循环链图

章力建　蔡典雄　金轲　王小彬　张建君

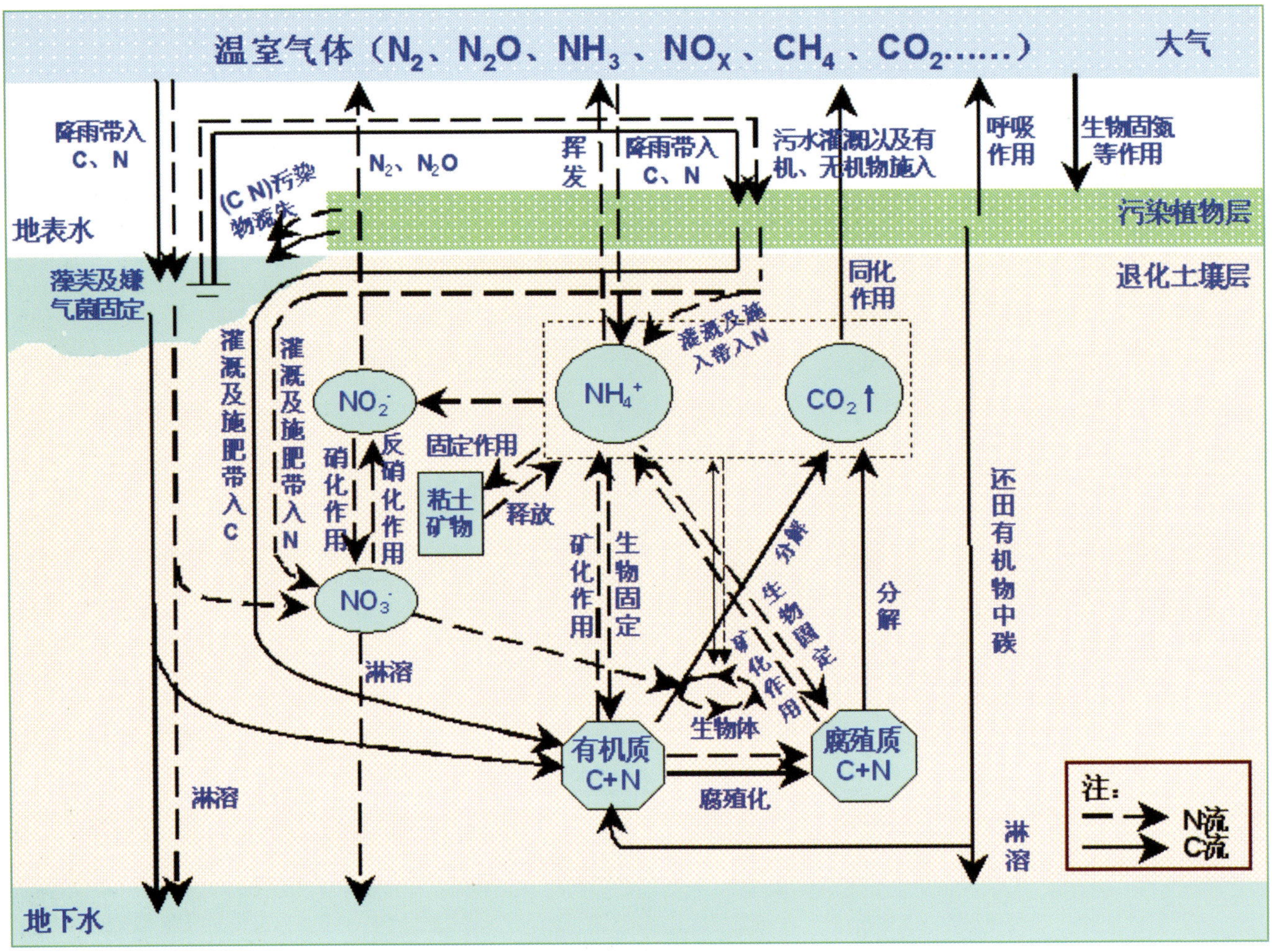

温室气体（N_2、N_2O、NH_3、NO_X、CH_4、CO_2……）
大气
降雨带入 C、N
(C N)污染物流失
N_2、N_2O
挥发
降雨带入 C、N
污水灌溉以及有机、无机物施入
呼吸作用
生物固氮等作用
污染植物层
地表水
藻类及嫌气菌固定
退化土壤层
同化作用
灌溉及施入带入N
灌溉及施肥带入C
灌溉及施肥带入N
NO_2^-
硝化作用
反硝化作用
固定作用
粘土矿物
释放
NH_4^+
CO_2↑
矿化作用
生物固定
分解
还田有机物中碳
NO_3^-
淋溶
生物体
矿化作用
生物固定
分解
有机质 C+N
腐殖质 C+N
腐殖化
淋溶
淋溶
注：
N流
C流
地下水

农业立体污染系统中碳氮链示意图

蔡典雄　章力建　王小彬　张建君

H_2S、CH_4、NH_x、NOx等气体污染物
大气污染物返回城郊区
大气污染物进入水体
大气污染物进入土壤
大气污染物返回农区
大气污染物返回农区
阻控
城镇企业废气
阻控
来自水产业水体污染气体
阻控
来自农村农田污染气体
NH_3
阻控7:养殖场气体排放控制处理
粮食&畜禽水产产品市场
城镇企业生态系统
城镇企业户
城镇企业户
水产业生态系统
养鱼户
养鱼户
添加剂鱼药
水产品
种植业生态系统
种植户
蔬农
果农
花农
粮农
农产品
化肥农药
养殖业生态系统
养殖户
畜禽养殖户
畜禽产品
添加剂兽药
阻控6:添加剂鱼药减量化
阻控4:化学农药减量化
阻控5:添加剂兽药减量化
城镇企业（工业废水、废气、废渣等）
工业“三废”
工业废水
水体（污染物：工业废水、鱼饲料添加剂、鱼药等）
水产业
化肥农药流失
污水灌溉
土壤（污染物：化肥、农药、重金属等）
蔬菜
茶果
花卉苗木
水稻等粮食作物
畜禽粪肥药剂
作物秸秆籽粒
畜禽业（污染物：畜禽粪便、饲料添加剂、兽药等）
畜禽业
阻控
阻控1:工业污染控制处理
阻控3:污染物资源化无害化处理
农药N淋溶
阻控
地下水
畜禽粪便污水排放
阻控2:畜禽粪便无害化处理

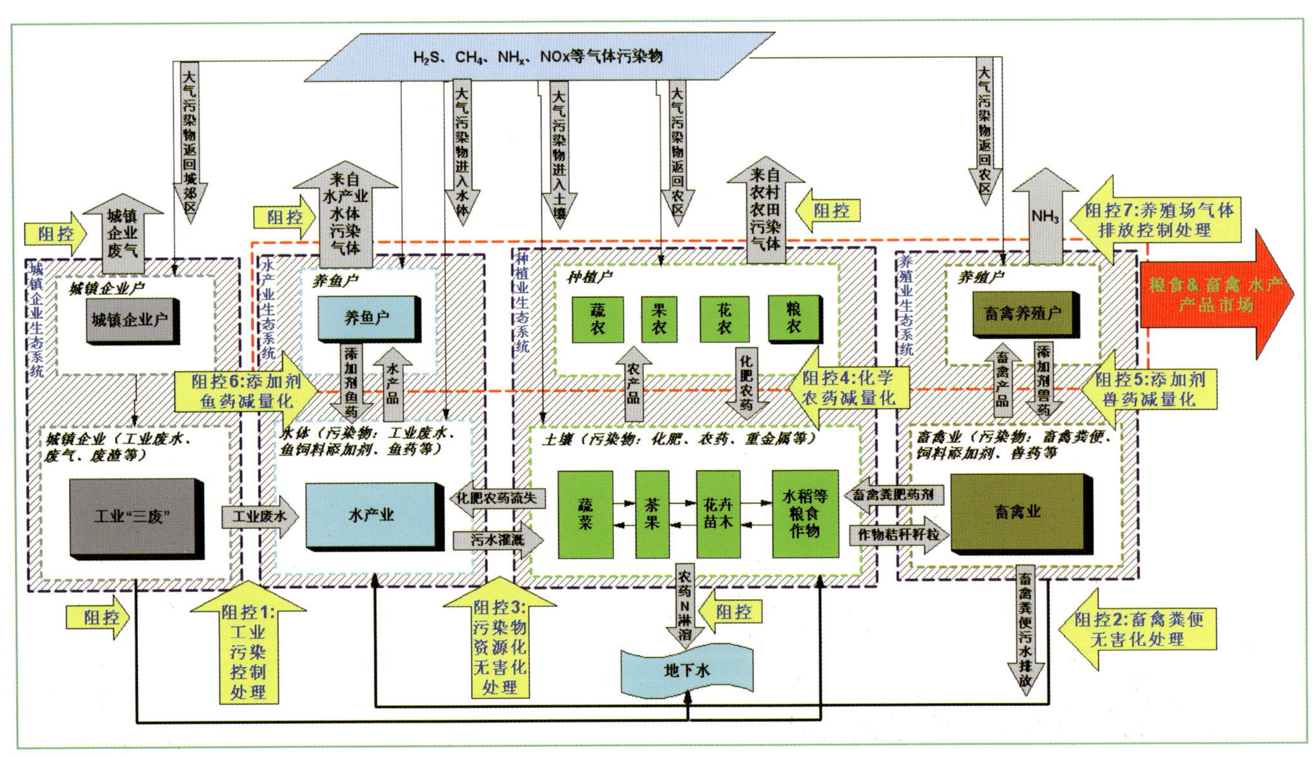

生态系统农业立体污染循环链关系及组控点示意图

王小彬　章力建　蔡典雄　金轲

污水横流
河道淤泥
江水变黑
水体富营养

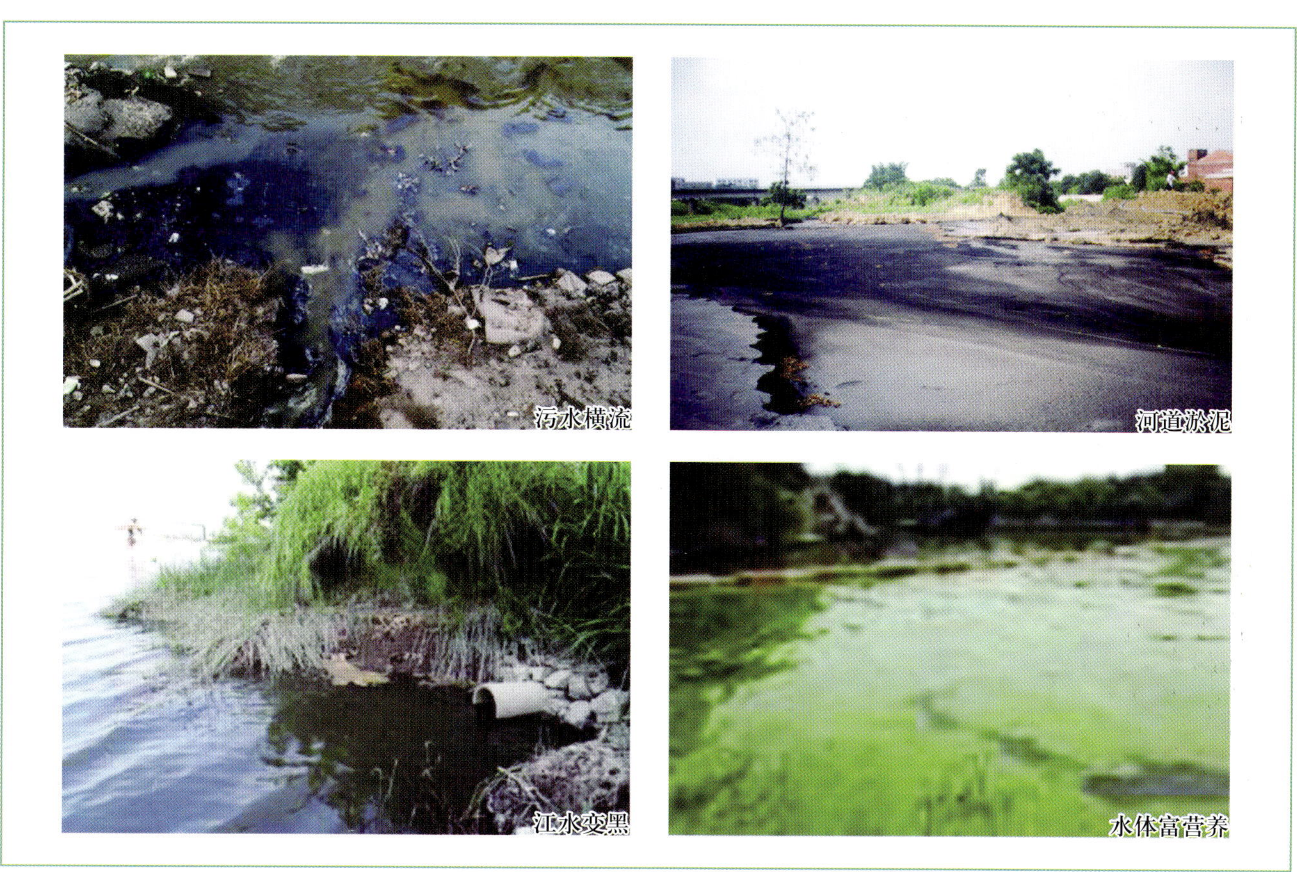

农业立体污染状况（水）

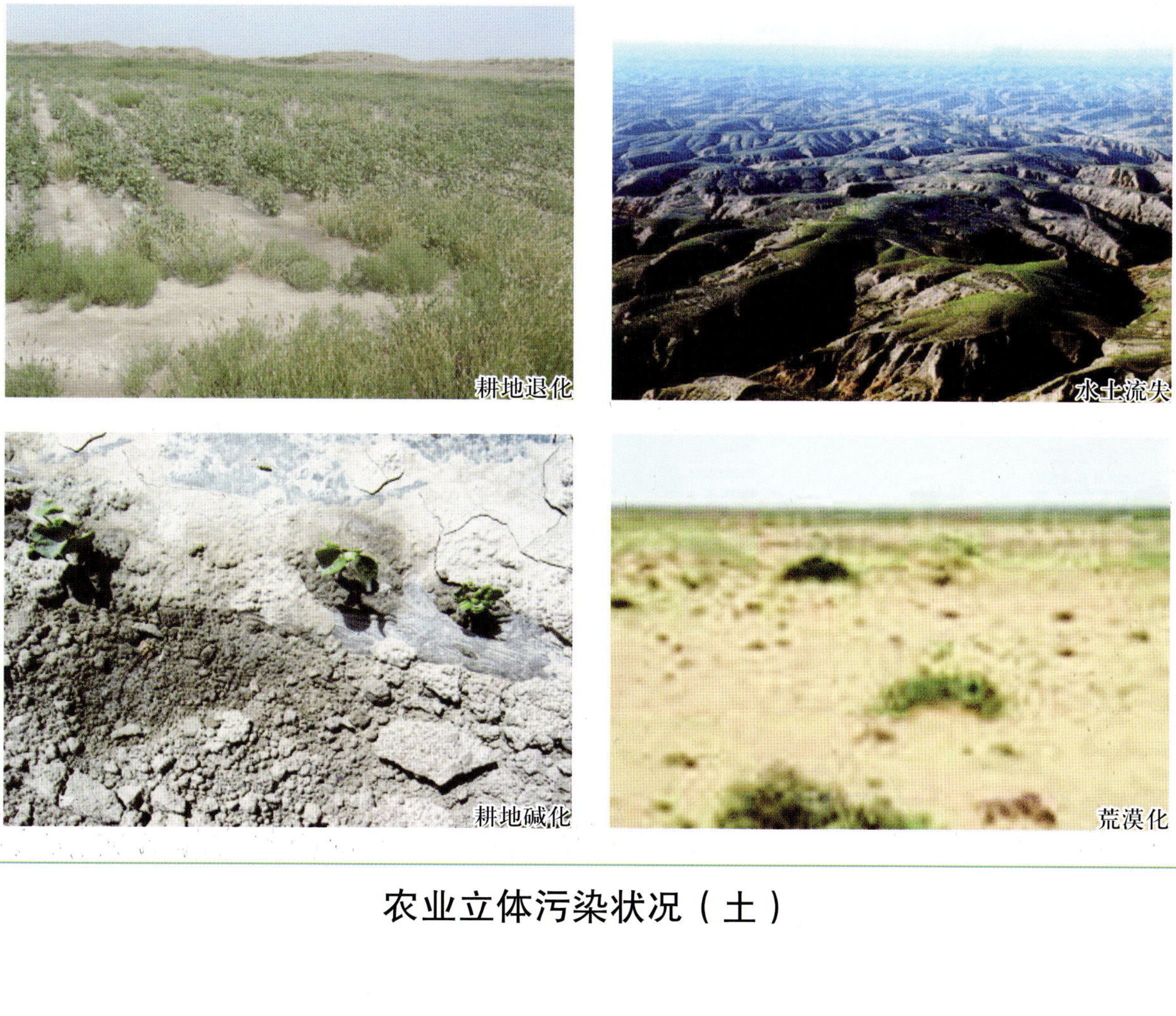
耕地退化
水土流失
耕地碱化
荒漠化

农业立体污染状况（土）

工业污水
工业废物
工业废渣
城市垃圾

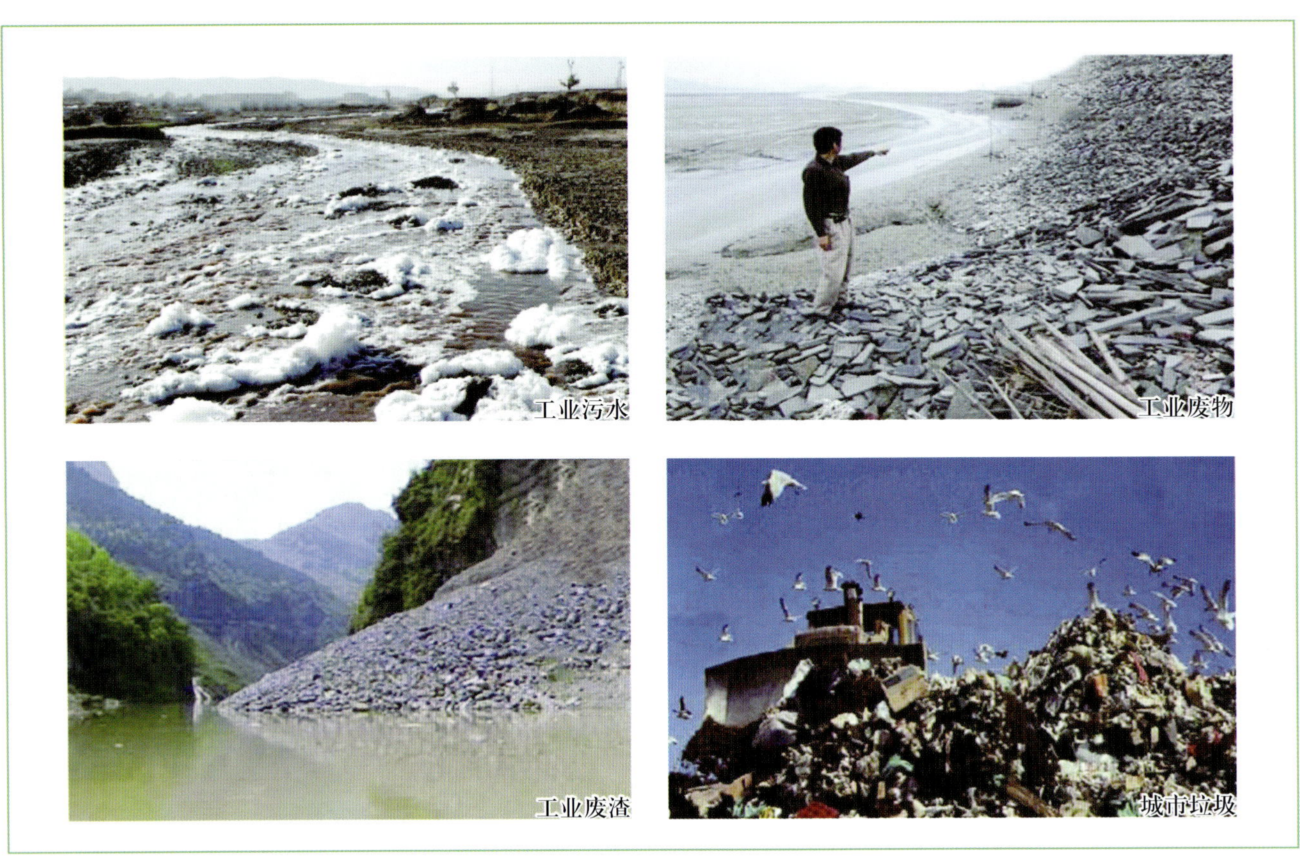

农业立体污染状况

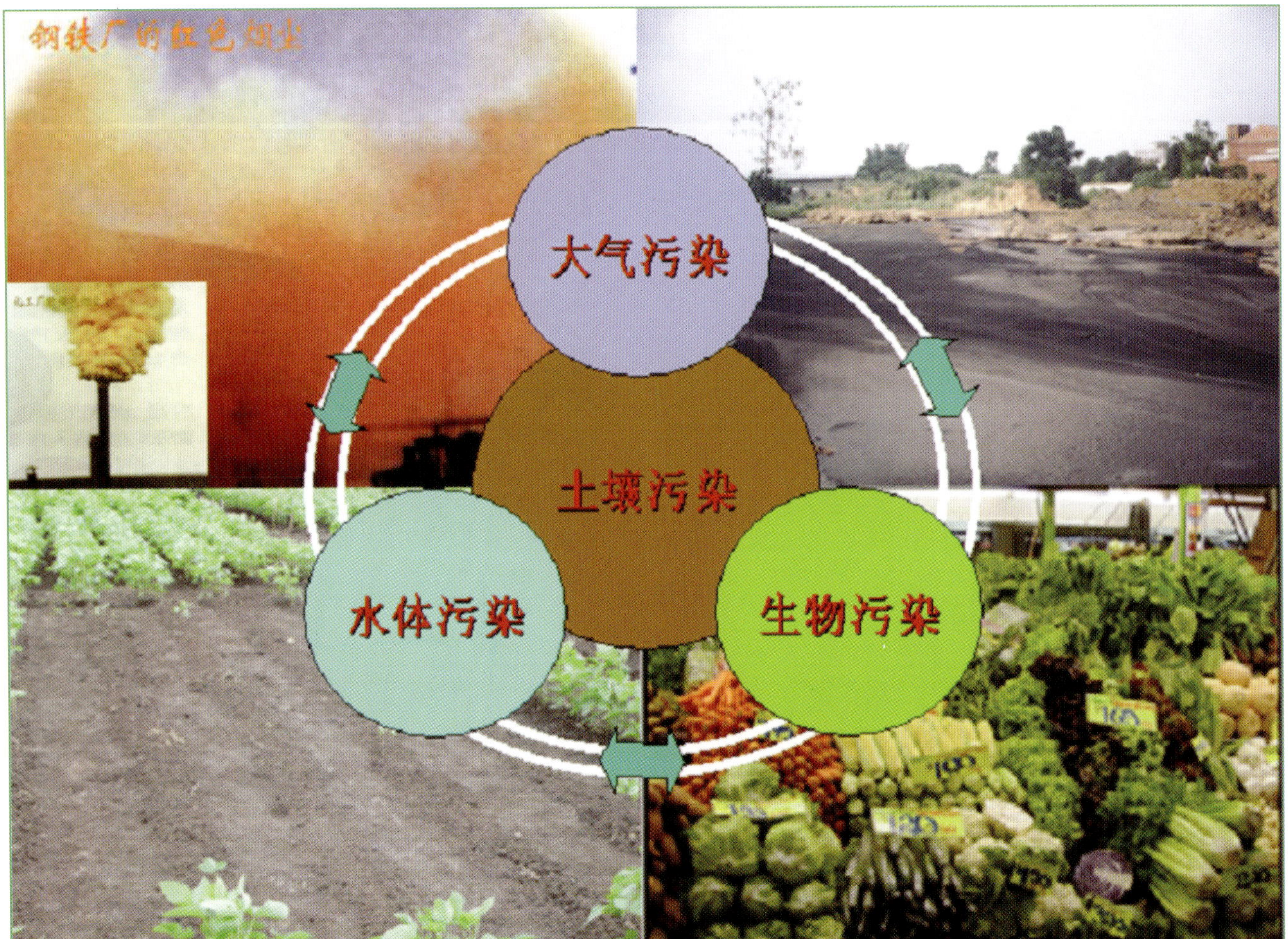
钢铁厂的红色烟尘
大气污染
土壤污染
水体污染
生物污染

农业立体污染状况图

章力建　蔡典雄

综 合 篇

大力发展清洁农业
综合防治立体污染

一、发展清洁农业是确保农产品质量安全的重要途径

“清洁农业”的提出，可追溯到1989年，联合国环境规划署（UNEP）针对日益严重的环境压力，总结20多年来“末端治理”的教训，正式提出了“清洁生产”的概念。我国在1993年提出并推行“清洁生产”，1994年《中国21世纪议程》将“清洁生产”列为重要内容。实行“清洁生产”是可持续发展战略的要求，也是控制环境污染的有效途径。开发和利用清洁的技术，把污染控制由末端治理方法上升为生产全过程控制，实现环境和资源的保护及有效管理，是清洁生产所关注的新思路。“清洁农业”是“清洁生产”在整个农业产业体系中的应用，不仅要求在田间场中实施清洁生产操作规程，还要求农业产业链的各个环节进行清洁操作，最终实现农产品的清洁化供给。

我国农产品质量安全方面的基础工作是围绕“无公害农产品”、“有机食品”和“绿色食品”等展开的，经过多年努力，成效显著。目前市场上的“无公害农产品”、“有机食品”、“绿色食品”等，是针对食品质量安全认定标准进行的分类。“无公害农产品”允许生产过程中限量、限品种、限时间地使用人工合成的安全化学农药、兽药、肥料、饲料添加剂等，它符合国家食品卫生标准，但比绿色食品标准要宽。“绿色食品”的标准范围从允许限量使用化学合成生产资料到较为严格地要求在生产过程中不使用化学合成的肥料、农药、兽药、饲料添加剂、食品添加剂和其他有害于环境和健康的物质。有机食品是根据国际有机农业生产要求和相应的标准生产加工的，生产加工过程中绝对禁止使用农药、化肥、激素等人工合成物质。但是，单纯地追求使用有机肥，操作不当会对农田生态环境和农产品安全产生负面影响。研究表明，目前我国有机肥每单位养分所带的有害元素量普遍比化肥更多。另外，有机肥的产业化加工，商品化流通和跨区域施用过程中，会使存在于有机肥中的有害成分随之不断扩散，有害的病、虫、草源等也会对作物、人体和畜禽构成危害。

因此，在我国农产品质量安全的实际工作中，应加强对这三类产品的生命线——“清洁农业”的本质性把握。按照“清洁农业”的发展要求，在投入品方面，无论是人工合成的还是天然有机的，都应注重质量要求，从源头上引入农产品产地环境中水、土、气、生立体交叉污染的综合防治思路，将我国农产品质量安全体系建立在清洁产地环境和清洁生产资料的基础上，并通过现代农产品供应链中对环境友善的供求关系调控，使农产品由数量型向质量效益型转化，并通过科技集成创新产生一大批“清洁农业”领域科技成果。将“清洁农业”作为生产安全食品的先决条件和农产品质量安全体系建设的生命线，探索一条符合

我国国情的确保农产品质量安全的长效机制。

二、集成创新是当前发展清洁农业的战略需求

“清洁农业”是合理利用资源并保护生态环境，保障农产品质量安全的实用农业生产技术及措施的综合体系。需要采用集成创新的思路，构造有效的技术体系，以实现相互独立但又互补的科技成果对接、聚合而产生的创新。在“清洁农业”的研究领域，综合化、集成化的重要性更为明显。

长期以来，我国“清洁农业”领域的科研工作在一定程度上存在着把单项技术作为研发活动主要方式的现象，缺乏与其他相关技术的有效衔接，致使科技研发活动的效率和科技成果转化率不高。今后应把集成创新作为加强自主创新能力建设的关键，大力促进“清洁农业”技术体系发展。

1. 实施战略集成，确定清洁农业技术集成创新的重点

针对农产品质量安全的战略性重大科技需求，选择具有较强技术关联性的清洁农业项目，集中科技资源，大力促进各项相关技术的有机融合，实现关键技术的集成创新。一方面，将农业立体污染综合防治的思路延伸和渗透到农产品质量安全的生产和管理中，从产品产地环境中的水、土、气、生立体交叉污染循环链接的控制入手（图1），严格规定生产资料及废弃物的标准，形成新型“清洁农业”生产技术体系；另一方面，通过农产品供应链末端消费者的需求导向，由现代农业供应链中龙头位置的超市控制“清洁农产品”供应商及其直属农场和协作农户的农产品质量标准，形成对环境友善的新型农产品安全生产的供求关系。以农产品产地水、土、气、生立体交叉污染综合防治和现代农产品供应链控制农业污染及科技集成创新等思路形成重大战略性与前瞻性项目，将其作为清洁农业技术集成创新的抓手，可带动一大批清洁农业科技项目，以实现自主创新的重大突破。

2. 实施资源集成，夯实清洁农业技术集成创新的基础

集成现有农业科技资源，包括对现有技术、资金、市场和人才等要素进行系统的大规模整合、优化，鼓励高新技术企业与科研单位、高等院校、大中企业建立多种形式的科技经济联合组织，并按要素的效应进行分配，夯实清洁农业技术集成创新的基础。密切关注国内外农业科技资源的最新动向，将各种渠道获得的创新资源组织集成，不断优化创新资源配置。我国农业科学技术的创新主体大都是各自独立的科研单位、大专院校和企业，通过全国创新资源的融合，能使清洁农业技术集成创新保持旺盛的活力。

3. 优化组织机制，提高清洁农业技术集成创新的效率

在技术发展迅速、用户需求变化多端的环境中，要完成复杂的资源密集型农业生产的任务，优化清洁农业的组织机制至关重要。清洁农业应以产业、技术或产品为平台，以计划、项目为主要组织形式，并辅以相应的农业生产技术手段和经济管理手段支撑的集成创新模式，在较短的时期内集成清洁农业生产的相关技术、信息、知识、能力等创新资源，在一个

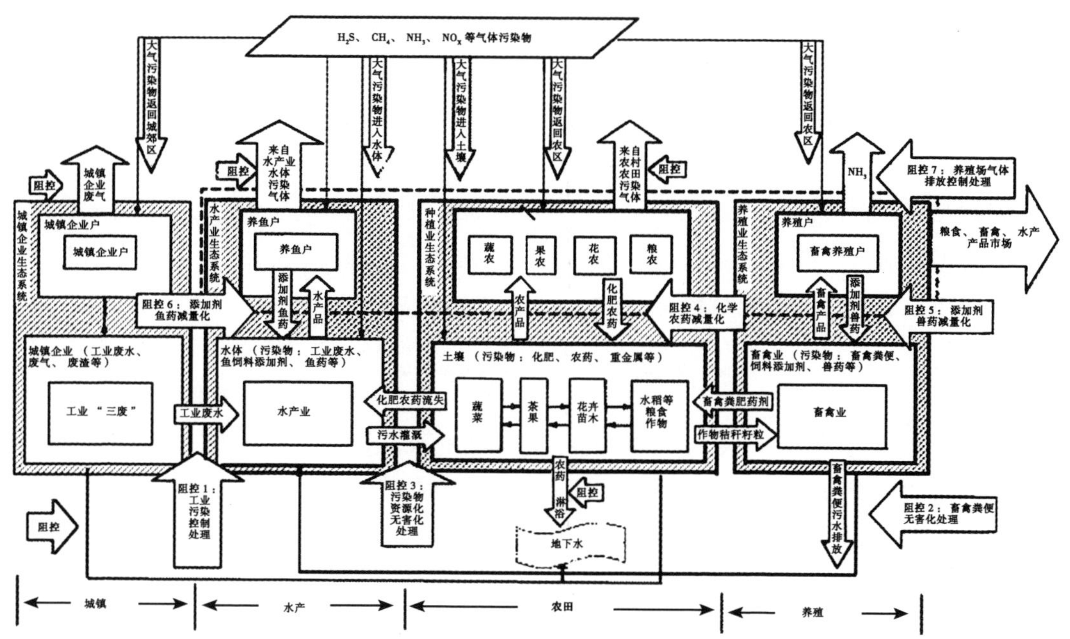

图1 清洁农业中的立体污染综合防控示意图

相对稳定的平台上，实现农产品质量安全体系建设的创新突破。

4. 加强支撑体系建设，改善清洁农业技术集成创新的环境

实现清洁农业集成创新的目标，不仅取决于对农业生产内部资源、人才和技术的集聚力，还取决于对科技单位、金融部门、相关企业、地方政府和当地农民等外部因素的融合力。营造良好的环境，可使清洁农业科技产生协同效应和强化效应。

三、发展清洁农业的关键及对策措施

1. 严格控制农业投入品质量

农业投入品的有害成分是农业生产过程中的污染源，主要通过施肥、用药、灌溉等生产活动导入到农业生产系统，最终危害农产品质量。因此，要严控农业投入品质量。在施肥方面，注重使用无公害环保化肥、复合肥和有机肥，同时，针对有机肥质量难以控制等问题，严格执行有机肥产品质量的行业标准，并确立严格的产品登记和质量检测制度。大力发展和施用无污染的微生物肥料，以提高农作物品质、减少化肥需用量、改良土壤、增加土壤肥力。在用药方面，了解药物成分的明确数据并据此科学指导施用。尽量控制使用污染环境的杀虫剂、杀菌剂、除草剂，倡导选用高效、低毒、低残留新型农药。例如，由常规化学农药添加缓释剂加工而成的长效、缓释、控释农药，可控制、预防有害生物危害，又可最大限度地减轻对环境的污染。在灌溉方面，加强对污水灌溉的管理，严控城市污水、工业废水中排放的重金属、有毒有害有机物及酸碱度等标准，保持农业灌溉用水的清洁度。

2. 有效落实农业生产操作规程

在施肥、用药、灌溉等环节，严控投入品质量，同时针对每一种投入品还应有具体的操作规程。例如，根据土壤养分和作物需要，配方平衡施肥，在规定时间内施用规定的量。根据肥料的种类及理化性质，合理混用化肥，如有机肥与无机化肥的合理混用，提高肥料利用率，并改善土壤结构，防止土壤板结。这些规定要有严格的科学依据，并体现在合法的操作规程中，以减少浪费，降低其对环境的污染，并有效提高农产品质量。

3. 综合防控农业污染，加强农产品产地环境建设

农产品产地环境 水、土、气、生立体交叉污染是工农业快速发展的一个伴生产物，是由不合理的农业生产方式和人类活动引起的，因此在立体污染的防控技术上，一方面要审视以往技术上暴露出来的问题，另一方面要进行科技创新，研究新问题，提出新方法，从而加强农产品产地环境的建设工作。首先，避开地球化学污染的威胁，因为某些地域地壳化学构成异常，有害金属元素如铅、镉、汞、砷、氟等相对富集，造成对环境的污染。其次，产地内在上项目的同时进行“废气”、“废液”、“废渣”治理建设，并达到规定的“三废”无害化排放标准。第三，在畜禽养殖区，进行畜禽粪便无害化处理，防止其对环境的污染，并对产地的大气、土壤、水体定期进行检测，使环境质量达到国家规定的标准。

4. 加强科研、推广、生产之间的链接

以科技集成创新为核心，确保“清洁农业”有旺盛的技术供给源泉。在农药品种方面，要研究高效、低毒、低残留农药替代剧毒性农药，并加强生物防治技术的开发，研究生物基因工程在防治作物病虫害中的应用。在施用技术上，探索科学、合理、安全的农药施用技术。研究农药在农作物中的变化、残留规律，制定农药安全使用标准，规定农作物的安全收割期，常用农药在食品中的允许残留量等。将科研成果的推广建立在高效的平台上，使农业生产中的直接操作者广大农民了解清洁生产的意义和规程，推广对环境友好型农业生产技术规程，从产地投入及环境水平上保障农产品质量安全。

5. 注重体系建设与管理

良好的农业生产行为离不开合理的农产品质量安全的体系建设和科学的管理。“清洁农业”牵涉方方面面，大到国家的农产品质量安全，小到每个农户的意愿，必须有相应的政策体系和管理机制。例如，土壤肥力的清洁提升是农业发展的一种新模式，应贯穿于农业生产的全过程，因此，必须落实宣传政策，改变传统的生产观念，通过多种途径提高农业生产人员的文化和科学技术水平。要加强宏观调控，优化食物安全预警体系，完善配套的食物安全标准。

6. 改善农业科技集成创新的政策环境

完善发展清洁农业的相关法律法规，尤其是知识产权法律法规体系，促进科技成果顺利流通，以推动清洁农业科技集成创新。同时，加强清洁农业基础研究与推广资金保障体系建设，制定多元化的投入政策，在进一步加大国家投入的同时积极引导相关企业和社会资金投

入，采用合适的融资方式利用外资，制定清洁农业科研风险投资政策。强化政府对农产品质量安全科技创新的财税支持，建立补贴、信贷等制度，并实行特殊的税收优惠政策。提高政府的组织协调功能，协调产、学、研三者之间的关系，建立促进农产品质量安全体系建设科技创新体制。

7. 充分发挥现代农产品供应链在防治农业污染中的作用

利用现代化农业供应链中超市的作用，把源于消费者对“清洁农产品”的需求转化为利益动力，传递到整个供应体系中，强化对农产品规格、质量、等级的要求，促进农产品产地污染防治和农产品质量安全标准的实施。同时，超市通过建立优质价格制度、市场准入规定、执行监测制度、可追溯供应体系、专业物流体系等进行制度创新，进一步促进农业污染的综合防控和农产品质量的提升。现代农产品供应链还有利于提高农户组织化程度，促进农户与现代化农产品供应链的联系，从而从组织机制上保证农产品质量和产地环境安全，为我国农产品质量安全体系建设提出新思路。

8. 加强国际交流与合作

发展“清洁农业”，要重视借鉴发达国家在农产品质量安全的管理和体系建设方面累积的方法和经验，学习国外的先进农产品质量安全新理念、经验和技术。与相关国际机构和基金会合作，建立多元化、多层次、多渠道的投资体制，积极争取国际粮农机构、金融组织、国外政府的支持，吸引和利用外资做好我国农产品质量安全工作。同时，政府应出面引导国际交流与合作，借鉴发达国家在农业清洁生产方面的成功经验，制定适合中国国情的操作规程和运行机制。

参考文献

[1] 奚振邦，王寓群，杨佩珍．中国现代农业发展中的有机肥问题．中国农业科学，2004，37（12）：1.

[2] 章力建，顾晓君，朱立志等．实施集成创新战略建立崇明生态岛农业立体污染防控体系［J］．上海农业学报，2006，22（4）：1～5.

[3] 章力建，朱立志．综合防治农业立体污染，全面提升农产品产地环境质量．农业质量标准，2006，6.

[4] 章力建，胡定寰，杨伟民．现代农产品供应链（超市）在农业污染防治中的作用［J］．中国农业科技导报，2007，9（4）：12～16.

[5] 章力建，蔡典雄，朱立志．农业立体污染综合防治研究回顾与展望［J］．中国农业科学—庆祝中国农业科学院建院五十周年专刊，2007，40：247～253.

[6] 张怀福．保持土壤肥力和清洁是农业可持续发展的必然选择［J］．兰州科技情报，2001，6.

[7] 刘素芳．“绿色食品”开发与清洁农业技术［J］．安徽农业大学学报（社会科学版），2002，3.

[8] 陈宗懋，阮建云，蔡典雄等．茶树生态系中的立体污染链与阻控［J］．中国农业科学，2007，40（5）：948～958.

[9] 章力建，蔡典雄，王小彬等．农业立体污染及其防治研究的探讨［J］．中国农业科学，2005，38（2）：350～357.

（章力建、蔡典雄、朱立志、胡育骄）

综合防治农业立体污染
为发展现代农业服务

现代农业要求的是清洁生产、绿色产品和资源循环利用，它的一个显著特征就是在产出方面不仅追求数量，更主要的是讲究质量，要求农业的产出应是安全优质的农产品。然而，农产品的质量取决于生产环境。长期以来，人类活动造成的环境污染越来越严重，其中，农业污染在一部分地区也呈现出严峻的立体化现象，并在环境污染中所占的比重日益增加。造成农业污染这种立体化现象的原因是多方面的，例如，农业生产过程中不合理的农药及化肥施用、不合理的畜禽粪便及农田废弃物处置、不科学的耕种措施、未经处理的工业废弃物在农业上的利用等，这些原因交织在一起，造成了水体－土壤－生物－大气立体交叉的污染，共同形成了水、陆、空循环污染圈。因此，高效且长效的农业污染防治，必须是立体污染综合防治，即针对这种大的循环污染圈中多维污染链上的关键环节设置阻控点，采用科学的一体化综合防治措施，达到全面有效地防治农业污染的目的。因此，农业立体污染综合防治既是发展现代农业的根本保证，也是现代农业建设内容的重要组成部分。

在环境污染问题上，人与自然关系的背后是人与人的关系，表现在两个方面：一是一代内人与人之间的关系，包括环境责任的分担和环境损害的补偿等内容，这是构建和谐社会所要关注的；二是代际之间的关系，即满足当代人的环境需求对后代人满足其需求的能力构成什么影响，这是可持续发展所要关注的。和谐社会是现代农业建设所必不可少的大环境，可持续发展是现代农业产业的科学发展模式。实施农业立体污染综合防治，在解决环境问题的基础上为人类提供更为丰富的安全优质农产品，必将有力推进现代农业的发展。

一、农业立体污染综合防治可为现代农业建设保驾护航

我国农业污染的形势十分严峻，必须采取立体污染综合防治的战略措施，才能显著提高农业污染防控的实际效果，为建设现代农业保驾护航。

采取立体污染综合防治战略，就是同时将防控目标对准四个方面：水体、土壤、生物和大气。目前，来自于这四大方面的污染已形成了不可分割的综合影响力，明显地阻碍了我国现代农业建设的进程。例如，由于不懂科学施肥，氮肥施用量占化肥总用量的80%以上，有2/3以上的氮肥未能被农作物合理利用。多余的化肥通过沉积、流失和挥发造成了土壤、水体、气体并最终导致生物体和动植物产品本身的严重污染。同时，在一些高产地区，每年施药的次数在十余次，每公顷用量高达15kg，一些地区的粮食、畜禽、蜂蜜中，农药含量超标，中毒、污染事故时有发生。再如，随着产业结构的调整以及菜篮子工程的建设，规模化养鸡厂、养鸭棚、养猪场和养牛场等迅速发展起来，使相当一部分畜禽粪便没有形成清洁有机肥回田，也未加无害化处理就排入附近河渠或渗入地下，污染地面水、地下水、空气和

土壤。另外，我国农用薄膜年产量达百万吨，且以每年 10% 的速度递增。随着农用薄膜产量的增加，使用面积也在大幅度扩展，现已突破亿亩大关。无论是薄膜还是超薄膜，不管覆盖何种作物，所有覆膜土壤都有残膜，必将降低土壤的质量。

可以看出，农业污染严重破坏了农产品的产地环境，而且污染链立体交叉，难以防治，最终，这些污染通过水体、土体、气体和生物体导致农产品有害成分的增加，降低了农产品的质量安全性，阻碍了现代农业的发展。

针对农业污染的复杂性和严重性，我们不能再采用“头疼医头、脚疼医脚”的常规污染治理办法，必须实施立体污染综合防治措施，从而为现代农业建设起到有力的保驾护航作用。

实施立体污染综合防治措施，就是同时瞄准水体、土壤、生物和大气四个方面，进行源头预防和全过程治理，以提高资源利用效率和减少污染排放为主线，实施清洁生产、资源综合利用、生态设计和可持续发展融为一体的发展战略。

立体污染综合防治是保持人与自然和谐相处的现代农业增长的迫切要求。它利用自然生态系统物质循环和能量流动规律对污染实施防控，有利于经济系统和谐地纳入到自然生态系统的物质循环和能量流动过程中，形成一种新形态的经济。从生态、社会、经济总体层面来看，立体污染综合防治达到了低费用治污染、低劳耗得资源、低成本创效益的良性生态、社会、经济大循环。这种污染防控方式不仅要求充分合理地利用一切资源，以最少的投入，尤其是最少的化学投入品的使用，获取最多的产出，而且可以造就一个舒适、优美的人居环境和和谐社会，同时也可以保证资源的永续利用和经济的可持续发展，从而保证现代农业的顺利进行。

例如，在立体污染综合防治中，通过现代技术提高利用效率，减少使用化肥、农药、农膜以及农用能源等化工类农业生产资料，可从源头上显著减少污染进入农业系统。同时，只要技术得当，还可以提高生产水平。例如，中国农业科学院“滇池农业面源污染控制”项目的研究表明，滴灌施肥在降低氮肥用量 2/3 的情况下，仍可提高作物产量 30%，同时地下水硝态氮含量降低了 60%。

再如，在生态农业园中，畜牧业与种植业相结合，加上以沼气发酵为主的能源生态工程，将农作物秸秆等田间废弃物和畜禽排泄物能源化，向农户提供清洁的生活能源和生产能源。同时，此类生态工程还将农业动植物废弃物肥料化，向农田提供经过发酵的高效而又清洁的有机肥料，既可以提高农产品产量，又可以逐年提高土壤的有机质含量，确保现代农业的可持续发展，综合效益非常可观。

又如，在立体污染综合防治中，十分重视有机废弃物饲料化利用生态工程。据专家估算，我国目前每年农作物秸秆 6 亿 ~7 亿 t，蔬菜废弃物 1 亿 ~1.5 亿 t，肉类加工厂（包括肉联厂、皮革厂和屠宰场）废弃物 0.5 亿 ~0.65 亿 t，饼粕类 0.25 亿 t，都可以进行饲料化处理，作为现代农业的重要饲料来源，潜力十分巨大（杨邦杰，2005）。

二、发展现代农业必须充分体现污染防控理念

现代农业建设涉及到五个方面的主要内容，即用现代工业装备农业、用现代科学技术武

装农业、由掌握现代科学技术知识的劳动者从事农业、在充分认识和掌握自然规律的基础上可持续地发展农业、采用现代化的经营体系管理农业。

现代农业的一个显著特征就是在高产量的基础上更注重高质量，产出的农产品应是安全优质。因此，现代农业在五个建设内容方面都应高度体现出污染防控理念，围绕立体污染综合防治的思路展开。

首先，现代农业应采用以生物技术为主的高新技术作为立体污染的主要防治技术，具体包括：防治与降解新材料技术、废弃物资源化技术、立体污染阻控技术、无害化和污染减量化生产技术以及关键工艺与工程配套技术等。

其次，在现代农业建设中，应根据我国各地农业生产的特点，分别采用一整套科学实用的技术体系。譬如，在稻田立体污染防治技术体系中，建立稻田环境质量监控体系，开展稻区环境综合整治，实施生态种植与生态防治策略，采用环境友好型生产资料，实施精准化农业和稻田保护性耕作法；在棉田立体污染防治技术体系中，针对棉花是使用石油化学品最多的大田作物，特别是地膜和氮肥的使用严重破坏了自然界的生态平衡，做到按照地膜的规定厚度使用地膜，大力推广应用揭膜灌水和施肥措施，进行土地清洁卫生运动，积极开发替代地膜覆盖的新技术，用高新技术和农艺技术结合多途径开发覆盖新技术新产品，在氮肥使用上采用经济最佳氮磷钾配比优化方案，做到平衡施用，讲究施肥方法，研究开发氮肥缓释剂；在沼气技术体系中，实施沼气发酵能源生态工程，将农作物秸秆等田间废弃物和畜禽排泄物能源化、肥料化，向农户提供清洁的生活能源和生产能源以及经过发酵的高效而又清洁的有机肥料，既可以提高农产品产量，又可以逐年提高土壤的有机质含量。

另外，为了提升现代农业综合生产能力，应以综合防治立体污染为依托，大力提升农业生态系统功能。长期以来，由于我国农业生产方式粗放，造成了严重的资源浪费和生态破坏。今后要树立有利于生态良性循环的清洁生产理念，增加现代农业的内功。例如，通过培育和完善产业链，逐步实现农业生产过程的清洁化和产品的无害化。各地区应根据实际构建农业生态产业链，如“粮食种植—畜禽养殖—畜产品精深加工—废弃物处理再利用”、“畜禽养殖—粪便—沼气（或粪便生化处理加工）—有机肥—无公害农产品生产”等。

参考文献

[1] 房琳琳．立体治污：不做“点”、“面”文章．科技日报，2004－12－29.

[2] 刘雪，傅泽田．我国农业生产的污染外部性及对策．中国农业大学学报（社会科学版），2000年(3)（总40期）．

[3] 张宝莉．农业环境保护．北京：化学工业出版社，2002.

[4] 张雪梅．传统农业改造中的环境污染及其管理对策．经济问题，1998（11）．

[5] 章力建，蔡典雄，王小彬，张建君，金轲．农业立体污染及其防治研究探讨，中国农业科学，2005，38（2）：350～358.

[6] 章力建，蔡典雄．治理农业污染必须抓“链条”．科技日报，2004－12－29.

[7] 章力建，董红敏，蔡典雄，李玉娥．“农业立体污染”不容忽视．农民日报，2004－12－30.

[8] 章力建，王庆锁，侯向阳．中国西部生态农业发展方略．气象出版社，2004.

[9] 章力建，朱立志．农业立体污染防治中循环经济的运作机制及模式．农业技术经济，2005（5）．

[10] 章力建，朱立志．我国农业立体污染防治对策研究．农业经济问题，2005（2）．
[11] 朱立志．德国农产品技术性贸易壁垒研究．农业经济问题，2004（3）．
[12] 朱立志．生产阳光经济原料以实现农业新价值．两岸环境保护政策与区域经济发展研讨会论文集，2003 年 10 月，我国台湾省新竹市．

（章力建、朱立志）

农业多功能性及其在农业立体污染中的应用

一、农业多功能性的内涵

农业除具有产品功能外，还具有在市场无法进行交易的生态服务功能。对各种生态服务功能予以正确的认识，有助于提高决策者以及全体国民对农业重要性的认识，对农业投资、发展做出合理、科学的决策。特别是对我国农业环境净化功能与环境容量的研究，对于我们合理防治农业立体污染，促进我国农业的进一步深入可持续发展，具有非常重要的意义。

1. 农业多功能性的概念

国内外发展历史证明，农业发展是一个国家或者地区发展和繁荣的根本，人类生活、生产以及生存都离不开农业的支持。随着人类社会实践和认识水平的不断提高，以及生产力水平的提高，农业整体功能也在不断发生变化。特别是剩余农产品和剩余劳动力的产生，使农业由单纯地满足人类简单的食物需求转变为推动人类社会进一步发展的基础产业。但是在工业化、城镇化水平不断提高的进程中，随着产业结构的演进和社会结构的变迁，农业在经济结构中的相对份额呈下降趋势，农业的地位面临诸多挑战与发展困境，致使农业传承传统文化的根基不断丧失、生物多样性丧失、生态环境稳定性不断下降。由此进一步促使人们重新审视当代农业的多种功能价值，农业的生态、社会和经济功能开始同时进入人类视野，并且日益引起人们的关注。

关注农业多功能性最早的国家是日本，20 世纪 60 年代以来日本粮食自给率不断下降，由于高度城市化使日本农业后继无人，农村活力衰退，农业无法实现与国民经济的协调发展。日本为了保护本国农业特别是水稻生产，就提出了“稻米文化”的概念，开始研究农业生产具备的社会、文化和经济、环境功能。日本于 1999 年颁布《食物・农业・农村基本法》，提出了食品稳定供应、农业多功能、农业可持续发展、农村振兴的四个理念和农产品自给率目标，以便唤起和强化国民对农业重要性的认识。坚持农业多功能的发挥和保护农业多功能价值，以此为依据加强对农业的支持和保护，保障农业和农村经济的持续稳定增长，实现生物和文化的多样化发展，支撑其他多种产业的发展。

1992 年联合国环境与发展大会首次对农业多功能性进行了描述，认为农业的功能不仅在于单纯地向人类提供食物，而且在保持人类文化和生态环境方面都发挥着重要作用。农业的内涵获得了补充和说明，为农业发展奠定了思想基础。

1999 年，法国通过立法制定了本国农业发展战略，主导思想就是发挥农业的多功能性。实施的基本方式是国家和农民签订为期 5 年的土地经营协议。对于农业生产者，不仅有关于农产品产量、质量方面的要求，还包括自然景观、生物多样性保护、环境整治、水资源、就业、文化和社会平衡等方面的要求；政府依据这些标准确定资助强度，引导农业开发活动健康发展，并保证对农民提供持续的支持和社会保障。事实上，法国通过这种政策的实施，从多个角度说明了农业具有多种功能。

同年，欧盟委员会通过《欧盟2000年议程》，除了采取市场和收入政策继续强调保证欧盟农业在国际上的竞争力外，突出强调了农业的多功能性和可持续性，以此确保欧盟农村的未来发展。欧盟共同农业政策调整和改革在朝着贸易自由化方向发展的同时，突出了非贸易关注和农业多功能对整个欧洲地区社会经济发展的影响，包括支持就业、环境保护、保护消费者利益等方面的积极作用。

2000年国际非贸易关注大会提出每个国家都享有追求农业非贸易目标的自主权，这些非贸易目标包括实现农村地区社会经济的可持续发展，实现本国的粮食安全和环境保护目标等。但是如果只靠市场力量，可能就会导致不具备比较优势的国家和地区丧失农业的发展，难以发挥农业的生态和社会功能，进而造成本国社会、经济和环境的全面失衡。因此该大会认为应该在WTO农业贸易谈判中，承认并保护在各国特定的生产条件、历史和文化背景基础上发展起来的不同农业类型。该次大会充分表明了虽然很多农业出口大国对农业多功能的认识不一致，但是农业具备多项功能的价值已经在国际上形成了共识。

根据各国的研究和实践，农业多功能性主要是指支撑和帮助完成人类生命过程的来自农业生态系统的物流、能量流和信息流，也即人类能从农业生态系统中获得的直接和间接利益，包括农业生态系统提供的各种产品和生态过程中形成的维持生命系统的环境条件和效用。农业的多功能性主要体现在社会、文化、经济、环境等方面，实际上农业除具有提供粮食和其他农产品的功能之外，还发挥着防止洪涝灾害、涵养水源、防止土壤侵蚀和水土流失、处理有机废弃物、净化空气、提供绿色景观和自然景观，以及继承传统文化等多方面的功能。农业的多功能性决定了农业是一个特殊的、需要保护和发展的产业。

2. 农业多功能性的基本属性

农业生态系统是人类有目的地利用生物与非生物环境之间、生物种群之间相互作用的规律，建立合理的生态系统结构和高效的生态功能，进行物质循环、能量转化和信息传递，以及按照人类需求进行物质生产的综合体系，它具有自然和人工生态系统的特点。

首先，农业生态系统具有自然生态系统服务功能的共性。①整体有用性，就是说生态资源的使用价值是各个组成要素综合成生态系统之后，才能发挥出来的有用性；②用途多样性，就是指农业生态系统的服务功能是多样化的，但其作用的发挥具有大小之分，其效用也是多样化的。

其次，农业生态系统又是一种人工和自然复合而成的生态系统，因此提供的服务功能又存在着自身的特性。①相对于自然生态系统来说，农业生态系统服务功能具有更强的空间固定性。农业生态系统服务功能随着栽培方式、耕作制度及季节的变化而变化，具有明显的时空限制。农业生态系统的使用价值只能在相应的可影响范围内发生作用，通常仅在一个较小空间尺度和有限时段内有效提供某种生态系统服务功能；②农业生态系统受人为影响更大。由于农业生态系统的人工特点，决定了其提供服务功能的能力高低与人类农业生产方式、投入水平和管理水平密切相关；③农业生态系统服务功能的多样化不及自然生态系统。农业生态系统主要提供人类所需的产品，其他形式的服务功能是农业生产的外延；④农业服务功能的效用边界更易界定，具有某种程度的私人物品特性。农业区域以及农业生产类型都是由人类决定的，因此其提供的服务功能具有明显的区域特点，其效用边界更易确定，不同于自然生态系统提供的服务功能具有明显的非排他性和非竞争性；⑤农业服务功能具有易变性和脆弱性。农业生态系统是人工和自然复合而成的系统，其服务功能的持续有效性和人类需求密切联系，农业生态系统运行既要遵循自然生态规律，又要服从社会、经济的共同需要。因此，为获得最多的符合市场需要的农产品和最大的经济效益，农业生态系统结构及生态过程的变动性远高于自然生态系统，且农业系统主要由一个或少数几种作物种群及田间相关生物构成，营养结构简单。农业生态系统这种易变性和单一的作物结构模式，导致了农业生态系统对人类管理活动的依赖性很大，不可能像自然生态系统那样长期有效地提供服务功能，因此具有明显的脆弱性；⑥负面影响更为直接和广泛。农业生态系统服务功能更易受到人类干预和影响，一旦人类干预过度或者干预出现问题，其负面影响要远大于自然生态系统，农业生态系统面临的社会、环境和经济问题更为复杂和困难，其影响更为直接和广泛。

总之，农业生态系统是人类为了满足生存需要，积极干预自然，利用农田生物与非生物环境之间以及农田生物种群之间的关系来进行人类所需食物和其他农产品生产的生态系统，是一个在人类参与及主宰下的，由社会、经济和自然结合而成的，具有多种经济、生态、社会功能和自然、社会双重属性的复合生态系统。

3. 以农业多功能性为核心的现代农业特征

随着生产力水平的不断提高，农业生产也经历了由原始农业、传统农业向现代农业的发展阶段。特别是第二次世界大战之后，高度机械化和人工化的现代农业造成了自然资源急剧消耗，环境资源受到严重破坏和污染，致使农业生态系统各项功能价值（尤其是服务功能）大大减弱。因此，为保护农业生态系统，发挥其多样化的服务功能，农业生产已经进入了以保护和发挥农业生态系统服务功能为核心的现代农业阶段。有机农业、绿色农业、生态农业、可持续农业、循环农业、系统农业等都是恢复和保护农业多功能价值的农业生产方式。

以农业多功能为核心的现代农业，就是以生态经济学原理为指导，要求农业生产要按照生态经济系统自身特点使用各种经济、技术和社会手段和措施，一方面要获得更大的经济效益；另一方面，保持和改善农业区域的自然生态平衡，维持和保护农业的各项功能价值，实现农业的可持续发展。总的来看，现代农业要具有如下特征。

第一，实现经济规律和生态规律的统一。以农业多功能为核心的现代农业，必须在符合经济规律的基础上，遵循生态平衡规律的要求，实现经济、社会和环境的和谐统一。现代农业一方面要遵循农业生态经济系统承载能力有限性的特点，合理适量地采用经济、技术措施，维护生态系统的正常经济运行；另一方面，要根据农业生态系统的具体需要，合理投入各种资源，实现资源的循环高效利用，维持生态系统的完整性。

第二，农业产出内涵更加丰富。就农业提供的服务功能而言，以农业多功能为核心的现代农业延伸了传统农产品的概念。现代农业的产品包括有形农产品、无形产品以及服务。有形农产品包括生活资料和生产资料两个方面，其中用于满足人们基本生活需要的各种农产品的比重在不断减少，用于人们现代消费、工业原料或出口创汇的各种农产品比重在上升；现代农业日益重视恢复和维系生态平衡、保护自然环境等无形产品和服务，使其在农业价值中的比重不断上升，围绕农业发展起来的休闲农业、观光农业、旅游农业等可满足国内外居民消费需求的新型农业，迅速发展成为与农产品生产并驾齐驱的重要行业部门。

第三，农业的社会文化属性不断增强。随着工业化和城市化的快速发展，农业的有形产品对国民经济、农民增收的直接贡献率在下降。但是作为一个民族和国家历史载体来说，农业具有多元化的社会文化意义，特别是许多民族文化起源于农业，因此农业具有传承文化与历史习俗的重要功能，其社会文化属性在不断增强。这种具有深刻文化内涵的农业发展，有力地促进了农业的发展、农民的增收和农村的繁荣。

第四，现代农业具有较高的综合效益。由于农业提供的产品和服务种类越来越被公众认可，农业生产方式日益趋向环境友好型，致使农业资源利用越来越高效，进一步提高了农产品和服务的经济价值、生态和社会效益。因此，现代农业的整体效益较之传统农业，整体效益迅速提高，满足了社会、经济和环境目标需求。

二、以农业多功能为核心的现代农业发展需求

以农业多功能为核心的现代农业发展，主要起因于农产品贸易竞争以及环境保护的需求。考虑到农业的多功能价值，农业贸易双方在利益分配上存在巨大差异，进口国对农业提供的各项服务功能难以通过农产品进口得到满足，尤其是环境保护方面的功能对有些国家或地区更加重要，要求进行贸易保护，以此确保本国或本地区农业生产的可持续发展。

1. 贸易竞争的结果

自由贸易有利于发挥各国的比较优势，优化其资源配置，实现规模经济效益，提高资源利用效率和社会整体福利水平。但这是以经济利益为出发点，没有充分考虑农业这种生态系统具有各项服务功能价值及其对人类社会可持续发展的重要性。

农业生态功能和社会功能的存在，使得农业生态系统具有明显的外部性，农业生产的私人成本、收益和社会成本、收益不一致，这种公共物品特性使其在交易过程中产生了市场失灵，自由贸易中实现的农产品价值不包括其生态收益和社会收益，难以改善贸易双方的总体福利。农产品进口贸易方，由于进口使本国农业正外部性价值无法实现，所以进口在带来贸易利益的同时造成正外部性的损失，导致其整个社会总体福利下降；农产品出口贸易方出口农产品使其农业的正外部性价值得到实现，因此对出口贸易方十分有利。

正是由于农业生态系统的这种特性，决定了农业贸易双方的利益分配存在巨大差异，因此农业是否具有多功能性就成为农业出口国和进口国的贸易争论焦点。对不具有明显比较优势的国家和地区来说，如欧盟、日本和韩国等国特别强调农业的多重功能，强调农业对保护文化遗产、确保粮食安全、保持空间上的平衡发展、保护地面景观和环境具有不可替代的重要作用。这些国家或组织特别重视农业多功能性的研究，并以此指导农业生产，促进农业的可持续发展，要求在联合国可持续发展委员会的决议中，呼吁各国和国际社会加强对农业多功能性的研究，并以此为依据寻求贸易保护，实现本国农业的正外部性，保护本国或者本地区的农业发展。

而美国和凯恩斯集团国家认为，人类活动都具有多重功能，"农业多功能性"这一新概念没有任何理论指导和实践意义，只能被用来作为反对贸易自由化的工具。美国指出"农业多功能性问题是一些国家塞进《21世纪议程》和《罗马宣言和行动计划》中的一块砖，现在想在此基础上建一个庞大建筑来阻碍农产品贸易自由化进程"。农业多功能性概念的提出，是一些国家为了替其农业实行保护政策寻求的理论依据，农业可持续发展概念已包含了农业在环境保护等方面的多重功能，因此农业多功能性概念是他们无法接受的。部分发展中国家也因担心农业多功能性概念可能被发达国家用作环境标准而对其持坚决反对态度。

因此，农业多功能的原始提出基于贸易竞争，即国际贸易中利益受损方为寻求贸易保护，减少损失提出的，目的是保护本国农业发展，促使本国社会福利上升。

2. 环境保护的需要

第二次世界大战后，随着科技水平的发展，农业生产获得了长足进步，但同时也造成了严重的后果。主要表现为（1）自然资源急剧消耗。为提高产量，大量投入机械化设备，导致农业所需的能源和水等资源不断增加，如美国农业生产方式，一年要消耗掉6 000万t石油，如果全世界都采取这种方式，百年时间就会耗竭所有石油；（2）环境遭到严重破坏。由于大量使用化肥、农药等投入品，破坏了土壤结构，同时投入品进入自然循环过程，严重污染了水和空气，进而导致农产品质量下降，严重危害了人身健康。

如果继续发展以经济利益为核心的农业，忽视农业生态系统的多重功能，就会导致负面影响的全面扩散。因此，为防治农业污染，充分发挥农业生态系统自身的生态功能。在这种背景下开展了大量农业多功能的探讨和研究，目的是发挥农业的多样化功能，实现农业环境、经济与社会效益的协调，既维持当代人类更高质量的生活，又保护环境，实现其可持续发展。

3. 相关主体利益最大化

当前很多国家或者地区片面追求农产品产出的最大化，强调由工业生产提供化学肥料等化学品的投入，过分追求农业生产技术和工具的现代化和高效化，忽视农业生态系统本身废弃物的循环利用，这种做法既浪费了资源，增加了购买和处理成本，同时过量化学品的投入又污染了农业生产环境。

农业属于弱质产业，在目前工业化和信息化的冲击下，其利益分配在社会产业部门中处于弱势地位。为农业提供化学投入品的工业部门在上述过程中则获得了极大的利益，而农业部门在此过程中不仅生产成本大量增加、产品品质受到极大的影响，而且其各项服务功能价值也大大减损，致使农业生产的可持续发展能力受到极大的摧残。

因此，拓展农业功能，延长农业产业链条，寻求可持续的替代农业生产模式就成为必然选择。农业多功能理念的出现，进一步扩展了农业从业人员的收益来源，有效弥补了成本上升带来的收益降低，使农业生产获得了最大化的收益。

三、农业多功能性在污染防治中的作用

农业生态环境由于涉及到广大的农村地区，同时又严重影响到城市环境，对人类生存的基本环境质量起着重要的支配作用。然而，随着农业生产中工业性投入的显著增加及对资源的掠夺性经营，加上工业生产及城乡生活废弃物对农业环境的直接和间接影响，农业生态环境问题越来越突出，生态环境的污染源逐步由工业生产为主转到工农并重，形成了“立体污染”。

由于农业生态系统本身是人工与自然复合而成的，其自我修复能力及其稳定性相对较差，一旦受损就会使其提供给人类的各项生态服务功能大大减损。因此，为了减少或减缓对其负面的干预与影响，必须改变现行农业模式，保护和发挥农业多功能，使农业生态系统进入良性循环，降低农业成本，提高农业经济、社会和生态收益。

1. 进行有机物的物质循环与再生利用

农业生态系统会产生大量的有机物，如果使用或处理不当，就会变成严重的污染物。对这些有机物进行处理，改变其在农业生态系统中的物质和能量流动模式，使农业生态系统的服务功能更好地发挥作用。

实现有机物的能源化，减少化石能源的过度投入和使用，保护和维持农业生态环境。在农业体系中，畜牧业与种植业相结合，发展以沼气发酵为主的能源生态工程、粪便生物氧化塘多级利用生态工程，将农作物秸秆等废弃物和家畜排泄物能源化和肥料化，向农户提供生活能源和生产能源，向农田提供经过发酵的高效有机肥料，提高土壤的有机质含量，确保农业的可持续发展。实现农作物的果实、秸秆和家畜排泄物的循环利用，可有效保护农业生态服务功能，减少人类对农业环境的污染。

生态系统氮循环是生态系统提供产品和其他生态服务的重要基础，为自然界的进化和人类社会的发展提供重要的物质基础。在农田生态系统中，通过生物固氮作用、施肥、灌溉、降水和播种等过程给作物生长提供营养，作物吸收氮素后将其转化为人类和动物必需的蛋白质。作物在生长过程中，往往因不合理的施肥和田间水分管理措施，导致氮素通过挥发、径流和渗漏方式损失到环境中，造成地表水富营养化等环境问题（Turner 等，1999；Berntsen 等，2003）。因此，发展和实现农业生态系统有机物的再循环利用，有机物肥料化能明显降低 CH_4排放量；而畜牧场的粪便污水经过适当的净化处理用于农田、绿地的灌溉，或经过好氧或厌氧稳定处理后投加适量的氮磷钾和各种微量元素用作液体叶面肥料，均可实现农业生态系统自身的氮素循环和转化，充分发挥农田生态系统服务功能，会给人类社会带来巨大的生态和经济效益。

2. 合理用水，发挥农田蓄水功能，防治洪涝灾害

当前农业生态系统中良好水循环功能的发挥受到极大的限制，主要是由于农业生产中不合理地使用水资源，破坏水循环，形成了农业水体污染以及由于不合理水循环而造成的水资源短缺。这种污染实际上是人类不合理的生产行为破坏了农业生态系统的水平衡引起的。因

此，必须改变人类用水方式，恢复和发挥农田土壤的蓄水功能，实现水资源的良性循环，防治洪涝灾害。

第一，改变农田灌溉方式，净化水资源，模拟湿地建立农业水资源净化体系。实行农田排灌分开，利用排水渠第一次吸收农业生态系统中流失的氮磷。排水渠终端建设人工湿地生态系统，延长水流滞留时间，通过沉淀、过滤、吸附、离子交换、植物吸收和微生物分解实现对污水的高效净化。经2次过滤可吸收氮、磷80%左右，净化农业生态系统中的水资源，提高水的质量，维持水循环的良性循环。

第二，发展节水农业，实现水资源的高效利用。改变过去传统的灌溉制度，在总量控制的基础上，严格执行定额灌水制度，缩短灌溉周期，加快灌溉速度，减少亩灌溉水量，提高灌水的有效利用率和生产率。充分考虑不同作物生长期的需水规律和作物生长期间的有效降雨及前期降雨等因素，制定经济灌溉定额，实现农作物的高产、高效和优质，保护农业生态环境。

第三，合理安排农业生产模式。不同的农业种植结构直接影响到农业需水量的大小。合理的农业种植结构应该是在基本满足某一区域范围内对粮食、经济作物的市场需求前提下，与当地水资源条件相适应的“适水型”农业种植结构。积极培育耐旱新品种，充分利用天然降水，尽量减少作物对灌溉用水的需要，以便缓解水资源短缺压力。在水量充沛且易发生洪涝灾害的地区，要尽量发展高耗水作物，以便涵养水源，减少流域水流的季节性，降低洪涝灾害的发生或危害程度。在水产养殖的发展上，要充分利用现有水面，大力推广网箱养殖等技术，提倡科学养殖，提高水面利用率。

第四，合理开展污水灌溉。加强乡镇农村和城市工农业生产改造，进一步加大污水处理力度，提高水资源利用率，减少向农业生态环境的污水排放。合理开展污水灌溉，一方面节约水资源，另一方面可充分利用水中营养元素。但污水灌溉应注意避免污染土壤和地下水，应先行开展小区栽培实验，确保安全而后行，最好清污轮灌或混灌，切实将灌溉水中的各种元素控制在环境容量允许的范围内。

用适度污染的水资源进行灌溉可以有效去除污染物对水资源的污染，许多城市郊区稻田采用污水灌溉，可以净化污水中污染物，减少污染处理费用。刘剑彤等（1999）研究指出，水稻对漫灌污水中总氮的去除率可达到84%。宋祥甫等（1998）研究认为，水稻可以去除富营养化水体中的氮和磷，其中凯氏氮的去除率为29%～58.7%，总磷的去除率为32.1%～49.1%。

农田生态系统的水调节主要表现在农田灌溉消耗地表或地下水资源、排水补充地表水资源、田间渗漏补充地下水资源，同时农业生态系统中水资源的储蓄，具有类似湿地的功能，使其具有极强的去除水资源中污染物的功能。由于田埂的存在，农田生态系统在夏季暴雨期间还具有调蓄洪水、缓解洪峰的功能。

3. 进一步提高生物多样性，充分发挥其生物防治与降低农业立体污染的功能

在水体—土壤—生物—大气的农业立体污染循环链中，只有通过控制整个“立体污染”的循环链，阻断农业污染的往复循环和互为因果的各个环节，才能从根本上解决农业污染。由于在农业立体污染的土壤—水体—大气—生物循环图中，生物尤其是植物和土壤微生物在

这个立体污染的循环链条中处于核心地位，因此必须保护农业生态系统的生物多样性，充分发挥生物技术在治理环境污染中具有低成本、自调节能力强、绿色环保等优点，改善农业生态系统的物种生境，丰富物种，利用生物的生命代谢活动减少存在于环境中的有毒、有害物质或使其完全无害化，使受污染的环境能部分或完全恢复到原始状态的过程，实现生物修复，提高农业生态系统的自我调节能力。

良好的农业生态系统具有丰富的物种资源，维持生物多样性本身又是农业生态系统的一项重要服务功能，农田物种的丰富度及遗传多样性不仅是这一服务功能的体现，还可以影响生物控制、传粉等其他服务功能的形成。多样化的作物物种可以提供多样化的农产品和轻工业原料，表现出多样化的产品服务功能。同时，农田物种丰富度对环境服务功能也有深刻影响。在一定响应范围内，生态系统年平均初级生产力和保持营养元素的能力随物种数目增加而增加，土壤有机物质分解的速度随土壤微生物种类的增加而增加。此外，人类的创造力可以培养和创造出更多的物种，实现更多物种之间的相互作用和相互影响，提高系统中能量流和物质流转化和循环效率，影响生态过程中关键物种的丰富度，从而进一步丰富农业生态系统的物种丰富度，并为自然界提供更多的基因。总之，丰富的生物多样性可有效控制农业立体污染，促进农业生态系统的良性循环。

4. 合理利用土地资源，保持土壤生态的动态平衡，防治土壤侵蚀

土壤是所有生态系统赖以存在和维持的根本，一旦破坏其结构和功能，就会导致其生态系统失衡，服务功能难以发挥。作为人工和自然复合的农业生态系统，一旦土壤遭到污染或发生土壤荒漠化和流失，其生态系统服务功能就会受到严重减损。因此，必须维持农业土地合理利用与土壤生态系统的健康。

农业土地的合理利用，就是根据土地生态平衡的原理，调整农、林、牧、副、渔等用地布局，因地制宜调整种植业内部结构，做到养地和用地相结合，充分发挥土地的生产潜力，为人类提供良好的生态服务。土地合理利用的结构和模式随着自然条件、社会经济发展以及科技水平等因素的变化会不断发生变化，不同的土壤生态系统在不同的历史发展阶段，有不同的平衡状态。随着人类社会的发展，原来生态稳定状态的功能会逐渐不能满足人类的物质需要，人类就必须打破原有平衡状态，形成功能更多、更完善的平衡状态。

农业用地具有一定的自我调节能力，一旦土地使用超过了其生态阈值，就会造成农业生态系统的破坏。因此必须根据各地情况，合理使用土地资源，保持土壤容重，减少土壤侵蚀，维持土地的营养结构和生产力，提高有机物的生产，实现农业生态系统的结构与功能的完善、物质和能量循环转化的顺畅，最终保护和提高土地质量，实现农业用地的动态平衡。

维持农业生态系统的土壤结构和功能，关键就在于维持和保护土壤的有机质含量，提高土壤肥力。土壤有机质指存在于土壤中的所有含碳的有机物质，主要包括土壤中的各种动、植物残体，微生物体及其分解和合成的各种有机物质（杨景成等，2003）。它含有各种营养元素并影响养分循环，同时土壤有机质能改善土壤结构稳定性，影响土壤保水能力、阳离子交换能力、pH 值等土壤理化和生物学特性（Peverill 和 Judson，1999）。同时，土壤有机质还是陆地生态系统重要的碳源，对全球碳素循环的平衡起着重要作用。土壤有机质含量及其

动态主要取决于土壤中有机质输入与降解之间的平衡。农田生态系统中土壤有机质的输入主要包括施加有机肥，收获后残留在田间的植株地下部分和部分秸秆作为有机质输入土壤。农田土壤有机质输出途径包括水淹环境下稻田土壤向大气排放 CH_4 和土壤中微生物呼吸向大气排放 CO_2 消耗土壤中有机质（徐琪等，1998）。

因此，实现土壤的合理利用和有机质的培育和积累，通过耕作培肥土壤，提高土壤蓄水保水能力，增强抗季节性干旱能力，减少水土流失。增加有机肥施用量，把作物秸秆和各种废弃物经过处理进行回田，提高土壤肥力，改良土壤，维持土壤肥力，降低耕地土壤侵蚀模数、径流系数，增强其防治土壤侵蚀的能力，进而实现农业生态系统的良性循环。

5. 减少二氧化碳等温室气体排放，减缓温室效应与气候变化

生态系统中的绿色植物通过光合作用可以固定大气中的二氧化碳，并且在生物生产过程中调节着大气的氧气变化，保证地球上生命活动的基本气候条件。因此良性循环的农业生态系统通过自身植物的光合作用、动物活动和微生物的分解作用，实现固碳吐氧，调节大气平衡。

调节大气平衡，最重要的就是合理确定农田耕作模式，减少人类对农田调节气候能力的负面影响。冬水田生态系统在很大程度上影响着温室气体的排放量，而水旱轮作可有效减少 CH_4 排放。因此，改变耕作模式，就可以有效提高农田调节气候的能力。另外，改变人类在农业生态系统中农药和其他农用资源的投入量和投入方式，可大大降低农业内源污染（N_2O、挥发性农药等）的排放。此外，及时处理养殖和加工业带来的废弃物，改变作物收获季节秸秆焚烧行为，也能够大大降低 CO_2 的排放量。因此，应动员全社会力量共同进行环境治理和保护工作，严格执行国家有关环保法规和标准，控制含有重金属的有害气体和粉尘的超标排放。

6. 发扬传统文化，提高科技应用能力，树立生态农业意识

农业生态系统的污染和破坏与农民环保意识不强是密切关联的。由于农民过度依靠对资源的掠夺性利用，对过度使用农药化肥、焚烧秸秆、随意排放畜禽粪便和生活垃圾、生活污水等对生态环境破坏程度认识不够，环保意识落后。加之相关决策者为迅速提高经济效益，追求短期经济成果，盲目引进生物品种和不适宜的农业技术，破坏了农业生态系统的平衡，极大地限制和破坏了农业服务功能作用的发挥。因此，积极更新观念，实现农业生态系统的平衡，就成为发挥农业生态系统服务功能作用的重要内容。

我国作为具有悠久文明历史的国家，农业本身承载着许多优秀的文化元素，如土壤水分的保持、养分返还和生物治虫等农业生产方式都是我国农业发展的重大成就，它们被誉为“有机农业之母”，这些都是我国充分发挥农业服务功能，保持农业生态平衡的基础。伴随着农业文明的高度发展，我国的传统文化蕴涵了朴素积极的生态经济思想，如“土”、“壤”分离，保持“地力常新壮”等思想，均孕育着非常深刻的生态平衡机理。因此这些历史传统文化和生产模式如果得以继承，就可以有效维持农业生态平衡，促使农业生产中社会、经济和环境的协调发展，防治农业污染。

因此，积极开发农业文化资源，发挥农业的文化教育功能是十分必要的。农业生态系统

通过其景观功能，充分体现和传承了农业文明中保护环境和珍惜资源以及追求和谐社会的思想。提高全民对农业面源污染的认识和自觉参与防治污染的意识，引导和规范农民的生产生活行为方式，鼓励企业和农民采取环境友好技术，积极促进相关主体参与环境友好型生产模式的研究和应用，使农业生态系统的多种服务功能获得充分发展和完善，是解决农业立体污染的思想基础。

参考文献

[1] Altieri MA. The ecological role of biodiversity in agroecosystems. Agriculture. Ecosystems and Environment, 1999, 74: 19 ~ 31.

[2] Barbier EB. Valuing environmental functions: tropical wetlands. Land Economics, 1994, 70: 155 ~ 173.

[3] Bindraban P, Griffon M, Jansen H. The "Multifunctionality" of agriculture: recognition of agriculture as a public good or position against trade liberalisation? http: //www. Ptt. fi/eaae-njf/burrell. pdf.

[4] Brookfield H, Stocking M. Agrodiversity: definition, description and design. Global Environmental Change, 1999, 9: 77 ~ 80.

[5] Clawson M, Knetsch JL. Economics of outdoor recreation. Johns Hopkins University Press, 1966.

[6] Cairns J. Recovery and restoration of damaged ecosystems. Charlottesville: University press of Virginia. 1997, pp185 ~ 194.

[7] Daily GC, et al. Nature's service: societal dependence on natural ecosystems. Washington DC: Island Press, 1997.

[8] Doran JW, Zeiss MR. Soil health and sustainability: managing the biotic component of soil puality. Applied Soil Ecology, 2000, 15: 3 ~ 11.

[9] Gerrit F. The concept of multifunctionality and negotiations on agriculture in the WTO. http: //www. cedla. uva. nl/pdf/The Concept of Multifunctionality, Gerrit Faber. pdf.

[10] Maille P, Mendelsohn R. Valuing ecotourismin Madagascar. JEnvironMgmt. 1993.

[11] Michael D. K. Identifying ecosystem services using multiple methods: lessons from the mangrove wentlands of Yucatan. Mexico, Agriculture and Human Values, 2000, 17: 169 ~ 179.

[12] Pimentel D. *et al*. Conserving biological diversity in agricultural and forestry systems. Bioscience, 1992, 42: 354 ~ 362.

[13] Robert C, *et al*. The value of the world's Ecosystem Services and Nature Capital. Nature, 1997: 253 ~ 260.

[14] Robert C, Mageau M. What is a healthy ecosystem?, Aquatic Ecology, 1999, 33: 105 ~ 115.

[15] Smith B, Waltner TD, Rapport D, *et al*. Agroecosystem health : Analysis and assessment. Guelph, Ontario: University of Guelph, 1998, pp1 ~ 14.

[16] Turner RK. Economic sandwetland management. Ambio, 1991, 20 (2): 59 ~ 61.

[17] Van Elsen T. Species diversity as a task for organic agriculture in Europe agriculture. Ecosystems and Environment, 2000, 77: 101 ~ 109.

[18] 曹凑贵．生态学概论．北京：高等教育出版社，2002.

[19] 盛连喜等．环境生态学导论．北京：高等教育出版社，2002.

[20] 董全．自然生态过程对人类的贡献．应用生态学报，1999 (2)：233 ~ 240.

[21] 郭中伟等．生态系统调节水量的价值评估—兴山实例．自然资源学报，1998 (13)：242 ~ 248.

[22] 李双成等．环境与生态系统资本价值评估的区域范式．地理科学，2002（6）：270～275.
[23] 李金昌等．生态价值论．重庆：重庆大学出版社，1999.
[24] 马中．环境与资源经济学概论．北京：高等教育出版社，1999.
[25] 敖登高娃等．草地生态系统服务功能及其生态经济价值的综述．内蒙古草业，2004（3）：46～51.
[26] 欧阳志云等．中国陆地生态系统服务功能及其生态经济价值的初步研究．生态学报，1999：607～613.
[27] 谢高地等．全球生态系统服务价值评估研究进展．资源科学，2001（11）：5～9.
[28] 谢高地等．中国自然草地生态系统服务价值．自然资源学报，2001（16）：47～53.
[29] 辛琨等．海南省生态旅游价值估算研究．海南师范学院学报，2005（3）：81～83.
[30] 许建民．黄河三角洲湿地生态评价与保护利用对策研究．中国农业资源与区划，2001.
[31] 蔡明华．水稻田生态环境保护对策之研究．农田水利，1994（41）：10～13.
[32] 郭新波．红壤小流域土壤侵蚀规律与模型研究．浙江大学博士学位论文，2001.
[33] 肖玉，谢高地，鲁春霞，丁贤忠，吕耀．稻田生态系统气体调节功能及其价值．自然资源学报，2004（19）：617～623.
[34] 肖玉，谢高地，鲁春霞．稻田生态系统氮素转化经济价值研究．应用生态学报，2005（16）：1745～1750.
[35] 徐琪，杨林章，董元华等．中国稻田生态系统．北京：中国农业出版社，1998.
[36] 邹建文，黄耀，宗良纲，郑循华，王跃思．稻田 CO_2、CH_4 和 N_2O 排放及其影响因素．环境科学学报，2003（23）：758～764.
[37] 梁留科．中德土地生态利用比较研究及其案例分析．浙江大学博士学位论文，2002.
[38] 吕志轩．农业清洁生产的经济学分析．山东农业大学博士学位论文，2005.
[39] 高中琪．长江三峡库区生态农业模式及其技术体系．北京林业大学博士学位论文，2005.
[40] 靳明．绿色农业产业成长研究．西北农林科技大学博士学位论文，2006.
[41] 朱万斌．农业生态系统生产率的概念、计量方法与应用研究．中国农业大学博士学位论文，2005.
[42] 张峰．北京市郊区可持续景观生态规划及优化生态生产方式研究——以昌平区为例．中国科学研究院博士学位论文，2004 年.
[43] 周上游．农业生态安全与评估体系研究．中南林学院博士学位论文，2004.
[44] 章力建．从立体角度防控农业污染．人民日报，2005－6－6.
[45] 章力建，侯向阳，杨正礼．当前我国农业立体污染防治研究的若干重要问题．中国农业科技导报，2005（7）：3～5.
[46] 杨修，章力建等．农业立体污染防治的生态学思考．生态学报，2005（4）：904～909.
[47] 章力建，张志芳．现代生物技术在农业立体污染防治中的作用．生物技术通报，2005（1）：24～28.
[48] 章力建，蔡辉益等．饲料工业中立体污染防治技术对策与技术研究．中国饲料，2005（11）：5～8.
[49] 郑时选等．沼气技术在农业立体污染防治中的作用．中国沼气，2005（23）：52～53.
[50] 郭荣君等．土壤农药污染与生物修复研究进展．中国生物防治，2005（8）：129～135.
[51] 程晓霖等．中国水资源利用及管理现状分析．农业经济，2006（4）：39～40.
[52] 刘凌，夏自强，姜翠玲等．污水灌溉中氮化合物迁移转化过程的研究．水资源保护，2000（4）：3～6.
[53] 宋晓焱，尹国勋，谭利敏等．污水灌溉对地下水污染的机理研究．安全与环境学报，2006（6）：136～138.
[54] 鑫裳．环境土壤学．武汉：华中师范大学出版社，1985.

[55] 方正成，李明武．城市污水灌溉对地下水水质的影响分析．江苏环境科技，2004（17）：29~31.
[56] 刘凌，陆桂华．含氮污水灌溉实验研究及污染风险分析．水科学进展，2002（13）：313~320.
[57] 邵青．EM 对生活污水中有机物降解能力的研究．中国农村水利水电，2001（3）：16~18.
[58] 倪洪兴．农业多功能性与非贸易关注．世界农业，2000（259）：3~5.
[59] 倪洪兴．农产品贸易自由化进程中的非贸易关注问题（下）．世界农业，2003（2）：15~18.
[60] 倪洪兴．农产品贸易自由化进程中的非贸易关注问题（上）．世界农业，2003（1）：12~14.
[61] 石言波．21 世纪我国农业功能定位初探．江西农业经济，1999，1.
[62] 陶陶，罗其友．农业的多功能性与农业功能分区．中国农业资源与区划，2004（1）：45~49.
[63] 姜亦华．发挥农业的生态功能．生态经济，2004，2：56~57.
[64] 姜国忠．论我国功能多样性农业发展模式与农业竞争优势的构建．理论探讨，2004，3.
[65] 高旺盛等．我国西部生态经济脆弱区农业可持续发展策略．中国软科学，2001（10）：124~125.
[66] 何文清等．农牧交错带风蚀沙化区农业生态系统服务功能的经济价值评估．生态学杂志，2004（3）：49~53.
[67] 崔光琦等．广东省生态环境现状、存在问题和对策．生态环境，2003（12）：313~316.
[68] 张育灿．广东省 20 年来肥料施用与耕地土壤养分变化．土壤与环境，2002（11）：194~196.
[69] 李伟烈．广东省水资源问题及可持续利用对策．生态环境，2004（13）：284~286.
[70] 黑河功．日本农业经营的动向．农业经济问题，2001，9.
[71] 祝增荣等．农业生物多样性与农业的可持续发展．农业现代化研究，2000（21）：100~104.
[72] 梁文举等．21 世纪初农业生态系统健康研究方向．应用生态学报，2002（13）：1022~1026.
[73] 马克平．试论生物多样性的概念．生物多样性，1993（1）：20~22.
[74] 闻大中．试论农业生态系统的多样性．应用生态学报，1995（6）：97~103.
[75] 章家恩．土壤生物多样性的研究内容及持续利用展望．生物多样性，1999（7）：47~52.
[76] 陈欣等．农业活动对生物多样性的影响．生物多样性，1999（7）：234~239.
[77] 王小艺等．农业生态系统健康评估方法研究概况．中国农业大学学报，2001（6）：84~90.
[78] 宇振荣等．江汉平原农业景观格局及生物多样性研究—以两个村为例．资源科学，2000（22）：19~23.
[79] 王仰麟等．农业景观的生态规划与设计应用．生态学报，2000（11）：265~269.
[80] 李波．中国的农业生物多样性保护及持续利用．农业环境与发展，1999（4）：9~15.
[81] 王东阳．我国农业生态系统的现状、功能与可持续发展分析．中国农业资源与规划，2006（4）：7~12.

（马忠玉、刘向华、刘瀛弢）

农业立体污染防治中循环经济运作机制及模式

农业立体污染链与循环经济链有着紧密的关系。从投入产出的角度看，用循环经济链条阻断污染链是最有效的防治农业立体污染的途径。循环经济的显著特征就是在减少一次性、紧缺性资源消耗的同时，将废弃物资源化，既降低了污染，又增加了人类资源可利用量；既带来了生态效益，又扩大了社会效益和经济效益。因此，从生态、社会、经济层面来看，达到了低费用治污染、低劳耗得资源、低成本创效益的良性大循环。

一、通过循环经济运作机制防治农业立体污染的理论思考

20 世纪 70 ~ 80 年代，在应对污染方面，世界各国关心的问题逐渐由污染物产生后如何治理以减少其危害，过渡到采用资源化的方式处理废弃物。人们的认识经历了从“净化废物”到“利用废物”的过程，但主要关注的是经济活动造成的生态后果，而经济运行机制本身始终落在研究视野之外。对于污染物的产生是否合理以及是否应该从生产和消费源头上防止污染产生这些根本性问题，大多数国家仍然缺少有效的措施。到了 20 世纪 90 年代，特别是可持续发展战略成为世界潮流后，源头预防和全过程治理才替代末端治理成为国家环境与发展政策的真正主流。人们在不断探索和总结的基础上，提出以提高资源利用率和减少污染排放为主线，逐渐将清洁生产、资源综合利用、生态设计和可持续消费等融为一体，形成循环经济发展战略。

从物质流动的方向看，常规经济是一种单向流动的线性经济，即“资源→产品→废弃物”。线性经济的增长，其特点是高强度地开采、消耗资源和高强度地破坏生态环境。循环经济是一种“促进人与自然的协调与和谐”的经济发展模式，它要求以“减量化（Reduce）、再利用（Reuse）、再循环（Recycle）”（3R）为社会经济活动的准则，运用生态学规律把经济活动组织成一个“资源→产品→再生资源”的循环式流程，实现“低开采、高利用、低排放”，以最大限度利用进入系统的物质和能量，提高资源利用率，最大限度地减少污染物排放，在增加经济运行效益的同时，提升生态环境和社会生活质量。常规经济与循环经济的对比可用图 1 予以简单直观描述，图中的弱循环链和强循环链反映系统中的物质和能量再生资源化的状况。

“减量化、再利用、再循环”原则在循环经济中的重要性并不是并列的。循环经济不是简单地通过循环利用实现废弃物资源化，而是强调在优先减少资源消耗和减少废物产生的基础上综合运用 3R 原则，3R 原则的优先顺序是：减量化—再利用—再循环。

通过循环经济运作机制防治农业立体污染是十分有效可行的。农业立体污染系统中的物流是水体—土壤—生物—大气全程物流，在系统物质循环过程中，可利用循环经济

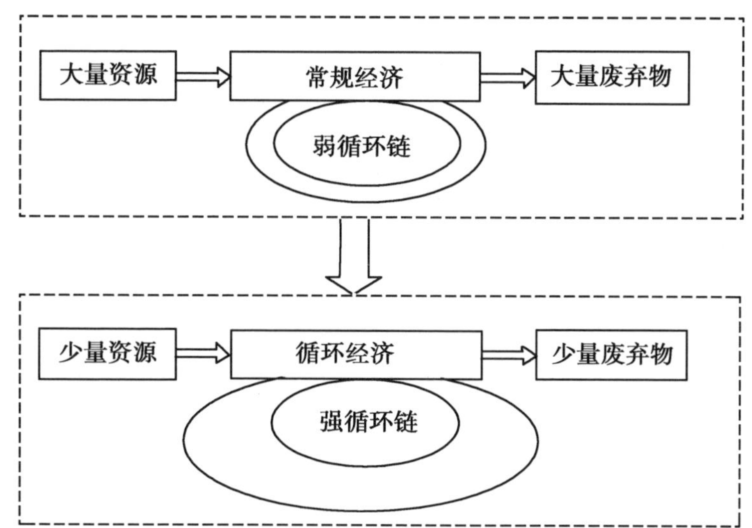

图1 常规经济与循环经济对比示意图

机制对污染链进行阻断。例如，农业废弃物多为有机废弃物，收集并加以发酵处理，不仅可获得补充或代替能源，而且还可以增加农业生产资料，如有机肥、饲料等，这是循环经济的一项重要内容；再如，农业中的多种经营是实施循环经济的广阔天地，种植业、养殖业、农产品加工业以及服务业等，完全可以利用循环经济链条连成一体，把以农产品生产为目的的动脉产业和以污染及废弃物处理为主的静脉产业穿插结合，谋求资源的高效利用和有害物质的“零排放”，充分体现循环经济的本质要求，以实现农业经济高增长、农业资源消耗低增长、农业环境污染负增长的发展格局。实际上，传统农业原本就是循环经济的良好模式。在工业化之前，农民对农田的投入的物质基本上都是来源于农业生产的副产品，在整个农业生产环节中产出的副产品如秸秆、饼粕、畜禽粪便等，都被用做肥料、饲料或燃料，进行循环利用，整个农业生产环节几乎不产生任何废弃物。但是随着工业化的发展，越来越多的工矿产品投入农田，在取得越来越多的农业主产品与副产品的同时，对副产品的利用却越来越差，造成循环利用的链条断裂，对环境的污染也越来越严重。我们今天的任务就是恢复并提高农业循环经济体系的功能。

二、农业立体污染防治中的循环经济模式

农业立体污染防治中的循环经济模式可分为以下三大类。

1. 减量化模式（Reduce）

为循环经济的首要模式，也是最重要的模式。该模式以提高物质和能源利用效率为手段，在经济运行的输入端，最大限度地减少资源的开发和利用。在农业上，主要表现在两方面：一是通过提高利用率，减少使用化肥、农药、农膜以及农用能源和其他化工类农用资料。另一方面是用新型生产资料和技术替代常规生产资料和技术，例如，采用生物肥料、控

释肥、缓释肥、生物农药、可降解农膜等新材料；积极推行水、肥综合管理技术，在水、肥循环利用方面作文章，以减少水分和养分的流失。

少量使用化肥、农药和其他农用物资可减少随径流进入水体、土壤和大气的氮、磷以及其他污染物，同时，只要技术得当，还可以提高生产率。例如，中国农业科学院“滇池农业面源污染控制”项目的研究表明，滴灌施肥在降低氮肥用量2/3的情况下，仍可提高30%作物产量，同时地下水硝态氮含量降低了60%。与此相反，目前我国农田普遍大量使用氮肥，不仅影响肥效的发挥，带来浪费，而且使地力下降，也向系统外输出污染。20世纪90年代以来，我国粮食生产基本上是靠大量的化肥投入支撑的。1990～2003年，化肥使用量（折纯）从2 590.3万t增加到4 411.8万t，增长70.3%。大量投入化肥，导致化肥利用率低（只有30%～40%左右），大量的N、P、K营养元素流失，进入地下水造成硝酸盐含量过高，进入地表水则造成水体富营养化。同时，化肥的过量不合理使用还造成土壤板结、地力下降，边际效益降低，生产成本上升；另外，因为化肥生产主要是以煤炭、天然气和磷矿石为原料，造成大量能源和矿产等不可再生资源的消耗。

2. 再利用模式（Reuse）

这方面的例子很多，相对于上一类型来说，实施难度较小，可操作性较强。例如，在种植、养殖和沼气池相结合的生态农业园中，集生态、社会、经济效益于一体的生产布局，即畜牧业与种植业相结合，加上以沼气发酵为主的能源生态工程、粪便生物氧化塘多级利用生态工程，将农作物秸秆等废弃物和家畜排泄物能源化，向农户提供生活能源和生产能源；将农作物秸秆等废弃物和家畜排泄物肥料化，向农田提供经过发酵的高效有机肥料，可逐年提高土壤的有机质含量，确保农业的可持续发展。在这种模式中，农作物的果实、秸秆和家畜排泄物都得到循环利用，输出各种清洁能源和清洁肥料，综合效益非常可观。从全国来看，以生态农业为代表的试点已达到2 000个以上，示范面积1亿亩以上，设施无污染绿色生产面积正在不断扩大，实践中创建并形成了一大批高产、高效、无污染的良性发展模式。不少地方原来经济比较落后，通过引导农民建设这种模式的家庭生态农业园，经济得到迅速发展，农民收入大幅度增加，被称为富裕生态农业园。

有机废弃物饲料化利用生态工程是再利用模式要考虑的又一项重要内容。我国目前每年生产农作物秸秆6亿～7亿t，蔬菜废弃物1亿～1.5亿t，肉类加工厂（包括肉联厂、皮革厂和屠宰场）废弃物0.5亿～0.65亿t，都可以进行饲料化处理，潜力十分巨大。如果全国能新增利用2亿t作物秸秆，粗略估算，可养600万头奶牛、2 700万头肉牛，年产牛奶2 000万t，牛肉150万t，其粪污可产生沼气217亿m^3，相当于1 540万t标准煤。到目前为止，我国通过青储、氨化等措施利用的作物秸秆已达2亿t，可节约饲料粮4 450万t。如果再扩大利用这2亿t作物秸秆，约可进一步节约饲料粮4 000万t（杨邦杰，2005）。

如果将循环经济再利用模式用于工农业行业间物质与能量循环上，不仅能进一步控制农业立体污染，而且能显著减少工业污染对农业的不利影响。

3. 再循环模式（Recycle）

可分为两类，一类是农产品在储存或运输过程中质量发生了变化，不能按原用途消费，可经过处理改变用途。例如，淀粉类可加工成酒精或饲料，油脂类可加工成润滑油或生物燃油，水果和蔬菜类可转化成肥料和饲料等。另一类是从保护生态环境的角度，将农产品加工成环保型农业生产资料，如可降解地膜、生物柴油、生物润滑剂等生物产品。用淀粉为主要成分做成的地膜和营养钵可以在土壤里自动降解，不造成任何污染；生物柴油、生物润滑剂也具有生物可降解性，用于农用机械设备，可减少对土壤和水体的污染。

国际上，尤其在发达国家，第二种类型已得到越来越广泛的应用，这些生物产品不仅在农业上，而且在工业、交通、医药、环保等领域也都受到了重视。这除了出于节约资源考虑外，主要是由于这些生物产品的 CO_2 中性、可降解性和无毒性。所谓 CO_2 中性，指的是这些生物产品不同于石油、煤炭及天然气等石化原料，其在使用过程中释放出的 CO_2 是过去短时间内通过光合作用储存起来的，不会对大气层造成不利影响；这种以可再生资源取代石化资源的方式也是诺贝尔环保特别奖得主赫尔曼·舍尔博士在他的“阳光经济”中所倡导的。

三、结束语

合理利用循环经济运作机制，构建并实施防治农业立体污染的有效模式，是农业可持续发展战略的重点之一，也是整个国民经济可持续发展战略的重要组成部分。同时，这也是一项复杂的系统工程，不仅需要相关技术体系的支撑，还需要政策体系和法律体系的配套，以保证循环经济机制在综合防治农业立体污染中的高效和长效运作。

参考文献

[1] 曹林祥等．蚕桑业运用循环经济发展模式的设想．江苏蚕业，2004（4）．

[2] 房琳琳．立体治污：不做“点”、“面”文章．科技日报，2004－12－29.

[3] 刘雪，傅泽田．我国农业生产的污染外部性及对策．中国农业大学学报（社会科学版），2003（3）．

[4] 张宝莉．农业环境保护．北京：化学工业出版社，2002.

[5] 张雪梅．传统农业改造中的环境污染及其管理对策．经济问题，1998（1）．

[6] 章力建，蔡典雄．治理农业污染必须抓“链条”．科技日报，2004－12－29.

[7] 章力建，董红敏，蔡典雄，李玉娥．“农业立体污染”不容忽视．农民日报，2004－12－30.

[8] 章力建，王庆锁，侯向阳．中国西部生态农业发展战略．气象出版社，2004.

[9] 章力建，朱立志．我国“农业立体污染”防治对策研究．农业经济问题，2005（2）．

[10] 朱立志．生产阳光经济原料以实现农业新价值．两岸环境保护政策与区域经济发展研讨会论文集，2003. 10.

（章力建、朱立志、包菲）

农业立体污染防治的生态学机理探讨

农业环境污染问题已成为制约和困扰我国农业可持续发展的一大障碍。由于长期不合理大量施用农药、化肥、除草剂、生长调节剂等化学合成物质，畜禽粪便、农田废弃物不当处置，污水灌溉、“三废”不达标排放、酸雨等，造成农业污染不断积累和加重，并构成了从水体—土壤—生物—大气全方位的农业立体污染。多方面污染相互交织在一起，构成了农业生态系统复杂的复合污染。这些污染物在土壤和水体中的残留、积累，并通过物质循环进入作物、畜禽和水生动植物体内，并进一步通过食物链对畜禽、人体等构成危害，农业生态环境和农产品的安全性正遇到前所未有的严峻挑战，污染问题已成为制约农业和农村经济发展的重要因素。我国近年来不断发生的急性发作食物中毒事件，以及畜禽水产品中的抗生素、激素、重金属污染等问题，已引起人们对食品安全的高度关注和不安。农产品污染也使我国农产品出口受到打击，我国出口的农产品屡屡发生国外拒收、扣留、退货、索赔、撤消合同等事件，造成了巨大的经济损失。许多传统出口产品由于污染物含量超标面临退出国际市场的危险，影响了我国的农产品国际贸易。农业污染已成为困扰我国农业发展的重要问题。

保护和改善农业环境是保障我国农业持续、稳定、协调发展的战略措施。多年来，我国环保工作者，艰苦创业，积极进取，取得了可喜成绩。先后组织开展数百项重大农业环境污染防治项目，取得显著成效。但由于农业环境污染的复杂性，目前对水体、土壤和大气的单方面研究已经远远不能有效解决农业污染问题，必须应用系统的理论和技术体系，特别是应用生态学理论和技术，采取水体—土壤—生物—大气立体化的生态系统综合管理和污染防治对策，才是从根本上实现我国农业环境健康、食品安全和可持续发展目标的有效途径。

一、我国农业污染的主要特点

1. 污染严重，经济损失大

半个世纪以来，我国农业取得了举世瞩目的辉煌成就，实现了农产品供给由长期短缺到总量基本平衡、丰年有余的历史性转变，但同时也付出了沉重的资源环境代价。近年来，我国氮肥的年使用量达到全世界的近30%。由于施用过量、利用率低，每年有1 500万t的纯氮流失；大量施用的农药除30%～40%被作物吸收外，大部分进入了水体、土壤及大气环境中；受乡镇工业污染造成的农业经济损失每年均在100多亿元以上；农业排放N_2O占我国N_2O排放总量的90%以上等等。过量化肥农药投入、农业废弃物的不当处置、农田污水灌溉、“三废”排放等造成了极其严重的农业立体污染，对人民身体健康和农产品质量造成的损失无法估量，已到非治不可的地步。

2. 由单一污染向复合污染发展

随着工农业生产的发展，农用化学品种类越来越多。目前普遍使用的农用化学品有10万种之多，污染物之间的交互作用和共存，构成了农业生态系统复合污染的“源泉”。目前我国受复合污染的农田面积不断扩大，尤其在农业发达地区，农业的复合污染增加了污染治理的难度，传统的单项治理技术已很难有效解决农业复合污染存在的问题，其治理需要新的思路。

3. 从东部向西部扩展蔓延

西部大开发使某些污染严重的企业西迁，污染转移；西部自身发展中资源的不合理开发和废弃物的不当处置；农业投入加大，农用化学品使用量增加；以及大气中污染物从东部向西部的远距离扩散等，使我国农业污染有向西部扩展蔓延的趋势。

4. 农业污染是具有立体特性的污染

我国农村过量和不合理地使用农药、化肥，小规模畜禽养殖的畜禽粪便，未经处理的农业生产废弃物、农村生活垃圾和废水等以及工业对农业的污染，是造成农业污染的直接因素。污染物的迁移和转化，引发了土壤污染、地下水污染、生物污染、挥发性污染物向大气的排放造成大气污染（如施用的氮肥中约有一半挥发，以 NH_3、N_2O_x 气体形式逸失到空气里），从而形成了“从地下到空中”的立体污染。开展水体—土壤—生物—大气一体化的综合防治对于全面有效解决我国农业污染具有重大意义。

二、我国农业污染防治中存在的问题

长期以来，国家在农业污染治理上投入了大量资金和项目，开展了重点地区污染治理研究、示范和推广工作，取得了很大成绩，但仍存在以下主要问题。

1. 存在“先污染，后治理”误区

在我国以经济发展为中心的方针指导下，一些地区在农业发展上过分强调经济效益，而不惜牺牲环境代价。从而走出了一条“牺牲环境先发展，后治理”的发展模式，这是一种极端不合理的发展模式，治理的费用会更大，得不偿失。而且末端治理往往不能从根本上消除污染，在很大程度上是污染物在不同介质中的转移，甚至形成治不胜治的二次污染。防治污染必须转变思想，从源头阻断上下功夫，走发展经济和保护环境的“双赢”模式。

2. 缺乏污染防治的系统观念和技术体系

农业系统是个复杂的生态大系统，农业污染是复杂的复合污染，其防治是一项复杂的系统工程。以往的单项治理技术虽然在解决特定污染方面具有一定作用，但面临当今农业复杂污染的局面已经远远不能有效解决问题。必须充分理解农业污染是基于水体—土壤—生物—大气系统的农业立体污染的现实，树立农业生态系统整理性和系统性观念，以生态学理论为

指导，以生态系统管理与调控为基础，树立农业生态系统“整体－协调－循环－再生”的生态农业理念，建立农业立体污染防治的生态技术体系，从源头和全过程进行污染控制并结合污染生态系统修复技术，使农业生态系统重新走上健康发展道路。

3. 农民环保意识薄弱，农产品质量价格不匹配

我国的农民文化水平普遍较低，环保意识薄弱，我国农产品市场还没有真正使优质环保农产品的价格得到保护，不利于调动农民参与环保的积极性。农民是防治农业污染的“主力军”，保护农民利益，提高优质环保型农产品价格，是提高农民环保意识、推进农业污染防治的重要举措。只有这样，才能最终实现农业生产发展、农民增收和环境保护的多赢效果。

三、生态学理论——防治农业立体污染的理论基础

农业是一个复杂的生态大系统，服从生态学规律和遵循生态学原理。按照生态学的观点，农业内部各组分间只有互相协调，系统才能形成良性循环，否则将失去平衡。生态学的许多原理，都是农业立体污染防治的重要理论基础，例如生态平衡原理、复合生态系统原理、物质循环与能量流动原理、相生相克原理、生态位原理和限制因子原理等。生态学以其丰富的思想内涵为我们认识农业复杂大系统、顺应自然、寻求农业发展提供了理论指导与方法论基础。

1. 生态平衡原理

所谓生态平衡就是生态系统中的生物与环境、生物与生物之间相互适应所维持着的一种协调状态。农业生态系统是开放的人工生态系统，遵循生态平衡原理。农业立体污染是农业生产过程中不合理（过量）使用化学品及废弃物的不当排放造成的，其数量超过了农业生态系统的自净化能力，造成农业生态环境的物理、化学、生物特性发生改变，从而影响农业生产的正常进行，甚至危害人类健康和生存。农业立体污染是生态失衡的具体表现，是人为因素造成的系统生态平衡失调想象，是人类不合理经营的必然结果。这不是天灾，而是人祸。农业立体污染防治的最终目标是调节好农业系统及其支持环境之间的相互关系，最为重要的是重新建立农业生态系统的平衡，实现系统内部的协调，使系统能够良好运行。通过合理设计和调控，实现农业系统的有序与和谐，从而达到发展经济与保护环境的双重目标。增强生态平衡的途径有：增加系统组分的多样性，食物链结构的合理性，能量和物质输入输出的平衡性，人为调控措施等。

2. 复合生态系统原理

复合生态系统原理是增强农业生态系统稳定性和自净化能力。一般说来，凡是农业生态系统组成成分多、生物种群结构复杂、食物链长并联结成网，能量转化、物质循环途径多的农业生态结构，其稳定性和自净能力强。合理的农业生态结构不应该是单一的粮食作物生产系统，而应该是农林牧副渔多种组分构成的、食物链长并联结成网的、多种物质循环和能量

转化渠道的多样性结构。因此，农业立体污染防治必须从系统的观点出发，建立复合生态结构（合理的平面结构、垂直结构、时间结构、营养结构等），以提高农业生态系统自身的“弹性”。

3. 物质循环与再生利用原理

物质的循环与再生利用是生态学的一个基本思想，同时也是生态控制论的基本理论和生态工程设计所要遵循的基本原则之一。农业生态系统是一个循环的生态系统，其物质循环的每一个环节既是给予者，也是接纳者，循环往复，周而复始。农业立体污染，从循环论观点看，是废弃物大量产生而干扰正常循环途径，系统循环中无法消纳转化大量产生的废弃物，循环失调与失衡，最终造成了污染和环境破坏。从生态学的角度分析，农业废弃物是十分宝贵的资源、能源和肥源，完全可以通过不同途径转化为价值很高的饲料、肥料、燃料和工业原料，同时，农业废弃物也是农业物质循环的最重要载体，是农业可持续发展的物质保障。所以，农业立体污染防治必须遵循物质循环利用原则，采取适当措施，调节系统循环运转的各个环节及途径，协调这些环节输入、输出的物质量（如控制化肥、农药用量等），同时，把农业自身的废弃物通过资源化利用“变废为宝”，达到农业生态系统的良性循环。

4. 负载定额原理

生态系统的平衡和稳定有赖于系统的自我调节能力，而系统的自我调节能力有一定的限度，不能超越生态阈值。农业生态系统具有一定限度的负载能力，它对来自外界的干扰也具有一定的忍耐极限，当系统受到外界压力或冲击超过其忍耐力或阈值时，系统的自我调节能力随之降低，以至消失，此时生态平衡受到破坏，系统趋向衰退、损伤、破坏以至崩溃。农业生态系统对污染因子具有一定的自净能力，但污染物超过一定数量时，污染物就会残存于系统之中以致于污染系统及其产品。这个原理告诉我们，在农业生产中，适量使用化肥、农药等生产资料可以提高产出效益，不会对系统造成危害，但不能过量。

5. 相生相克原理

在生态系统中，每一种生物都是生态系统的一员，各自除了有着自己的相应位置和发挥着它的独特作用外，相互之间有着不可分离的千丝万缕联系。各物种之间相互依赖，彼此制约，相生相克，协同进化。如昆虫与天敌发生发展的消长关系就是相生相克的实例。在农业经营中，有害昆虫对农药产生抗药性是因为其适应性突变所致，可以视为某种协同进化。而生物防治有害昆虫时则不同，天敌与有害昆虫只会建立一种相生相克的动态数量平衡关系，而不会导致突变。利用生物相生相克原理进行农业病虫害的生物防治是提高我国农产品质量安全的重要途径。

四、生态工程——解决农业立体污染的有效途径

生态工程是应用生态系统中物种共存与物质循环再生原理、结构与功能协调原则，结合

系统分析的最优化方法设计的促进分层次多级利用物质的生产工艺系统。生态工程的目标就是在促进生态系统良性循环的前提下，充分发挥资源的生产潜力，防治环境污染，达到经济效益和生态效益同步发展。生态工程能够利用生态系统无废弃物和物质循环等特点来解决污染问题，它主要包括生态工程设计、生态工程技术、生态管理与调控等。

1. 生态工程设计

生态工程设计的实质就是运用生态学、生态经济学原理及其他相关科学知识与方法，从农业生态系统功能的完整性、资源环境特点和社会经济条件出发，调控农业系统各组分的生态关系，使之达到资源利用、环境保护与经济增长的良性循环。生态工程设计要求按照农业生态系统整体、协调、循环、再生、因地制宜原理，以农业生态系统自我组织、自我调节功能为基础，在少量人工辅助功能的帮助下，充分利用农业生态系统功能的过程。即按照物质在农业生态系统中的迁移、转化、流动与循环规律，优化组合各种技术，使之相互联系成为一个有机系统，达到多层次多目标分级利用物质，促进良性循环，同步增加与兼收经济、生态和社会效益。生态工程的创新性不在于其组成的各单项技术，而在于因地、因类制宜的优化组合。优化后的生产技术系统可变废为宝，化害为利，多层次分级利用产品、副产品、废物，促进良性循环。在农业生态系统中，通过有机组合，促进系统内空间、时间及所有生产过程的产品、副产品及废物循环，不仅可以防止污染，而且可以修复受污染的生态系统。

2. 生态工程技术

生态工程技术是生态工程的重要环节，是利用生态系统原理和生态设计原则，如物质多层次分级利用原理、种群匹配原理等，从生产原料开始，系统全面地对生产全过程进行合理设计，达到既有可观经济效益和社会效益，又将其对环境的破坏作用维持在最小的水平，甚至根本杜绝对环境的破坏。生态工程技术是物质循环利用技术、污染治理技术、废物资源化利用技术、生物控制技术、生态恢复与重建技术及生态学原理指导下的各项技术的有机组合，为农业立体污染防治提供了技术支持。我国目前应用较多的生态工程技术主要包括：高效立体种养技术、节水农业技术、化肥高效利用与控制技术、农业微生物应用技术、生物防治及生物制剂应用技术、温室与庭院利用技术、生物养地技术、农村污水处理与资源化利用技术、农业固体废弃物处理与资源化利用技术、农村再生能源技术等。充分利用生态学原理，建立一系列行之有效的农业生态工程技术体系，依靠生态系统自我调节能力来维持或恢复良好生态环境，是防治农业立体污染的重要途径。

3. 生态管理与调控

农业发展过程中所出现的环境污染问题，主要是由于生产过程中管理与调控不善造成的。生态管理与调控对于农业立体污染防治具有特别重要的意义。农业的生态管理，就是以不断改善农业生态环境和促进农业生产力水平持续提高为目的，以特定的生态学原则为指导，以尽可能发挥农业内部的资源潜力为基础而形成的一系列农业管理措施。农业的生态管理和调控所遵循的主要生态原则包括：生物与环境相适应原则、生物与生物间的竞争与互利原则、生态系统结构和物种多样性原则、生态系统物质和能量多层次多途径转化和利用原则等。

参考文献

[1] 李文华，赵景柱．生态学研究进展．北京：气象出版社，2004.

[2] 李文华．生态农业—中国可持续发展的理论与实践．北京：化学工业出版社，2003.

[3] 刘斌，张兆刚，霍功．中国三农问题报告．北京：中国发展出版社，2004.

[4] 刘金春．入世后污染防治模式的新思考．苏州城市建设环境保护学院学报，2002，4（2）：1～4，13.

[5] 刘连馥．绿色食品导论．北京：企业管理出版社，2000.

[6] 刘毅，赵永新．专家呼吁：农业面源污染已到非治不可地步．人民网，2004－11－2.

[7] 路明．现代生态农业．北京：中国农业出版社，2002.

[8] 马世骏，王如松．社会—经济—自然复合生态系统．生态学报，1984，4（1）：1～9.

[9] 马世骏，王如松．复合生态系统与可持续发展．北京：科学出版社，1993：230～239.

[10] 闵庆文，欧阳志云．可持续发展的生态学思考．农村生态环境，1998，14（2）：40～44.

[11] 钦佩，安树青，颜京松．生态工程学．南京：南京大学出版社，1998.

[12] 闻大中．农业生产的生态管理．生态学杂志，1990，9（3）：16～20.

[13] 张粦，陈绍平，黄小红，冯晔，谢晓丽，谭伟雄．广州市农业环境污染及其对策．生态环境，2004，13（1）：142～143.

[14] 张勇，孙泰森，韩桂梅，武燕丽，杜铁．土地资源若干基本问题及其生态思考．山西水土保持科技，2004，（1）：17～20.

[15] 章力建，董红敏，蔡典雄，李玉娥．“农业立体污染”不容忽视．农民日报，2004. 12～31.

[16] 朱方林，施金元，陈和平．农业环境和农产品污染现状、原因及预防对策．农业科技管理，2001，（4）：18～21.

[17] 朱益玲．四大污染源威胁中国农村公共卫生安全．中国新闻网，2003－09－29.

（杨修、章力建、李正、孙芳）

农业立体污染与农村经济增长的库兹涅茨曲线相关性分析

一、农业立体污染与农业经济增长的库兹涅茨曲线理论

农业环境污染的研究起始于20世纪60年代，针对农业环境污染，中外专家提出了一些理论，广为接受的有农业点源污染和面源污染。根据欧美专家和美国环保局官方发布的定义：点源污染是污水在排放点通过排污管网直接进入水体。按照这一界定，无论是生活、工业还是生产活动产生的污水，凡是通过污水管网直接排入水体的均属于点源污染。与点源污染不同，在面源污染中，氮磷养分、农药等污染物是在一块地或一个区域如农田、园地、高尔夫球场上，通过地表径流、土壤渗滤进入水体。由于地表径流和土壤渗滤与降雨关系密切，面源污染的发生主要受降雨影响，具有间歇性；又由于在一块地上地表径流和土壤渗滤过程主要受土壤类型、土地利用类型和地形条件的影响，面源污染发生的强度受发生地点的特定土壤类型、土地利用类型和地形条件的影响。对点源污染和面源污染的监测和控制需要截然不同的技术和对策。

21世纪初，中国农业科学院章力建副院长提出农业立体污染概念，农业立体污染（Agriculture tridimension pollution TriP）是指由农业系统内部引发和外部导入，包括生产过程中不合理农药和化肥的施用、畜禽粪便、农田废弃物处置、耕种措施以及工业废弃污染业利用等，造成农业系统中水体—土壤—生物—大气体交叉污染。它是我国工农业快速发展、经济实力快速提升初期的伴生产物。农业立体污染及其防治理论的形成是学术创新、学科交叉发展的产物。

从某种意义上看，农业立体污染是吸收了农业点源污染和面源污染，突出农业系统中水体—土壤—生物—大气交叉污染，是农业环境理论的创新，同样，对于农业立体污染的防控及防治，既需要技术层面上的因素，更需要对策层面上的作用。这里的对策包括防控及防治农业立体污染的政策条件。

在提出农业立体污染防控及防治的政策之前，我们需要从两个方面认识农业立体污染对农村经济发展的影响。一是农业立体污染对农村经济发展的危害程度；二是农村经济发展与农业立体污染之间有什么样的规律，即农业立体污染与农村经济发展的相关性。第一个方面是微观层面，在此条件下，要得到精确结果，一方面需要各污染条件下的损害系数和典型损失数据，一方面需要一定的田间试验，同时，也可以把国家的经济总量和各部门的经济总量放在一个完备的社会矩阵中，加入污染系数，进行总体测算，这些工作正在进行中。第二个方面是宏观层面，利用农业立体污染数据，我们可以精确计算农村经济增长与农业立体污染的相关性，即农村经济发展伴随农业立体污染危害到底是什么样的一种关系。这是本文所要阐述的重点。

20世纪50年代中期，经济学家西蒙库兹涅茨提出了一个假说，在经济增长过程中，收入差异一开始随着经济增长而加大，达到一定转折点后，这种差异开始缩小。如果以人均收入作为横坐标，表示经济增长，以收入差距变化作为纵坐标，库兹涅茨提出的这个假说便是一条倒U型的曲线，通常被称为库兹涅茨曲线（EKC）。

我们知道环境理论中存在着生态不可逆的阀值，超过生态不可逆的阀值，解决环境问题的可能性就不再存在了。经济发展，伴随环境污染。人类社会发展产生过也正在产生环境污染超越生态不可逆阀值的倾向，但是，正是由于存在以下条件，人类社会是不大可能突破生态不可逆阀值。

1. 经济结构

Grossman-Krueger等从经济结构的改变解释EKC现象，认为在经济起飞阶段，第二产业比例加重，工业化和城市化带来严重的生态环境问题；当主要经济活动从高能耗高污染的工业转向低污染高产出的服务业、信息产业时，生产对资源环境压力就降低；环境破坏和经济发展呈现倒U形曲线关系。但是，这只说明污染严重产业占总体经济比重的减少，即单位总产出的污染会随着经济总量的提高而降低，而污染物的排放总量很难说清楚。

2. 科技进步

Selden-Song等认为科技进步提高了能源和资源的利用效率，在相同的产出下，资源的损耗和产生的污染都少了。在高科技水平下，一方面采用清洁生产工艺减少了环境破坏和资源消耗，同时可以解决历史积累的环境问题，环境质量会逐渐好转。

3. 国际贸易

Lopez等从贸易对环境的影响研究EKC。污染企业通过国际贸易和国际直接投资从高收入国家转移到低收入国家，使发达国家环境质量好转而发展中国家环境质量更进一步破坏，即“环境倾销”。

4. 环境奢侈品

Antle-Heidebrink等把环境质量看作商品，研究它的收入弹性，发现随着收入水平的提高，人们会自发产生对“优美环境”的需求；收入水平越高这种需求越迫切，于是可以把环境质量看成“奢侈品”，即高收入下的收入弹性高于低水平下的收入弹性。随着收入水平提高，人们会主动采取环境友好的措施，或者从个人消费的角度自发作出有益环境的选择。

5. 国家政策

国家环保政策会改变EKC的形状——变得扁平或更早出现顶点。Torras-Boyce发现发展中国家的政策对环境不够友好，认为一个仅代表制造业阶层利益的专制政权，其政策不会考虑民众利益，有可能采取环境不友好的政策；而高效民主的政权将有利于环境友好政策的实施①。

环境库兹涅茨曲线的政策含义在于：一个国家在工业化的起飞阶段，必然会出现一定程度的环境恶化，当经济增长达到一定程度以后，具备了加大保护环境投入的条件，环境改善随之出现，因此一个国家的政府可以对环境恶化采取“无为而治”的态度，通过加速经济增长，尽快抵达环境库兹涅茨曲线的下降阶段，才是解决环境问题的最佳选择。

国外学者关于 EKC 实证研究的计量方程模型实质是收入增长（y）对环境质量或资源消耗（E）的影响，即 E 是 y 的函数（表 1）。各个研究者从不同的假设条件出发，考虑不同的主导因子，设计出种类繁多的方程形式，最简单常见的方程形式是收入与资源环境关系的二次方程，有的为了突出曲线特征形状而使用收入取对数后的二次方程；得到明显的倒 U 形曲线。三次方程（如 Madhusudan 等）显示为 N 形曲线；说明现实中存在很多波动效应。

表 1　EKC 假设的计量方程模型

参数	方程形式
收入(y)	$Eit = B_0 + B_1 yit + Eit$ $Eit = B_0 + B_1 yit + B_2(yit)^2 + Eit$ $Eit = B_0 + B_1 yit + B_2(yit)^2 + B_3(yit)^3 + Eit$ $Eit = B_0 + B_1 \ln(yit) + Eit$ $Eit = B_0 + B_1 \ln(yit) + B2(\ln yit)^2 + Eit$
收入(y)和贸易(T)	$Eit = B_0 + B_1 yit + B_2(yit)^2 + Tit + Eit$
收入(y)和人口密度(P)	$Eit = B_0 + B_1 \ln(yit) + B_2 \ln(Pit) + B_3(\ln yit)^2 + B_4(\ln Pit)^2 + Eit$
收入(y)、人口密度(P)和地理参数(G)	$Eit = B_0 + B_1(yit) + B_2(Pit) + B_3(Git) + B_4(yit)^2 + B_5(Pit)^2 + B_6(Git)^2 + Eit$
收入(y)、人口密度(P)、人口增长(g)和政策(p)	$Eit = B_0 + B_1(yit) + B_2(yit)^2 + B_3(yit)^3 + B_4(Pit) + B_5(Pit)^2 + B_6(Pit)^3 + B_7(git) + B_8(git)(yit) + B_9(Pit) + B_{10}(Pit)(yit) + Eit$
收入(y)、制度(I)和政策(p)	$Eit = B_0 + B_1 yit + B_2 Iit + B_2 pit$

Grossman-Krueger 考虑了地理因素，结果表明，城乡综合环境的改善比单提高市区环境质量更难实现。Gary. K. Lise. T 考虑了人口密度、人口增长和收入分配等参数，认为人口压力大（密度高而且增长快）、收入分配高度不均的国家森林破坏更严重。

Cropper-Griffiths，Cole，Suri，Kaufmann 等在研究中通过国际贸易额、制造业进出口比率、重要原料商品（如钢铁或木材）的国际价格、国际直接投资等参数研究贸易与环境问题，发现发达国家通过“环境倾销（Environmental Dumping）”使国内环境得到好转②。

在国内，EKC 研究起步较晚，中国社会科学院农村发展研究所李周等在中国环境库兹

①、②胡聃．经济发展对环境质量的影响——环境库兹涅茨曲线国内外研究进展．生态学报 2004. 24（6）：1259～1261

涅茨曲线的估计一文中，根据“单位 GDP 污染排放量预测”和“GDP 总量预测”方法对“污染物总排放量”进行估算，预测了全国三废排放量达到顶点的时间（固废在 2004 年前后、废水在 2006 年前后、废气在 2010 年前后），而且从东部到西部存在阶梯性差异。

南开大学彭水军等在“经济增长与环境污染——环境库兹涅茨曲线假说的中国检验”中，根据 1996～2002 年我国省际面板数据，对我国经济增长与包括水污染、大气污染与固体污染排放在内的 6 类环境污染指标之间的关系进行了实证检验。实证结果发现，环境库兹涅茨倒 U 型曲线关系很大程度上取决于污染指标以及估计方法的选取。

华中农业大学经济与贸易学院李海鹏等在“中国收入差距与环境质量关系的实证检验——基于对环境库兹涅茨曲线的扩展”中用联合国统计司公布的中国 1986～2002 年度 CO_2 排放总量数据测算，收入差距扩大会刺激 CO_2 排放，收入差距越大这种影响的效果就会越恶劣，而且收入差距因素还会通过作用于经济增长，促使经济增长对环境的污染程度加强，延迟转折点的到来。因此，我国目前在促进经济增长的同时，要以提高社会整体福利为目的，缩小居民收入差距，这将有利于环境质量的改善和提高。

目前，国内还没有关于农业环境库兹涅茨曲线的实证研究，通过对环境库兹涅茨曲线理论和国内外实证研究结果分析，我们认为采用环境库兹涅茨曲线模型实证分析中国农业立体污染与农村经济发展可以量化他们之间的相关性。本文研究的农村经济发展的内容主要包括农业总产值和农民收入。

二、农业立体污染与农业经济增长的环境库兹涅茨(EKC)模型

1. 分析模型

$E_{it} = \beta_0 + \beta_1 Y_{it} + \beta_2 Y_{2it} + \varepsilon_{it}$　　倒 U 形曲线

$E_{it} = B_0 + \beta_1 Y_{it} + \beta_2 Y_{2it} + \beta_3 Y_{3it} + \varepsilon_{it}$　　N 形曲线

其中，E 为农业立体污染各因素，β 为常数，Y 为农业总产值和农民收入，ε 为环境扰动项。

2. 数据来源

中国环境年鉴 1993～2005 年工业废气、废水、固体垃圾污染数据。中国统计年鉴 1993～2005 年农业总产值，农民收入数据。

3. 农业立体污染典型环境指标选择

典型环境指标选择是构建经济增长与环境污染水平关系计量模型的关键。根据模型特性和农业立体污染涉及的范围以及农业总产值和农民收入数据，本研究选定的农业立体污染典型环境指标包括：化肥污染，化肥中氮、磷污染，农药污染，农膜污染，畜牧业生产中猪、马、牛、羊、驴、骡、骆驼、禽粪便排放总量，粪便中的成分氮、磷、化学需氧量（CODr）、生物需氧量（BOD），甲烷。

三、农业立体污染与农业总产值的环境库兹涅茨(EKC)相关性分析

1. 牲畜粪便排放对农业总产值增长的影响

(1) 牲畜粪便排放总量对农业总产值的影响（表2）

牲畜粪便排放总量对农业总产值估计结果的二次曲线回归模型估计值见表2。牲畜粪便排放总量与农业总产值的库兹涅茨二次回归曲线估计结果存在倒U型结果，在农业总产值达到40 000亿元时，还没有出现拐点（图1）。

表2　牲畜粪便排放的总量对农业总产值的影响

	模型系数				相关系数
	常数项	GDP	GDP_2	GDP_3	
二次曲线	240924.3	10.00395	-7.93787×10^{-5}		0.792647

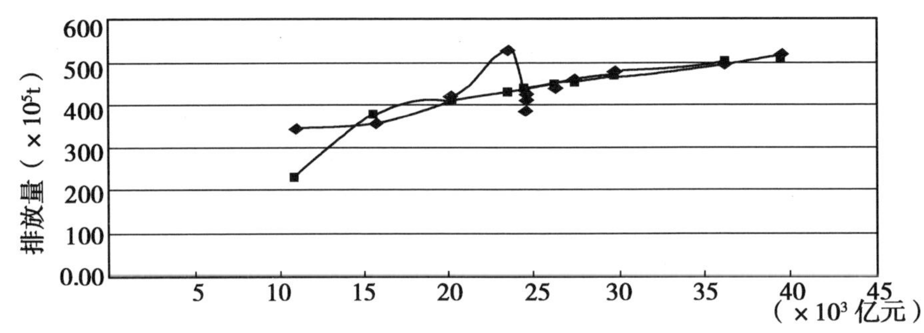

图1　牲畜粪便排放与农业总产值估计模型的二次曲线轨迹

(2) 牲畜粪便总氮排放对农业总产值影响估计

牲畜粪便总氮排放对农业总产值估计结果的二次曲线回归模型估计值见表3。牲畜粪便总氮排放与农业总产值的库兹涅茨二次回归曲线估计结果存在倒U型结果，只是在农业总产值达到40 000亿元时，还没有出现拐点（图2）。

表3　牲畜粪便总氮排放对农业总产值影响

	模型系数				相关系数
	常数项	GDP	GDP_2	GDP_3	
二次曲线	750.5325	0.056066	-6.00434×10^{-7}		0.591993

(3) 牲畜粪便总磷排放对农业总产值影响估计

牲畜粪便总磷排放对农业总产值估计结果的二次曲线回归模型的型估计值见表4。牲畜粪便总磷排放与农业总产值的库兹涅茨二次回归曲线估计结果存在倒U型结果。从结果上判断，农业总产值达到40 000亿元时，还未出现拐点（图3）。

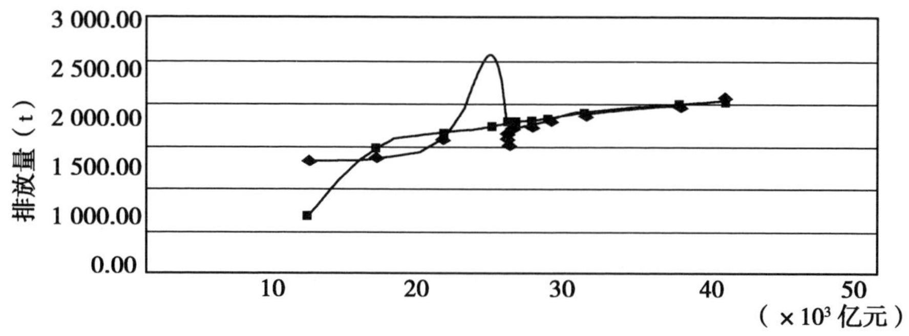

图 2　牲畜粪便总氮排放与农业总产值估计模型的二次曲线轨迹

表 4　牲畜粪便总磷排放对农业总产值影响

	模型系数				相关系数
	常数项	GDP	GDP_2	GDP_3	
二次曲线	207.8789	0.013325	-1.31112×10^{-7}		0.657712

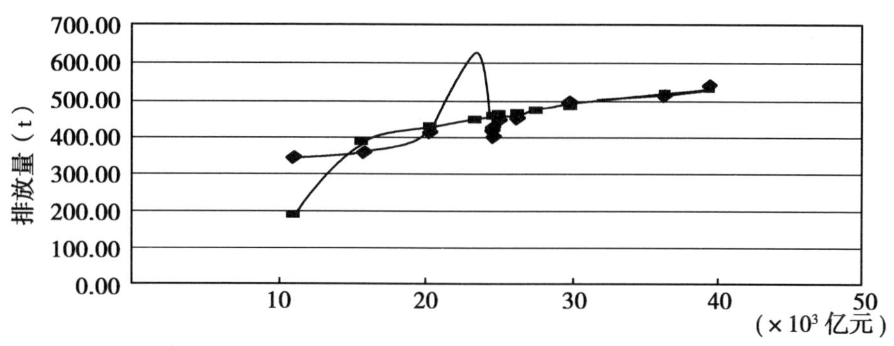

图 3　牲畜粪便总磷排放与农业总产值估计模型的二次曲线轨迹

（4）牲畜粪便 BOD 排放对农业总产值影响估计

牲畜粪便 BOD 排放对农业总产值估计结果的二次曲线回归模型的估计值见表 5。牲畜粪便 BOD 排放与农业总产值的库兹涅茨二次回归曲线估计结果存在倒 U 型结果。从结果上判断，农业总产值达到 40 000 亿元时，还未出现拐点（图 4）。

表 5　牲畜粪便 BOD 排放对农业总产值影响

	模型系数				相关系数
	常数项	GDP	GDP_2	GDP_3	
二次曲线	4335917	221.2307	−0.002065178		0.694008

（5）牲畜粪便化学需氧量（COD）排放对农业总产值影响估计

牲畜粪便化学需氧量（COD）排放对农业总产值估计结果的二次曲线回归模型的估计值见表 6。牲畜粪便 COD 排放与农业总产值的库兹涅茨二次回归曲线估计结果存在倒 U 型

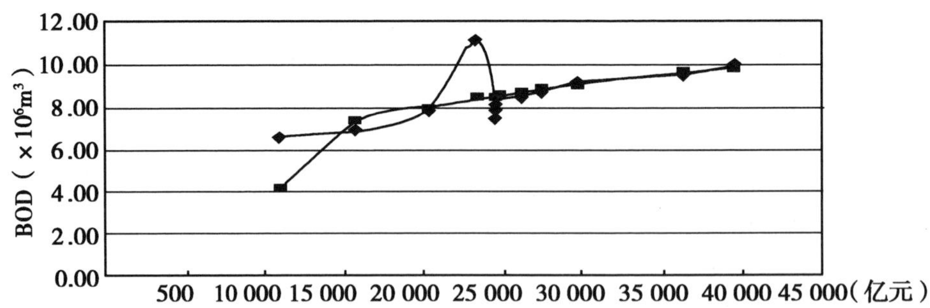

图4 牲畜粪便BOD排放与农业总产值估计模型的二次曲线轨迹

结果。从结果上判断，农业总产值达到40 000亿元时，还未出现拐点（图5）。

表6 牲畜粪便COD排放对农业总产值影响

	模型系数				相关系数
	常数项	GDP	GDP_2	GDP_3	
二次曲线	5137092	243.8871	−0.002229308		0.713147

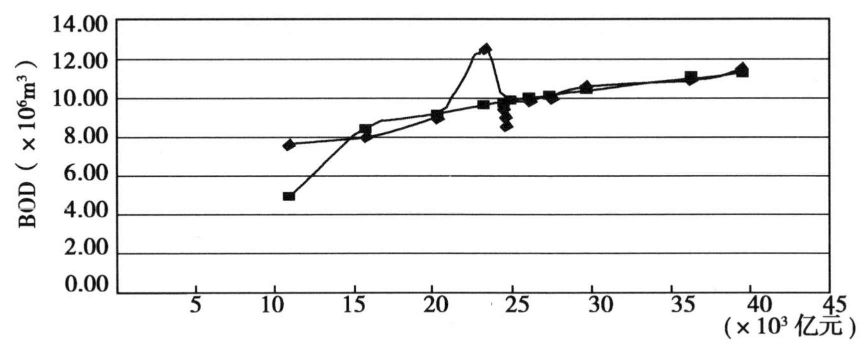

图5 牲畜粪便COD排放与农业总产值估计模型的二次曲线轨迹

（6）牲畜粪便甲烷排放对农业总产值影响估计

牲畜粪便甲烷排放对农业总产值估计结果的二次曲线回归模型的估计值见表7。牲畜粪便甲烷排放与农业总产值的库兹涅茨二次回归曲线估计结果存在倒U型结果。从结果上判断，农业总产值达到40 000亿元时，还未出现拐点（图6）。

表7 牲畜粪便甲烷排放对农业总产值影响

	模型系数				相关系数
	常数项	GDP	GDP_2	GDP_3	
二次曲线	363828	10.72828	-3.56486×10^{-5}		0.943082

小结：牲畜粪便排放总量、牲畜粪便总氮排放、牲畜粪便总磷排放、牲畜粪便BOD排放、牲畜粪便化学需氧量（COD）排放、牲畜粪便甲烷排放与农业总产值的库兹涅茨二次

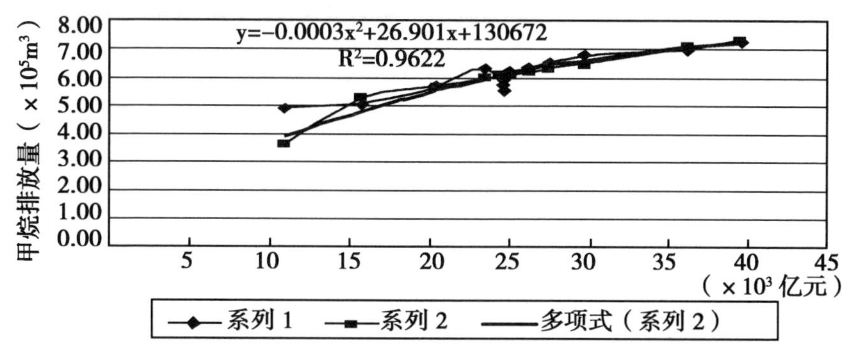

图6 牲畜粪便甲烷排放与农业总产值估计模型的二次曲线轨迹

回归曲线估计结果存在倒U型结果。从结果上判断，农业总产值达到40 000亿元时，还未出现拐点。这种结果表明，我国畜牧业粪便排放产生的环境危害还处于高发期。

2. 农业生产中的化肥污染对农业经济增长的相关性估计

（1）农业化肥施用总量对农业总产值影响估计

农业化肥施用总量对农业总产值估计结果的二次曲线回归模型的估计值见表8。农业化肥总量与农业总产值的库兹涅茨二次回归曲线估计结果存在倒U型结果。从结果上判断，农业总产值达到40 000亿元时，还未出现拐点（图7）。

表8 农业化肥总量对农业总产值影响

	模型系数				相关系数
	常数项	GDP	GDP_2	GDP_3	
二次曲线	1966.56	0.106332	-8.72369×10^{-7}		0.976736

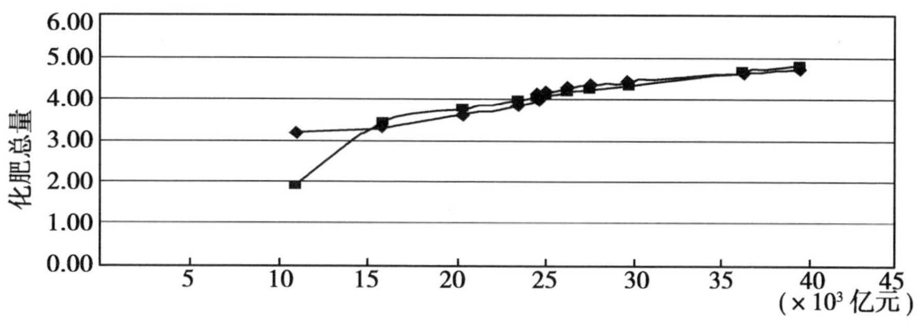

图7 农业化肥污染与农业总产值估计模型的二次曲线轨迹

（2）农业化肥氮肥污染对农业总产值影响估计

农业化肥氮肥污染与农业总产值的库兹涅茨的二次曲线回归模型的估计值见表9。农业化肥氮肥污染与农业总产值的库兹涅茨二次回归曲线估计结果存在倒U型结果。从结果上判断，农业总产值达到40 000亿元时，还未出现拐点（图8）。

表 9　农业化肥氮肥污染对农业总产值影响

	模型系数				相关系数
	常数项	GDP	GDP_2	GDP_3	
二次曲线	1318.792	0.051817	-7.36013×10^{-7}		0.940648

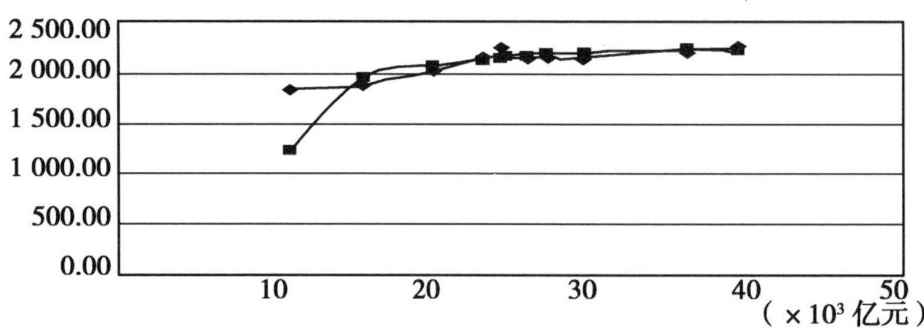

图 8　农业化肥氮肥污染与农业总产值估计模型的二次曲线轨迹

（3）农业化肥磷肥污染对农业总产值影响估计

农业化肥磷肥污染与农业总产值的库兹涅茨的二次曲线回归模型的估计值见表 10。农业化肥磷肥污染与农业总产值的库兹涅茨二次回归曲线估计结果存在倒 U 型结果。从结果上判断，农业总产值达到 40 000 亿元时，还未出现拐点（图 9）。

表 10　农业化肥磷肥污染对农业总产值影响

	模型系数				相关系数
	常数项	GDP	GDP_2	GDP_3	
三次曲线	602.3837	-0.01172	9.86146×10^{-7}	-1.5×10^{-11}	0.984453
二次曲线	419.0397	0.014887	-1.66771×10^{-7}		0.975031

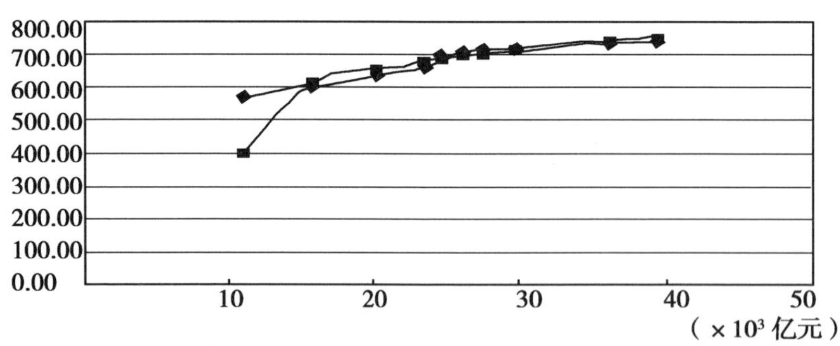

图 9　农业化肥磷肥污染与农业总产值估计模型的二次曲线轨迹

3. 农药污染对农业总产值影响估计

农药污染与农业总产值估计结果的二次曲线回归模型的估计值见表 11。农药污染与农业总产值的库兹涅茨二次回归曲线估计结果存在倒 U 型结果。从结果上判断，农业总产值达到 40 000 亿元时，还未出现拐点（图 10）。

表 11　农药污染对农业总产值影响

	模型系数				相关系数
	常数项	GDP	GDP_2	GDP_3	
二次曲线	346 534. 9	49. 84681	-0. 000561874		0. 971572

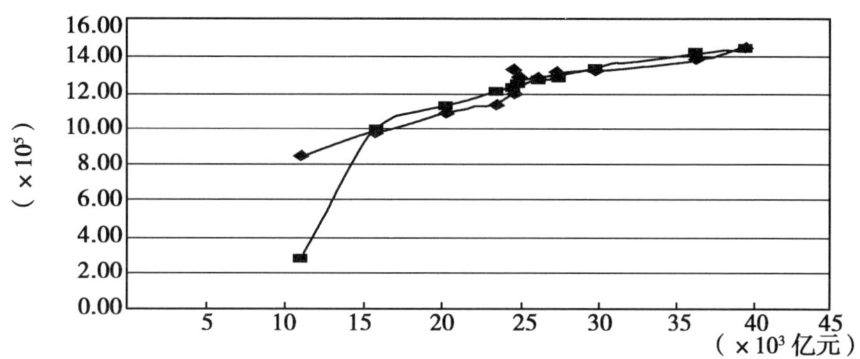

图 10　农药污染与农业总产值估计模型的二次曲线轨迹

4. 农膜污染对农业总产值影响估计

农膜污染与农业总产值估计结果的二次曲线回归模型的估计值见表 12。农膜污染与农业总产值的库兹涅茨二次回归曲线估计结果存在倒 U 型曲线。从结果上判断，农业总产值达到 40 000 亿元时，还未出现拐点（图 11）。

表 12　农膜污染对农业总产值影响

	模型系数				相关系数
	常数项	GDP	GDP_2	GDP_3	
二次曲线	58 981. 65	56. 01853	-0. 000288652		0. 946953

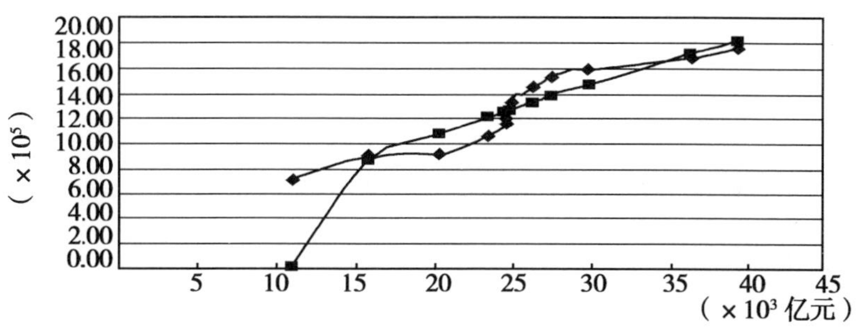

图 11　农膜污染与农业总产值估计模型的二次曲线轨迹

小结：化肥、农药、农膜与农业总产值的库兹涅茨二次回归曲线估计结果存在倒 U 型结果。从结果上判断，农业总产值达到 40 000 亿元时，还未出现拐点。这种结果表明，我国化肥、农药、农膜的环境危害还处于高发期。

5. 从农业立体污染与农业总产值的库兹涅茨曲线看农业立体污染的治理

牲畜粪便排放总量、牲畜粪便总氮排放、牲畜粪便总磷排放、牲畜粪便 BOD 排放、牲畜粪便化学需氧量（COD）排放、牲畜粪便甲烷排放，化肥、农药、农膜施用总量与农业总产值的二次回归曲线估计结果存在库兹涅茨倒 U 型结果。从结果上判断，农业总产值达到 40 000 亿元时，还未出现拐点。从而验证了农业立体污染的上述因素靠经济结构、科技进步、国际贸易、环境奢侈品拉动治理的推动力不大。这表明，农业立体污染自身因素防控与防治需要政府、科学家一起制定出好的政策来，以防止污染走向环境的不可逆阀值。

四、农业立体污染与农民收入的库兹涅茨曲线相关性分析

1. 牲畜粪便排放总量对农民收入影响

（1）牲畜粪便排放总量对农民收入影响估计

牲畜粪便排放总量对农民收入估计结果的二次回归曲线模型估计值见表 13。牲畜粪便排放总量与农民收入的二次回归曲线估计结果存在库兹涅茨倒 U 型结果，在农民收入达到 3 400元时，还没有出现拐点（图 12）。

表 13　牲畜粪便排放的总量对农民收入影响

	模型系数				相关系数
	常数项	GDP	GDP_2	GDP_3	
二次曲线	280 017.5	82.19511	－0.003674015		0.764256

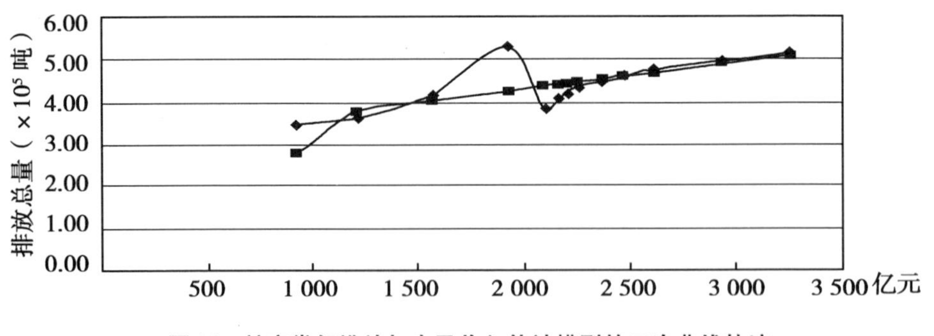

图 12　牲畜粪便排放与农民收入估计模型的二次曲线轨迹

（2）牲畜粪便总氮排放对农民收入影响估计

牲畜粪便总氮排放对农民收入估计结果的二次回归曲线模型估计值见表 14。牲畜粪便总氮排放与农民收入的二次回归曲线估计结果存在库兹涅茨倒 U 型结果，在农民收入达到 3 400元时，还没有出现拐点（图 13）。

表 14 牲畜粪便总氮排放对农民收入影响

	模型系数				相关系数
	常数项	GDP	GDP_2	GDP_3	
二次曲线	900.2762	0.546679	-6.49583×10^{-5}		0.554267

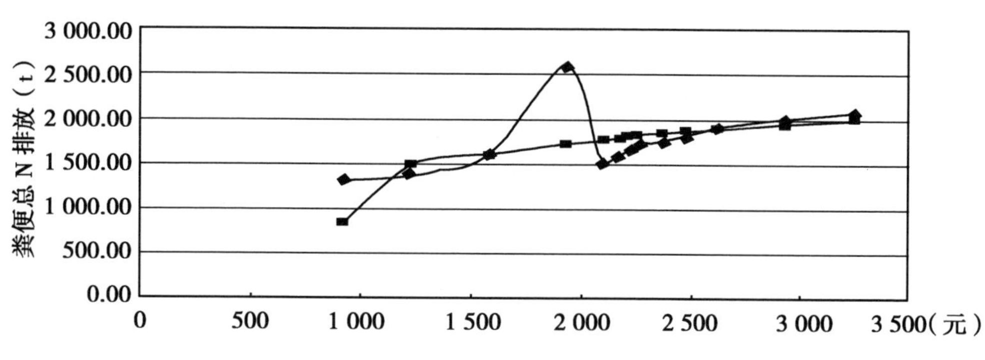

图 13 牲畜粪便总氮排放与农民收入估计模型的二次曲线轨迹

（3）牲畜粪便总磷排放对农民收入影响估计

牲畜粪便总磷排放对农民收入估计结果的二次回归曲线模型的型估计值见表 15。牲畜粪便总磷排放与农民收入的二次回归曲线估计结果存在库兹涅茨倒 U 型结果。从结果上判断，农民收入达到 3 400 元时，还未出现拐点（图 14）。

表 15 牲畜粪便总磷排放对农民收入影响

	模型系数				相关系数
	常数项	GDP	GDP_2	GDP_3	
二次曲线	247.8006	0.124232	-1.22719×10^{-5}		0.623269

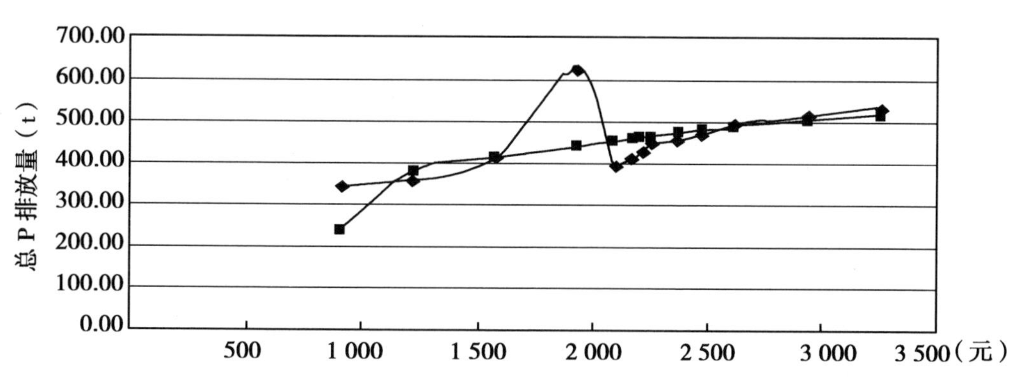

图 14 牲畜粪便总磷排放与农民收入估计模型的二次曲线轨迹

（4）牲畜粪便 BOD 排放对农民收入影响估计

牲畜粪便 BOD 排放对农民收入估计结果的二次回归曲线模型的估计值见表 16。牲畜粪便 BOD 排放与农民收入的二次回归曲线估计结果存在库兹涅茨倒 U 型结果。从结果上判断，农民收入达到 3 400 元时，还未出现拐点（图 15）。

表 16　牲畜粪便 BOD 排放对农民收入影响

	模型系数				相关系数
	常数项	GDP	GDP_2	GDP_3	
二次曲线	5061694	1989.448	-0.169662701		0.660039

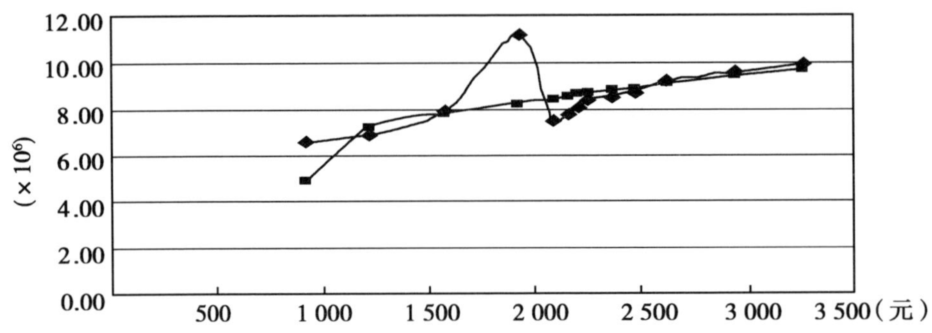

图 15　牲畜粪便 BOD 排放与农民收入估计模型的二次曲线轨迹

（5）牲畜粪便化学需氧量（COD）排放对农民收入影响估计

牲畜粪便化学需氧量（COD）排放对农民收入估计结果的二次回归曲线模型的估计值见表 17。牲畜粪便 COD 排放与农民收入的二次回归曲线估计结果存在库兹涅茨倒 U 型结果。从结果上判断，农民收入达到 3 400 元时，还未出现拐点（图 16）。

表 17　牲畜粪便 COD 排放对农民收入影响

	模型系数				相关系数
	常数项	GDP	GDP_2	GDP_3	
二次曲线	5961696	2162.375	-0.172221261		0.679941

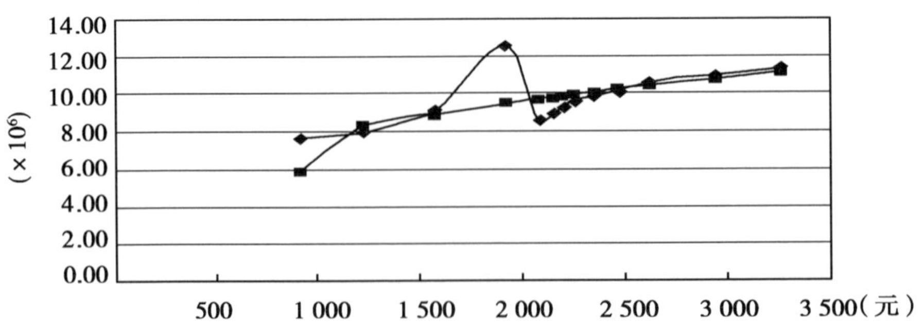

图 16　牲畜粪便 COD 排放与农民收入估计模型的二次曲线轨迹

（6）牲畜粪便甲烷排放对农民收入影响估计

牲畜粪便甲烷排放对农民收入估计结果的二次回归曲线模型的估计值见表18。牲畜粪便甲烷排放与农民收入的二次回归曲线估计结果存在库兹涅茨倒U型结果。从结果上判断，农民收入达到3 400元时，还未出现拐点（图17）。

表18 牲畜粪便甲烷排放对农民收入影响

	模型系数				相关系数
	常数项	GDP	GDP_2	GDP_3	
二次曲线	423 585.9	64.62852	0.009363724		0.943819

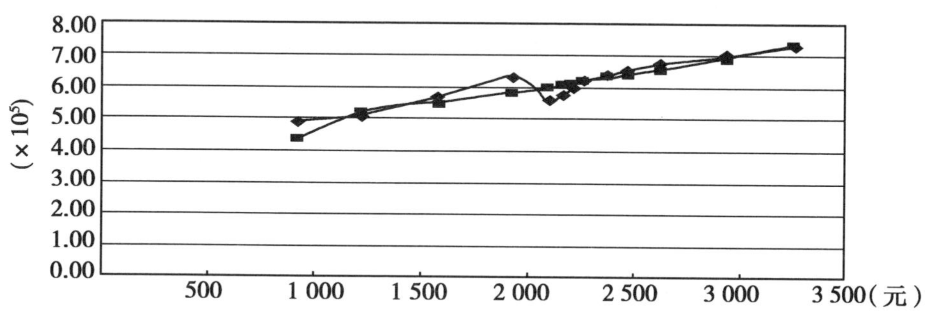

图17 牲畜粪便甲烷排放与农民收入估计模型的二次曲线轨迹

小结：牲畜粪便排放总量、牲畜粪便总氮排放、牲畜粪便总磷排放、牲畜粪便BOD排放、牲畜粪便化学需氧量（COD）排放、牲畜粪便甲烷排放与农民收入的二次回归曲线估计结果存在库兹涅茨倒U型结果。从结果上判断，农民收入达到3 000～3 400元时，还未出现拐点。

2. 农业化肥施用总量对农民收入的相关性估计

（1）农业化肥施用总量对农民收入影响估计

农业化肥施用总量对农民收入估计结果的二次回归曲线模型的估计值见表19。农业化肥施用总量与农民收入的二次回归曲线估计结果存在库兹涅茨倒U型结果。从结果上判断，农民收入达到3 400元时，还未出现拐点（图18）。

表19 农业化肥施用总量对农民收入影响

	模型系数				相关系数
	常数项	GDP	GDP_2	GDP_3	
二次曲线	2 299.865	0.908057	-4.13673×10^{-5}		0.996663

（2）氮肥施用总量对农民收入影响估计

氮肥施用总量对农民收入估计的二次回归曲线模型的估计值见表20。氮肥施用总量与

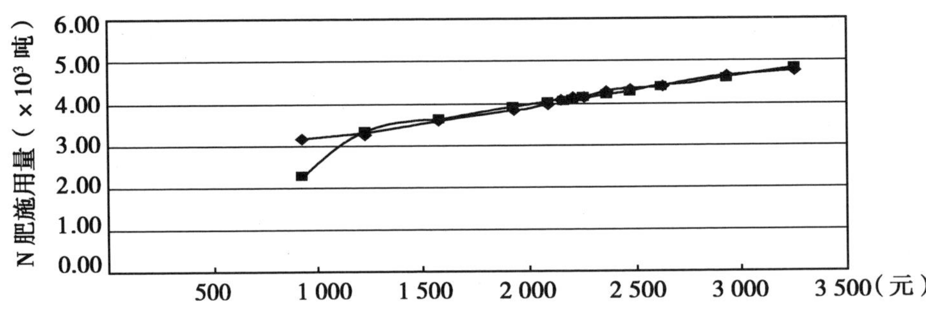

图 18　农业化肥排放与农民收入估计模型的二次曲线轨迹

农民收入的二次回归曲线估计结果存在库兹涅茨倒 U 型结果。从结果上判断，农民收入达到 3 400 元时，还未出现拐点（图 19）。

表 20　氮肥施用总量对农民收入影响

	模型系数				相关系数
	常数项	GDP	GDP_2	GDP_3	
二次曲线	1 361.003	0.58495	-9.98483×10^{-5}		0.958445

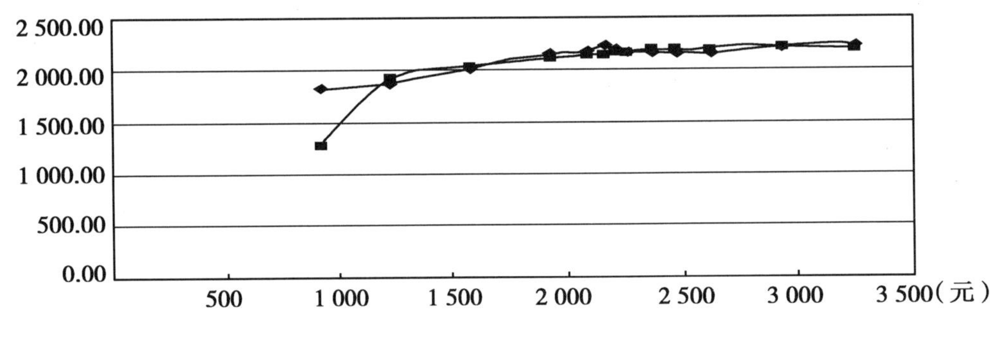

图 19　氮肥施用总量与农民收入估计模型的二次曲线轨迹

（3）磷肥施用总量对农民收入影响估计

磷肥施用总量与农民收入的二次回归曲线模型的估计值见表 21。磷肥施用总量与农民收入的二次回归曲线估计结果存在库兹涅茨倒 U 型结果。从结果上判断，农民收入达到 3 400元时，还未出现拐点（图 20）。

表 21　磷肥施用总量对农民收入影响

	模型系数				相关系数
	常数项	GDP	GDP_2	GDP_3	
二次曲线	451.0606	0.144439	-1.6403×10^{-5}		0.993947

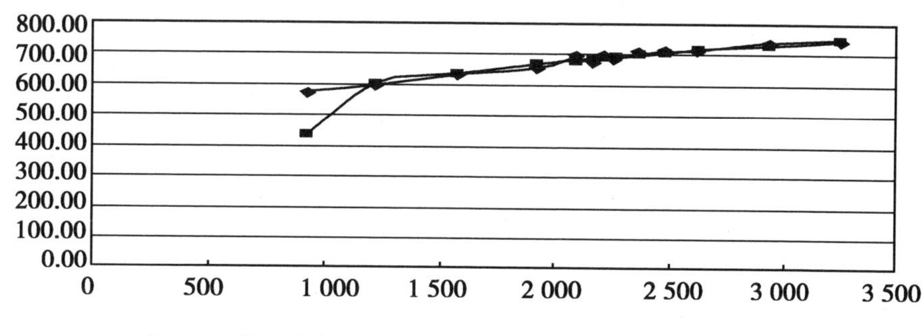

图 20　磷肥排放与农民收入估计模型的二次曲线轨迹

3. 农药施用总量对农民收入影响估计

农药施用总量与农民收入的二次回归曲线模型的估计值见表 22。农药施用总量与农民收入的二次回归曲线估计结果存在库兹涅茨倒 U 型结果。从结果上判断，农民收入达到 3 500元时，还未出现拐点（图 21）。

表 22　农药施用总量对农民收入影响

	模型系数				相关系数
	常数项	GDP	GDP_2	GDP_3	
二次曲线	460 068. 2	477. 718	－0. 054125687		0. 98749

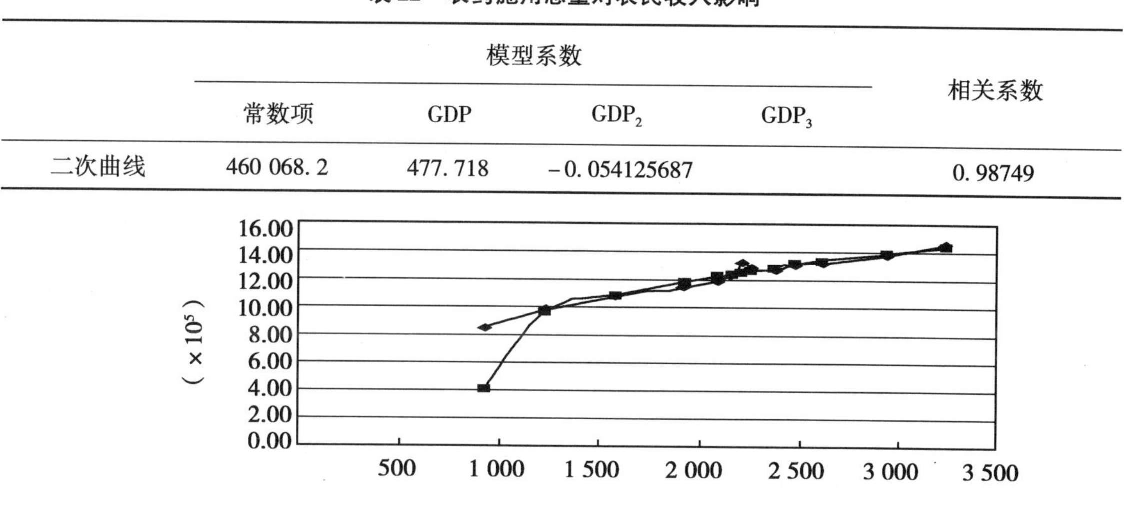

图 21　农药排放与农民收入估计模型的二次曲线轨迹

4. 农膜施用总量对农民收入影响估计

农膜施用总量与农民收入估计的二次回归曲线模型的估计值见表 23。农膜施用总量与农民收入的二次回归曲线估计结果存在库兹涅茨倒 U 型结果。从结果上判断，农民收入达到 40 000 亿元时，还未出现拐点（图 22）。

表 23　农膜施用总量对农民收入影响

	模型系数				相关系数
	常数项	GDP	GDP_2	GDP_3	
二次曲线	321 969. 5	373. 2901	0. 02926336		0. 9757

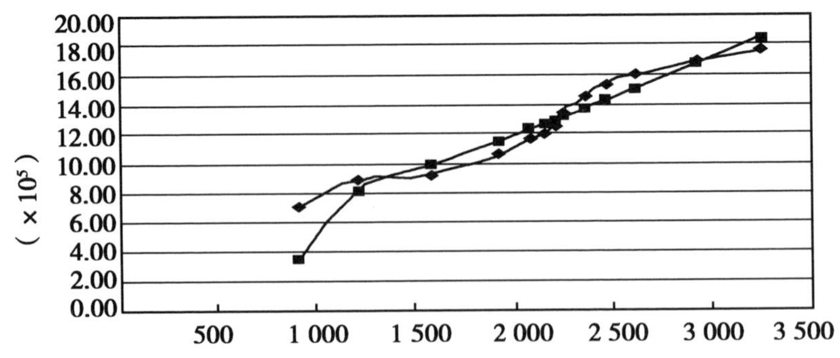

图 22　农膜排放与农民收入估计模型的二次曲线轨迹

小结：化肥、农药、农膜施用总量与农民收入二次回归曲线估计结果存在库兹涅茨倒 U 型结果。从结果上判断，农民收入达到 3 400 元时，还未出现拐点。

5. 从农业立体污染与农民收入的库兹涅茨曲线看农业立体污染的治理

我国农业立体污染的自身因素，牲畜粪便排放总量、牲畜粪便总氮排放、牲畜粪便总磷排放、牲畜粪便 BOD 排放、牲畜粪便化学需氧量（COD）排放、牲畜粪便甲烷排放与农民收入的库兹涅茨二次回归曲线估计结果存在倒 U 型结果。从结果上判断，农民收入达到 3 000～3 400 元时，还未出现拐点。化肥、农药、农膜施用总量与农民收入二次回归曲线估计结果存在库兹涅茨倒 U 型结果。从结果上判断，农民收入达到 3 400 元时，还未出现拐点，这种状况值得我们重视。对于农业立体污染的自身因素，就目前的状况看，依靠经济结果、科技进步、国际贸易、环境奢侈品拉动治理的推动力不大，这表明，农业立体污染自身因素的防控与防治还需要更好和更科学的政策，以防止农业立体污染自身因素向环境的不可逆阀值方向发展。

参考文献

[1] 李周，包晓斌．中国环境库兹涅茨曲线的估计［J］．科技导报，2002（4）：57～58.

[2] 曹光辉，汪锋等．我国经济增长与环境污染关系研究．中国人口与资源与环境，2006：16（1），25～28.

[3] 李海鹏等．中国收入差距与环境质量关系的实证检验—基于对环境库兹涅茨曲线的扩展．中国人口资源与环境，Vol. 116 No. 12 200：46～50.

[4] 吴玉萍，董锁成，宋键峰．北京市经济增长与环境污染水平计量模型研究．地理研究，2002，21（2）：239～246.

[5] Grossman G，and Kreuger A. Economic Growth and the Environment. Quarterly Journal of Economics，1995，110（2）：353～377.

[6] Antonio F. Empirical Evidenceinthe Analysisofthe Environmentaland Energy Policies of A Series of Industrialized Nations，During the Period 1960～1997. Using Widely Employed Macroeconomic Indicators Energy Policy，2003，31：333～352.

[7] Magnus Lindmark. An EKC-Pattern in Historical Perspective Carbon Dioxide Emissions，Technology，Fuel

Pricesand Growthin Sweden 1870 ~ 1997. Ecological Economics, 2002, 42: 333 ~ 347.

[8] Copeland BR, Taylor MS. North-South Trade and the Environment. Quarterly Journal of Economics, 1994: 755 ~ 785.

[9] Roldan M, Joan MA. Trade and the Environment from A ' Southern' Perspective. Ecological Economics, 2001, 36: 281 ~ 297.

[10] Roldan M, Martin O'C, Joan MA. Embodied Pollution in Trade Estimating the'Environmental Load Displacement of Industrialised Countries. Ecological Economics, 2002, 41: 51 ~ 67.

[11] Mc Connell KE. Income and the Demand for Environmental Quality. Environment and Development Economics, 1997, 2: 383 ~ 400.

[12] Neha K. The Income Elasticity of Non-Point Source Air Pollutants: Revisiting the Environmental Kuznets Curve. Economics Letters, 2002, 77: 387 ~ 392.

（黄德林、包菲、尤宏业、王珍）

农业立体污染防治补偿机制研究

从发展趋势来看，我国大部分地区的环境威胁已经从以工业污染为主转变为工业、农业和生活污染三足鼎立之势，从以点源污染为主转变为以非点源污染为主的包括点源污染在内的立体型污染，从以城市污染为主转变为城乡污染并重。因此，我们必须关注农业污染问题，尤其是在农业污染的立体化发展趋势下所形成的农业立体污染问题，即农业生产过程中农药、化肥、饲料添加剂等工业投入品的不合理使用、畜禽粪便和农作物秸秆等废弃物的不合理处置以及工业废弃污染物在农业上的主动利用和被动吸纳、不科学的耕种措施等所造成的农业系统中水体—土壤—生物—大气立体交叉的污染。实践表明，农业立体污染不能仅从技术层面去解决，还必须上升到政策层面去研究分析，制定并落实政策性污染防治措施。

一、建立农业立体污染防治补偿机制的理论依据

1. 成本—收益分析为建立补偿机制提供的依据

假定环境保护标准变化的成本与收益曲线如图 1 所示。C_0 是边际成本曲线，R_0 是考虑收益内部化后设计污染防治补偿政策时的边际收益曲线，如果政府追求环境保护收益最大化，则两条曲线相交的环境标准就是设计的环境标准，这个标准在实际中也能得到很好执行，所以，也同时是执行的标准。由于环境服务的外部性特征，提供环境服务的地区只能得到部分环境服务收益，如果不对其进行补偿，其边际收益曲线就会低于 R_0，如处于 R_1 的位置，此时，地方政府实际执行的标准是 S_1，小于规定的环境标准 S_0。

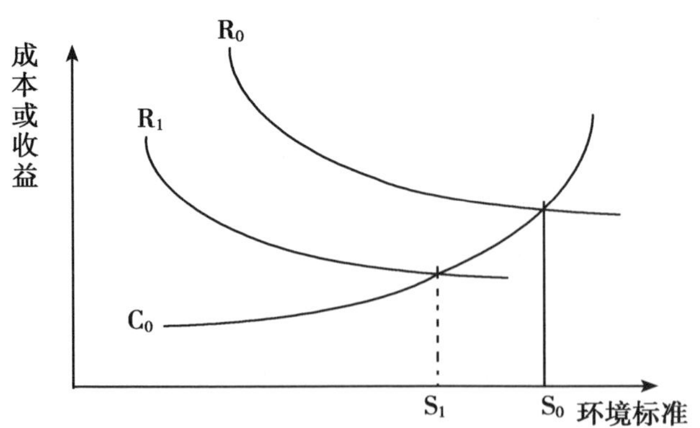

图 1　补偿机制缺陷与环境保护中的经济约束

例如，农民减少化肥和农药的施用，既保护了环境，又提高了农产品质量。但是，如果农民的所得不能超过其所失时，这种状况是不可能持续存在的。另外，新的清洁生产措施的

实施所增加的成本在大多数情况下大于化肥和农药减量带来的成本的减少。这时就需要实施农业污染防治补偿政策，提高农民的收益，激励农民继续采用有利于环境的生产方式，使农产品产地环境达到污染防治标准的要求。

2. 基于环境库兹涅茨曲线的麦格纳尼分析为建立补偿机制提供的依据

倒 U 型的环境库兹涅茨曲线（EKC）自 1994 年由塞尔登（Selden）和桑（Song）两位学者提出后，近年来成为环境经济实证研究中一个充满争议的主题。EKC 表明：环境恶化与人均 GDP 在经济发展的起步阶段呈正向变化关系，当人均 GDP 达到一定水平后，二者表现为反向变化关系（图 2）。

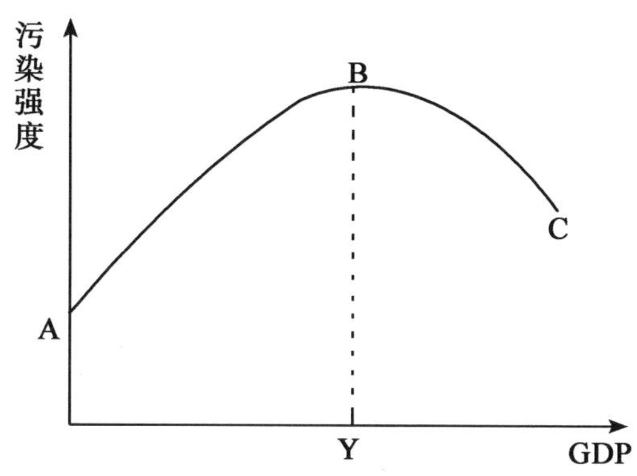

图 2　环境库兹涅茨曲线的一般形式

但是，国外研究文献还指出，除了人均 GDP 外，尚存在其他导致环境库兹涅茨曲线向下倾斜的因素。澳大利亚学者麦格纳尼（Elisabetta Magnani）在对环境库兹涅茨曲线进行实证研究的基础上，着重分析污染削减政策的决定因子，提出环境质量与经济发展之间的关系取决于收入分配函数而非其均值的观点。如果多数人投票机制发生作用，那么收入分配参数将通过影响对于环境改善的支付意愿，进而决定污染削减水平。

麦格纳尼认为，环境库兹涅茨曲线并非经济发展的必然路径，而是一种政策引致的结果。非经济因素如政治制度的特征和文化价值观念会导致不同的环境经济政策。在特定的投票制度下，收入分配函数中的各个参数对公共政策决策至关重要。如果多数人投票机制发挥作用，经济增长通过影响主要投票人的环境支付意愿而影响公共政策决策过程。一般来说，相对收入和总体环境改善之间的相互关系取决于三个方面：污染行为的收益和成本的分配状况、各个收入阶层在政策制定者效用函数中的权重以及财富象征效应和消费中的攀比效应。麦格纳尼的分析将环境库兹涅茨曲线与传统库兹涅茨曲线内在地统一起来，具有很强的解释力。传统的库兹涅茨曲线认为收入分配不公现象在经济发展到一定水平后逐步减弱，这将进一步通过影响公共政策决策使环境改善，因此，麦格纳尼的分析实现了环境库兹涅茨曲线与传统库兹涅茨曲线在形式与内容上的统一。

农业立体污染防治补偿机制的建立将使相关行为的收益和成本结构状况更加合理，从而使上图中的拐点提前到来，也就是说，在某一时间点上，人们对污染的治理更加充分。

3. 外部性理论为建立补偿机制提供的依据

新制度主义者认为经济社会发展中的外部性导致环境问题的出现。所谓外部性是指某个经济主体对其他经济主体产生的外部影响，而这种外部影响又不能通过市场价格进行买卖。

依据外部性的影响效果可分为外部经济与外部不经济。外部经济就是一些人的生产或消费使另一些人受益而又无法向后者收费的现象；外部不经济就是一些人的生产或消费使另一些人受损而又无法补偿后者的现象。

用数学语言来表述，所谓外部效应就是某经济主体的福利函数的自变量中包含了他人的行为，而该经济主体又没有向他人提供报酬或索取补偿。即：

$$F_j = F_j\ (X_{1j},\ X_{2j},\ \cdots X_{nj},\ X_{mk}) \qquad j \neq k$$

这里，j 和 k 是指不同的个人（或厂商），F_j 表示 j 的福利函数，X_i（i = 1，2⋯，n，m）是指经济活动。这函数表明，只要某个经济主体 j 的福利受到他自己所控制的经济活动 X_i 的影响外，同时也受到另外一个人 k 所控制的某一经济活动 X_m 的影响，就存在外部效应，而这种外部效应又不能通过市场价格进行买卖，但可通过适当的补偿机制来消除。

例如，北京市密云水库上游为了防止农业生产对水源的污染，实施退耕还林，保护了水源环境，产生了外部经济，但实施者的应有利益不可能自动通过市场得到回报，这时就必须建立相关补偿机制对污染防治行为的外部经济在一定程度上予以内部化。

4. 环境价值理论为建立补偿机制提供的依据

环境的价值包括使用价值和非使用价值两个部分。环境的使用价值又分为直接使用价值、间接使用价值和选择使用价值。所谓直接使用价值是指直接进入当前的生产和消费活动中的那部分环境资源的价值，如土地使用费；间接使用价值是指以间接的方式参与消费和经济活动过程的那部分环境资源的价值，如生态功能、水环境质量等；而选择使用价值则是指当代人为了保证后代人对环境资源的使用对环境资源所表示的意愿支付，如对保护热带雨林、生物多样性等的意愿支付。环境的非使用价值又称存在价值，包括人类发展中有可能利用的那部分环境资源的价值，及能满足人类精神文明和道德需求的环境价值，如美丽的风景、濒危物种等。

农业立体污染防治产生了多方面的环境价值，例如，增加了生物多样性，提高了水源、空气、土壤和农产品质量，净化了环境，提升了观光农业的层次等等，理应予以一定的补偿。

5. 公共物品理论为建立补偿机制提供的依据

公共物品的特征是能够被便宜地向一部分消费者提供，但是一旦被提供，就很难阻止其他人也消费它，所以市场对公共物品通常供给不足或者根本没有供给的物品，如环保设施。公共物品有两个特性：非竞争性和非排他性。如果一个商品在给定的生产水平下，向一个额外的消费者提供商品的边际成本为零，则该商品是非竞争的。非竞争的产品使每个人都能够得到，而不影响任何个人消费它们的可能性。如果人们不能被排除在消费一种商品之外，这种商品就是非排他的。其结果是，很难或者不可能对人们使用非排他商品收费，这些商品能够在不直接付钱的情况下被享用。非竞争和非排他的公共物品以零边际成本向人们提供效益，没有任何人会受到排斥。

公共物品的存在为政府的管制和干预提供了依据。因为对于公共物品，免费“搭车”者的存在使得市场很难或者不可能有效地提供。当涉及的人很少而物品也很便宜时，人们可能会自愿分摊成本。当涉及到的人很多，人们可能不愿意分摊成本，此时就必须由政府补助或者由政府直接提供公共物品。比较典型的公共物品有国防、基础性研究、消除贫困计划、环保措施等。

农业立体污染防治也是一种公共物品生产行为，也会产生“搭便车”现象。例如，农民减少了化肥农药的使用，提高了地下和地表水体的质量，水源地附近的公众都能享受优质的供水而不需额外付费，这样长期下去，市场就很难或者不可能有效地提供，必须由政府补助或者由政府直接投入农业立体污染防治，或者实施相应的政策工具以建立合理的补偿机制。

6. 卡尔多—希克斯改进为建立补偿机制提供的依据

意大利经济学家帕累托（Pareto）认为，就经济体系某种资源配置而言，如果不存在其他生产上可行的配置，使得该经济体系内所有人至少与他们原先时一样富足，而且最少有一人严格地较原先富足，则这个资源配置就是最优的，即所谓帕累托最优。福利经济学家认为帕累托最优的标准在现实生活中很难达到。一项经济政策的制定很可能导致某些人的处境改善一些，而同时使另外一些人的处境变坏一些。正如卡尔多-希克斯（Kaldor—Hicks）改进是一种既有人受益又有人受损的改进。按照卡尔多——希克斯意义上的效率标准，在社会资源配置过程中，如果那些从资源重新配置过程中获得利益的人，只要其所增加的利益足以补偿在同一资源重新配置过程中受到损失的人的利益，那么通过受益人对受损者的补偿，可以达到双方均满意的结果，这种资源配置就是有效率的。但是这种判断社会福利的标准应该从长期来观察，经过较长时间后，所有的人的境况都会由于社会生产率的提高而自然地获得补偿。从短期来看，补偿制度的实施会减少受益者的既得利益，这也是这项制度实施的最大障碍，但从长期来看，如果环境得不到充分的保护，最终会导致双方的社会福利下降。

农业污染防治提高了生态功能，同时也改变了环境资源的配置，如果那些从资源重新配置过程中获得利益的人，对受损者（污染防治实施者或环境建设投入者）进行补偿，就可以达到双方均满意的结果，这种资源配置就是有效率的。

7. 生态补偿理论为建立补偿机制提供的依据

生态补偿是一种环境管制工具的创新，在国内外都是一个热门话题，但由于侧重点不同及生态补偿本身的复杂性，到目前为止还没有一个统一的定义。总体来说，在 20 世纪 90 年代前期的文献中，生态补偿通常是生态环境加害者付出赔偿的代名词，可以称之为惩罚型生态补偿；但 20 世纪 90 年代以来，生态补偿则更多地指对生态环境保护者、建设者的一种利益驱动和激励机制。到今天，生态补偿已经不再是单纯针对环境负面影响，它也包括对环境正效益的补偿，可以称之为激励型生态补偿。

惩罚型生态补偿实际上是把环境的使用权授给了受害者，激励型生态补偿则把环境的使用权授给了环境服务的提供者。这种不同的权力配置，对环境保护有着十分重要的影响，后者比前者更有利于环境的改善，特别是在环境遭到重大破坏需要对环境进行修复时，实施激励型生态补偿的意义更为重大。

在农业污染防治方面，由于不同于工业上的污染，大多数具有非点源特征，而且还呈现出复杂的立体化趋势，隐蔽性强，评估难度大，不适合于建立惩罚型生态补偿机制。另外，由于农民收入水平低，现实状况不适合像对待工业污染那样进行“污染收费”。因此，农业污染防治必须建立激励型生态补偿机制，从根本上提高农户防控污染的积极性。

二、农业立体污染防治补偿的内涵

从世界范围来看，许多国家，尤其是发达国家，都已实施了农业污染防治补偿制度。在德国，实行的是州际间横向转移支付，以州际财政平衡基金为主要内容。横向转移支付基金由两种资金组成：一是增值税，为州分享部分的四分之一；二是财政较富裕的州按照统一标准拨付给经济落后州的补助金。为此，德国建立了一整套复杂的计算以确定转移支付的数额标准。在美国，政府为加大流域上游地区居民对水土保持工作的积极性，采用了水土保持补偿机制。即由流域下游水土保持受益区的政府和居民向上游地区作出环境贡献的居民进行货币补偿。在欧洲，瑞典、比利时等国家也以各种与环境有关的税收（绿色税）等形式对生态环境进行补偿。

农业立体污染防治补偿作为一种激励型生态补偿手段，实质上是对生态建设与保护所付出的成本（包括放弃发展机会的损失）进行补偿，将其经济效益的外部性内部化。其目的在于对生态建设与保护的行为，因其外部经济性进行补偿，提高该行为的收益，从而激励保护行为的主体增加。另外，它在调动生态建设与保护者积极性的同时，还能提高生态效用接受者的环保意识，因此，它是促进生态建设与保护的利益驱动机制、激励机制和协调机制的综合体。

农业立体污染防治补偿机制的建立要求生产者、开发者、经营者、消费者改变环境资源无需付费的观念，要求整个社会认同生态功能的价值，创新了公共物品的管理模式。作为生态受益人支付一定的费用，既是所有权人实现其经济利益的方式，也是对环境保护做出努力并付出代价者的合理的经济补偿。这种补偿机制的建立，促使人们由“谁污染谁治理”的惩罚性补偿理念向“谁受益谁付费、谁治理补偿谁”的激励性补偿理念的转变，这一转变不仅会打破最初的“先污染后治理”的发展模式，更会通过经济手段使生态意识深入到人们生产和生活的各个环节，强化人们环境保护的责任感，在潜移默化中将生态保护变为人们的自觉行动，这种生态意识的深化不仅有利于生态保护资金的筹措，也可以缓解社会发展同环境的矛盾对立与冲突。

三、农业立体污染防治补偿的机制性问题研究

1. 农业立体污染防治补偿的标准

补偿标准是补偿机制的核心，关系到补偿的效果和补偿者的承受能力。只有在科学、合

理的评估基础上确定补偿标准，才能顺利构建补偿机制。通常对于补偿标准的确立应综合考虑三个方面的因素：一是被补偿者行为的成本；二是被补偿者行为产生的经济效益；三是被补偿者行为产生的生态效益。一般来说，如果被补偿者行为产生的经济效益不能覆盖其行为付出的成本，就按实际差额核算基本补偿金，这也是补偿的下限，然后在此基础上，加上针对其行为产生的生态效益所应补偿的数额。

被补偿者行为的成本包括直接投入成本和机会成本。直接投入成本是实际投入的成本，这部分投入可以按照当时的投入情况以及对现有的实物进行估算。机会成本是指因生态建设与环境保护所丧失的发展机会，这部分成本测定可采用收益损失法以及机会成本法、影子项目法等直接市场法进行测定。被补偿者行为的成本是确定补偿标准的主要依据。

被补偿者行为产生的经济效益测定相对简单，可用市场价格衡量。例如，水源地保护可依据供水量的增加和水质的提高所增加的直接经济收益、经济林收益等方面来确定经济效益。

被补偿者行为产生的生态效益的测定较为复杂，也最受争议。生态效益的评定可以从使用价值和非使用价值二个层面确定。使用价值包括直接使用价值、间接使用价值和选择使用价值。直接使用价值一般使用直接市场法等进行测算，如水资源环境提供的发电、旅游、水上娱乐、交通运输等；间接使用价值一般采用影子工程法等进行价值测算，如调节水量、水土保持、水源涵养、废物净化等；选择价值是人们为将来选择利用环境资源而愿意付出费用，如对保护热带雨林、生物多样性等的意愿支付，主要采用或有估价法、旅游费用法等进行估价。非使用价值又称存在价值，包括人类发展中有可能利用的那部分环境资源的价值，及能满足人类精神文明和道德需求的环境价值，如美丽的风景、濒危物种等，主要采用或有估价法进行价值测定。

或有估价（CVM）是实验经济学的重要方法，试图估计不能从市场行为中得出的价值的有用程序，其对行为和价值的估计是通过诱导出应答者对假定问题的反应得到的。或有估价试验的设计对结果的有用性至关重要。人们普遍认识到，应答者的回答包含偏爱成分。而且，或有估价试验需要仔细的抽样才能把初步试验结果上升为整个人群的价值取向。不过，这是一种有高度灵活性和多种用途的工具。

下面通过一类典型案例分析来具体说明补偿标准的确定。例如，为了减少农业生产对水源地水体的污染，要实施一系列措施，譬如减少化肥和农药的施用、转移畜禽饲养业等，但最剧烈的动作莫过于退耕还林。下面就对退耕还林补偿标准的确定进行一下探讨。

（1）退耕地用于种植经济林或用材林

图 3 的横轴代表用于农林业生产的土地等级数量，零点 A 的土地质量最高，沿横轴向右递减，纵轴代表土地的经济收益由低到高的变化，HD 代表农业用地收益线，GE 代表林业用地收益线。I 点为农林土地使用变化的经济界限，即从经济的角度，AC 土地适合农业生产，因为 AC 类型土地农业收益高于林业收益；CE 土地适合林业生产，因为这类土地林业生产的收益高于农业生产。实际上退耕还林不仅是从经济角度，更多地是从生态效益和社会效益的角度将一些坡度比较大的农业用地转为林业使用，在图中可以用 BE 表示，其中等级在 BC 间的土地从经济的角度更适合于农业生产。在土地使用变化中农业土地收益减少了 S_{BDL}，林业收益增加了 S_{BEK}，但林业的收益一般要在 5 年后才能实现。因此，在 5 年之内，

农民每年经济收益损失相当于S_{BDL}；5 年后，如果S_{BEK}小于S_{BDL}，农民每年经济收益损失相当于（$S_{BDL}-S_{BEK}$）。这些损失实际上是农民为退耕还林生态效益而承担的社会成本，由个人承担社会成本显然是不合理，必须通过补偿或其他政策手段由社会承担，而且应根据退耕土地的地位级确定补偿的标准，因为不同质量农地的退耕给农民造成的损失存在很大差异。因此，在 5 年之内，农民每年必须得到相当于S_{BDL}的经济补偿；5 年后，如果S_{BEK}小于S_{BDL}，就必须保证农民每年得到相当于（$S_{BDL}-S_{BEK}$）的经济补偿，或在某一时间点上以未来若干年的经济补偿值（$S_{BDL}-S_{BEK}$）的现值调整值进行一次性补偿。现值的调整依据基于对未来风险和失业等各种因素造成的预期损失以及预期的生态效益的估算。

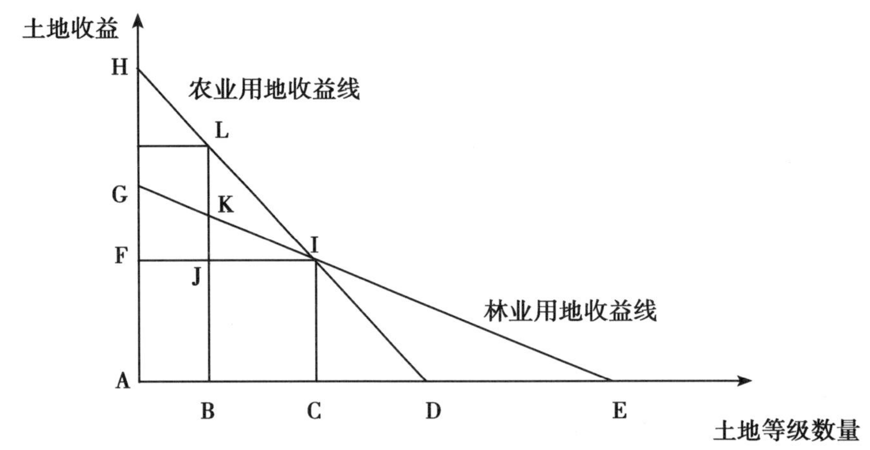

图 3　退耕还林土地配置与效益变化

$$*A=\alpha\cdot\sum(S_{BDL}-s_{BEK}\cdot(1+i_c)^{-n}$$

A:一次性经济补偿　　α:现值调整系数,>1

n:　计算年限　　i_c:　贴现率

（2）退耕地用于种植生态公益林

为便于分析，假设生态公益林没有直接的经济收益，在图 3 中表现为林业用地收益线与横轴重合，所以对生态公益林补偿的力度从理论上说每年是个不变量，即农民每年必须得到相当于S_{BDL}的经济补偿，或在某一时间点上以未来若干年的经济补偿值S_{BDL}的现值调整值进行一次性补偿。具体公式如下：

$$A=\alpha\cdot\sum S_{BDL}\cdot(1+i_c)^{-n}$$

A：一次性经济补偿　　α：现值调整系数，>1

n：　计算年限　　i_c：　贴现率

2. 农业立体污染防治补偿的资金来源

资金的筹集是农业立体污染防治补偿的前提。从目前国内外运行情况来看，资金的筹集主要有两个渠道，一是政府财政转移支付；二是进行市场化筹集。

（1）财政转移支付

农业立体污染防治是一种公共产品生产行为，具有很强的正外部性，其社会收益高于私人收益，而且还普遍存在私人成本大于私人收益，如果行为人得不到相应的补偿，必然降低其积极性。也就是说，农业立体污染防治存在着“市场失灵”问题，即无法单纯地依靠市场，而需要政府的介入来弥补市场的缺陷。政府介入环境保护方面采取的措施主要有强制性的行政管制和经济手段。财政支出作为实现政府经济目标的主要经济手段，同时也是政府履行其职能的物质基础，由于政府应当承担生态建设与环境保护的职责，理应将一部分生态补偿纳入公共财政的支出范畴。

财政转移支付的目标是调整地区与全国以及地区间的失衡，纠正与公共物品供给相关的外部性，促进地方政府的支出与中央政府的目标协调一致。财政转移支付分为横向转移支付与纵向转移支付两种形式。例如，对于水源地污染防治补偿的横向转移支付，是由富裕的下游地区直接向上游的贫困地区进行转移支付，其运作形式是首先通过生态供给者的生态建设与环境保护行为的成本——收益分析以及生态受益者的生态受益效应确定转移支付的数额标准，并通过财政的转移支付实现资金划拨，最终通过改变地区间既得利益格局来实现地区间生态服务供需的均衡。

纵向转移支付是上级政府对下级政府的财政补贴，是世界上多数国家进行生态补偿所采用的主要模式。进行纵向财政转移支付可以激励地方政府生态保护与环境建设的积极性。长期以来，我们一直将生态建设与环境保护作为地方政府的职责，但这种责任的划分并不能保证这种公共性生态服务的有效供给。由于这种行为存在着明显的外部性，一般地方政府不会对此报有积极的态度。因而中央政府通过给予地方财政补贴，来实现生态服务的提供。另外，由于生态服务功能产生的效益广，上级政府乃至整个国家都是受益者，本着“谁受益谁付费”的原则，也应从资金上给地方政府提供支持。

一般来说，当不能够清晰界定受益者时，如针对环境效益受益群体时，采用财政转移支付。例如，由于水源地生态环境改善造成生态水的供应加大，其生态效应受益者难以清晰地界定，这部分补偿资金应由地方政府承担，补偿的标准以生态水的水量为依据，按照相应的税率（费率），由地方政府买单。当可以清晰界定生态受益者时，例如，在对水源地生态建设与环境保护进行补偿时，相应的工业、农业、生活的用水户以及发电、旅游、水上娱乐、交通运输等相关领域的经营者是明显的受益者，可采用市场化资金筹集方式。

（2）市场化筹集

联合国在1992年的《里约环境与发展宣言》及《二十一世纪议程》中对于环境保护补偿的手段作过说明，指出在环境政策制定上，价格、市场和政府财政及经济政策应发挥补充性作用，环境费用应该体现在生产者和消费者的决策上，价格应反映出资源的稀缺性和全部价值，并有助于防止环境恶化。许多国家环境污染防治补偿的经验也表明，政府虽然是环境效益的主要购买者，但竞争机制依然可以在补偿政策的实施过程中发挥重要的作用。政府提供补偿并不是唯一途径，还可以利用经济激励手段和市场手段来促进生态效益的提高。与政府补偿依赖于财政转移支付相比，市场化补偿更多地依赖于生态受益者，这些受益者要根据其受益程度“付费”给环境效益供给者。这样，通过市场化补偿机制，环境保护者与受益者之间实现“对接”，各利益主体通过市场机制享受其权力并承担相应的责任，实现各自的利益诉求。

进行市场化资金筹集，首先要界定受益者，然后对不同受益对象确定其补偿标准。通过这种市场化机制，受益者依其消费的状况进行付费。市场化筹集一般分为依据用量筹集和依据功能筹集。

例如，在北京密云水库水源地污染防治补偿资金筹集方面，可以水资源为载体界定受益者，然后根据其消费方式，确定补偿标准：①对于用水户，其对水源地的补偿费按照一定的费率，根据其用水量的大小进行收取。也就是说，在工业、农业、第三产业以及居民的用水中，除了他们应交纳的水费、污水处理费（农业灌溉用水可免缴）等外，还要增加水源地生态补偿费。其收集途径可与水资源费一同缴纳，并由水资源管理部门设立专户进行管理，专款专用。同时考虑到不同行业的特点以及行业主体的经济承受能力，对于农业用水户的生态补偿费费率可适当降低或免收。②对于经营发电、旅游、水上娱乐、交通运输的受益群体（行业），由于其用水量无法准确度量，而且这些项目对水资源并不造成明显的损耗，其补偿数额可以参照其经营效益确定。也就是说，可根据行业特点以及经济效益的大小，以生态补偿税的形式（不同行业其生态补偿税率可能不同），收取生态补偿金，将其纳入生态补偿账户。

3. 农业立体污染防治中被补偿者识别

农业立体污染防治补偿中被补偿者主要有两类，一是生态建设者，二是生态破坏减少者。例如，密云水库水源地生态建设者主要包括保护区内涵水林的种植及管理者以及其他生态建设及管理者，其主体是当地居民、村集体和当地政府。减少生态破坏的行为者主要指保护区内为维持良好的水资源生态而丧失发展权的主体，如农户在生产品种的选择上，为保持生态而只能选择无污染项目或污染小的项目，典型的情况是无法选择养殖业，在种植业经营中，由于减少化肥使用量而使产量下降，由于耕地退耕造成机会损失，当地政府由于无法对一些资源开发经营、无法招商引资从而带来财政收入的减少等。

对某一范围内的被补偿者进行进一步识别还要依据补偿要素，这一方面是针对生态贡献者的实际经济及劳动投入进行补偿，另一方面还能起到引导作用。主要可分为两类：一是实际投入，包括生产成本增加、林木经营投入、管理投入、基础设施投入以及其他投入等；二是机会损失，指为环境保护而损失的发展机会所能带来的收益。

4. 农业立体污染防治补偿的方式

一般来说，生态建设与环境保护行为带来的经济价值常以有形产品为载体，按照劳动价值理论，通过市场完成价值交换，返还到被补偿者。但是，这种经济价值往往不能覆盖生态建设与环境保护行为的成本，其差额必须通过补偿方式得到弥补。另外，生态建设与环境保护行为带来的生态价值常表现为无形产品，是生态建设与环境保护行为的外部性的表现，倘若不能实现无形产品的价值，必定造成生态建设与环境保护的不可持续性。补偿机制的设立，连接了供给者和受益者，通过合适的补偿形式，完成生态建设与环境保护价值的实现，闭合“投入—产出—再投入”的循环。一般来说，农业污染防治补偿方式可分为间接补偿和直接补偿两种形式。

（1）间接补偿

间接补偿是生态受益者将资金转移到政府财政部门，然后通过财政转移支付等形式对生态建设和环境保护行为进行补偿，因此又称为政府补偿。间接补偿采用的形式更为多样化，除了货币补偿外，智力补偿也是常用的形式，如提供无偿技术咨询和指导，提高受补偿地区或群体的技能与管理水平。为了提高物质使用效率，补偿者也可运用物质、劳力和土地等进行补偿（即实物补偿方式），解决被补偿者部分生产要素和生活要素，改善被补偿者的生产和生活条件，增强生产能力，创造就业机会等。在实际（的）操作中，常将各种方式组合起来加以综合使用，相互弥补缺陷，优化补偿效果。间接补偿的主要形式是地区补偿和部门补偿。可由利益相关的地区、部门共同组成跨区域、跨部门性环境保护委员会，协调各方利益，共同管理补偿资金，也可建立补偿“谈判”制度。

例如，密云水库水源受益地区对水源地的补偿可考虑建立补偿“谈判”制度。“谈判”制度以供给者收益损失作为补偿的下限，以生物多样性、调节气候、涵养水源、降污、休闲游乐以及科研价值之和作为补偿上限，由水源地向受益地区提出补偿要求，受益地区根据当地的经济发展水平以及当地所得到的直接和间接效益与水源地进行协商谈判，最终确定补偿标准和补偿方式。这种谈判补偿的方式在实践中已经取得了良好的效果。比如在负责给广州、深圳和香港供水的东江流域，经过多次协商与协调，建立了流域上下游区际生态效益补偿机制，广东省每年拿出 1.5 亿元，交给上游江西省寻乌、安远和定南三县，用于东江源区生态环境保护。

部门补偿是其他部门（行业）对农业部门的补偿。在不同行业、不同生态要素开发主体之间，如果某一部门（行业）为另一部门（行业）提供了生态产品并使之受益，则生态受益部门（行业）要对生态供给部门进行补偿。部门与部门之间的补偿是“受益者付费”补偿，如农业及林业部门投资进行生态建设和环境保护，供水部门得益于水量的增加和水质的提高、旅游部门受益于良好的观光环境、航运部门得益于河流通畅，那么可以在这些利益部门之间进行利益的再调配。其调配的方式可以在相关产业的税费中提取适当比例作为产业间生态补偿基金，政府再以此基金对农业及林业部门进行直接补偿。目前，陕西省耀县每年从水资源税收中提取 10% 补偿给水源区的林业部门，用于流域保护就是采用了这一形式。

间接补偿的政府行为要注意克服以下问题：一是完全依靠中央或上级政府完成数额巨大的补偿支出，财政压力很大。二是涉及的因素错综复杂，加上统计数据不完备，计算不准确，从而导致补助程序透明度差、随意性大。三是对财政政策的依赖性大，补偿数量小且具有不确定性。四是政府补偿使生态受益者与保护者脱节，难以直接体现生态补偿各方主体的权、责、利。五是由于缺乏相应的法律、法规配套，不能完全依理、依法进行，在操作上缺乏有效的监督，难以达到应有的效果。

（2）直接补偿

直接补偿是受益者根据经济发展水平以及支付意愿所实施的补偿，由于采用市场化的方式，又称为市场化补偿。其表现形式为具体的受益者对生态建设和环境保护行为的直接补偿，是一种点对点的补偿形式。

直接补偿方式主要采用货币补偿，在现实操作中可形成例如补偿金、补贴、生态保证金（押金退款）、赠款等方式。

随着市场制度的完善，地区之间、部门之间也越来越多地采取市场化直接补偿方式。

四、结束语

由于社会发展过程中相关问题和矛盾的长期累积，使得我国农业立体污染防治补偿的研究和实践面临诸多问题和困难，许多理论上十分清晰的事项在实际操作过程中往往会遇到重重障碍，在建设补偿机制的各个具体环节，还会遇到各种制度性缺陷带来的阻力。比如，补偿主体在某些地区难以界定，没有制定科学的补偿标准等，加之监督职能普遍存在缺位现象，可能会导致在实际操作过程中的主观性和随意性；又如地区补偿、部门补偿以及财政转移支付制度等的建立，涉及国家的相关法律、财政管理制度的修改，往往也会是一个漫长的过程。因此，建立适合我国国情的农业立体污染防治补偿机制，还需要相关政策和制度的配套与完善。

参考文献

[1] 葛颜祥，梁丽娟，接玉梅．水源地生态补偿机制的构建与运作研究．农业经济问题，2006（9）：22～27.

[2] 穆贤清，黄祖辉，张小蒂．国外环境经济理论研究综述．国外社会科学，2004（2）：29～37.

[3] 沈满洪，何灵巧．外部性的分类及外部性理论的演化．浙江大学学报（人文社会科学版），2002（1）：152～160.

[4] 吴伟．西方公共物品理论的最新研究进展．财贸经济，2004（4）：12～16.

[5] 章力建，侯向阳．我国农业立体污染防治研究进展．作物杂志，2005（5）：13～15.

[6] 章力建，蔡典雄，王小彬，张建君，金轲．农业立体污染及其防治研究探讨．中国农业科学，2005，38（2）：350～358.

[7] 章力建，朱立志．农业立体污染防治中循环经济的运作机制及模式．农业技术经济，2005，5：2～5.

[8] 章力建，朱立志．我国农业立体污染防治对策研究．农业经济问题，2005：2：1～3.

[9] 朱立志．生产阳光经济原料以实现农业新价值．两岸环境保护政策与区域经济发展研讨会论文集，台湾新竹市：2003，23～26.

[10] Zhang L. J.，Cai D. X.，Wang X. B. Zhang J. J. and Jin K. A study of agriculture tridimension pollution and its control. Agricultural Sciences in China，2005，4（3）：214～224.

（朱立志、章力建、包菲）

农业环境自净能力与立体污染防治策略

一、农业环境自净能力的理论思考

农业环境自净能力实质上就是农业生态系统的环境自净能力，指系统在不改变结构与功能的前提下，能够忍受外来有害物质的干扰，并通过自身机制消纳和降解污染物，保持或恢复系统原有稳定状态的特性与能力。显然，农业环境自净能力本质上是农业生态系统对污染物的消纳与降解能力。

农业环境自净能力主要表现在两个层面：一是农业生态系统要素层面，主要包括农业生物、土壤、水等要素；二是农业生态系统层面，主要表现为在农业生物与环境的相互作用下，通过系统自身的运转而达到环境自净。

1. 农业生态系统要素层面上的环境自净能力

（1）农业生物

生物因素既是构成生态系统的要素，又常常是生态系统的核心。在与光、温、水、土、气等环境因素的长期作用和进化过程中，生物形成了利用环境、适应环境和不同程度改造环境的能力，当某种物质的数量，特别是外源污染物质的数量超过了一定限度时，生物就会受到伤害，甚至不能生存。但在其限度内，生物可以忍受其影响，或可能吸收污染物，使之排除到土壤以外，起到净化环境的作用。生物的这种净化作用主要体现在以下三个水平上。

①个体水平上的环境自净能力。不同生物个体在生理、生态以及环境适应性方面存在一定的差异，这种个体差异必然产生分化形成不同的生态型，对不同生态型进行定向培育形成不同的品种。

②种群水平上的环境自净能力。农作物不同品种对应的是生态系统的种群，品种是同一作物不同生态型的表现。种群水平上的环境自净能力实际上是物种适应环境的一种机制，在自然生态系统中表现很多，发挥群体优势，提高个体环境生存能力。污染物从某种程度上来讲也是一种环境要素，例如用芦苇净化水体，当芦苇密度很低时，其生活力弱，生长量少；密度增加，其生活力和生长量均有所提高。一般群体生长中都会发生这种现象，作物也不例外。

③复合作物群体水平上的环境自净能力。在复合作物群体即作物群落水平上，生物对环境的生存能力有很大提高，对生态因子的耐性范围均有一定的提高。例如森林生态群落就是比较稳定的群落，对不良环境的抵抗能力明显增强。农业生态系统的复合作物群体环境自净能力主要表现为间作套种、混种和轮作等方面。以往研究表明，在没有污染的土壤上连作，生命力会大大降低，产量减少比较明显。在群落水平上，环境自净能力的发挥主要取决于种

群之间的相互作用。一般来讲，低等生物的环境自净能力要强一些，草本环境自净能力要高于乔木植物。

（2）土壤自净能力

土壤是发育于地球陆地表面具有一定肥力且能够生长植物的疏松表层（包括海、湖浅水区）。土壤是含有空隙的介质，对颗粒物、液体和气体具有一定的吸附作用，另外土壤中有机质、土壤微生物对粒子物质具有吸附作用。因此，污染物质进入土壤中，土壤就会发挥吸收和固定作用，减弱毒害作用，一定程度上表现了环境自净功能。

（3）水相自净能力

水体是自然界主要的溶剂，是物质流动和集聚的主要介质之一。农业水体（水相）对进入其中的物质具有溶解作用，可以降低污染物质的浓度，减小污染物质的危害。另外在重力作用下把有害物质沉降到地质层，进入地质大循环，经过复杂的物理化学过程，降解毒性。水相中的微生物、植物和动物等，对污染物具有分解和吸收作用，对净化水体有重要作用。

2. 农业生态系统层次上的环境自净能力

系统水平上的环境自净能力是通过调节生物与环境之间的关系，利用自然机制和人工措施，在系统层次上提高抵抗不良环境因素的能力。例如，通过栽培抗污染能力强的植物或者作物品种、施用土壤调节剂等措施，降解污染物对农田环境的污染，实现环境自净，减少污染扩散。另外，利用食物链途径把污染物质引向对人类危害最小的方向，降低环境污染。随着科学技术的进步，施用化学降解药品能够提高农业生态系统的降解能力，如，土壤表面活性剂、腐殖酸和复合有机质等在环境自净中发挥重要的作用。

不同生态系统的环境自净能力不同，同一生态系统在不同时期的自净能力也会有所变化。一般来讲，系统组成与结构越复杂，其自净能力就越强，系统在旺盛时期的污染自净能力最强。农业生态系统是一种人工生态系统，当然具有特定的环境自净能力，能够在一定范围内消纳特定数量的污染物质，只要合理利用这一特点，建立具有较强环境自净能力的农业生产体系，可以降低甚至避免农业生态系统的污染，趋利避害，促进系统持续健康发展。但与自然生态系统相比，多数情况下农业生态系统消纳污染物的能力较低，持续和过量的污染物常常会危害农业生态系统，导致生态系统生产力下降以至丧失。

生态系统的环境自净能力是有限度的，不能无度放大。土壤和水体对污染物具有一定的缓冲能力，通过内部的缓冲机制能够降解和固定有害物质，减轻对环境的毒害作用，但一旦污染物的数量超过了临界值，农业生物和农业环境两方面均要受到严重影响，甚至使生态系统遭到破坏，难以恢复。农业生态系统对污染物的消纳与环境自净能力也是有限的，并且由于农业生物的单一性和结构的脆弱性，这种能力常常低于自然生态系统。所以，在农业可持续生产当中，既要发挥农业生态系统的环境自净能力，又不能过分依赖系统的这种能力，应该强化人类的主观能动性，加强管理，控制源头与过程污染物排放，维持农业生态系统的稳定与持续性。

二、农业环境自净能力的相关研究进展

1. 土壤的自净作用

自然界各个生态系统对进入其中的有害物质，都有一定的净化能力。当有害物质少时，生态系统本身能通过物理、化学或生物等净化作用，降低其浓度，使其不致造成危害。但超过净化能力时，就会造成对生态系统结构和功能的破坏，打破生态系统平衡。以往人们把土壤当作处置废弃物和污水的场所，近代更增加了工业废水、废渣等污染物质。由于土壤具有很强的吸附、过滤和降解作用，一定量的污染物进入土壤后，经过一段时间，污染物会逐渐减少甚至消失，恢复到原来的状态。但是，当污染物超过土壤自净功能的阈值时，污染物就会在土壤中积累并产生毒害作用，致使植物死亡。同时，土壤中的污染物还随土壤侵蚀而进入其他水域，造成水体污染，直接威胁人体健康。

自然环境中各种物质组成之间都存在着物质和能量的交换和循环，从而使环境保持一种相对的平衡。如果污染物进入土壤中，物质组成发生了变化，原来的平衡遭到破坏，于是造成土壤的污染。但另一方面，土壤中的微生物存在强大的生物降解能力，土壤液中含有碳酸、磷酸、硅酸、腐殖酸和其他有机酸及其盐，构成一个很好的缓冲体系，本身对酸碱改变具有相当的缓冲能力。同时土壤胶体能降低反应的活化能，成为很多污染物转化反应的催化剂。此外，土壤中的氧气、硝酸根离子和高价金属离子可作为氧化剂，土壤中的水分可作为溶剂，在土壤中植物的根系和土壤生物的参与下发生氧化还原反应，这些都是土壤的自净因素。

土壤净化功能在一定程度上减轻或消除土壤环境污染的能力。和肥力功能一样，土壤净化功能的物质基础仍然是土壤的“三相”组成，其中，以固相成分最为重要。土壤的固相是土壤中最活跃的部分，它包括无机矿粒、有机腐殖质、有机无机复合胶体、土壤酶和土壤微生物等，这些成分通过一系列相互交织的复杂过程共同对污染物起作用，使土壤成为一个巨大的“污染处理场”。土壤的净化过程既包括物理、化学和生物的作用；又包括物理化学和生物化学的作用，即有土壤的过滤、截留、渗透、物理吸附、化学吸附、化学分解、中和、挥发、生物氧化，以及微生物及植物的摄取等过程。

（1）土壤对酸性沉降物的缓冲原理

土壤对酸沉降具有一定有缓冲作用。Tabatabai 分析了不同酸度下土壤所发生的中和反应。pH 值在 6.2 ~ 8.6 时，大气中 CO_2 与土壤中 H_2CO_3 平衡 pH 值 5.0 ~ 6.2 时，硅酸盐矿物产生 H_4SiO_4；pH 值 4.2 ~ 5.0 时，可交换态阳离子 K^+、Ca^{2+}、Na^+、Mg^{2+} 等与 H^+ 交换；pH 值 3.5 ~ 4.2 时，Al^{3+} 由铝化合物中释放出来；pH 值 3.0 ~ 3.5 时，土壤中 Fe_2O_3 转化成 Fe^{3+}，这些过程都消耗了 H^+。显然，土壤酸度不同时，中和反应是不同的，缓冲过程也是不同的。大多数类型的土壤都有一通过阳离子交换来平衡酸沉降带来的过量 H^+ 的能力，所以土壤化学组成的变化是缓冲酸性沉降物的一种机制。

土壤中的腐殖质由于分子量大，表面的官能团多，又带着有较多的可变电荷，因而在吸附固定重金离子中显示出重要作用。腐殖质在土壤净化功能上的贡献，主要是络合作用与螯合作用。腐殖质作为强有机络合剂，起螯合作用的基团主要是分子侧链上的含氧官能团，

如 $-COOH$、$-OH$、$-CH_2OH$、$-C=O$、$-NH_2$ 等，这些基团具有很强的螯合能力。腐殖质与重金属离子螯合物有难溶与易溶之分，后者对土壤净化功能贡献不大。

（2）土壤微生物对无毒有机物的降解

自然界存在的有机物中，几乎都有可以使其降解或转化的微生物，其中能分解无毒污染物的微生物较多（表1）。无毒污染物在土壤微生物的作用下，通过好氧或厌氧分解，最终形成氨、二氧化碳和水。

表1　分解有机物的主要微生物

有机物	微生物种类
蛋白质	假单胞菌，芽孢杆菌，微球菌，梭菌
纤维素	噬纤维菌，纤维单胞菌，生孢噬纤维菌，纤维弧菌，棒状杆菌，链霉素，曲霉，毛壳霉，芽枝霉，青霉，木霉
淀粉	假单胞杆菌，节杆菌，无色杆菌，土壤杆菌，溶淀粉梭菌，产气荚膜梭菌，曲霉，根霉，毛霉
果胶	芽孢杆菌，假单胞菌，欧文氏菌，根霉，曲霉，镰刀菌，轮枝孢，灰绿葡萄霉
半纤维素	芽孢杆菌，无色杆菌，假单胞菌，噬纤维菌，乳杆菌，弧菌，链霉菌，链格孢，镰刀菌，根霉，毛壳菌，毛霉，青霉
类脂质	假单胞菌，分枝杆菌，无色杆菌，芽孢杆菌，球菌，产气荚膜梭菌，青霉，曲霉，枝孢菌，粉孢菌，放线霉
木质素	担子菌和某些细菌

（3）微生物对农药的降解

据有关资料，环境中有毒物质浓度的降低，主要是因土壤微生物的矿化作用和代谢作用。微生物对有毒物质有去毒作用、活化作用、失去活化性、改变毒性谱、结合或加成作用以及消效作用等（表2）。

表2　微生物与其降解的农药

微生物	农药
无色杆菌属	氯苯胺灵;2,4-D;2-甲-4-氯;2,4,5-D
气杆菌属	DDT;异狄氏剂;甲氯 DDT
土壤杆菌属	氯苯胺灵、茅草枯;DDT;毒莠定;三氯乙酸
节杆菌属	2,4-D;茅草枯;二嗪农;草藻灭;2-甲-4-氯;毒莠定;西玛津;敌稗
芽孢杆菌属	茅草枯;DDT;狄氏剂;苯硫磷;七氯;利谷隆;毒莠定;杀螟松;三氯乙酸
梭菌属	DDT;丙体666;百草枯
棒状杆菌属	2,4-D;茅草枯;DDT;地乐酚;二硝甲酚;百草枯;对草快
黄杆菌属	氯苯胺灵;2,4-D;茅草枯;毒莠定;抑芽丹;马来酰肼;2-甲-4-氯;三氯乙酸;2,4-D-J 酸
诺卡氏菌属	2,4-D;2,4-D-J 酸;茅草枯;DDT;敌稗;七氯;三氯乙酸;五氯硝基苯;毒莠定
假单胞菌属	氯苯胺灵;2,4-D;茅草枯;DDT;对草快;敌草快;二嗪农;狄氏剂;地乐酚;二硝甲酚;异狄氏剂;灭草隆;五氯酚;甲拌磷;西玛津
木霉属	艾氏剂;莠去津;DDT;狄氏剂;草乃敌;二嗪农;七氯;毒莠定;西玛津;茅草枯;敌敌畏
曲霉属	莠去津;2,4-D;草乃敌;异狄氏剂;利谷隆;2-甲-4-氯;五氯硝基苯;毒莠定;扑草净;百草净;敌百虫;氟乐灵;茅草枯
青霉属	艾氏剂;莠去津;茅草枯;七氯;灭草隆;敌稗;五氯硝基苯;毒莠定;扑草净;西玛津;敌百虫;碳氯灵

（4）微生物对重金属污染物的转化

自然界中存有多种重金属，其中以汞、砷、铅、镉、铬等的生物毒性最显著。受重金属污染的土壤不能被土壤微生物分解，只能改变其在环境中的存在状态，降低毒性。在微生物转化重金属的作用中，很多都涉及金属离子氧化状态的改变，如抗汞细菌还原汞化物为元素汞。微生物代谢活动的结果，形成各种产物，能对金属离子起增溶、沉淀、螯合作用。微生物对重金属的转化见表3。

表3　微生物对重金属的转化

转化作用类型	金属	微生物
氧化作用	Sb（III） Cu（I）	锑细菌属 氧化亚铁硫杆菌
还原作用	Se（IV）	棒杆菌属；链球菌属
	Te（IV）	沙门氏菌属；志贺氏菌属；假单胞菌属
	Cd（II）	假单胞菌属
甲基化作用	Se（IV）	假单胞菌属；曲霉属；假丝酵母属；头孢霉属；青霉属
	Te（IV）	假单胞菌属
	Sn（II）	假单胞菌属

土壤的净化能力除决定于土壤的物质组成和土壤环境外，也和污染物的种类、性质和数量有关。不同的土壤净化能力不同，同一土壤对不同污染物质的净化能力也不同。由于土壤的固定性，它不像大气、水一样能随风力、机械运动而较快地扩散迁移，因而土壤的净化速度是比较缓慢的。

2. 生物的自净作用

生物的自净作用主要表现在对进入环境污染物质的提取和降解等方面，实际上就是生物修复。植物修复可分为植物提取、植物降解、植物稳定、植物刺激、植物挥发和根际过滤。其中植物提取修复技术因其治理彻底且无其他负面影响等优势而受重视，植物修复受土壤环境影响很大，例如污染物浓度、pH值、养分含量、养分形态、有机质、人工土壤改良剂和土壤微生物等对根系吸收有很大影响。植物雨衣甘蓝（*Brassicaoleracea acephala*）和屈曲花属植物（*Iberis interme. dia*），地上部吸收的铊18%～21%来自根际土壤（0～2mm）的有效态部分，而40%～50%来自非可溶性部分。灌木菌根真菌与蕨类植物根系共生，这样的共生体系有利于As超积累植物对As的吸收和积累。如人工合成的螯合剂EDTA、HEDTA、DTPA、EDDHA等对污染土壤中Pb具有强的活化能力，施加螯合剂到土壤后Pb的溶解度显著提高，明显提高印度芥菜对Pb的吸收效率。以豌豆和玉米为修复材料，施加EDTA等螯合剂对土壤中的Pb有较好的活化性能，显著提高两种植物地上部Pb的积累量。

美国发现了一种蕨类植物可吸收污染土壤中的砷，可对受砷污染的加工厂、矿场和农田等场所进行清理。研究发现，蕨类植物体内的砷是其生长地土壤的200倍，该植物体内含砷量高达2.3%，其中90%砷存在于茎和叶中，因此在污染地区种植后可以收获并运输到危险废物加工厂。20世纪早期，一些国家和地区用砷消灭畜牧场的寄生虫，导致严重的土壤砷污染，利用蕨类植物可以有效地净化土壤。

3. 农业生态系统的环境自净作用

湿地植物定期收割是净化非点源污染物有效措施，研究表明，芦苇和茭草对氮、磷的吸收能力高，收割可带走氮 818kg/hm^2 和磷 104kg/hm^2，茭草可带走氮 131kg/hm^2 和磷 29kg/hm^2。茭白每年对氮磷的吸收量分别为 200kg/hm^2 和 21kg/hm^2，人为种植取代野生植物，可取得很好的净化效果，带来经济效益，提高了农业生态系统的环境自净能力。

在废矿渣堆土壤污染的地区，生长着几乎野生的草本植物例如芦苇、马齿草、苦菜根和高粱等，这些植物具有较强的耐 Cr 和富集 Cr 能力，人工栽培的大白菜长势也较好，说明了这些植物具有较强的耐重金属 Cr 的能力和吸收富集作用，尤其根部的富集作用更为突出。这对高铬及其他重金属污染地区的环境治理提供了一些启发，说明提高环境自净能力应该充分从系统角度考虑，能够取得更好的自净效果。

通过调节土壤营养的方法可以提高植物的重金属的迁移总量，利用 Pb 超富集植物修复 Pb 污染土壤。营养元素对植物的效应不一致，少量的 N 和 K 可促进富集植物的增加，促进植物对 Pb 的吸收，随着 N 和 K 水平的增加，植物对 Pb 的吸收能力降低，但 K 的抑制作用不如 N 的显著；土壤供 P 会降低植物对 Pb 的吸收，且下降极显著。

许多水生生物能从水中吸收污染，贮藏于体内，使水中污染物浓度降低，从而使水体得到净化。如水生高等植物中的水葱可在酚浓度高达 600mg/L 的水体中正常生长，每 100g 水葱 100h 可净化单元酚 202mg/L，由于水葱体内具有较大的气腔，干枯后漂浮水面，冲到岸边而被清除，使吸入体内的酚不会重新返回水体；菹草、凤眼莲能从水中选择吸收锌；黑藻、金鱼藻和菹草能从水中选择吸收砷。

三、典型农业生态系统环境自净体系简析

1. 农牧结合生产体系

农牧结合生产体系主要理论基础是种植业为牧业提供饲料，牧业为农业提供肥料，形成相互促进，相互依赖的关联体系。从另一方面分析，种植业解决了畜禽粪便可能引起环境污染的问题，牧业也解决了种植业秸秆堆积和无谓燃烧带来的大气污染问题，形成了一个农业环境相互自净机制，有效保障了农业环境自净。秸秆和畜禽粪便是农业生产中的主要废弃物。多年来，由于秸秆燃烧不仅浪费物质和能量，而且导致环境污染。经过多年试验与实践，采用适宜的秸秆利用方式，能显著提高农业生态系统的环境自净能力。目前秸秆利用方式主要有秸秆直接还田、过腹还田、生产沼气和堆沤还田等。秸秆直接还田能够提高土壤有机质和营养元素，提高作物产量。过腹还田可以促进畜牧业发展，解决养殖饲料，增加肉奶产品，提高农业系统的生产力，养畜粪便还田改良和提高土壤肥力，是农牧结合，实现相互促进的良性循环发展方式。另外，还有秸秆高温堆肥还田以及微生物处理堆肥等形式。利用秸秆生产沼气，减少秸秆燃烧排放二氧化碳，保护大气环境，解决了农村生活用能问题。

农牧结合的环境自净生产体系具有较高的综合效益。北京窦店通过农牧结合促进了村镇积极的快速发展就充分说明了这一点。该村的基本做法是：通过机械化推进和耕作制度改革，变一熟为两熟，增加作物生物质生产；推广秸秆、青贮、氨化等技术，使大量的秸秆转化为高级饲料；积极发展以养牛业为主的秸秆养殖业，推进畜牧业的长足发展；大量畜禽粪便直接（或通过沼气）还田，显著地培肥了土壤；农牧良性循环，稳固了该村良好的村镇经济的基础，在此基础上，发展乡镇企业，促进了村域经济的发展。

2. 以沼气为纽带的生态农业体系

在农业生产过程中，不可避免地要产生有机废弃物，例如畜禽养殖产生的粪便、作物的秸秆和农产品加工产生的下脚料等。如何有效处理废弃物，特别是通过增加或引入新的生产环节，能够化害为利，转化出新的产品，这是保证农业生产正常进行的必要措施，也是农业发展中必须面临的现实问题。沼气系统正好可以解决农业生产中的这一难题。这是因为沼气具有以下主要作用：第一，沼气系统可以提供能源，解决或部分解决农村生活用能问题，特别在生活燃料缺乏的地区能源功能更加明显，既可以节煤，又可以省电。一个户用沼气池（体积约 $8m^3$）年节约 2t 煤，节约用电 200 度。第二，沼气在保护植被及治理生态环境方面具有重要的作用。一个户用沼气池年提供的能量相当于 2 000m^2 薪炭林产生的能量，即建一个户用沼气池相当于一年保护 2 000 多 m^2 薪炭林，生态效益非常明显，在干旱半干旱地区尤其如此。第三，沼液既是优质的叶面喷肥，又是防治农作物病虫害的“无公害农药”，在发展安全食品方面具有重要的作用，特别是发展绿色果蔬产品。另外沼液浸种可以提高种子生活力，提高发芽率和作物产量，同时在养殖方面具有一定的作用。第四，沼渣是优质有机肥，既能改良土壤，又能提高农产品品质，另外还可以养殖蚯蚓，为家禽饲养提供饲源。第五，沼气系统可以改善生活环境，消除污染。在工厂化养殖上为处理家畜禽粪便提供有效途径，避免污染生活环境及地表水源；在农村改变家家门口都有粪堆的不良生活习惯，与村容村貌建设相结合，可以极大改善农村生活环境，基本消除蚊蝇孳生。以沼气为纽带的生态农业既能带动种植业发展，又能推动养殖业发展，能够有效地衔接种养两业，协调农业与市场关系，解决农村剩余劳动力，引导农民增收，促进农村经济的稳步发展。第六，作物秸秆既可以直接作为沼气发酵原料，又可以经过处理作为家畜饲料，避免秸秆无谓燃烧导致污染环境及影响社会正常生活秩序，促进农业生态系统物质的良性循环。第七，沼气在农业产业化及农业结构调整方面具有一定促进作用。近年在工厂化养牛和养猪，沼气系统起了推动农业产业化的作用，在发展无公害水果、蔬菜等农产品基地，以及引导农业结构调整等方面也有积极的作用。

由于沼气系统有以上方面的功能与作用，因而与农业生产系统的结合更加紧密，形成了多种以沼气为纽带的生态农业模式在农村得到广泛推广。目前主要模式有：“圈—沼”生态养殖模式（工厂化养殖或农村养殖小区模式）、“圈—沼—厕”生态庭院模式（三位一体）、“棚—菜—沼—圈”生态温棚模式（四位一体）和“果—窖—圈—沼—厕”生态果园模式（五配套）等四种。南方以三位一体较常见，北方既有三位一体，也有四位一体，在林果主产区以五配套较常见，少数农村或地区有工厂化养殖（例如乳品厂、畜禽企业等）和农村养殖小区。由于各个地方的自然环境及社会发展差异，以沼气为纽带的生态农业的模式也不尽相同，例如北方的四位一体模式不但能够促进大棚蔬菜的生产，而且有助于沼气池安全越冬，实现周年产气和周年使用，体现了日光温室与沼气系统互利的特点。果园五配套模式通过引入集水窖不但解决了果园灌溉问题，同时解决了养畜水源，在北方半干旱与半湿润地区非常适用，既能提高果园管理水平，又为发展优质和绿色水果奠定了基础。

位于北京市大兴区长子营镇的留民营村，从20世纪80年代开始，以沼气为纽带，实行以畜禽粪便等废弃物循环利用为基础的生态农业，进行全方位的产业结构调整，农业生产中不施用化学肥料、农药，不使用转基因产品，无激素，开发利用新能源和大力植树造林，从单一的种植发展成为种、养、加、产、工、销一条龙的生产格局，形成了乳品、饲料、面粉、蔬菜、食品、肉食和旅游，促进各业的良性循环，实现清洁生产。这样，既解决了本村农民的生活能源需求，培肥了农田，生产出了安全绿色的有机农产品，使全村人均收入达到万元，又使农业生产过程中的废弃物得到有效转换和循环利用，保障了农业环境的健康运转，使群众的生产积极性提高，取得了显著的经济、社会与生态效益。该村荣获国家环保局颁发的有机农场认证书，1987年被联合国环境规划署命名为“全球环保500佳”。

3. 立体农业生产体系

立体农业生产体系主要理论依据是群落结构中的垂直、水平和时间结构原理，是农作制度中的间作套种的综合运用与发展。目前，我国在立体农业领域积累了丰富的理论与实践经验，已经形成了多样化的立体种植、混合养殖和种养结合模式，极大提高了单位土地面积上农产品数量与品种，对提高农业生态系统生产力作出了较大贡献。例如，在盐碱地上，修建水产养殖设施集水进行养殖，池塘排出水—灌溉—牧草种植—牲畜养殖—畜粪菌菇生产—畜粪菌渣还田，使盐碱地得到改良，形成了盐碱地生态综合立体种植和养殖及盐碱地改良模式，取得了较好的经济、社会和生态效益。另外还有很多模式，如粮果菜立体种植、农林立体种植、农林药立体种植、稻田养鱼、稻-萍-鱼系统等，已经形成了我国特色化的农作制度和生产方式，在生产中充当着重要角色。在现代农业设施中，立体种植、养殖类型更是多种多样，为提高农业效益起到重要作用。

桑基鱼塘的记载最早出现在明代，在珠江三角洲等地势低洼，易发洪涝灾害区域，挖塘筑基，塘中养鱼，基上种植桑树，趋利避害，一举两得。桑基鱼塘体系中，蚕沙（蚕粪）喂鱼，塘泥肥桑，栽桑、养蚕、养鱼三者有机结合，形成桑、蚕、鱼、泥良性循环生产体系，废弃物逐级利用，形成了良好的农业生产环境，减少了环境污染，显著提高了农业生态系统自净能力。由桑基鱼塘演化而来或类似的生产体系还有果基鱼塘、蔗基鱼塘、花基鱼塘、菜桑基鱼塘和稻塘桑基鱼塘等，同桑基鱼塘一样，这些农业体系都形成了肥水养鱼，塘基肥田，环境自净，良性循环的良好运作模式。

4. 现代农业高效清洁生产体系

现代农业技术发展迅速，不断形成和产生着高效率的现代农业模式。其中，精准农业就是一种具代表性的农业清洁生产技术。精准农业是把地理信息技术（GIS）、遥感技术（RS）、地理定位系统（GPS）、生物技术、农业专家系统（ES）、决策支持系统（DSS）、工程装备技术、计算机及网络通讯技术等用于农业生产过程中，是一种基于空间信息管理和变异分析的现代农业管理策略和农业操作技术体系。精准农业能够根据土壤肥力和作物生长状况的空间差异，调节水肥投入数量，同时对作物长势以及病虫害进行实时诊断，调节农药用量以及农药种类，真正实现定位、定量的精准投入，实现高产、低耗和环保，合理利用水肥资源、减少环境污染和提高农产品产量及品质，保护生态环境，实现农业的可持续发展。精准农业生产体系在提高农业生态系统的环境自净能力上具有重要意义。欧、美、日等发达国家的精准农业已初具规模，我国也在有些地方开始试用精确农业，探索符合中国国情的精准农业生产模式，同时，结合缓释肥料、生物农药、高效低残施用技术等，可望在提高农业环境自净能力方面取得成效。

5. 环境保护与生态修复体系

一定程度上讲，环境保护与生态修复的目的就是为了提高农业生态系统的环境自净能力。我国很早以前就开始闸沟垫地、打坝淤地，对小流域实行坡沟兼治、综合治理，均收到了明显的经济效益与生态效益，控制了水土流失，发展了农、林、牧等生产事业，增加了农民收入。小流域治理中主要采用了农田保护性耕作、林草覆盖和梯田、坡面蓄水工程（水窖、涝池）、山坡截流沟、谷坊、拦沙坝、沟道蓄水工程及山洪、泥石流排导等工程措施，较好地保护了水土，减少流失，在系统环境自净能力建设方面也发挥了功效。另外，农业和生活污水的生物处理、人畜粪便的生物处理、农药的生物降解等技术措施，都在提高农业环境自净能力上，发挥着重要作用。

四、发掘农业环境自净能力，促进农业污染立体防治

合理利用农业生态系统的环境自净能力，对降低农业污染物对土壤、水体、大气等环境要素和生态系统的危害，实现农业系统与自然系统的协调持续发展。主要具体体现在以下四个方面：

第一，建立农林牧复合体系，提高农业的环境自净能力。农林牧复合系统具有自然复合系统的特征，在生物个体、种群、群落和系统层次上均表现一定的环境自净能力。由于现代农业产业化发展，农业分工越来越细，专业性越来越强，农林牧复合系统的建设遇到一定的难度，应该加强这方面的研究，建设符合农业现代化发展的农林牧生产体系。

第二，建立农业自身的物质多级循环利用生产体系。物质多级循环利用是根据食物链原理，把前一营养级产生的废物作为下一营养级的生产原料，实现物质多级利用和废物零排放目标。物质多级循环利用能够提高物质利用效率，减少废物产生，降低环境负担，充分发挥农业生态系统的环境自净功能。

第三，重视提升土壤有机质，发掘土壤自身的环境自净能力。土壤有机质在降解污染物方面具有重要作用，同时随着土壤有机质含量的增加，改善土壤结构，为土壤微生物种群数量创造良好的环境，提高了环境自净能力水平。

第四，合理投入，减轻农业生态系统污染负荷。农业生态系统的环境自净能力有一定的限度。从某种程度上讲，农业立体污染的主要原因就是辅助能的过量投入和不合理使用导致的，超过了农业系统自身的承受能力。农药、化肥的合理投入可以改变习惯的投入方式，提

高物料的使用效率，从而减少投入数量，降低环境污染。

参考文献

[1] 刁治民．浅谈土壤微生物的净化作用．青海环境，1996，6（2）：68～71.

[2] 陈玉成．土壤净化功能的原理及其利用．四川环境，1994，13（4）：60～64.

[3] Susarh S，M edina VF，McCutcheon SC. Phytoremediation：an ecological solution to organic chemical contamination［J］. Eco1. Eng. 2002，18：647～658.

[4] AI Najar H，Schulz R，R6mheldtl V. Plant availability of thallium in the rhizosphere of hyperaccumulator plants：a key factor for assessment of phytoextraction［J］. Plant Soil，2003，249：97～105.

[5] Sharma BD. Fungal association with isoetes specles［J］. Amer. Fern. J. 1998，88：138～142.

[6] Blaylock MJ，Salt DE，Dushenkov S，et a1. Enhanced accumulation of lead in Indian Mustard by soil-applied chelating agents［J］. Environ. Sci.，Technol. 1997，31：860～865.

[7] Haselwandter K. Bowen GD. Mycorrhizal relations in trees for agroforesty and land ehabilitation［J］. For. Eco1. Manage. 1996，81：1～17

[8] Huang JW，Chen J，Berti WR. Phytoremediation of lead contaminated soil：role of synthetic chelates in lead phytoextraction［J］. Envion. Sci.. 1997，31（3）：800～805.

[9] 罗家传．利用植物提炼重金属［J］．农业科技通讯，2003（1）：41 农业科技通讯，2002（5）：38.

[10] 姜翠玲，范晓秋，章亦兵．非电源污染物在沟渠湿地中的累积和植物吸收净化．应用生态学报，2005，16（7）：1351～1354.

[11] 王成．隔污染地区环境对植物吸收重金属的影响．天津师范大学学报（自然科学版），2005，25（1）：66～68.

[12] 聂俊华，刘秀梅，王庆仁．营养元素 N、P、K 对 Pb 超富集植物吸收能力的影响．农业工程学报，2004，20（5）：262～265.

[13] 黄文红．浅谈水体污染与自净机制．江西水利科技，2000，26（4）：222～224.

（杨正礼、杨世琦、张庆忠）

农业立体污染综合防治信息网络和信息系统建设

一、建设背景

目前我国农业立体污染综合防治科技创新条件还很薄弱，缺乏系统可靠的农业立体污染综合防治基础信息，尚未对立体污染进行针对性的监测，更没有形成完整的监测网络体系。利用先进的信息技术和信息管理技术，进行农业立体污染综合防治基础信息资源建设、开发基于网格技术的农业立体污染综合防治资源共享、信息管理系统和决策支持系统，建立数字化、信息化、网络化的农业立体污染综合防治管理体系是农业立体污染综合防治科技创新条件建设的迫切需要。

建设农业立体污染综合防治信息网络和信息系统的主要目的是建立农业立体污染综合防治信息网络，提高农业立体污染综合防治信息采集、传输、处理和共享的能力与效率；开发农业立体污染综合防治决策支持系统、农业立体污染综合防治模拟分析系统和科研管理协作系统，提高科学决策支持能力、科研管理和协作效率。

农业立体污染综合防治信息网络和信息系统建设的主要建设内容包括：建立适用于农业立体污染综合防治监测基地的农业立体污染综合防治信息采集与无线传输系统，提供先进的信息采集、传输手段和工具；建立农业立体污染综合防治信息网络中心，建设基于网格技术的农业立体污染综合防治创新体系信息化环境和管理平台，为科研人员构造一个虚拟的科研协同工作环境，实现计算资源、数据资源、信息资源、网络通信资源以及科学仪器设备的全面、有效共享，显著提高农业科研效率及科研协作能力；建立农业立体污染综合防治信息库，开发农业立体污染综合防治决策支持系统和农业立体污染综合防治模拟分析系统，提高农业立体污染综合防治的科学决策支撑能力。

二、农业立体污染综合防治信息网络建设

农业立体污染综合防治信息网络主要提供信息采集、数据传输、网络通讯等功能，是农业立体污染综合防治信息汇集、分析、决策和控制的基础物理平台。整体网络架构主要由基站信息网络和信息汇集、分析、决策和控制的网络中心组成，基站网络与中心网络之间通过 Internet 相连接（图 1）。

由于需要获取分布在监测区域内的大量污染源数据，并实现数字化转换和远程传输，采用有线技术具有很大的局限性和较高的投入；另外，农业污染检测环境往往测点间相距较远，交通不便，远离城镇，基础通讯条件差，不能与国家骨干网直接接入，因此，应采用无线自组织网络技术，建立有线无线相结合的、可高度动态地适应环境变化的农业立体污染综

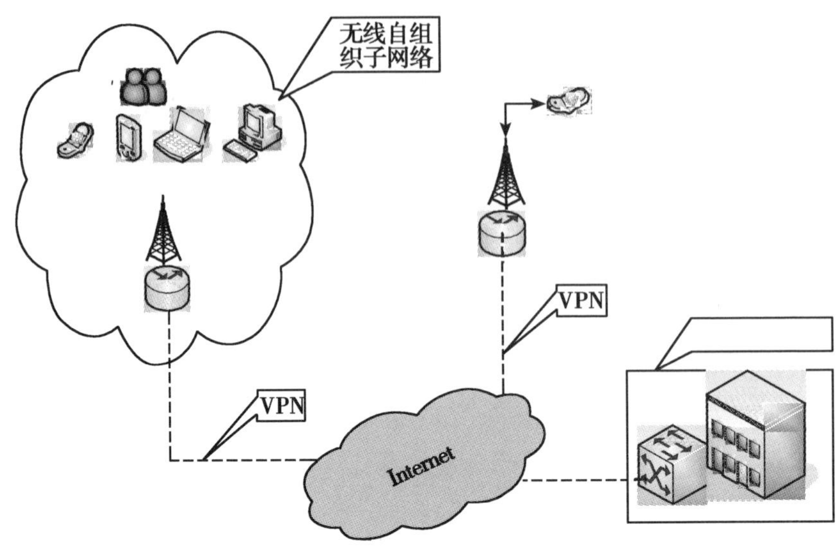

图1 农业立体污染综合防治网络

合防治基站信息网络。

信息网络中心的网络基础设施建立包括各个污染综合防治实验室在内的农业立体污染综合防治基站网络中心，装备高性能计算机、存储设备、网络设备、光纤通信设备和相应的信息处理和分析软件，进行网络化管理，融合无线网络和有线网络，实现数据远程传输、存储交互访问和信息资源管理和共享。

1. 农业立体污染综合防治基站信息网络建设

开展农业立体污染综合防治的监测与防治需要获取和处理大量的环境信息、地理信息、水资源信息、土壤信息、遥感信息等“水陆空”立体信息，以及各种农业污染源信息、污染物理化信息等，体现了采集信息的多样性。根据防治对象的时空分布特点，需要采集信息的维度、精度和分辨率都不尽相同。信息的性质是多元性的，既有文本信息，也有图像信息、视频信息、语音信息等，带来了信息采集和数据存储的复杂性。另外，各种信息大都随时间而变化，因此对信息采集的实时性有很高的要求。对不同信息的采集方式也各不相同，采集地点也不一定集中，因此是分布式的，时间上也不能保证同步采集，采样频率也不同。有些信息可以直接通过传感器测量，有些要通过分析仪器进行理化分析后获得，有些不得不通过人工观测记录获取。总之，农业立体污染综合防治的监测与防治过程中的信息采集是相当复杂的。在信息采集过程中，必须要使用传感器把物理信号转换成电信号（电压或者电流信号）。有时不能把被测信号直接连接到数据采集卡，还必须使用信号调理辅助电路，先将信号进行一定的处理。只有这样才能使计算机系统能够测量物理信号，还原成为所需要的各种信息，同时保证一定的时效性和真实性。

农业立体污染综合防治信息网络覆盖若干个农业立体污染综合防治监测基站，汇集和处理各基站采集的信息。在基站中，利用现场总线技术，通过有线或无线传感器网络将传感器或测试仪器产生的信号汇集在一起，再通过移动自组织网络传送到农业立体污染综合防治信息网络中心。每一个传感器或测试仪器都赋予一个惟一的 IP 地址，视为移动自组织网络中的一个终端来实施管理。

需要指出的是，尽管由遥感技术、地理信息系统、全球定位系统构成的“3S”技术已经发展得相当成熟，并且有着广泛的应用，但是，从农业立体污染综合防治监测与防治的角度出发，“3S”技术还仅仅能够提供宏观尺度的数据，难以提供微观的信息。另外，遥感信息也需要通过大量的实验才能得到与地面实测数据的对应关系，即遥感数据的地面真实度。因此，要开展农业立体污染综合防治，必须开发现场实时信息采集系统，在现场建立农业立体污染综合防治信息采集基站和在示范区域内建立基站网。

2. 农业立体污染综合防治信息网络中心建设

在充分利用现有的国家通讯基础设施的基础上，采用宽带高速网络设施和先进的网格技术，建立农业立体污染综合防治信息网络中心。以信息网络中心为枢纽，利用 VPN 虚拟私有网技术建立农业立体污染综合防治专用网，连通全国的农业立体污染综合防治监测基地，实现专用网内部的数据远程传输、存储交互访问和信息资源共享。信息网络中心的网络基础设施包括边界路由器、网络防火墙、核心交换路由器、汇聚层交换机、接入层交换机、网络分析仪、无线接入设备（AP）、图像处理设备、数据存储和容灾备份设备、不间断电源设备等，并应配备网络管理软件、服务器管理系统、主机管理系统、备份软件、入侵检测系统等。

农业立体污染综合防治研究的问题涉及因素多，地域广，遍布于全国的农业立体污染综合防治监测基地采集的各类监测信息的分析与运算需要高性能的运算资源，而传统运用超级计算机处理复杂科学领域的计算虽然处理能力强大，但其本身的造价极其高昂，因此应采用网格技术塔建农业立体污染综合防治计算网格，将分布在全国农业立体污染综合防治监测基地的网络计算资源连接起来，实现信息资源和设备的共享以及远程实时控制，以最大程度地提高网络资源的利用率，为实现海量的农业立体污染综合防治数据的存储、处理、服务和应用提供全面支持。

三、农业立体污染综合防治信息系统建设

农业立体污染综合防治信息系统建设主要包括两部分。一是农业立体污染综合防治基础信息资源建设。信息资源建设是农业立体污染综合防治系统工程中的重要基础工作，主要包括农业立体污染综合防治的信息集成和信息库建设。二是开发农业立体污染综合防治信息管理系统和决策支持系统，建立数字化、信息化、网络化的农业立体污染综合防治管理体系，为农业立体污染综合防治提供科学的决策支持和先进技术手段。

1. 农业立体污染综合防治信息库建设

农业立体污染综合防治信息库建设包括建立和管理与农业立体污染综合防治工作相关的数据库、信息库、知识库。其中包括：地理信息数据库、GPS 数据库、土壤数据库、环境数据库、气象资料数据库、农业生产条件数据库、化肥农药数据库、航空图片及卫星数据影像

数据库等。利用本体知识技术进行农业立体污染综合防治知识的组织，在其基础上，建立各种农业立体污染综合防治信息之间的逻辑关系库，形成农业立体污染综合防治知识库。制定农业立体污染综合防治核心信息元数据标准和扩展原则。在其指导下，建立农业立体污染综合防治相关信息的元数据库，进行信息资源的整合、交换与共享。利用跨库检索、智能检索、内容管理等信息技术手段实现信息资源的共享协同服务，并利用 Web Service、信息网格等现代信息技术建立分布式的、安全的信息服务体系。

2. 农业立体污染综合防治信息系统

农业立体污染综合防治信息系统是以农业立体污染综合防治信息化为目标，对农业、畜牧业、农副产品加工业等生产全过程的污染进行宏观和微观的实时监测与控制。其体系框架包括基础层、支撑层、决策层和应用层四个层面，如图 2 所示。

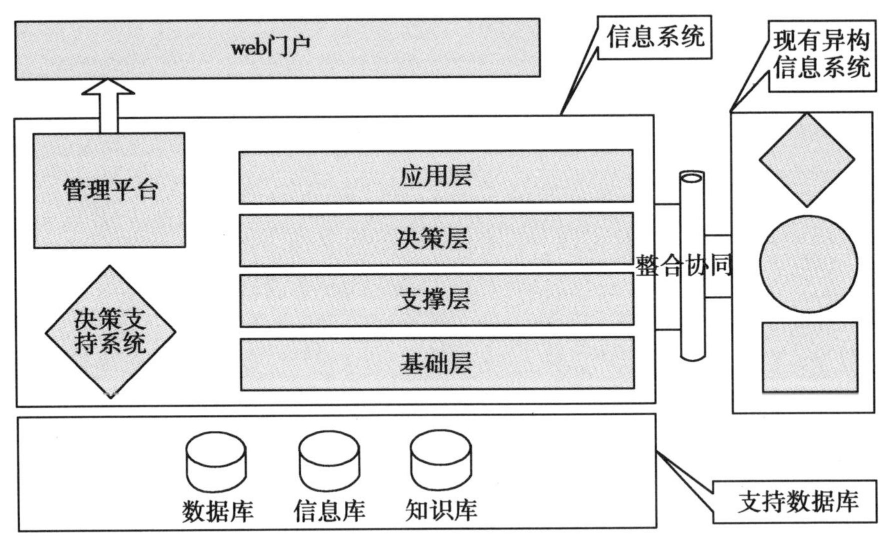

图 2　农业立体污染综合防治信息系统

（1）基础层

主要包括地面监测系统、空间遥感系统和传感器技术等，以及对数据进行管理的系统建设。在技术上对时空数字化信息的采集、存储、传递、信息交换、数据标准和接口进行规范，以满足管理、控制和决策支持的功能需求。

（2）支撑层

构建一个通用的、高效的网格环境，其主要内容包括异构资源集成与管理、作业调度、网格资源存储、系统状态与容错管理、资源注册、网格监控、安全域认证管理、知识发现服务、本体构造与标注管理和信息内容摘要等研发，并为以上各层的应用和服务的开发提供基本 API。

（3）决策层

构建一个分布式协同计算与辅助决策支持环境，包括应用管理集成环境，分布式协同计算环境及模型库、知识库，数字建模与动态仿真环境，虚拟环境，辅助决策支持系统。形成数字农业立体污染综合防治工程执行系统的指令性计划，从而实现数据输出的数字化。

（4）应用层

包括生产过程智能化、灌溉机械智能化、植保机械智能化以及加工过程智能化等，染源管理（排放数据采集）、统计分析数据（查询、汇总、上报、报表）、系统管理（通信参数设定、用户权限管理等）。以通讯网络为基础，建设面向各级部门、企业应用的计算机农业立体污染综合防治系统，系统功能的涉及面宽，能够使各级部门、企业各取所需，从而为全面实现农业立体污染综合防治的监测自动化、全面化和现代化奠定了良好基础，为环保部门的各级领导提供随时了解排污状况及污染治理情况的窗口，为他们及时掌握环境污染状况、进行科学决策提供可靠依据。

需要强调指出的是，农业立体污染综合防治信息系统的开发要以元数据管理为核心，为行业的行政管理和行业信息资源的整合提供了技术基础。采用分布式的数据存储形式，通过元数据实现各级部门之间的信息检索和内容调用，为数据查询、信息资源管理提供了基础。元数据管理采用目录管理结构，对各类信息进行分类组织，从而达到知识管理和决策支持目标。必须制定统一的数据标准和元数据标准，统一的数据传输方式、传输协议和编码方式，构建基于 XML 的、以 RDF 资源描述框架、OWL 语言和本体描述为内容的新一代面向语义网的开放式数据集成和管理系统。

3. 农业立体污染综合防治决策支持系统的开发

农业立体污染综合防治决策支持系统是将决策支持系统运用于农业立体污染综合防治的规划、管理、决策工作中，是从系统观点出发，利用现代计算机存储量大、运算速度快等特点，应用决策理论方法，对定结构化、未定结构化或不定结构化问题进行描述、组织，在农业立体污染综合防治信息系统的基础上，使决策者能通过人-机对话，完成管理决策的支持技术。同时，以决策支持作为核心目标，为用户需求服务提供最终解决方案。在实现信息自动处理的同时，突出信息对领导决策的重要作用。解决方案覆盖信息处理的整个流程（从数据采集、处理和传输，到信息管理、分析和共享），并延伸到数据分析、共享系统，从信息中提炼知识，为决策提供充足的信息支持。

以信息技术为手段强化农业立体污染综合防治决策支持系统的重点在于基于空间立体变量而制作的农业立体污染综合防治方案。利用先进的传感技术、生物信息模式识别技术、软硬件系统的系统集成技术，实现数据信息的及时采集加工。基于作物光合生理生态与环境因子的动力机制的生长数值模型、支持农业管理决策的核心控制系统等技术都是推动农业立体污染综合防治必须开展的基础研究。利用 GIS 技术和空间信息组织技术，实现动态空间数据可视化。进行农业立体污染综合防治信息的综合分析，建立分析模型。利用跨库检索、智能检索、内容管理等技术，实现信息资源的共享协同服务。利用智能推理、网格计算和多 Agent 技术等技术建立农业立体污染综合防治决策支持系统。

4. 农业立体污染综合防治管理平台建设

充分利用当前信息、网络等领域先进的科技手段，通过建立农业立体污染综合防治管理平台，创建农业立体污染综合防治科研网络协同及工作环境，提高农业立体污染综合防治科技的自主创新能力。农业立体污染综合防治科研网络协同及工作环境是将高性能计算资源、海量农业立体污染综合防治数据库、农业立体污染综合防治数字图书馆、野外观测台站、大型科学装置、计算模拟的软件工具等通过高速的网络联接，组成 e-Science 的基础设施与资源，实现资源集成共享，形成支撑科研人员大范围交流协作的协同工作环境。在 e-Science 基础设施支撑下，科研人员组成跨学科、跨组织、跨地域的虚拟研究团队，通过远程实验观测、计算模拟、协同工作等新的农业立体污染综合防治科研方法和手段开展科学研究活动。其中分布式的、海量的农业立体污染综合防治科学数据是建设农业立体污染综合防治科研网络协同及工作环境的基础，而观察实验、理论分析鼎足而立的科学计算是 e-Science 的核心。农业立体污染综合防治科研网络协同及工作环境构建主要包括：①利用网格技术构建网络协同支撑环境，为农业立体污染综合防治科研人员进行沉浸式的交流提供基本的软件保障，同时也为其他任务奠定技术开发基础，实现科研资源的集成、管理、存贮、注册，网格计算、资源共享以及大规模科研协作等功能；②网络协同工作应用服务系统开发，主要利用现代网络和多媒体技术，构建一个基于网络协同支撑软件的、面向农业科研人员的网络协同工作应用服务平台，主要包括用户注册身份认证管理系统、在线沉浸式交流系统、知识管理与挖掘系统等，以及文件共享、交互式网络电子白板、远程桌面授信等协同工具。平台支持文本、图形图像、语音、视频等多种媒体的通信，全面实现科研人员之间的协同工作。

建设农业立体污染综合防治管理平台，对内实现我国农业立体污染综合防治科技创新条件建设的全面网络化管理和服务，对外作为我国农业立体污染综合防治科技交流的信息门户。

5. 基于网格的农业立体污染综合防治设备共享平台

在防治农业立体污染综合防治中，必须使用大量的仪器设备作为技术手段来进行定量化和可视化研究；而农业立体污染综合防治本身是农业系统中水体—土壤—生物—大气的立体交叉污染，所以作为技术手段的大量仪器设备是分布在不同的空间地理位置上。建立基于网格技术的仪器设备网格，能够使这些仪器设备高效共享和协作，以提高防治农业立体污染综合防治的能力。农业仪器设备网格构建主要包括：构建农业立体污染综合防治设备信息网格，实现设备信息全面共享，其建立在网格基础设施 Globus Toolkit 之上，实现分布环境下设备信息的互联互通，消除由于独立管理造成的信息孤岛；构建农业立体污染综合防治设备仿真网格，实现设备远程操作。设备仿真网格是实现设备网格协同工作的基础，通过建设公共资源与仪器设备共享平台，提供对设备的远程访问环境，提供这些远程仪器的使用规划、仪器操作、数据获取、筛选和分析等功能。它提高了设备的利用率，使普通的科技工作者能够用上先进设备；构建农业立体污染综合防治设备服务网格，实现设备互联互通协同操作。设备服务网格以设备信息网格和仿真网格为基础，将所有共享的设备连接成为一台“超级设备”，综合所有设备的能力，统一地为设备使用者服务。

四、结束语

农业立体污染综合防治信息网络和信息系统是农业立体污染综合防治监测基站，农业立体污染综合防治控制实验室、农业立体污染综合防治模拟实验室、农业立体污染分析测试中心、农业立体污染综合防治信息网络中心和管理部门的信息网络基础设施，通过农业立体污染综合防治信息网络和信息系统的建设，可以初步建立由高速局域网络、分布式网络管理系统、分布式网络安全防护系统、数据容灾备份中心组成的农业立体污染综合防治信息网络中心；建立以移动自组织网络技术、现场总线技术和无线传感器网络技术为基础的农业立体污染综合防治信息采集与无线远程传输示范系统，为农业立体污染综合防治监测基地的野外环境的数据采集和实时远程传输提供解决方案。

与此同时，建立农业立体污染综合防治信息系统和管理平台，实现基于网络的农业立体污染综合防治科研协同工作以及对内管理和对外科技交流；初步建立以种植为主、以种养为主、以种养加为主、以山地农业为主的农业立体污染综合防治相关的包括基础地理信息、天气气候信息、土壤地貌信息、农业污染物理化信息等数据库群；利用“3S”技术、信息可视化技术、智能推理、网格计算等技术构建农业立体污染综合防治决策支持系统。设计农业立体污染综合防治分析模型以及全景域的农业立体污染综合防治沙盘模型，初步实现农业立体污染综合防治信息的自动化智能处理和分析。

农业立体污染综合防治网络和信息系统的研究与开发，将推动实时快速采集空间信息的先进传感技术、生物信息模式识别技术、农业知识管理技术及精准农业软硬件系统的系统集成等技术的发展。农业立体污染综合防治网络和信息系统的未来发展方向是建立更加精准、可靠的农业污染现场数据实时采集系统，建立基于网格的农业立体污染综合防治信息共享、信息集成网络体系，进一步完善人工智能和多 Agent 技术的立体污染控制和决策支持系统。

参考文献

[1] 章力建，蔡典雄，王小彬，张建君，金轲．农业立体污染综合防治及其防治研究的探讨．中国农业科学，2005，38（2）：350～357.

[2] 章力建，侯向阳，杨正礼．当前我国农业立体污染综合防治研究的若干重要问题．中国农业科技导报，2005，7（1）：3～6.

[3] 章力建，董红敏，蔡典雄，李玉娥．“农业立体污染综合防治”不容忽视．农民日报，2004－12－31.

[4] 农业部科技教育司，农业部能源环保技术开发中心．2003 年全国农村可再生能源统计汇总表．农业部科技教育司农业部能源环保技术开发中心，2003.

[5] 章力建．关于大力发展我国西南山区生态农业的思考与建议．中国农业科技导报，2000，2（6）：41～45.

[6] 章力建，朱立志．我国“农业立体污染综合防治”防治对策研究．农业经济问题，2005，2.

[7] 王文生，章力建，郭曼．信息技术在农业立体污染综合防治中的作用与展望．农业网络信息，2005，

12：4～7.

[8] 周德泽，袁南儿，应英. 计算机智能监测控制系统的设计及应用. 北京：清华大学出版社，2002.

[9] 刘泽祥，现场总线技术. 北京：机械工业出版社，2005.

[10] 方施明，林楷，张雪竹，赵旸译. 无线与移动网络结构. 北京：人民邮电出版社，2002.

（王文生、杨晓蓉、钱平）

农产品安全立体污染防控体系的构建

保障食品安全，是关系人民群众切身利益、关系我国社会主义现代化建设全局的重大任务。食用农产品作为食品构成的最主要方面以及食品工业的最重要原料，其安全问题在食品安全领域有着举足轻重地位。因此，立足当前国内实际，迫切需要实施集成创新战略，努力构建食用农产品安全立体污染防控体系。

一、食用农产品生产面临“陆海空”立体污染源的危害

在目前食用农产品生产的过程中，其安全性除直接受到农（兽）药、激素、抗生素等的影响，生态系中的土壤、水系和空气都可能成为污染食用农产品的源头。但是每一种污染物的污染源并非固定不变，依据污染物的物理、化学特征以及生物体的特性，会在不同界面间或多或少地进行转移和交换，从而形成一个大的循环链，即形成“水分—土壤—大气—生物”不同界面间污染链，对农作物（食用农产品）构成“陆海空”式的立体污染。

1. “陆”——土壤污染

土壤中的污染源包括铅、氟、铝等一些矿质元素，它们在土壤中的状态决定农作物对这些元素的吸收数量。化肥使用量的增加会促进土壤的酸化，也会提高上述矿质元素的生物有效性，增加其被农作物吸收的量。土壤中沉积的农药也是农作物中农药残留的一个重要来源。一些持久性的稳定型农药往往是水不溶或低溶的，它们可以被土壤吸附并和土壤有机质相结合，并逐渐挥发和释放到大气中。此外，施入农田中的氮肥在土壤中转化成硝酸盐和亚硝酸盐，可经淋溶作用污染水体，或经反硝化作用转为温室气体排放。

2. “海”——水体污染

水体中的污染源包括由土壤中淋洗而渗入地下水的硝酸盐和亚硝酸盐。此外，一些水溶性的农药会从农作物上流入地下水或小河、水塘中，成为污染源。例如，茶树上微量甲胺磷残留就是由水源中的污染源造成的。水源中的污染物根据蒸气压的高低也会不同程度地挥发到气相中，进行进一步的循环和污染。

3. “空”——大气污染

大气污染源是某些食用农产品立体污染中最为重要的一环。例如，我国1974年就禁止在茶树、果树和蔬菜上使用六六六和滴滴涕两种农药。但从20世纪70年代后期到80年代初期，这两种农药在茶叶中的总体残留水平仍高于国际限定标准。经跟踪研究表明，茶叶中

六六六的污染源并非来自土壤和水源，而主要是源于稻田中施用的药物随空气漂移污染了茶叶。自1982年这两种农药在全国范围内停止生产、使用后，到90年代末，这两种农药在茶叶中的残留量才得以降到国际允许标准以内。此外，大气中的铅通过干湿沉降到达农作物表面，也成为农作物铅污染的一个重要来源。

二、实施食用农产品立体污染综合防控措施，保障食用农产品质量安全

1. 我国目前食用农产品安全立体污染防控中的不足

农业污染呈现出日益严峻的立体化现象，在很大程度上影响了食用农产品的质量和安全性。农业的立体化污染导致了食用农产品有害成分的增加，降低了食用农产品的质量安全性。尤其在加入WTO后，食用农产品要面对全球化的市场和剧烈的国际竞争，世界上许多国家都制定了严格的限制食用农产品有害成分的标准，形成了牢固的技术性贸易壁垒。而我国目前面临的农业立体污染问题，使得食用农产品很难符合国际贸易的要求，严重影响了我国食用农产品的出口贸易。因此，综合防治农业立体污染，全面提高食用农产品的质量安全，就成了人们关注的焦点问题之一。目前，在我国食用农产品安全立体污染防控中还存在以下亟需解决的问题。

（1）缺乏完善的法律法规体系和经济调控手段

虽然我国有关法律、法规对农业环境保护做了原则性的规定，但由于其不系统和不具体，在执行工作中难以有效实施。另外，我国目前的经济政策措施中缺乏对农业污染控制问题的系统性和紧迫性的重视，农业活动未完全纳入环境控制之中，没有整体和系统的农业污染防控的经济政策框架，用经济手段治理农业污染在现实农业生产中尚未体现出来，这也在很大程度上制约了食用农产品立体污染的防治进程。

（2）缺乏“水体—土壤—大气”一体化防治污染的意识

食用农产品污染防治是一项十分复杂的系统工程，目前我们对水体、土壤和大气的单方面研究已经远远不能有效地解决农业污染问题，必须采取综合防治措施。另外，随着《联合国气候变化框架公约》和其他国际环境公约的实施，温室气体排放和面源污染造成食用农产品质量下降将成为农畜产品进军国际市场的障碍。

（3）缺乏系统可靠的食用农产品立体污染基础数据信息

我国目前尚未对面源污染和温室气体等构成的立体污染进行针对性的监测，无标准监测方法，更没有形成完整的监测网络和质量控制体系，不能提供准确的判断，无法对农业生态与环境的现状和发展趋势给出全面、清晰的描述，无法满足制定防治食用农产品立体污染政策的需要。

（4）缺乏系统的农业立体污染防治理论和评价方法

有效的防治污染措施必须基于对整个污染发生的机理、迁移过程的理解，基于对整个农业生态系统和减排技术的可靠评价。合理的技术评价指标和方法的建立是正确指导污染防治的基本保障。

（5）缺乏适合不同区域的成功的防治技术模式

综合防治技术涉及到食用农产品生产的各个方面，防治技术的执行要依靠千家万户的农民和社会的各个方面。由于我国地区之间经济发展不平衡，造成污染的类型、数量和负荷不同，尚没有针对不同地区的防治技术模式。

2. 我国食用农产品立体污染防控的对策措施

食用农产品污染是复杂的复合污染，其防治更是一项复杂的系统工程。必须采取综合防治的措施，通过控制整个立体污染的循环链，打断农业污染的往复循环和互为因果的各个环节，即采用源头阻断、过程防控和末端治理的综合治理路线，控制与阻断各界面间污染源传递，打破其污染链，才能从根本上解决对食用农产品食用农产品生产中污染物的阻控与治理。

（1）建立完善食用农产品污染防治法规体系

要高度重视食用农产品污染的复杂性和严重性，应高起点、高速度，运用“农业立体污染”的新思维，构建科学合理的食用农产品污染防治法规体系，使食用农产品污染防治工作有法可依，落到实处。在这方面，欧盟、美国等发达国家和组织的做法值得借鉴，他们不仅出台了与控制农业污染密切相关的法律、指令，此外，还积极鼓励农民对污染进行主动控制。

（2）实施引导和扶持政策

农业环境的保护是一项公益性工作，应该加强国家支持力度。美国从20世纪30年代开始，政府就采取了一系列扶持政策，以减少对农业环境的污染。目前，为了应对WTO条款，美国农业补贴演变的重要趋势之一就是向农业污染补贴演变。

（3）实施全程控制，发展循环经济

要运用生态系统的物质循环原理，综合考虑农业生产与自然界以及各业间的物质循环关系，建立闭路循环工艺，实现资源的合理投入和综合利用，杜绝浪费与无谓的损耗，从源头、过程和末端上同时减少农业污染物的排放。

（4）完善农业环境监测信息网

本底不清是目前我国农业立体污染防治中的首要问题。应根据我国农业生态区域、农业类型、土地利用类型、耕作制度类型等，选择我国农业立体污染较为严重的代表性区域，组建国家级立体污染长期定位监测基地，并以此为骨架，完善并形成覆盖重点区域的农业立体污染长期定位监测网络，建立我国农业立体污染系统信息资源共享数据库。通过长期定点监测，摸清农业立体污染的底数，形成定期发布中国农业立体污染报告的能力，为我国食用农产品立体污染防治技术的研发和农业环境污染政策的制定提供科学依据。

（5）开展农业立体污染防治理论与技术的研究与创新

在进一步加强农业面源污染防治和减少温室气体技术研究的同时，必须尽快全面实施一体化的综合防治理论与技术研究。重点开展主要污染物在水体—土壤—生物—大气系统中迁移规律的研究、农业生产过程中立体污染的阻控新技术和新方法的研究，建立立体污染防治技术的诊断与评价方法，为防治食用农产品立体污染提供技术支撑。

（6）建立综合防治示范点，提供环境友好的技术模式

结合农业发展总体布局，根据不同区域的污染特征和社会经济条件，在典型区域建立

“农业立体污染”综合防治示范点，开展立体污染综合防治技术区域适应性研究，筛选出关键防治技术，示范推广节本增效、环境友好的技术模式。

三、大力实施集成创新是食用农产品立体污染综合防治的战略选择

科技集成创新的特征是融合型创新，即将相互独立但又互补的科技成果进行对接、聚合而产生的创新。它强调创造性的融合，即在各要素的相互结合中，注入创造性的思维。

当前，我国已经进入全面建设小康社会和社会主义新农村的新的历史时期。面对新形势和新任务，食用农产品立体污染综合防治科技工作应当在大力提高原始创新能力和引进消化吸收在创新能力的基础上，针对科研投入不足的现状，立足于已经取得的科研成果，把推动集成创新作为当前自主创新的战略需求，开辟一条有自身特色和优势的高效自主创新之路，以较少的成本实现较大的突破，以适应科学发展观和创建资源节约型社会的新形势，为建设社会主义新农村服务。

1. 食用农产品立体污染防治的特点需要把集成创新作为战略突破口

第一，食用农产品立体污染综合防治需要多学科、多专业的相互渗透，要求极宽的知识背景，不同专业的科研人员协调工作对该领域创新的成败具有决定性的作用。

其次，随着资源、实力的相对有限性日益成为制约创新成功的瓶颈，食用农产品立体污染综合防治科技突破的难度不断增大。集成创新的特征在于能打破空间和层次界限，实现优势互补和资源共享，开放式地解决食用农产品立体污染综合防治科技创新问题，获得外部规模效应。

第三，食用农产品立体污染综合防治的复杂性及市场对各种技术模式的需求的复杂性也需要实施集成创新战略。由于环境的不确定性，食用农产品立体污染综合防治科技技术创新日益成为一种复杂的社会活动，而不仅仅是科研活动，单个科研团队不可能独自完成这样一种越来越复杂的创新活动，因而必须与其他科研团队和市场主体构成相应的基础网络。

2. 促进食用农产品立体污染综合防治集成创新的思路

我国食用农产品污染防治研究领域的科技工作者经过长期不懈的努力，取得了丰硕的科研成果，但目前该领域还在较大程度上把单项技术作为研发活动的主要对象，缺乏与其他相关技术的有效衔接和明确的市场导向，致使大量科研成果被束之高阁，科技研发活动的效率高，而科技成果转化率不太理想。今后应把集成创新作为加强食用农产品立体污染综合防治领域自主创新能力建设的关键。

（1）实施战略集成，确定集成创新重点

应根据社会主义新农村建设中的重大科技需求，选择具有较强技术关联性和产业带动性的重大战略项目或产品，集中科技资源，将不同技术进行综合组装，形成各具特色和针对性强的综合防治技术模式，实现以下几个方面的关键技术集成创新。

①防治与降解新材料技术：重点研究有利于杜绝或降低农业立体污染的基础生产资料和有利于废弃物处理的新材料等，主要包括新型肥料、新型农膜、生物农药、生物菌剂、土壤

修复剂与调理剂、新型空气清洁剂、废弃物资源化造粒剂等，并配合以工艺技术研发，为其产业化提供基础。

②无害化和污染减量化生产技术：借鉴国外先进的质量管理体系，针对农业生产的基本环节，开展无害化或最小化污染排放与控制技术试验与整合研究，形成我国农业无害化生产或减量排放的新型农业生产技术体系。

③废弃物资源化技术：从资源高效利用与循环利用的角度出发，重点针对人畜粪便、秸秆等农副产品、生活垃圾、污水等污染物源，开展处理技术、多级利用、资源化技术攻关与技术整合研究。重点包括规模化畜禽场粪便高温连续发酵技术、粪便发酵过程除臭技术、作物秸秆发酵转化酒精技术、高效分子造粒黏结剂及有机物造粒技术、有机—无机复混肥料生产技术等关键技术。

④立体污染阻控技术：针对产地环境中的残留农药、重金属、有机农膜、激素类、温室气体、水土与养分流失等问题，开展阻控与降解技术研发，强化生活垃圾、农药、污水、重金属、农膜等的处理与降解技术研究。重点包括：农药的精准化施用技术、废弃物的分类分级与安全管理技术、生活污泥的生物消化处理及稳定化技术、有机物料高温快速连续发酵技术、畜禽粪便除臭发酵无害化技术、土壤重金属的生物与化学降解技术等。

⑤关键工艺与工程配套技术：对上述新材料新技术、无害化或低排放生产技术、废弃物资源化技术、立体污染阻控技术等，开展科学的工艺试验、工程设计、设备研发与基地示范，实现废弃物资源化技术与工程的配套与衔接，为推进食用农产品立体污染治理提供工程保障。

（2）实施资源集成，夯实集成创新基础

我国目前农业科技的创新主体大都是各自独立的科研单位、大专院校和企业，要以国家农业科技创新体系建设为契机，抓住机遇，加强全国相关农业科研机构的协作和科技资源的整合，形成全国一盘棋的局面。通过全国科研大协作，实现创新主体的集成，保障创新要素和创新资源的融合，使食用农产品立体污染防治研究的集成创新保持旺盛活力和充足的动力。

集成现有科技资源，包括对现有技术、资金、市场和人才等要素进行系统的大规模整合、优化，鼓励不同高新技术企业与与科研单位、高等院校、大中企业建立多种形式的科技经济联合组织，并按要素的效应进行分配。要同时密切关注国内外两大科技资源的最新动向，将各种渠道获得的创新资源组织集成，不断优化创新资源的配置。

（3）优化组织机制，提高集成创新效率

在技术发展迅速、用户需求变化多端的环境中，要完成复杂的资源密集型任务，采取集成创新网络合作的形式，是共享资源、能力优势互补、降低风险的重要方式。要创造一个良好的集成氛围，推动网络内各创新主体在资源、技术、知识等方面的交流，促进研究与开发、生产与市场的沟通，网络系统更加完善。这种模式实现的关键点在于能够为网络系统中的创新成员提供互补性资源和广泛的相互学习机会和空间。

以产业、技术或产品为平台，以计划、项目为主要组织形式，并辅以相应的技术手段和管理手段支撑的集成创新模式，有助于在一个较短的时期内，集成相关的技术、信息、知识、能力等创新的相关资源，在一个相对稳定的平台上，实现创新突破，促使技术向先进生

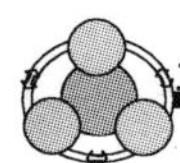

产力转化。

(4) 加强支撑体系建设，改善集成创新环境

集成创新目标的实现，不仅取决于对内部资源、人才和技术的聚集力，还取决于对其他科技单位、金融部门、相关企业、地方政府和当地农民等外部因素的融合力。营造良好的环境，可产生强化效应和协同效应，有利于农业立体污染综合防治集成创新目标的实现。

首先，完善法律法规体系建设。要全面建设法律法规体系，尤其要加快完善知识产权法律法规体系，加强对知识产权的保护，提高知识产权管理部门的管理和服务水平，促进科技成果顺利流通以推动集成创新。

其次，加强资金保障体系建设。要制定多元化的投入政策，在进一步加大对研发及科技产业化投入力度和比重的同时，积极引导企业和社会资金的投入。要鼓励采用各种融资渠道筹措资金，同时，研究制定农业科研风险投资政策，引导农业科技企业积极从事集成创新。

第三，强化政府对农业科技创新的支持。尤其在食用农产品立体污染防治研究这样公益性创新活动中，由于技术应用中不可避免的“外部性”，政府支持就更有必要了。政府应把重点放在财税支持方面，建立补贴、信贷等制度，并实行特殊的税收优惠政策，对科技研发企业实行财政和税收优惠，制定鼓励和吸引企业研发投入的减免税、退税政策，允许企业技术开发费用或购买技术的费用以一定比例抵扣增值税，允许高新技术企业加速折旧制度等。

第四，提高政府的组织协调功能。政府要组织协调产、学、研三者之间的关系，建立促进农业科技创新的体制。政府要深化农业科研体制改革，加快建设国家创新基地和区域性农业科研中心，在机构设置、人员聘任和投资建设等方面实行有利于集成创新的运行机制。要转变“重研究、轻开发；重成果、轻转化”的观念，从科研的立项、申报抓起，使其面向和立足于市场，并建立有利于集成创新的机制，达到农业科研成果评价、管理与集成应用、市场经营的内置联合。

（章力建、姜梅林、包菲）

防治农业立体污染
保障农产品质量安全

食品安全关系到人民群众的身体健康。农产品的质量安全状况直接影响到食品的安全卫生状况。随着农业生产由追求数量到追求数量与质量并重的转变，作为食品的主要生产原料和组成部分，农产品的质量安全性问题日益成为人们普遍关注的重要议题。而作为农业生产的物质基础，当前，我国的农业生产环境正呈现出大气—水体—土壤—生物交叉染污的立体化趋势。种植、养殖等农业生产环节不仅成为农业污染的源头，也成为农产品污染的源头，同时也是当前农产品质量安全管理的薄弱环节。

近几年，我国出现的茶叶、禽肉和水产品等出口欧盟受阻事件，河北张北“毒韭菜”事件、水产品养殖中滥用孔雀石绿事件、“瘦肉精”中毒事件等食品安全问题从浅层次上看与药物残留、重金属超标、生物毒素污染等有关。然而，造成这些农产品质量安全问题的深层次原因大多与农业生产的立体污染有关。这其中既包括由于重金属、化学品污染等所造成的耕地、水体等的产地环境污染所引起的，也有不当使用化肥、农药、兽药、生长调节剂、饲料添加剂等农业投入品而产生的。因此，有效防治农业立体污染对于保障农产品质量安全具有重要作用，它是保障农产品质量安全的重要前提之一[1]。

一、农业立体污染是影响农产品质量安全的重要源头

农业立体污染是在农业生产中，由于不合理使用农药、化肥、饲料添加剂等投入品，不合理处理畜禽粪便、农作物秸秆等废弃物，农业上主动利用和被动吸收工业废弃污染物以及耕种措施不合理等而引起的农业系统中大气、水体、土壤和生物之间的相互污染[2]。

改革开放以来，我国工业特别是乡镇企业得到了迅猛发展，但随着工业的快速发展，工业所产生的“三废”排放量也急剧增加，这对农业环境形成了外源污染。更为值得关注的是，近年来，我国农业加快了由自然农业向现代农业转化的进程，农业生产中农药、化肥、农膜及植物生长调节剂使用量的日益增加，一方面农作物产量在快速提高，但另一方面也形成了对农业环境的内源污染，加剧了农业生态环境的污染情况。农业生态环境是农业生产的物质基础，一旦生产环境受到污染，势必通过大气、水体、土壤影响农产品质量安全，并通过食物链危害人类健康。

农业生产过程中，化肥、农药、农膜等的大量使用已经造成了严重的大气、土壤和水体污染。据报道，我国每年农药使用量达 120 万 t 以上，使 7% 的土壤受到杀虫剂的污染。当前，我国化肥年使用量为 4 124 万 t，平均每公顷用量超过 400kg，远远超过发达国家每公顷 225kg 的安全上限[3]。农业生产环境的自身污染也造成了农产品农药、兽药、添加剂残留偏高，重金属等有毒有害物质严重超标，危害了人民群众的身体健康，绊住了我国农产品出口

的脚步。2002年，因冻虾仁氯霉素含量超标，欧盟全面禁止我国动物源产品进口，涉及的产品达100多个品种。据统计，我国共有10多亿美元的农产品无法进入欧盟市场。

可见，农业的立体污染不仅影响了农产品的产地环境质量，也导致农产品中有毒有害成分的增加，降低了农产品的质量安全性，减弱了我国农业与农产品的国际市场竞争力。它已成为影响农产品质量安全的重要源头。

二、农业立体污染影响农产品质量安全的主要途径

由大气、水体、土壤、生物相互影响，交叉污染形成的农业立体污染错综复杂。当前，农业立体污染已对我国农产品质量安全构成了严重的威胁。概括起来，农业立体污染影响农产品质量安全的途径主要有如下几个。

1. 不合理使用化学农药

作为防治病虫害最有效的手段，化学农药在过去几十年中显现了巨大的成效。但是，由大量使用化学农药对环境和农产品造成的污染，形成的毒副作用也不容忽视。

目前，农药种类很多，造成环境污染并对人体有害的农药主要是有机氯、有机磷及含砷、含铅、含汞制剂。一方面，大量使用农药，农药流失、漂散会对土壤、水体、大气造成污染；20世纪90年代以来，我国农药的使用量高达100万t/年，其中能被植物利用的最多达30%，有的甚至只有10%～20%，落到地面的为40%～60%，飘浮于大气中的为5%～30%。一些难降解的化学农药甚至得不到任何分解而不断在环境中循环[5]。另一方面，大量不合理使用农药，还破坏了农田生态平衡和生物多样性，使害虫形成抗药性；此外，使用化学农药后，会有不少农药残留被农作物吸收，并在作物体内形成一定的累积，人和牲畜食用后造成人畜中毒。在我国一些高产地区，每年农药施用高达30多次，每公顷用量超过300kg。目前，我国的农药施用量仍在以每年10%的速度增加[6]。

2. 不合理施用化学肥料

通常，土壤中的氮、磷、钾元素含量并不能满足生长的需要。因此，施用氮、磷、钾等化学肥料有利于提高农作物的产量。然而，如果使用不当或施用不合理，往往会导致环境污染、生态系统失衡，最主要的表现就是水体富营养化与重金属残毒。

当前，我国化肥的使用以无机氮和磷为主。氮肥的利用率平均仅为40%左右。从1985～2000年，全国共有14 100.8万t氮肥流失，即每年约有900万t流失。所施氮肥的一半在其被作物吸收之前就以气体形态逸失到大气中或从排水沟渠流失，造成土壤、地下水、地表水和空气的污染[3]，并最终导致生物体（如动植物产品）的严重污染。

3. 不当处理畜牧养殖业废物

近些年，随着畜牧养殖业的快速发展，畜牧养殖场不断增加，同时也产生了大量废物。畜牧废物含水量大、气味恶劣，处理成本高，农田利用率低，如果直接排放或不经处理达标就排放，势必造成土壤、水质等农业生态环境的严重污染；同时，这些废物中所带有的病原

微生物等，也可能形成进一步生物污染，并可能造成瓜果蔬菜等农产品的卫生学污染，降低农产品的质量安全性。

另外，畜禽饲料添加剂中微量元素添加过量也会造成“富裕”元素，动物食用后所排泄的粪便作为有机肥施播，增加了土壤中元素的浓度，富裕的元素通过牧草等又富集在动物体内，导致动物中毒，影响了农产品的质量安全。

4. 不当使用兽药、抗生素

在现代农业养殖生产中，兽药、抗生素等的投入使用，对防治疾病、促进生长起着十分重要的作用，但是，如果过量或不合理使用，就会在动物性食品中形成药物残留，造成对农产品的污染。

目前，个别养殖户在利益驱动下使用诸如瘦肉精等违禁药物提高产量，从而对人类健康造成危害，导致农产品质量安全事件时有发生。此外，滥用抗生素、未有效执行休药期等也造成农产品污染，威胁消费者健康。在动物饲养中长期使用抗生素可能引起病原体的耐药、抗药性，降低疫病防治效果。同时，不同抗生素药物有严格的休药期，但实际生产中，养殖户休药期、间隔期执行不力的现象时有发生，这也降低了产品的品质与安全性。

此外，农用地膜等农用投入品的不当使用也会对农产品质量安全造成负面影响。目前，我国农膜使用面积已突破亿亩，年残留量高达 35 万 t。使用后残留的农膜回收困难，残存在土壤中不但破坏了土壤结构，阻碍了作物根系对水的吸收和生长发育，降低了土壤肥力，造成地下水难以下渗；而且残膜在分解过程中会析出铅、锡、酞酸脂类化合物等有毒物质，造成新的土壤环境污染，并通过水体、土壤、大气、生物之间的交叉污染，最终导致农产品的严重污染。

三、提高立体污染防治水平，促进农产品质量安全的对策

提高立体污染防治水平，为农业生产提供一个良好的物质基础，对于保障农产品质量安全具有重要的作用。针对当前我国农业生产中的立体污染问题，建议从以下方面着手。

1. 净化农产品产地环境

治理食品的污染源头，首先要净化农产品的产地环境。针对种植业、畜牧业和水产养殖业产地环境保护与管理方面存在的法规缺陷，制定有效的农产品生产环境管理规范和污染防治措施，做好耕地和养殖水域的保护工作。除了禁止向农产品产地排放或者倾倒工业“三废”、城市生活垃圾或其他有毒有害物质的行为，严格执行达标排放的规定之外，还应指导农业生产者合理使用化肥、农药、兽药、饲料、农用薄膜等化工产品，防止对农产品产地造成污染。进一步完善产地环境的监测网络，开展农产品产地环境安全评价和监控，划定农产品禁止生产区域，任何单位和个人不得在禁止生产区生产、捕捞、采集禁止的食用农产品和建立农产品生产基地。推行产地编码制度，推进无公害农产品产地认定。

2. 加快实施农业标准化

实施农业标准化是有效控制农产品生产过程、防止农业立体污染的重要举措，是解决食品安全问题的基础性工作。所谓农业标准化，是指以农业为对象的标准化活动，它运用统一、简化、协调、优选的原则，通过制定和实施相关标准，把农业产前、产中、产后各个环节纳入规范的生产程序和管理轨道。其主要目的是保护农业生态环境、提高农业生产效率和农产品质量安全水平。其主要措施包括建立农业技术法规；实施生产操作规范；实行产品质量安全和管理体系认证；提供多方面的社会服务等。推行农业标准化要从我国农业千家万户小规模生产的国情出发，既要看到实施农业标准化的迫切性，也要看到推进这一工作的艰难性。从当前的实际情况看，建立相应的平台和载体，把实施农业标准化与推进农业产业化经营结合起来，以产业化带动标准化，是行之有效的途径之一。农业产业化经营的过程，就是对农产品生产、加工、流通实施标准化的过程，也是对农民的生产行为按标准化要求进行引导和规范的过程。在坚持宪法规定的农村基本经营制度的前提下，可以通过大力扶持龙头企业、农民专业合作组织、科技示范户和种养业大户等率先实施标准化，以示范的形式组织带动广大农户实行标准化生产，切实防止生产源头立体污染。同时，要继续推进农业标准化生产示范基地建设，加强无公害农产品生产基地建设，增加基地的数量和规模，扩大辐射面，提高影响力。

3. 规范使用农业投入品

防治农业立体污染，关键要规范农业生产过程，强化农业投入品使用的管理。当前，需要尽快完善农业投入品登记制度，进一步健全农药、兽药、饲料及饲料添加剂等农业投入品的质量监测制度，依法查处违法生产行为；加强农业投入品的经营许可管理，鼓励采用连锁经营等现代流通方式，营销农业生产资料，杜绝假冒伪劣产品进入农资市场；建立农业投入品使用规范，加大对农业投入品使用的指导和监督，尤其要下大力气引导广大农民合理使用农业投入品，严格执行农业投入品休药期、间隔期等有关规定，完善农业投入品使用档案记录制度等，切实防止农业面源污染。

4. 强化监督检测能力

监测网络和检测体系是实现农业生态环境保护，保障农产品质量安全的前提和必要手段。当前，我国农产品质量安全监测体系存在的突出问题是，监测机构分散，检测技术落后，源头监测薄弱。亟需在充分利用各地各部门已有监测机构及检测设备的基础上，统筹规划，构建一个分工合理、职能明确、协作配合的监测体系。通过培养、引进、交流等方式，加强专业技术队伍的建设，提高监测水平。以农产品产地环境监测、农业投入品监管、食源性疾病监控、动植物检疫防疫为重点，加强和完善监测网络建设，提高农产品及食品安全的监测预警能力。必须不断健全畜牧养殖废物污染、检疫、病虫害预测预报、基本农田地力和环境质量、外源污染防御等监测网络，增强对农业生态环境预警和管理能力。建立健全农业环境保护体系，全面对农业环境实行监测、控制和管理，逐步实现农业洁净生产，促进农业可持续发展。

5. 加强农民技术培训

农业立体污染是农产品污染的源头，农民的素质在很大程度上决定了农业立体污染的防治效果，决定了农产品的质量和安全水平。如果不尽快提高广大农民的素质，再好的标准、规范和技术都无法转化为现实生产力，推进农业标准化和保障食品安全也将是一句空话。因此，应高度重视农民技术培训和农业技术推广。充分利用各种教育培训资源和电视、广播、报纸、网络等大众传媒，广泛开展农民生产经营技能培训，传播现代农业知识，宣传防治农业立体污染的重大意义，并把农业标准化、农产品安全规范作为农民教育培训的重要内容。积极开展农业科技推广工作，把推进农业标准化与推广先进实用的农业技术结合起来，把推广种养业生产、加工、储运、包装等标准作为技术推广的重要内容，组织编写通俗易懂的农业标准化和食品安全实用手册，组织农业科技人员进村入户，广泛开展技术服务和指导，努力把新技术、新知识、新品种送到田间地头。

总之，农产品的质量安全状况直接影响到食品安全卫生状况。在我国农业进入新的发展阶段和我国加入世界贸易组织之后，农产品的质量安全问题已成为消费者关注的重点，也是影响我国农业和农村经济继续发展以及农产品出口贸易的重大问题。而农业生产环境作为农业生产的物质基础对于农产品的质量安全状况具有重要的影响作用。因此，提高农业立体污染的防治水平，加强农业立体污染的综合治理，是保障农产品质量安全的重要前提条件之一，也是提高我国农业可持续发展的必要条件。

参考文献

[1] 叶志华，戚亚梅，王敏．有效控制农业生产过程夯实食品安全的基础．食品药品发展与监管，2005（1）：22～24.

[2] 章力建，朱立志．综合防治农业立体污染全面提升农产品产地环境质量．农业质量标准，2006（6）：4～8.

[3] 全晓书，刘晓莉．我国农业生产造成的环境污染日益严重．http：//finance. sina. com. cn/g/20060704/19192704968．shtml.

[4] 汪庆平．我国农业生态环境污染形势及对策．云南农业科技，2003（2）：24～25.

[5] 章力建，朱立志．农业立体污染防治是当前环境保护工作的战略需求．环境保护，2007（3A）：36～43.

（叶志华、戚亚梅）

现代农产品供应链在农业污染防治中的作用

保护和改善农业环境是保障我国农业持续、稳定、协调发展的战略措施，我国有关部门先后组织开展数百项重大农业环境污染防治项目，在环境污染治理上做了很大的努力和投入，取得了很大的成绩。但一方面是面对千家万户的分散的小规模农户，另一方面农业环境污染又日益呈现立体性、多向性和复杂性的特点，目前对水体、土壤、生物和大气污染的单方面研究和防治已经远远不能有效解决农业污染问题，必须应用新的理论和治理方法。应从农产品供应链管理的角度出发，通过供应链下游的零售以至加工、储运企业对供应链上游，即农产品生产部门的有效管理来引导我国农业污染防治。同时，探索一条借助超市等企业运用“看得见的手”的制度因素，来治理农业环境问题的路子，避免“头痛医头，脚痛医脚”的救火式防治模式，从根本上实现我国农业环境健康、食品安全和可持续发展目标，为发展现代农业与建设社会主义新农村服务。

一、农业污染防治概述

近年来，我国部分地区农业污染问题日趋严重，据统计，我国化肥使用量折纯4 000多万t，占世界总量的1/3，而化肥的利用率仅为30% ~40%，氮肥施用量占化肥的80%左右，其中2/3没有被农作物合理利用；多余的化肥沉积、流失和挥发造成土壤、水体、气体污染，造成农产品硝酸盐积累，影响农产品品质，每年因不合理施肥使得1 000多万吨的氮流失到农田之外，对河流和湖泊造成严重的污染。我国不少高产地区每年施农药次数10余次，农药现有利用率在30%左右，成为食品的五大污染（农药、化肥、工厂三废、城市垃圾、人为因素）中之首。全国受不同程度污染耕地近2 000万 hm^2。“农业生产过程中不合理的农药化肥施用、畜禽粪便排放、农田废弃物处置以及耕种措施等造成的面源污染和温室气体排放超过了环境容量和环境自净能力，构成了从水体、土壤、生物到大气的污染，即农业立体污染。”

农业污染是相互作用、相互影响的整体，一个类别的污染经过循环，相互交叉、嵌套，形成大循环体的污染。比如，土壤中过量施用氮肥，大量流失的废氮会污染地下水，使湖泊、池塘、河流和浅海水域生态系统营养化，导致水藻生长过盛、水体缺氧、水生生物死亡，很多湖泊发生严重的蓝藻污染，除了工业污染源外，农用化肥的大量排放也是不可忽视的重要根源；同时，施用的氮肥中有很多挥发物质以 N_2O 气体（对全球气候变化产生影响的温室气体之一）形式逸失到空气里。农业污染不仅制约着农业和农村经济可持续发展，而且影响到生态安全、人体健康和农产品质量和农产品国际竞争力。另一方面，农业污染对农产品产地环境的影响通过土壤、水体和大气以及产地环境中的生物群落，从生产、加工、流通、消费诸环节，影响到食品安全和人民健康。尽管有关部门和科技界对此问题进行了多年治理，取得了很大的成绩，但是各项环保投入及各类政策措施在治理农业污染方面由于同生产者的短期利益相冲突，缺乏内在的动力机制而显得仍然举步维艰，农业环境污染和食品安全问题依然严峻。

关于防治农业污染，学者们提出：解决方案主要是从污染链源头采取防阻、资源化技术，在污染形成过程采取阻断、转化、控制技术；在污染发生后采取减量、无害化、修复技术。因此，应推广清洁生产的新模式，加强法制建设，特别要加强农药生产、销售和使用的管理，大力推广生物农药和病虫草害综合防治技术，尽量减少化学农药的使用量，尤其是要限制和淘汰高毒农药的使用，以保证农业生态环境和农产品的安全。在技术和生产方式之外，只有农业种植、养殖源头的效益提高，才能最终形成农业污染最低化和农业三效优化的良性循环。也有学者分析认为，应该从经济制度方面寻找更深层次的原因，污染往往是一种经济体系向另一种新的经济体系过渡过程中，完善的新制度还没有建立起来时出现的一种社会现象。农业小规模的生产模式在加剧农村环境污染的同时，又严重制约着污染的有效治理。一些环保人士提出：当前污染防治没有根据农村环境污染的特点设计治理模式，是导致农村环境污染治理效率不高的原因。有学者进一步研究提出，从投入产出的角度来看，用循环经济链条阻断污染链是一条有效的防治农业立体污染的途径。

受经济利益最大化驱动的小规模农民，为了在短期通过较小投入获取较大产出，在生产过程中主要通过大量投放化肥来提高产量，施撒农药来预防病虫害、优化农产品外观。一家一户的小规模土地经营是我国目前农村主要生产形式，这种细碎化的家庭生产模式导致农户的投资行为、产量决策和供给决策主要受价格影响；而批发市场无法反映“优质优价”，短期经济利益刺激农户为增加产量、降低成本而过量使用化肥和高残留农药。

在市场经济中，消费者的需求导向决定着农产品的生产。农产品提供者采用对环境友善的方式生产安全农产品，就需要有更多的投入，只有对无公害的绿色农产品付出额外“溢价”，才能支持生产者采用投入更多技术进行污染治理。而传统的农贸市场链条由个体的流通业者和小商贩之手收集分散农户生产的产品，个体经济占绝对多数，所有参与者之间不存在长期性契约关系，交易之前没有承诺，交易之后也不存在约束。主要是以小规模、分散性参与者为主体的销售模式，使监管部门难以进行全面管理，更没有主体有能力对农户进行组织、教育，培训、监督和激励。在投机意识的驱动下，滥用化肥和农药进行生产进而导致环境污染难以避免。因此农业污染治理应该采用技术、政策、制度等综合方式加以治理，特别要采取现代农产品供应链管理来引导农业污染的有效防治。

二、超市的发展在农产品供应链管理中的作用

所谓现代农业供应链，是以超市为龙头，由连锁超市、农产品供应商、供应商的直属农场和协作生产农户为主要参与者的农产品供应链。农产品超市化运动已在世界范围内掀起了一场革命。伴随着超市发展和采购体系完善，作为超市经营的主打产品的农产品的品种和数量不断增加。智利、韩国、菲律宾等国超市经营的农产品在 1990 年还不到农产品零售总额的 10%，到了 2003 年就增加到 50% 以上。20 世纪 90 年代中期墨西哥、泰国、印度尼西亚

等国，超市销售农产品仅占农产品零售总额的5%，2003年就提高到40%。我国超市已经从20世纪90年代初少数沿海都市起步，超市门店从1991年的1家增加到2003年的74 000家，销售总额达到4 600亿元，其中，约有3 000亿元的加工食品和1 250亿元的包括水果、蔬菜、水产品和肉类在内的生鲜食品，发展速度已经超过了世界上任何一个国家。我国已出现超市不断扩大经营农产品范围的趋势。20世纪90年代末我国超市销售的农产品仅占农产品零售总额的5%以下，2006年已经上升到15%以上，预计到2012年，我国经由超市销售的农产品有可能实现50%，超市已经成为大中城市消费者购买日用品和农产品的不可缺少的交易场所。按照连锁经营协会的统计数据，2000年以来，每年我国超市的发展速度为30%以上，2001~2006年连锁百强企业中超市的销售额从1 177亿元增加到8 552亿元；超市门店数从6 520个增加到53 829个，销售金额与门店数的增长速度分别达到41%和45%。

超市的发展正在改变我国的农业，正如FAO的研究结论："农产品全球贸易比农业GDP的增长更为迅速，不管是发达国家还是发展中国家，贸易中的加工厂产品增长都很快，这主要是与发展中国家的超市的迅速发展有着密切的关系，超市逐步成为发展中国家的一种新型流通业态，将有可能成为整个贸易链的主力"。从我国国情分析，超市同其他供应链主体相比，更有能力承担核心作用。建立在分散的小规模农户生产、农产品经纪人、农产品批发市场和农贸市场组成的传统农产品供应链，不仅难以生产出优质、安全、附加价值高的农产品，也难以保护产地环境，首先是农资市场上很多国家禁止使用的农药和兽药在流通，大部分农民为经济利益驱使而购买和使用，也不能理解生产安全优质农产品可以获得更高溢价。即使了解，由于在销售过程中不能实现优质优价，所以也不能实现在生产过程中的安全优质农产品的生产；其次在从"田头"到农贸市场的"摊头"，经过多次"转手"过程，已无法追溯到最初的生产者，更无法了解生产投入以及农药、兽药的使用情况；第三是农贸市场的个体摊贩的高流动性，难以用信誉担保农产品的品质和安全性。

实地调研表明，超市企业为获得优质商品和降低中间费用，正逐渐由农产品供应链下游向上游进行组织延伸。20世纪90年代超市主要通过批发市场采购生鲜农产品。进入21世纪，一部分上规模的超市供应商，为保证稳定货源，开始突破组织边界向上游延伸，或者拥有自己的农产品生产基地，或者与大批小规模农户通过合同关系进行联结，农户按照供应商提供的技术、品种和生产标准生产农产品；或者通过专业供应商，把自己农产品采购计划和种植标准直接落实到生产部门，从而形成与传统供应链不同的现代化农产品供应链。

以超市为主体的现代农产品供应链在联结了农产品的生产、加工、流通和零售过程中，向上游延伸的一种方式是"内部化"，即超市企业经营自有的基地农场，直接把经营范围延伸到农产品的生产领域；另一种是"合同经营"，即同农产品供应商和农民合作组织直接签订供求合同，建立稳定的有品质标准要求的产品供求关系。超市作为供应链主导环节发挥作用，主要通过制定和监督农产品生产加工过程中的食品安全标准、化学药品的投放标准以及可追溯性的规则，对整个供应链上的各个环节进行管理。这样，超市和农产品生产者之间以需求信息和品质标准为纽带，通过对生产资源、物流资源、零售资源的有机整合，降低了交易成本和市场风险，在提高整个供应链经济效益、社会效益的同时，也提高了生态效益，起到了保护农业生态环境的作用。

三、现代农产品供应链有助于农业污染防治

对农业污染的有效防治，需要对分散的小规模农户的生产行为进行组织化的管理，而以超市为首的现代化农产品供应链可以在这方面发挥重要的作用。为证实“现代农产品供应链有助于农业污染防治”这个命题，据2005年在山东省对126家种植苹果的农户进行调查，其中44家是两家超市供应商的合同农户，供应法国家乐福超市。由于农药使用是关系环境与食品安全的关键环节，所以在通常情况下是否使用剧毒农药，以及施用农药次数和浓度多寡，直接影响产地环境污染和食品安全。结果表明：在其他条件保持不变的前提下，合同农户比非合同农户生产的农产品安全，进行产地环境保护的概率要高得多。其原因在于在合同生产模式之下，公司或其他产业化组织会以现款（或赊帐）的形式提供给合同农户种子、化肥、农药、果袋等生产资料，并提供技术和信息支持，合同农户必须严格按照公司规定的标准进行生产。公司在用药品种、时间、用量多少都有严格的标准。农户依据投入原料规定和制定操作规范，非常重视农业环境污染，提高了农产品的质量安全。而且调查还表明：不少超市为了适应市场需求、降低流通成本来提高市场竞争力，正在通过同农产品供应链上游的农产品加工企业（和农户）加强合作来优化农产品采购体系，如北京家乐福、沃尔玛等28家大型超市的专业蘑菇供应商——蓝波绿农，成立之初，自己只生产少量蘑菇，通过批发市场采购量占70%以上；到2006年，虽然蘑菇经销量增加了790%，但公司的80%的蘑菇是从京郊和其他地区具有环境标准的蘑菇种植农户，工厂化蘑菇生产企业处采购。专为超市供应有挤奶制品的伊利集团的原料基地之一，内蒙古思远牧场每年产生约10 000余t牛粪，为保证有机奶的生产环境要求，全部还田到牧场周边的青贮地和苜蓿地里代替化肥施用。这些案例表明，“超市+农产品加工企业+小农户”的农产品供应链模式尽管尚处于初始阶段，但其发展趋势对于提高我国农产品的品质和安全性、防治产地环境污染大有助益。

现代化农产品供应链能够促进农业污染防治和生态环境治理的原因有：

1. 超市拥有较完整的检测能力

同小规模种植和农贸市场个体交易相比，超市系统存在着声誉机制，只要有个别不符合标准的商品被曝光，就会损害整个公司的信誉。为长远和整体利益计，大型连锁超市基于先进的物流、设备、人才、技术优势，重视农产品质量和安全性，配置相应的农产品加工检测设施和检测人员，建立完善的检测技术规范、检测记录档案和检测过程质量控制制度，开展自律行为和进货把关检测。

2. 超市拥有较可靠的标识系统

通过标签和摊位区隔把有机、绿色、无公害农产品同普通农产品区分开来，便于消费者选购。部分大型连锁超市拥有电脑单品管理和跟踪系统，消费者能够通过查询获得安全农产品的整个生产和流通过程的全部信息。例如，上海农工商等超市专门在商场设置电脑追溯系统供消费者查询产地条件和生产者的姓名，使整个供应链具有了可追溯性。“优质优价”的价格机制传递了消费者的需求信号，促使农产品生产者采取“环境友好型”的生产工艺和

流程。

3. 外部竞争环境促使超市经营质量安全农产品

同农贸市场相比，超市经营需要有相应的保鲜设施、销售场地、管理队伍、物流渠道和规模效应，在价格上并没有竞争优势，为获取差异化竞争优势，倾向于积极主动地引进无公害农产品、绿色食品、有机食品等利润空间高的农产品，实现“优质优价”，进而促进产地环境保护和污染防治。

4. 部分超市开始制定农产品质量安全标准，利用实验室对产品进行安全抽样检测

例如，一些超市开始采用“绿色食品”和“有机食品”标签。典型例子是家乐福建立了“品质体系”，品质体系采用比公共标准更严格的企业内部的食品安全标准，凡进入品质体系的农产品，都需要采用家乐福制定的食品安全标准和可追溯性（胡定寰，2006年）；专供超市的北京小汤山蔬菜基地利用实验室检测绿叶蔬菜上的农药残留和细菌情况。这样，就为生产者设置了环境和食品安全的门槛。

5. 超市的出现提供了实行农产品组织内部交易模式的基础

同市场交易模式相比，组织内部交易模式更加有助于提高农产品的品质和安全性；虽然组织内部交易模式会使农户失去一定的“自由度”，超市企业增加了管理成本，但是农户和超市均可获得经济补偿，从而有经济动力去管理整个供应链，去生产“优质安全”农产品。

6. 部分超市和超市农产品供应商共同建立农产品种植的生态环境标准

一些超市不仅制定了农产品安全标准，同时还建立安全生产标准，从而保护生态环境和确保农业的可持续发展。譬如家乐福的品质体系就对加入品质体系的农户和农场提出了具体的生态环境保护标准，其中包括控制化肥的释放数量，必须回收废弃的塑料地膜，以及农药的分离存放等。还有一些超市的农产品供应商引进了欧洲良好规范（EUREPGAP），在整个农产品供应链上对环境污染进行控制。

四、结论和政策建议

1. 结论

治理农业生态环境，防治产地环境污染，规章制度、技术匹配、绿色意识固然重要，但构建新的农产品供应链也可以起到不可替代的独特作用。

（1）超市通过价格激励机制，可以促进农产品生产源的污染防治

由于超市代表消费者的利益取向，把源于消费者对优质安全农产品的需要转化为利益动力，传递到整个供应链体系中，利用“优质优价”的机制，实现对优质安全农产品生产者的激励；可以通过示范、引导、放大，引致优质安全农产品规模的扩大，形成比较稳定的供求关系，排除价格信号“失真变形”等问题，利用现代化供应链强化对农产品规格、质量、

等级的要求，促进农产品生产源的污染防治，从而改善我国农业生态环境。

（2）超市通过制度创新，在防治农业立体污染方面起着重要的节点控制作用

按照威廉姆森的观点，各种经济制度出现的主要作用在于节省交易成本。只要存在能够节约交易成本的地方，均可产生制度创新。由于农产品供应链的链条长，由超市经营农产品，进而实现基地建设，不仅有助于节约交易成本，弥合信息不对称，而且在有关部门对农业环境污染立法不完善和执行难的制度空间下，超市运用“看得见的手”的手段，在应对竞争、满足顾客、实现创新的实践中，可以通过建立优质优价制度、市场准入规定、执行检测制度、可追溯供应体系、专业物流体系等进行制度创新，从而有助于农业污染的防治。

2. 政策建议

①应重视超市在提高食品安全和防治环境污染的积极作用，大力倡导超市零售业态的发展，特别是大型连锁超市的大力发展。而且要站在解决“三农问题”的高度，促进农产品进入超市系统销售，鼓励超市建立农产品质量安全认证体系，购进和使用农产品质量检测设备等。

②防治产地环境污染，需要制度创新，鼓励超市等供应链关键节点组织按照“一体化”经营模式进行联结，发展“超市农业”，建立比较稳定的有数量品质标准的产品供求关系；鼓励在农户与公司之间采用合同生产等契约模式，使农产品加工企业和超市供应商能够获得安全优质农产品，在帮助合同农户获得稳定高收入的同时，又保护了农业生态环境。

③鼓励农户提高组织化程度，推广合作社、专业协会等组织模式，促进农户与现代农产品供应链的联结，逐渐改变农户小规模、细碎化、分散化的局面，提高农产品供应链效率，促进现代技术在农业中的使用，缓解和防治农业立体污染。

参考文献

[1] 章力建，蔡典雄．治理农业污染必须抓“链条”．科技日报，2004－12－10.

[2] 章力建，董红敏，蔡典雄，李玉娥．农业立体污染及其防治建议．中国农科院院报，2004－11－30.

[3] 魏复盛．我国环境污染及其对公众健康危害．2006 科学发展报告．

[4] 唐辉远．农业生态环境治理与可持续发展．长江流域资源与环境，2001，（10）3.

[5] 曾昭鹏．我国的农业生态环境问题及其治理对策．商业研究，2003，15（275）：171～172.

[6] 刘艳梅．论农业污染最低化与农业三效的优化．求索，2004，12：126～133.

[7] 胡定寰．农产品二元结构论——超市发展对农业部门和食品安全的影响和作用．中国农村经济，2005，3：12～17.

[8] 杨修，章力建，李正，孙芳等．农业立体污染防治的生态学思考．生态学报，2005，4：904～909.

[9] 章力建，朱立志．农业立体污染综合防治与循环经济．农业环境与发展，2006，（6）：1～6.

[10] 胡定寰，Thomas Reardon，Scott Rozelle，Peter Timmer，and Honglin Wang. 超市为中国农业带来的挑战和机遇．中国农业经济评论，2004（2）：304～328.

[11] Reardon，T. and J. F. M. Swinnen（2004）. Agrifood Sector Liberalization and the Rise of Supermarkets in Former State-Controlled Economies：A Comparative Overview. Development Policy Review 22（5），September，515～523.

[12] 胡定寰，俞海峰，T. Reardom. 中国消费者超市购买生鲜农副产品消费行为研究．中国农村经济，2003，(8)：12～15.

[13] 黄祖辉，鲁柏祥，刘东英，吕佳．中国超市经营生鲜农产品和供应链管理的思考．商业经济与管理，2005，(1)：9～13.

[14] 胡定寰．超市＋农产品加工企业＋农户，农业产业化新模式的探．农民日报，2006－6－8.

[15] 中国连锁经营协会．2006年中国连锁百强的销售金额与门店．中国连锁经营协会网，2007年．

[16] FAO，The state of food and agriculture 2005：Agriculture Trade and Poverty：Can Trade Work the Poor? FAO Agriculture Series，No. 36：21～22.

[17] 胡定寰，常晓村等．生鲜农产品进超市流通成本比较研究．商务部市场建设司重点课题报告．2006.

（章力建、胡定寰、杨伟民）

农业立体污染防治对策研究

一、引言

人类社会进入21世纪，环境问题已成为全球性热点问题。人们在建设物质文明和精神文明的同时，期望着一个优美的生存环境及和谐的生产环境。农业环境涉及广大乡村地区，同时又严重影响城市环境，对人类生存的基本环境质量起着支配作用。然而，随着农业生产中工业产品投入的显著增加以及对农业资源的掠夺性经营，加上工业生产及城乡生活废弃物对农业环境的直接和间接影响，农业环境问题越来越突出。

一般说来，“农业立体污染”是指不合理的农业生产方式与人类相关活动所引起的，在非完全确定时空对土壤、水体、大气、生物等进行直接和复合、交叉与循环污染，从而影响农业环境格局并使生态系统受损的过程。这些不合理的农业生产过程与活动通常包括化肥农药的不合理使用、城市废弃物（生活垃圾、污水、污泥、畜禽粪便、作物秸秆和农产品加工废弃物等）的不当处理、不良的耕作措施等。“农业立体污染”比以往所提到的平面单一的农业污染更具综合性和全面性。

随着我国农业、农村经济的迅速发展，“农业立体污染”必将日益突出，不仅会影响农业生态安全、人体健康和农产品质量，而且也会影响到农业、农村的可持续发展和农民收入的提高，最终影响农业经济乃至国民经济的发展，影响我国的环境外交和国际贸易。

二、我国农业污染防治中存在的问题

我国有关部门高度重视农业污染问题，并做了大量工作。例如，先后组织实施了生态家园富民工程、滇池流域面源污染治理、太湖水污染控制与水体修复技术及示范、国家温室气体排放清单编制等涉及农业污染防治的项目，取得了显著的成效。但是，农业污染防治是一项十分复杂的系统工程，目前我们对水体、土壤和大气的单方面防治已经不能有效地全面解决农业污染问题，必须采取综合防治措施。

1. 缺乏完善的法规体系和经济调控手段

相对于工业污染防治法规体系来说，农业污染防治法规还不成体系，给依法治理和防治“农业立体污染”带来了较高的难度。虽然我国有关法律、法规对农业环境保护做了原则性的规定，但由于不系统和不具体，在执行工作中难以有效实施。

2. 缺乏水体—土壤—生物—大气一体化防治污染的意识

农业污染防治是一项复杂的系统工程，目前我们对水体、土壤和大气的单方面研究已经远远不能有效地解决农业污染问题。

3. 缺乏系统可靠的农业主体污染基础数据信息

由于基础数据缺乏，不能提供准确的判断，无法满足制定防治“农业立体污染”政策的需要。虽然我国在农业生态和土壤环境监测方面已开展了大量的工作，但尚未对面源污染和温室气体等构成的立体污染进行针对性的监测，无标准监测方法，更没有形成完整的监测网络和质量控制体系，无法对农业生态与环境的现状和发展趋势给出全面、清晰的描述。

4. 缺乏系统的农业污染防治理论和评价方法

有效的防治污染措施必须基于对整个污染发生的机理、迁移过程的理解，基于对整个农业生态系统和减排技术的可靠评价。合理的技术评价指标和方法的建立是正确指导污染防治的基本保障。

5. 缺乏适合不同区域的成功的防治技术模式

综合防治技术涉及到农业生产的各个方面，防治技术的执行要依靠千家万户的农民和社会的方方面面。由于我国地区之间经济发展不平衡，造成污染的类型、数量和负荷不同，针对不同地区的防治技术模式是十分必要的。

三、“农业立体污染”防治的政策措施

农业污染防治是系统工程，只有通过控制整个“立体污染”的循环链，利用法律、经济和技术手段，阻隔污染渠道，才能从根本上解决“农业立体污染”。

1. 把政府管理与市场机制结合起来

要加强政府与市场的结合，利用经济手段，改变与农业环境紧密相关的各博弈方的收益，使博弈达到利于农业环境保护的共赢，从而提高农业环境的保护效率。例如，从国民收入初次分配和再分配角度，建立农业环境补偿机制，使农业污染防治的外部性内在化；从影响成本和收益入手，利用价格和税收机制，促进污染防治进程；建立奖励机制，对生态安全性高的农业技术措施的实施主体予以奖励；从环境信贷和投资的角度，推出农业环境基金、环境彩票和环境保险的框架构想，使农业立体污染防治的支撑体系更加多元化。

2. 建立完善“农业立体污染”防治法规体系

应高起点、高速度，运用“农业立体污染”的新思维，构建科学合理的农业污染防法规体系，使“农业立体污染”防治工作有法可依，落到实处。发达国家的做法值得借鉴。例如，美国 1972 年通过了“联邦水污染控制法”和“联邦杀虫剂控制法”等，其中列出了禁止使用、暂停使用和限制使用的农药清单。1976 年美国会通过了“有毒物质控制法”，进一步加强了对有毒物质的控制。

3. 实施引导、扶持政策

农业环境保护是一项公益性的工作，应该加强国家支持力度。例如，施用清洁粪肥具有正的外部性，即施用的同时又减少了污染，但这种减污的公益效果未被市场承认，施用者事实上是在免费为社会减污。为了推动这类资源化利用，应该给予施用者以某种补贴。

4. 发展循环经济，实现污染防控与资源综合利用的统一

我国传统的农业原本是一种良好的循环经济模式，农业生产过程中产生的废弃物，如秸秆、畜禽粪便等都得到充分利用。但随着生产水平的提高，各种化学品大量进入农业生产体系，大量农业废弃物成为新的污染源。为此，应运用生态系统的物质循环原理，建立闭路循环工艺，发展循环经济，实现资源的综合利用，减少农业系统污染物的对外排放。例如，集生态、社会、经济效益于一体的生产布局，畜牧业与种植业相结合，加上以沼气发酵为主的能源生态工程、粪便生物氧化塘多级利用生态工程、有机废弃物饲料化利用生态工程，实现有机废弃物资源化。这样不仅有效地解决了粪便、秸秆等有机废弃物污染，还可逐年提高土壤的有机质含量，确保农业的可持续发展。再如，利用有机废弃物的工业利用工程，把农业废弃物中的纤维素和半纤维素分离出来，用于人造纤维、造纸及其衍生物的生产；通过纤维素和半纤维素的水解，将所含的多糖转化为单糖，再进行化学和生物化学加工，制取酒精、饲料酵母、葡萄糖等许多化工产品。

5. 完善农业环境监测网，摸清农业污染的底数

在农业系统已有的监测网站的基础上，根据“农业立体污染”监测的需求，完善并形成覆盖重点区域的“农业立体污染”监测网络，通过长期定点监测，摸清“农业立体污染”的底数，为我国“农业立体污染”防治技术的研发和农业环境污染政策的制定提供科学依据。

6. 开展“农业立体污染”防治理论与技术的研究与创新

在进一步加强农业面源污染防治和减少温室气体技术研究的同时，必须尽快全面开展一体化的综合防治理论与技术研究，重点开展主要污染物在水体—土壤—生物—大气系统中迁移规律的研究、农业生产过程中立体污染的阻控新技术和新方法的研究，建立“农业立体污染”防治技术的诊断与评价方法，为防治“农业立体污染”提供技术支撑。

7. 建立综合防治示范点，提供环境友好的技术模式

结合农业发展总体布局，根据不同区域的污染特征和社会经济条件，在典型区域建立“农业立体污染”综合防治示范点，开展立体污染综合防治技术区域适应性研究，筛选出关键防治技术，示范推广节本增效、环境友好的技术模式。

8. 利用高新技术防治“农业立体污染”

例如，应用生物技术治理农业环境污染具有效果好、安全、无二次污染等优势，是保障

可持续发展的一项有力的技术措施。生物技术可用于受污染农田的修复、水污染的治理、化学农药残毒对人和禽畜的危害治理、不可降解塑料造成的白色污染治理以及农林废弃物、禽畜和水产养殖造成的污染治理。另外，生物技术还可对生物资源进行有效的保护和合理利用，促进生态功能的提升和环境的保护。

9. 加强宣传，提高公众环境意识

通过科普和大众媒体，加强教育和培训，提高全民对“农业立体污染”的认识和自觉参与防治污染的意识，鼓励企业和农民采用环境友好技术，积极推动农业立体污染防治和农业与农村可持续发展战略的实施。

参考文献

[1] 刘雪，傅泽田．我国农业生产的污染外部性及对策．中国农业大学学报（社会科学版），2000（3）．
[2] 张宝莉．农业环境保护．化学工业出版社，2002.
[3] 张雪梅．传统农业改造中的环境污染及其管理对策．经济问题，1998（11）．
[4] 章力建，蔡典雄．治理农业污染必须抓“链条”．科技日报，2004－12－29.
[5] 章力建，董红敏，蔡典雄，李玉娥．“农业立体污染”不容忽视．农民日报，2004－12－30.
[6] 章力建，王庆锁，侯向阳．中国西部生态农业发展方略．北京：气象出版社，2004.
[7] 朱立志．德国农产品技术性贸易壁垒研究．农业经济问题，2004（3）．

（章力建、朱立志、包菲）

农业立体污染防控中的土壤污染防治立法

一、土壤污染防治立法的重要性

随着我国经济的发展，在城市环境日益改善的同时，农业污染却呈现出严峻的立体化倾向，严重影响了农村社会的政治稳定和农民福利的改善，影响了社会主义新农村建设的进程。农业立体污染的基本表征就是土壤污染，因为各方面污染要素的主要影响最终都将通过土壤污染表现出来。据估算，我国农村地区所有污染的90%最终都反映到土壤上，土壤的污染是农村地区污染的落脚点。水土流失、土地沙化、土壤污染、土壤酸化与盐碱化、荒漠化、湿地与优质土壤资源的减少等土地退化问题已经直接或间接导致了河流断流、湖泊淤积、赤潮频发、森林功能退化、草地生物质量下降、生物多样性减少、珍稀野生动植物濒临灭绝威胁等。目前，经初步调查，因污水灌溉、农药和化肥不合理使用，工业废渣和城市生活垃圾随意堆放等因素，中国有许多耕地受到不同程度的污染。

城市的土地污染所影响的是城市整体环境与优美景观；而农村的土壤污染，其影响的则是生产力的减退。我国是农业大国，农业人口占全国人口总数的2/3以上，一旦土壤受到大面积污染，将会对农业生产带来巨大损害，也是影响社会稳定的一大隐患。

面对土壤污染的严峻形势，我国现有的法律法规却无法提供应有的法律支撑。例如，《关于加强重点交通干线、流域及旅游景区塑料包装废物管理的若干意见》、《危险化学品安全管理条例》、《进出境动植物检疫法》、《固体废物污染环境防治法》、《矿产资源法》、《草原法》、《环境保护法》、《防沙治沙法》、《水土保持法》、《土地管理法》、《刑法》等，所有这些法律法规只是对我国土壤的保护与整理进行了简单的法律规定，还没有哪一部法律从整体上真正系统地将土壤生态的保护列入其中。基于土壤污染防治问题的重要性和迫切性，我国应尽快进行相应立法。

二、现有法律法规在土壤污染防治方面的局限性

1. 对慢性、隐性的土壤污染治理规定不够明确

纵观我国的相关法规不难发现，对潜伏期较长的过度使用农药化肥所造成的土壤生态恶化、过度使用耕地导致的土壤退化、建设用地产生的土壤退化（修建高速公路所造成的土壤质量下降与不可恢复性）等没有有效的法律规制，即使有了相应的法律规定，在实际的操作中，由于法律的实践性与法律所要求的重证据、重应用的特性，导致有些防治土壤污染

的法律规范不能真正实施。

例如，《农业法》第五十八条规定：“农民和农业生产经营组织应当保养耕地，合理使用化肥、农药、农用薄膜，增加使用有机肥料，采用先进技术，保护和提高地力，防止农用地的污染、破坏和地力衰退”、“县级以上人民政府农业行政主管部门应当采取措施，支持农民和农业生产经营组织加强耕地质量建设，并对耕地质量进行定期监测。”该条文看似可以起到保护耕地的作用，但在实践中如何操作却相当困难。如对农民使用农药化肥如何进行监控，县级以上人民政府间隔多长时间进行一次监测以及监测的费用来源等都没有解决的答案，对于本来财政困难的基层政府来说这个规定难以实现其最初的立法目的。

2. 对面源污染以及更为复杂的立体污染防治不到位

尽管我国刑法明确规定“向土地排放、倾倒或者处置有放射性的废物、含传染病病原体的废物、有毒物质或者其他危险废物，造成重大环境污染事故，致使公私财产遭受重大损失或者人身伤亡的严重后果的”及“造成特别严重后果的”应当承担相应的刑事责任。但是就刑法规定来看，承担责任的前提应当是在短期内能够产生较大的土地污染事故，而且污染源在一定意义上说应该属于环境污染中点源污染的范畴，对于真正意义上的面源污染以及更为复杂的立体污染和由于土地污染或土壤退化问题产生的相应环境、社会与经济等问题如何应付，刑法中并没有规定。

3. 侧重对单一类型破坏行为的规范与治理，缺乏整体性与综合性法律保护对策

我国目前已经实施的一些与土地资源、上壤环境保护相关的法律法规都明显地打上了重单一性保护、重事后监督、轻预防的烙印。如《大气污染防治法》、《水污染防治法》、《固体废物污染环境防治法》等这些重要的污染防治法应当成为我们保护土壤生态环境的重要法律规范之一。但是，我们在这些法律规范中只能找到关于保护土地的比较委婉的措辞，但对于真正的法律实施却没有保障或可能性不大，使得由于大气、水、固体废物在许可范围内的排放所可能导致的土壤污染没有在其“源头”上得到真正的扼制，适用于大气与水污染的“超标罚款”“排污收费”等法律制度与土壤污染防控相脱节，加上土壤污染的滞后性特别明显、潜伏期也相对较长，一定程度上妨碍了对土壤污染的有效预防治理。

4. 对于已经被破坏的土壤生态环境没有有效的治理与监督机制

目前，相关的法律条文中一般只规定造成土地资源破坏的当事人应当承担何种责任，如我国《矿产资源法》规定：“关闭矿山，必须提出矿山闭坑报告及有关采掘工程、不安全隐患、土地复垦利用、环境保护的资料，并按照国家规定报请审查批准。”“开采矿产资源，应当节约用地。耕地、草原、林地因采矿受到破坏的，矿山企业应当因地制宜地采取复垦利用、植树种草或者其他利用措施。”但对没有对破坏的土地进行复垦的应承担何种法律责任却没有规定。因此，导致一些对土地修复和整理的法律规定在很大程度上形同虚设，没有真正发挥法律的威信，法律的实践性也没有得到应有的体现。

5. 对土壤生态破坏的预防性措施规定不具体

现行的与环境资源保护相关的法律规定对土壤生态破坏的预防作用并不明显，很难真正达到法律目的。这一点在我国环境资源保护的其他领域也有体现。有人就土壤污染的现状提出了土壤污染的预警制度，这是一个很好的创制，但如何实施，特别是如何以法律的形式明确下来却相当困难。虽然我国《环境保护法》第二十条规定："各级人民政府应当加强对农业环境的保护，防治土壤污染、土地沙化、盐渍化、贫瘠化、沼泽化、地面沉降和防治植被破坏、水土流失、水源枯竭、种源灭绝以及其他生态失调现象的发生和发展，推广植物病虫害的综合防治，合理使用化肥、农药及植物生长激素。"条文中虽然对土壤环境保护提出了要求，但如何保护、未予保护的后果如何、如何防止破坏性后果的发生等都没有明确规定，而在其他相关的法律规范中也没有具体落实防治污染的预警机制。

6.《土地管理法》不足以对土壤进行全面保护

《土地管理法》是我国目前对土地资源保护最全面的法律，尽管 1998 年进行了重新修订，并总结了我国土地管理特别是耕地保护的经验，广泛吸收并借鉴了其他国家成功的做法，从立法思想、土地管理方式、土地利用方式、管理职权划分、执法监督、调整范围等方面有了根本性转变，特别是对耕地保护作出了明确具体规定，但是对于防止土壤生态环境恶化以及后期的治理补救却少有规制。

三、立法建议

基于我国农业大国的具体国情，保护农村土地，防治土壤污染对于中国乃至世界的稳定都有着巨大的现实意义。虽然我国现有法律在土地污染防治、土壤保护方面已有一些规定，但是这些规定较为零散，不成体系，不利于对土壤污染进行系统的防治；而且很多法律规定过于笼统，无法满足我国土壤污染防治的现实之需。因此，我们有必要借鉴发达国家土壤污染防治的先进经验，针对土壤污染防治制定《土壤污染防治法》，以单行法的形式达到农地污染防治的目的。

1. 树立整体立法观念

通过上文分析不难看出，我国的土地法规以及其他与土地资源及环境保护相关的法律规范对于土壤的保护是以利用主义为中心的，并没有突出土壤的环境价值与生态价值。因此，在创制有关农村土地污染防治的法律规范时，应引入生态系统协调性与整体性的理念，确立生态优先与生态整体观念。尽管我们在理论上都认可法律部门之间的相关性、衔接性与复杂性并举，但是在自然环境与生态保护领域的法律规范中，法律之间发生冲突时牺牲环境与自然生态而保护经济生产利益的并不少见。特别是许多法律规范体系中确立的以人为本的观念已经比较深刻地根植于人们的头脑中，并以各种各样的正式官方文件或其他形式表现出来，而较少将自然、生态、环境纳入法律的框架内。如果在某些法律规范中有关于自然生态保护的条文，但大多都是以人的利益取向为价值观决定的。因此，在建构土壤污染防治相关法律规范或法律制度时，必须将生态整体性的观念根植于其中，适应自然中大气、水、氮等各种循环的过程与机制，将土壤的环境治理与大气、水、粮食、人类行为等各方面的内容综合考虑，确立合理的法律规范调整机制。

2. 建立健全土壤污染防治法制化制度

（1）农村土地资源调查制度

农村土地状况的确定是进行土壤污染防治的关键，只有了解农村土地的现状，才能对土地的利用、规划、保护做出正确的决策，才能有效地治理和防范土壤污染所带来的破坏。开展农村土地资源状况调查既要做好土地资源的普查工作，认清当前土地资源分布情况和总体数量；同时应指定有资质的环境检测机构对土壤质量进行检测，认清土壤受污染的程度。只有建立在土地资源有效调查的前提下，才能为土壤标准的制定提供第一手资料，为政府科学决策提供可靠依据。

（2）农村土壤标准制度

1995 年颁布的《土壤环境质量标准》规定由各级政府环境行政主管部门负责监督实施。各级政府根据环境管理的需要也制定了若干地方土壤环境质量标准。但是我国现行的《土壤环境质量标准》只是单一地规定了土壤的等级分类，未对土壤污染的标准做出明确的规定，这对土壤污染防治是十分不利的，主要表现在对土壤污染的界定标准不明确，对于达到哪个标准才是土壤污染，现行法的规定不统一。没有明确的土壤质量标准不能为环境执法提供依据，对追究污染者的环境责任就显得十分被动。鉴于此，有必要对现行的《土壤环境质量标准》进行修订，应把界定土壤污染的具体标准纳入其体系当中，同时各级人民政府的坏境保护行政主管部门要结合本地具体情况，制定有针对性的土壤污染防治标准。

（3）环境影响评价制度

为了防范土壤遭受污染，应针对农业用地周围建设项目开展环境影响评价。在农业用地周围进行的建设项目大多是乡镇企业，由于这些企业规模小，技术薄弱，在其发展过程中会对农业生产环境带来严重的破坏。针对乡镇企业发展的现状和农业生产条件的具体需要，对于农田周围新建的乡镇企业，应在其动工前进行环境影响评价，对于可能给农业用地土壤带来污染的企业要坚决予以制止；对于正在建设的有可能对农业用地土壤带来污染的企业要提出具体的整改意见。

（4）农业清洁生产制度

开展农业清洁生产是从根本上防治土壤污染的一个有效措施。《中华人民共和国清洁生产促进法》第二十二条规定，农业生产者应当科学地使用化肥、农药、农用薄膜和饲料添加剂，改进种植和养殖技术，实现农产品的优质、无害和农业生产废物的资源化，防止农业环境污染。为了从源头上治理和防范土壤污染，采用农业清洁生产技术规范、建立农业清洁生产制度是十分必要的。由于生态系统是一个循环的系统，系统的任何一个环节出现问题都会给其他系统带来影响。因此，应把生态学的发展理念引进到农业清洁生产制度中去，发展生态农业，采用生物防治的方法减少化肥和农药的使用量，以避免化肥和农药的过量使用对土壤的污染。

（5）土壤的整治、补救制度

传统承担环境损害的责任是停止侵害，排除妨碍，消除影响，恢复原状，赔偿损失。但是，土壤作为一种不可再生资源，一旦被污染再进行修复是十分困难的。对已被污染的土壤进行整治和补救不仅存在技术问题，而且存在资金问题。建议在制定《土壤污染防治法》中，建立土壤生态补偿基金制度。由政府和可能造成污染的企业共同提供补偿基金的来源。补偿基金主要用于指导农民如何恢复和提高土壤功能，促进土地的可持续利用，并对造成污染的农村土地进行补救治理。

（6）土壤保护预警制度

土壤污染退化的教训提醒我们对土壤的保护必须重在预防。在可能造成大面积土壤污染与退化时，引入风险预防机制是十分必要的。在保护农村土地环境的立法中应绝对禁止将有毒、有害废物用作肥料或者用于造田。农业生产者应当科学合理地使用化肥、农药，改进种植和养殖技术，实现农产品的优质、无害和农业生产废物的资源化，防止农业污染。同时，相关部门还应对生产农药等化学产品的企业进行认证与规范，鼓励并扶持有条件的企业生产无毒、少害、低残留性的农药化肥，杜绝高残留性的农药用于农业生产。

（7）公众参与制度

政府的能力毕竟有限，在进行土壤环境的监督管理的过程中有必要发挥公众参与的作用。由于农民与土地的特殊关系，一旦土壤遭受污染，农民自身利益将受到伤害，同时也会制约农村的持续发展。因此，在土壤污染防治过程中，要增强广大农民的参与意识和农业生产者的土壤保护意识。首先，要落实农民的知情权。各级环保部门要定期向农民公布土壤的具体情况，包括土壤受污染的程度、改善土壤质量和防治土壤污染的具体建议。其次，要保证农民对有关影响土壤环境活动的决策参与权，鼓励农民参与到具体防范土壤污染的工作中去，特别是对农业用地周围的建设项目进行环境影响评价时，要倾听广大农民群众的意见。最后，在制定农村污染防治法中要扩大农民的监督权。对于一些环境行政主管部门及其执法人员偏袒企业，放任土壤污染的现象，要通过立法的明文规定鼓励农民通过检举、监督等手段对其进行规制，创造良好的环境行政执法环境。当土壤环境受到侵害时，人人都可以通过有效的司法和行政程序，使土壤环境得到保护，使受侵害的环境权益得到补偿。

参考文献

[1] 王灿发．环境法学教程．北京：中国政法大学出版社，1997.

[2] 王曦．国际环境法与比较环境法评论．北京：法律出版社，2005.

[3] 章力建，侯向阳．我国农业立体污染防治研究进展．作物杂志，2005（5）.

[4] 章力建，蔡典雄，王小彬，张建君，金轲．农业立体污染及其防治研究探讨．中国农业科学，2005，38（2）：350～358.

[5] 章力建，王庆锁，侯向阳．中国西部生态农业发展方略．北京：气象出版社，2004.

[6] 章力建，朱立志．农业立体污染防治中循环经济的运作机制及模式．农业技术经济，2005（5）.

[7] 章力建，朱立志．我国农业立体污染防治对策研究．农业经济问题，2005（2）．

[8] 朱立志．生产阳光经济原料以实现农业新价值．两岸环境保护政策与区域经济发展研讨会论文集，台湾新竹市，2003. 10.

[9] Zhang L J, Cai D X, Wang X. B. Zhang J. J. and Jin K. A study of agriculture tridimension pollution and its control. Agricultural Sciences in China 2005, 4（3）: 214 ~ 224.

（朱立志、王蓉、刘磊）

农业立体污染防治技术集成示范平台建设

一、农业立体污染防治是一项综合性系统工程

随着社会、经济的不断发展，农业立体污染和农产品质量安全问题越来越受到社会各界的广泛关注。农业立体污染是指由农业内部引发和外部导入，包括农业生产过程中不合理农药化肥施用、畜禽粪便排放、农田废弃物处置、耕种措施以及工业废气污染物农业利用等所造成农业系统中水体—土壤—生物—大气的立体交叉污染。因此，农业立体污染防治是一项复杂的综合性系统工程，需要多学科、多专业的相互渗透以及对不同技术进行集成创新形成各种具有特色和针对性的综合防治技术模式。

技术集成创新的特征是融合创新，即将相互独立但又互补的技术成果进行对接、聚合而产生的创新。它强调创造性的融合，即在各要素的相互结合中，注入创造性的思维。如果将单个技术成果比作核苷酸（构成 DNA 和 RNA 的单位)，那么技术集成创新所产生的效应就类似于核苷酸的聚合效应。

农业科技园区是引领现代农业发展的重要窗口和基地，是以高新技术和先进实用技术为支撑，进行集约化生产和企业化管理，具有示范、带动、生产加工和观光等多种功能的现代农业组织形式，且具有集成创新的重要功能，为现阶段区域农业发展构建了集成创新的平台。在农业科技园区建设农业立体污染综合防治技术集成平台，是探索农业立体污染综合防治、农产品优质安全高效生产的模式和技术的重要举措。今后，应进一步完善农业科技园区的机制和战略，为农业立体污染防治技术集成创新提供一个高效运作的平台，研究和探讨优质高效安全农产品标准化生产的技术集成方案，为我国及区域农业标准化、产业化发挥示范辐射作用。

二、国际农业高新技术产业园建设为农业立体污染防治技术集成提供了良好基础

2003 年初，中国农业科学院和廊坊市政府合作启动国际农业高新技术产业园建设工程，这是中国农业科学院党组为加速实现“三个中心一个基地”战略目标，全面提升科研创新能力的重要举措，也是河北省、廊坊市为推进依靠科技实现区域经济跨越发展的关键举措。

经过四年多的建设和发展，基本实现建园初期规划的“一年打基础，三年成雏形，五年见成效”的发展目标，现一期建设工程全部竣工，建成 130 多 hm^2 规模、条件和设施齐全、集试验示范产业孵化于一体的综合农业科技产业园核心区，园内形成 20 个条件和功能

不同的试验示范功能区，已有11个研究所、近50个课题组、200多个项目在园区开展试验示范工作。园区社会影响和辐射带动效应也十分显著，50多个国家的驻华使馆官员，美国、日本、澳大利亚、加拿大、荷兰等国著名大学的专家学者，以及世行、FAO等国际组织、国外知名企业多次参观园区，来自湖南、山东、河北、内蒙古、宁夏等20个省市区的领导和专家数千人次参观园区，园区每年接待和培训农民千余人次。园区已步入规范化、高速发展的良性发展轨道，正逐步搭建起一个立足全国、面向世界、开放的高标准的试验示范基地和成果转化平台，将为提升我国农业自主创新能力、成果转化能力和科技产业化水平，以及为新阶段我国农业和农村经济的持续发展做出重大贡献。

当前，我国农业和农业科技发展处于变革性的关键时期。一方面，建设创新型国家对农业自主创新提出新的挑战，另一方面，发展现代农业对如何有效提高农业科技支撑能力提出更高更新的要求，对于农业科技创新和成果转化既是机遇又是挑战。农业高新技术园区是推动农业科技创新和实现科技产业化的新型模式，是现代农业技术、现代农业装备、现代经营理念、现代生产和生活方式的集成创新和展示示范的平台。

中国农业科学院国际农业高新技术产业园，作为以技术创新、集成和辐射等公益性功能为主的园区，已经展示了独有的特色，并展示了强大的发展空间和潜力，将为推动国家农业科技创新体系建设，引领我国现代农业科学技术的发展，服务现代农业和新农村建设主战场，提供强有力的科技支撑。

面对机遇和挑战，园区将在一期工程建设和发展开局良好的基础上，重点实施强调高新技术创新为主的“高端战略”和强调集成应用新技术为主的“蓝海战略”，以现代农业技术集成和优势农产品产地环境质量建设为核心，推动园区二次创业，再上新台阶，鼎力承载现代农业发展和新农村建设赋予的使命。

三、农业立体污染综合防治技术集成平台建设目标和内容

针对社会经济发展对农业立体污染防治领域的重大科技需求以及现阶段我国农产品标准化存在的主要问题，以国际农业高新技术产业园为依托，充分发挥中国农业科学院的技术优势、人才优势和国际交流合作优势，在大力提高原始创新能力和引进消化吸收再创新的基础上，立足于已经取得的科研成果，把推动集成创新作为战略突破口，通过引进消化吸收国内外农业标准化技术，重点开展农业产前、产中、产后全过程标准化生产技术集成示范，进行优势农产品产地环境质量建设，建立优势农产品标准化生产技术集成示范区和农业共性监测技术集成示范区，全面提升我国优质高效安全农产品的市场竞争力，进一步提高农民收入水平。

1. 优势农产品标准化生产技术集成示范区

建成蔬菜瓜果、主要农作物（小麦、玉米、大豆等）、棉花以及优质牧草等四大产业的标准化生产技术集成示范区，按照优质高效安全农产品生产的要求在生产中进行全程控制，从大气污染、水质污染、土壤污染、肥料污染、农药污染、种苗处理、产品收获、加工贮藏等几个方面进行集成示范研究分析，并根据研究分析结果制定标准化生产技术规程。

（1）蔬菜瓜果标准化生产技术集成示范区

主要种植黄瓜、辣椒、番茄、甘蓝、马铃薯、甘薯、甜瓜、草莓等蔬菜瓜果品种。在生产经营活动中，以市场为导向，建立健全规范的蔬菜瓜果生产工艺流程和衡量标准，建立田间档案，使其生产操作程序化，制（修）定基地选择、选种育苗、生产技术、管理措施、农业设施利用、产品检测、包装贮藏以及认证上市等诸多环节的标准化操作规程，集成蔬菜瓜果产品质量安全评价技术体系。

（2）主要农作物标准化生产技术集成示范区

主要种植小麦、玉米、大豆等农作物品种。组装配套形成具有较高技术含量的、符合国家优质高效安全生产标准的、切实可行的小麦、玉米、大豆等主要农作物产品质量安全评价技术体系，集成基地选择、选种晒种播种、水肥运筹、病虫草害防治、采收贮藏等环节的标准化操作规程，并在生产中推广应用。

（3）棉花标准化生产技术集成示范区

主要种植转基因抗虫棉等棉花良种。针对棉花是使用石油化学品最多的大田作物，特别是地膜和氮肥的使用严重破坏了自然界的生态平衡，在试验示范过程中，将重点研究棉田地膜使用和肥料使用方法，并集成种子生产、栽培管理、病虫草害防治等操作规范，筛选产地环境监测技术，集成棉花产品质量安全评价技术体系，为棉花的产业化提供生产依据。

（4）优质牧草生产技术集成示范区

主要种植紫花苜蓿和饲料桑等优质饲草饲料品种，并对苜蓿生产的环境条件、栽培技术、田间管理、病虫草害防治、农药使用、收获利用、加工贮藏等提出具体的操作规范，集成牧草产品质量安全评价技术体系，为优质牧草生产提供技术保障，进一步确保畜产品的质量安全，促进畜牧业可持续发展。

2. 农业共性监测技术集成示范区

通过优势农产品标准化生产技术集成示范，探索土壤、气候、水质、农药残留等农业共性监测技术以及农作物病虫草害防治技术，农膜、遮阳网覆盖栽培技术，农作物秸秆综合利用技术，设施农业节本增效技术以及绿色、有机食品标准化生产技术模式，重点开展循环经济生态农业研究，围绕水肥药精准化使用、病虫草害生态化综合控制、富营养化水体和农药残留的生物降解、农业废弃物的处理与安全回田及污染控制等技术，开展农药残留、兽药残留等有毒有害物质快速检测仪器设备、方法的筛选比对集成化技术研究，并进行大面积示范推广。

3. 优势农产品标准化生产技术集成推广区

建成蔬菜瓜果、小麦、玉米、大豆等主要农作物、棉花、优质饲草以及农业共性监测技术推广基地，运用标准化生产集成技术，严格监测优势农产品产地环境条件，采用优势农产品生产全过程标准化管理服务模式，应用标准化生产技术规程，重点推广水肥合理减量化与精准化利用，病虫草害的生态控制，农药减量化与残留控制，残留农药生物降解，退化农产品生产基地的综合修复，农产品有机废弃物的综合处理等技术，改善优势农产品产地环境，进一步推广农业标准化生产，普及农业标准化知识，健全农产品质量监测体系。

四、平台建设前景展望

建设农业立体污染综合防治技术集成平台，具有显著的公益特点，平台建成后，对推进蔬菜瓜果、小麦、玉米、大豆等主要农作物、棉花以及优质牧草等四大产业的优质高效安全农产品标准化开发，促进农业增效农民增收，实现农业的可持续发展具有十分重要的作用，必将取得显著的社会、经济和生态效益，应用前景将十分广阔。

1. 社会效益

农业立体污染综合防治技术集成平台建成后，通过优势农产品标准化生产技术、农业共性监测技术、服务管理模式的集成示范和推广应用，农产品质量安全防控保障技术贡献率、农产品商品化率、推广区、辐射区产地环境质量防控的科技知识普及率都将显著提高，并将为我国农产品产地质量防控保障提供可借鉴的成套集成技术和示范样板，对落实科学发展观、切实解决“三农”问题和推进社会主义新农村建设起到积极的促进作用。

2. 经济效益

农业生产中化肥农药等的不当使用，造成农产品中有毒有害物质残留量严重超标，直接影响着人类健康和农产品的出口贸易，而农业立体污染综合防治技术集成平台的建成必将有效促进我国农产品生产节本、提质、增效。据估算，如果示范推广约670hm^2，每年即可新增直接经济效益220万元，其中，挽回因污染造成的农产品直接损失20万元，农产品提质增效135万元，化肥、农药减少用量折合经济效益65万元，核心区农民人均年增收约500元，辐射区受益农民人均年增收300元以上。

3. 生态效益

农业立体污染综合防治技术集成平台建成后，通过对蔬菜瓜果、小麦、玉米、大豆等主要农作物、棉花以及优质牧草等四大产业农产品标准化生产技术、农业共性监测技术的集成示范与推广应用，优势农产品产地环境质量将得到显著改善，化肥、农药利用率将提高10%以上，施用量减少20%以上，化肥养分流失量降低30%以上，地下水硝酸盐含量也将显著降低；植物残体等有机废弃物实现综合处理和循环利用，处理与利用率将达到80%左右；农产品中亚硝态氮、农药残留等都将达到国家质量安全标准，为农产品出口提供保障，农产品生产将步入循环经济与可持续发展轨道。

（侯向阳）

农业立体污染综合防治学科建设

人类社会进入21世纪，资源和环境问题成为全球性的重大挑战。随着我国农业、农村经济的迅速发展，不合理的农业增长和农村生活方式导致了我国农业污染越来越严重。国务院发展中心国际技术经济研究所《我国农业污染的现状分析及应对建议》黄皮书指出：“农业污染量已占到全国总污染量（指工业污染、生活污染及农业污染的总和）的1/3～1/2，而且对农产品安全、人体健康乃至农村和农业可持续发展构成严重威胁。”同时，农业污染已呈现出严峻的立体化倾向，形成了包括点源和面源污染在内的水体—土壤—生物—大气各层面直接、复合交叉和循环式的立体污染，危害程度和防治难度大大增加。农业立体污染已构成实现我国食物数量、质量安全和提高农产品市场竞争力的最大障碍，农业污染的防治已成为保障农业健康生产和食品安全的世纪目标。近十来年，随着科技的不断发展，对农业污染的认识从点到面再到立体，防治也逐趋立体式综合防治，并且逐步形成和建立了农业立体污染综合防治学科，开辟了一条有自身特色和优势的高效自主创新之路，以适应科学发展观和创建资源节约型社会的新形势，为建设社会主义新农村服务。

农业立体污染是由中国农业科学院的一批专家经过多年研究于2004年首次提出的新概念，它是指农业生产过程中农药、化肥、饲料添加剂等工业投入品的不合理使用、畜禽粪便和农作物秸秆等废弃物的不合理处置以及工业废弃污染物在农业上的主动利用和被动吸纳、不科学的耕种措施等，所造成的农业系统中水体－土壤－生物－大气立体交叉的污染[1]。农业立体污染综合防治是从传统的农业环境科学的基础上发展演变而来的，同时它也丰富了农业环境科学的实质和内涵，开辟了从微观到宏观不同层面，涵盖水圈、生物圈、土壤圈、大气圈各圈的更为广阔的研究领域。

一、农业环境科学发展状况

随着工业现代化进程的加快，大量工业“三废”直接排入农业环境；集约化农业的发展，大量使用农用化学品；农牧分离和生产专业化，改变了传统的农业生产格局；农业自然资源的不合理地开发利用，使农业生态环境遭到破坏。因此，农业环境污染和生态破坏在20世纪中叶成为全球农业发展面临的一个突出问题[2]。特别是50～60年代，美国、英国、日本等工业发达国家相继出现了马斯河谷烟雾事件、伦敦烟雾事件、富山事件等举世震惊的污染事故[3]；2007年夏季，江苏太湖、安徽巢湖和云南滇池相继暴发大规模蓝藻。所有这些国内外事件大大加深了人们对环境问题的认识。

1. 我国农业环境科学发展状况

我国农业环境科学的兴起是从20世纪70年代初开始的，大体上可分为三个发展阶段。

第一阶段（1970～1978年），这个时期我国农业环保科研工作刚刚起步。科研工作的重点是针对当时我国农业环境和农畜水产品遭受工业“三废”和农药严重污染，开展了污染物、污染源的调查，农业环境和农畜水产品污染状况的调查，农业环境标准的研究制定。第二阶段（1979～1984年），1978年十一届三中全会召开之后，我国农业环保科研工作进入一个较快的发展时期，农业环保科研工作的范围明显扩大，除了继续深入地进行农业环境污染调查和农业环境标准的研制外，科研工作逐渐扩大到农业环境质量监测、农业环境质量评价、污染治理、环境预测和环境规划等方面。第三阶段（1985至今），农业环保科研工作逐渐从污染生态的研究重点，向污染综合防治，农业环境保护，资源合理开发利用，维护和增强农业生态系统功能，提高农业生态系统生产潜力的研究方向转移[2]。

2. 国外农业环境科学发展状况

西方发达国家开展农业环保工作大约从20世纪50年代开始，它是在经历了20世纪50～60年代农业环境污染带来的严重后果后，逐渐地提高了农业环保意识，重视农业环境科研、监测和管理工作。同我国发展情况基本相似，西方发达国家的农业环保科研工作也经历了三个发展阶段。从50～60年代的起步阶段，主要从事污染物、污染源调查、环境质量调查等方面的工作。第二阶段从70年代开始，由于污染源的治理工作取得了一定的成效，研究工作的重点开始转移，基础理论的研究得到加强，研究工作的重点是各种污染物在环境中迁移、转化和降解规律的研究；低浓度污染物生态效应的研究；剂量—反应关系和环境基准值的研究；环境容量和净化机理的研究；农用化学物质安全使用技术的研究；污染防治技术的研究等。第三阶段的研究工作从80年代开始，由于工业点源污染得到了有效的治理，集约化农业生产带来的环境问题愈加明显，全球环境问题更加突出，可持续发展的观点给农业环境科学提出了许多新的重大研究课题。为了适应新形势的需要，西方国家农业环境科学有了较大的发展，科研工作重点明显转移，科研工作的范围不断扩大，对宏观、综合性的研究课题更加重视[2]。

二、我国农业污染现状与防治进展

近年来，随着科技进步和对工业污染治理力度的加大，环境污染逐步由以工业污染为主转变为工业污染、农业污染和生活污染并重的局面。同时，我国部分地区的农业污染逐渐形成了从水体、土壤、生物到大气的立体污染，并成为我国水体富营养化的主要污染源之一。根据《2003年国家环境状况公报》，我国7大水系400多个重点监测断面中，32%的断面水域属IV、V类水质，近30%的断面属劣V类水质。根据《太湖水污染防治“十五”规划》，农业污染对太湖流域主要污染物氨氮的贡献率超过50%；全国受不同程度污染的耕地面积超过2 000万 hm^2，受“三废”和农药污染的耕地约占全国耕地总面积的16%，受酸雨影响的耕地近40%，土壤退化面积约70%；畜禽养殖、水稻种植、肥料施用以及农业秸秆燃烧等活动还向大气中排放大量的温室气体。据估算，2000年农业源排放甲烷占我国甲烷排放总量的80%，排放氧化亚氮占我国氧化亚氮排放总量的90%以上。由此可见，农业污染对人民身体健康和农产品质量安全造成的损失是无法估量的。

农业污染问题引起了党和国家领导人的高度重视，采取了多种措施进行防治。我国先后加入了《生物多样性公约》、《防治荒漠化国际公约》、《气候变化框架公约》、《湿地公约》等重要生态环境保护国际公约，成为国际环境保护大家庭的重要一员。同时开展了《生态建设、环境保护与循环经济科技问题研究》中长期科学与技术发展规划战略研究。有关部门先后组织了生态家园富民工程、滇池流域面源污染治理、太湖水污染控制与水体修复技术及工程示范、国家温室气体排放清单编制、水体污染控制与治理重大科技专项等涉及农业污染防治的项目。同时，20 世纪 80 年代以来，我国通过“973”计划、“863”计划、国家自然科学基金、国家科技攻关计划及科技部专项、农业部专项、人事部专项等科技计划对农业污染防治研究进行了强有力的支持，同时也加强了国际合作，并在全国建立农业污染的防治试点，地方政府高度重视并大力支持。我国农业污染防治研究领域的广大科技人员在调查、监测及防治对策等方面开展了大量的工作，经过长期不懈地努力，取得了丰硕的科研成果，为进一步在农业立体污染综合防治方面实施集成创新战略打下了良好的基础。根据中国农业科学院的统计，全院目前涉及农业资源环境研究的研究所有 30 个，科技人员 2 000 多人，其中农业资源与农业区划研究所、环境与可持续发展研究所、环境保护与监测研究所等研究所成立了专门从事农业污染研究的研究室，共有 10 多个野外台站，承担国家、地方、国际合作等各类课题 250 多项；先后开展了对北方地下水硝酸盐状况大规模调查、太湖和滇池流域农业面源污染调查，建立了包括项目组织、实地调查、资料收集、数据分析、现代信息技术利用等在内的农业污染调查分析技术体系，研发了农业污染有关技术产品，提出了相应的农业污染防治对策。以上种种措施和科学研究对于治理农业污染发挥了明显的作用。中国农业科学院在农业资源环境研究方面共取得成果 117 项，其中获奖成果 89 项，包括国家科技进步奖 12 项、省部级奖 41 项；申请专利 13 项；发表论文及专著共 521 篇，其中国内 477 篇、国外 44 篇。

三、农业立体污染综合防治学科的建立、定义和基本内涵

经过长期努力，西方发达国家在点源污染方面得到逐渐控制和有效治理，非点源污染的防控在国际上得到越来越多的重视。中国非点源污染研究起始于 20 世纪 80 年代，先后进行了湖泊富营养化调查和畜禽废弃物污染研究；在研究方法上，探索了估算非点源污染负荷的“间接方法”和径流试验场法[1]。

在此基础上，中国农业科学院的一批专家经过多年研究于 2004 年首次提出了农业立体污染的概念。与点源污染和非点源污染相比，农业立体污染具有观念上的飞跃，更能反映农业污染综合防治的本质与内涵，有助于进一步整合各部门和各行业现有的涉及农业污染治理的资源、资金、人才、技术，形成一个有利于农产品产地环境建设、食品安全、人体健康、农业循环经济发展和国家环境外交等方面的协调与高效的综合防治平台，有助于人们从系统与整体的角度更好地认识和解决农业污染问题。研究认为，农业立体污染是我国工农业快速发展、国家经济实力快速提升初期的伴生产物。它是由不合理的农业生产方式与人类活动引起的，由农业系统内部引发和外部导入，造成水体—土壤—生物—大气各层面直接、复合交叉和循环式的立体污染，影响农业环境及其生态系统质量受损的过程[1]。

因此，农业立体污染综合防治是研究人类活动对农业环境和农业生态系统影响规律及其保护和改善的科学，它既是环境科学的组成部分，又是农学的一个重要分支，同时还与农业工程学有关。它不仅涉及生态学、环境生物学、环境化学、环境地学、环境工程学、环境经济学及环境管理学等领域，而且与农业资源与环境、植物保护、作物栽培、遗传育种、畜牧兽医、生物科学、农业气象、农业信息技术、农业水利工程及农业经济有密切联系。

四、农业立体污染综合防治的理论、技术和研究领域

农业立体污染综合防治研究，就是在进一步加强农业非点源污染防治和减少温室气体排放研究的同时，尽快全面实施一体化的综合防治理论与技术研究，重点开展主要污染物在水体—土壤—生物—大气系统中迁移规律的研究、农业生产过程中污染物源头阻控新技术和新方法的研究，建立农业立体污染防治技术的诊断与评价方法，为综合防治农业立体污染提供技术支撑。

在技术路线方面，农业立体污染综合防治认为农业系统是涵盖水圈、生物圈、土壤圈、大气圈的、复杂的生态系统，相应地，农业污染是复杂的复合污染，其防治是一项复杂的系统工程。只有有效控制整个农业污染的循环链，打断污染的往复循环和互为因果的各个环节，即采取源头阻断、过程调控和末端治理的综合治理路线才能从根本上解决农业污染问题。

在方法体系方面，农业立体污染综合防治需遵循生态学、系统工程学、环境科学和农业资源利用等学科的原理与方法，应用系统的理论和技术体系，以科学的农业发展观和循环经济的发展思路为指导，从基础科学需求、核心技术支撑和政策、法规、管理保障等3大层面出发，树立“整体－协调－循环－再生”的生态农业理念，构建我国农业立体污染监测与信息网络，摸清农业污染的底数，建立农业立体污染防治平台，整合我国农业污染防治资源，研究关键防治技术，进行农业污染的综合防治[1]。

未来5～10年农业立体污染综合防治的重点研究领域是：充分利用已有农业信息资源，开发建立农业立体污染防治信息系统；农业立体污染的时空变化、迁移机理和阻控对策研究；区域农业立体污染控制技术与模式；农业立体污染与安全指标和评价体系及其预警预报研究；农业立体污染与各圈层间物质循环关系研究；农业立体污染综合防治的政策与法规保障体系研究。

五、加强农业立体污染综合防治学科建设的措施

学科建设的核心旨在学术创新、知识创新、技术创新和管理创新。为了提高农业立体污染综合防治学科建设水平，应当抓好以下两点：一是调整农业环境学科布局结构，构建具有特色的农业立体污染综合防治学科平台；二是集中力量建设具有优势的农业立体污染综合防治重点学科。在此基础上，以重点学科为核心，涵盖环境科学、农学、农业工程学、经济学等学科，形成一个相互联系而且比较稳定的农业立体污染综合防治学科群。

为了加强农业立体污染综合防治学科建设，应当重视以下几点：

重视对国际科技发展规律和我国农业科技创新体系的研究与跟踪。一方面，农业立体污染综合防治学科建设要“与时俱进”。进入21世纪，新科技革命迅猛发展，正孕育着新的重大突破，将深刻地改变经济和社会的面貌。因此，农业立体污染综合防治学科建设要站在时代的前列，以世界眼光，迎接新科技革命带来的机遇和挑战，加强前瞻性研究，大力发展前沿学科、交叉学科和边缘学科。另一方面，农业立体污染综合防治学科建设要“与时俱进”。目前我国正处在计划经济向市场经济转变、传统农业向现代农业转变的时期，正着力构建国家农业科技创新体系，我们一定要加深和拓宽对现代农业内涵的认识。总体上讲，现代农业是一、二、三产业界限模糊的农业，是农业、农村和农民协调发展的农业，是广泛运用生命科技和信息科技的农业[4]，是社会主义新农村建设的着力点和首要任务。相应地，农业立体污染综合防治学科建设必须围绕现代农业的趋势和特点去改革发展，明确建设重点，拓宽建设领域。

重视与重大科研项目和重大科研基地的结合。农业立体污染学科建设应当大力推进产、学、研结合，特别是加强与国家重大科技专项“水体污染控制与治理”等重大科研项目的结合；同时，重视农业立体污染综合防治学科重点实验室、工程中心等国家级科研基地的建立，以重大科研项目和国家级科研基地促进学科的发展。

重视对农业立体污染综合防治学科发展趋势的研究。要遵循农业立体污染综合防治学科发展的基本规律，关注学科发展方向，重视学科发展趋势。同时，进一步深入调研，调整农业立体污染综合防治学科发展战略，凝练学科发展方向，促进农业立体污染综合防治学科的发展。

参考文献

[1] 章力建，朱立志．农业立体污染防治是当前环境保护工作的战略需求．环境保护，2007：36～43.

[2] 中国农业科学院．农业基础科学发展战略．北京：中国农业科技出版社，1993.

[3] 周启星，孙铁珩．土壤－植物系统污染生态学研究与展望．应用生态学报，2004，15（10）：1698～1702.

[4] 童芍素．抓住跨世纪机遇，发展中国高等农业教育．高等农业教育，2000，01：4～8.

（章力建、李建萍、刘建安）

以科研团队协作带动农业立体污染综合防治研究

农业立体污染是由农业系统内部的不合理生产方式所引发、农业系统外部的人类活动所导入，造成水体—土壤—生物—大气各层面直接、复合交叉和循环式的立体污染，影响农业环境及其生态系统质量受损的过程，是我国工农业快速发展、国家经济实力快速提升初期的伴生产物。农业立体污染综合防治是一个新兴的交叉学科，涉及的研究范围较广，其研究工作是一项复杂的系统工程，需要整合各部门、各产业、各层次现有的涉及农业污染治理的资源、资金、人才、技术，形成一个有利于农产品产地环境建设、食品安全、人体健康、农业循环经济发展和国家环境外交等方面的协调、高效的综合防治平台。由于农业立体污染的复杂性、综合性、系统性，决定了其防治研究工作是一项庞大的系统工程。因此，靠单一学科专业的研究，只能解决局部与单项问题，很难从根本上、总体上解决问题，因此，整合相关学科领域的人才资源、科技资源和平台条件，形成跨学科、跨部门、跨单位、跨行业的多学科专业人才协作团队，系统开展我国农业立体污染科学研究，破解相关重大基础科学问题，攻克相关核心技术难关，对从根本上解决我国农业污染问题具有战略和现实意义。

一、农业立体污染综合防治研究组建团队协作的基础与条件

中国农业科学院在全国17个省、市、区有31个直属专业研究所、8个共建和挂靠研究所，其中从事种植业研究的有16个，养殖业10个，经济、环境资源8个，农业工程和高新技术5个。有26个国家和部级重点实验室，12个国家农作物改良中心，31个国家级、部级质量监督检验检测中心，建有全国惟一的国家农作物基因资源与基因改良重大科学工程中心，拥有世界最大的农作物种质资源库——国家种质库，拥有农业藏书世界排名第三的国家农业图书馆。全院有科技人员4 721人，两院院士11人，在职国家级专家8人，省、部级专家151人，政府特殊津贴专家134人，国家“百千万人才工程”人选30人，一级岗位杰出人才43人，二级岗位杰出人才124人，三级岗位杰出人才241人，高级专业技术职务人员1 774人。形成了学科齐全、人才集中、实力雄厚、具有相当规模和创新实力的国家级科研机构，在全国农业重大基础与应用基础、应用研究和高新技术研究方面发挥着解决农业及农村经济发展中基础性、方向性、全局性和关键性的作用，带动了农业重点、前沿、交叉和新兴学科的建设与发展。中国农业科学院具有牵头组织科研团队协同全国范围内从事农业立体污染综合防治研究力量的科研实力。

目前中国农业科学院在农业立体污染防治研究领域从事相关学科研究的研究所有农业资源与农业区划研究所、农业环境与可持续发展研究所、植物保护研究所、畜牧兽医研究所、农田灌溉研究所、环境保护与监测研究所、沼气科学研究所、农产品加工研究所、农业经济与发展研究所和农业信息研究所等。涵盖的学科专业包括资源与环境、生态、动物、微生

物、农艺、经济与法学等多类，并在这些专业研究领域已经开展了卓有成效的研究工作，取得了一些突破性的进展，如：防治与降解新材料技术、废弃物资源化技术、立体污染阻控技术、无害化和污染减量化生产技术、关键工艺与工程配套技术、稻田和棉田立体污染防治实用技术、沼气技术以及经济政策与法规措施等。可以说，中国农业科学院拥有一支具有扎实理论功底和丰富实践经验的农业立体污染综合防治研究的科技人才队伍，具有组成团队开展农业立体污染综合防治研究工作的良好基础，同时具备牵头组织协作攻关，争取重大科研项目，产生重大科技成果的人才实力。

中国农业科学院已于2005年成立了农业立体污染防治与产地环境质量研究中心，提出了科技发展规划，明确了“十一五”的发展目标是：开展科技创新条件和团队整体创新能力建设；研发出一批立体监测与防治的集成技术与高新技术；培育典型农业污染类型区的示范与产业化样板；形成对全国农业污染立体防治规划的能力；组织国内、国际会议，扩大影响力；形成农业立体污染防治科技创新能力。对“十二五”的科技工作进行了规划：建立国家农业立题污染防治与产地环境质量研究中心，推进技术集成与工程化示范；依据国家相关规划，通过技术示范、政策导向与产业化带动，全面推进国家农业立体污染防治工作；达到强化国家农业立体污染防治能力。中国农业科学院专家组与有关省、自治区和直辖市合作，开展了农业立体污染综合防治区域规划研究，编制了《农业立体污染治理和产地环境建设规划》，提出力争5年内在我国形成“一个中心、两个体系、三个能力”，即构建国家农业立体污染防治中心；建立农业立体污染监测网络体系，农业立体污染防治示范体系；提高农业立体污染防治技术支撑能力，农业立体污染治理产业孵化能力和农业立体污染治理政策保障能力等，使我国在农业立体污染防治与产地环境建设技术集成与示范领域整体保持世界先进水平。这些设想为中国农业科学院统领全国科技力量从事农业立体污染综合防治研究指明了方向。

雄厚的科研、人才实力和宏伟的目标规划，为中国农业立体污染综合防治研究工作提供了广阔的空间，同时为组建具有高水平的科技创新团队奠定了基础、搭建了平台。

二、农业立体污染综合防治研究科研创新团队的特点与意义

科研团队是以科学技术研究与开发为内容，由专业理论、知识技能、实践经验互补，为共同的科研目的、科研目标而相互承担责任的科研人员所组成的研究群体。而跨学科科研团队是由不同学科人员组成，从事跨学科领域研究的科研团队。伴随着科学技术的快速发展和试验方法、手段的不断更新，科学研究趋于专门化、深层次，从事科学的人员数量，活动规模、范围空前扩大，人员分工更细。同时，科学研究对象的复杂性越来越高，来自经济和社会发展中的实践问题也常常需要多学科的知识才能够有效地解决，单科孤立发展已经变得越来越困难。科学的发展已经进入“大科学”的时代，为完成一项综合性的科研任务，面对专业化带来的个人知识和技能的有限性，科研人员必须转而应用集体智慧，采取团队的方式，才能取得突破性的成果。许多重大科技成果的产生，是多学科专家形成团队联合攻关的结果。农业立体污染综合防治研究是一个庞大的学科体系，所涉及学科专业的广泛性决定了其团队的特点是一个跨学科领域的科研团队，甚至是多个团队形成的一个跨部门、跨单位、

跨地区、跨行业的兵团大协作。

当前，农业科技正处在加速发展的重要战略机遇期，面对构建创新型国家、全面建设社会主义新农村和发展现代农业的伟大历史任务，必须贯彻落实科学发展观，从构建和谐社会的角度，高度重视生态环境问题，全面加强农业立体污染综合防治的研究工作。通过科研创新团队攻关和大规模的联合协作，实现以下发展目标：创建我国农业立体污染相关理论基础与科学体系，揭示农业立体污染的机理、发生规律和酿灾途径等重大科学规律，形成系统的科学理论，为认识、监测和防治技术研究奠定基础；建立规范化、标准化的农业立体污染定位监测与试验示范基地网络体系，为农业立体污染科学研究长期提供稳定可靠的基础数据与信息，提供科学的技术路线与一体化防治技术的支撑，形成一批具有国际影响力的，拥有自主知识产权的原创性农业废弃物资源化利用与立体污染防治高新技术成果，为构建我国农业立体污染一体化防治技术与政策法规体系提供坚实的支撑。

三、农业立体污染综合防治研究科研创新团队建设的建议

一是以现有的学科基础、科研力量为基础，依托中国农业科学院农业立体污染防治与产地环境质量研究中心，整合农业立体污染防治相关学科的研究力量，在加强各学科专业方向深入研究的同时，开展科研联合协作，逐步形成跨学科、跨部门、跨单位的科技创新团队，开展农业立体污染防治科学研究和学科建设，通过发挥团队的集成优势，提升学科水平，促进学科的交叉融合以及新学科的创建与形成；通过发挥团队的集成优势，增强技术创新能力，提高解决农业立体污染复杂问题的技术和手段；通过发挥团队的集成优势，实施立体污染源头治理、污染链阻控治理和末端污染源治理的“污染链三节”治理，增加农业立体污染治理和学科发展的后劲和开发立体污染防治的原创技术。从而形成农业立体污染综合防治的新理论、新方法、新体系、新技术、新产业。同时以建设国家农业科技创新体系和区域分中心为契机，加强全国相关农业科研机构的协作，促进人才资源、科技资源和平台条件的整合，形成全国一盘棋的局面，开展全国科研大协作，促进我国农业立体污染综合防治工作的全面开展。

二是以科研条件平台为依托。以学科专业研究方向为基础的重点实验室、工程中心等科研平台是科研活动的重要载体，汇聚了科研单位的优势资源，具有良好的科研条件，承担国家、省部级以及国际合作等重大科研项目比较多，学术氛围浓厚，国内外学术交流活跃，具有吸引、培养一流人才、学科带头人以及学术骨干的条件，是科研团队形成、建设与发展的沃土。应加强对现有科研平台的调整和建设，集中优势资源，扩大科研平台的学科覆盖率，使之成为多学科联合研究和跨学科科研团队从事创新活动的孵化期。同时，通过建立农业立体污染监测网络体系、试验与示范体系和一体化防治技术与政策法规体系，实现长期定位监测与预报，为我国农业立体污染综合防治提供科学可靠的信息数据、技术手段支撑和政策法规保障，为农业立体污染综合防治研究工作搭建更加广阔的资源共享平台，为创新活动的开展提供基础条件的支撑。

三是以重大科研项目为纽带，促进农业立体污染综合防治研究创新团队的建设与发展。农业立体污染综合防治研究应以国家重大计划、项目为主要组织形式，集成人才、技术、信

息、知识、能力等创新的相关资源，在一个相对稳定的平台上，确定主攻研究方向，进行联合协同攻关，系统开展农业立体污染学科领域内的重大基础、应用基础、应用科学以及高新技术问题的研究，破解重大科学问题，攻克核心技术难关，实现自主创新突破，取得重大科技成果，从而实现科学技术向先进生产力的转化。通过重大科学项目的实施，吸引和培养引领学科建设与发展的领军型人才和学术骨干人才，形成具有创新活力和持续发展能力的科技创新团队，不断提高我国的农业立体污染综合防治水平，从根本上实现我国农业环境健康、食品安全和可持续发展。

参考文献

[1] 章力建，朱立志．农业立体污染防治是当前环境保护工作的战略需求．环境保护，2007（3）．

[2] 章力建．集成创新是当前农业科技创新的战略需求．农业经济问题，2006（4）．

[3] 陆文明，赵敏祥，蒋来．高校跨学科科研团队建设研究．科技成果纵横，2006（2）．

（赖燕萍）

立体污染综合防治

——农业卷

规划篇

农业立体污染防治专项规划

我国用世界9%的耕地和6%的水资源支撑与养活了全球22%的人口，但付出的环境代价也是沉痛的。农药残留超标，畜禽粪便、秸秆、生活垃圾等产生污染，地下水位下降及水质恶化，温室气体大量排放等，农业污染日益严重，已经危及到我国农产品产地环境安全、食物安全和农民增收，影响到国家可持续发展、人民健康和和谐社会的实现。农业污染防治已经成为国家可持续发展的重大需求，引起了党中央、国务院的高度重视和全社会的广泛关注。同时，农业污染的立体化态势与国际化趋势日渐显现，已经成为当前国际环境领域的重大热点问题。寻求农业污染一体化防治的科学思路与技术对策，对根本性遏制农业污染、保障产地环境质量、确保农产品质量安全、提高农产品国际竞争力和应对来自国际上的各种挑战，具有现实迫切性和深远的战略意义。

一、项目建设的必要性

1. 防治农业污染是国家可持续发展的迫切需求

改革开放以来，我国在水土资源十分紧缺的情况下，通过体制改革，大大提高了农业综合生产能力，实现了主要农产品供给从长期短缺到基本平衡、丰年有余的历史性转变，与此同时，我国农业发展中也出现了许多新问题，其中农业污染问题最为突出。近年来，过分的高投入和不科学的农业生产方式，导致了我国农业污染不断加重和日益复杂，全国已有2/3以上的水域和1/6以上的土地受到不同程度的污染，农药、化肥、有机固体垃圾等污染现象亦相当严重。农业污染对城镇化地区地表水（以太湖流域为例）氨氮的贡献率超过50%，总磷达30%以上；城郊集约化农业种养区地下饮用水硝酸盐严重超标（按国际标准超标45%，按国内标准超标20%），因不合理施肥每年流失纯氮超过1 500万t，直接经济损失约300亿元，农药浪费造成的损失达到150亿元以上。

更为严重的是，我国是目前世界上化肥、农药、混合饲料、地膜等用量最多的国家，畜牧业与农产品加工业正在迅猛发展，农业自身污染的潜力和风险很大。全国绝大多数区域尚没有真正实施平衡施肥和科学用药，肥药的利用率仅30%～40%，远低于发达国家的水平。同时，我国也是有机废弃物产出量最大的国家，每年大约有40亿t。其中，畜禽粪便排放量近30亿t，全国80%以上的规模化畜禽养殖场未经过环境影响评价，60%的养殖场缺乏必要的污染防治措施；农作物秸秆7.2亿t，约有1/5作物秸秆被无谓焚烧或遗弃；城市生活垃圾2亿t，城市污泥0.2亿t，畜产品加工厂废弃物0.6亿～0.7亿t，农膜残留量高达45kg/hm^2左右；每年污水排放量约350亿t，约80%不经任何处理直接进入水域和农田，产生新的污染。同时，集约化农业正在成为温室气体排放的新源头，2000年我国农业源排放甲烷占全国排放总量的80%，氧化亚氮占90%以上。总之，随着我国农业生产集约化水平的提高，大量的臭气、挥发物、焚烧物、有毒物和氮磷等养分流失于土壤、水体、大气和生物体，并在其间转化、迁移、富集，甚至再生，对生态系统产生循环污染，对农产品质量和农民增收产生了长远的影响，严重影响农村环境卫生状况，成为爆发性、传染性疫病传播流行的重要根源。显然，开展农业污染防治不仅是新时期改善农产品产地环境质量和农村、农民生活条件的迫切需要，而且是建设资源节约型新农村、推动发展农业循环经济和实现和谐社会的重要内容，是国家可持续发展的迫切需求。

2. 农业污染表现出复合交叉、时空延伸的立体污染特征，引起了国际性关注

当前农业污染有以下几个特点：第一，农业污染物种类增多，污染面积呈现扩大趋势。污染物不仅包括农药化肥污染、重金属污染，还包括大量的废弃秸秆、塑料薄膜、城乡废弃物等，近年集约化养殖场畜禽粪便污染已经成为我国当代农业的污染大户，集约化种植业也正在变成我国农业污染的重要来源渠道之一，而且在温室气体排放中的作用也日渐显露。第二，工业城市等污染源虽仍较严重，但正在得到治理，大范围而言，污染源逐步由工业为主与工农并重，向以农业为主转变，同时城镇工业与生活污染物进一步向农村转移，农业产地生态系统已经成为最广阔、最直接的受害者。第三，农业污染逐步由简单走向复杂，在表现上逐步由“点源”、“面源”特征走向“立体”特征，由隐性走向显性。污染物在土壤、水体、大气中残留、积累，并通过物质循环进入作物、畜禽和水生动植物体内，进一步通过食物链在“大气－水体－土壤－作物－人畜”系统循环传递，对畜禽、人体和大范围生态演变构成危害。近年来我国不断发生的急性发作食物中毒事件，以及畜禽水产品中的抗生素、激素、重金属污染等问题，已引起了人们对污染链造成食品安全问题的不安。第四，大气、水域等污染的无限制扩张，已经成为国际社会关注的重大问题，污染问题的国际化倾向日渐显露。第五，农业污染治理的难度不断加大。

国外发达国家已经初步建立起了一整套农业污染防治体系，在监测、研究、示范工程、立法、规范管理等方面，均值得我国借鉴。

发达国家对农业污染问题的关注始于20世纪70年代。英国、美国、德国、日本等国学者对土壤、灌溉水、大气、生物等环境质量与农产品质量的关系进行了一系列研究，并同时分析了施肥、耕作等农业措施对农产品质量的影响。欧美等发达国家对环境质量较差的耕地实行休耕或改变利用方式，先后出台了产地环境质量标准，加强了对农产品质量的监测，同时对化肥、农药等农用化学品的使用作了严格的限制，并且保证其达到所要求的品质。以美国为首，提出了HACCP（风险分析与关键控制点）体系，在生产领域推行了GMP（良好操作规范）模式，都把产地环境和生产过程污染作为控制的重点对象，将主要农产品的销售、用途等与产地环境密切挂钩，使农产品质量的风险降低到最低程度。在污染治理上，主要采取了多种替代技术，如农田最佳养分管理，实施安全型的有机农业、生态农业和保护性耕作等，实施了限定性农业技术标准，规定了肥料类型、施肥期、施肥方法、畜禽场的农田和化粪池的最低面积或容积配额、轮作类型等。美国的“最佳管理措施”（BMPs）起源于20世纪70年代，发展于80年代，采用多种措施组合解决点源污染问题，目前各州政府已经制定了详细的规则与办法，组建了污染监测与管理机构；2000年EU颁布了《水框架法规》（EU

Framework Water Directives），启动了流域管理计划，2009 年完成，要求建立足够的监测点，和采取相应措施，控制污染对水体的影响；德国、法国、荷兰、丹麦等国在尝试“Cooperative Agreements”，自下而上地动员各种力量参与到农业径流污染控制中；日本正在推广的众多技术都是环保型的，其中不乏其污染治理的内容。

3. 改变传统的农业治污模式，必须用新思路与新技术应对农业污染问题

我国对农业污染和产地环境问题认识和研究起步较晚。20 世纪 80 年代以来，农业污染问题逐步得到关注，80 年代中后期着重于研究和解决城市与工业引起的点源污染问题。90 年代以后，随着农业商品化和市场化发展，对农业引起的面源污染问题才得到重视，在编制的“全国生态环境保护纲要”明确提出要加强农业污染防治工作。国内一些学者借鉴国外非点源污染（non-point source pollution）的概念，提出了面源污染的概念，着重开展了土壤、水体、现代养殖场污染等研究与治理工作，提出了平衡施肥理论和技术、生物性绿色农药理论和技术、农田温室气体减排理论和技术等。至 2004 年，我国加入了《生物多样性公约》、《防治荒漠化国际公约》、《气候变化框架公约》、《湿地公约》等重要的生态环境保护国际公约，已成为国际环境保护大家庭的重要一员。同时多次召开了全国农业污染防治与环境建设学术研讨会，为农业污染防治和产地环境建设奠定了较好的基础。

但是，我国对农业污染问题还缺乏从立体交叉与时空延伸的角度进行监测、研究与治理。现有的环境污染防治体系仅仅单独针对主要河流或水体、大气和土壤等进行污染监测，而且侧重于以工业排放和城市排放为核心的污染监测，远没有涉及复杂的农业立体污染问题，没有从源头、生产过程和末段等开展全程监测部署，尤其是对农业生产过程中的有机废弃物和排放的有害温室气体等缺乏必要的监控。与发达国家相比，我国农业污染防治仍然处于现状不清、空间格局不明、集成技术缺乏和保障体系疲软等状态，并成为农业污染治理和产地环境保护的瓶颈问题。具体表现在：第一，系统的科学理论与总体治理思路尚未建立，规范化、标准化的农业污染国家监测网络尚未形成，基础数据与信息匮乏，实践中缺乏科学的技术路线与一体化防治技术的支撑，近年的治理在策略与技术方面仍存在很多问题，整体表现为末端控制多，源头与过程控制少，“点”、“源”治理考虑多，系统与“立体”治理思考少。第二，由于农业污染的高度综合性，目前传统“点”、“面”源污染防治思路已无法解决复杂的“立体化”农业污染问题，对水体、土壤和大气的单方面研究已经远远不能有效解决农业污染问题，必须引入与应用新的系统理论和技术体系。可以说，我国农业污染防治与产地环境建设面临着从认识、政策、法规、管理到技术、理论、监测、示范等一系列难题，时代呼唤新的思路与对策来应对农业污染问题。

自从 2004 年末我国科学家提出农业立体污染防治的新观念以来，得到中国政府和科技界、UNEP、EU、世界银行等国际组织的广为关注。农业立体污染防治的新理念、新思路很快得到认同，立体防治理论正在成为农业环境研究领域的重要国际前沿，立体防治的思路也正在成为农业污染防治的发展趋向。农业污染表现出的复合交叉与时空延伸特征正在被揭示，传统“点源”、“面源”污染防治思路与技术正在融入到“立体化”农业污染防治体系当中。

4. 开展农业污染立体化监测、技术集成和防治示范是推进我国农业立体污染防治的基本途径

环境污染治理已经成为全球发展的共同需求，成为当代经济可持续发展的最大热点之一。世纪之交，我国不少有识之士针对农业污染越来越严重的现实，提出推进农业循环经济的发展，彻底解决常规农业发展中的环境污染与资源低效利用问题。目前，发展循环经济的试点工作已经启动，显然，构建我国农业立体污染监测与防治示范体系，建立污染监测评价网络和政策法规保障体系，并强化对各种技术的示范力度，一定会大踏步推进农业污染减量化技术、废弃物的资源化技术、污染治理技术等的应用，迅速解除相关技术短缺的制约，为我国农业循环经济的发展提供坚实的技术集成与示范样板，从根本上解决我国农业污染与产地环境质量问题，进而推进我国农业的可持续发展，提高农民生产收益。

农业立体污染防治是一个新理念，系统的科学理论正在建立，集成化、规范化和标准化防治模式示范体系远未建立，国家监测网络尚未形成；同时，农业污染防治属于公益性事业，具有明显的社会和生态效益，必须依托国家财政的大力支持；方能强化农业污染立体监测与防治技术研发，构建国家层面的农业污染监测网络体系与示范工程体系，是推进我国农业立体污染防治的基本途径。

二、项目建设的可行性

1. 防治农业污染顺应环境外交，政府高度重视，项目建设政治环境良好

农业污染已经成为我国工业污染之后的新的正在升级的污染源，农产品产地环境问题已经成为制约我国农业可持续发展与解决“三农”问题的重大瓶颈。我国已经加入了《生物多样性公约》、《防治荒漠化国际公约》、《气候变化框架公约》、《湿地公约》等重要的生态环境保护国际公约，已经开始也必须履行国际环境保护的重要职责，我国必将与国际组织和其他国家通力合作，对农业污染与产地环境进行控制，这是大势所趋。

党中央和国务院多次做出重要指示，要求农业部门采取有效措施，防治农业污染。在国务院批复的重点流域水污染防治计划中明确提出：农业部指导并监督实施包括畜禽养殖和水产养殖在内的农业污染控制。进一步摸清农业污染底数，开展污染防治研究和政策指导，制定计划并组织实施。治理农业污染，资源化利用粪便、污水、垃圾、秸秆等生产、生活废弃物，改善生产、生活条件，引导广大农民走生产发展、生活富裕、生态良好的文明发展道路，是贯彻落实科学发展观、发展循环经济和建设资源节约型新农村的重要途径。

2. 项目具备较好的技术基础

我国在农业污染监测、技术试点示范等方面，已经开展了卓有成效的工作，就全国的基本农田和主要水体环境质量等开展了常规监测和污染调查工作，积累了一定监测工作基础。并在研究和总结各地实践经验的基础上，初步集成了一系列适合不同区域的农业污染防治重大技术和模式。

在农业污染治理的相关研究领域已经开展了大量研究工作，尤其是在水土流失治理、污水处理与利用、废弃物的沼气化处理、生态农业技术、点源污染控制技术、农田综合整治技术等领域，已经取得了大批研究成果，一些技术正在农业环境治理中发挥着重要作用。

从中国农业科学院近些年的科学研究与示范推广工作来看，围绕农业环境与资源利用问题，在有害物残留调查、劣质水高效利用、酸沉降临界负荷、污染土壤修复、现代化养殖场废弃物综合利用、沼气工程、温室气体排放、土壤碳排放、农业生产环境调控技术、环境有害物质快速检测技术、农药污染控制技术、畜禽规模化养殖环境工程技术、生物农药、生物肥料、生物制剂、病虫草害的生物防治、耕地污染监测、温室生态环境自动监测、农药多残留快速检测、产品污染监测网络与数据库、农业产地环境监测等领域开展了大量的科学研究工作。先后承担资源环境领域的国家攻关、国家“973”、国家“863”、国家自然科学基金、重大国际合作等相关项目150余项，取得了百余项专利，近5年来各相关实验室共发表论文1 000余篇，其中被SCI收录100余篇，在农业环境控制与农业生态安全等研究中形成了较高的国际影响力。

3. 项目具有良好的实施条件

近年来，中国农业科学院研制开发了一系列较为成熟的人畜粪便、生活垃圾和污水、秸秆处理工艺与配套设备，并制定了相关的技术标准和施工规范，为本项目的实施提供了有效的技术与设备支持。同时，通过不断优化重组，使农业生态、土壤、肥料、水资源利用与节水农业、生物防治、农业环境控制、农业污染防治、废弃物利用、农业环境工程、气候变化、农业减灾、农业数字遥感等学科，初步形成了以农业水、土、气候变化等为核心的资源环境学科体系和人才队伍。

中国农业科学院作为国家级农业科研机构，担负着全国农业资源环境科学领域若干重大基础与应用基础、应用研究和高新技术产业开发研究的任务。全院40个研究所（中心）中，环境、资源、农业工程与经济类达9个，骨干科技人员达到400名以上。多年来，在开展农业资源环境科学领域的若干基础性、全局性、关键性重大科技问题研究，以及科技兴农、培养高层次科研人才、开展国内外农业科技交流与合作等方面发挥着重要的作用。目前拥有多个国家、部重点实验室如“农业环境与气候变化重点开放实验室”、“生物防治重点开放实验室”、“植物营养与养分循环重点开发实验室”、“农业数字遥感与信息重点开放实验室”、“国家化肥质量监督检验测试中心”、“微生物肥料质量监督检验与测试中心”、“国家土壤肥力与肥料效益长期监测基地网”等，另外在土壤、土壤生物、作物与营养、生态环境管理等方面建设有一大批野外试验台站或基地。在资源环境科学实验领域已经装备一批在国际上比较先进的仪器设备和大中型的生态环境模拟设备，具有开展大范围、高层面农业资源环境科学研究的实验条件。

三、指导思想、原则、目标和总体思路

1. 指导思想

从我国农业立体污染防治的实际需要出发，以党中央、国务院提出的国家可持续发展战略和生态环境规划为依据，以发展循环经济和建立节约型社会理念为指导，以实现农产品品质量安全和建设高效节约型农业为目标，积极落实科学发展观，贯彻源头治理、全程防控的策略，在国家科学规划和统一部署下，通过组建监测、防治技术研发与示范体系，建立我国农业立体污染科学防治体系，按区域、分步骤、突出重点、部门协同，经过不懈努力，根本性遏制我国农业污染的势头，实现我国生产与生态的良性循环和农业与农村的环境优美，为保障我国食品安全、人民身体健康和农业可持续发展奠定夯实的基础。

2. 基本原则

（1）实事求是，坚持科学防治

继工业和生活污染初步得到控制之后，我国农业污染问题已经成为关注的焦点。农业污染的立体化态势、国际化趋势和农业环境总体恶化的事实日渐显露，循环迁移、复合交叉和时空延伸等特征逐渐突出，我国农业环境质量建设面临严峻挑战。在农业污染防治中，我们需要高度重视的姿态，但另一方面也不应人为扩大或渲染事态，要在科学调研、监测的基础上，摸清本底，科学规划，突出重点，分步推进。

（2）以防为主，“预防”、“治理”和“生产”相结合

历史表明，治理污染的代价是十分昂贵的，但治理是必要的，而仅仅“补漏”是远远不够的。面对农业污染防治这样一项非常复杂的系统工程，必须首先在源头上采取预防对策，以防患于未然，这是既高效又有效的策略。同时，考虑到我国的国情，要把防治与生产相结合，把预防贯穿在整个生产过程中。

（3）树立全局观，实施区域联合与部门协作

多年来，我国农业、水利、水保、环保、林业等部门在农业污染治理上，均开展的大量工作，但部门分割、协作不力的现象时有发生，加上我国农业区类复杂，污染类型与状况各异，必须站在国家全局和长远发展的高度，树立大局观，推进部门协作和区域联合，才能有效提高农业污染防治的效果。

（4）立体监测、立体防治技术集成与示范相结合

与发达国家相比，我国开展农业污染研究与治理起步相对较晚，立体监测与技术集成体系尚未形成，一方面对污染复杂性、规律性的认识正在不断深化，因此必须尽快强化建设相关监测与技术研发体系。另一方面，我国农业污染的现状已经相当严峻，防治十分迫切，任务非常艰巨，必须在研发防治技术的同时，尽快建立示范与推广体系，以最大程度地做好我国农业立体污染防治工作。

（5）统筹规划，分类指导，典型引路，整体推进

按照我国区域农业污染防治的实际需要，科学布局，统筹安排，因地制宜地推进立体监

测、技术集成与示范工作，建立一批农业立体污染防治示范基地。通过典型带动，以点带面，积极推进建设规模和范围，推进我国农业立体污染防治工作的全面展开。

3. 项目目标

（1）总体目标

本项目通过改建农业立体污染监测网络体系、组建由16个不同类型基地组成的示范体系和一个农业立体污染防治国家中心，提升现有农业生态环境实验站的监测能力，初步形成我国在农业立体污染防治中的技术集成与创新能力、技术示范带动产业孵化能力、人才培养与技术服务能力等，构建起集监测、技术集成、防治示范与人才培养于一体的我国农业立体污染防治体系，为我国乃至于世界农业污染防治和产地环境质量培育提供示范样板。用10年左右的时间，实现我国农业立体污染防治的科学化和规范化，使农业立体污染态势基本得到遏制，整体防治水平处于国际先进；使我国农业产地环境整体质量明显改善，提升我国农业污染防治与绿色环保新产业的发展，使环境友好型产业成为农业经济的主体；大大提升我国农产品的国际竞争力，促进农业的规范化、高效化和国际化，推进“三农”问题的解决和国家可持续发展战略的实现。项目总体目标及其内在联系如图1。

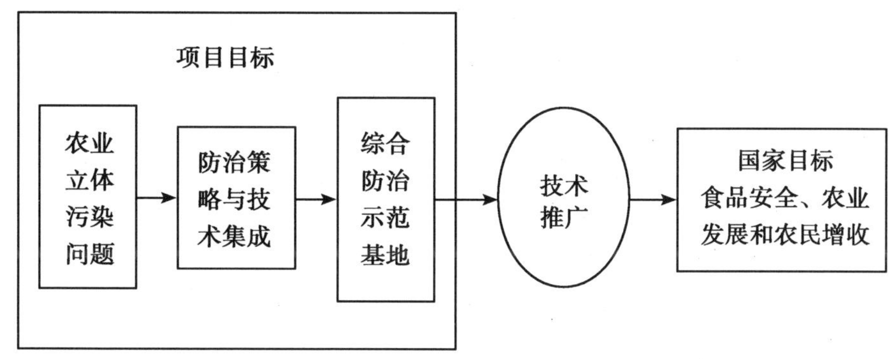

图1 项目总体目标及其内在联系

（2）具体目标

①完善相应监测与试验设施条件和农业立体污染防治国家中心的全国统筹能力，推动我国农业立体污染防治技术集成化和农业自洁式生产，实施农业立体污染时空动态监测，开展全国农业立体污染防治示范与人才培训。

②初步建成我国农业立体污染监测网络，构建主要农业区主要污染类型监测点2 000个以上，并开展水、土、气和生物污染时空动态监测，定期向国家有关部门提供农业立体污染动态监测评价报告和我国农业立体污染与产地环境质量蓝皮书。

③研发农业立体污染防治支撑技术及其规范，提出农业立体污染防治关键技术50套以上，构建我国农业立体污染综合防治技术体系。

④在全国农业主产区建成15个不同类型的农业立体污染防治示范样板，展示规范化的农业立体污染防治技术示范模式50个以上，示范总面积达到2万 hm^2 以上。重点示范区化肥、农药流失量减少50%以上，使集约化农区地下水硝酸盐污染基本得到控制，80%以上

大中型畜禽场废弃物实现资源化利用和无污染排放，整体使示范区农业产地环境质量比治理前改善提高1~2个等级。

⑤研发农业绿色环保新材料、新设备、新产品100个（套、件）以上，催化与培育100个废弃物资源化作业场或企业，扶持100个源头与过程农业污染治理绿色环保企业，为我国农业污染防治示范体系的形成和产业培育提供技术支撑。

⑥推动我国农业污染领域的人才培养和服务能力建设。培养各类立体污染监测和防治技术人才2 000名以上（其中，研究生100名以上），培训农民1 000万人次以上，发表有关科普读物、技术示范性图书等30套以上。

4. 总体思路与技术路线

（1）总体思路

针对我国农业立体污染特征，开展科学布点和时空动态监测，从源头控制、过程阻断、末端治理等思路出发，开展农业污染监测、防治技术集成与类型示范，沿着“监测评价→技术集成→基地示范→辐射推广”的序列，分步实现项目目标。

（2）技术路线

项目实施的技术路线为：在国家财政专项支持下，按照项目方案，组建农业污染防治国家中心，并以此为依托，开展农业立体污染防治技术集成与保障体系构建；完善与构建农业立体污染监测评价网络体系，并以2 000个立体化监测点为依托，通过仪器监测、取样、调研、实验室测试和空间分析等，开展农业立体污染监测与评价；组建农业立体污染防治技术示范体系，以16个示范基地为依托，开展我国农业立体污染防治技术示范，形成若干模式的示范样板，并有组织开展农民人才培训；选择集约化种植、养殖、加工和土壤、水体污染等重点污染类型，开展环保型产业培育与示范，带动区域良性发展。技术路线参见图2。

（3）经费概算

本规划，共需农业财政专项资金5.2亿元。其中农业立体污染监测资金1.0亿元，农业立体污染防治支撑技术集成1.0亿元，农业立体污染防治技术示范1.6亿元，能力建设资金1.0亿元，监督管理、宣传培训、技术交流等0.6亿元。

四、项目内容与规模

农业立体污染防治专项主要有农业立体污染监测、农业立体污染防治技术集成、技术示范与能力建设4个方面的内容。

1. 农业立体污染监测

针对农业立体污染的现状和立体化的特点，以我国粮食主产区流域为重点，开展农业立体污染链监测。重点在我国长江、黄河、珠江流域和太湖等主要湖区、三峡库区以及北方集约化农区等类型区，设置定位监测点2 000个，监测面积50万 hm^2。

主要监测内容包括：

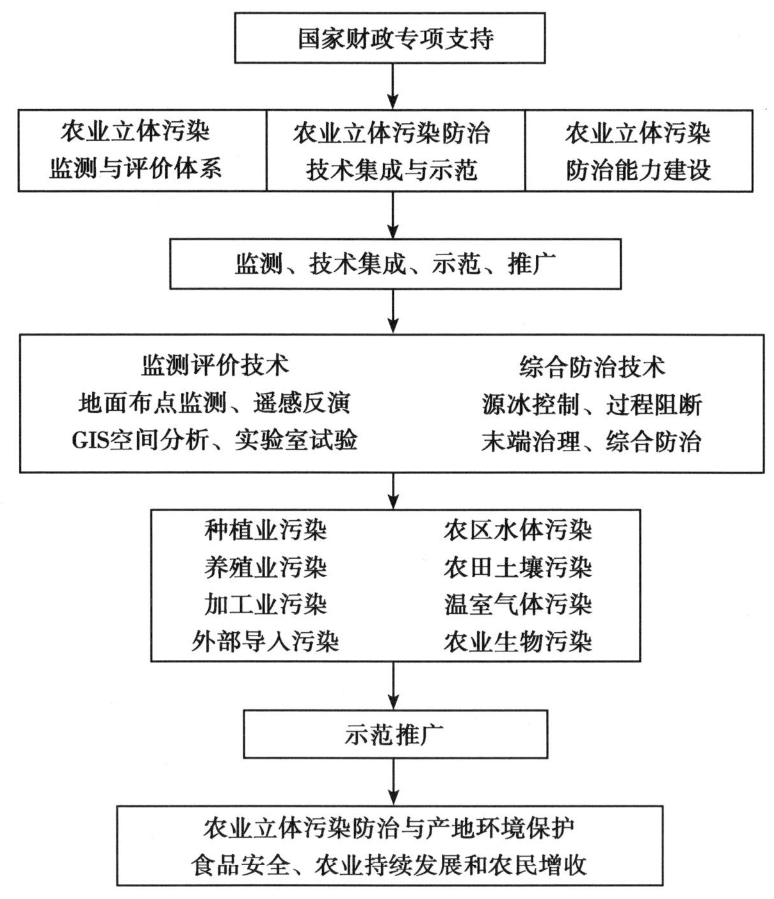

图 2　农业立体污染防治专项技术路线图示

（1）农区水环境监测

在监测区域布点建立农业水环境动态监测体系。对农区主要水体（包括地下水、地表水和灌溉用水）开展监测，测定各种有害成分含量及其时空动态，重点是硝酸盐含量、氮磷养分含量、各类农药（包括激素类）含量、重金属含量、化学耗氧量（COD）、BOD、其他有机污物含量等，查清农区主要水体污染源头，分析污染过程，评价水体污染对农业生产的影响和对生态环境的影响，研究以农业生产系统为核心的农区立体污染防治策略和清洁技术方法。

（2）农田土壤环境监测

在监测区域选择典型农田地块布点建立农田土壤环境污染监测体系。主要监测农业主产区农田土壤有害物质含量，尤其是农药类污染物、农膜等固液体废弃物、重金属（Hg、Cd、As、Cr、Pb 等）、氮磷钾养分平衡、土壤氧化还原电位与污染物环境容量，分析污染过程，评价农田土壤污染对农业生产的影响和对生态环境的影响，研究农田土壤污染防治策略和修复技术措施。

（3）农业源排放污染气体监测

选择典型集约化区域布点建立农业源排放污染气体监测体系。主要监测农业生产过程中排放的各类有害物质对大气环境的污染，尤其是 CH_4、CO_2、SO_2、氮氧化物等温室气体排放数量时空动态，分析评价农业气体污染对生态环境的影响，研究减少农业有害气体排放的技术措施和环保生产技术。

（4）农业生物污染监测

选择典型农区布点建立农业生物污染监测体系。主要监测农区生物多样性，尤其是与农业生产有密切关联的有益和有害生物种类（植物、昆虫和主要微生物）数量时空分布，分析评价农业立体污染与农区生物多样性以及农业病害之间的相互关系，研究农区生物多样性和特殊物种对农业立体污染防治的作用，尤其是对农田重有害物质降解与吸收以及对固氮增产的作用，完善农业重大疫情与病虫害防治策略。

（5）农产品污染监测

选择典型农区布点建立农产品污染监测体系。主要监测各地区主要农产品的有害物质含量，评价农产品食用安全，分析农产品有害物质的来源，研究农产品质量与农业产地环境之间的关系，完善农业安全生产和产地环境保护的重点防治对策。

2. 农业立体污染防治支撑技术集成

农业立体污染防治支撑技术主要包括农业污染立体化监测技术研发、立体防治技术集成以及农业污染防治补偿机制优化等三个内容。

（1）农业立体污染链监测技术研发

农业污染立体化监测技术主要包括 3 个方面内容：①农业污染源快速识别与诊断技术。针对我国农业污染物种类与时空发生特征，开展快速识别与诊断污染源技术。②农业污染时空定位监测技术。根据我国农业污染在“水－土－气－生物”系统转移与循环特征，研究遥感技术、地理信息系统和空间分析技术在农业污染监测评价中的应用，确定监测的适宜时间和空间布点。③农业污染预警与评价方法，运用区域数值模拟与空间分析，辨别警源、警情、警兆，对主要污染物的发生与发展时空趋势进行预警分析，提出评价报告。

到 2015 年，完成农业立体污染源快速识别与诊断、农业立体污染时空定位监测和农业立体污染预警与评价方法等三类 50 项技术的研发，基本建立农业立体污染监测预警技术体系。

2011 年，重点完成农业立体污染源快速识别与诊断、农业立体污染时空定位监测和农业立体污染预警与评价方法等三类 10 项关键技术的研发。

（2）农业立体污染防治技术集成

农业立体污染防治技术集成主要包括：①源头阻断技术，主要包括作物无害化洁净生产、低排放现代畜禽养殖生产、安全低排放现代农产品加工等技术集成与示范。②过程控制技术，主要包括污染过程的生物多级阻断与控制、生产过程中水肥污染的理化调控、污染链关键节点碳氮流量控制、生产过程废弃物的循环利用等技术集成与示范。③末端治理技术，主要包括残留农药的生物降解技术、北方农田残留塑膜的机械化回收与处理技术、现代化养殖场生物除臭与污染控制技术、土壤重金属钝化等技术集成与示范。

到2015年，完成源头控制、过程阻断和末端治理综合防治等三大类100项立体防治技术的集成，基本建立全过程的农业立体污染防治技术体系。

2011年，重点完成源头阻断、过程控制和末端治理治等20项立体防治关键技术的集成。

（3）农业立体污染防治补偿机制优化

在充分调研欧盟和美国等生态补偿机制建设现状的基础上，探索建立适合中国国情的农业污染防治补偿机制。依据最低激励原则、成本补偿原则和收入补偿原则，选择农业污染敏感区或高风险区，建立污染防治生态补偿示范基地。在充分调研基础上，了解可以调动农民积极性，自觉采用污染控制技术的最低补偿；研究采用不同生态友好技术后农业生产成本变化，提出成本补偿额度；在采用生态友好型农作技术的前提下，综合评价各类污染风险区的经济和环境效应，重点补偿重度污染风险区和中轻度污染风险区；分类确定不同风险区污染防治补偿范围、补偿额度，建立补偿指标体系和监督管理制度。

到2015年在全国不同类型地区建立50个农业污染防治补偿示范基地。2011年在重点区域建立10个农业污染防治补偿示范基地。

3. 农业立体污染防治技术示范

根据我国不同农业区域“水体－土壤－大气－生物”系统的立体污染的特征和针对产地环境的突出问题，选择全国代表性农产品主产区，建设15个示范基地，重点示范“集约化种植业区农业立体污染”、“现代化养殖业立体污染”、“高污染加工业农业立体污染”等各类防治技术，开展农业立体污染防治技术示范和农民人才培训等，初步形成我国农业立体污染技术示范体系。

（1）首都水环境与观光农业区立体污染防治技术示范

采用生态涵养为主的方法，重点防控入库水质持续恶化问题，开展首都水环境与观光农业立体污染防治技术示范。

（2）东北老区种养加与工业污染防治技术示范

采用源头阻断（防阻与资源化利用技术）为主的方法，重点实施绿色生产，开展种养加与工业污染防治技术示范。

（3）绿洲农业加工业污染防治与减量生产技术示范

采用污染源头控制和绿洲农业保护性生产为主的方法，重点保护绿洲区农田环境质量，开展加工业污染防治与减量化生产技术示范。

（4）黄河中上游集约化种植业养分流失控制与入河水体净化技术示范

采用农业生产过程控制为主的方法，重点保护黄河水体水质和中下游地区农业生产，开展集约化种植业养分流失控制与入河水体净化技术示范。

（5）黄河中下游种养加污染防治与入河水体净化技术示范

采用该集约化种植业、养殖业、加工业联合控制的方法，重点保护黄河水质，开展种养加污染防治与入河水体净化技术示范。

（6）黄河入海口种植业与水产养殖污染防治技术示范

采用污染源头和过程联合控制为主的方法，重点保护黄河入海口三角洲湿地，开展集约化种植业与水产养殖污染防治技术示范。

（7）长江中上游种养加与三峡库区水环境污染防治技术示范

采用种植、养殖生产过程中立体污染防治新模式，重点保护三峡库区水环境，开展种养加与污染防治技术示范。

（8）长江中游集约化农业污染防治与水环境净化技术示范

采用新型集约化种植业、养殖业联合控制污染的方法，重点控制水体富营养化和水环境污染问题，开展集约化农业污染防治与水环境净化技术示范。

（9）长江下游种养加及小城镇污染与水环境净化技术示范

采用控制种养加及小城镇过速发展造成污染的方法，重点保护长江三角洲水环境的问题，开展种养加及小城镇污染与水环境净化技术示范。

（10）长江入海口洁净生产与生态保护技术示范

采用以防为主的方法，重点保护生态环境和防治生态退化问题，开展长江入海口洁净生产与生态保护技术示范。

（11）沿海集约化种植养殖业污染防治与出口型蔬菜洁净生产技术示范

采用绿色生产与过程控制的方法，重点保护农产品产地环境质量，开展沿海集约化种植养殖业污染防治与出口型蔬菜洁净生产技术示范。

（12）珠江三角洲农业综合污染防治与水环境安全技术示范

采用农业环境污染来源（外源与内源）控制的方法，重点解决保护珠江三角洲现代化农业发展中自身污染问题，开展农业综合污染防治与水环境安全技术示范。

（13）亚热带江河源头集约化花卉林木无害化生产技术示范

采用生态保护和控制林材加工业新污染源的方法，重点解决农业水环境安全问题，开展江河源头集约化花卉林木无害化生产技术示范。

（14）高污染加工业污染一体化防控技术示范

采用工农业污染源联合控制的方法，重点解决从甘蔗种植到加工处理系统生产中的污染问题，开展以制糖业为主的高污染加工业污染一体化防控技术示范。

（15）西南部高原农业污染防治循环经济模式与技术示范

采用资源化利用、发展良性农业循环经济模式为主的方法，重点解决无害化生产与集约化畜禽业污染问题，开展农业污染防治循环经济模式与技术示范。

4. 能力建设

能力建设包括完善与改造农业立体污染防治国家中心实验室、15 个立体污染防治技术示范基地、农业立体污染监测网络等相关的监测、科研设施条件和政策保障体系等。

（1）农业立体污染防治科研设施与条件改善

农业立体污染防治科研设施与条件改善的重点是改造现有的相关实验室和购置设备，增强农业污染防治科研基础设施和条件，提高农业污染科技支撑能力。主要包括 10 类实验室：农业污染物测试与分析实验室、农业污染时空定位监测与空间信息数据库实验室、农业水污染防治与污染模拟实验室、农业生态实验室、重金属污染防治实验室、农产品污染与防治实验室、农业温室气体污染防治实验室、农药与肥料污染控制实验室、农业废弃物资源化利用实验室、农业污染防治新材料与新产品研发实验室等，总改装面积 3 000m^2。

2011 年重点改建 5 个重点农业污染立体防治实验室，总改装面积 2 000m^2。

（2）农业立体污染监测网络更新改造

依托现有的农业环境监测体系，通过添置必要的监测仪器设备、野外采样设备、信息传输设备等，结合 15 个示范基点和我国农业环境监测的已有基础，布设 2 000 个监测点，完善并提高立体化监测水平与预警能力。

2011 年重点对长江、黄河、珠江流域和太湖、三峡库区、东北地区等重点区域的 15 个示范基地的监测设施等进行配备和完善。

（3）示范基地条件更新改造

重点针对代表性农产品主产区的集约化种植业、养殖业、高污染加工业等农业污染问题，完善和建设 15 个示范基地，配备基本的监测、示范与工作条件，开展农业立体污染技术示范和农民人才培训等。

（4）保障体系建设

重点培育我国农业立体污染防治产业的发展，建立相应的农业政策保障体系，重点开展：

①废弃物资源化与循环利用产业技术研发。主要包括以集约化畜禽养殖场有机废弃物资源化技术集成，农产品加工企业尤其是糖厂废弃物循环利用技术集成，减少污染的农村生态发展模式（如种养与能源结合模式）示范技术与推广。

②新材料、新产品和新设备研发。主要包括环境友好型农用新产品新设备研发和中试，如低毒高效农药、农业投入品的生物替代材料、光敏农膜、土壤调理剂、环境在线监测设备、生物质能系列设备、设施环境在线控制设备等。

③农业立体污染防治政策保障。主要包括与农业立体污染防治、绿色农业和产地环境保护有关的优惠政策和扶持措施研究。例如，农业污染防治中的循环经济政策、以绿色 GDP 增长和环境恢复为基础的污染防治补偿机制建设与管理制度完善等研究。

五、效益分析

本项目属于社会公益类项目，效益主要体现在环境效益和社会效益两个方面。预期效益主要表现在以下几个方面：

1. 实质性推进与带动我国农业污染防治科学研究水平

项目将构建我国农业污染防治的国际化平台，运用农业立体污染防治的新观念、新思路，拓展农业污染领域的重大基础科学问题与关键技术研究。同时，本项目的实施将在较大范围促进对农业资源环境学科集群、研究条件和相关成果整合，整体推进我国农业污染科学防治的进步。

2. 农业产地环境的大幅度改善

依托项目建成的研发与示范平台，按照区域农业污染的特征，通过针对性示范，遏制农业污染的势头，项目完成后，使示范区农药、肥料的流失率降低50%，80%的畜禽粪便、生活污水和生活垃圾进行资源化和无害化处理，有效解决农业废弃物造成的环境污染问题，届时将使项目区农业产地环境质量得到明显改善，在原来基础上提高1～2个等级；示范具有代表性的若干农业立体污染防治技术模式50个以上，累积示范推广面积在5 000hm^2以上，并通过培训相关农民技术人员和示范带动，提高农民素质与就业水平，并取得显著的生态效益；构建区域洁净化生产体系和从源头、过程到末端的一体化污染防空体系，提高农产品国际竞争力。

3. 农村新产业与区域发展能力的拓展

通过项目的实施，研发农业绿色环保新材料、新产品等，并通过产业中试、培育，催化和培育该领域的技术型企业10个以上，示范带动200个企业、基地和养殖场等；同时结合示范和配套体系研究，提高区域环保产业的发展能力，并推进区域产业经济的发展和农民致富。

4. 取得一定的经济效益

主要体现在：①可使农业废弃物资源化利用率达到80%以上，农药、肥料的流失率降低50%，达到节本增效的目的。②提高产品的质量安全，预计提高经济效益在10%～20%。③通过新产业培育与示范，拉动专用设备、零部件、软件、专用肥料、农（兽）药等新兴环保产业的兴起与发展，增加示范区的农业经济效益。

六、风险分析

农业立体污染防治是一项复杂的系统工程，既需要科学思路与防治技术的有效支撑，既需要政策配套和部门之间、区间的密切协作，又需要长期不懈的努力。虽然任务艰巨，但只要同心协力，实现目标是完全可行的。

农业立体污染防治项目既符合国家政策导向和国家需求，又是国际大势所趋，在市场与政策方面，必然得到我国政府和国际社会的广泛支持。虽然我国环保产业仍存在风险，但已具有一定基础与规模，加上本项目实施招标和目标责任管理，在资金投入与回报上，风险很小。

本项目基本不存在技术风险。其一，国内外重视对农业污染问题的研究与治理，已经取得了大批成功的经验，为立体污染防治示范项目的完成奠定了较好的基础；其二，项目承担单位具有很强的综合实力和研究工作累积，同时明确采取了立体污染防治的新思路，拥有一支较强的农业资源环境科研队伍，研究与示范支撑条件也初具规模，一定能顺利完成项目工作。

七、项目实施基础

国内外农业污染防治研究与治理经验累积较为丰厚，为我国农业立体污染防治示范工作的顺利开展奠定了较好的基础。

项目承担单位具有农业资源环境领域合理的学科集群、研究示范队伍、设施条件和较好的研究累积及技术基础，具有很强的综合实力和驾驭主持国家重大项目的能力。

项目承担单位率先提出农业立体污染防治的新概念，并开展的大量的前期研究，提出了源头控制、过程阻断、末端治理一体化污染防治的新思路，科学合理，方案可行。

八、项目组织管理

由政府有关部门牵头成立项目领导小组，下设办公室，指导并负责协调项目实施与管理运作；制定标书，实行项目招标制与监理制；项目实行首席科学家负责下的课题主持人负责制和滚动管理的机制，按照实施方案有计划地分步推进；发挥中央、地方、企业的作用，调动全民参与积极性。

九、保障措施

农业立体污染防治是一项事关农业大局的基础性与公益性事业，也是一项技术含量高、涉及面大而复杂的系统工程，需要国家及地方在组织管理、资金投入、科技支撑、宣传教育等各方面给予必要和长期的支持，为项目的实施提供强有力的保障。

1. 成立国家农业污染防治领导小组，强化监督指导

建议成立国家农业污染防治领导小组，由政府有关部门管理人员和专家共同组成。强化监督指导全国农业立体污染防治工作，同时，各项目省、县要建立政府牵头、多部门参与的工作机制，要成立专门机构，负责农业立体污染防治示范工作的组织、管理、协调与服务，并制定切实可行的管理办法，明确责、权、利。

2. 贯彻科学发展观，强化支撑技术研发

针对农业立体污染防治专项的目标，进行科学规划和充分论证，并按此规划指导全国农业污染防治工作。大力开发、推广和应用先进适用的农业立体污染防治模式和环境“友好型”实用技术。充分调动科技人员的积极性与创造性，集中力量研究开发一批关键技术，加强与发达国家在农药污染防治领域的技术交流与合作，提高我国农村环境清洁项目建设的技术水平和管理能力。

3. 建立有效运行机制

制定和完善农业污染防治项目的相关考评标准和技术规范，实行规范化、标准化管理。同时，引入竞争机制，对项目实行项目公开招标，从项目申报、审批、补助资金发放到项目进展等，加强管理，增加透明度；实行定期和不定期检查相结合的方法，加大对项目的监督检查力度，确保人员到位、责任到位、任务到位。

4. 创新构建政策支撑与资金筹集保障体系

积极争取扩大国家对农业立体污染专项的财政支持，并将其作为长期的支农项目。借鉴国外成功经验，利用 WTO“绿箱政策”，对该专项监测与示范工程给予必要财政补贴；通过生态补偿机制及转移支付形式，加大对农业环境清洁项目建设投入。同时，坚持“谁投资、谁受益”的原则，引导社会、企业和农民投入，建立多渠道、多元化投入机制；配合有关部门尽快制定有关信贷、税收等方面的扶持政策，调动全社会的积极性。

5. 推进多元化社会参与体系建设

加大宣传培训力度，充分利用电视、广播等新闻媒体，开展农业污染防治宣传培训，提高农民生态环境意识和自觉参与意识，使农业污染防治成为广大人民群众的自觉行动。充分利用现代的宣传、教育和培训网络，分层次开展多种形式的宣传教育培训活动，提高社会公众的生态环境保护意识和能力，积极鼓励与支持社会组织和民间团体参与到农业污染防治中来。

（章力建、蔡典雄、梅旭荣、刘国强、杨正礼、武雪萍）

“农业立体污染防治科学创新条件建设”专项规划

一、项目概要

1. 项目背景

在对农业资源环境问题多年研究的基础上，中国农业科学院一批专家2004年首次提出农业立体污染的概念与立体防治的思路，并相继发表了一系列研究论文。这一新思路立即受到我国科技界、政府部门以及国际社会的广泛关注。《人民日报》、《科技日报》等近十家报纸进行了报导与专访，财政部、科技部、农业部、发改委、环保总局等部门的有关领导先后听取了汇报，表现出高度的关注。联合国环境规划署（UNEP）、欧盟（EU）等国际社会也表示了浓厚的兴趣。在财政部、农业部、科技部等部门领导的关怀和支持下，农业部下文（农财发［2005］110号）通过“社会公益与农业研究”预算支出科目下达了“农业立体污染防治科学创新条件建设”项目，总经费3 500万元，项目实施单位为中国农业科学院。

按照财政部和农业部的有关文件精神，中国农业科学院相关领导与主管部门立即组织部署，以院“农业立体污染防治与产地环境质量研究中心”为依托，组织科技与管理队伍，着手制定实施方案，聘请院内外相关专家，先后10余次召开了方案咨询讨论会，对实施方案进行了反复修改。2007年2月，该方案通过了专家论证，并根据专家的建议，项目实施方案编制组对方案进一步进行了充实与完善。

2. 编制依据

制定本项目实施方案的宏观指导依据主要包括《全国生态环境建设规划》、《中华人民共和国国民经济和社会发展第十一个五年规划纲要》、《国家中长期科学和技术发展规划纲要（2006～2020年）》、《国务院关于落实科学发展观加强环境保护的决定》、《国家环境保护“十一五”规划》、《中华人民共和国农业法》等国家法规文件。直接依据为农业部（农财发［2005］110号）《关于下达2005年科学支出预算的通知》的批示精神，并依据《中华人民共和国预算法》、财政部《基本建设财务管理规定》、《农业综合开发财务管理办法》和农业部《农业基本建设项目管理法规选编》等财政管理与项目预算有关规定，进行本项目实施方案的编制。

3. 目标与任务

本项目旨在通过农业立体污染防治科学创新实验平台、监测网络、信息中心和防治技术示范基地条件建设，搭建起我国较为完备的农业立体污染防治科学创新平台，形成农业立体污染科学发现与技术创新能力、污染立体监测和数据处理应用能力和防治技术集成与示范能力，初步形成我国农业立体污染防治的持续科技创新能力，为推进与引领世界农业立体污染科学研究与我国产地环境建设提供坚实的基础与科技支撑。

4. 建设内容与规模

本项目内容包括农业立体污染防治科学实验平台升级改造、农业立体污染监测基地网络与信息中心条件建设、农业立体污染防治技术集成与示范基地条件建设等三个方面。

农业立体污染防治科学实验平台的升级改造主要依托项目承担单位现有设施条件，组建农业立体污染模拟实验室、农业立体污染控制实验室和农业立体污染分析测试中心。农业立体污染监测基地网络建设主要围绕黄河、长江流域等主要农业污染类型区，首批选择青海等8个监测基地进行重点建设，信息中心主要在本部现有条件基础上，进行信息实时传输与数据处理等方面的条件完善与建设。农业立体污染防治技术集成与示范基地条件建设主要针对全国7个农业污染类型区的典型环境污染问题，开展农业立体污染防治技术集成，并着重开展廊坊等7个示范基地条件建设。

5. 投资预算

项目总投资3 500万元（国拨经费）。农业立体污染防治科学实验平台升级改造1 075万元，农业立体污染监测基地网络条件建设855.8万元，信息中心条件建设449.2万元，农业立体污染防治技术集成与示范基地条件建设900万元，不可预见费170万元，其他50万元。

二、项目总体布局

1. 指导思想与原则

贯彻科学发展观，从引领农业立体污染防治科学研究和支撑我国农业产地环境建设的战略高度出发，以财政部、农业部项目建设的相关法规文件为依据，以构建我国农业立体污染科学创新能力为目标，本着依托基础、优化资源、集中优势、分步实施的原则，以科学创新基础条件建设为核心，以管理机制建设为保障，通过科学组织、优化资源，完善机制，有重点、分步骤地推进农业立体污染防治科技创新条件建设，为农业立体污染防治科学研究的不断推进和农业污染防治事业的可持续发展奠定基础。

2. 总体目标

通过项目实施，构建起农业立体污染防治科学创新实验平台、监测网络、信息中心和防治技术示范基地，构建起我国较为完备的农业立体污染防治科学创新条件平台，培育农业立体污染科学发现与技术创新的能力、污染立体监测与信息处理应用的能力和防治技术集成与示范的能力，初步形成我国农业立体污染防治的持续科技创新能力，为引领世界农业立体污染科学研究和我国农业产地环境建设提供坚实的科技支撑。

具体体现在以下四个方面：

①升级改造农业立体污染模拟与控制专业实验室和农业污染分析测试中心，构建起农业立体污染防治科学创新实验条件，使之处于世界领先水平。

②整合升级农业立体污染监测网络与信息中心，大幅度提高我国农业污染立体监测能力与数据处理应用能力。

③在主要农业污染类型区，首批构建青海海南州、宁夏银川、河南洛阳、山东东营、上海崇明、北京密云、陕西渭南、河北廊坊等8个代表性农业立体污染监测基地，为开展监测奠定基础。

④开展7大农业污染类型区污染立体防治技术集成与示范基地条件建设，形成20～30套可移植的技术模式，初步形成我国农业立体污染防治技术集成、模式化示范和宏观决策的技术支持能力。

3. 总体布局

项目布局中，基本内容包括农业立体污染防治科学创新实验平台、监测基地网络与信息中心、技术集成与示范条件建设三大部分。

（1）农业立体污染防治科学实验平台

依托项目承担单位现有设施条件，在项目承担单位北京本部基地进行建设，内容包括农业立体污染模拟实验室、农业立体污染控制实验室和农业立体污染分析测试中心。

（2）农业立体污染监测基地网络与信息中心

针对农业立体污染监测体系缺失和数据处理与信息网络不健全等问题，构建农业立体污染监测基地网络和与之配套的信息中心。信息中心作为各监测基地数据采集、处理、管理与应用的枢纽，也是开展科学依据不可缺少的数据平台。

监测基地网络的建设重点围绕黄河、长江流域等主要农业污染类型区，首批选择青海海南州、宁夏银川、陕西渭南、河南洛阳、山东东营、上海崇明、北京密云、河北廊坊等8个基地（图1）。其中，既规范了统一的标准配置，又根据每个基地的农业污染特点，增加了新的内容。

信息中心依托中国农业科学院现有的网络设施与科技数据处理条件，重点围绕我国各数据点的数据采集、转化、处理、数据库建设、应用与服务等需求，进行农业立体污染防治信息网络条件的整合升级，提升农业立体污染立体监测、数据处理与支撑决策的能力。同时，农业立体污染数据信息中心的建设还包括中心展室、现代多媒体展示平台、模拟模型制作及相关设施建设等。

（3）农业立体污染防治技术示范基地条件建设

按照源头预防、过程阻断和末端治理相结合的农业污染立体防控思路，选择平原集约化种植业区、近水域集约化养殖业区、江河流域集约农业区、干旱半干旱黄河灌区、城市水源地、山地生态保护型农业区、重要湿地农业区等具有不同农业污染特点的农业系统类型，重点进行示范基地条件建设，开展立体化防治技术的组装集成，形成适合于各区可移植的农业立体污染防治技术模式与相应的政策配套体系。相关示范基地的布局方案见图2。

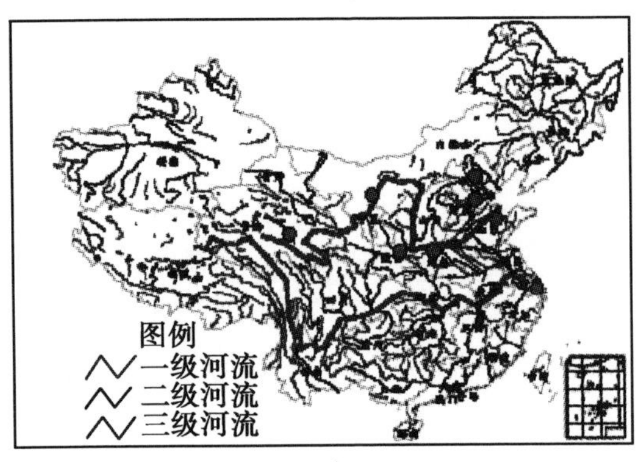

图1　农业立体污染监测基地分布示意

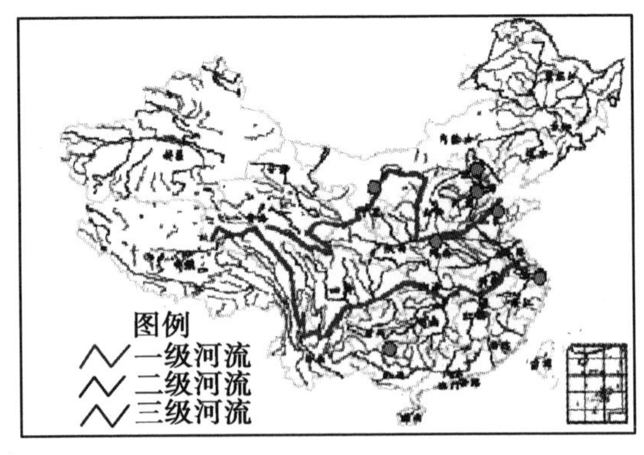

图2　农业立体污染防治技术示范基地布局

（4）技术路线

上述设计思路与总体布局可用图3予以联系与实现。

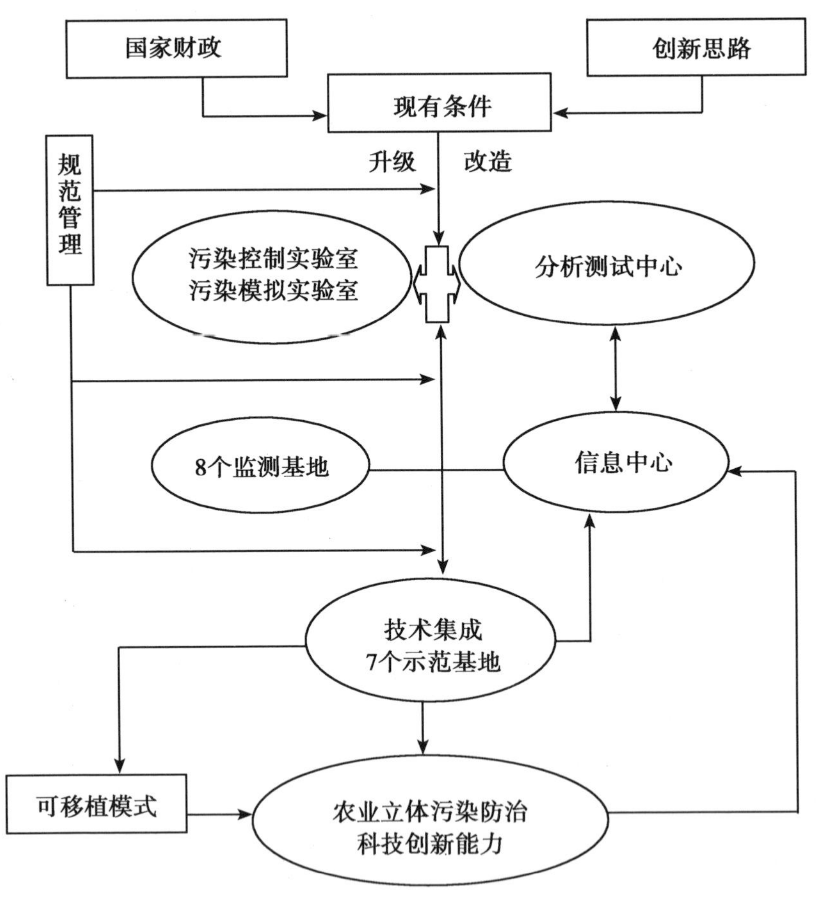

图3　项目实施技术路线图示

（5）进度安排

①2011. 07 ~ 2012. 03：全面准备与论证阶段

进行项目实施方案的具体设计与论证，完成并落实好项目各项内容的初设计，并最终确定实施方案；组建项目领导小组和课题组，按课题落实负责人及其实施人员。

②2012.04～2012.12：全面实施阶段

落实并开始专业实验室或中心仪器设备的采购与招标，完善实验室条件建设；开展各监测、示范基地的条件建设工作，制定不同主要类型区农业立体污染防治技术集成与战略规划。

③2013.01～2013.06：试运行与验收阶段

全面完成实验室与中心条件建设和仪器设备的安装与调试工作，并交付使用；完成类型区农业立体污染防治技术集成，并着手开展下年度集成化技术的示范，完善并完成我国农业污染防治战略规划；完成各监测、示范基地的条件建设工作，并投入试运行。

三、建设内容与规模

项目建设内容包括农业立体污染防治科学创新实验平台、监测基地网络与信息中心、类型区关键技术集成与示范条件建设三大部分。

1. 农业立体污染防治科学创新实验平台升级改造

依托项目承担单位现有设施条件，围绕农业水、肥、药、气、固体废弃物、环境生物等农业污染的检测与无害化问题，针对立体污染控制和公共测试平台薄弱等问题，升级改造和组建农业立体污染模拟实验室、农业污染立体控制实验室和农业立体污染分析测试中心。

（1）农业立体污染控制实验室

重点围绕农业水、土、肥、药、气等污染过程、污染物界面转移、残留、富集与危害机理、污染降解、污染修复等问题，围绕秸秆、畜禽粪便、农膜、农村垃圾等固体污染物的成污过程、链接转移与危害机理等问题，以“农业立体污染与产地环境质量中心”及相关农业环境学科的现有实验研究条件为基础，升级与改造污染控制相关仪器设备。

（2）农业立体污染模拟实验室

重点针对水、土、肥、药、气等污染物界面迁移、数量累积、形态转换与危害过程的模拟，针对模拟实验室基础设施建设的需求，做好前期基础建设准备，为今后设备安装提供基础条件。

（3）农业污染分析测试中心

主要围绕各种污染物的检测分析、新污染物检测仪器与方法等需求，以“农业立体污染与产地环境质量中心”及相关农业环境学科的现有实验研究条件为基础，更新与升级相关分析检测仪器设备条件。

2. 农业立体污染监测网络与信息中心条件建设

针对农业立体污染数据处理与信息网络不健全问题，依托中国农业科学院现有的网络设施条件与科技数据处理条件，围绕数据采集、转化、处理、数据库建设、应用与服务等需求，进行农业立体污染防治数据处理与信息网络条件的整合升级，提升农业立体污染防治数据处理、信息共享与支撑决策的能力。农业立体污染信息中心的建设还包括中心展室、现代多媒体展示平台、模拟模型制作及相关设施建设等。

针对农业立体污染监测体系缺失问题，以农业立体污染信息中心为枢纽，依托项目承担单位现有的农业环境、农业遥感、农业产地环境等监测条件，重点围绕黄河、长江流域农业区与其他主要农业污染类型区，首批选择青海海南州、宁夏银川、陕西渭南、河南洛阳、山东东营、上海崇明、北京密云、河北廊坊等 8 个基地，开展农业立体污染监测基地条件建设。其中，既规范统一了标准配置，又根据每个基地的农业污染特点，增加了新的内容。8 个基地的具体建设内容、建设规模及条件设施等，参见“实施方案”部分。各点的基本监测内容如下：

（1）青海海南州农业污染立体监测基地

主要针对黄河源头水质量、土壤碳平衡、氮磷养分流失和植被演化等，开展监测条件建设。本试点拟建设在青海海南州，取样范围涉及黄河源头主要流域水土环境与草原生物等。

（2）宁夏银川农业立体污染监测基地

以控制农业自身污染为核心，针对黄灌区集约化种植中氮磷养分流失、土壤农药残留、土壤盐分累积、农膜残留等，开展监测条件建设。本基地拟建设在银川市，取样与监测对象主要为黄河灌区的农田污染物和水、土、气、生物等。

（3）河南洛阳农业立体污染监测基地

以消减农业自身污染为核心，针对集约化种植中的氮磷养分流失、土壤农药残留、农膜残留、土壤碳平衡等，开展监测条件建设。本基地拟建设在洛阳市，取样与监测对象主要为农田投入物、污染物、农产品和代表性水、土、气、生物等。

（4）山东东营农业立体污染监测基地

主要针对氮磷养分流失、土壤农药残留、水产养殖场水体污染、养殖废弃物等，开展监测条件建设。本基地拟建设在东营市，取样与监测对象主要为农业投入物、污染物、农水产品和代表性水、土、气、生物等。

（5）上海崇明农业立体污染监测基地

以预防农业污染和清洁生产为核心，主要针对长江入海口集约化种养中的氮磷养分流失、土壤农药残留、养殖场废弃物、稻田碳平衡等，开展监测条件建设。本基地拟建设在崇明岛，取样与监测对象主要为农业投入物、污染物、农水产品和代表性水、土、气、生物等。

（6）北京密云农业立体污染监测基地

以预防农业污染和水源地保护为核心，针对大都市水源地农业中的氮磷养分流失、土壤农药残留、环境有害生物、养殖与加工业废水等，开展监测条件建设。本基地拟建设在密云县，取样与监测对象主要为农业投入物、污染物、农产品和代表性水、土、气、生物等。

（7）陕西渭南农业立体污染监测基地

针对黄土高原、渭北旱塬、关中平原农业区氮磷养分流失、土壤重金属、农药残留、农田碳平衡等，开展监测条件建设。本基地拟建设在陕西渭南，取样与监测对象主要为农业投入物、污染物、农产品和代表性水、土、气、生物等。

（8）河北廊坊农业立体污染监测与集成技术展示基地

以黄淮海平原集约化农田污染防治为重点，针对氮磷养分流失、秸秆高效利用、人畜粪便处理等，开展监测与示范条件建设；就我国具有共性的关键技术集中进行中试、展示，并开展人才培训，为我国农业立体污染防治工作的深入开展提供支持。

3. 农业立体污染防治技术集成与示范基地条件建设

按照源头预防、过程阻断和末端治理相结合的农业污染立体防控思路，选择平原集约化种植业区、近水域集约化养殖业区、江河流域集约农业区、干旱半干旱黄河灌区、城市水源地、山地生态保护型农业区、重要湿地农业区等具有不同农业污染特点的农业系统类型，重点进行示范基地条件建设，开展立体化防治技术的组装、集成与示范，形成适合于各区可移植的农业立体污染防治技术模式与相应的政策配套体系。同时，开展相应的理论与战略、政策机制、产业化、共性技术、污染区划与战略规划等研究，为今后全面展开相关研究与示范奠定基础。

（1）平原集约化种植业立体污染防治技术集成与示范基地

重点针对华北、东北和长江中下游等平原区集约化种植业生产中的肥药过量投入或不合理使用造成的流失污染、农膜残留等问题，开展河北廊坊示范基地条件建设，研究农业高效利用与污染立体控制的途径与技术，集成并提出 3 ~5 套可移植的技术模式，并准备对主体模式进行展示。

（2）近湖海水域规模养殖立体污染防治技术集成与示范基地

重点针对我国东中部邻近湖海区集约化养殖中的废弃物污染问题，开展上海崇明示范基地条件建设，研究农业污染立体控制的途径与技术，集成提出 3 ~5 套可移植的技术模式，并准备对主体模式进行展示。

（3）城市水源地农业立体污染防治技术集成与示范基地

重点围绕大城市水源地环境保护的需要，针对集约化种植、养殖中的肥药流失、畜禽粪便污染等问题，开展北京密云示范基地条件建设，研究农业污染立体控制的途径与技术，集成提出 3 ~5 套可移植的技术模式，并准备对主体模式进行展示。

（4）黄河上中游灌区农业立体污染防治技术集成与示范基地

重点针对黄河上中游灌区集约化种植中的肥药过量投入或不合理使用造成的流失污染、农膜残留污染、次生盐渍化等问题，开展宁夏银川示范基地条件建设，研究农业污染立体控制的途径与技术，集成提出 3 ~5 套可移植的技术模式，并准备对主体模式进行展示。

（5）江河流域集约农业立体污染防治技术集成与示范基地

重点针对黄河与长江流域集约化种植中的肥药流失、养殖中的畜禽粪便污染、区域水土流失等问题，开展洛阳示范基地条件建设，研究农业污染立体控制的途径与技术，集成提出 3 ~5 套可移植的技术模式，并准备对主体模式进行展示。

（6）山地生态保护型农业立体污染防治技术集成与示范基地

重点围绕山地保护性农业的发展需求，针对种植中的生物复合群体配置、肥药高效使用、水土流失控制、工业废弃物与重金属污染控制等问题，开展黔东南等示范基地条件建设，研究农业污染立体控制的途径与技术，集成提出 3 ~5 套可移植的技术模式，并准备对主体模式进行展示。

（7）重要湿地农业立体污染防治技术集成与示范基地

重点围绕江河源头、滨海区等湿地农业类型，针对生态保护、水土流失控制、废弃物控制等问题，开展山东东营示范基地条件建设，研究农业立体污染控制的途径与技术，集成提出3～5套可移植的技术模式，并准备对主体模式进行展示。

（8）中国农业立体污染综合防治管理模式集成示范

重点围绕农业立体污染防治理论与战略、污染链监测与阻断等共性技术、政策机制、产业化、农业污染区划与防治规划等开展研究，为我国农业立体污染防治提供理论依据和战略思路，形成我国农业立体污染防治规划，为指导农业污染防治实践奠定基础。

四、预期成效

通过项目的实施，初步形成我国农业立体污染防治科学创新条件平台，为持续提升我国农业立体污染防治科学创新能力和引领世界农业立体污染科学研究提供坚实的基础。具体体现在以下四个方面：

①升级改造农业立体污染模拟与控制专业实验室和农业污染分析测试中心，构建起农业立体污染防治科学创新实验条件，使之处于世界领先水平。

②在主要农业污染类型区，首批构建青海海南州、宁夏银川、河南洛阳、山东东营、上海崇明、北京密云、陕西渭南、河北廊坊8个代表性农业立体污染监测基地，为开展监测奠定基础。

③整合升级农业立体污染防治信息中心，大幅度提高我国农业污染立体监测数据的采集、转化、处理与应用能力，为引领世界农业立体污染科学研究提供研究平台。

④开展7大农业污染类型区污染立体防治技术集成与示范基地条件建设，建设7个示范基地，形成20～30套可移植的技术模式，初步形成我国农业污染防治技术集成、模式化示范和宏观规划与决策的技术支持能力。

五、项目管理措施

①成立项目领导小组和项目实施组，下设项目管理办公室。管理办公室由计划财务局、监察审计局和中心相关人员组成。计划财务局和监察审计局主要负责组织项目预算编制、报批，项目经费的管理，项目进展情况的监督和检查，组织接受上级部门的验收、审计和项目检查等；中心主要负责项目实施方案的编制、项目执行过程的管理和协调等。

②严格实行法人负责制、招投标制和项目合同制等规范的管理制度，保障项目实施的科学、正确和高效。相关工作由办公室进行合理安排与组织，并制定相应的规章制度。

③工作小组严格按照国家政府采购、审计等制度要求，按照农业部、财政部财务管理有关条例与规定依法推进项目的实施。

④项目组将按各部分的项目指标分阶段检查考核各具体承担单位任务完成情况。

（章力建、蔡典雄、梅旭荣、刘国强、杨正礼、武雪萍）

"岛屿型经济区（崇明岛）农业立体污染防治"规划

一、背景及意义

"长三角"是我国经济比较发达的区域之一。随着经济高速增长，该地区正面临着地区农业环境质量严重下降和农业污染的压力，"长三角"已经成为我国新的生态环境脆弱带。作为改革开放最前沿的上海当前面临的都市农业污染出现的众多困难与问题，也是我国沿海经济发达地区乃至西部地区今后发展中将面临的困难与问题。因此，适合都市农业特点的农业立体污染防治技术及其示范，不仅是当前解决"长三角"农业高投入、高产出与生态环境协调发展的众多矛盾迫切所需，也是我国其他类似地区今后农业发展过程中应用所需。

1. 崇明岛是研究农业立体污染的模式样板

（1）地理位置优势

崇明岛是研究农业立体污染防治的好素材和好样板，全岛基本处于封闭状态，又处于长江入海口，有着其他区域所没有的地理优势。崇明岛是我国第三大岛，世界最大的河口沙洲，临江频海，位于中国东部长江黄金水道入海口，北与苏北大平原隔水相望，南与上海毗邻，东枕浩瀚东海，西接万里长江。崇明岛东西长 80km，南北宽 13 ~ 18km，全岛总面积 1 267km^2，占上海市总面积的 1/6。县域面积 860km^2，占全岛面积的 74%，下辖 16 个乡镇，2005 年户籍人口 67.4 万[1]。岛上地势平坦，无山岗和丘陵，西北部和中部稍高，西南部和东部略低。岛屿地理位置在东经 121°09′30″ ~ 121°54′00″，北纬 31°27′00″ ~ 31°51′15″，地处北亚热带，气候温和湿润，年平均气温 15.2℃，日照充足，雨水充沛，四季分明。

（2）农业基础良好

崇明县是传统的农业大县，是上海市粮油、果、肉和水产的主要产地和供给基地，在上海农业发展中占有重要地位。农业是崇明经济发展的基础。2006 年全县粮食作物总播种面积为 5.15 万 hm^2，总产实现 32 万 t；蔬菜及其特色经济作物总产值为 13.5 亿元，播种面积达到 3.8 万 hm^2，总产量为 115 万 t；全县生猪出栏 27.5 万头；白山羊出栏 24 万头；家禽出栏 570 万羽；鲜蛋总产 1 530 万 kg；鲜奶总产 1 400 万 kg；2006 年渔业总产量为 7.7 万 t；河蟹养殖面积达到约 6.67 万 hm^2，其中岛外养蟹 6 万 hm^2，三岛养蟹约 0.67 万 hm^2；其他特色水产品养殖面积为 0.1 万 hm^2，贝类约 333hm^2 亩，产量达到 2 000 多 t。2006 年全县完成农业总产值 44.9 亿元，其中种植业 22.2 亿元，林业 1.1 亿元，牧业 5.7 亿元，渔业 15.0 亿元，农业服务业 0.9 亿元[2]。崇明独特的地理位置赋予了她丰富的农牧渔业资源。崇明的金丝瓜、白扁豆、芦笋、香芋、白山羊、长江水系中华绒螯蟹、天然蟹苗、凤尾鱼等享誉全国，名扬海外。崇明岛地处长江口，是全国最大的鳗苗、蟹苗出产基地。

（3）区域发展战略取向

在上海市“十五”社会经济发展规划中，崇明县定位于上海最大的绿色食品基地、最大的休闲旅游基地，上海的大花园。在党中央、国务院和上海市委、市政府的重视和关怀下，各级领导都对建设“崇明生态岛”以及在崇明岛区率先实现农业现代化寄予厚望，同时，还把建设“崇明生态岛”由上海区域发展战略决策上升为国家战略决策的层面。按照中央的要求，上海市委、市政府已明确崇明岛的功能定位，提出以环境优先、生态优先，按照建设世界级生态岛的标准有序推进崇明现代化世界级生态岛区的建设。重点开拓自由贸易、中转航运、农产品出口加工、生态农业、海岛旅游等功能。为此，上海市政府加大对崇明的基础建设投资，越江隧道等重大市政建设已经启动。崇明将成为上海未来新的战略发展空间之一，继浦东开发、开放之后的又一个新的开发热点和经济增长点。

（4）自然资源独特

崇明县除有一般东部沿海地区生态农业县所具有的资源条件外，还经市政府批准建有《崇明东滩鸟类自然保护区》。该保护区已被《中国生物多样性行动计划》和《湿地公约》列为二级湿地生态系统类型，是国际候鸟迁徙路线上的一个重要驿站和越冬地，记录的鸟类达312种。保护区面积325.67km^2。其中滩涂180km^2，浅滩水域146km^2。在崇明岛中部还建有东平森林国家公园。该公园1993年经林业部批准为国家级森林公园，总面积358hm^2，森林覆盖率为71%，是长江三角洲最大的人工森林。这些资源不仅为开发生态旅游农业和科普教育基地奠定了良好的物质基础，还为无公害蔬菜（粮油）与生态农业系统、安全畜禽与农业生态系统、生态农业子系统与生态系统的研究提供了良好的场所。

2. 崇明农业生态环境发展面临的一些问题

（1）资源短缺

崇明岛自然资源尤其是土地资源短缺因今后经济的高速发展需求量大显得普遍较为缺乏，尤其是城镇和工业等建设的大量用地，农业生产土地资源逐年以较大幅度减少，土地资源短缺矛盾日益突出。崇明生态岛的建设还面临着淡水资源匮乏的严峻问题[3]。虽然崇明岛三面临江，一面濒海，境内河网密布，雨水充沛，水资源条件得天独厚，但是崇明岛水资源量和利用状况却不容乐观。崇明地表水总量虽然丰富，可利用水资源总量约为$33.60\times10^8m^3$，但其中约90%为理论上可利用长江引潮水量，本地径流量仅占10%左右[4]。随着长江沿岸耗水量的不断增加，以及南水北调工程的实施，长江口咸潮入侵对崇明岛的影响将进一步加剧，每年用于防潮、排渍等的水资源消耗量不断增加，崇明淡水资源的季节性短缺会更加突出。同时，由于长期以来产业经营比较粗放，生产和生活用水利用率低，水资源浪费现象比较突出，不合理的利用导致崇明可利用水资源量呈现不断减少的趋势。其次，由于近年来长江流域高度密集的人口和产业的快速扩展，造成崇明沿岸水质不断下降。而岛内生活污水的随意排放，有机污染和石油污染的范围扩大等加重了河网水系的污染，近40%的河道水质不能达到功能要求。崇明每年排放生产和生活废水$4\,292.62\times10^4m^3$，绝大部分污水未经处理，直接排入河道水体，是造成河道水质污染严重的重要原因。这些问题已成为困扰崇明发展的主要环境问题之一[5]。

（2）工农业废弃物得不到合理利用

据不完全统计，崇明县年产秸秆 50 多万 t，但目前农业废弃物综合利用率仅有 30% 进行机耕还田，特别是近年来，随着农村经济的发展和农民生活水平的不断提高，农村不再需要这些农作物秸秆作为炊事的主要燃料，农作物收获季节，农民为了抢收抢种则把这些剩余秸秆绝大部分在田间直接焚烧处理掉。因此，大量剩余秸秆的露天焚烧不但造成极大资源浪费，而且带来严重的大气污染，甚至影响飞机的正常起降和汽车行驶的安全，并频繁引发火灾事故。崇明有规模的畜牧场 43 个，年产畜禽粪便 7.5 万 t，经处理加工利用的有机肥仅 1 万多 t，畜禽污水 107.14 万 t，20% 得到净化处理；水产养殖污水 581.31 万 t，基本未实施任何净化处理；随着城乡居民生活水平的不断提高，各类生活垃圾也日益增多，严重污染生态环境，破坏村容清洁和自然景观，在收集、管理和处置不善情况下，以牺牲环境赢得了短暂的发展[6]。

（3）农业面源污染趋态严重

崇明岛域农业面源污染产生量已有一定规模，并且较为分散，防控上存在一定难度，而且，随着农业的进一步现代化，农业污染的防控任务更加严峻。化肥、农药等农用化学品不合理利用也易引起面源污染，2004 年崇明本岛化肥和农药投入污染产生量估计为 2.23 万 t 和 290t（按利用效率折扣），未实施任何减量措施[6]。2000～2005 年崇明单位面积化肥用量为 601.6～700.7kg/hm^2，氮肥和磷肥单位面积用量范围分别为 412.7～571.37kg/hm^2 和 59.3～115.9kg/hm^2。部分发达国家为防止化肥对水体污染而设置的施氮量的安全上限为 225kg/hm^2，崇明单位面积施氮量约是部分发达国家用量的 2 倍。而化学农药作为防止和抵御病虫草害中最为快速、最为有效、最为经济的重要手段在我国农村得到了大面积的广范应用。崇明农业使用的化学农药基本为杀虫剂类、杀菌剂类、除草剂类，其中，农药杀虫剂使用量为历年最高，其次是除草剂类农药。2000～2005 年农药单位面积用量范围为 5.8～6.9kg/hm^2。目前，我国农药的有效利用率很低，加之落后的农田管理方式，大部分农药进入环境之中[1,7～11]。这些问题重复和层层叠加，既造成严重的农业和岛屿环境污染，又造成大量宝贵资源的浪费，对世界级生态岛建设非常不利。

3. 意义

鉴此，崇明农业在迈向现代农业过程中，面临了农业过程中产生的众多困难与问题。这些困难与问题已成为农业和农村经济可持续发展，乃至整个社会和经济可持续发展的制约因子。为此，针对崇明工农业发展过程中存在的上述难题，应用生态学和生态经济学原理，研究适合都市农业特点和都市发展目标的农业立体污染控制关键技术，并进行示范已是当务之急。这不仅是改善生态环境质量，促进农业生产可持续发展，提高农产品的质量与档次和增强农产品国际竞争能力的客观需要，也是在新形势下进一步发展和完善我国农业立体污染模式与技术，进行我国农业污染控制技术升级与创新的形势需要。

作为改革开放最前沿的上海是我国改革开放和经济建设的龙头，以上海为代表的都市农业是我国农业现代化建设的样板之一，对我国经济发达地区大中城市郊区农业现代化建设具有示范推广作用。作为改革开放最前沿的上海郊区当前面临的农业污染出现的众多困难与问题，也是我国沿海其他经济发达地区乃至西部地区今后将面临的困难与问题。因此，适合都市农业特点的农业立体污染防治技术及其示范，不仅是当前迫切解决上海都市农业高投入、高产出与生态环境协调发展的众多矛盾所需，也是我国其他类似地区今后发展都市农业过程中推广应用所需。而随着上海即将举办世博会，具有得天独厚地理位置的上海面临着良好的农副产品出口机遇，但也面临着国外高质量和高档次农副产品的严峻挑战，尤其是发达国家“绿色壁垒”的障碍。因此，选择崇明岛实施农业立体污染防治技术，是提高农副产品自身的质量与档次，增强农副产品国际市场竞争能力和突破发达国家“绿色壁垒”障碍的市场形势需要，也是从根本上保障崇明岛生态环境健康持续发展的迫切需要。

二、总体思路、总体目标、创新点和研究方向

1. 总体思路

立足于保护和改善农业生态环境和生产条件，采用硬件与软件、宏观与微观、点与面相结合的系统工程，对农业污染源、农业污染源对农畜产品影响评价、农业非点源污染负荷量、农村工业、生活污染以及重点污染区的污染现状及技术升级等进行深入研究及技术组装。通过污染阻控、生态修复技术、预警体系等研究，采取工程措施、生物措施和农艺措施等综合措施改善和恢复生态功能，维护农业的生物多样性，增强农业综合生产能力，为农业和农村经济持续稳步快速发展提供生态安全保障，实现农业增效和农民增收，增强农产品国际竞争力。建立起以资源高效利用和环境保护为基础的农业立体污染技术保障体系和不同产业之间的物质循环和能量转化利用体系，农牧结合、农林结合，工农业协调发展，逐步实现工农业“整体、协调、循环、再生”的理想模式。

2. 总体目标

针对崇明岛开发以及工农业发展过程中存在的生态环境和社会经济等方面的突出矛盾，本项目按照“农业立体污染防治关键技术突破、防治技术一体化、产业技术支持”的总体思路，选择农业点、面源交叉立体污染阻断与控制，污染防治技术一体化，生态修复与强化技术，农业立体污染创新机制等四个层次的内容开展科技攻关研究，以强化和改善农业生态环境为基础，提高农业综合效益和农产品市场竞争力为主攻目标，系统解决农业环境污染技术领域存在的共性技术薄弱，立体污染防治和技术一体化水平低，循环型农业生态保护模式技术组合欠佳等技术难题，开展农业立体污染防治技术科技攻关，提出新形势下岛屿型经济区农村经济和农村环境同步发展的农业立体污染一体化防治技术。并以此为突破口，建立“长三角”乃至全国的支撑现代农业立体污染防治技术的体系和模式样板，推进我国农业污染防治技术的跨越式发展。

3. 创新点

（1）南北力量优势互补联合攻关，体现“三赢”思想

利用南北地域农业环境的研究特色和双方优势，加强联合攻关，通过农业立体污染防治体系研究，达到南北院所和示范区“三赢”思想，实现农业生产功能、环境功能和社会功

能的“三丰收”。

（2）整体设计体现“四位一体”

建立环境监控与污染阻断；生态修复体系；生态环境强化体系；创新机制及战略等在内的综合体系。体现农业立体污染防治的技术特点，为循环型经济模式样板的建设提供全方位的支持，避免以往单纯技术研究不配套的缺陷。

（3）采用多元途径和技术修复农田环境质量问题

形成一批环境友好技术开发产业，提高区域的资源利用率。

（4）观念和理论创新

建立循环型农业立体污染防治技术组合的模式样板，将提出反映沿海地区区域特色，21世纪时代特征的建设模式和理论。

4. 研究方向

（1）农业立体污染防治阻控和废弃物循环利用技术研究

重点研究GIS技术在工农业环境质量监测、预报技术上的应用研究；研究示范区农业投入品检测、监控与准入的决策咨询系统；工业固体废物、污水、大气污染排放监控技术研究；农业化学品污染控制技术；有害生物监测和预警技术研究，有害生物综合控制技术体系研究；高效、低耗、清洁的生态养殖技术研究，养殖场气体阻控技术，农牧业废弃物循环利用与污水零排放技术研究。实行污染源头阻断与控制。

（2）农业立体污染生态修复与恢复技术研究

重点研究受损土壤生物修复技术，受损水域生态修复技术，农牧业污水净化修复生态工程及利用技术。

（3）农业立体污染不同要素阻控的时空优化组合技术

重点研究不同界面上交叉污染特点、污染发生、污染物交换等污染物入口的关键节点，污染阻控技术及技术组合，循环生态链关键技术及配套组合。土、水、气污染控制配套工程技术研究。循环型经济模式样板建设的配套关键技术研究。

（4）农业生态环境功能强化技术研究

研究农田土壤生态环境强化技术，开展生态持续型耕作制度，土壤健康培育技术等，开发多功能、可持续发展的环境友好技术。农业安全生产系统开发研究。研究绿色农业（有机农业、无公害农业）对农业生态环境功能的强化技术。

（5）农业立体污染防治的创新机制、保障体系研究

在农业立体污染防治示范区规划与政策研究方面，根据示范区农业与环境资源现状和经济与社会发展趋势，应用生态学和生态经济学原理，对示范区农业产业结构、规模、布局等进行近期和中长期的规划，并提出一系列能促进农业可持续发展的创新机制与管理措施。在农业立体污染防治示范区动态监控评估与管理信息系统研究方面，全程跟踪和研究示范区工农业发展过程中的资源、环境、生态、经济和社会发展动态，建立生态农业和整个项目的管理信息系统和智能化决策支持系统，并进行定量评估，为科学决策提供科学依据。

三、预期达到的目标

（1）提出农业立体污染防治的技术以及新理论新方法，建立长江中下游地区农业立体污染防治的循环型经济模式样板。

（2）建成一个科研队伍精干、学科配套和学术梯队结构合理、实验装备先进，具有明显地方特色的农业立体污染防治技术研究工程中心。该中心是长江中下游地区农业立体污染防治、重建、恢复与技术支持中心。

（3）该中心能够组织、承担国际、国家及地方有关农业生态环境方面的重大科研项目，研究成果在地方区域经济发展中发挥重要作用。

（4）经过5年努力，该中心的综合科研能力达到国内领先地位，在某些研究领域达到国际先进水平。发表论文150篇以上。

（5）该中心通过建设能成为地方政府农业生态环境方面重要的智囊机构。

（6）开发若干项环境友好的替代技术和产品，申请专利10项以上。

（7）在示范区产生5亿~8亿元的生态经济效益。

参考文献

[1] 崇明县统计局编．崇明县统计年鉴．2006.
[2] 崇明县统计局编．崇明县统计年鉴．2007.
[3] 王开运，邹春静，孔正红等．生态承载力与崇明岛生态建设．应用生态学报 2005，16（12）：2447~2453.
[4] 林发永．崇明岛水系改造的几点设想．水利水电快报，2003，24（8）：15~16.
[5] 张振声，沈新民．崇明岛水环境现状及其治理设想．上海水务，2001，2：17~19.
[6] 章力建，顾晓君，朱立志等．实施集成创新战略，建立崇明生态岛农业立体污染防控体系．上海农业学报，2006，22（4）：1~5.
[7] 崇明县统计局编．崇明县统计年鉴．2001.
[8] 崇明县统计局编．崇明县统计年鉴．2002.
[9] 崇明县统计局编．崇明县统计年鉴．2003.
[10] 崇明县统计局编．崇明县统计年鉴．2004.
[11] 崇明县统计局编．崇明县统计年鉴．2005.

（顾晓君、吕卫光、冯志勇、谈永松）

"黄河中上游银川平原黄河灌区农业立体污染综合防治"规划

银川平原位于黄河中上游地区的宁夏回族自治区北部，总面积为7 977.7km²，按地貌类型，分为黄河冲积平原和贺兰山山前洪积倾斜平原。黄河冲积平原就是银川平原黄河灌区，这里地势平坦、坡降适宜、非常适合于发展自流灌溉。经过2 000多年开发和经营，银川平原黄河灌区沟渠纵横，湖沼繁多，已形成大面积的人工绿洲。在长期的引黄灌溉过程中，积淀了肥力较高、土层深厚的灌淤土壤，现有引黄自流灌溉面积40多万hm²，年种植农作物60多万hm²，是黄河河套灌区的前沿基地，也是全国大型灌区中自流灌溉条件比较优越的区域之一，素有"塞上江南，鱼米之乡"的美誉，是我国重要的商品粮基地之一，年向周边省区供应稻谷、玉米等粮食50多万t。得益于优越的黄河水源条件，银川平原黄河灌区已成为宁夏回族自治区工业、农业、城市、经济发展的核心区域，年均GDP占宁夏回族自治区GDP总量的80%以上。

一、银川平原黄河灌区农业环境状况

1. 水环境

（1）黄河水质

黄河穿越银川平原13个县市397km，年迳流量325亿m³。银川平原年引用黄河水70多亿m³，经农田灌溉排入黄河水量约35亿m³，农业灌溉用水占引用水总量的92%。2004年宁夏回族自治区环境状况公报显示，黄河宁夏段水质全年以Ⅲ~Ⅳ类水质为主，境内各断面水域功能区水质达标率90%，出境断面达到国家Ⅲ类水质标准的水质达标率为50%；黄河宁夏段一级支流清水河、茹河水质恶化，与2003年相比，清水河拖配厂断面水质由Ⅱ类降低为Ⅲ类，皮革厂断面化学需氧量浓度年平均值增高1.85倍，三营断面化学需氧量浓度年平均值增高1.37倍；茹河古城断面水质由Ⅱ类降低为Ⅳ类，水文站断面化学需氧量浓度年平均值超标20.1倍，水质由Ⅳ类降低为劣Ⅴ类。

（2）湖泊

沙湖、西湖、银湖是银川平原黄河灌区较大的湖泊，沙湖是国家4A景区。据宁夏回族自治区环境公报显示，2003年沙湖水质为劣Ⅴ类，2004年有所改善。2004年西湖水质为Ⅳ类，银湖水质为Ⅴ类，属中度污染。

（3）排水沟

2004年宁夏回族自治区环境状况公报显示，银川平原黄河灌区四二干沟、银新干沟、第三、第五排水沟和清水沟、灵武东沟等六条主要排水沟由于接纳大量工业废水、城市生活污水和农田退水，污染物排入量超过了水体的环境容量，污染十分严重，除第五排水沟断面水质达标外，其他排水沟各监测断面水质均为劣V类，与上年相比无明显变化。

（4）地下水

2004年宁夏回族自治区环境状况公报显示，银川市潜水优质水、良好水、较好水面积为563.30km²，占监测总面积的33.5%；较差水、极差水面积为1 118.50km²，占总面积的66.5%；承压水的优质水、良好水、较好水面积为86.14km²，较差水、极差水面积为163.86km²，占总面积的比率为34.45：65.55。

2. 农田土壤

据宁夏农业环境保护监测站对银川平原粮食主要产区的农田土壤的调查，农田土壤中的铬、铅、镉、汞、砷、氟6种元素，铬、砷元素平均含量与相应的土壤背景值相近，其他4种元素均高于相应的土壤背景值浓度，铅增加144mg/kg、镉增加0.092mg/kg、氟增加425.3mg/kg、汞增加0.026mg/kg，有害元素污染程度顺序为镉、铅、汞、铬、砷，铅、汞轻污染的占14.3%。

3. 空气

2004年宁夏回族自治区环境状况公报显示，银川平原主要城市环境空气质量处于中度污染水平，影响空气质量的污染物依次为可吸入颗粒物、二氧化硫和二氧化氮，城市环境空气综合污染指数3.22。各城市环境空气中可吸入颗粒物浓度普遍超过国家二级标准，平均浓度较上年上升14%，污染有所加重，其中银川市和石嘴山市超标0.2倍。

4. 生物

目前银川平原黄河灌区生物的污染现状基本未做长期定位监测，只是宁夏回族自治区农林科学院的相关专家在课题研究时，对有限的“菜篮子”基地的10多种蔬菜进行了不定期的检测，其中硝态氮积累量中，重度污染达60%以上，以叶菜类污染最为严重；对局地的小麦、水稻中的有害金属含量进行了检测，其中镉污染积累速率较快，潜在危害不容忽视。

5. 不合理的农业生产方式

（1）化肥使用过量

“十五”期间，银川平原农业化肥用量以年均10%的速度增长，平均使用化肥每年1 400kg/hm²，但农作物对肥料的吸收利用率不足25%，大量氮流失已成为地表水和地下水体的主要污染源之一。据宁夏回族自治区农林科学院检测，银川平原黄河灌区70%的干沟回归水中氨态氮综合污染指数大于1，如银川四二干沟氨态氮、总磷、氟化物分别超标12.3倍、3.4倍、2.2倍，超标率100%；银新干沟BOD_5、COD、氨态氮，分别超标25.0倍、22.9倍、7.0倍，超标率100%；第三排水沟氨态氮、BOD_5、COD，分别超标9.5倍、2.4倍、1.8倍。初步测算，每年从排水沟流失的氮达9万t，占全年总施氮量的30.8%。

（2）农药使用不安全

2000年以来，银川平原黄河灌区农药用量每年以20t的速度增加，尤其是设施种植和枸杞田农药用量较高，但有效利用率较低。其中低效、高毒、高残留的有机氯农药占总使用量的57%以上，这种低效、高毒、高残留的有机氯农药，在土壤中残留时间长，残留量大，危害严重。2003年宁夏回族自治区农林科学院农产品检测中心对13种蔬菜的农药残留情况进行了检测，结果显示，叶菜类超标率40%以上，果菜类17%以上。

（3）动物粪便处理循环利用率低

近年来，银川平原黄河灌区以奶牛、肉羊育肥、生猪育肥为主，畜牧养殖发展较快，其固体废物每年就达到1 100万t，98%的畜禽养殖场没有处理设施，也缺乏必需的粪尿污水处理技术，大量粪便堆积在村屯和道路旁边，造成环境污染，影响人畜健康。

（4）农膜使用量逐年增加

银川平原黄河灌区冬季漫长、气温低、日照时间长，具有发展保护性种植、养殖的有利条件。近年来，为增加收入，以使用农膜为主的保护性农业生产规模逐步扩大，大量薄膜碎片散落田间无法回收，这种持久性有机污染物的污染也在不断加剧。

二、银川平原黄河灌溉区在黄河中上游引黄灌区具有代表性

和黄河中上游地区其他平原灌区一样，银川平原黄河灌区生态环境中都存在着森林资源少、降水不足、蒸发量大、环境容量弱等问题。由于没有其他水资源，银川平原黄河灌区工农业用水主要依赖黄河，工业结构中以重工业、采掘和原料工业为主的高耗能、高污染企业比重大。农业中非农产业发展缓慢，农民80%的收入来源于家庭经营的养殖业和种植业，耕地间、复、套作率高，环境负荷较大，长期的生产过程又缺乏科学合理的生产方式，形成了和黄河中上游地区的其他平原灌区类似的农业环境问题。目前正面临着水资源短缺、生态平衡失调和农业生产过程中农药化肥施用过量、畜禽粪便污染、农田废弃物处置不当、耕种措施不合理及工业城市废弃物处理落后等造成的水体、土壤、大气、生物链多维、立体污染的双重困扰。以银川平原为试点，开展农业立体污染防治研究，可有效地探索治理黄河流域农业污染问题；通过建设农业立体污染综合防治示范工程，为改善黄河流域农业环境污染提供示范，对从根本上解决我国黄河流域农业污染问题、保护农业生态环境具有战略作用与现实意义。

三、银川平原黄河灌区农业立体污染防治存在的问题

1. 缺乏必要的监测体系

就目前银川平原黄河灌区水体、土壤、大气及生物污染的监测，宁夏还没有建立长期定位的监测系统，如对黄河水体的监测宁夏环保局只是监测来源于工业生产的污染物，而对农业生产造成的黄河水质污染没有监测，在土壤、生物污染监测方面更加空白。

2. 缺乏综合配套的技术应用模式

为确保银川平原黄河灌溉区社会经济健康、稳定、和谐发展，近年来，宁夏各级政府和

相关部门都十分重视银川平原黄河灌溉区农业环境污染问题，由于对农业污染问题缺乏立体的、综合的认识，只在点和面上做工作，目前仍然没有形成一套从根本上解决农业污染问题的综合的、先进的技术规程和技术模式。

3. 综合防治农业污染研究滞后

针对银川平原的农业污染问题，多年来，宁夏环保局、农牧厅、农业科学院都在进行研究，但这些研究项目都是零星而分散的，缺乏有效的整合机制，没有形成合力，造成综合防治研究能力低下，研究水平滞后。

四、开展农业立体污染防治研究的必要性

1. 可改进不合理农业生产方式，降低农业生产成本

针对目前银川平原农业生产过程中普遍存在的化肥、农药使用过量，灌区灌排方法不当、水资源利用效率低下，动物粪便随意排放，资源再循环利用能力低，农作物秸秆处理不当等不合理的农业生产方式，导致的环境污染和农业生产成本增加等问题，通过开展综合防治农业立体污染，示范、应用一整套改进不合理农业生产方式的化肥和农药精准减量施用、规模化养殖园区的动物粪便利用、农户沼气高效利用、畜禽粪便无害化除臭处理、作物秸秆转化利用等技术体系和技术规程，不仅可极大地改善农产品产地环境质量，还能有效地降低农业生产成本，增加农民收入。

2. 可有效阻断工业、农业、城市废弃物对农业环境的污染

（1）能够有效阻断黄河水体和空气的污染

通过开展农业立体污染防治研究，对造成黄河水质和空气污染的工业、农业、城市废弃物进行长期定点监测和分析，研究制定并大力推行阻断工业废弃物导致黄河水质和空气污染加重的政策、法规和宏观管理措施，示范应用改进不合理农业生产方式的技术规程，可达到改善黄河水质和空气质量的目的。

（2）能够有效阻控地下水质和土壤的污染

通过开展农业立体污染防治研究，对来源于工业、城市及不合理农业生产过程中造成地下水质和土壤污染的各类废弃物的长期定点监测和分析，探明其在水体和土壤中迁移、分布和转化规律，集成、应用阻断造成地下水质污染的化肥、农药精准减量使用技术、畜禽粪便处理及资源化利用技术、合理灌溉技术等各项防治农产品产地污染的农业生产技术，研究制定并大力推行阻断工业和城市废弃物导致地下水质和土壤污染的政策、法规和宏观管理措施，可有效地阻控地下水质和土壤污染。

3. 是新时期银川平原环境保护的需要

新期间，宁夏经济发展对资源的依赖性仍然很大，工业结构的单一性仍然明显，冶金、化工、煤炭、电力等行业仍然占据主导地位。随着位于银川平原东部的宁夏1号工程——宁

东能源化工基地的建设，全区电力装机将达到 1 300 万 KW，标准煤消耗量每年将达到 1 600 万～2 200 万 t，SO_2 排放量将达到 38 万～53 万 t，烟尘排放量将达到 6.5 万～9 万 t，粉煤灰将达到 295 万～410 万 t，炉渣排放量将达到 33 万～46 万 t。加上造纸行业、煤炭间接液化、煤基二甲醚、甲醇等项目的开工建设，工业生产对农产品产地环境质量的保护构成巨大威胁。加之宁夏环境保护法制体系、管理体制不够健全，环境检测能力建设滞后，现行的环境执法能力、管理体制和监测能力难以适应经济社会发展对环保工作的要求。因此，要尽快开展农业立体污染综合防治研究，建立健全全面改善农产品产地质量技术规程和政策法规。

4. 综合防治农业立体污染是农业和农村经济安全健康发展的基础

与我国中部和东部省区相比，宁夏工业发展相对落后，相比污染源也少，加上气候干燥，动植物病害轻、发生机率小，是全国优质农产品生产的最佳生态区，枸杞、葡萄、滩羊已获得我国原产地保护。但近年来随着这些优势特色农产品商品化和产业化快速发展，极大地激发了农民对化学类资料的投入。而农业投入品的用量和使用方法是保障农产品优质的关键。因此，尽快开展农业立体污染防控技术集成与示范工程建设，按照国际农产品产地环境质量和生产技术规范来生产，不仅避免了产生先污染后治理的问题，还能通过改善农产品产地质量，提高农产品品质，增强市场竞争力。

5. 开展优势特色农产品产地立体污染综合防治，可促进当地社会稳定和经济安全发展

宁夏土地、煤炭、石油、天然气资源丰富，人均耕地、煤炭、电力资源居全区首位，具有能源开发和新型工业发展的资源优势。今后一个时期，将抓住国家经济发展战略和保障经济安全需要的有利时机，把资源优势转变成经济效益作为今后宁夏经济增长的重要途径，做大做强以宁东为重点的能源化工业产业和新材料等优势工业。"十一五"时期，全区工业增加值年均增长 14%，工业增加值占全区地区生产总值的比重将提高到 44%。工业化的快速发展必将带动城市化的发展，到 2010 年我区城镇化水平将达到 47%。短期内经济发展支柱产业仍是依托当地资源开发建立起来的采掘和原料工业，资源深加工的比重仍然较小，这种经济结构对资源和环境的依赖程度较高，要求必须做好环境污染综合防治工作，才能确保生态安全，经济健康发展。因此，通过开展农业立体污染综合防治，做好环境保护工作，才能促进我区国民经济持续健康稳定发展。宁夏又是我国惟一的回族自治区，回族人口占全区总人口的 1/3，回族在国民经济生活中占有举足轻重的政治、经济和战略地位。城乡居民的食物来源与"清真"是不能分割的，同时我区依托回族的"清真"特点，发展起来的牛羊肉、奶产业等也是我区回族农民的重要食物和收入来源，而"清真"特色的农产品质量安全是回族居民食物安全供给和安居乐业的根本保障。通过开展农业立体污染综合防治，促进农业生产环境质量改善，可保障宁夏以清真为特色的农业产业健康稳定发展，对宁夏民族团结和社会稳定具重要的意义。

五、银川平原黄河灌区农业立体污染防治总体规划

1. 总体规划

用循环经济和可持续发展的理念，按照“减量化、再利用、资源化”，以全面改善农产品产地环境质量为目标，依托中国农业科学院农业立体污染综合防治研究的技术力量，从调查银川平原农业环境污染现状入手，摸清污染物在水体、土壤、大气、生物等农业生态系统中的迁移、转化、流动与循环规律。重点集成造成农业生产环境、农产品污染的源头阻断、过程控制及末端修复技术规程，研究制定综合防治农业立体污染的相关政策法规，并将这些防控技术和银川平原农产品生产的丰产栽培、高效节水、良种化、设施化、规模化、产业化等技术紧密结合起来，规范成农民便于接受、易于掌握的技术标准和生产模式，在银川平原污染较为严重的核心区城乡结合部进行示范应用，使示范区内农民实现家居环境清洁化、农业生产无害化和资源利用高效化，为黄河中上游地区农业立体污染防治提供样板。

2. 规划目标

建成银川平原黄河灌区农业立体污染综合防治研究平台，将宁夏农业立体污染防治研发能力提高到全国水平，集成4套国际、国内领先的综合防治农业立体污染技术规程和技术应用模式。

建成农业立体污染防治技术集成示范工程，核心示范区种植业生产中化肥、农药施用量减少20%以上，养殖业中治虫与防病用药减少15%以上，饲料与排泄物中有害的重金属、抗生素、杀（驱）虫剂用量或残留减少20%以上，畜禽粪便处理与利用率达到100%，秸秆利用率达到100%；示范区达到国家规定的产地环境质量标准、产品质量标准和生产技术标准，并能通过日本SQE农产品质量认证，为黄河中上游地区农业立体污染防治提供示范样板。

3. 规划内容及规模

（1）建设农业立体污染监测分析网络

购置、安装水体、土壤、大气、生物污染物检测、分析设备，建成农业污染物测试与分析实验室、农业污染时空定位监测与空间信息数据库实验室、农业水污染防治与污染模拟实验室、农业生态实验室、重金属污染防治实验室、农产品污染与防治实验室、农药与肥料污染控制实验室、农业废弃物资源化利用实验室、农业污染防治新材料与新产品研发实验室等，构建黄河水、入黄河地表水、灌溉用水、地下水监测系统，农田土壤有害物质含量环境监测系统，农田大气环境监测系统，农产品污染监测分析系统。

（2）开展农业立体污染监测分析

①水环境监测分析。对黄河水、入黄河地表水和灌溉用水等开展监测，重点是硝酸盐含量、氮磷养分含量、各类农药（包括激素类）含量、重金属含量、化学耗氧量（COD）等，查清示范区主要水体污染源头，评价水体污染对农业生产和生态环境的影响。

②土壤环境监测分析。主要监测农田土壤有害物质含量，主要包括：农药类污染物、农膜等固液体废弃物、重金属（Hg、Cd、As、Cr、Pb 等）、氮磷钾养分含量；监测土壤水分、温度，评价农田土壤污染对农业生产的影响和对生态环境的影响。

③农田大气环境监测分析。主要监测农田大气主要环境因子，包括农田能量平衡分量、碳通量、温湿度与风速及梯度观测、辐射、降水、风向等参数，以及农业生产与大气环境质量的相关性。

④农产品污染监测分析。监测主要粮油、果蔬、肉类等农产品有害物质含量，评价农产品食用安全性，分析农产品有害物质的来源，研究农产品质量与农业产地环境之间的关系。

（3）集成示范农业立体污染综合防治技术体系

根据银川平原黄河灌区农业立体污染物的形成动因、演变特征、成灾条件与机理，研究气候等自然条件变化、农艺措施、生产方式、加工过程等对农业立体污染的影响等特征，集成创新农业立体污染综合防治技术体系。

①集成示范农业生产环境与农产品污染立体监测与预警、预报技术。依托建立的农产品与产地环境立体污染防治信息采集与分析系统，开展溯源诊断、快速检测、立体监测、即时预报等重要的共性技术集成与示范，为及时、准确获得农业生产环境与农产品立体污染防控的基础数据和尽快建立预警、预报系统的提供依据。主要内容包括：污染物溯源诊断与快速检测技术、污染物立体监测与预警、预报技术。

②集成示范农业立体污染源头控制技术，主要包括：a. 工业及城市废弃物安全管理技术。主要是工业废弃物安全管理技术、城市生活垃圾安全管理技术、城市污水处理回收利用技术等。b. 化肥污染环境的立体防控技术。主要是丰产栽培与合理减量及精准化利用技术，低污染农业布局与肥料结构优化技术，环境友好型投入品替代技术，养分流失综合阻控技术等。c. 农药污染农产品与产地环境的立体防控技术。主要是适宜性广、抗病（虫）性强的优质高产品种栽培技术，生物性农药替代技术，丰产栽培与农药合理减量化及精准化利用技术，病虫草害的生物、物理与农艺综合控制技术，农药残留生物降解技术等。d. 畜禽及水产品标准化生产技术。主要是兽药、鱼药减量与精准化使用技术，环保型配合饲料生产及饲喂技术，无公害添加剂开发与饲喂技术，中草药防治动物疾病饲喂技术等。

③集成示范农业立体污染过程阻断技术。主要包括污染过程的生物多级阻断与控制、生产过程中水肥污染的理化调控、污染链关键节点碳氮流量控制、生产过程废弃物的循环利用、农产品采收、加工、包装、运输过程中二次污染防治等技术集成与示范。

④集成示范农业立体污染末端修复技术，主要包括残留农药的生物降解技术、农田残留塑膜的机械化回收与处理技术、畜禽养殖场生物除臭与污染控制技术、土壤重金属钝化、次生盐渍化耕地修复等技术集成与示范。

（4）研究制定农业立体污染防治的政策和法律保障措施

①研究制定阻断工业和城市废物排放对农产品产地和农产品污染的立体防治政策、法规和行政管理措施。

②制定、推行改进不合理农业生产方式，综合防治农产品产地和农产品污染的政策、法规和行政管理措施。

③研究引导民众提高综合、立体防治农产品产地和农产品污染意识、树立清洁生产理念

的新制度，探索民众自觉参与农业污染综合防治新机制。

（5）建设农业立体污染综合防治示范区

推广应用农业立体污染综合防治技术和政策及法律保障措施。将集成创新的农业立体污染综合防治技术体系与当地农业生产中节水、高效、良种化、设施化、规模化、产业化等技术紧密结合起来，规范成农民便于接受、易于掌握的技术规程和生产模式，并结合研究制定的农业立体污染防治的政策和法律保障体系，在银川平原黄河灌区的政治、经济、商贸、文化中心银川市兴庆区的城乡结合部进行推广应用。推广应用规模为5 000hm^2，带动农民3万人。

探索和构建生产与环境良性循环模式。一是农业系统内部的良性循环模式：①清洁生产和高效利用模式，通过推广应用化肥、农药、农膜和其他化工类农用生产资料减量投入和高效利用技术，采用生物肥料、控释肥、缓释肥、生物农药、可降解农膜等新材料替代常规生产资料，阻断因化工类农用生产资料的过量投入造成的农产品产地环境污染、土壤板结、地力下降，边际效益降低、生产成本上升等，改善高消耗、低产出、高污染的生产方式，使示范区形成清洁生产和高效利用模式。②种养结合的生物良性循环模式。通过动物粪便处理，将消除了臭味、消灭了粪便中寄生虫的有机肥施入草地、农田、菜地、果园、池塘等生态系统，改善农产品产地环境质量、提高农产品品质，并通过应用玉米秸秆的青贮、酶贮技术，使农作物的果实、秸秆和家畜排泄物都得到循环利用，形成畜禽多—肥多—粮多—饲料多的农业生产良性循环模式。③种植、养殖、加工业、营销与环境系统的良性循环模式，通过推广应用农产品生产、加工、销售无害化、安全生产技术，使当地群众在农产品种植、养殖、加工、销售等方面，形成清洁生产的良好习惯，阻断其生产过程对农产品产地环境的污染。二是探索农业和工业系统良性循环模式、农村与城市系统良性循环模式。

4. 规划实施的组织管理和保障措施

（1）成立宁夏农业立体污染综合防治技术集成和政策与法规研究课题组

由宁夏回族自治区发展和改革委员会、农林科学院、科技厅、农牧厅、环保局等部门参加，成立项目研究课题组，负责项目技术集成创新、政策与法规制订、实施和指导项目建设。

（2）成立项目实施协调领导小组

为全力推进工程建设，充分发挥宁夏回族自治区发展和改革委员会、财政厅、科技厅、农林科学院、农牧厅、环保局的职能作用，使其支农资金项目形成合力，由宁夏自治区发改委、农林科学院、科技厅、农牧厅、环保局等部门参加，成立项目实施协调领导小组，领导小组组长由分管农业的自治区副主席担任，成员为宁夏自治区发改委、农林科学院、科技厅、农牧厅、环保局等部门主管领导，主要负责项目资金的筹措与协调，确保项目建设的质量和水平。

（3）成立“中国农业科学院农业立体污染综合防治与产地环境质量研究宁夏分中心”

在中国农业科学院农业立体污染综合防治与产地环境质量研究中心的指导下，由宁夏回族自治区发展和改革委员会、农林科学院等单位组成，成立“中国农业科学院农业立体污染综合防治与产地环境质量研究宁夏分中心”。

（4）加强相关研究项目的合作，增强农业立体污染综合防治研究的实力

充分发挥项目协调小组作用，将目前宁夏农林科学院正在开展国家、自治区及相关部门支持的“宁夏优势特色农业产业智能化系统的开发与应用”、“温室蔬菜硝酸盐污染与控制”、“蔬菜硝酸盐运动规律与防治”、“喷、滴灌条件下土壤水盐运动与灌溉施肥制度研究与示范”、“区域平衡施肥与新型肥料开发”，自治区环境保护局实施的国家安排的黄河流域水环境综合治理、农村小康环保行动、环境监管能力建设工程和土壤污染状况调查等项目，宁夏农牧厅执行的中日合作的“面源污染防止综合技术研究”等项目整合起来，使各个攻关项目形成合力，增强黄河中上游农业立体污染防治研究及现代农业示范项目研究和建设实力，并实现各部门、各项目研究资源的共享。

（5）积极引进先进技术和成果

依托中国农业科学院的科技研发力量，在其专家和相关科技人员的指导下，严格按照项目标准，规范化进行项目研究的数据采集、分析和整理，引进和应用已有的先进技术和研发成果，使农业立体污染的相关研究成果和技术共享，避免重复研究和重复开发。

（6）高度重视项目研究成果的应用

在建立稳固的试验示范基地，试验、示范、推广相关技术和研究成果的同时，充分发挥政府职能部门和技术推广部门的作用，扩大成果应用，加快成果转化。

5. 规划实施效益分析

（1）社会、经济效益分析

①可极大地提高宁夏农业立体污染防治研发能力。通过规划的实施，建立起来的农业系统监测网站，可促进农业立体污染防治技术的研发能力的提高。

②可开辟有效解决银川平原黄河灌区乃黄河灌溉农业区农业污染的新路子。农业立体污染涉及土壤污染、地下水污染、地表水污染，大气中酸雨污染、生物中的食物链污染的一个大循环体中，形成了相互作用，相互影响的一个整体，牵涉到许多种污染物质的交换、转变和迁移，通过规划的实施可控制整个“立体污染”的关键性循环链，阻隔污染过程的关键环节和节点，为从根本上解决农业污染的问题开辟新路子。

③可形成生产与环境和谐发展的运行模式。传统的经济发展模式：资源—产品—污染排放的单纯性生产，将会导致人与自然之间的尖锐矛盾。通过立体污染防治规划的实施，利用农业循环经济协调人类与自然关系，根据农业产业化体系中种植业、林业、牧业、渔业以及农产品加工等相互作用、相互依存、共同发展的天然联系，通过沼气池和废弃物的资源化利用等，实现产气、积肥同步，种植、养殖并举，取得能源、物流和社会诸多方面的综合效益，在人与自然之间形成和谐发展机制，既改善了农村生态环境，又加快了农村小康建设。

④可提高全民对农业立体污染防治的意识。在规划实施过程中，建立典型区域农业立体污染综合防治示范点，通过教育和培训，可增强广大农民对农业环境污染问题的认识，提高防治意识。

⑤可极大地降低农业生产成本。规划实施过程中，通过推行水、肥综合管理技术、节水技术，减少化肥、农药和其他农用生产资料投入量，动物粪便肥料化、能源化，农作物秸秆饲料化，向农户提供清洁的生活能源和生产能源，使规划项目区农民增收100～200元。

（2）推广应用前景分析

在研究与技术层面上，整合各部门、各产业现有的相关资源、资金、人才、技术，开展理论与技术的研究与创新，将以生物技术为主的高新技术有机地应用到农业污染的防治进程中，形成一个采用循环经济机制防治农业立体污染的协调、高效的平台，使宁夏在该领域的研究处于全国先进水平。项目集成先进的立体污染防治技术建立综合防治示范点，提供环境友好的立体污染综合防治技术模式，为宁夏乃至西北引黄灌溉农业建立了示范样板，也促进一批高新技术环保产业的产生和发展。而且，项目实施中与自治区环保局、自治区农牧厅和当地主管部门形成了紧密的合作关系，项目研究开发的立体污染综合防治技术和相关的产品可以很快在当地推广应用，形成较为广阔的需求。

6. 项目建设风险分析及对策

（1）技术风险分析

项目依托中国农业科学院开展了长期农业立体污染的研究工作，在技术研究中具有丰富的经验，取得了一批实用技术和研究成果。因此，可以将技术风险降低到最小。

（2）市场风险分析

农业立体污染控制和以循环经济为指导的现代农业技术的应用推广一直是困扰农业农村发展和经济效益提高的瓶颈。本项目通过调查摸清宁夏农业立体污染的情况，优化集成已有的技术和研究成果，建立适合西北黄河流域需求的防污、减污和阻污的技术体系，具有明显的实用性和全面性。因此，本项目市场前景广阔。

（3）政策风险分析

从宁夏实际情况出发，以循环经济发展和节约型社会建设等理念为指导，坚持农产品质量安全和资源节约型和谐社会目标，坚持产地环境保护与农业污染治理两手抓的原则，突出产地环境保护特点，从大气、土壤、水体和生物等方面，集成具有宁夏农业立体污染防治技术体系，积极改善农业产地环境质量，寻求宁夏引黄灌区生产、生活、生态与经济发展的良性循环的发展路径。因此，该项目是政府支持的项目，在政策上没有风险。

（4）综合风险分析

综上所述，通过对技术风险、产品竞争力风险、市场风险和政策风险等综合分析，通过各种措施和项目组努力将风险降低到最低程度。

（王惠荣、马忠玉、武雪萍）

“我国农业立体污染防治技术示范与产地环境质量监测体系建设”项目绩效预评估

农业立体污染是由农业系统内部和外部引发，因不合理农业生产活动造成农业系统“土壤－水体－大气－生物”立体交叉污染的受损过程。农业立体污染具有时空延伸特征，与产地环境质量有着密不可分的关系，已经成为当前国际、国内环境研究领域广为关注的重大热点问题。寻求农业立体污染治理与产地环境建设的科学思路与技术对策，对减轻我国农业环境沉重压力具有战略性指导意义。

我国在水土资源十分紧缺的背景下，实现了主要农产品供给从长期短缺到基本平衡、丰年有余的历史性转变。但与此同时，农业环境长期处于高负荷状态，产地环境质量恶化的现象正逐步升级，局部改善、整体恶化的状况并未得到根本缓解。过分的高投入和不科学的农业生产方式，导致了农业污染不断加重。我国也是农业有机废弃物产出量最大的国家，这些废气物散发出大量的臭气、挥发物、焚烧物、有毒物和氮磷等养分流失于土壤、水体、大气和生物体，对农业生态环境造成严重的影响。本项目从系统、立体的角度构建我国农业和农村污染防治体系及相关的技术支撑体系，项目的具体实施内容如下：

①5 年内建成“国家农业立体污染防治与产地环境工程技术中心”，下设四个分中心，即农业产地环境质量监测、评价与信息网络中心，研究中心，测试中心和产业孵化中心。培育对我国农业产地环境质量进行立体监测、快速测试与科学评价的总体驾驭能力，构建起我国农业立体污染与产地环境质量实时信息发布平台与动态播报网络体系。

②构建 15 个不同类型的监测、评价、示范分中心（基地），构建国家农业立体污染防治与产地环境建设示范网络。示范具有代表性的污染防治技术模式 20 个以上。每个种植业分中心示范面积在 20hm^2 以上，累计推广面积 5 000hm^2 以上；每个养殖业污染控制示范基点达到年处理 10 000 头（猪）废弃物的能力；每个基地平均培训相关领域的农民技术人员 100 名以上，示范带动农户 10 000 ~ 50 000 户。

③在农产品单产和总产量基本不降低的前提下，在示范区现有农产品产地环境质量等级基础上，提高 1 ~ 2 个等级，或使示范区农业污染物排放控制在国家标准以下。

④形成具有完全自主知识产权 50 项以上，并催化该领域的高新技术企业 10 个以上。

⑤编写具有推广应用价值的技术示范与产业化领域的图书 10 部以上，撰写相关论文 500 篇以上，制备科技用户包等图文声并茂的科普宣称材料 10 000 份以上。

根据本项目的特点，其预期效益将包括三个方面，即经济效益、社会效益和生态效益，且社会效益和生态效益更大。下面将分别对该项目的三项效益进行初步评价：

一、项目的经济效益

根据该项目的研究、示范和推广内容，其经济效益将主要体现在以下四个方面：①节本增效。通过研发、示范和推广综合技术，提高灌溉水资源、肥料、农药等利用率所节约的成本。②提高产品的质量和安全性所带来的经济效益。通过控制化学农（兽）药、化肥、添加剂等的不合理使用，提高产品的质量和安全性，生产和供应无公害、绿色或有机农产品所带来的经济效益。③创建新的产业所能增加的经济效益。通过研究、示范和推广本项目所设计的技术体系，拉动专用设备、零部件、软件、专用肥料、农（兽）药等新兴环保产业的兴起与发展所创造的经济效益。④农业与农村废弃物的综合利用，发展循环经济所提升的经济效益。

1. 新增效益估算

新增效益是新增产值扣除新增成本后的净收益。本项目新增效益初步估算基本依据见表1。

表1　本项目预期经济效益估算依据

产生经济效益的事项	经济效益计算年限	单位规模效益（或计算依据）	总规模
节本增效	5	肥225元/hm^2、药150元/hm^2、水150元/hm^2，合计525元/hm^2	2007年推广5 000hm^2，以后每年推广递增30%，5年后保持稳定
提高质量和安全性	5	农产品综合按照纯增750元/hm^2计；畜产品按照50元/头只计	2007年推广5 000hm^2，以后每年递增30%；2007年推广10 000头只，以后每年递增30%
培育和创建新产业	10	每个企业正常年份税前利润1 000万元，2008年开始盈利，当年达到设计能力的50%，2009年达产	培育该领域10个高新技术企业
废弃物综合利用	5	种植业领域每公顷纯增225元；养殖业领域每头只纯增15元	2007年推广5 000hm^2，以后每年递增30%；2007年推广10 000头只，以后每年递增30%

按照上述估算依据，估算出各年的新增纯收益和新增投资。由于本项目发挥效益年限较长，进而经济效益计算年限较长，所以必须对各年的收益和投资进行贴现（见表2），本项目贴现率为10%。

表 2　本项目预期经济效益估算表　　单位：万元

年份	年新增纯收益	新增投资	贴现值	
			纯收益	新增投资
2006	0.00	7 000.00	0.00	7 000.00
2007	815.00	13 000.00	740.91	11 818.18
2008	1 559.50	13 000.00	1 288.84	10 743.80
2009	11 377.35	11 000.00	8 547.97	8 264.46
2010	11 790.56	7 686.70	8 053.11	5 250.12
2011	12 327.72		7 654.55	
2012	12 327.72		6 958.68	
2013	12 327.72		6 326.07	
2014	12 327.72		5 750.97	
2015	12 327.72		5 228.16	
合计	87 181.01	51 686.70	50 549.25	43 076.57

2. 经济效益指标测算

根据表 2 的数据，可以计算本项目的年经济效益和投资报酬率。

$$\text{年经济效益}=\frac{\text{总的纯收益贴现值}}{\text{经济效益计算年限}}=\frac{50\ 549.25}{10}=5\ 054.93\text{（万元）}$$

$$\text{项目投资报酬率}=\frac{\text{总的纯收益贴现值}}{\text{总投资贴现值}}=\frac{50\ 549.25}{43\ 076.57}=1.17$$

二、项目的社会效益

本项目的社会效益巨大。主要反映在以下几个方面：①示范带动农户。本项目将建设 15 个不同类型的监测、评价、示范分中心（基地），每个基地平均培训相关领域的农民技术人员 100 名以上，示范带动农户 10 000～50 000 户，制备科技用户包等图文声并茂的科普宣称材料 10 000 份以上。通过对农户进行培训和亲自参与，将显著提高项目区农民的科技文化素质和接受新技术的能力。②为社会提供高质量、安全性的农产品。通过农业立体污染防治体系的建设，可以有效控制化学肥料、化学农药的超标问题，缓减违禁药品、添加剂、重金属等在农产品中的残留。③显著提高我国环境污染治理和发展循环经济的科技支撑能力。本项目完成后，将形成具有完全自主知识产权 50 项以上，并催化和培育该领域的高新技术企业，不断提高其自主科技创新能力。通过农业立体污染防治体系的建设及相关技术的研发与创新，全面提升我国环境治理和发展循环经济的技术水平。

三、项目的生态环境效益

本项目的主要目标就是保护和治理生态环境，所以该项目的绩效更多地反映在生态环境效益上。

第一，本项目将为我国农业和农村污染的治理提供一种全新的思路，构建系统的防治检测体系。我国在农业污染防治与产地环境建设方面的研究与治理起步较晚，系统的科学理论与总体治理思路尚未建立，规范化、标准化的农业污染与产地环境质量国家监测网络尚未形成。近年的治理在策略与技术方面整体表现为末端控制多，源头与过程控制少；"点"、"源"治理考虑多，系统与"立体"治理思考少。由于农业污染的高度综合性，传统的"点"、"面"源污染防治已无法解决复杂的"立体化"农业污染问题，对水体、土壤和大气的单方面研究已经远远不能有效解决农业污染问题。本项目将引入与应用新的系统理论和技术体系，研究与创新各环节、各层面的关键技术，构建立体污染防治的技术体系，为全面、系统防治农业与农村污染奠定基础。

第二，本项目将为合理使用化肥、农药、添加剂等提供技术规范和示范推广，为有效控制土壤、水体等污染提供技术支撑和检测依据。我国是目前世界上化肥、农药、配合饲料、地膜等用量最多的国家，畜牧业与农产品加工业正在迅猛发展，农业自身污染的潜力和风险很大。全国绝大多数区域尚没有真正实施平衡施肥和科学用药，肥药的利用率仅30%～40%，远低于发达国家的水平。因不合理施肥每年流失纯氮超过1 500万t，直接经济损失约300亿元；农药浪费造成的损失达到150多亿元以上。全国已有2/3以上的水域和1/6以上的土地受到不同程度的污染，农药、化肥、有机固体垃圾等污染现象亦相当严重。项目的实施将为高效、合理利用化肥、农药等提供现实途径，将显著降低对土壤、水体等农业生产基本环境的污染。

第三，本项目将为充分合理利用农业废弃物提供技术支撑和有效途径。我国是农业有机废弃物产出量最大的国家。每年畜禽粪便排放量26亿t；农作物秸秆6.5亿t，约有2/3被无谓焚烧或变成有机污染物；蔬菜废弃物1亿～1.5亿t；畜产品加工厂废弃物0.6亿～0.7亿t；废弃塑料25万t，农膜残留量高达45kg/hm^2左右。这些废弃物若不经过处理，将产生大量的臭气、挥发物、焚烧物、有毒物和氮磷等养分，流失于土壤、水体、大气和生物体，并在其间转化、迁移、富集，甚至再生，对生态系统产生循环污染和长远影响。本项目的实施将为这些废弃物的高效合理利用提供新的工艺流程，既减少对土壤、水体和大气等的污染，又创造出新的财富。

总之，本项目实施预期经济效益比较显著，每年预期可获得5 054.93万元的纯收益，每元投资可获得1.17元的利润，在同类项目中经济效益很显著。更重要的是，本项目预期社会效益和生态环境效益巨大，特别是将为我国构建新型农业立体污染治理体系提供技术支撑，其综合效益的发挥将更加长远。

（中国农业科学院农业经济与发展研究所）

立体污染综合防治

——农业卷

技 术 篇

农业生态系统碳氮立体污染问题研究

随着国家对工业污染治理力度的加大、农业与农村经济的迅速发展以及农业集约化生产程度的提高，环境污染源逐步由工业为主转向工农并重，农业立体污染日显突出。“农业立体污染”是一个全新概念（章力建和蔡典雄，2004；章力建等，2004），其实质是水体、土壤、生物、大气各层面相互关联的物流链，而碳氮物流链是所有污染发生过程中最重要的物流“通道”，因而成为近年来国内外专家学者最为关注的焦点。由于农业生产中碳氮管理不当和不合理的利用引发地下水体、地面水体、土壤、生物的碳氮链式立体污染，不仅影响农业生态环境安全、人体健康、农产品质量、农业与农村的可持续发展和农民收入的提高，甚至还影响我国环境外交和国际贸易。因此，研究农业立体污染中的碳氮链，阻断碳氮污染源，对防治农业碳氮污染的发生，乃至农业立体污染的防治都具有重要意义。

一、农业系统碳氮链的内涵、作用与功能

农业立体污染中的碳氮链是指由农业系统内部引发或外部导入，从水体、土壤、生物到大气各层面间相互关联、相互制约、相互转化的立体式碳氮链（图1）。

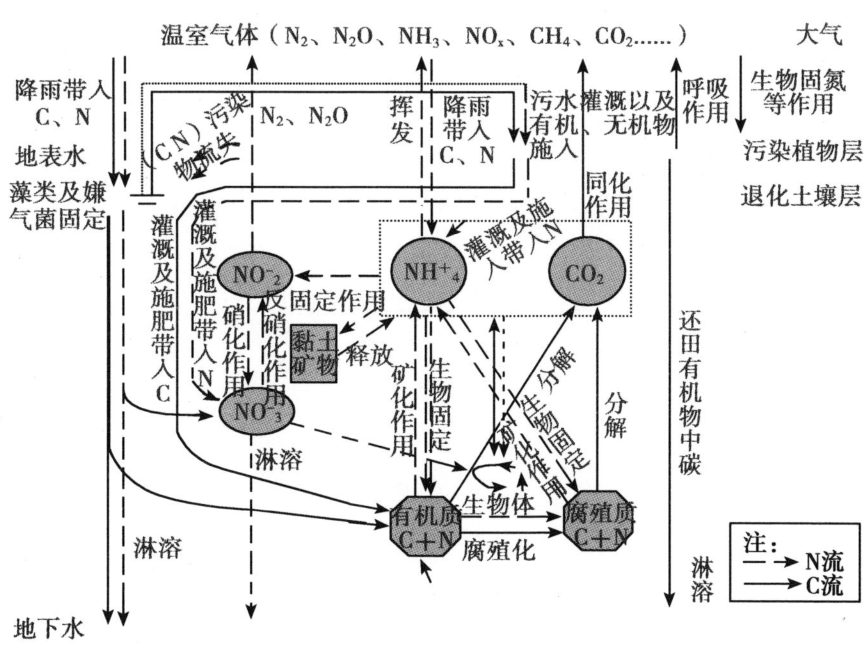

图1　农业立体污染系统中碳氮链示意图

农业系统碳氮链具有系统物质转化和物质循环的基本功能，其能流与物流功能特征及转化效率决定了农业生态系统生产力高低（闻大中，1986；骆世明和陈聿华，1987；王留芳，1994），并对社会经济、生态环境产生重大影响。在农业生产中，碳氮链中的物流量与方向对引发碳氮立体污染起着直接、决定性的作用。碳氮是农田最重要、最活跃的两大营养元素，同时也是最大量的污染元素。农田碳氮流方向、流量取决于农业生态系统耕种管理水平和自然环境条件，同时也决定了土壤肥力演变方向、土壤供养肥能力；决定了该农业系统是生态、环境、资源保护型，还是生态破坏、环境污染和资源消耗型。因此，调控农业系统碳氮物流（如转化速率和流速）、协调农业系统碳氮结构是农田系统碳氮管理的重要任务，是提高系统功能效率、防治“农业立体污染”中碳氮环境排放污染的一个重要手段。

二、全球碳氮立体污染概况

现代农业随着石化能源供应的增加而快速发展，农业生产必需的石化能源消耗，如肥料、杀虫剂以及灌溉和农业机械等也随农业发展的需求而持续增加。全球范围内从水体、土壤、生物到大气的碳、氮链物流变化等都对环境产生了巨大影响。

1. 农业系统碳氮链物流对全球农业土壤—生物系统污染的影响

随着全球工农业生产的高效快速发展，农业土壤—生物系统碳氮链物流量将高速增加。各国对肥料，特别是氮肥需求量的持续快速增加（图 2）。氮链物流的成倍增加，在土壤—生物链中存在过量使用碳氮问题，导致环境污染和危害人类健康。

图 2 全球肥料用量发展态势

资料来源：IFA，2004

20 世纪 80 年代以前，发达国家主要依靠增施化肥提高产量。以德国为例，氮磷钾化肥平均用量 1950 年为 23kg N/hm^2，24kg P_2O_5/hm^2 和 38kg K_2O/hm^2，1979 年为 185kg N/hm^2，110kg P_2O_5/hm^2 和 K_2O kg K_2O/hm^2。单产由 60 年代初期的 2 768kg/hm^2（为 1961～1963 年 3 年的平均值）提高到 70 年代末的 4 166kg/hm^2。1961～1979 年 19 年中粮食作物总产和单

产分别增加了84%和70%（张维理等，1998）。然而，随着农业生产中大量施用化肥，导致氮、磷等营养元素大量进入水体，引起水体富营养化，造成化肥对地表水的非点源污染，对生态环境产生的负面影响也在不断加剧。据报道，在美国，60%的水环境污染是由非点源污染造成的，其中农业非点源污染占了75%左右（史蒂文森 FJ. 等著，1989）。在我国，全国532条河流中，82%受到不同程度的氮污染（张中一等，2003）；在每年进入长江和黄河的氮素中，分别有92%和88%来自于农业，特别是化肥氮约占50%（朱兆良等，2005）。如何减少农业生产对化肥的依赖，确保农业和环境可持续发展已经成为全球关注的重点之一。

全球1m土体共储存有机碳1 550Pg C（$Pg = 10^{15}g$）（Lal 等，1995），在工业化前近2 000年的历史中，全球仅损失碳总量320PgC。但工业化后，从1850年后至现在共损失碳136 ±55PgC，平均年碳损失速率从0.04PgC/a 增至0.8PgC/a。以世界耕地计算，由于不合理耕种导致农业土壤SOC（土壤有机碳）减少的速度约为0.06% C/a（Dalal 和 Carter，2000）。每年农业活动导致SOC 损失约为0.88PgC/a。耕作已导致初始SOC 水平降低了50% ~70%（Lal 和 Brunce 等，1999）。为减缓大气 CO_2 浓度升高，抵扣本国温室气体排放量，世界各国均采取不同耕种技术进行农田土壤固碳，恢复土壤碳库容量。

欧洲国家和美国对本国农田土壤实施土壤碳资源管理，如土壤保持耕种管理，挖掘固碳潜力，保持和提高土地持续生产能力，同时减缓碳能源耗费对生产、经济和环境的压力。据估算，欧洲15国农田土壤固碳潜力为0.09 ~0.12Pg C/a（Smith，2004），美国为0.45 ~0.98PgC/a。

2. 农业系统碳氮链物流对全球水体污染的影响

人类在生产、生活中将大量的工业、农业和生活废弃物排入水体，造成水体污染。目前，全世界每年约有4 200多亿 m^3 的污水排入江河湖海，污染了55 000亿 m^3 的淡水，这相当于全球径流总量的14%以上（万咸涛，2005）。联合国环境规划署在黎巴嫩首都贝鲁特和肯尼亚首都内罗毕同时向全世界公布《地下水及其对环境退化的敏感性：全球地下水评估及其管理抉择》报告，揭示了全球地下水危机现状（中国环境报，2003）。报告指出，目前世界许多地方不仅水资源越来越紧缺，而且有些在自然环境中难以被细菌分解的有毒化学物质通过“阻力较小的”岩层或迁移进入水体，导致有些地方水体水质严重超过国际健康限度。地表水和土壤水下渗，使农用氮肥、畜禽粪便，垃圾中的油、酚等易溶性有机无机氮碳物污染地下水。为防止有机无机肥对水体的污染，欧美国家纷纷出台限量使用有机肥和无机氮肥料政策，提高使用标准，保护地面植被和湿地等，以减少地表水渗透和流失，全面提高土体有机无机肥料固定容量。

3. 农业系统碳氮链物流对全球温室气体的影响

据IPCC报告（1995）全球大气 CO_2 浓度正在以每年平均0.5%的速度增加。如 CO_2 浓度从1850年的285mg/kg已增至1996年的365mg/kg（Lal 和 Brunce，1999）。据估计，全球每年因燃油所导致碳的排放量为6.3PgC/a，农业活动导致碳的排放量为1.6Pgc/a，占其碳总排放量的25%（Lal，2002）。土地利用方式改变（如林草植被减少和农耕地增加）和集约化农业生产对温室气体排放具有重大影响，温室效应的20%与农业活动有关（IPCC，

1995）。农业活动对二氧化碳排放的贡献率为21%～25%，对甲烷排放的贡献率为55%～60%，对农业对氧化亚氮排放的贡献率为65%～80%（OECD，1998）。如果改善耕作措施，每年可减少碳排放量16%（Kern，1993）。

三、农业系统碳氮链物流对我国水体—土壤—生物—大气污染的影响

1. 农业系统碳氮链物流对土壤—生物系统碳氮的影响

土壤碳损失和过量使用氮肥已引发土壤—植物系统链一系列问题，不仅污染了环境，影响了农业生产，而且还污染了生物和食物，影响了人体健康。

我国总土壤有机碳库估计在50～180Pg之间。估计我国表层土壤有机碳库为20Pg（潘根兴，2003）。我国人为土的管理在陆地生态系统碳循环与全球变化上有重要意义。不合理的农业生产过程（包括耕作、施肥、农药、灌溉等投入）会导致土壤碳的损失增加。李长生等人（2000）用DNDC模型估计1990年我国农田土壤有机碳损失达73.8TgC/a，而美国农业土壤每年净增72.4TgC/a。美国非常注重有机碳还田，平均已达到90%，而我国只有25%左右。我国为增加产量长期偏重施用氮素化肥，忽视有机肥，加速了土壤有机质的矿化与损失，恶化了土壤的物理性状，造成了土壤板结和退化。

农业氮污染也是近几年备受重视的新问题。我国氮肥用量是世界平均用量的3倍多（金继运和林葆，1997），已经超过了日本、美国及许多欧洲发达国家。我国氮肥的污染主要与菜地大量施氮有关。近10年，我国蔬菜种植面积增长近一倍，菜地氮肥用量高达800～5 500kg/hm^2（徐建辉，1999），且利用率远低于粮田，个别地区鲜青菜硝酸盐平均含量达2 334mg/kg，最高达5 495mg/kg（王珊龄等，1988），菜田多余的氮渗入地下水或返回大气，造成农田环境和食物污染。

2. 农业系统碳氮链物流对水体污染的影响

我国农业系统碳氮链物流的快速增加和流失的流向是造成地下水硝酸盐污染、地表水碳氮污染的主要根源。根据北京、天津、河北、山东、陕西等省市集约农业地区600个点位的抽查显示，北方一些地区的农村和小城镇由于农用氮肥的大量施用而引起的地下水、饮用水硝酸盐污染的问题已十分严重。据张维理等（1995）对我国北方69个地点的地下水和饮用水硝酸盐含量的调查结果，半数以上的水样中硝酸盐含量超过饮用水硝酸盐含量的最大允许量50mg NO_3^-/L（国际饮用水硝酸盐标准）；凡施肥量超过500kg/hm^{2}的地区，地下水的硝酸盐含量都超过饮用水标准，其中最高者达300mgNO_3^-/L。

地表水中来自农业的氮主要通过地表径流直接流入和通过淋溶、迁移流入。据有关资料测算，每增施氮肥1kg/hm^2，其冲刷损失量增加0.58～0.72kg/hm^2（孙彭力和王慧君，1995）；氮肥淋溶损失达3.4%～25.4%，雨季可达50%（白木等，2003）。由施用化肥进入地表水的氮和通过畜禽粪便直接排放到水体的有机及无机态碳氮，与生活污水一样，是引起水体富营养化的原因之一。国内外的现状调查结果表明，在全球范围内30%～40%的湖

泊和水库遭受不同程度富营养化影响。我国近年来湖泊富营养化发展速度相当快，从20世纪80年代后期的41%上升到90年代后期的77%（马经安和李红清，2002）。2000年对全国131个湖泊的营养程度的评价表明，61个湖泊富营养化、54个湖泊中度营养化（朱兆良等，2005）。我国富营养化较为严重的太湖、滇池和巢湖的面源污染物对全氮的贡献率分别为59%、33%和63%，对全磷的贡献率分别为30%、41%和73%。据国家环保总局（2004）资料统计，2003年度监测的28个重点湖库中，满足Ⅱ类水质的湖库有1个，占3.6%；III类水质湖库有6个，占21.4%；IV类水质湖库有7个，占25.0%；V类水质湖库有4个，占14.3%；劣V类水质湖库有10个，占35.7%（表1）。

表1　2003年度重点湖库水质类别统计

水系名称	个数	Ⅰ～Ⅲ类	Ⅳ、Ⅴ类	劣Ⅴ类	主要污染指标
三湖	3	0	0	3	总氮、总磷
大型淡水湖	10	3	4	3	总氮、总磷
城市湖	5	0	3	2	总氮、总磷
大型水库	10	4	4	2	总氮、总磷
总计	28	7	11	10	总氮、总磷
比例（%）	100	25	35.7	39.3	总氮、总磷

注：三湖是否指滇池、太湖和巢湖，不详。

3. 农业系统碳氮链物流对我国温室气体过度排放的影响

我国农田碳氮是温室气体重要来源之一。畜禽养殖、水稻种植、肥料施用、旱地土壤耕种以及农业秸秆燃烧等活动向大气中排放大量的CH_4、CO_2及NOx等温室气体。过量施用氮肥，在土壤微生物的硝化和反硝化作用下，会使部分氮肥变成NOx或NH_3气体而进入大气环境。NOx不仅是温室气体之一，还是破坏臭氧层的元凶之一。资料表明，农业活动对二氧化碳排放的贡献率为21%～25%，对甲烷排放的贡献率为55%～60%，对农业对氧化亚氮排放的贡献率为65%～80%（OECD，1998）。

四、农业系统碳氮链物流研究存在的主要问题

1. 缺少一体化的核心技术研究

无论碳氮资源高效利用研究，还是碳氮污染防治技术研究，其核心应围绕碳氮链物流、流向展开。但我国目前的碳氮研究主要还侧重于单一圈层内部研究，缺乏在整个农业系统内多圈层间的一体化、立体的研究。试验虽在研究小区和小规模生产中比较成功，但在大规模生产应用中效果欠佳，根本原因在于不重视核心关键技术研究，制约了研究成果、技术的扩散与应用。

2. 缺少多层次的防治技术研究

近10年来，国家耗费巨额资金，采取了一系列措施，控制和治理碳氮污染，但对已污染水体、大气的治理及恢复似乎尚无良策。目前国际上也没有很好的直接办法。我们应重视从碳氮污染源头、链间到末端污染的系统、多层次“污染链三节控制”的研究。

3. 实用技术研究与现实生产需求的矛盾

虽然我国以测土平衡施肥为基础的“精确农业”技术可以较好地解决精准施用氮肥的难题，但由于受我国农业主要是小农户经营、农户专业化程度低、田块小、基础数据少等的限制，目前还难以实现逐户、逐地块地实施这一技术。

4. 缺乏合理的立体污染综合防治技术与评价指标

由于农业系统碳氮污染是农业生产过程中不合理的经营和管理造成的，且相互间互为关联，因此，防治碳氮立体污染必须置于整个农业生态系统可靠综合评价基础之上，必须基于对整个污染发生的机理、迁移过程的理解。防治技术还必须与当地环境条件、技术水平相适应，与地区经济状况相匹配。建立合理的技术评价指标和方法的建立是避免污染防治盲目性的技术保障。

5. 缺乏成功的综合防治技术模式

由于农业碳氮立体污染防治涉及到农业生产的各个方面，包括化肥、农药施用与管理，畜禽养殖业和农田废弃物的处理与资源化利用等，因此，碳氮立体污染防治技术不是单项技术，而是一项综合技术，成功的防治技术模式对防治污染对策的实施至关重要。由于我国地区之间经济发展不平衡，造成污染的类型、数量和负荷不同，目前尤其缺少针对不同地区的综合防治技术模式。

五、结语

我国每年农业碳氮污染造成的经济损失近千亿元。农业污染防治不仅应重视点源污染的防治，更应重视污染链的治理。农业碳氮污染形式多样，处于立体农业的大循环体之中，涉及污染链间物质的交换、转化和迁移。只有通过控制整个“碳氮立体污染”的循环链，阻隔污染“通道”，才能从根本上解决农业碳氮污染。

我国在环境监测、污染源防控、温室气体减排方面做了大量工作，成绩斐然，但在碳氮污染研究方面还存在诸多问题：缺乏系统可靠的碳氮立体污染基础数据，尚未开展有针对性的监测，无标准监测方法，没有形成完整的监测网络和质量控制体系；缺乏农业系统碳氮污染防治理论、技术和评价方法；缺乏有效的碳氮防治污染措施，适合不同区域的成功的防治技术模式；缺乏基于对碳氮整个污染发生、迁移过程机理的理解和水体－土壤－生物－大气一体化综合防治污染的意识等。

在进一步加强农业面源污染防治和减少温室气体技术研究的同时，必须尽快全面实施一体化的碳氮综合防治技术与技术应用研究，重点开展碳氮在水体－土壤－生物－大气系统中迁移规律的研究及高新技术在立体污染防治中的应用研究；通过科普和大众媒体，加强教育和培训，提高全民对农业立体污染的认识，制定相应的法规，以促进农业、农村可持续发展战略的实施；结合农业发展总体布局，根据不同区域的污染特征和社会经济条件，在典型区域建立农业碳氮立体污染综合防治示范点，筛选出关键防治技术，并进行示范和推广。

参考文献

[1] 白木，庚晋，子荫．切实解决我国化肥施用不当造成的污染问题．磷肥与氮肥，2003，18（1）：9～11.

[2] 国家环保总局．2003年中国环境状况公报．国家环保总局，2004.

[3] 金继运，林葆．化肥在农业生产中的作用和展望．作物杂志，1997，2：5～9.

[4] 李长生．土壤碳储量减少：中国农业之隐患——中美农业生态系统碳循环对比研究．第四纪研究，2000，20（4）：345～350.

[5] 骆世明，陈聿华．农业生态学．长沙：湖南科学技术出版社，1987.

[6] 马经安，李红清．浅谈国内外江河湖库水体富营养化状况．长江流域资源与环境，2002，11（6）：575～578.

[7] 潘根兴，李恋卿，张旭辉，代静玉，周运超，张平究．中国土壤有机碳库量与农业土壤碳固定动态的若干问题．地球科学进展，2003，18（4）：609～618.

[8] 史蒂文森，F·J. 等著．闵九康等译．农业土壤中氮．北京：科学出版社，1989.

[9] 孙彭力，王慧君．氮素化肥的环境污染．环境污染与防治，1995，17（1）：38～41.

[10] 万咸涛．世界和中国水资源质量工作进展．水资源研究，2005，26（3）：14～16.

[11] 王留芳．农业生态学（西北本）．西安：陕西科学技术出版社，1994.

[12] 王珊龄，蔡玉祺，高建平，蔡道基．扬中水体及食品中的硝酸盐类含量与影响评价．农村生态环境，1988（3）：22～27.

[13] 闻大中．我国东北地区农业生态系统的力能学研究．生态学杂志，1986，5（4）：1～5.

[14] 徐建辉．氮肥污染地下水有关方面应重视．科学时报，1999－03－31.

[15] 章力建，蔡典雄．治理污染必须抓链条．科技日报，2004－12－10.

[16] 章力建，董红敏，蔡典雄等．农业立体污染及其防治．中国农业科学院院报．2004－12－10.

[17] 张维理，林葆，李家康．西欧发达国家提高化肥利用率的途径．土壤肥料，1998，5：3～9.

[18] 张维理，田哲旭，张宁等．我国北方农用氮肥造成地下水硝酸盐污染的调查．植物营养与肥料学报，1995，1（2）：80～87.

[19] 张中一，施正香，周清．农用化学品对生态环境和人类健康的影响及其对策．中国农业大学学报，2003，8（2）：73～77.

[20] 中国环境报．联合国环境规划署发表报告评点全球地下水状况．中国环境报．2003－6－14.

[21] 朱兆良，孙波，杨林章，张林秀．我国农业面源污染的控制政策和措施．科技导报，2005，23（4）：47～51.

[22] Dalal RC, Carter JO. Soil organic matter dynamics and carbon sequestration in Australian tropical soils. In: Lal R, Stewart BA. Global climate Change and Tropical Ecosystems. Advances in Soil Science. CRC Press, Lewis, 2000: 283～314.

[23] IFA (International Fertilizer Association). IFADATA Statistics, CD-ROM. Paris, France: IFA, 2004.

[24] IPCC. Second Assessment-Climate Change. Intergovernmental Pancl on Climate Change, WMO/UNEP. 1995.

[25] Kern JS, Johnson MG. Study projects conversion to year 2020 and accompanying reductions in soil organic carbon and fossil fuel emissions. Past Fluid Journal, Fall 1993, Issue 3, 1 (3): 11 ~ 13.

[26] Lal R. Soil carbon sequestration in China through agricultural intensification, and restoration of degraded and desertified ecosystems. Land Degrad. Develop. 2002, 13: 469 ~ 478.

[27] Lal R, Brunce JP. The potential of World Cropland Soils to Sequester C and Mitigate the Greenhouse. Environ. Sci. &Policy, 1999, 2: 177 ~ 185.

[28] Lal R, Kimble J, Levine E, Whitman C. World soils and greenhouse effect: An overview. In: Lal R, Kimbal J, Levine E, Stewart B A. eds. Soils and Global Change. CRC Press, Boca Raton, FL. 1995: 1 ~ 7.

[29] OECD. Agriculture and the Environment: Issues and Policies, Paris, 1998.

[30] Smith P. Carbon sequestration in croplands: the potential in Europe and the global context. European J. of Agronomy, 2004. 20: 229 ~ 236.

（蔡典雄、章力建、王小彬、张建君、金轲）

农业装备技术在防治立体污染中的应用

利用装备技术防治农业污染是从20世纪60~70年代开始，以提高农药在靶标上的附着率，减少农药在非处理区的飘移为目标，开展了高效低污染的精准施药技术和装备。其中重点开发和应用的施药技术包括可控雾滴（CDA）施药技术、变量对靶施药技术、风送辅助施药技术、低漂移施药喷雾技术、回收式施药技术等。随着上述施药新技术的不断成熟，各发达国家精准施药装备也逐步进入市场，实现了施药技术与机具向精准型的转型。

近年来，在农药施洒技术研究领域，以精准施药，在保证作业效果的同时大幅度降低农药用量为目标，根据我国国情，对风送低量远程喷雾、液压远程均匀喷洒、对靶防飘（包括对靶喷雾、风幕防飘、静电防飘）、喷雾、可控雾滴喷雾、回收式喷雾等精准施药核心技术开展了深入的研究，通过根据区域靶标实际状况，实时控制施药量；采用气力、静电等手段，对施药过程中雾滴的飞行轨迹加以控制，提高雾滴中靶率；根据作业对象与条件改变雾滴直径，形成最佳雾滴直径等途径，提高农药在靶标上的附着率，减少农药在非处理区的飘移，从而提高农药有效利用率。并开发出了用于水稻和高秆作物的高效远程均匀喷雾机具系列、用于林果等的风力辅助可控雾滴喷雾装备、用于设施农业的气液两相流常温烟雾施药机具等一批具有自主知识产权的施药技术与机具，初步形成了适合我国国情的低污染机械化施药技术体系。该体系在进一步优化完善后可使我国农药有效利用率提高20%以上，逐步推广后大大减少农药使用量，有效减缓化学农药使用对我国环境生态的压力。

一、农业装备技术防治农业立体污染战略

农业立体污染的形式和来源多种多样，利用农业装备技术从源头的方方面面来堵、控、治，困难重重，甚至是不可能的。因此，运用农业装备技术防治农业立体污染，必须考虑战略选择问题。

战略选择的思想：根据农业立体污染现状，以循环经济理论为指导，针对各种农业立体污染源产生的因素、特点、特性、特征以及危害程度，运用先进的农业装备技术，采用不同的农业立体污染控制与防治战略，尽可能地使有些农业立体污染因子对人类造成的危害降低到最低程度；使有些农业立体污染因子变为人类的有益资源，造福于人类；使有些农业立体污染因子能够得到严格控制，并向有益的方向转化，从而达到降低农业立体污染危害，保护农业生态环境，实现农业可持续发展的目的。

根据农业立体污染源产生的原因，可进行以下五个方面的战略选择：

1. 有益利用战略

对农业废弃物（农作物秸秆、畜禽粪便等）造成的农业立体污染，采用“变废为宝，

综合利用”的有益利用战略，依靠先进的农业装备技术，将农业废弃物加工成为人类可用资源，改善农业生态环境。

2. 控制使用战略

对农作物植保过程中施药造成的农业立体污染，采用“精量、少施、准确喷施农药”的控制使用战略，依靠先进的施药技术及其装备，减少农药使用量，控制农药流失对生态环境的直接污染。

3. 保护使用战略

对农业生产过程中耕种措施不当造成的水土流失，土壤肥力下降等危害，采用“保护性耕作”的保护使用战略，依靠先进的农业装备技术，控制农业水资源、土壤资源的流失与浪费，提高土壤肥力，提高水资源利用率，提高水土资源的产出率。

4. 有效使用战略

对设施农业生产过程造成的栽培基质重复使用等污染危害，采用“无害化处理”的有效使用战略，依靠先进的农业装备技术，结合应用生物技术，对设施农业栽培的液体、固体基质进行无害化处理，实现栽培基质的循环利用，实现栽培基质的产业化使用。

5. 预警使用战略

对农业生产过程中产生的各种立体污染因子预防，采用“适时检测、监控”的预警使用战略，依靠先进的农业装备技术，结合电子、自动控制技术，对农业生产过程中的各种污染源因子进行随时随地随机检测、监控，实现农业立体污染控制的科学化、信息化。

二、农业装备技术防治农业立体污染的对策

从上述五大战略选择不难看出将独特的机械化作业技术渗透到农业污染源产生的源头，使农业污染源因子实现有益利用、控制使用、保护使用、有效使用、预警使用。其动作机制可概括为三个方面：一是在输入端合理控制并减少物质流和能量流的进入；二是在生产过程中最大限度地重复利用进入系统的物质和能量；三是在输出端把完成使用功能后的物品再生成资源循环利用。因此，用农业装备技术防治农业立体污染应采取以下对策。

1. 采用先进施药技术，减少农药使用量，控制农药流失对生态环境直接污染

在诸多防治方法中，化学防治仍是农作物防治病虫草害的主要方法。现代农药使用技术由农药与剂型、施药技术和施药器械三部分组成。先进植物保护技术是高效农药（化学农药和生物农药）、先进施药技术工艺和先进施药机具的有机结合。植保机械的发展必然以农药剂型及施药工艺的发展为依托。当前国际农药使用技术的发展趋势是进一步提高农药使用率，提高农药在靶标上的附着率，降低农药使用量，减少对环境、食品、资源和对人类的污染；与之相应的先进施药机具的发展趋势是高精度（精量、对靶）、高效率（机动性好）、

高性能（自动控制）、低污染（低漂移）。

目前我国植保机械的发展现状呈如下特点：①积极采用新技术，如，信息技术、生物技术、计算机技术、物理技术等，提高植保机械产品的技术水平和科技含量；②产品品种增加，专用化程度提高。针对不同作物、不同地区、不同种植制度研制相应的植保机械；③植保机械及其零部件的系列化程度提高，增加了产品的应用覆盖面，可以满足各种作物和药剂的不同喷雾要求，大大提高了喷洒质量。

（1）采用精准施药技术与装备，减少农药使用量

精准施药技术主要包括病虫害信息识别技术、抗飘移技术、恒压技术、静电技术和风幕技术。

解决农药污染的关键在于农药使用技术，而在农药使用技术诸多因素中，施药机械的技术水平尤为重要。多年来，在农药施洒技术研究领域，以提高农药在作物靶标上的附着率，减少农药在地面的沉降和在非处理区的飘移为目标，研究高效低污染施药技术和装备，在风送低量远程施药技术、液力远程均匀喷洒施药技术、对靶防飘移（包括对靶喷雾、风幕防飘、静电防飘）、施药技术、可控雾滴施药技术等方面展开了深入的研究，开发出一批具有自主知识产权的施药机具和部件，如高效宽幅远射程机动喷雾机系列、风送式低量远程喷雾机、风力辅助喷杆喷雾机等，初步形成了适合我国国情的低污染机械化施药技术体系，该体系的实施可使我国农药有效利用率提高 20% 。

研究开发出如多功能喷射部件，气液两相喷头，离心雾化喷头，防飘喷头，恒压防滴装置，药水分离装置，喷头防护装置，气室内置装置等等。这些高性能部件与主机配套后可大大提升技术性能，提高雾化质量和施药安全性。

（2）采用生物防治、物理防治等综合防治技术，减少化学农药使用量

随着我国可持续农业的发展和对保护农业生态环境的重视，对作物的病虫草害进行综合防治已提到相当重要的位置。农作物病虫草害防治主要采用农业防治、化学防治、生物防治、物理防治等方法。

我国在生物农药制剂上的突破与迅速发展，生物防治的可能性与可靠性日益增强，采用生物防治可以在一定程度上减少化学农药的使用，改善和保护生态环境。然而由于生物制剂与常规化学农药相比，不但生化特性不同，物理特性也有很大差异。其中影响机具喷洒作业的主要原因是生物制剂中多数含有大量的菌核、菌丝及孢子等活性物质。应针对生物制剂中含有大量菌丝、菌核的特点，研究开发能满足生物制剂喷洒特殊需求的施药技术与机具，这是提高生物制剂使用水平的必须。

研究农作物病虫草害机械化综合防治技术，包括生物防治技术与开发喷施生物农药的装备，物理防治技术与开发利用光、电、热杀灭害虫和杂草的装备。通过综合防治，直接减少农药的使用量，减轻污染。

（3）开发药液回收施药技术，实现农药的回收再利用

药液回收施药技术是一种先进、高效、环保型的施药技术，应用回收技术（风力负压、机械迷宫）和液压仿形技术，将未击中靶标雾滴回收后进行再利用喷洒，可节约农药 90% 。此项技术适用于行距大于 2.5m，株高不大于 2.5m 的行栽作物（如：葡萄、矮化果园、苗圃等）病虫害防治，可以把我国农药有效利用率从目前的 20% ~30% 提高到 80% ~90% ，

在极大地节省了农药和能源的同时，有效地保障了环境安全和人身安全。

（4）制定机械施药技术标准，规范农药使用过程

WTO的有关协议对我国农业标准和标准化提出了新的挑战，实施农业标准化生产已势在必行。规范作物生长过程中的施药技术规程，减少农药施用量，是保证农产品安全，保护和改善农业生态环境的主要途径之一。

制定不同农作物生长全过程病虫草害机械化防治实施规范，就是根据不同种植模式下病虫草害的发生规律，围绕机械化综合防治各相关要素，制定相应的、详细的、可操作的、共性的规则，将应用农药、施药机械、施药技术等主要因素有机地结合起来，形成包括化学、生物、物理、农业等防治技术的病虫草害机械化综合防治体系，涵盖农作物生产全过程。这是控制多种污染的有效措施，也是高效低污染施药技术的重要组成部分。解决使用一种机械防治不同农作物病虫草害问题。

2. 采用先进的农业废弃物处理技术和装备，实现农业废弃物的综合利用

农业废弃物的种类繁多，就农作物秸秆和畜禽粪便处理而言，应加强以下几方面的工作：

（1）在农作物秸秆处理方面

应重点研究秸秆能源、饲料、建材等综合利用技术和装备，重点解决秸秆压制成型技术和装备，包括螺旋挤压技术与装备，活塞冲压技术与装备，环模挤压成型技术与装备，平模挤压成型技术与装备等等。在研究这些技术与装备时着重攻克两大技术难题，一是降低吨料加工成本；二是提高秸秆压制成型装备中关键部件的使用寿命。

秸秆压制成型加工技术能否在生产中得以广泛应用，与技术本身的实用性、效率的高低、使用成本的多少有着密不可分的关系。秸秆压制成型加工技术的发展将以实用、高效、低使用成本为方向。在实用性方面将以冷成型压缩技术为主，在高效和低使用成本方面将以平模式压制技术为主。

秸秆压制成型加工设备以可移动、自动化为方向。我国农作物秸秆资源丰富，分布分散，集中在固定场地加工，运输成本过高，经济性较差，不利于农作物秸秆成型燃料加工技术的推广和应用。因此，秸秆压制成型加工设备必须具有可移动性，以方便千家万户使用。同时，由于秸秆压制成型加工设备使用对象的文化水平参差不齐，这就要求秸秆压制成型加工设备应能实现自动化加工，使用者只需完成简单的原料供给工作，就能完成秸秆压制成型的加工。

（2）在畜禽粪便处理方面

应瞄准畜禽养殖工程装备的重点，针对制约集约化高效绿色养殖瓶颈技术装备进行研究。重点研究畜禽养殖智能化、可控环境技术、集约化养殖废弃物无害化处理技术装备。通过专题研究，逐步形成畜禽养殖业的高技术装备技术体系，提高畜禽养殖业防治环境污染的科技贡献份额。

畜禽集约化养殖环境智能化、可控技术装备的研究，就是研究畜禽集约化养殖环境智能化、控制技术及系统集成装备技术，系统集温度、湿度、氨气、光照、除尘、灭菌技术于一体。

集约化养殖废弃物无害化处理技术装备开发研究，包括养殖场干法清除粪便工艺技术研究，粪、水固液分离、胶体物回收、絮凝沉淀技术及装备的研究，厌氧、耗氧相结合处理废水技术的研究，工厂化环保型洁净处理畜禽粪便生产技术装备研究。研究环保型密闭式成套设备、水浴式烟道除尘设备、水洗化合式除臭设备及高效节能烘干灭菌设备，确保洁净生产；在畜禽粪尿的利用方面，重点是发酵后直接在田间施用的简易发酵、储运与田间施肥设备等。

3. 采用先进的设施农业作业技术与装备，提高设施农业综合效益

设施农业是现代农业的重要组成部分，设施栽培技术和装备对优质高效农业的发展、农民增收、产业结构调整、人民健康和农产品的安全性均具有重要影响。从防治农业立体污染的角度出发，应着力攻克以下技术难题：

（1）设施作物生产过程信息化精准控制技术与装备的研究

通过研究园艺作物生长发育与环境因子的模拟模型及应用技术，建立基于作物模型的通用控制技术平台；开发作物信息传感器以及多因子复合控制系统软硬件，适宜温室生产的检测装置、控制系统设备与专用传感器，数据采集、远程诊断控制、硬件执行机构的集成与配套技术。通过对温室内光、温、水、气、肥等诸多因子的优化精准控制，既实现了高产、优质、高效，又有效地节省了能源，降低生产成本。

（2）设施作物超高产基质无土栽培技术与基质加工装备技术的研究

研究无土栽培基质理化性质和复合基质的优化配比，开发无土栽培复合生态基质用生产装备，建立园艺作物复合生态基质无土栽培技术的操作规程；研究无土栽培作物根区环境的调控技术和营养调控技术，提出优化控制无土栽培作物生产逆境调控技术，开发无土栽培新型肥料和逆境调控制剂以及装备技术；研究基质与营养液的环境友好型再生技术和有机无土栽培技术。

（3）非可耕地设施农业生产技术与装备的研究

研究适于作物生产的低成本栽培基质，节水保水和集雨技术及配套设施，温光调控技术和配套设施设备。

（4）实用化植物工厂关键技术与设备开发

通过发光二极管 LED、激光二极管 LD 等新型光源的研制，采用红色、绿色、蓝色、远红外 LED 光源组合，配合植物光合成所需的光源，进行植物工厂的人工光环境调控研究，实现人工补光和减少能耗。通过在线检测技术的研究，对营养液进行动态管理，及时调节营养液使之始终保持养分均衡。同时，研制植物工厂的计算机系统，对各类蔬菜的生育阶段进行多元素的检测与控制，保证植物工厂内作物保持最佳的生长状态。

4. 采用先进的农田保护性耕作技术与装备，防治水土流失，提高土壤肥力

保护性耕作是对农田尽可能减少土壤耕作，实行免耕、少耕，并用作物秸秆残茬覆盖地表，减少土壤风蚀和水土流失，提高土壤肥力和抗旱能力的一项先进农业耕作技术。保护性耕作技术主要包括四项内容：

一是改革铧式犁翻耕土壤的习惯耕作方式，实行免耕（除播种之外不进行任何耕作）或少耕（包括深松与表土处理）；

二是利用作物秸秆残茬覆盖地表，用秸秆盖土，根茬固土；

三是在免耕覆盖的地表实现开沟、播种、施肥、施药、覆土、镇压联合作业；

四是改翻耕控制杂草为喷洒除草剂或机械表土作业除草。

保护性耕作工艺体系多种多样，关键技术及其作业机具主要有：

（1）免耕施肥播种技术与机具

对播种机的要求除了有良好的入土和通过性以外，还必须具有对土壤扰动小、播种精度高（精播或半精播）、复式作业的特点，一次作业完成开沟（成穴）、播种、施肥、覆土、镇压等工序。免耕播种机普遍存在地区适应性差，可靠性低的问题。

（2）秸秆、残茬与表土处理技术

为了便于播种等田间作业的进行，对留在地表的秸秆和残茬，在收获后立即进行或在播种前进行粉碎处理，利用浅旋或浅耙使之与土壤有一定的混合。其涉及的机具主要有秸秆粉碎还田机，或带碎草功能收获机，传统的旋耕机和圆盘耙。

（3）深松技术与机具

保护性耕作主要靠作物根系疏松土壤，但由于作业时机具对地面的压实，有松土的必要。根据土壤容重和渗透率的变化情况确定松土时间间隔，可以两年或三年松一次。目前常用的深松机有全方位深松机、柱铲式深松机以及翼铲式深松机。

（4）草、虫害控制技术

北方旱区由于低温和干旱，一般情况下杂草和病虫害不严重，但必须随时检查，及时处理。

5. 采用先进的检测、监测技术与装备，掌握农业立体污染实情，提高防治效果

农业立体污染的实时检测、监测，一方面是要准确掌握和了解农业立体污染产生的危害程度，另一方面为我国农业立体污染防治技术的研发和农业环境污染政策的制定提供基础数据。因此，加强农业立体污染因子的检测、监测，在防治农业立体污染的工作中具有显著的作用。

农业立体污染的实时检测、监测技术与装备的研究，严重滞后于防治工作的需要，研发的任务繁重，研发的前景广阔，研发的重点可以围绕以下几方面：

（1）水体、土壤有害元素检测，监测技术及装备系统的开发

该技术与装备系统应具有智能化、自动化功能，集检测、监测、分析、预警等功能为一体。

（2）设施农业生态环境智能化监测控制技术与装备系统的开发研究

该技术与装备系统，集温度、湿度、光照、栽培基质营养元素、二氧化碳气体含量、肥、水管理等因子的监测与控制于一体。

（3）农作物生长过程以及农产品产后农药残留智能化检测、监测系统的开发

该技术与装备系统应对剧毒农药残留的检测、监测具有高度的检测灵敏度，不仅要能检测，而且还要能对不同的元素具有识别功能等。

参考文献

[1] 章力建．从立体角度防控农业污染．人民日报，2005－6－6.

[2] 柏苏民，王斌，黄利民．农业循环经济：做起来其实并不难．徐州日报，2005－4－22.

[3] 罗涟浩．谁来阻断农业污染循环链综合防治措施已成当务之急．宁波日报，2005－02－24.

[4] 赵其国，孙波，张桃林．土壤质量与持续环境 I. 土壤质量的定义及评价方法．土壤，1997，(3)：113～120.

[5] GLASOD. Global assessment of soil degradation. World maps. Wageningen (Netherlands): ISRIC and PUNE, 1990.

[6] Oldeman LR, Van Engelen VWP, et al. A world soils and terrain digital database——An impraed assessment of land resowrces. Geoderma. 1993, 60 (1～4), 309～325.

[7] 中国农业年鉴编辑委员会．中国农业年鉴．北京：中国农业出版社，1997.

[8] 孙波，张桃林，赵其国．我国东南丘陵区土壤肥力的综合评价．土壤学报，1995，32 (4)：362～369.

[9] 赵其国，张桃林，鲁如坤等．我国东部红壤地区土壤退化的时空变化、机理及调控对策的研究．南京：中国科学院南京土壤研究所，2000.

[10] 夏晓东，吴崇友．保护性耕作与节水补灌技术组合应用，农机科技推广，2005，7.

（肖宏儒、章力建、易中懿、傅锡敏、吴崇友、陈永生、宋卫东）

微生物制剂在防治农业立体污染中的应用

农业立体污染治理的基本思路是通过控制整个污染系统的多维循环链，利用技术的、经济的和法律的手段，减少污染来源、阻隔污染链条和降低污染程度，从而从根本上解决农业污染问题。微生物制剂由于具有低成本、效果较好和与自然生态环境相容性强等特点而被认为是农业立体污染综合治理的重要途径和手段。

一、生物制剂的研究、开发和应用现状

1. 生物农药

在我国农业现代化的进程中，由于大面积的单一化种植和连作、密植、水肥供给强度增加和种植材料的频繁调运等，为病虫草害的发生和传播创造了极为有利的条件，致使近年来病虫草害的发生愈来愈重。据农业部 2005 年统计，全国病虫草鼠害总体发生面积约 3.7 亿 hm^2 次以上，比“九五”期间年均水平增加 10% 左右。据不完全统计，全国累计完成防治面积 15 亿 hm^2 次以上，挽回粮食损失 490 亿 kg，挽回直接经济损失 600 亿元以上，为我国粮食持续增产、农民增收做出了突出贡献（来源于 2005 年全国农作物病虫害防治工作总结会）。施用化学农药目前仍是病虫草害防治的重要手段，全国每年需要生产和使用化学农药 100 多万 t 制剂。长期、过量和不合理地使用化学农药，对环境产生了许多负面影响，如食品中农药的残留、环境的污染、病虫草害的抗药性增加、人畜中毒事件激增以及地力衰退等。

由于化学农药的缺点，国际上许多国家已停止生产和使用一些剧毒和残留期长的化学农药，提倡应用生物防治技术。如美国 1994 年禁用 43 种，严格限用 11 种；欧共体和经互组织国家也分别提出减少化学农药用量 20% ~50% 的战略规划，并且已取得很大的进展。如英国、美国、日本等国家利用基因克隆技术相继开发出 100 多种亚型的 Bt 杀虫剂，使 Bt 的杀虫谱大幅度提高；将蝎子或螨类的毒素基因转入野生型病毒的基因组中开发出了新一代的病毒生物杀虫剂；美国默克公司从 20 世纪 90 年代初期开始利用原生质体技术和发酵工程技术，结合有效的分离提取技术，使阿维菌素的发酵水平提高十几倍，大幅度降低了阿维菌素的成本，从而使阿维菌素大面积应用，成为一种新一代的生物杀虫剂。

我国政府十分重视发展生物农药，将生物农药研制列入中国 21 世纪议程，各级政府均设立了相关的机构并制订了对应的政策和法规，从政府的角度来支持、指导、协调和监控无公害粮食的生产和环境保护工作。经过几个五年计划的努力，已形成了一批具有较强研究和开发能力的机构和队伍，积累了一定数量的生物农药品种。其中，大规模产业化的品种有 Bt、井冈霉素、阿维菌素；商品化的品种有农抗 120、多氧霉素、浏阳霉素、中生菌素、宁

南霉素、武夷菌素、棉铃虫多角体和斜纹夜蛾核多角体病毒等品种。井冈霉素年产量达到4万t左右，年应用面积1.3千万~2千万 hm^2 次；Bt年产量达到2万t制剂左右，年应用面积3百万~4百万 hm^2 次；阿维菌素年产量达到8千吨制剂左右，年应用面积2.6百万~3百万 hm^2 次。其他商品化的品种年产量约在百吨制剂左右，年应用面积约在6.7万 hm^2 次。此外，在利用原生质体技术改良菌种提高发酵单位，利用发酵工程技术优化发酵工艺提高发酵水平，利用同位素示踪技术、无细胞培养技术研究作用机理，利用化学提取分离技术改进后处理和剂型加工工艺等方面都取得了较大进展，使一些品种（宁南霉素、阿维菌素、Bt、中生菌素等）的发酵水平提高1倍以上，生产成本降低70%左右。但与发达国家相比，我国目前的生物农药品种还太少，研发和生产技术都显薄弱。主要原因一是我国大部分生物农药研发单位只重视学术水平而不注重技术创新，研究的目标、方向和要求不能完全符合企业和市场的需求。其次，由于科研单位提供的产品设计、生产技术不够成熟、完整和配套，使接产企业的生产成本相对偏高，在生产效率、质量控制、产品加工工艺等方面存在不少困难，从而难与化学农药竞争市场。第三，国家扶持力度不够，使得许多研发单位难于对一些有希望的品种进行持续性的开发和改进，导致大多生物农药品种技术含量不高、菌种的生产性能与投产初期相差无几、菌种产素机理不明，在发酵工程上尚无多参数、最优化控制和微机自控的研究报告，在产品后加工及剂型研制上未能对农药的稳定性、分散性、渗透性以及保护剂、增效剂进行多层次的研究，因而造成产品有效成分含量低、易失活和田间效果不稳定等现象。

活体微生物制剂是生物农药中的重要一类。在这方面，国内外已有一些成功的事例。如20世纪80年代后期国际生防所（英国）曾研制并转让法国和南非两家公司生产的、在非洲对飞蝗和草原蝗虫防效达90%以上的绿僵菌油剂，1995年美国环保署批准Mycotech公司生产的用于蔬菜害虫防治的球孢白僵菌制剂Mycontrol RWP，国内用于蟑螂防治的绿僵菌制剂“百澳克”，以及用于植物病害防治的以*Trichoderma* spp.、*Phlebia gigantea*、*Gliocladium virens*、*Psuedomonas* spp.和*Bacillus* spp.为代表性成分的众多商品制剂。目前，在该类生物农药研发中应进一步加强或亟待解决的问题包括：①高效菌种资源的开发和已有菌种的改良；②规模化生产技术。特别对真菌生物农药，急需采用新材料和新工艺以解决发酵周期长、占用空间大、产孢率低和废弃物较多等方面的问题；③研发新的剂型和配套的应用技术，以解决货架期短、防效不稳和施用量较大等方面的问题。如美国康奈尔大学Harman等（1991）采用固体基质预处理（solid matrix priming）和种子双层包衣技术（double coating）使生防制剂与土壤隔离，从而使效果大幅提升。

植物源农药是另一类重要的生物农药，具有高效、低毒、与环境相容等多方面的优点。国际上对植物源农药的开发已取得了丰硕的成果。如利用除虫菊、烟草等植物生产植物源农药以及对其活性物质进行结构改造或仿生合成，从而成功开发出一系列高效、广谱的杀虫剂。该研究领域目前的研究热点包括进一步发掘农药用植物资源，分离、提纯和鉴定其有效成分，研究天然活性物质杀虫防病机理，探讨生物活性与分子结构之间的关系，进行结构改造以提高其生物活性，开展高活性化合物的人工合成，研究其制剂技术和田间应用技术等。

从微生物中筛选生物活性化合物是国内外生物防治领域的另一个十分重要的研究方向。近年，俄罗斯、美国、日本、德国、意大利、印度和丹麦等国已从一些特殊环境中的微生物

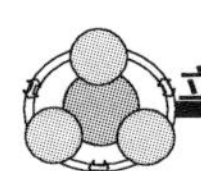

的代谢产物中筛选出大量具有重大潜在应用价值的新化合物和基因。如1998年从*Photorhabdus luminescens*中发现的Pht毒素及其基因，有望替代Bt毒素及其基因。20世纪90年代初期美国默克公司利用原生质体技术和发酵工程技术，结合有效的分离提取技术，使阿维菌素的发酵水平提高十几倍，大幅度降低了阿维菌素的成本，从而使阿维菌素大面积应用，成为一种新一代的生物杀虫剂。日本在90年代利用生物技术手段已将多氧霉素的发酵水平提高到1万单位以上，大幅度降低了多氧霉素的生产成本，并制成高效可湿性粉剂，产品大量进入中国市场。我国自20世纪50年代开始农用抗生素研究，已正式登记了8个品种，在我国病虫防治中广泛应用并取得了显著成效。如井冈霉素年产制剂达7万~8万t，年应用面积2千万hm^2次左右，中国农业科学院研发的“农抗120”在多年的生产实践应用中也取得了很好的效果。但目前国内普遍存在的问题是品种单一、菌种产素水平偏低、效价有待提高、制剂技术有待改进等。

总之，发展生物农药是大势所趋。国外由于资金和技术等方面的原因发展较为迅速。我国近年虽也取得了相当的成绩，但整体水平偏低。建议针对我国玉米、水稻和小麦生产的重大病虫害问题，遵循可持续农业发展战略，在现有工作的基础上，努力吸取国内外已有的技术和经验，集中力量在上述活体微生物制剂、植物源农药和农用抗生素三个方面研制出若干具有我国自主知识产权和推广应用价值的新型生物农药产品。

2. 微生物肥料

微生物肥料是一类重要的农用生物制剂，在未来的可持续农业生产中具重要的应用潜力。自1895年国际上第一个根瘤菌肥产品问世以来，根瘤菌肥料一直是最主要的品种。但最近数十年来也陆续开发出一些新的产品类型，如促进作物生长的根细菌制剂（PGPR制剂）、解磷解钾菌肥和多功能复合微生物制剂等，并在相关的基础研究和应用研究等方面取得了长足的进展。表现在：①应用地区、适用作物及微生物肥料品种不断扩大。使用的微生物种类增加很快，有细菌、真菌、放线菌；产品用途有促生长、防病、抗病害、秸秆腐熟等等。②生产条件不断改善和生产工艺有了大幅度的改进。筛选出了合用的载体、培养基配方及生产工艺流程。③建立了行业或国家标准，成立了相应的产品质量检查检验机构，开发出了相关的产品质量检测技术。特别是20世纪90年代以来，分子生物学和分子生态学技术的应用为微生物肥料品质和应用效果的提高提供了更为先进可靠的手段。④与微生物肥料应用有关的基础和应用基础研究得到了长足的进展。如微生物和宿主之间的关系、品种专一性和广谱性的机制研究等。⑤PGPR的研究成为微生物肥料研发的一个重要方面。已证明根际促生细菌制剂对作物生长有良好的促进作用和对土传病害有明显的防治效果。

我国对微生物肥料的研究始于20世纪50年代初，当时主要的研究对象是根瘤菌剂，以后曾先后引进和选育了一批优良的花生和大豆根瘤菌菌株，并用于生产。迄今，我国已初步形成了微生物肥料产业，并于1996年开始对微生物肥料产品进行统一的登记、管理，并初步建立了行业管理制度和质量检查体系。据不完全统计，国内目前约有300个微生物肥料生产企业，年产量估计超过60万t，设备、工艺水平较过去有较大的提高，少数企业设备达到国外80年代中期水平。涉及的微生物肥料品种及剂型主要有根瘤菌肥料类、固氮菌肥料类、解磷细菌肥料类、硅酸盐细菌肥料类、多种复合微生物肥料类等。在剂型上有液剂、固剂、粉剂和颗粒剂等。少数产品已开始进入国际市场，如硅酸盐菌剂出口到泰国和印度等。

尽管国内外在微生物肥料的研发上已取得长足的进展，但问题仍然很多，主要包括：①基础和应用基础研究明显落后于生产需求。涉及微生物肥料中的作用机理，产品制造过程中最佳、最合理的工艺，微生物肥料施用后在土壤和植物根部的定居、存活和数量消长，与土壤中的同类或异类微生物的竞争，以及影响微生物肥料发挥作用的其他制约因素等研究极少。②产品缺乏创新。目前我国微生物肥料产品存在较多的质量问题，如因载体灭菌不彻底、工艺配方不合理、生产菌种组合缺乏依据等造成产品的有效活菌含量低、杂菌率偏高、有效期短等现象。造成应用效果不稳定，适用作物或适用地区不尽合理等问题。③检测技术需要提高。我国目前对产品的检测主要都是常规技术，不仅费时费力而且准确性差，尤其是缺少一些必要的分子生物学手段和一些分子生态学（诸如基因标记技术）技术，微生物肥料中的微生物进入土壤后在植物根际是否能够定殖、存活、繁殖的确定已给应用效果的稳定带来了不小的困难。当前急需引入和建立先进、快速、准确的质检技术和标准化。④长期以来生产菌种缺乏更新、复壮，遗传改造更少。以致于一些企业随便购买一个菌种就作为生产菌种使用，或多次传代以后，菌种已经混杂却仍然使用。更为值得注意的是，我国微生物肥料使用的菌种面狭窄，种类很少。

3. 微生物降解剂

主要指采用微生物技术及相关的环境工程手段在受污染地带处理土壤和水体中的有害污染物。这些污染物包括化学农药、石油及其产品、垃圾渗滤液、固体废物及其淋溶液和有害重金属等。

鉴于土壤和水体污染的严重危害，世界发达国家纷纷制定了相应的治理计划。荷兰在20世纪80年代就已花费了约15亿美元进行土壤的治理工作，德国在1995年投资60亿美元净化土壤，美国近10年在土壤治理方面的投资估计在数百亿到上千亿美元。而专家们普遍认为微生物工程技术在土壤治理中的应用价值是无可估量的。

欧洲各发达国家对土壤污染“就地”微生物治理的研究结果表明，“就地”微生物治理技术是有效可行的。目前，德国、丹麦和荷兰在这方面的研究工作处于领先地位，英国、法国、意大利以及一些东欧国家也紧随其后，整个欧洲从事“就地”生物治理工程技术的研究机构和商业公司大约有近百个。我国利用微生物降解土壤中化学农药残留物的研究已有十几年的历史，已分离出十几株对化学农药有降解作用的微生物菌株，但由于所用微生物菌株中具有分解化学农药功能的质粒易丢失，以及制剂和施用技术等方面的原因，导致效果不稳定且作用缓慢。因而目前还没有真正应用于生产。

二、发展我国微生物制剂在农业立体污染治理中应用的对策

在农业立体污染循环链及农业立体污染治理过程中，微生物扮演着十分重要的角色，涉及化学农药和肥料的减量使用、土壤的生物修复、水体中有害微生物的爆发和治理、农业废弃物的处置和利用、有害气体的减量排放等。因此，大力发展微生物制剂产业无疑对我国日益严峻的农业环境污染的治理具有重要的意义。

但是，长期以来由于财力和认识等方面的原因，我国政府对农用微生物制剂产业的发展缺乏持续而稳定的支持，更无系统的规划，致使我国的微生物制剂产业发展缓慢，整体距国际先进水平甚远。为此，建议：①国家从政策法规的角度出台一系列的规章制度，以促进农业生物制剂的发展和农业环境保护。比如，建立农业环境补偿机制，以经济杠杆的办法鼓励农民使用包括生物制剂在内的可持续农业发展措施。同时制定优惠政策，鼓励企业积极投资从事生物农药的研发和推广销售工作。②国家在未来的科技规划和政府科研立项中设立专项，加大对生物制剂研发的支持力度，以改变我国目前生物制剂研发单位经费不足、设备落后和队伍萎缩等局面。③在技术层面上，积极开展有益微生物资源的调查、收集和整理工作；加强作用机理、菌种筛选和改良等方面的研究，提高和改进生产工艺和剂型加工水平；研发方便有效的施用技术等。④加强宣传，提高公众使用生物制剂的意识和对生物制剂及环境保护的认知程度。

随着生物制剂的大力普及，其在“农业立体污染”治理上的重要作用会愈发显现。

参考文献

[1] 章力建，蔡典雄．治理农业污染必须抓“链条”．科技日报，2004－12－10.

[2] 章力建，董红敏，蔡典雄，李玉娥．“农业立体污染”及其防治．中国农科院院报，2004－12－10.

[3] 章力建，董红敏，蔡典雄，李玉娥．“农业立体污染”不容忽视．农民日报，2004－12－30.

[4] 张维理，武淑霞，冀宏杰等．中国农业面源污染形势估计及控制对策．中国农业科学，2004，37（7）：1008～1017.

[5] 燕惠民．中国农业面源污染现状与防治对策．北京：全国农业面源污染与综合防治学术研讨会论文集．2004：24～26，205.

[6] 李茂松，左旭．中国畜禽废弃物的产出量、污染现状与危害．北京：全国农业面源污染与综合防治学术研讨会论文集．2004：111～114，147.

[7] 杨正礼，卫鸿．我国粮食安全的基础在于藏粮于田．科技导报，2004（9）：14～17.

[8] 阎伍玖，鲍祥．巢湖流域农业活动与非点源污染的初步研究．水土保持学报，2001，15（4）：129～132.

[9] 杨正礼．基于粮食安全下的我国农田生态保育战略探讨．倪绍祥，刘彦随，杨子生主编．中国土地资源态势与持续利用学术研讨会论文集．昆明：云南科学技术出版社，2004.

[10] 李季，董章杭．中国典型地区农业化学品投入及其对环境的影响．北京：全国农业面源污染与综合防治学术研讨会论文集．2004：133～137.

[11] 李萍．中国农田生态系统环境污染与可持续对策研究．北京：全国农业面源污染与综合防治学术研讨会论文集．2004：148～150，222.

[12] 吴燕玉，王新，梁仁禄．Cd、Pb、Cu、Zn、As复合污染在农田生态系统的迁移动态研究．环境科学学报，1998，18（4）：407～414.

[13] 钱秀红，徐建民，施加春等．杭嘉湖水网平原农业非点源污染的综合调查和评价．浙江大学学报（农业与生命科学版），2002，28（2）：147～150.

[14] 章力建，王庆锁，侯向阳．中国西部生态农业发展方略．北京：气象出版社，2004.

[15] 章力建．再造生态、保护环境、开发扶贫；全面推进我省可持续发展战略实施．见：贵州改革与发展国际研讨会文集．贵州省经济体制改革委员会编．1997：140～156.

［16］翟金良，邓伟．我国农业自身污染及其控制对策．环境保护科学，2001，27（3）：34～36.
［17］章力建．发展绿色产业加快富民兴省．农业经济问题，1998（9）：8～11.
［18］章力建，侯向阳，王庆锁．关于大力发展我国西南山区生态农业的思考与建议．中国农业科技导报，2000，2（6）：41～45.
［19］杨正礼．当代中国生态农业发展中几个重大科学问题的讨论．中国生态农业学报，2004，12（3）：1～4.
［20］范秀莲．“白色污染”对农业的污染及其防治措施防治．衡水师专学报，1999，1（4）：47～49.

（李世东、章力建）

生物技术在防治农业立体污染中的应用

在水体—土壤—生物—大气这一往复的农业立体污染循环中，只有通过控制整个循环链，打断农业污染的中互为因果的各个环节，才能从根本上解决农业污染。由于生物在农业立体污染循环链中的特殊地位，使生物技术在防控环境污染中具有以下特点：

①低成本。微生物的生物催化处理环境污染的成本是相对最低的，它的成本一般只是传统的焚烧炉处理成本的1/10左右；

②自调节性。生物技术治理环境污染具有相当的柔软性，可适应各种不同形式的环境污染，如科学家发现在不同地方、不同种类的微生物均具有降解除草剂“阿特拉津”的功能，从而避免除草剂在环境中的积累；

③绿色环保性。生物技术治理环境污染不易引起传统治污方式所产生的“二次污染”。

正因为生物技术治理环境污染具有上述优点，人们对环境生物技术的应用越来越重视。

一、生物技术在水体污染防治中的作用

引起水质污染的主要原因为水体富含有机质和氮、磷等营养元素所引起的“富营养化”，重金属污染及有机化学物质污染。形成水体富营养化的主要原因是畜禽排泄物的污染、不当化学肥料施用和人们日常生活中广泛使用的含磷洗涤剂等。通过基因工程方法生产的饲料酶制剂和其他营养促进剂不仅可以提高畜禽的饲料利用率、增加肉蛋的产量，还可以大幅度减少污染物的排放。如单胃动物饲料中添加适量的基因工程植酸酶，不仅可以减少饲料中无机磷使用量的75%左右，粪便中的磷的排放量也可减少50%，而且还可改善动物对二价金属离子微量元素等的吸收和利用，提高动物的健康水平。直接通过转植酸酶基因动物和转植酸酶基因植物减少磷污染的实验亦取得初步成功。通过无磷洗涤剂的使用和在洗涤剂中添加生物工程方法生产的蛋白酶、脂肪酶、纤维素酶等制剂均可有效降低污染排放总量。

重金属污染是水体污染防治中的另一个难点，它的主要污染源为废弃的家用电器制品和电池及电镀等加工业的废水和生物体循环中的生物富集作用，对工农业生产尤其是人们的健康带来了严重的危害，许多金属离子不仅具有致癌性，还有生殖毒性。消除环境中重金属污染物的传统物理和化学方法存在着成本高、效率低、易造成二次污染等缺点。而生物治理的方法可有效克服上述缺点，但是直接利用自然界天然存在的抗重金属生物（如细菌、真菌、藻类和植物）进行治理，存在着效率低和周期长等缺点，通过现代基因表面展示技术结合转基因方法将重金属结合蛋白（肽）展示在微生物表面或转基因植物中，获得对重金属离子具有高效结合能力的基因工程菌或转基因植物已成为高效、低成本、环境较为友善的治理方法。目前微生物治理水体重金属的污染重点在于筛选对环境耐受性较好且生物安全性优的宿主。藻类以在环境中分布广、培养简单、细胞较细菌和酵母为大、生物量较高等优点而著

称。转基因叶绿体的生物安全性在所有的转基因生物中是最为安全的一类，因此已引起人们的重视。目前，北京大学生命科学院与中国农业科学院生物技术研究所合作，已经成功地获得了叶绿体转金属硫蛋白基因的衣藻，为进行水体重金属离子的生物防治提供了新的可行途径。人们始终对转基因生物存在着生物安全的担忧，且螯合了大量重金属后的生物体仍需按一定的途径处理。而用基因工程表达的酶直接处理重金属废水，将金属离子进行无毒化处理是对环境最为友善的方法，如新发现的铬还原酶可将六价易溶、高毒的铬（Cr（VI））催化成难溶于水、低毒的Cr（III）。

由于氰化物污染会发生人畜的急性中毒和用水困难。Pseudomanas属细菌中克隆的氰化物水解酶（Cyanidase）具有较为优良的酶学特性，能直接将氰化物水解为无毒的甲酸盐和氨，中国农业科学院生物技术所亦已成功地克隆了上述基因，正在用细菌和真核生物表达系统进行表达，以期应用于水体氰化物污染的防治。

二、生物技术在土壤改良修复中的作用

土壤是人类的主要活动家园，耕地尤其是优质耕地的短缺一直是困扰农业发展的主要问题。我国在耕地总量短缺的同时，中低产田占耕地面积的2/3。由于人类活动，尤其是过量的化学肥料和药品的施用、大量的畜禽排泄物未能有效处理等，破坏了土壤内在的理化结构，导致耕地地力的持续下降。估计由于不当的管理措施，包括自然的和人为因子，全球每年总的土壤表层损失为1.4%左右。

合理使用生物措施、结合农化产品（合成化肥、除草剂、农药等）的合理使用和畜禽排泄物的生物有机肥料化是土壤改良和修复的关键。一个成功的例子是在肯尼亚生产的生物肥料BIOFIX（一种根瘤菌的接种物），每公顷豆地施用价值1.25美元的100gBIOFIX，其效果相当于使用90kg的化学氮肥，而成本还不到施用化肥量的1/10。在水稻田施用Mycorrhizal类真菌和Alcaligenes faecalis表明固氮率可提高15%～20%，而水稻产量可增加5%～12%。但主要农作物的转基因固氮研究工作短期内很难取得大的突破，所以对固氮微生物的研究和利用需要加强。

我国生物农药的种类和生产量均满足不了现代农业的要求。利用生物技术研制的微生物农药，较自然菌株毒力提高，效力延长，使用范围广，无污染，能有效地保护环境。应利用基因工程进行筛选分离，克隆新的杀虫、抗病基因。这一方面可以将具有不同杀虫机理、不同杀虫谱的基因联合使用以解决害虫生产抗药性问题。另一方面也可以将上述基因组合在同一个表达载体中，构建杀虫谱更宽，毒力更强，持效期更长，虫、病兼治的优良遗传工程菌，从而研制开发出新一代生物农药新品种。此外，应重视优良天敌的筛选和繁育。利用遗传工程技术分离克隆新的微生物杀虫、抗病基因；寻找、分离、筛选具有杀虫、抗病效果的新型微生物，研制对靶标生物超高效，对非靶标生物无影响，在环境中易被降解且不污染环境，防治效果稳定，防治成本低的微生物农药。

土壤中有效磷的短缺是全球性制约农业生产发展的主要问题。虽然在土壤中其总磷量并不缺少，但植物可利用的磷量不够，大量的施用无机磷肥，导致土壤板结和其他无机微量元素的生物性短缺和水体的富营养化，引起了严重的农业环境问题。因此种植转植酸酶基因的

植物，可有效地避免上述问题。转植酸酶基因植物，可通过根系分泌植酸酶进入土壤，植酸酶可有效地分解土壤中主要的有机磷沉积物——植酸及其被螯合的金属离子，提高植物对土壤的磷和矿物元素的利用效率，以改良土质。另外，转植酸酶基因植物的种子，亦是动物饲料中非常好的饲料植酸酶来源，可有效地促进单胃动物的磷吸收和利用，提高动物生产效率。中国农业科学院生物技术研究所，在转植酸酶基因植物研究上已经进行了大量的研究，其成果被国际同行誉为新一代基因工程植酸酶。

由于化学合成农药的不当施用，造成人畜急性中毒，更为严重的是农药大量在土壤中残留，通过生物吸收作用在农产品中含有过量残留农药，严重影响了生态环境安全和人民的身体健康，并成为农产品出口的最大技术壁垒。开发快速、有效、安全、广谱的生物制剂以降解农产品中残留农药和对农药严重污染的土壤进行治理的要求已越来越迫切。源自于假单胞属细菌的、对有机磷农药具有广谱高效特性的有机磷毒剂降解酶 opd 已经克隆，并用昆虫生物反应器——蚕进行了高效的表达。每头蚕的表达量高达十万国际单位酶量，足以处理 100kg 果蔬的高毒有机磷农药残留；用加工剩余的酶副产品进行有机磷农药严重污染土地的治理也取得了一定的成效。

用转基因植物治理土壤的重金属污染亦有许多成功的例子，其中能将高毒的 Hg^{2+} 转化为低毒的 Hg^0 的结合蛋白 merA 基因转移到黄杨树中，发现转基因黄杨树内的高毒二价汞离子只有对照的 10% 左右。另一个成功的例子是将多种编码重金属结合蛋白的基因转入同一种水稻的基因组，转多基因水稻具有了同时修复多种重金属污染的能力，提高了污染治理的效率。

三、生物技术在大气污染防治中的作用

大气污染物一般可分为三类，即物理性污染物（粉尘、颗粒等）、化学性污染物、病原生物漂浮物。植物和微生物是保持全球大气循环中 C、N 等元素平衡的关键。最近，生物在大气污染防治中的作用越来越得到重视，并提出了超同化植物的概念。即通过植物转基因技术和天然植物的筛选，获得具有将大气污染物如氮氧化合物、硫氧化合物作为营养物质高效吸收与同化，促进自身生长能力的植物。如转亚硝酸还原酶基因的植物对大气中二氧化氮的吸收能力有了大幅度提高。

生物技术在大气污染防治中的一个巨大贡献是生物过滤器系统的开发和应用。大气中硫是形成酸雨的主要原因。因为我国主要的能源为煤炭，因此酸雨对种植业、林业的危害更为严重。而生物脱硫是大气污染防治中的一个巨大进步，可通过嗜硫杆菌处理煤燃烧产生的含硫气体，将之还原为固态硫。另一个严重危害气候与环境的有害气体——甲烷的防治，生物技术亦可发挥重要的作用。嗜甲烷细菌可吸收大气中的甲烷尤其是垃圾掩埋场中散发的甲烷气体，从而减低温室效应的危害。

四、可再生生物能源和生物材料在农业立体污染防治中的作用

用水吸收太阳能，产生 H_2 和 O_2，然而 H_2 和 O_2 发生化学反应释放出能量供人们利用，

又还原为水。这是一种最为理想的取之不竭的生物能源。60余年前科学家就发现一类单细胞生物——绿藻就具有这种功能。在一些工程化的装置中，绿藻的光合作用产物的24%是氢。理论上绿藻生产H_2的最大产量可达到每天每平方米培养面积产20g H_2。这完全可以成功解决当前因燃烧石化能源所产生的问题。然而，就目前的研究水平，其H_2的产量不到理论水平的10%，甚至更低。目前的研究主要集中在生产H_2的关键酶Fe氢化酶的酶学性质改进及产氢的基础代谢途径研究。

另一种目前已经实现商品化生产生物燃料的方法是燃料乙醇的生产，它可有效减少大气的污染。目前美国国家再生能源实验室将生物燃料的重点放在直接用秸秆生产乙醇上，其成本要控制在每加仑0.60美元左右，在这个生产成本构成中，高温纤维素酶的成本要控制在每加仑0.10~0.15美元之间。目前年产30万t燃料乙醇的工厂已在我国吉林市投入商业运行。而低成本生产高温酶成为生物燃料价格控制的关键。中国农业科学院生物技术研究所已经从耐高温海洋菌中克隆了耐高温淀粉酶等相关基因，并用真核个体生物表达系统低成本生产了相关高温酶，其酶学性质完全可以满足生物发酵生产乙醇燃料的要求。目前正在将相关基因如高温淀粉酶、高温纤维素酶基因转入植物中，利用上述酶在正常生理温度下，不具有相应的酶活力，对植物的正常生长发育过程不发生影响，而在生产乙醇燃料的高温前处理过程中（100~125℃），发挥其转基因表达产物的最佳酶活，从而降低生物燃料的生产成本。上述研究成果有望变废为宝，将秸秆等农业主要废弃物转化为生物燃料。

目前用微生物和转基因植物生产生物材料已经达到了工业化生产规模，然而其生产成本仍有待于降低以提高商业竞争力。目前用可再生的蔗糖作为原料生产生物塑料，其成本仅为国际市场销售价的1/4，具有很高的商业竞争力和发展前途。

五、生物技术在农业立体污染防治中的核心作用

在农业立体污染的土壤-水体-大气-生物循环图中（见图1），生物尤其是植物和土壤微生物在这个立体污染的循环链条中处于核心地位。在农业立体污染防治中，将现代生物技术结合我国传统农业技术，将农业废弃物和畜禽排泄物变成农家肥还田的耕作措施，可以截断农业污染中的主要污染链条，以实现农业立体综合治污的目的。

环境微生物学基因组的研究已经成为当代生命科学研究的最前沿。“Science”杂志在2002年第296卷、第5570期和2004年第304卷、第5677期分别以“环境微生物学”和“土壤：最后的前沿”为题，进行了有关“土壤、大气、水体及极端环境中的微生物”及“土壤—植物—微生物三者间的互作”进行了专门论述。在土壤中只有不到1%的微生物在现有条件下可被人们培养和研究。新兴的高通量分子生物学技术的兴起，为研究环境微生物中原来不为人们所认知的并且不可人工培养的微生物提供了手段，并且产生了新的学科——环境基因组学。我国幅员辽阔，地形复杂，具有各种生境条件，为环境基因组学的研究提供了丰富的研究素材，许多基因资源有待发掘，为生物技术在农业立体污染的防治提供更多有用的基因和元件。

通过农业立体污染防治和各种资源的有效配置及利用，提高单位面积的生产效率，以较少的耕地生产较多的食物，尽量避免对生态环境的破坏。将各种病原微生物隔绝在较为封闭

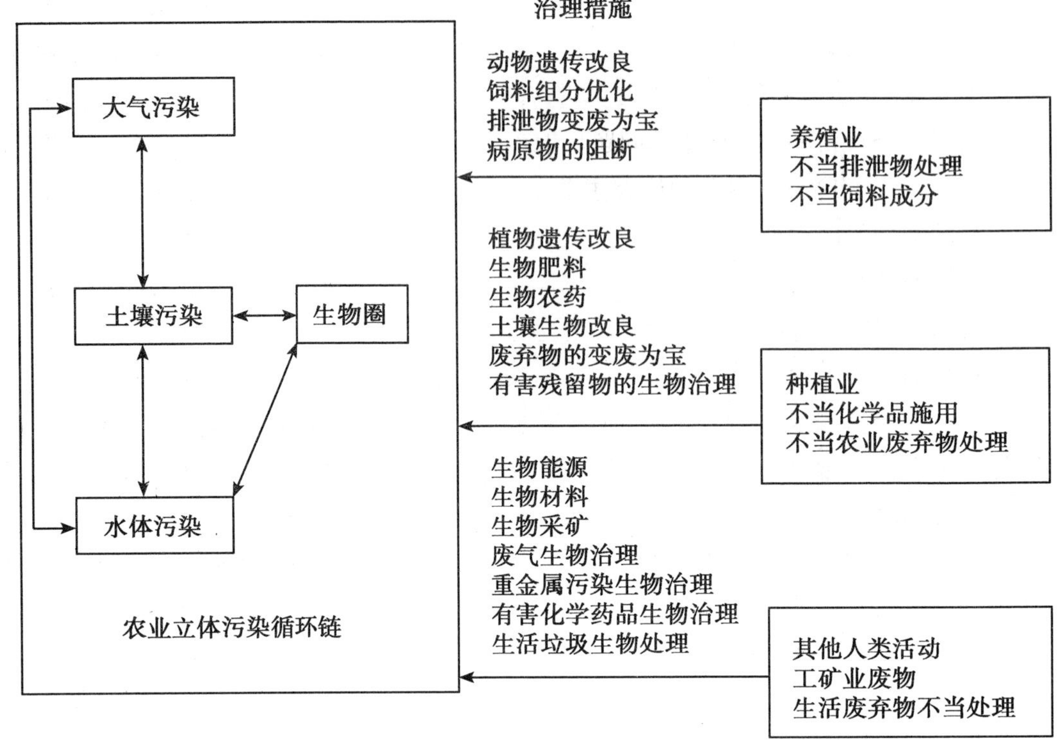

图1　农业立体污染的主要污染源及其可行的生物技术治理措施

的原生环境中，以减少疾病流行和新的疾病出现的可能性。

参考文献

[1] 章力建，董红敏，蔡典雄，李玉娥．农业立体污染及其防治．中国农业科学院院报，2004－12－10.

[2] 章力建，董红敏，蔡典雄，李玉娥．农业立体污染不容忽视．农民日报，2004－12－30.

[3] 章力建，蔡典雄．治理农业污染必须抓“链条”．科技日报，2004－12－29.

[4] Grommen R，Erstraete W. Emiromental biotechnology the ongoing quest Journal of Biotechnology，2002，98：113～123.

[5] 章力建，黄琪满．关于当前我国农业生物技术产业发展的若干思考．中国农业科学，2001，34（1）：91～96.

[6] Seckler D，Barker R，Amaresinghe U. Journal of Water Resources Development，1999，15：29～46.

[7] 罗会颖，姚斌等．Escherichia coli 的高比活植酸酶基因的高效表达．生物工程学报，2004，20：78～84.

[8] 张志芳，何家禄等．中华人民共和国知识产权局．2001 发明专利申请号：11272880. 2004. 8. 12 授权．

[9] Golovan SP，Meidinger RG. Ajakaiye A，et al. Pigs expressing salivary phytase produce low－phosphoras manure Nat Biotechnol，2001，19：741～745.

[10] Mullaney EJ，Daly CB，Ullah AH. Adv Appl Microliol，2000，47：157～159.

[11] 徐柳，守琴等．金属结合蛋白（肽）与环境重金属修复．中国生物工程杂志，2004，24：39～43.

[12] Humberto GA，Mignel A，Antomio B. Microbial Cell Factories，2004，3：10.

[13] Watanabe A，Yano K，Ikebukurok et al，Appl. Microbiol. Biotechnol，1998，50：93～97.

[14] Vasil I. Nat Biolchnol, 1998, 16: 399 ~ 400.
[15] Odame H. Biotechnol Dev Monitor, 1997, 30: 20 ~ 23.
[16] Scilia J, Bagyaraj DJ. World J. Microbiol Biotechnol, 1994, 10: 381 ~ 384.
[17] LinMin. EBC Newsletter, 1997, 11: 14 ~ 15.
[18] Richardson AE, Hadobas PA, Hayes JE. Plant J, 2001, 25: 641 ~ 649.
[19] Pen J et al. Biotechnology, 1993, 11: 811 ~ 814.
[20] 孙跃军等. 中华人民共和国知识产权. 2002 发明专利申请号: 021192359.
[21] Rugh CL, Senecoff JF, Meagher RB, et al. Nat Biotechnol, 1998, 16: 925 ~ 928.
[22] Chen L, Marmery P, Taylor NJ, et al. Nat Biotechnol, 1998, 16: 1060 ~ 1064.
[23] 骆永明, 查宏元等. 大气污染的植物修复. 土壤, 2002, 3: 113 ~ 119.
[24] Muthumbi W et al. Environmental Process III (Rehm J, et Eds), 2000, Verlag, pp 260 ~ 273.
[25] Buisman CJN, et al. Biotechnology and Bioengineering, 1990, 35: 50 ~ 56.
[26] Boeckx P, Van Cleemput O. Journal of environmental quality, 1996, 25: 178 ~ 183.
[27] Dresselhaus MS, Thomas IL. Nature, 2001, 414: 332 ~ 337.
[28] Ghirardi ML, Zhang LP, Lee JW, et al. TBTECH, 2000, 18: 506 ~ 511.
[29] Melis A, Happe T, et al. Plang physiology, 2001, 127: 746 ~ 748.
[30] National Renewable Energy Laboratory, Enzyme Sugar Platform Project, 2003.
[31] Zechendorf B. TIBTSCH, 1999, 17: 219 ~ 225.

(章力建、张志芳)

生物标记物技术在防治农业立体污染中的应用

随着科学技术的进步和工业的发展，进入到环境中的污染物，无论是种类还是总量，都在持续不断地增加（王海黎等，1999；周启星，1995）。这些污染物具有致癌、致畸及致突变特性，而且在环境中的持久性长（Zhou Qixing，2003）。大量有害化学品进入环境，一方面在土壤、水体等环境介质中积累，另一方面通过不同途径迁移到生物体内，并通过食物链威胁人类健康。

面对越来越严重的污染现状，各国政府高度关注，并开展了相关的科学研究工作。对环境污染的诊断和生态风险进行评价已成为当前最受关注的环境问题之一。我国政府对环境污染问题，尤其是农业立体污染问题也给予了高度的重视，并设立专项开展相关科学研究工作。

一、控制农业立体污染，必须进行生物监测

单纯依靠化学分析方法可以诊断环境污染，但是其本身存在局限性：①化学诊断法不能对污染物的毒性效应作出准确、定量的评价。因为在生物修复过程中有机污染物逐步被生物降解，必然产生次生有毒中间代谢产物。Knoke 等（1999）研究发现，有机污染土壤在修复后其毒性反而增强。说明土壤中某些污染物的毒性大小与其含量之间并不成正比关系；②在实际环境中，最容易被忽视、而且破坏性更大的是小剂量、长期持续作用的非急性复合污染。这类污染发生时难以察觉、隐蔽性强、影响面大，仅凭污染物含量无法检测出污染物的复合毒性效应（周启星，1995）。而实验室内进行的毒性生物测定会因实验条件和生物种类的限制，难以真实反映污染物在实际环境中的生物毒性效应，亦无法了解污染物在现场的生物毒性效应（王海黎等，1999）。

利用生物的组分、个体、种群或群落对环境污染或环境变化所产生的反应，从生物学的角度，为环境质量的监测和评价提供依据，称为生物监测。生物监测具有理化监测所不能替代的作用和所不具备的一些特点：能直接反应出环境质量对生态系统的影响，能综合反映环境质量状况，具有连续监测的功能，监测灵敏度高，价格低廉，不需购置昂贵的精密仪器，不需要繁琐的仪器保养及维修等工作；可以在大面积或较长距离内密集布点，甚至在边远地区也能布点进行监测。生物监测方法，从生物所处的主要环境介质的污染特性不同，可分为大气污染、水体污染、土壤污染的生物监测。从生物的分类法来分，主要包括动物监测（以动物为监测生物）、植物监测（以植物为监测生物）和微生物监测（以微生物为监测生物）。从生物学层次来分，主要包括生态监测（群落生态和个体生态）、生物测试（急性毒性测定、亚急性毒性测定和慢性毒性测定）以及分子、生理、生化指标和污染物在体内的

行为等几个方面。

生物监测技术诞生于20世纪初，其机理及应用研究，经历了一个从生物整体水平到细胞水平、基因和分子水平的逐步深化的发展过程。20世纪90年代，细胞生物学和分子生物学研究领域的迅速进步，加上信息科学技术的突飞猛进，使生物监测技术迈进了一个新的发展时期。目前，生物监测已经从传统的生物种类、数量和行为的描述发展到现代化的自动分析，从单纯的生态学方法扩展到与生理、生化、毒理学和生物体残留量分析等领域相结合的研究。近年来以快速、简便、灵敏为目的的毒性检测方法正在广泛开展，而生物标记物技术则是其中的研究热点之一（孔繁翔，2002；王海黎等，1999；夏世钧等，2001；熊治廷，2000）。

二、生物标记物在生物监测中的地位和优越性

生物标记物是生物体受到严重损害之前，在不同水平（分子、细胞、个体等）上因受环境污染物影响而异常化的信号指标。生物标记物作为指示污染物危害效应的早期生物信号，能在早期预测和预报个体水平以上的效应，反映生物体从健康到疾病这一连续谱上的确切位置，掌握污染物危害发生前生物标记物的情况就可以制定预防性的管理措施，及时避免或减轻环境污染的危害，因而成为一种有效、前景广阔的环境危险评价工具。

1989年美国国家科学院（NAS）按照外源化合物与生物体的关系及其表现形式，将生物标记物分为暴露生物标记物、效应生物标记物和易感性生物标记物三大类（夏世钧等，2001）。从表现形式和性质上分，生物标记物可分为行为标记物、生理标记物、生化标记物等。

污染物进入环境后，会对生态系统在各级生物学水平上产生影响，引起生态系统固有结构和功能的变化。例如，在分子水平上，会诱导或抑制酶活性，抑制蛋白质、DNA、RNA的合成。在细胞水平上，引起细胞膜结构和功能的改变，破坏线粒体、内质网等细胞器的结构和功能。在个体水平上，对动物导致死亡，行为改变，抑制生长发育与繁殖等，对植物表现为生长速度减慢，发育受阻，失绿黄化及早熟等。在种群和群落水平上，引起种群数量的密度的改变，结构和物种比例的变化，遗传基础和竞争关系的改变，引起群落中优势种、生物量、种的多样性等的改变。

因为生化反应是发生在分子水平的变化，只要有微量的外来物质进入生物体内，生化酶等最先发生反应，相对个体水平上的死亡和失绿黄化等而言，生化酶是生物体内最灵敏的生物检测剂，是生物体内最早可测得的污染物诱导反应。因而作为生化标记物的各种酶是监测环境污染最有效的工具，可以为更高水平可能发生的损害提供信息。

三、昆虫作为生物标记物载体进行环境监测的优势

由于环境变化的效应从根本上是对以人为主体的生物系统的影响，因此从理论上讲，监测环境变化的指示物应该是动物，但是高等动物的世代周期长，繁殖能力低，栖息地相对狭窄，而且由于动物福利和动物伦理原因，使得动物没有成为环境监测方面的首选生物。

而昆虫经过数亿年的发展，目前已成为当今世界上动物界中数量最大的群体（100 万种以上），相比动物而言，它们的世代周期短，繁殖力强，分布广泛，几乎遍及整个地球；对环境变化敏感，而且人类已掌握了其繁殖和饲养的方法。

随着生物技术的发展，目前昆虫生化酶的测定方法已非常完善，技术成熟。因而利用昆虫这一易获得的生物材料作为生物标记物载体来研究各种生化酶对污染物的反应，从而直接地表征环境质量的好坏及所受污染的程度是切实可行的。

四、生物标记物和生化标记物的国内外研究现状

作为一种新的技术，生物标记物目前已被应用于水体的污染监测（王海黎等，1999）。在此背景下，世界各国纷纷在生物标记物方面开展研究，以争取在未来国际竞争中的主动地位。

国外在生化标记物方面开展的相关研究，主要集中在重金属污染物、有机磷农药污染、多环芳烃等污染物方面，如将抗氧化酶类作为重金属的生化标记物、将氧磷酶作为有机磷农药的易感性生物标记物等。其研究主要集中在鱼类和植物上。在植物上选用过氧化物酶作为硒对植物生长发育影响的早期评价指标，用过氧化氢酶活性作为了解土壤有机质状况、微生物数量、植物代谢强度及抗病能力的参数，在水生生态毒理中，用于评估受试化学品对水生生物的急性和亚急性效应。

我国在生物标记物和生化标记物方面开展的相关研究，主要集中在鱼类和节肢动物，如苯并（a）芘和芘对梭鱼肝脏超氧化物歧化酶活性的影响（王重刚等，2002）、镉对鲢鱼超氧化物歧化酶和过氧化氢酶活性的影响（赵元风等，2002）、石油污染对真鲷超氧化物歧化酶和过氧化氢酶的影响（余群等，1999）等。关于昆虫的研究只有吕顺霖等（2002）研究了氟中毒家蚕幼虫谷胱甘肽过氧化物酶的活性影响。

五、生物标志物技术在农业立体污染防治中的应用

1. 利用蜜蜂开展生物标志物技术在农业立体污染监测中的应用

蜜蜂属于膜翅目蜜蜂总科，是社会化程度较高的昆虫。近年来，随着科学研究的深入，技术手段的提高，对蜜蜂的研究已扩大到越来越广泛的领域。蜜蜂已逐渐成为一种模式动物，被广泛应用于多种学科的基础理论研究中，如进化理论、环境保护等。特别是美国在 2003 年完成了西方蜜蜂全部 270MB 的基因组测序工作，所获得的基因信息将被用于开发新药（如抗生素），揭示人体免疫体系以及免疫机制，治疗遗传性疾病，特别是与 X 染色体相关的疾病以及心理障碍疾病等。这为将来开展分子方面的研究奠定了基础。

蜜蜂世代周期短，繁殖力强，分布广泛，几乎遍及整个地球，而且经过多年的人工饲养和繁育，蜜蜂成为为数不多的人类成功驯养的昆虫之一。由于缺乏免疫系统，蜜蜂对环境污染物缺乏抵抗力，对环境变化敏感，特别是对化学农药的敏感性极高，可以作为易感性生物标记物用于农业立体污染的监测中。由于其特殊的生殖习性，相对其他昆虫，蜜蜂较难通过

后天的训练而获得遗传抗性，因而成为理想的环境污染指示物和标记物。蜜蜂作为生物标记物的载体，可开展以下研究工作：

（1）行为标记物的利用

行为标记物的检测可反映发生在较低生物水平所产生的综合效应。许多毒物，尤其是化学农药可导致神经毒性，亚致死剂量下生物神经系统的生化变化将直接影响生物体的正常行为。如不同类型的农药中毒后蜜蜂的行为会有差异。乐果中毒后的蜜蜂，会有无规律的爬动，逐渐失去活动能力；残杀威中毒的蜜蜂呈麻痹状态。利用蜜蜂对污染物的行为反应不同，可监测环境中污染物的种类和变化情况。

（2）生理标记物的利用

生理标记物包括一些特异的生理反应终点，如免疫学反应，也包括普通的生理现象，如生长、繁殖、发育等等。如对水生生物进行的检测有血循环、分泌、渗透压调节、生长、繁殖等等。对蜜蜂生长的直接测定，如体长、体重等以及对能量储备的间接测定（如甘油三酯/总脂）等的测定都是可靠的生物标记物。对蜜蜂的产卵量、幼虫孵化率、成蜂的羽化率等的测定也是衡量环境污染情况的重要生理标记物。

（3）生化标记物的利用

生化标志物是生物体中最早可测得的污染物诱导反应。生化变化常涉及蛋白水平的变化、酶活性改变或 DNA 分子的变化。乙酰胆碱酯酶是对特定类毒物——有机磷类农药敏感的生化标记物，另外也受某些金属和 MFO 诱变剂等的影响。研究表明，包括氯化烃在内的污染物可抑制乙酰胆碱酯酶的活性。亚致死剂量的化学农药可抑制蜜蜂乙酰胆碱酯酶活性。蜜蜂的谷胱甘肽硫转移酶、羧酸酯酶、多功能氧化酶等都可作为良好的生化标志物进行农业立体污染中污染物的监测。

2. 蜜蜂在农业立体污染治理中的作用

蜜蜂被誉为“农业增产之翼”。据初步调查，现被蜜蜂采集利用的蜜粉源植物有 14 317 种，分属于 864 属、141 科，分别占全国被子植物的 58.77%、29.32% 和 48.45%。我国绝大部分地区处于季风气候区，昼夜温差大，植物品种众多，尤其是存在大量野生的植物（包括农作物）资源。近几十年来，由于现代化、集约化农业的发展，大量使用杀虫剂和除草剂，致使野生授粉昆虫锐减。如果没有蜜蜂进行高效的授粉，植物（包括农作物）的授粉总量会极大地受到影响，一些植物资源的数量会逐渐减少，特别是野生植物资源的生存发展必然会受到影响，严重的可以导致物种的灭绝，进而导致整个植物群落和生态体系的改变。

在农业立体污染的治理过程中，增加和保护植被，有效地利用现有的土地和作物资源是一项重要的治理措施。通过蜜蜂的授粉，可以增加作物的产量，减少化学激素的使用，改善作物品质，同时促进了植被的繁茂和生长，特别是一些野生的植被生长。由于野生植被的繁盛，为天敌昆虫和捕食性蜘蛛和螨类的繁育提供了场所和食物，因而天敌数量增加，有效地控制了农田和果园中有害昆虫的发生，从而减少了化学农药的使用量和使用范围，保护了环境。通过蜜蜂的授粉，必然会缓解和改善我国正日趋遭到破坏的生态环境，增加农业可持续发展的后劲，因而蜜蜂在农业立体污染的治理中能发挥重要作用。

综上所述，蜜蜂在改善环境，保护生态平衡，增强农业可持续发展和农业立体污染的防治中将发挥重要作用。然而，目前我国在蜜蜂生化标记物研究方面还存在许多空白，因此急需开展相关的科学研究，以充分发挥蜜蜂的传媒使者的作用。

参考文献

[1] 丁竹红，谢标，王晓蓉. 生物标记物及其在环境中的应用. 农业环境保护，2002，21（5）：465～467，470.

[2] 刘宛，李培军，周启星，孙铁. 污染土壤的生物标记物研究进展. 生态学杂志，2004，23（5）：150～155.

[3] 吕顺霖，闵思佳，丁春阳. 氟中毒家蚕幼虫血淋巴中谷胱甘肽过氧化物酶的活性. 蚕业科学，2002，1：61～63.

[4] 孔繁翔. 环境生物学. 北京：高等教育出版社，2002.

[5] 孙铁珩，周启星，李培军. 污染生态学. 北京：科学出版社，2000.

[6] 王重刚，余群，郁昂，陈荣，郑微云. 苯并（a）芘和芘暴露对梭鱼肝脏超氧化物歧化酶活性的影响. 海洋环境科学，2002.（4）：10～13.

[7] 王海黎，陶澍. 生物标记物在水环境研究中的应用. 中国环境科学，1999. 19（5）：421～426.

[8] 夏世钧，吴中亮. 分子毒理学基础理论. 武汉：湖北科学技术出版社，2001.

[9] 熊治廷. 环境生物学. 武汉：湖北科学技术出版社，2000.

[10] 余群，郑微云，翁妍，冯涛，郑森林. 石油污染对真鲷幼体中超氧化物歧化酶和过氧化氢酶的毒理效应. 厦门大学学报（自然科学版），1999.（3）：429～434.

[11] 赵元凤，吕景才，宋晓阳等. 镉污染对鲢鱼超氧化物歧化酶和过氧化氢酶活性的影响. 农业生物技术学报，2002. 10（3）：267～271.

[12] 周启星. 复合污染生态学. 北京：中国环境科学出版社，1995.

[13] 周启星，黄国宏. 环境生物地球化学及全球环境变化. 北京：科学出版社，2001.

[14] 朱琳. 细胞色素 P450 酶系及其在毒理学上的应用. 上海环境科学，2001，20（2）：88～91.

[15] Knoke KL，Marwood TW. A comparison of five bioassays to monitor toxicity during bioremediation of pentachlorophenol contaminated soil. Water Air Soil Pollution，1999，110：157～169.

[16] Zhou QX. Interaction between heavy metals and nitrogen fertilizers applied in soil vegetable systems. Bull. Environ. Contam. Toxicol，2003，71（2）：338～344.

（刁青云、章力建、蔡典雄、黄宇）

沼气技术在农业立体污染防治中的应用

对于农业立体污染，需要采用综合的防控技术和措施。其中，沼气技术是防治畜禽粪便和农田废弃物类农业立体污染的一条经济有效途径。

一、沼气技术及其发展

通过沼气发酵，可以将人畜粪便、秸秆、农业有机废弃物、农副产品加工有机废水、城市污水和垃圾、水生植物和藻类等转化为沼气，从而净化有机废弃物，控制污染，减少温室气体排放，因而沼气技术在世界上得到了广泛应用。

1776 年，意大利科学家沃尔塔发现了沼气。1781 年，法国科学家穆拉发明了人工沼气发生器，揭开了人工利用沼气的序幕。到 20 世纪 70 年代，欧洲已经有 600 多个农场规模的沼气发酵装置，利用其处理农场、生活垃圾和废水等有机物。而到 2003 年，仅德国就有约 2 000个沼气工程投入运行，处理畜禽粪便及有机物废料，获得了良好的环保和能源双重效益。

中国沼气技术研究始于 20 世纪 20 年代。经过几十年的探索，中国的沼气应用有了很大的发展。1976 年建设了农村户用沼气池 256.7 万个。到 20 世纪 90 年代初，平均以每年 10 万户的速度递增。2000 年以来，沼气建设得到快速发展，2003 年全国已有 1 280 多万农户使用沼气。2004 年关于增加农民收入的中央一号文件中，沼气技术作为具体措施列入其中。2000 年以来，农业部总结出了“北方四位一体”，“南方猪沼果”和“西北五配套”以及“能源环保生态型沼气工程”等卓有成效的沼气建设模式，实施了“生态家园富民工程”计划。“十五”期间，国家先后投入 35 亿元人民币，在农村重点推广以沼气建设为纽带的能源生态模式。到 2005 年底，全国沼气用户已达 1 700 多万户，年生产沼气 65 亿 m^3。在此期间，国家大力发展畜禽养殖废弃物处理沼气工程，已建成大中型沼气工程 2 200 多处，年处理畜禽粪便 6 000 多万 t。同时，也建成生活污水净化沼气池 13.7 万处，秸秆气化集中供气工程 500 多处；推广省柴灶 1.89 亿户、太阳能热水器 2 850 万 m^2。

二、沼气技术在治理农业立体污染中的重要作用

事实证明，在解决农村污染、提高农产品品质、改善农村环境、控制疾病传播和提升农民生活质量等方面，沼气技术已成为治理农业污染和资源综合利用的主要手段之一，也是“农业立体污染”链（水体—土壤—生物—大气）一体化综合防治措施中的一项重要措施。分析农村立体污染形成的通道可以看出，畜禽粪便在水体、大气、土壤和农产品污染中占有重要份额（图 1）。利用厌氧消化技术（即沼气技术）治理农业立体污染具有明显效果，同

时还具有资源利用的功能（图2）。

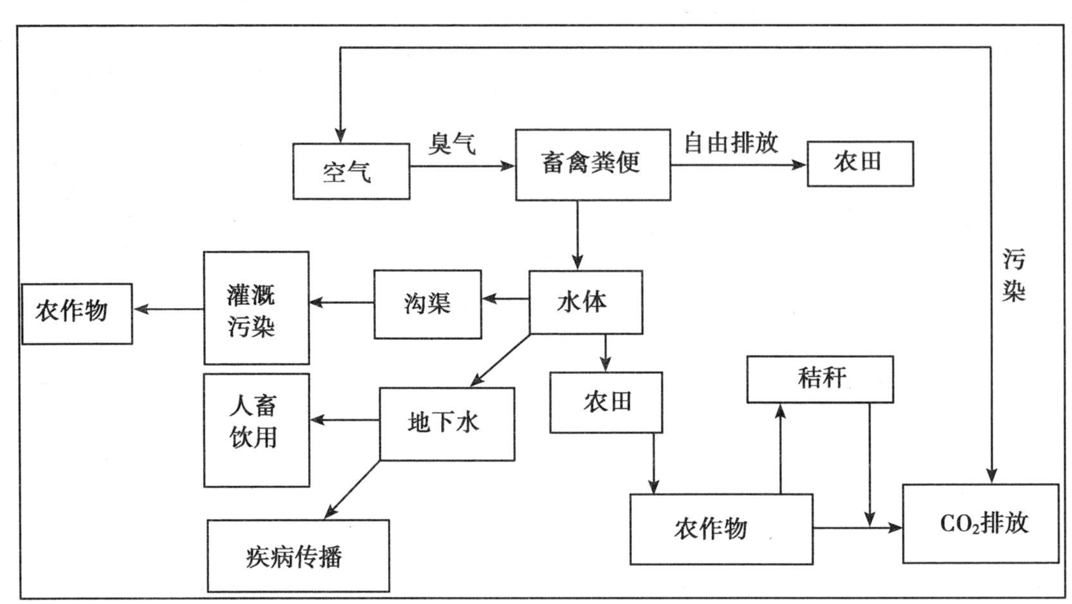

图1　畜禽粪便立体污染形成通道

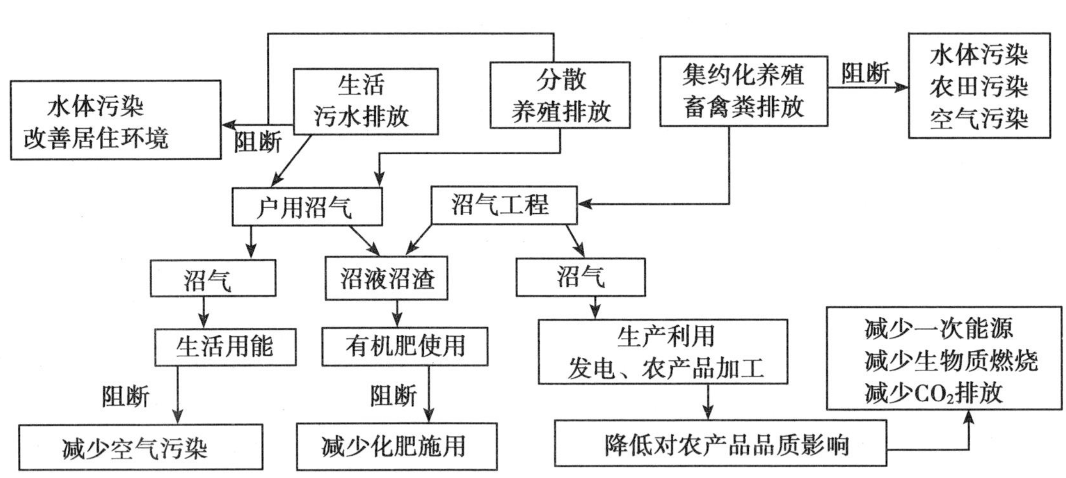

图2　沼气技术在农业立体污染防治中的功能

1. 沼气技术在水体污染防治中的作用

畜禽养殖废水和生活污水是农业立体污染——水体界面污染的重要来源。通过沼气技术处理，COD去除率可达80%以上，BOD_5去除率可达85%以上，并且将有机污染物转化成清洁能源——沼气和有机肥资源，是可持续的水体污染防治技术。郑元景等就有机废水处理进行了好氧处理、厌氧处理、厌氧—好氧串联处理三种流程的能耗比较分析。试验结果计算表明，在屠宰废水COD为1 900mg/L，处理水量为5 000m^3/d的条件下，用厌氧—好氧工艺串联处理，比单独采用好氧活性污泥法工艺，每年可节约150万Kw·h电（包括沼气发电在内）。邓良伟等比较了沼气技术加好氧处理的 Anarwia 工艺与直接好氧处理工艺处理猪场废水的效果、投资、能耗及运行费用，结果表明，Anarwia 工艺处理效果与直接好氧处理工艺处理效果相当。但其水力停留时间、工程投资、剩余污泥量、需氧量同比分别降低 38.6%、11.8%、16.4%和 95.9%，并能回收沼气。若不计沼气收益，Anarwia 工艺的处理费用比直接好氧处理工艺低 47.5%；若计沼气收益，则 Anarwia 工艺的处理费只有直接好氧处理工艺的 9.1%。

2. 沼气技术在土壤污染防治中的作用

土壤污染主要是化肥滥用、农药残留，以及畜禽粪便、污泥施用带来的重金属污染问题，沼气技术在这几方面都有作为。

连续施用沼肥，可以提高土壤有机质含量，改善团粒结构，并有利于恢复土壤微生物生态系统。沼肥代替化肥施用于农田，不但可以增产，还可以减少由于大量施用化肥而带来的土壤污染和重金属含量超标等一系列环境污染问题。沼气发酵残留物——沼液内含有激素类物质，能刺激作物生长，同时具有抑制病虫害发生的作用，是一种很好的生物农药，并且不会像化学农药那样在环境中残留，污染环境。据报道，沼气发酵残留物对小麦、豆类和蔬菜蚜虫等 14 种农作物虫害和甘薯软腐病、小麦全蚀病、小麦赤霉病和玉米大、小斑病等 26 种病害均有防治效果。利用沼液浸种，不仅可以提供种子发芽所需营养，促进种子的生理代谢，激活胚细胞分裂以提高种子发芽、成秧率，为作物的稳产高产打下了坚实的基础，而且能有效杀灭种子的病菌和虫卵，减少病虫害的发生。

沈晓南等对污泥中的 8 种重金属在厌氧消化前后的存在形态进行了分析试验。试验结果表明：在 8 种重金属元素中，汞、镉、铅、砷经厌氧消化后几乎全部以稳定形态存在。而锌、镍、铜、铬经厌氧消化后，其稳定形态含量亦不同程度增加：铜的稳定态由 90% 升至 98%，锌的稳定态由 24% 升至 35%，镍的稳定态由 27% 升至 32%，铬的稳定态由 64% 升至 69%。

3. 沼气技术在大气污染防治中的作用

沼气技术在大气污染防治中的作用主要在于减少温室气体——甲烷和 CO_2 的排放。未经处理的污水、粪便等因自然的厌氧消化排放温室气体——甲烷，沼气工程产生的沼气替代其他能源使用可减少温室气体 CO_2 的排放。段茂盛等测算表明，一个年出栏万头猪的养殖场因粪便和污水等导致的甲烷排放量约为 24t，相当于 504t 的 CO_2 当量；如果沼气工程产生的甲烷作为燃料使用，每年可以避免因煤炭使用而导致的 CO_2 排放量为 277t，沼气工程合计可减排 781t CO_2 当量。也有研究指出，猪粪沼渣用于稻田比使用农家堆肥可减少甲烷排放 56.7%～64.7%。

4. 沼气技术在生物污染防治中的作用

粪便经沼气发酵处理后，绝大部分活蛔虫卵被杀死。由于沼气池粪便腐熟较快，沉卵效果较好，同时细菌分解有机氮产生大量氨，有助于杀死虫卵。郑华英等报道，经沼气发酵处理后，粪液腐熟程度较高，粪液颜色由浅变深，形状由浓变稀，pH 值、温度升高，粪大肠

菌群菌值降 $10^{-2} \sim 10^{-3}$，蛔虫卵死亡率达90%。将处理后粪便用于种植蔬菜、养鱼，可减少肠道致病菌、寄生虫卵对土壤、蔬菜、鱼塘水、鱼产品的污染，食用此类蔬菜及鱼产品可减少肠道致病菌、寄生虫卵的感染机会，有效阻断或减少了肠道传染病和寄生虫病的传播。蒋红卫在河南省商丘的测试也表明，粪便经五结合沼气池处理后，寄生虫卵减少至平均2个/100ml，即减少了99.19%，效果极为显著。粪大肠菌值进口样均在 $10^{-7} \sim 10^{-6}$ 个/100g范围，经沼气池处理后，粪大肠菌值提高2～3个数量级。均达到粪便无害化卫生标准。

三、农业立体污染治理中的沼气技术发展展望

我国在20世纪20年代就开始了沼气技术的研究和推广，通过几十年的发展，沼气技术在生产能源方面已经比较成熟，但在治理农业立体污染方面，还需要研究与其他治理技术交叉、连接通道等基础理论和技术应用问题。针对农业立体污染全方位的治理和技术应用环境的变化，有必要对沼气技术开展进一步的深入研究和技术开发，以提高沼气技术处理污染物效率，增强治理效果。农村沼气户用技术还需要开展提高发酵装置的利用率、扩展发酵原料来源和（研究）新原料发酵工艺、开发北方农村沼气低温发酵技术、研制沼气池运行维护设备等研究工作，以适应农村面源污染治理技术的要求。

随着农村经济发展和农业生产结构变化，大中型集约化畜禽养殖场发展迅速，畜禽养殖废弃物将成为农业立体污染的重要来源。农业立体污染防治的提出，为畜禽养殖废弃物从源头到受体的全程污染防治提供了新思路。针对畜禽养殖污染的严峻形势以及由此带来的农业立体污染，在工程技术方面还需要开展以下研究：农业畜禽污染的基础数据采集，畜禽养殖场污染源头清洁生产技术研究以及相关设备的研制与应用，中高温厌氧发酵技术及配套设备的研制与应用，沼气发电高效集成技术研究，沼气工程控制自动化技术，无（少）低维护、多功能厌氧发酵装置的研究，厌氧消化液好氧后处理电子供体、电子受体优化研究，转移途中的污染物控制技术，水陆交错界面污染物迁移阻控技术。建立从源（污染源）到体（污染受纳体）的畜禽养殖污染全程防控技术体系。

在沼气基础研究方面，需要开展厌氧微生物基础研究，沼气综合防治理论与技术研究，以及沼气技术在不同区域成功的防治技术模式研究等。在资源利用和残留物处理方面需要开展的研究是：沼气工程生态修复利用技术，厌氧残留物（沼渣沼液）利用及利用技术，以及厌氧残留物对土壤、水体和农作物的影响等。

参考文献

[1] 农业部“赴德国沼气技术考察团”．政策激励下的德国沼气发电．可再生能源，2004，6：69～70.

[2] 农业部科技教育司，农业部能源环保技术开发中心．2003年全国农村可再生能源统计汇总表．北京：2003.

[3] 中华人民共和国国务院新闻办公室．中国的环境保护（1996～2005）.

[4] 章力建，蔡典雄．专家论坛—治理农业污染必须抓“链条”．科技日报，2004－12－29.

[5] 郑元景等．污水厌氧生物处理．北京：中国建筑工业出版社，1988.

[6] 邓良伟等．Anarwia 工艺处理猪场废水的技术经济性研究．浙江大学学报（农业与生命科学版），2004，30（6）：628～634.
[7] 高军．淮安市农业非点源污染及其防治对策．淮阴工学院学报，2003，12（1）：20～22.
[8] 郑开红等．用沼气发酵液防治小麦、豆类和蔬菜蚜虫试验．中国沼气，1989，7（3）：43.
[9] 沈晓南等．污泥中重金属在厌氧消化前后的形态分布分析．中国给水排水，2002，18（11）：51～52.
[10] 段茂盛等．畜禽养殖场沼气工程的温室气体减排效益及利用清洁发展机制（CDM）的影响分析．太阳能学报，2003，24（3）：386～389.
[11] 陶战等．不同施肥处理的一季稻田甲烷排放通量的研究．农业环境保护．1993，12（5）：193～197.
[12] 郑华英等．武汉地区粪便经沼气发酵后用于绿色蔬菜种植和养鱼卫生效果评价．中国卫生检验杂志，2003，13（6）：730～733.
[13] 蒋红卫．五结合沼气户厕卫生效果分析．医药论坛杂志，2005，26（8）：2～3.

（郑时选、邓良伟）

遥感技术在防治农业立体污染中的应用

遥感技术具有时空特征，能快速地和定期地获取区域范围内的地表光谱信息，在农业立体污染防治中，尤其是在农业立体污染区域分布的时空动态监测方面具有广泛的应用前景。

一、遥感的发展及应用

遥感是指在高空和外层空间的平台上，运用传感器获取反映地表特征的各种数据，通过传输、变换和处理，提取有用的信息，实现研究地物空间形状、位置、性质、变化及其与环境的相互关系的一门现代应用技术科学。1956 年世界上第一颗人造地球卫星发射成功，为遥感技术的发展创造了新的条件，目前已广泛用于测绘、气象、国土资源勘察、灾害监测与环境保护、国防、能源、交通、工程等诸多学科领域，发挥了独特的作用。

遥感技术的发展，揭开了人类从外层空间观测地球、探索宇宙的序幕，为我们认识国土、开发资源、研究环境、分析全球变化找到了新的途径。一方面，遥感数据的种类越来越多。遥感器的光谱分辨率和空间分辨率越来越高，所利用的波段越来越广，微波遥感的发展实现了全天时、全天候的对地观测，高光谱遥感的发展能够更精细的研究地物的光谱特性。另一方面，遥感数据的处理也由早期的简单光学图像判读发展到了数字图像处理，由定性目视识别进入了定量建模反演，遥感应用也向着更广和更深的层次发展。

1. 卫星传感器分辨率显著提高

美国 1972 年发射了第一颗地球资源卫星（ERST-1，后更名为 Landsat-1），到 20 世纪 80 年代初，卫星遥感传感器由 4 波段多光谱扫描仪（MSS）发展到 7 波段专题制图仪（TM），空间分辨率由 80m 提高到 30m（热红外波段 120m）。1999 年 4 月升空的 Landsat-7 所搭载的增强型专题制图仪 ETM +，增加了 15m 的全色波段，热红外波段空间分辨率增加为 60m。法国 1986 年 2 月发射的 SPOT 卫星装载有 HRV 线阵列推扫式成像仪，全色波段空间分辨率达到 10m，多光谱达 20m。

1999 年 10 月 14 日发射了中国和巴西合作研制的第一颗地球资源卫星 CBERS-1，这是我国地球资源航天遥感的新里程碑。由于 CBERS-1 卫星的有效载荷中包括 CCD 相机，红外线光谱扫描仪（IRMSS）、广角成像仪（WF1）等多种设备，可获取具有不同分辨率和扫描宽度的 11 个波段的数据。

最近几年，高空间分辨率的陆地卫星遥感传感器层出不穷，如：美国 1999 年 9 月 24 日入轨运行的 IKONOS 卫星传感器的全色光谱段和多光谱分别具有 1m 和 4m 的空间分辨率；以色列 2000 年 12 月 5 日搭载在俄罗斯 START-1 型运载火箭升空的 ERAS-A1 遥感卫星载有标定分辨率为 1. 8m 的全色 CGD 相机。美国 2001 年 10 月 18 日在加利福尼亚范登堡空军基地由波音 Delta II 号火箭发射的 Quick Bird 卫星全色波段空间分辨率达 0.61m，多光谱达 2.44m；法国 2002 年 5 月 3 日由亚利安四型火箭在法属圭亚那库隆太空中心发射的 SPOT-5 全色波段空间分辨率达 2.5m，新式高分辨率立体影像仪可同时产生地面高度模型；我国 2002 年 10 月 27 口由“长征四号乙”运载火箭成功送入太空的“资源二号”卫星（尖兵三号）空间分辨率为 3m；美国在 2003 年 6 月 26 日由 PEGASUS 运行火箭发射 ORBVIEW-3 高分辨率成像卫星，全色波段空间分辨率达 1m；印度在 2003 年 10 月 17 日由极地卫星运载火箭 PSLV-CS 发射升空的资源卫星一号（RESOURCESAT-1）全色和多光谱分辨率均为 5.8m。

在空间分辨率不断提高的同时，光谱分辨率、时间分辨率和辐射精度也在迅速提高。在星载平台上，1999 年 12 月 18 日，美国成功地发射了地球观测系统的第 1 颗近极地轨道环境遥感卫星 TERRA CEOS-AM1），其中装载的中分辨率成像光谱仪（MODIS）可获取 36 个波段的光谱数据，光谱范围为 0.4 ~ 14.4μm，数据量化达 12bits，并包含三级空间分辨率，分别为 250m、500m 和 1 000m，带宽为 2 330km，每两天可覆盖全球一次。TERRA 卫星的 ASTER（先进的空间热辐射发射辐射计）数据，空间分辨率可达 15m 或 30m，可见光和近红外波段的辐射优于 0.5%，短波红外波段的辐射优于 0.5% ~ 1.3%，热红外波段的辐射优于 0.3K。

2000 年 11 月 21 日在美国范登堡空军基地由波音 Delta 号火箭发射的 EO-1（Earth Observing-1）卫星，首次装备了光谱分辨率更高的星载高光谱传感器（Hyperion），该传感器的空间分辨率和 Landsat 相似，同为 30m，但它包含了光谱范围为 0.4 ~ 2.5μm 的 220 个波段，光谱分辨率大大提高（达 10μm）。

2002 年 3 月 25 日 22 时 l5 分，我国的“神舟”三号飞船在酒泉卫星发射中心成功发射，它是继美国 1999 年发射的 TERRA 卫星之后第 2 台进入太空的同类光谱仪，该光谱仪具有 34 个波段，仅比美国的 MODIS 少 2 个波段，可以进行大范围的海洋、陆地和大气的多光谱遥感实验。另外，该卫星上还装载有太阳紫外光谱仪、太阳常数监测器、地球辐射等地球环境监测仪器。

2. 遥感数据处理技术发展迅速

随着遥感数据获取技术的提高，遥感数据的处理技术也得到了很大的发展，特别是在遥感信息处理的全数字化、可视化、智能化和网络化方面有了很大的创新。就多光谱数据而言，数据处理从以往的专题制图发展到目前的弱信息提取，数据压缩存储和传输，专业遥感处理软件的发展也很令人鼓舞，出现了多个功能强大的图像处理软件。为了提高专业信息提取和识别分类的精度和准确性，出现了一些遥感图像计算机分类的新方法，如神经网络分类器，基于小波神经网络的遥感图像分类，基于分形技术的遥感图像分类，模糊聚类法，树分类器，专家系统方法等。在高光谱分辨率遥感信息分析处理方面，发展了许多诸如光谱微分技术、光谱匹配技术、混合光谱分解技术、光谱分类技术、光谱角度制图技术、混合调节匹配滤波技术等处理方法。可以利用上述有关技术，通过计算端元组分的光谱与图像每一个像元地物光谱的相似程度，达到高光谱制图的目的。

3. 遥感应用领域日益广泛

遥感技术的应用非常广泛。在测绘领域遥感技术可以用来制作卫星影像地图、陆地地形图、浅水区地形图、南极冰貌信息专题图等；在环境和灾害监测中，遥感技术可用来快速监测洪涝灾情、沙尘暴、森林火灾、南极冰川流速，还可以对臭氧层、海洋赤潮进行观测；在地质调查及资源评价中，遥感技术可用于地质构造的解译，对地层岩性进行识别分类，提取与成矿有关的蚀变信息，还可以对罗布泊特大型钾矿储量进行预算；在农林牧等方面，遥感技术可用于农作物估产、土壤类型、结构及侵蚀作用调查，还可以对草场资源进行分类和评价，通过对森林生态环境的研究，探索出环境因素对林木生长影响的规律性。此外，遥感技术在考古及旅游资源开发中也受到青睐。总之，遥感已涉及到国民经济的各个领域，成为现代科学技术的重要组成部分。

遥感技术在航空摄影测量的基础上，随着空间技术、电子计算机等当代科技的迅速发展，以及地学、生物学等学科发展的需要，已发展形成的一门新兴技术学科。从以飞机为主要运载工具的航空遥感，发展到以人造地球卫星、宇宙飞船和航天飞机为运载工具的航天遥感，大大地扩展了人们的观察视野及领域，形成了一个从地面到空中，乃至空间，从数据收集、处理到判读分析和应用，对全球进行探测和监测的多层次、多视角、多领域的观测体系。由于它具有获取资料和数据的范围大，获取信息的速度快、周期短，获取信息时受限制条件少，获取信息的手段多、信息量大等特点，已经成为获取地球资源与环境信息的重要方式，在各个领域的应用也越来越广泛。总之，遥感技术已经越来越受各国的普遍重视，各国不断的调整空间发展计划表明：世界遥感技术面临着突飞猛进的发展，新的传感器将使遥感技术应用的领域进一步拓宽，时时动态监测精度的不断提高，新的遥感处理软件将使科研人员工作效率得到极大的提高，各种遥感资料将不断地应用到国防建设的诸多方面，促进经济建设的大发展。

二、遥感技术在农业立体污染防治中的应用

卫星遥感技术的飞速发展，对于我国农业立体污染综合防治将有极其重要的现实意义，尤其是表现在农业水质污染监测、农业土壤污染监测、农业大气污染监测和农业污染物在水土气生圈层之间的运移空间模型模拟分析方面。

1. 农区水体污染遥感监测

（1）农区水体污染遥感监测技术

传统的农区水体污染监测一般采用地面定点采样分析法。这种方法只能了解监测点的水质状况，不能反映整个区域的农田水质差异，并且地面采样分析成本高，速度慢。随着遥感技术的发展，尤其是遥感器几何与光谱分辨率的提高，能够快速获得区域地表时空光谱信息的遥感已成为区域农田水体污染监测和时空动态分析的重要技术手段，从而突破传统的地面点状监测，开展全面的区域农业水体污染监测。遥感技术能清楚地反映出区域流域污染现状和空间分布特征，利用多时相的遥感数据可对同一流域水体污染历史和污染趋势做出研究和

预测，可为水资源保护规划提供准确信息。

农区水体污染监测的内容很多，这里主要是指因农业活动而产生的污染，包括水体富含有机质和氮、磷等营养元素所引起的“富营养化”、重金属污染及有机化学物质污染，表现形式为分布零散、面积较小的面源或点源污染。遥感技术可以通过水温、浮油、叶绿素、浑浊度等来进行水体污染监测。我国在应用遥感技术进行水质监测方面做了大量的研究。李旭文等利用遥感并结合地面同步的水化学监测数据，对太湖的蓝藻数量进行估算，以叶绿素 A 为主要指标，监测出太湖水体质量处于富营养化状态。王学军等利用遥感技术研究了太湖的水质状况。他们认为，通过遥感数据的多波段因子组合和主成分分析，可以使高分辨率多波段遥感信息在水体污染监测中得到更为充分的利用。刘令梅通过对海水赤潮监测与防治研究后认为，遥感技术与水面监测相结合可以预报赤潮现象的发生。

农区水体污染的遥感监测主要是利用可见光、反射红外遥感技术，其机理集中表现在被污染水体具有独特的有别于清洁水体的光谱反射或辐射特征，对某个特定波长区间形成强烈的吸收或反射。受污染的水体中有较多水生生物及杂质，这些物质在不同波段有着不同的吸收和散射作用，造成一定波长范围反射率的显著差异，并且不同污染程度的水体呈现出不同的光谱特征。这些光谱特征可被遥感器获取并在遥感图像中体现出来。通过定量反演可以得到有明显特征的污染信息，结合特定时间的地面样点水质监测数据，可以构建区域范围内的水质遥感反演模型，评价区域农田水体污染状况。这就是利用遥感数据进行水污染定量监测的主要方法。此外，还常用热红外遥感技术和微波遥感技术进行水体油污监测。热红外遥感通过传感器获得地物的热辐射来诊断地物。通常受油污染的水面表面温度高于一般水面，并且油层越厚表面温度越高。通过热红外遥感图像可以判断出油污发生水域、面积和估计其相对厚度。微波遥感具有不受天气状况影响，全天时、全天候成像的优势和对地物表面有着精细的探测能力，能有效地监测到油层很薄的污染程度，在水体油污监测中具有很大发展潜力。

虽然遥感技术显示出其在水污染监测中的应用潜力，但现阶段有些方法尚不成熟，今后应加强下列研究：不同水质下光谱响应规律的研究，建立相应的光谱库，为遥感监测奠定基础；将污染源研究和水污染遥感监测结合起来，建立 GIS 空间地理信息系统，结合作物种植和农药化肥使用，从较大时空角度进行农区水体污染监测和预报，指出流域污染的变化趋势，相关污染源和治理方向，建立准实时的农区水污染监测及预警系统，为农业水体污染防治和水资源保护提供科学依据。

（2）水体污染遥感监测实例

现阶段关于水体污染的研究较为广泛，侯鹏、杨锋杰、曹广真（2003）利用遥感技术在南四湖水质监测做了相关研究。他们以山东省第一大淡水湖——南四湖为研究对象，定量、定性地分析了悬浮物、浮游生物和可溶性有机物等主要水体污染物，为水体污染的遥感分析和监测提供了理论和方法依据。在文中主要运用 TM 和 CCD 影像进行相应的波谱分析，提取出 TM 图像中的 TM_1、TM_2、TM_3 为研究的主要波段和 CCD 影像中的波段 2、3、4 为水体研究波段。实验结果和波段的对应关系得出使得利用遥感技术区分和识别水体污染物的种类和数量成为可能。

具体研究方法如下：

TM 影像有 7 个波段，CCD 影像有 5 个波段，但是各个波段所突出的地物信息不同，所以对于不同的研究要选择最优波段进行图像处理是获得最佳的研究结果的重要前提。波谱实验表明：清水所对应的最佳波长范围为 0.43 ~ 0.64μm，浑水所对应的最佳波长范围为 0.58 ~ 0.79μm。另外，在实验中得知，对于 TM 遥感影像数据而言，污染后的水体随着水中黄色物质和悬浮物的含量的增加，即水的污染程度的加重，TM 影像各波段灰度呈总体减少趋势，其中 TM_2 和 TM_3 波段降幅最大，这是由于有机污染对水色的影响在这两个波段响应最大。从室内光谱看，TM_1 波段对于水体色调变化也是很明显的，但由于受大气散射的影响，TM_1 波段的灰度明显变高，在一定程度上也影响了对污染水体反映的灵敏度。对于 3 个近红外波段而言，TM_4 波段灰度差最大，TM_5 和 TM_7 波段由于本身反射率已很低，也影响了对污染水体的识别。因此，利用彩色合成法进行污染监测时，TM_2、TM_3、TM_4、或 TM_1（进行大气散射校正）为比较好的组合。由以上分析得知，在 TM 遥感影像数据中，清水所对应的最佳波段为 TM_1（0.45 ~0.52μm）和 TM_2（0.52 ~0.60μm）波段，在这两个波段可见光对水体均有很强的透射能力，可以反映水体的深度、水下地形等水体特征；浑水所对应的最佳波段为 TM_3（0.63 ~0.69μm）波段，在此波段可见光对水体有一定的透射能力（一般透射深度为 2m 左右），可以较好地反映水体中的泥沙含量和水体的浑浊程度（定性的描述悬浮物含量的多少）。对于中巴卫星的数据 CCD 影像而言，对于遥感水质分析而言，清水所对应的最佳波段为 CCD_2（0.52 ~ 0.59μm）波段，浑水所对应的最佳波段为 CCD_3（0.63 ~0.69μm）波段和 CCD_4（0.77 ~0.89μm）波段。以上实验结果和波段的对应关系的得出使得利用遥感技术区分和识别水体污染物的种类和数量成为可能。

图像处理是遥感信息提取的中心环节。最优波段选定之后，大多数研究者是利用简单彩色合成方法、单波段简单灰度分割或多波段图像直接分类方法对影像进行处理，但是对于特殊的专题信息提取——水体的信息专题提取，效果并非理想。本研究在图像彩色处理之前主要采取了 3 种变换，即比值变换、IHS 变换、不同数据源的遥感影像的图像融合，然后对图像进行彩色合成和图像分类。采取这些变换的原因是：通过清水和浑水的最优波段的遥感影像的比值运算可以突出水体中的污染物的分布变化和量的变化；通过遥感影像的 IHS 彩色空间变换是将图像从 RGB 彩色空间变换到 IHS 彩色空间，在明度（I）、色度（H）及饱和度（S）组成的彩色空间中研究由于污染而引起的水色变化，从而得出污染程度；通过 TM 影像和 CCD 影像的数据融合可以利用 TM 数据的丰富的波谱信息特征和 CCD 数据的高分辨率的影像特征，突出研究区域水体的微观特征信息，更准确地监测水体的污染状况。图像处理结果表明：对于水体中污染物的影像识别，简单的灰度变换和彩色合成等单一的图像处理手段是不够的。通过比值变换和多源数据的彩色合成叠加和空间变换明显增强了水体的污染状况的可判读性。

本研究结果表明：遥感监测可以较好地进行大面积水体环境的水质监测和水域的环境评价、规划和管理。水质监测包括悬浮物、浮游生物、黄色物质等主要水质污染指数的监测，其中对于悬浮物和浮游生物的监测最为灵敏，同时水质监测数据的获取和分析为环境评价和环境管理规划提供了科学的依据和事实的基础。在地表水体环境受到严重污染的状况下，遥感技术作为新生的监测技术，由于具有监测区域面积大、周期性短、简捷的、宏观性强的优点在水环境的定性监测中得到了较快的发展，弥补了常规水环境的监测技术的区域局限性和时间周期性长的缺点；但是其定量性监测技术还有待于提高和更好的发展，因此水体环境监测的宏观性和微观性的监测仍需要遥感技术和化学监测的互相结合和补充。随着环境监控的全球化发展，遥感水体监测技术是一种不可缺少的重要环境监测手段，有着广阔的应用前景。

2. 农田土壤污染遥感监测

农田土壤是农业生态系统的核心组成部分，肩负着农田物质交换和物质循环的重要任务。农田土壤中收容的有机废弃物或含毒废弃物过多，影响或超过了土壤的自净能力，便产生了有害的影响。农田土壤污染不仅直接导致农作物产量和品质下降，而且还将引起农田水体污染，进而危及农业可持续发展和区域环境质量。

由于农田土壤污染具有隐蔽性、区域性、富集性等特点，传统的农田污染监测方法已难以满足防治污染的时空信息需要，尤其是农田土壤污染的时空分布和污染严重程度的地区差异。遥感技术从空中实施对地观测，能连续、快速、宏观地获得区域农田地表光谱信息，通过对比分析农田光谱信息差异，尤其是作物光谱响应差异，识别农田土壤污染的时空分布趋势，分析农田土壤污染来源、污染性状和污染程度，因而可以起到常规地面采样分析难以发挥的时空监测作用。遥感技术作为新兴的农田土壤污染识别与诊断技术，将发挥不可替代的作用。通过与地面采样分析相结合，遥感技术可以快速地提供区域乃至全国范围内的农田土壤污染时空动态状况，为农业污染防治提供决策依据。

运用遥感技术进行农田土壤污染监测的机理主要包括两方面：一方面，可以直接测定出暴露固体废弃物的堆放量和难以分解的重金属分布及影响范围，进而分析其可能的污染范围和污染程度。另一方面，由于在遭受污染的土壤环境下生长的作物与正常生长区的作物有着不同的光谱表现，因而可以通过监测这些作物的光谱变化，进一步确定农田土壤污染的分布范围，分析评价污染的程度。由于农田土壤污染监测的机理都集中在不同地物具有不同的反射和辐射光谱特征上，而光谱范围越窄，越能有效地区分出不同的地物特征。因此，高光谱遥感在农田土壤污染监测中将会发挥显著作用。高光谱遥感数据的特点是波段多、高光谱分辨率、高空间分辨率。它将传统的图像维与光谱维信息融合为一体，在获取地表空间图像的同时，得到每个地物的连续光谱信息，从而可以依据地物的独特光谱特征来进行地物成分信息反演及地物识别。用于农田土壤污染监测，就是农田作物的光谱响应差异识别农田土壤污染的程度。但是，实际的识别还需要进行详细的光谱实验，建立相应的反演模型，并进行有效的验证，才能获得较准确的农田土壤污染监测结果。因而还需要深入开展实验分析和应用研究。

从20世纪80年代起田国良等就已经开展了对于土壤污染遥感监测做了大量的研究，其中对重金属的污染更是做了大量的实验。现就土壤中镉、铜伤害对水稻光谱特性的影响为例阐述遥感在研究土壤污染研究中的应用。

本研究中讨论了水稻受重金属镉和铜污染伤害后的光谱反射特性的变化，为遥感监测污染提供基本依据。使用高分辨率光谱辐射计在自然状态下实地测量了受污染的水稻光谱特性，比采集叶片在室内测量更接近于实际情况，便于结合遥感图像进行定性和定量分析研究。

结果表明，镉和铜拌土生长的水稻在分蘖期收到的影像最明显，无论是在生理上还是在反射光谱方面变化都比较显著。因此，对水稻受重金属污染的遥感监测最佳时间为分蘖期，有效波段为0.54～0.58μm，0.64～0.69μm，0.74～0.80μm。综合对水稻光谱的各种分析方法，如波形分析、微分光谱、绿度指数和主成分分析变换等技术，水稻在分蘖期对高浓度的监测效果较好，而对低浓度效果不是很明显。

3. 农田背景环境质量遥感评价

利用遥感技术可以有效地监测农田作物长势状况，及时发现土壤中所出现的异常，以便采取积极有效的措施进行防治。

农田作物所含的叶绿素、水分以及它的结构等控制着作物特殊的光谱响应。根据绿色植物在遥感红光波段和近红外波段的光谱响应差异，可以利用遥感数据来建立相应的植被指数，提取植物长势状态信息，监测植物长势和评价农田环境质量。其中应用最广泛的是归一化植被指数。通过归一化植被指数可以研究农区土地覆盖的变化，确定农田作物长势，获取农区地表时空信息。目前，我国农业遥感应用主要是通过分析MODIS中分辨率遥感数据来进行全国农作物长势监测和区域作物估产。高光谱遥感以窄波段、波长连续的抽样方式记录地表物体的光谱信息，大大提高了对农田作物的光谱识别与分类精度，在农田化学成分估测和作物生态评价中有重要的应用价值。农业立体污染将直接导致农作物长势出现异常，通过作物长势信息提取和高光谱遥感分析，可以分析农田背景环境质量，尤其是农田污染情况。这种背景环境质量信息的获得是开展农业立体污染防治的迫切需要。

高光谱遥感是利用很多很窄（通常小于10nm）的电磁波波段从感兴趣的物体上获取有关数据，可以获取的数据能形成一条完整而连续的光谱信息。高光谱遥感可以动态、快速、准确、及时地提供各种对地观测数据。通过高光谱分辨率的航空航天遥感，及时提供作物、水肥状况和病虫害情况，受污染状况等形成“征兆图”，供诊断、决策和估产等使用。植物的光谱特性是植物生长过程中与环境因子相互作用的综合光谱信息，农业污染对农作物生长造成的影响主要有2种表现，即农作物形态的变化和内部生理变化。无论形态或者生理的变化，都必然导致作物光谱特征的变化。高光谱遥感监测作物受污染技术正是通过研究作物受污染后的光谱变化，寻找不同种类和程度污染与光谱变化之间的关系，确定不同作物和不同污染类型的敏感波段和敏感时期的一种先进手段。

4. 农业气体污染遥感监测

遥感技术在农业气体污染监测中的应用主要集中在三个方面：一是利用高空间分辨率遥感数据来直接观测农区的秸秆燃烧情况，进而估计可能的温室气体排放量，评价农业秸秆燃烧对大气污染的贡献。二是通过农区上空大气污染物的光谱特征进行空气质量评价。三是通过地表农田类型（如不同类型的水稻田）及其温室气体排放可能性（或强度）来评估农业气体污染状况。不管何种方式，遥感技术在农业气体污染监测中都有着广阔的应用前景。目前这一领域的研究还不是很多，还需要进一步加强，尤其是通过实例研究，发展遥感监测模型和分析方法，提高农业气体污染遥感监测的时空精度。

二氧化碳、臭氧、甲烷、氮氧化物等微量气体成分具有各自分子所固有的辐射和吸收光谱。因此，通过探测穿过大气层的太阳直射光、来自大气和云的散射光、来自地表的反射光，以及来自大气和地表的热辐射等的光谱特性，就可以推论农区上空的空气气体分子密度。通过光导厚度，可以确定大气中的气溶胶含量。大气中的氮气对电磁波的作用在紫外光以外的范围内，臭氧、二氧化碳、甲烷和水汽有较强的吸收作用，对电磁波的传播起重要作用，二氧化碳对红外波段有强烈的吸收作用，特别是以 15μm 波长为中心形成了一个 13～17μm 的强吸收带。根据大气的这些光学特性，我们可以通过高光谱遥感数据来分析评价大气成分。另外，利用可见光波段遥感数据，还可以监测农区上空烟尘等悬浮粒子的变化，尤其是气溶胶浓度变化，进而评价区域农业气体污染状况。

利用遥感对大气环境进行监测的其中一个方面是对区域性大气污染物的监测，然而区域性大气污染物信息是叠加于多变的地面信息之上的微弱信息，这些物理量通常不可能用于遥感手段直接识别，提取非常困难，一般的地物提取方法均不实用。目前常用的方法主要有两类，一类是根据污染地区地物反射率发生变化，边界模糊的情况来对大气污染情况进行估计；另一类是间接方法，主要根据树叶中 SO_2 等污染物含量与遥感数据中植被指数的关系估计大气污染的情况。王雪梅、邓孺孺等分析了卫星遥感像元信息构成的物理机制，将像元信息概化为土壤、植被、水体等基本信息类型的线性集合与污染气体（SO_2，NO_x）信息的简单叠加，首次从 TM 卫星数据直接定量提取珠江口地区大气污染气体累加浓度信息。实验结果表明，所提取的污染信息满足精度要求。有学者用红外航片资料研究了环境污染区与植被的响应关系，指出受污染杨树与正常健康的杨树相比，光谱发射率在近红外波段（0.7～1.1）有较大幅度的下降，而在红波段（0.6～0.7）则有所增加，叶绿素指数也迅速减少，因此叶绿素指数可成为反映大气污染的一个重要指标。L. BRUZZONE 等利用搭载在 ERS－2 卫星上 GOME 和 ATSR－2 传感器所接收到的数据，通过两种方法对生物燃烧排放到对流层中的 NO_2 进行了计算，一种是假设这两种传感器所获得的数据与 NO_2 浓度之间存在线性关系；另外一种是用基于辐射传输方程神经网络的非线性无参数方法来反演 NO_2 浓度。结果表明，这两种方法实际反演 NO_2 浓度时效果较好。

目前，大气环境的主动式空基遥感监测主要是星载或机载的微波雷达。此外，还有微波高度计和微波散射计。主动式雷达是由发射机通过天线在很短的时间内向目标物发射一束很窄的大功率电磁波脉冲，然后用同一天线接受目标地物反射的回波信号的振幅、相位不同，故接受处理后，可测出目标地物的方向、距离等数据。目前许多国家都制定了空间雷达探测计划，美国 NASA 于 1993 年首先利用机载的探测雷达监测了大气中气溶胶的分布，1998 年 NASA 再次利用载有雷达的极轨卫星测量了大气中的气溶胶、水汽、臭氧等成分。这些研究对于我们研究农区大气污染奠定了研究基础与理论。

5. 遥感技术在农业立体污染信息管理中的应用

农业立体污染防治不仅需要掌握大量的有关农业污染时空分布特征数据，而且还需要及时了解相关的区域环境背景和农业生产活动情况。为实现流域农业面源污染的动态监测，建立不同数据结构和模型的空间和属性数据库，构成完备的农业环境数据库。因此，在农业立体污染地面监测和遥感监测所形成的海量数据基础上，结合区域农业生产统计数据和地理空间信息数据，建立农业立体污染地理信息数据管理系统，实现数据共享是非常必要的。

由于农业立体污染发生具有动态的、随机的特点，所以在缺乏强有力的空间规划决策支持工具时，往往造成规划决策过程慢长、难度大，及结果的随意性和不确定性。农业立体污染地理信息数据库建设需要多个方面的数据来源，地理信息系统与遥感技术的结合对农业立体污染的快速、准确的动态监测有重要意义。

因为遥感数据不仅能够提供及时准确的区域农业生产本底状况，还可能通过定量反演，获得区域农业立体污染时空动态的监测数据。而地理信息系统（GIS）具有强大的空间数据管理、分析和制图能力，被广泛应用于具有空间特征的农业面源污染研究。发展具有模型计算、模拟分析、预测预报和以专家知识和经验为对象的复合处理等功能的应用型 GIS 系统显得愈来愈重要。

以农业水污染为例，其污染信息管理系统的建立需要以 GIS 和数据库管理系统为核心，面向农业环境管理与决策，以空间信息和农业环境信息为基础。结合农业污染源、水文信息、气象信息等有关数据，将流域水环境地理信息（空间数据）与环境信息（属性数据）结合起来，可进行流域污染源信息和水文信息的数据维护存储、信息查询、统计分析、污染物的负荷预测及动态监测和最佳管理措施的选择，为加强农业水环境管理提供信息技术支持。

利用遥感及地理信息子系统并在相关环境的支持，将农业面源污染动态监测与分析的大量数据汇集起来。采用基于知识的遥感分类方法，有效提取流域土地利用动态变化信息，经数据转换，在数据库中建立具有动态时序的环境数据图层，既有矢量结构，也有栅格结构的空间数据；既有地面观测，也有大量统计所得的属性数据。可有效获取更新、存贮管理、分析和应用不同类型、不同格式的数据。

软件较为完善的空间分析和操作功能，即可实现栅格数据的各种空间操作与分析，而有效地提取农业面源污染动态变化数据，通过统计分析了解农业面源负荷的区域分布特征、动态变化规律。用于农业面源污染演化规律及趋势分析研究。在系统的属性与空间数据库支持下，应用模型对区域农业面源污染的负荷、年径流量、侵蚀产沙量等快速估算。系统可以将多年的负荷计算结果进行对比、叠加分析及时间序列分析，对区域的农业面源污染进行分区，推荐较适宜的管理措施。

把遥感技术与地理信息系统技术进行集成，可以对农业污染物在水体、土壤、大气、生物圈层间运移进行空间模型分析，揭示农业污染物在三维立体空间内的运动转移规律。为防治立体农业污染提供依据。

三、应用遥感技术防治农业污染的研究重点

1. 信息化

遥感技术作为一种大面积，全天时、全天候的环境监测手段，能够为我们提供常规监测手段难以获得的涉及大气环境、水环境、生态环境等众多领域的区域性农业环境遥感数据，不仅在空间范围上可以完全满足农业环境监测与管理应用的要求，而且在时间尺度上也特别

适用于开展农田环境管理、环境预测和环境规划的需要，将成为农业环境监测、预报和科学研究不可缺少的基础。通过全球性、多光谱、大信息量的遥感技术，广泛收集 Landsat - TM、EOS-MODIS 等卫星影像以及 SAR 等不同数据资料，及时获取农业污染的基础数据信息，并集成为具备及时更新能力的数据信息系统，为农业污染的研究和防治工作提供第一手基础科学资料，提高数据为农业污染科学研究、政府制定相关减灾决策服务的时效性。当然，在此过程中，应加强农业污染数据库的数据标准和术语建设，提高数据信息采集的可信度、可重复性和多次利用性。

遥感技术应用于农业立体污染监测，主要以信息自动提取为主，辅以目视解译和实地抽样调查的方法进行验证，从而保证所提取信息的准确性和可靠性。采用遥感影像处理的方法提取防治污染所需的环境因子的信息，一方面是可以通过目视解译的方法确定农田、水体、道路作为污染源的位置、分布以及范围和灌溉渠系的范围，另一方面可以根据污染物的性质对其进行光谱特征分析，选择合适的波段进行图像处理以提取农田秸秆燃烧、河流水体等的污染程度等信息，还可以利用自动分类的方法确定农田、菜地等的面积、范围来获得农业的面源污染信息。

高光谱遥感在农业污染监测方面具有广阔的前景。目前高光谱遥感的光谱分辨率已达数纳米，空间分辨率仅几米，蕴含了丰富的地面信息，对应图像任一像元反演的地物光谱均可与地面实测值相比拟，便于实验室地物光谱分析模型直接应用到遥感处理和分析研究，以及利用计算机自动进行地物的光谱分类和匹配识别研究。运用高光谱遥感，将为充分利用遥感的技术手段进行农业立体污染监测提供更有效的依据。

遥感监测视角开阔，可以全面把握大面积范围里发生的污染物扩散过程，观察出污染物的排放源、扩散方向、影响范围及混合稀释的特点。从而查明污染物的来去行踪，为科学地布设地面监测样点提供依据。利用遥感技术作为获取农业污染信息的来源，提高了污染因子数据获取的科学性，增加了污染评价的宏观性，减少偶然因素对评价因子的影响，是一种便捷、高效、经济的农业立体污染监测手段。

2. 网络化

建立足够数量和范围的地面真实观测数据库是成功利用遥感技术进行农业立体污染监测的核心。目前全国已初步形成了以国控网络监测站为骨干的农业环境地面监测网络体系，各监测点位按国家统一技术规定和要求进行了优化布置，保证了数据的空间代表性。该监测网为我国农业环境污染监测、评估提供了大量宝贵的数据，但由于网点分散，农田面积辽阔，所以利用这套地面监测网和现有的技术仍无法全面、连续动态地反映区域尺度的农田环境质量状况，更无法实现污染预警。因此，建立一套高效、准确、迅速的农业环境污染监测、调查与评价系统势在必行，而建设农业污染地面监测台站和遥感相结合的监测网络和系统是实现这一目标的有效方式。

农业环境遥感监测系统可将“3S”技术、地面定点监测站、数据传输与处理系统进行有效集成，实现对农业污染的有针对性的实时、动态监测，大大提高了污染监测的科学性、合理性及智能化程度，扩展了农业环境污染监测的应用范围；遥感手段提供正确、迅速、宏观的环境污染监测数据，GIS 通过其强大的空间信息管理功能，建立各类有毒、有害、易燃、易爆物质的理化特性数据库，有关自然、经济、社会、生态环境数据库和图形库及模型库，同时可结合地面监测数据，经由GPS提供的精确位置信息，在专家系统支持下对监测数据进行有效的管理、分析和计算并将综合数据以直观、形象的图形化方式输出或显示出来，从而使环境管理者迅速了解和掌握各类突发性农业立体污染事件的多发地带、发生频率、潜在事故发生源的时空分布、事故发生后污染物的影响范围及时空变化，具备快速反应能力的预报、预警能力，以便在某些农业污染指标接近警戒线时预报可能出现的危机，确定农业污染事故所在的空间位置，并提供其空间影响范围的模拟和模型方法，为突发性农业污染事故管理决策提供信息，实现连续、自动监测和总量控制。

通过集成陆地卫星、气象卫星、海洋卫星等不同传感器与不同数据源信息，结合地面监测台站，集成为动态的监测网络信息系统，结合相关诊断指标和参数，对农业立体污染进行多指标的时空监测、预报，在农业污染研究、评价与防治等诸多方面提供实时的技术支撑平台。该支撑平台应具有有效搜集、传输、处理、集成和分发有关农业污染的数据资料信息，实现不同数据资源形式之间的有效转换，并与应用模块、预报模块有效衔接等功能。此项工作可以选择重点区域先期展开研究工作。

3. 定量化

能否实现农业污染精确化与定量化的遥感监测，将最终影响到农业污染的防治效果。为确切评价农业环境质量，科学制定农业环境标准，准确提供农业环境污染监测和预报，从复杂环境间题中找出科学规律，就需要把定性与定量结合起来进行多监测点、多污染组分的测量，进行微观与宏观的综合研究。通过主成分分析、因子分析、判别分析、聚类分析、相关分析、多元回归等数理方法建立遥感指数与环境多因素之间的参数模型，通过遥感手段调查产生农业污染物质发展源的分布、污染源周围的扩散条件、污染物的扩散影响范围等，并辅以少量地面同步监测数据，定量分析污染物浓度在空间和时间上的梯度变化值。例如，在modis影像中，如何在农业污染物分布与植被指数等参数之间建立定量的关系，在基于小尺度监测的基础上实现对大尺度农业污染规律的有效推译和反演。

利用遥感参数定量化，积极开展立体污染机理与循环链接的生态学研究，重点针对主要农业立体污染物的形成动因、演变特征、成灾条件与机理，研究气候等自然条件变化过程对农业立体污染的影响，研究其污染的生态学过程与机理，在生态系统中的转化、迁移与富集规律，污染物相互作用规律，污染对生物和生态系统的酿灾规律，在生态系统中的循环链接与降解规律，污染物之间的交叉、镶嵌与复合污染等，揭示其系统动力学特征，利用遥感参数构建主要污染物酿灾过程的系统动力学模型。

积极跟踪和利用小卫星遥感技术。小卫星遥感技术以其“更小、更快、更好、更省”的技术优势在遥感技术的发展过程日渐显现其应用价值。小卫星能够提供高分辨率、低成本、多时相、多波段、高光谱的农业污染遥感信息。目前，我国已经把减灾小卫星的发展列入国家计划之中，“十五”期间发射两颗光学小卫星和一颗合成孔径雷达小卫星，“十一五”期间将发射4颗光学小卫星和4颗合成孔径雷达小卫星组成的星座。我国减灾小卫星的发射，将有效解决我国遥感信息主要依赖国外卫星资料的被动局面，迅速提高我国农业污染监测技术和应用水平。由于我国减灾小卫星主要关注自然灾害的监测与预警，因此，应有针对性的研制用于防治农业立体污染的高性能传感器，率先实现对某些重点农业污染物质浓度、分布、迁移规律等方面的有效监测。

参考文献

[1] 汤国安，张友顺，刘咏梅等．遥感数字图像处理［M］．北京：科学出版社，2004.

[2] Gupta R P. Remote sensing geology. Berlin：Springer-Verla，1991.

[3] 张万良，刘德长．卫星遥感及其应用的发展态势［J］．世界核地质科学，2005，22（1）：55～59.

[4] 徐良森，郎方．展望中国资源卫星发展前景［EB/OL］．http：//www. cnsa. gov. cn，2004－04－16.

[5] 汪凌，卜毅博．高分辨率遥感卫星及其应用现状与发展［J］．测绘技术装备，2006，8（4）.

[6] 曲辉，陈圣波．中分辨率成像光谱仪数据在地学中的应用前景［J］．世界地质，2002，21（2）：176～180.

[7] 丁静，唐军武．MODIS 水色遥感数据的获取与产品处理综述．［J］．遥感技术与应用，2003，18（4）：263～268.

[8] 张景山，张云华，刘和光．中国微波遥感技术的发展及其在我国西部开发中的应用［J］．空间科学学报，2000，20，（增刊）：67～75.

[9] 郑跃鹏，曾新平，蔡劲宏．近年遥感技术新进展及几点思考［J］．矿产与地质，2004，18（3）：269～273.

[10] 王云鹏，闵育顺，傅家谟，盛国英．水体污染的遥感方法及在珠江广州河段水污染监测中的应用［J］．遥感学报，2001，5（6）：460～465.

[11] 秦中，张捷，都金康．水体污染遥感监测的可行性分析［J］．长江流域资源与环境，2004，13（4）：384～388.

[12] 李旭文，季耿善，杨静．太湖桥梁湖湾蓝藻生物量遥感估算［J］．国土资源遥感，1995，24（2）：23～28.

[13] 王学军，马迁．应用遥感技术监测和评价太湖水质状况［J］．环境科学，2000，21（11）：65～68.

[14] 王丽娟，景耀全．浅谈遥感技术在大气监测中的应用［J］．大气监测，2005，（1）：15～17.

[15] 陆家驹．长江南京段水质遥感分析［J］．国土资源遥感，2002，53（3）：33～36.

[16] 覃志豪，Zhang M.，Karnieli A.，Berliner P. 用陆地卫星 TM6 数据演算地表温度的单窗算法．地理学报，2001，56（4）：456～466.

[17] 覃志豪，Zhang M.，Karnieli A. 用 NOAA-AVHRR 热通道数据演算地表温度的劈窗算法．国土资源遥感，2001，48（2）：33～41.

[18] 戴昌达等．遥感图像应用处理与分析［M］．北京：清华大学出版社，2002.

[19] Kustas W. P.，Li F.，Jackson T. J. Effects of remote sensing pixel resolution on modeled energy flux variability of croplands in Iowa Remote Sensing of Environment，2004，92：535～547.

[20] Wilson T. B.，Norman J. M.，Bland W. L.，Kucharik C J. Evaluation of the importance of Lagrangian canopy turbulence formulations in a soil-plant-atmosphere model Agricultural and Forest Meteorology，2003，115：51～69.

[21] Sunil Narumalani，Zhou Y. C.，Jensen J. R. Application of remote sensing and geographic information systems to the delineation and analysis of riparian buffer zones Aquatic Botany，1997，58：393～409.

[22] Khawlie M.，Awad M.，Shaban A.，Bou Kheir R，Abdallah C. Remote sensing for environmental protection of the eastern Mediterranean rugged mountainous areas，Lebanon ISPRS Journal of Photogrammetry & Remote

Sensing，2002，57：13～23.

[23] Ichoku C.，Kaufman Y. J.，Remer L. A.，Levy R. Global aerosol remote sensing from MODIS Advances in Space Research，2004，34：820～827.

[24] 史志华，张斌，蔡崇法等．汉江中下游农业面源污染动态监测信息系统的建立与初步应用［J］，遥感学报 2002，6（5）：382～386.

[25] 赵鲁燕．基于 RS 和 GIS 的土地污染评价研究［A］，保定：河北农业大学，2005.

[26] 谭衢霖，邵芸．遥感技术在环境污染监测中的应用［J］．遥感技术与应用，2000，15（4）：246～251.

[27] 李金惠，牛玲娟．计算机技术在环境科学中的应用［J］．环境保护，1995，8：36～37.

[28] 章力建，侯向阳，杨正礼．当前我国农业立体污染防治研究的若干重要问题［J］．中国农业科技导报，2005，7（1）：3～6.

（覃志豪、章力建、高懋芳、秦晓敏、卢丽萍、裴欢）

"3S"技术在防治农业立体污染中的应用

农业立体污染具有分布面积广，污染源多样，在时间、空间变异大等不确定性特点。根据农业立体污染防治源头阻控削减、过程阻断调控和末端治理的综合治理路线，清楚了解农业立体污染链的关键点，对污染根源以及整个污染在时空上的迁移、转化、交叉等分布格局与过程进行定量化，这将有利于探索农业污染物立体循环的关键驱动过程和机制之间的相互作用与反馈、反演农业污染历史状况、预测人类活动强烈干扰情况下的未来趋势，是有的放矢有效防治农业立体污染的根本。"3S"技术的迅速发展为农业立体污染的定量化研究，有效防治提供了技术可行性。

一、"3S"技术原理及其集成

"3S"技术是以遥感（RS）、地理信息系统（GIS）、全球定位系统（GPS）为基础，与其他高新技术（如网络技术、通讯技术等）有机地整合而形成的一项新的综合技术。它集信息获取、处理、应用于一身，突出地表现在信息获取与信息处理的高速、实时和信息应用的高精度和可定量化方面。20世纪80年代以来，遥感（RS）、地理信息系统（GIS）和全球定位系统（GPS）技术得到快速发展并向一体化（3S一体化）和实用化方面迈进。RS技术为区域性、大范围的环境调查和监测提供了时间和空间上连续覆盖的信息源；GIS技术为区域性空间数据的管理和分析提供了强有力的工具；GPS实时动态地提供精确的定位信息。在空间数据处理中"3S"既各具特点，相互间又密切相关。在实际工作中，它们单独使用时各自存在缺陷，GPS可在瞬间产生目标定位坐标却不能给出点的地理属性，RS可快速获取区域面状信息但又受光谱波段限制，而且还有众多地物特性不能处理，GIS具有较好的查询检索、空间分析计算和综合处理能力，但数据录入和获取始终是个瓶颈问题；将它们有机地整合成"3S"技术集成，却能克服各自的不足而发挥相互的长处。"3S"结合应用，取长补短，是一个自然的发展趋势，三者之间的相互作用，形成了"一个大脑，两只眼睛"的框架，即RS和GPS向GIS提供或更新区域信息以及空间定位，GIS进行相应的空间分析。"3S"技术为科学研究、政府管理、社会生产提供了新一代的观测手段、描述语言和思维工具。

二、"3S"技术在农业立体污染防治中的应用

1. 查明农业立体污染的底数

我国农业立体污染底数不清对农业立体污染有的放矢防治有着极大的影响。农业立体污

染本身就是一个复杂系统，水体—土壤—大气—生物各圈层都涉及诸多因素。这些因素的信息数量非常巨大，获取困难。采用传统的研究手段只能将这些因素粗略地进行归类与叠加，不可能将它们有机地结合起来进行综合研究与应用，且各因子的数据采集无法做到及时、准确，因而大大降低了研究成果的可靠性。有关部门积累的大量资料数据往往得不到充分利用，原有资料也得不到及时更新，结果人为地丢失了许多可利用的数据资料。此外，农业立体污染影响具有不同的时间和空间尺度，常规手段存在着明显的弱点。当今正在迅速发展的遥感和地理信息系统为解决上述问题提供了较为成熟的技术条件。

遥感图像是地面景观物体按照一定比例尺缩小了的立体模型，真实、客观、连续地记录了地表物体的总体与个体的信息特征。利用遥感图像可迅速、重复、动态获取大区域农业立体污染的各种信息，从而为大范围、动态、周期性的农业立体污染动态监测提供技术支持和成果精度保证。

GPS 是一种以卫星为基础的现代定位方法。用 GPS 定位可以实时、快速地测定目标地物的三维坐标，它将测绘定位技术从静态扩展到动态，从事后处理扩展到实时定位与导航。其精度已达到厘米甚至亚毫米级，从而大大拓宽了 GPS 技术在各行各业的应用范围。GPS 与 RS 结合应用，可以提高对地观测的精度，并及时对 GIS 进行数据更新，而且在时间和费用上具有无可比拟的优势。在农业立体污染监测中不管利用遥感影像还是直接野外进行数据采集，都可以借助 GPS 获取采集点的空间位置。在对这些数据进行分析和整理后，将实际信息与空间位置一一对应起来，结合 RS、GIS 生成相应的专题图。

利用 RS、GPS 提供的多层次、多时相的动态监测功能及时获得可靠的数据，通过 GIS 对数据有效管理和共享，进行相关数据的实时更新，及时给出相应方面的变化，根据对应模型，可准确、直观地展现出区域农业立体污染的时空分布，对农业立体污染事件的快速反应，对污染变化的全局动态监测和对大范围内环保状况的整体把握，有效地弥补常规污染监测手段在这些方面的空缺，为建立区域性的农业立体污染监测信息系统打下良好的基础。

2. 可视化农业立体污染数据

由于过去微机普及程度低，技术落后，数据直观显示困难。随着 GIS 的发展，现在可将农业立体污染属性数据与空间数据紧密结合，实现两者的相关分析与处理，将抽象的数据直观地用各种地图包括普通电子地图和影像地图、图形、图表等形式予以显示。这样就使原本简单堆积的数据可以灵活地应用于纵向和横向比较，并与其发生的区域紧密相连。且随着多媒体技术和虚拟现实技术的发展，可将农业立体污染信息以多媒体和近似现实的方式展示在研究或决策者面前，使研究或决策者对农业立体污染问题有一个身临其境的认识与理解，对农业立体污染问题做出快速反应，提高分析决策的质量。

3. 分析评价农业立体污染的时空演变规律

遥感是采集环境信息的主要技术手段，根据卫星遥感影像，经过图像处理，可以获得区域农业立体污染变化的基本数据和图像资料，获得大气污染状况、土壤污染、破坏和盐渍化进程、水土流失状况、植被破坏与生态环境演变恶化状况、地下及地表水体的污染等方面的数据和信息。例如彩红外遥感影像可监测固体废弃物引起的生态环境变化，用热红外遥感调查工业热流（污水、废气等）对水体和周围环境的污染，可监测城市、工矿的“三废”排出污染农田的状况。GIS 数据采集模块可将用常规方法观测到的农业立体污染数据输入农业立体污染信息数据库，与遥感污染信息进行复合和叠加，实现区域农业立体污染信息的统一管理。“3S”的集成不但使 GIS 能准确获取、快速定位空间信息，而且随着 GIS 与 RS 的结合日趋紧密。GIS 的数据可以海量增加，数据更新周期更短、时空分析能力更强。加之现代化遥感图像处理技术与支持下的信息提取技术，GIS 以及多源地学信息综合、复合图像处理及其三维图像显示技术的综合应用，更能强化和加深有用信息的实效性。在实地监测及模型模拟的情况下，利用 GIS 特有的空间分析工具及可视化特性增加了数据的直观性，可以把掩盖在大量数据中的空间特征和内在规律表现出来，有助于识别农业立体污染的主要来源和迁移途径，GIS 还可以迅速地完成多维、多元复合分析，能使我们快速分析出某一特定区域农业立体污染的综合信息，为农业立体污染防治的专题研究及其他与之相关的决策提供了一套强有力的信息处理工具。此外，根据环境放射性元素示踪原理，应用环境放射性多核素计年技术，结合遥感信息和历史文献资料、土地利用和气候资料，分析不同区域尺度大气—粉尘—水体—土体中^{137}Cs、$^{210}Pbex$、^{7}Be 和农业污染物分布特征及其变异性，定量大气粉尘—水体—土体物质迁移与农业污染物再分布格局变化再分布的关系，阐明典型小流域或区域尺度农业立体污染物的迁移速率及驱动机理。GIS 还可加入时间参数，将新旧数据组织在统一的时空结构中，这样，我们不仅能据此分析农业立体污染演变趋势，而且可根据其变化规律对“未来”做出有效的推测预报以及防治。

4. 发布农业立体污染信息

面对农业立体污染的严峻形势，应用现代信息技术，及时、准确、高效地获取与处理各类污染信息，研制开发农业立体污染管理、规划和决策咨询系统，成为环境信息系统开发的一个重要方面。地理信息系统的应用推进了农业立体污染防治的定量化研究工作。同时随着网络技术的不断发展，也推动着 GIS 技术的快速更新和发展，一种 GIS 与 INTERNET/INTRANET 相融合的 WEBGIS 技术应运而生，GIS 通过 WWW 功能得以扩展，真正成为一种大众使用工具。从 WWW 的任意一个节点，Internet 用户可以浏览万维网 GIS 站点中农业立体污染的空间数据、制作专题图，以及进行各种空间分析。同时由于 WEBGIS 具有开放性、访问范围更广泛、平台独立性、降低系统成本、更简单的操作的优点，目前已在各行各业被广泛应用。农业立体污染 WEBGIS 在局域网内应用具有适应性强、使用简单、地理信息系统与农业立体污染数据更新、交互方便等特点，能较直观表达与空间地理信息有关的农业立体污染信息。

三、小结

综上所述，“3S”技术在农业立体污染防治领域的应用主要体现如下 3 个方面：

1. 作为农业立体污染调查的工具

建立农业立体污染地理空间数据库，实现空间数据库的浏览、检索等，利用 GIS 绘制农业立体污染分布图和产生正规的报表。

2. 作为农业立体污染分析的工具

利用GPS和RS强大的定位和监测能力，GIS整合所获取的数据和图形，用于各种目标的分析和重新导出新的信息，产生专题地图和进行地图数据的叠加分析等，从而反演农田污染的历史，掌握农田污染扩散规律及其分布格局。

3. 作为农业立体污染防治的管理工具

根据对农业立体污染过程以及其分布格局的掌握，建立各种模型和拟定各种决策方案，利用GIS的模型功能和空间动态分析以及预测能力，并与专家系统、决策支持系统有机结合，以便于农业立体污染综合防治。

四、展望

掌握农业立体污染现状和变化规律是有效防治农业立体污染的基本要求。然而常规的污染防治方法以及措施难以解决复杂的农业立体污染。“3S”一体化技术的出现和推广，不仅使得上述问题有了解决的可能，而且可实现区域农业立体污染数据资源共享和网络发布，对实现政府在农业立体污染防治方面的科学管理和决策大有裨益。如何综合运用高科技手段，建立农业立体污染动态监测系统，快速准确提供各类农业立体污染物的产生、分布以及污染物的迁移、交叉、演变等时空格局和过程相互作用信息，进行空间分析、评价，是保证我国农业可持续发展，粮食安全，建设和谐小康社会的一个重要研究课题。

参考文献

[1] 章力建，董红敏，蔡典雄，李玉娥．“农业立体污染”及其防治．中国农科院院报，2004-12-10.

[2] 章力建，董红敏，蔡典雄，李玉娥．“农业立体污染”不容忽视．农民日报，2004-12-30.

[3] 章力建，蔡典雄，王小彬，张建君，金轲．农业立体污染及其防治研究的探讨．中国农业科学，2005，38（2）：350~357.

[4] 章力建，蔡典雄，王小彬等．农业立体污染中碳氮链研究．中国农业科技导报，2005，7（1）：7~12.

[5] 章力建，蔡典雄．治理农业污染必须抓“链条”．科技日报，2004-12-29.

[6] 章力建，侯向阳，杨正礼．当前我国农业立体污染防治研究的若干重要问题．中国农业科技导报，2005，7（1）：3~6.

[7] 张宏斌，牛贇．“3S”技术在祁连山物种多样性研究中的应用展望．防护林科技．2005，3：35~37.

[8] 李强峰，刁治民，赵呈祥等．“3S”技术在三江源区生态环境动态监测的应用探讨．青海草业，2004，13（3）：24~26.

[9] 沙宗尧，边馥苓．“3S”技术的农业应用与精细农业工程．测绘通报，2003，6：30~31.

[10] 王晓东，赵彤言．“3S”技术简介及在研究蚊及蚊媒传染病分布和控制中的应用．中国媒介生物学及控制杂志，2004，15（3）：241~244.

[11] Li, Y., Poesen, J., Yang, J. C., Fu, B., Zhang, J. H., 2003. Evaluating gully erosion using 137Cs and 210Pb/137Cs ratio in a reservoir catchment. Soil Tillage Res. 69: 107 ~ 115.

[12] 白占国，万国江. 宇宙线散落核素^{7}Be在山区表土层中的分布特征及侵蚀示踪原理. 土壤学报，1998，35（2）：266 ~ 274. [13] 万国江，白占国. 湖泊现代沉积作用核素示踪研究进展. 地质地球化学，1996，2：9 ~ 13.

（梁二、蔡典雄、章力建、王小彬）

系统动力学在防治农业立体污染中的应用

农业立体污染是一个极其复杂的大系统问题，人们的主观判断和直觉不可能深入细致地正确认识这种大系统内部的各种复杂关系，而且，这种大系统的发展和变化往往要经历较长时间才显现后果。制定的各种发展方案难以事先具体预测，即使有条件作小范围的试验，短期内也难以见效。因此，可以采用软科学的系统动力学方法对这类大系统进行模拟试验，从中分析发展趋势进行预测预报，并在对各种备选方案进行对比研究的基础上寻找满意的决策方案。

一、系统动力学原理

系统动力学是美国麻省理工学院福瑞斯特（Jay W. Forrester）教授于1956年首创的一种运用结构、功能、历史相结合的方法，它以反馈理论为基础，以数学计算机仿真技术为手段，研究复杂系统的行为。系统动力学主要以现实存在的系统为前提，根据历史数据、实践经验和系统内在的机制关系建立起动态仿真模型，对各种影响因素可能引起的系统变化进行实验，从而寻求改善系统行为的机会和途径。这是一种不需在真实系统上试验，节省人力、物力、财力和时间的科学方法。

同时系统动力学是通过建立DYNAMO模型并借助于计算机仿真定量研究高阶次、非线形、多重反馈复杂时变系统的系统分析技术，它按照自身独立的方法论建立系统的动态模型，并借助于计算机进行仿真，主要用来解决社会、经济等领域的动态变化问题。此类问题一般社会系统边界很大，内部构造复杂，具有多重反馈环，而且相互以动态关系发生作用，系统呈现复杂的非线性性质，因此，对其进行数学描述比较困难，也很难得到实际被研究系统的最优解。而系统动力学方法是以现存的系统为前提，通过仿真试验，从多种可能的方案中选择满意的方案，以寻求改善系统的机会和途径，并通过信息的传递作用于决策者，迫使决策者做出必要的决策，它可以为农业领域系统的发展与平衡提供科学依据。

二、系统动力学在农业立体污染控制中的应用

农业立体污染的预防与控制是一个时变的动态过程且具有不可试验性。这为选择和采用分析方法做出了限定和提示。系统动力学方法是一种仿真模拟技术，可以为农业问题的研究者提供一个非常灵活方便的描述控制农业立体污染的趋势及其行为变化的极好手段，而不是刻意追求最优解和确切数值。这恰符合农业立体污染研究的主要任务重在反映系统状态变化

趋势的要求，同其他方法一样，系统动力学方法也有不足之处，如模型在近期预测中遇到的问题，某些参数的估计等都不及计量经济学方法精确。因此，在建模中采用计量经济学方法与系统动力学方法互补的方式，如采用回归技术、道格拉斯生产函数等，以提高和改善模型质量以及仿真可靠性。

1. 建立动态模型，对农业立体污染系统进行模拟预测与预警预报

鉴于农业立体污染是一个复杂系统，是由许多环节组成的“循环圈”，或称之为“反馈环”，其中存在着许多错综复杂的关系。对农业立体污染系统的研究要着眼于反馈环的整体效益，局部的高效率有时对全局是有害的，所以可以用解决非线性问题的系统动力学方法进行系统仿真模拟。尝试用系统动力学方法进行评价，从水体—土壤—生物—大气四个方面对农业污染系统进行综合集成研究，并通过计算机实验来获得未来行为的描述，预测其整体发展趋势。系统动力学方法不仅能预测农业立体污染的变化趋势，还可以作为安全性预报预警研究的基础。

2. 参数调控，优化农业立体污染防御系统

利用系统动力学原理对农业立体污染进行防御与控制，使人类赖以生存的生态系统环境得以优化。

首先将农业立体污染系统分成水体循环模块、土壤循环模块、生物循环模块和大气循环模块四个模型功能模块然后对不同模块的参数因子进行设定与辨识，确定其中的状态变量、数率变量、辅助变量、常量；最后通过调整其中的某些外生变量和相关参数来防治农业立体污染系统，做到防患于未然。

3. 选择较佳方案，为宏观政策的制定提供理论依据

在构造仿真模型时，应突出各参数对农业立体污染的调控作用，讨论参数对系统的影响及系统动态发展趋势。系统动力学根据可能的信息，不强求最佳解，而追求改善系统行为的机会。通过设定和调试参数，对四个子系统模块拟定多个替代方案进行调控。在此基础上，进行多方案仿真模拟评价，在比较方案优劣的基础上确定需要采取的调控措施，并寻求出满意方案，为宏观政策的制定提供理论依据。

三、设计农业立体污染系统动力学仿真模型的基本思路

采用系统动力学模型进行总体的动态模拟是复杂的时变大系统提出的客观要求，系统动力学模型不拘泥于最优解，而是着力寻求改善系统行为的机会和途径。擅长处理长期的、高阶的、非线性时变的问题，在数据不足的情况下仍能对问题进行研究，并且可以利用各种信息，在设定方案或政策下，对系统的发展变化进行模拟。

建立控制农业立体污染的系统动力学模型的基本思路是：

①把水体—土壤—生物—大气作为一个有机整体，作为一个复杂的时变系统；根据此系统中各子系统及其要素之间的相互关系，画出因果关系图。

②分析因果关系图中各种变量，确定哪些变量是状态变量，哪些变量是速率变量和辅助变量，哪些变量是表函数和其他参数；通过这种对变量的性质和相互作用关系性质的分析，将因果关系图转化为相应的流程图。

③在流程图的基础上，利用系统动力学的 DY-NAMO 语言，编制模型程序。

④在模型程序完成后，把模型程序在计算机上进行调试，通过“历史”检验，调整模型。其基本思想是用模型模拟 1985～2004 年的状况，从而得出 1985～2004 年逐年的结果，通过调节某些相应的参数，使模拟结果与历史数据基本吻合。这样模型就通过了“历史”检验。

⑤模型通过“历史”检验后，可以作为各种政策的模拟实验工具。这里所谓的政策实验是指给模型输入一种或一组决策，通过模拟实验可以得出以后年份的相应结果；如果结果满意，便可以采取这种决策；否则继续调试直到满意为止。最终根据这些模拟实验，提出多种政策建议。

在研究过程中，既注意模型前后的逻辑一致性，又注意“反馈”调节，从而使模型不断完善；模型在使用过程中还可以不断修改，不断完善（包括增加或减少某些变量，改变变量之间的相互作用关系），从而使其成为制定和选择农业立体污染控制战略和政策的很好的实验工具，成为可持续发展的“政策实验室”或“战略实验室”。

参考文献

[1] 章力建，蔡典雄．农业立体污染及其防治研究的探讨．中国农业科学，2005，(2)：350～357.

[2] 尚金城，张妍．战略环境评价的系统动力学方法研究．东北师大学报自然科学版，2001，33 (1)：84～89.

[3] 肖广岭．可持续发展与系统动力学．自然辩证法研究，1997，13 (4)：37～41.

[4] 杨修，章力建．农业立体污染防治的生态学思考．生态学报，2005，25 (4)：904～909.

[5] 黄振中，王艳，李思一．中国可持续发展系统动力学仿真模型．计算机仿真，1997，14 (4)：3～7.

[6] 罗平，何素芳．城市住宅市场价格系统动力学模型实证研究．人文地理，2001，16 (2)：57～61.

[7] 王文生，章力建．信息技术在农业立体污染防治中的作用与展望．农业网络信息，2005，12：4～7.

[8] 李洪心．经济数学模型．北京：中国财政经济出版社，1998.

[9] 肖国清，王鹏飞．建筑物火灾疏散中人的行为的动力学模型．系统工程理论与实践，2004，24 (5)：134～139.

[10] 章力建，朱立志．我国“农业立体污染”防治对策研究．农业经济问题，2005，2：4～7.

[11] 陆家驹．长江南京段水质遥感分析．国土资源遥感，2002，53 (3)：33～36.

[12] 覃志豪，Zhang M.，Karnieli A.，Berliner P. 用陆地卫星 TM6 数据演算地表温度的单窗算法．地理学报，2001，56 (4)：456～466.

[13] 覃志豪，Zhang M.，Karnieli A. 用 NOAA-AVHRR 热通道数据演算地表温度的劈窗算法．国土资源遥感，2001，48 (2)：33～41.

（聂荣、章力建、蔡典雄）

基于系统动力学的农业立体污染防治模型探析
——以银川平原引黄灌区为例

近年来，我国农业生产过程中不当的农药、化肥施用，畜禽粪便、农田废弃物、耕种措施不合理及农田废弃物处理落后等造成了水体、土壤、大气、生物界面内多维、立体污染的多重困扰。建立农业立体污染防治动态仿真模型，研究其发展变化规律，对促进我国农业生态环境的可持续性发展十分必要。农业立体污染概念自提出以来，国内在揭示农业立体污染特征及防治技术手段等方面的研究较多，但在采用定量与定性分析方法对农业立体污染系统进行模拟，并探讨其发展变化规律方面的研究还很少。农业立体污染系统涉及社会、经济、环境和政策等问题，属于高阶次、多变量、多回路和非线性的反馈系统，而且农业立体污染也是一个与水体—土壤—生物—大气等子系统密切相关的复杂时变系统，与其他子系统间的因果关系复杂，其内部机理尚不太清晰。与此同时，防治农业立体污染对农业的环境保护、经济发展等方面的作用存在着十分显著的时间延迟。所以，农业立体污染系统很难运用传统的定量研究问题的方法进行描述。而运用系统动力学（SD）方法建立的模型较传统方法建立的模型更能充分反映系统的非线性结构和动态变化趋势，在机制上也更接近实际、更具科学性。SD模型已广泛应用于各领域的预测中，但在农业立体污染方面研究还存在空白。本文以银川平原引黄灌区为例，以农业立体污染氮链物流为切入点，利用SD方法，分析农业立体污染系统水体、土壤、生物及大气特征，建立银川平原引黄灌区农业立体污染系统综合防治动态仿真模型，对地表水中总氮、土壤中N量、农产品中硝酸盐含量及大气中氮氧化物含量变化趋势进行仿真模拟，为宏观政策的制定提供参考依据。

一、系统动力学建模流程（图1）

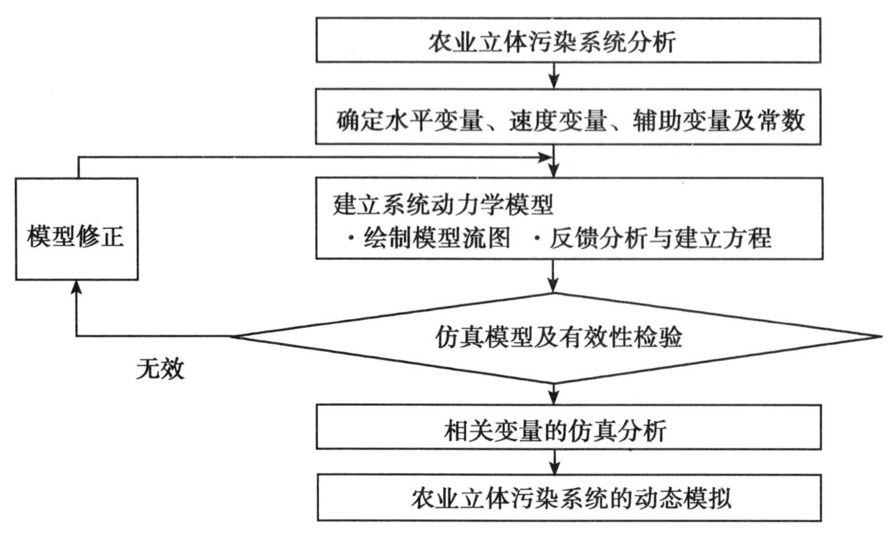

图 1　建模流程图

二、农业立体污染系统 SD 建模实例分析

1. 银川平原引黄灌区农业立体污染系统子系统分析

本文选择有代表性的银川平原黄河灌溉区作为主要研究区域。该区位于黄河中上游地区的宁夏回族自治区北部，按地貌类型，分为黄河冲积平原和贺兰山山前洪积倾斜平原，黄河冲积平原就是银川平原黄河灌区。和黄河中上游地区其他平原灌区一样，耕地利用强度大，物质投入高，环境负荷较大，长期的生产过程又缺乏科学合理的生产方式，形成了和黄河中上游地区的其他平原灌区类似的农业环境问题。目前正面临着水资源短缺、生态平衡失调和农业生产过程中不合理的生产方式等造成的水体、土壤、大气、生物链式、立体的污染，在黄河中上游引黄灌区具有代表性。

根据研究现状，可将银川平原引黄灌区农业立体污染系统分成四个子系统模块：水体循环模块，土壤循环模块，生物循环模块，大气循环模块。根据系统论分解协调原理，系统各子系统的影响因素相互作用，形成具有多重反馈的因果关系结构。鉴于银川平原引黄灌区农业立体污染系统比较复杂，本文将尝试从农业系统氮链物流角度对农业立体污染系统的各个子系统展开分析。分别选取地表水中的总氮、土壤中的 N 量、农产品中硝酸盐含量与大气中氮氧化物含量四个状态变量及其他适当的变量，建立系统内部各因素之间的因果关系及其反馈回路图，并结合银川平原引黄灌区历史数据，用系统动力学专用模拟软件编写方程、建立流程图，对银川平原引黄灌区农业立体污染系统展开分析。

2. 农业立体污染系统流程图构造

利用系统动力学专用模拟语言 Vensim PLE 软件仿真软件，将银川平原引黄灌区水体、土壤、生物与大气四大子系统通过系统变量进行多维耦合，形成一个完整的农业立体污染系统模型后，输入计算机进行模拟，得到银川平原引黄灌区农业立体污染系统的计算机模型与仿真模型（图2）。

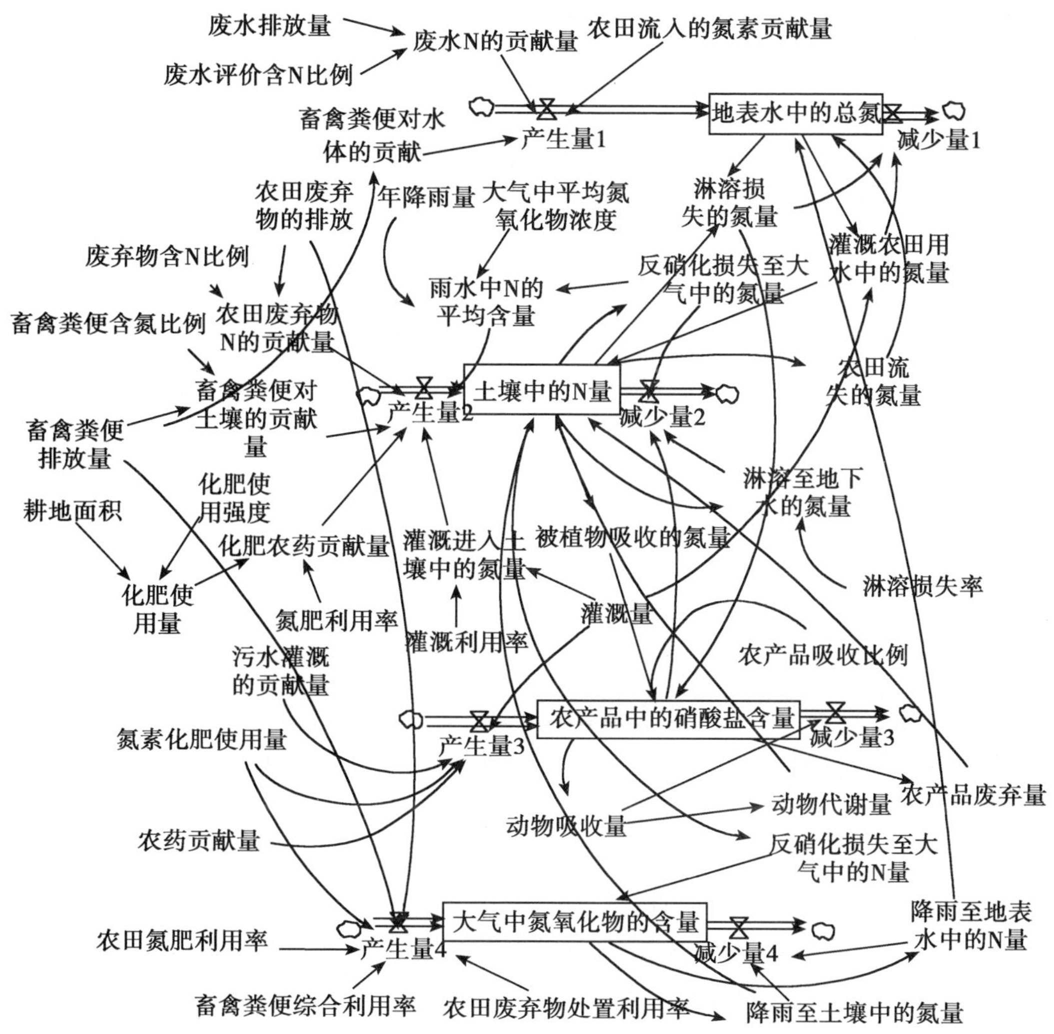

图2　农业立体污染系统四个子系统综合仿真图

3. 反馈分析

系统主要反馈回路有：（1）土壤中的N量→+农田流失的氮量→+地表水中的总氮→+灌溉农田用水中的氮量→+土壤中的N量；（2）地表水中的总氮→+灌溉农田用水中的氮量→+土壤中的N量→+农田流失至水体的氮量→+地表水中的总氮；（3）土壤中的N量→+反硝化损失至大气中的氮量→+大气中的氮氧化物含量→+降雨至土壤中的氮量→+土壤中的N量；（4）农产品中硝酸盐含量→-土壤中的N量→+淋溶至地下水中的氮量→+农产品中硝酸盐含量；（5）大气中氮氧化物含量→+降雨至水体中的氮量→+地表水中的总氮→+灌溉农田用水中的氮量→+土壤中的N量→+反硝化损失至大气中的氮

量→ + 大气中氮氧化物含量。

4. 方程的建立

SD 模型方程包括水平方程（状态方程）、速率方程、辅助方程、参数方程和初值方程，水平方程表示系统行为的变化，其它方程均由它推导而出。根据银川平原引黄灌区农业立体污染系统的具体情况分析，共设置 4 个状态变量，8 个流率变量，77 个辅助变量。

模型的主要方程有：（1）化肥使用强度 = 化肥使用量/耕地面积；（2）农药使用水平 = 农药使用量/耕地面积；（3）畜禽粪便资源化率 = 畜禽粪便利用量/畜禽粪便排放量 × 100%；（4）农田废弃物处置利用率 = 农田废弃物利用量/农田废弃物排放量 × 100%；（5）畜禽粪便对水体的贡献量 = 畜禽粪便排放量 × 畜禽粪便流失至水体的总氮比例 ×（1 - 畜禽粪便资源化率）；（6）畜禽粪便对土壤 N 的贡献量 = 畜禽粪便排放量 × 畜禽粪便对土壤中氮的贡献率 × 畜禽粪便资源化率；（7）淋溶至地下水的氮含量 = 土壤中氮含量 × 氮肥淋溶损失率；（8）耕地面积 = INTEG（耕地面积年变化量，1. 198845e + 0. 05）；（9）降雨至土壤中的氮氧化物量 = 年平均降雨量 × 总面积 × 大气中年平均氮氧化物浓度 × 土壤面积占区域总面积比例；（10）降雨至水体中的氮氧化物量 = 年平均降雨量 × 总面积 × 大气中年平均氮氧化物浓度 ×（1 - 土壤面积占区域总面积比例）。

5. 系统参数的确定

农业立体污染系统参数主要有常数和状态变量初始值。对模型的调控主要就是作用在这些系统参数上，确定参数主要依据历史数据和统计分析方法，具体如下：（1）从统计年鉴中获取变量的数据。主要从《宁夏统计年鉴》、《宁夏农业统计资料》、《宁夏回族自治区环境状况公报》、《中国环境公报》、《中国环境统计年鉴》、《新中国农业 60 年统计资料》、《世界环境数据手册》中获取银川平原引黄灌区年降雨量、耕地面积、人均粮食产量等数据。（2）通过查询文献、科技或项目管理部门数据，及对该地区相关科研机构的实地调查等方式获取资料。参考孙成院士研究结果，确定氮肥损失率为 45%；按照氮氧化物浓度的国家二级标准取值，确定大气中年平均氮氧化物浓度为 0. 15 mg/m^3。（3）对一些不易获得的数据采取近似取值的办法，并使用表函数，有效地处理了众多的非线性问题和不确定因素。假定氮肥使用品种主要为尿素，将氮肥平均含氮比例定为 46%；根据银川平原引黄灌区监测数据估算农田废弃物平均含 N 比例为 20. 3kg/t；在实际数值基础上，化肥使用强度和农药使用水平分别按照年平均增长率 2. 5%、1. 1% 分别进行预测。

6. 模型有效性检验

建立仿真模型，对系统模型的输出进行有效性检验。根据控制参量的调控原则和引黄灌区农业立体污染系统的现状，将位于主反馈回路和局部反馈回路交叉点上起主导作用的参量作为检验参量。这里以 2001 年为起始年，仿真终止年为 2004 年，时间间隔为 1 年。本文对银川平原引黄灌区农业立体污染系统与系统模型行为一致性检验的结果见表 1。SD 模型的模拟值与实际值的相对误差在-8. 77% ~ 8. 62%，可认为 SD 模型模拟结果与实际值的拟合较好，系统模型通过"历史"的有效性检验，表明它可以用来进行对引黄灌区农业立体污染系统的仿真实验，描述在不同的参数下，农业立体污染系统未来的发展趋势。

表1 银川平原引黄灌区农业立体污染系统有效性检验

年份	2001			2002			2003			2004		
指标名称	实际值	预测值	误差	实际值	预测值	误差	实际值	预测值	误差	实际值	预测值	误差
化肥使用强度(kg/hm^2)	255.29	235.34	7.81	264.46	241.28	-8.77	272.33	253.03	-7.09	275.39	289.17	5.00
农药使用水平(kg/hm^2)	3.96	3.76	-5.05	3.85	3.87	-0.52	4.04	3.99	-1.24	4.10	4.09	-0.24
农村污灌达标率(%)	90.17	92.30	2.36	91.12	93.33	2.43	91.35	94.36	3.30	92.97	95.39	2.60
农田废弃物处置利用率(%)	50.13	51.23	2.19	52.11	51.98	-0.25	55.28	52.67	-4.72	55.47	55.32	-0.27
耕地面积(hm^2)	11.99	12.02	0.03	12.23	11.93	-2.45	11.09	11.84	6.77	11.12	11.12	5.69
人均粮食产量(kg/人)	1 132.97	1 230.61	8.62	1 135.97	1 243.69	9.48	1 150.35	1 110.30	-3.48	1 164.66	1 126.09	-3.31
化肥有效利用率(%)	35.22	36.30	3.07	35.43	36.46	2.91	36.84	37.27	1.17	36.56	37.13	1.56
畜禽粪便资源化率(%)	49.99	54.27	8.56	53.80	53.90	0.19	56.11	58.30	3.91	57.35	58.03	1.19
节水灌溉率(%)	16.33	15.49	-8.30	16.3	15.51	7.86	16.5	15.67	5.69	17.1	16.42	-3.57

7. SD模型预测分析

对银川平原引黄灌区农业立体污染系统SD模型通过专业软件Vensim PLE语言进行模拟、调试、修正和运行后，得到模拟结果如表2所示。由表2可知，银川平原引黄灌区化肥使用强度从 2001 年的 235.34kg/hm^2 上升到 2020 年的 408.82 kg/hm^2。随着化肥使用强度的不断增加，地表水中总氮、土壤中的 N 量、农产品中硝酸盐含量与大气中氮氧化物均呈快速增长趋势，相对于 2001 年，2020 年各变量数值分别增长 197.95%、64.97%、189.03%、72.30%，引起水体富营养化、农产品中硝酸盐含量偏高及温室气体排放量增加导致环境受到污染等问题。而与之相比，在目前品种及栽培技术水平不变的条件下，粮食产量将不再随肥料的用量增加而增加，而是呈现先增长后下降的趋势，说明土壤中 N 含量虽然逐年增加，但土壤并非 N 量越高粮食产量越高，这与许多专家研究情况相符。从氮链物流可以看出，银川平原引黄灌区从水体、土壤、生物到大气的氮链物流变化对其环境产生了巨大影响，过量使用氮肥已引发土壤-植物系统链一系列的问题，不仅污染了环境，影响了农业生产，而且还污染了生物和食物，影响了人体健康。如何高效利用资源氮，围绕氮链物流、流向，从污染源头、链间到末端开展进一步研究，成为银川平原引黄灌区综合治理农业立体污染的重点问题之一。

表 2　SD 主要变量模拟结果

年份	化肥使用强度（kg/hm^2）	地表水中总氮量（万 t）	土壤中的 N 含量（万 t）	农产品中硝酸盐含量（mg/hm^2）	大气中氮氧化物含量（万 t）	粮食产量（万 kg）
2001	235.34	0.372068	103.1569	1 704.157	10.38577	7 7397.7
2002	241.28	0.44589	120.7024	1 903.647	10.88112	78 701.64
2004	289.17	0.599717	136.9792	2 244.624	12.03509	79 900.34
2006	296.56	0.866692	146.5755	2 657.93	12.94983	84 141.64
2008	311.58	1.047052	152.5294	2 923.233	13.10469	84 568.4
2010	327.35	1.082814	157.8261	3 321.596	13.4763	83 333.34
2012	335.54	1.090395	159.649	3 828.832	14.33565	83 534.09
2014	352.52	1.100414	159.9442	4 145.941	14.4683	83 757.6
2016	370.37	1.100423	163.2006	4 362.884	15.66699	82 105.3
2018	389.12	1.106953	165.3776	4 596.759	16.23701	81 632.98
2020	408.82	1.108596	170.175	4 925.44	17.8947	80 877.2

三、结论与展望

引黄灌区农业立体污染系统 SD 模型模拟结果表明，随着氮肥的过量使用，地表水中总氮、土壤中的 N 量、农产品中硝酸盐含量与大气中氮氧化物均呈快速增长趋势，相对于

2001 年，2020 年各变量数值分别增长 197. 95%，64. 97%，189. 03%，72. 30%。银川平原引黄灌区从水体、土壤、生物到大气的氮链物流变化对其环境产生了巨大影响，过量使用氮肥已引发水体富营养化、农产品中硝酸盐超标、排放温室气体污染大气环境等一系列的问题，综合防治农业立体污染刻不容缓。

在模拟银川平原引黄灌区农业立体污染系统时，由于系统比较复杂，难以尽述出反映全部变量，对综合防治农业立体污染系统作一个客观的评价。本文尝试从农业系统氮链物流角度对农业立体污染系统的各个子系统展开分析，探索五种防治技术模式对地表水中总氮、土壤中的 N 量、农产品中硝酸盐含量及大气中氮氧化物含量的影响。从模拟结果来看，通过系统动力学方法模拟计算的结果，模拟精度有待进一步提高。进一步根据调查资料和已有成果确定其它子系统变量之间的定量关系，寻求对整个系统行为反应敏感的控制变量，并根据系统仿真结果筛选出农业立体污染防治的优化模式，将是本项研究下一步要着力进行的工作。

参考文献

[1] 章力建，朱立志. 农业立体污染综合防治研究的概况与进展. 世界科技研究与发展，2006，28（6）：9~16.

[2] 章力建，侯向阳. 我国农业立体污染防治研究进展. 作物杂志，2005（5）.

[3] 章力建，蔡典雄. 治理农业污染必须抓“链条”. 科技日报，2004. 12. 10.

[4] 章力建，朱立志. 我国“农业立体污染”防治对策研究. 农业经济问题，2005，2：4~7.

[5] 国外农业污染防控进展. 农村工作通讯，2008（2）.

[6] 袁平. 农业污染及其综合防控的环境经济学研究——理论探讨与实证分析. 北京：中国农业科学院研究生院，2008.

[7] A. O. Babatunde，Y. Q. Zhao. Constructed wetlands for environmental pollution control：A review of developments，research and practice in Ireland. Environment International，2008（34）116~126.

[8] 章力建，张志芳. 现代生物技术在农业立体污染防治中的作用. 生物技术通报，2005，（1）：7~12.

[9] 胡大伟. 基于系统动力学和神经网络模型的区域可持续发展的仿真研究. 南京：南京农业大学，2006.

[10] Simonovic S P. Assessment of Water Resource Through System Dynamics Simulation：From Global Issues to Region S01. ion［A］. In：Proceedings of the 36m International Conference on System Science，Modeling Norlinear Natural Human Systems，Abstract book CD Rom full paper. 2003，PP. 93.

[11] 聂荣，章力建，蔡典雄. 系统动力学在农业立体污染防治中的应用. 农业科技通讯，2006，2：7~8.

[12] 洪鸿加，彭晓春，陈志良，王俊能，胡小英. 系统动力学模型在电子废弃物产生量预测中的应用. 环境污染与防治，2009，31（10）.

[13] 中国环境状况公报. 2001~2005.

[14] 宁夏统计年鉴. 银川：中国统计出版社，2001~2004.

[15] 新中国农业 60 年统计资料. 北京：中国农业出版社，2009.

[16] 2009 中国环境统计年鉴. 北京：中国统计出版社，2009.

[17] 联合国环境规划署. 世界环境数据手册. 北京：中国科学技术出版社，1990.

[18] http：//finance. sina. com. cn/roll/20070402/01471304748. shtml.

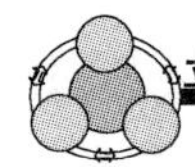

[19] 邹国元，张福锁，陈新平，李新慧．农田土壤硝化-反硝化作用与 N_2O 的排放．土壤与环境，2001，10（4）：273～276.

[21] 丁伟等．宁夏黄灌区畜禽粪便排放量估算及对环境影响判断．宁夏农林科技，2009（2）．

[22] 齐文启等．总氮、总磷监测中存在的有关问题．中国环境监测．2007，5：6～9.

[23] 徐芙蓉等．A 值法研究大气总量控制的环境质量达标保证率．四川环境．2003，22（2）．

[24] 陈百明等．中国近期耕地资源与粮食综合生产能力的变化态势．资源科学，2004，26（5）．

[25] 朱龙．中国粮食生产问题的实证研究．安徽广播电视大学学报，2008（3）．

[26] 古玉丽．我国粮食产量与化肥使用量之间的实证分析．农村经济与科技，2007.

[27] 朱桂英．影响我国粮食产量的主要因素分析．内蒙古科技与经济，2005（22）．

（杨永坤、蔡典雄、章力建、武雪萍）

基于灰色预测模型的农业立体污染防治研究

农业立体污染是一个极其复杂的大系统问题，与点源、面源污染相比，农业立体污染具有分布面积广，污染源多样，在时间、空间变异大等不确定特点，符合灰色系统的特点。本文应用灰色系统理论中的灰色建模理论建立农业立体污染信息的预测模型，根据所测数据信息对系统状态变化趋势进行预测。这种探索为灰色系统理论应用到农业立体污染防治研究打下了基础。

一、灰色预测模型建模原理与计算方法

灰色预测模型建立机理是根据系统的普遍发展规律，建立一般性的灰色微分方程，然后通过对数据的拟合，求得微分方程的系数，从而获得灰色预测模型方程。灰色理论的微分方程模型称为 GM(M,N)模型,即 M 阶 N 个变量的微分方程型灰色模型,用得最多的便是 GM(1,1)模型,即 1 阶 1 个变量的微分方程型的灰色模型。

1. GM(1,1)模型的建立

(1)一次累加生成

设原始时间数据序列 $X(t)=\{x(1),x(2),\cdots,x(n)\}$,对其进行一次累加生成，以弱化其随机性，强化其规律性，得累加生成列：

$$Y(t):\sum_{i=1}^{t}X(i) \qquad t=1,2,\cdots,n \tag{1}$$

(2) 均值生成

对累加数据列按公式（2）作均值生成，得均值数据列 Z(t)：

$$Z(t)=\frac{1}{2}[Y(t)+Y(t-1)] \qquad t=2,3,\cdots,n \tag{2}$$

(3) 建立 GM（1.1）模型

建立关于 $Y(t)$的一阶线性微分方程：

$$\frac{dY(t)}{dt}+aY(t)=u \tag{3}$$

此式即为 GM（1.1）预测模型，解该变量分离型微分方程得其特解为：

$$Y(t)=\left[x(1)-\frac{a}{u}\right]e^{-a(t-1)}+\frac{a}{u} \tag{4}$$

式中 a，u 为待定系数，根据最小二乘法估计参数向量，并由矩阵计算得其表达式为：

$$a = \frac{1}{D}\{(n-1)[-\sum_{t=2}^{n} X(t)Z(t)] + [\sum_{t=2}^{n} X(t)][\sum_{t=2}^{n} Z(t)]\} \tag{5}$$

$$u = \frac{1}{D}\{[\sum_{t=2}^{n} Z(t)] + [-\sum_{t=2}^{n} X(t)Z(t)] + [\sum_{t=2}^{n} X(t)][\sum_{t=2}^{n} Z^2(t)]\} \tag{6}$$

其中，$D = (n-1)\sum_{t=2}^{n} Z^2(t)\Delta t - [\sum_{t=2}^{n} Z(t)]^2$ (7)

2. 原始数列估计值的取得

由式（4）所得估计值 $\hat{Y}(t)$ 数列作累减还原生成，得原始数列 $X(t)$ 的估计值 $\hat{X}(t)$ 数列：

$$\hat{X}(t) = \hat{Y}(t) - \hat{Y}(t-1) \tag{8}$$

3. 对数列 $\hat{X}(t)$ 与 $X(t)$ 进行拟合效果检验（可靠性检验）

若两者拟合精度好，则模型可用于外推预测；若两者拟合精度不合格，则不可直接用于外推预测，须经残差修正后，再进行外推预测。确定灰色数列模型的可靠性可用平均相对误差、后验差比值和小误差概率来检验。

平均相对误差：$\bar{e} = \frac{\sum \hat{X}(t) - X(t)}{\sum X(t)} \times 100\%$ (9)

令残差 $\varepsilon(t) = X(t) - \hat{X}(t) \quad t = 2, 3, \cdots, n$ (10)

计算后验差比值 C 和小误差概率 P：

$$C = \frac{S_2}{S_1} \tag{11}$$

$$P = P\{|\varepsilon(t) - \overline{\varepsilon(t)}| < 0.6745S_1\} \tag{12}$$

式中，$S_1^2 = \frac{1}{n}\sum_{t=1}^{n}[X(t) - \overline{X(t)}]^2$ (13)

$$S_2^2 = \frac{1}{n}\sum_{t=1}^{n}[\varepsilon(t) - \bar{\varepsilon}] \tag{14}$$

根据精度检验等级参照表判断灰色数列的拟合优度。

4. 外推预测

如果拟合优度高，即模型预测效果满意，可按下式进行外推预测：

$\hat{X}(t) = \hat{Y}(t) - Y(\hat{t}-1) \qquad t = n+1, n+2, \cdots$ (15)

二、农业立体污染防治的灰色性探讨

农业立体污染防治是一个复杂的系统工程。取得区域内大气污染状况、土壤污染、破坏和盐碱化进程、水土流失状况、植被破坏与生态环境演变恶化状况、地下及地表水体的污染等方面的基础数据，还需要成熟的技术。还有一些参数不便于从外部直接观测，只能通过全球性、多光谱、大信息量的遥感技术，广泛收集 Landsat-TM、EOS-MODIS 等卫星影像以及 SAR 等不同数据资料，来积极及时获取农业污染变化的基础数据信息。显然，依靠有限的测量参数是不能全面准确地描述农业立体污染状态的。因此，农业立体污染防治是一个部分信息已知，部分信息未知的本征性灰色系统。

农业立体污染分析具有一定的灰色性，农业立体污染防治的状态具有一定的灰色性，可以用灰色理论的方法来分析。

三、灰色预测在农业立体污染防治中的应用探索

由于农业立体污染的预防与控制问题是一个时变的动态过程且具有不可试验性，这为选择和采用分析方法做出了限定和提示。灰色预测建模方法是一种预测技术，可以为农业立体污染防治的研究者提供一个非常灵活方便的预测农业立体污染趋势的极好手段，这恰符合农业立体污染研究的主要任务重在反映系统状态变化趋势的要求。利用灰色预测建模方法可对同一流域水体污染历史和污染趋势作出研究和预测，可为水资源保护规划提供准确信息。

在水体—土壤—生物—大气这一立体生态系统中，各种药物不仅能随着各种物质流转移，并且在转移过程中，因药物既会对不同环境生物产生不同影响，同时也会受环境中各种物理、化学和生物等因素的作用，在环境中产生降解、与沉淀物结合等形式的转归或在植物、动物中富集。根据一段时期内土壤中有害元素含量、农作物生长过程以及农产品产后农药残留量，利用灰色预测建模方法对土壤质量、农业污染的动态状况、分布趋势及污染程度作出预测，为农业污染防治提供决策依据。

目前，畜禽养殖、水稻种植、肥料施用、旱地土壤耕种以及农业秸秆燃烧等活动向大气中排放大量的 CH_4 和 CO_2 等温室气体，直接影响着全球气候变化。在利用相关技术获得大气中气溶胶含量、农区上空的空气气体分子、烟尘等悬浮粒子密度的基础上，可用灰色预测建模方法对阶段性、区域内的上述数据变化作出预测研究，进而评价区域农业气体污染状况。

尝试用灰色预测建模方法对农业立体污染因子进行预测，从水体—土壤—生物—大气四个方面对农业污染系统进行综合研究，并通过计算机实验来获得未来行为的描述，预测污染因子的发展趋势。灰色预测建模方法不仅能预测农业立体污染因子的变化趋势，还可以作为安全性预报预警研究的基础。

四、灰色预测模型的建立与验证

将 Pristine 湖作为被测对象。Pure 河是流入 Pristine 湖的唯一河流。PCA 公司将未处理的废水排入河中，导致了 Pristine 湖被污染。

湖水中的污染物可分为有机物质和无机物质两大类，在多种环境因素（阳光、空气、水、水中生物、水中化学物质、重力等）的作用下，通过物理沉降，化学反应和生物转化一系列复杂的活动，它们的量会发生改变。有机污染物在水环境中的迁移转化过程如图 1。

可以看出整个过程是相当复杂的，不仅过程多，而且在相同的过程中，不同的物质有着

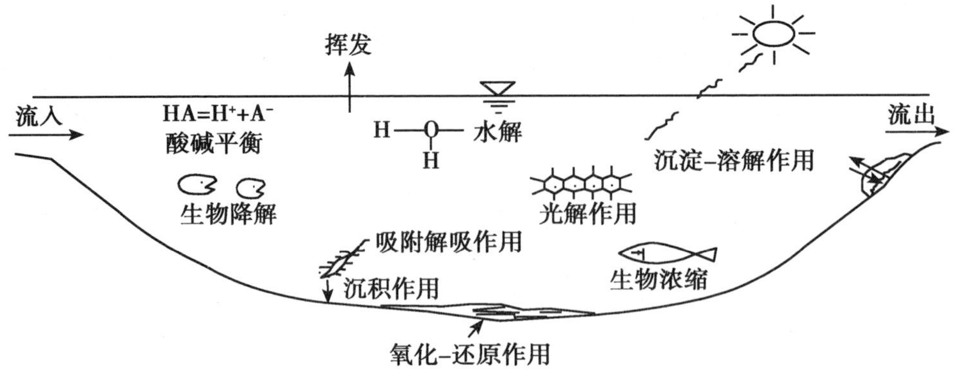

图 1　有机污染物在水环境中的迁移转换过程

不同的结果。考虑到输入湖中的污染物种类、湖泊环境不明确，其中一些因素的影响已知，一些因素的影响未知，因此，可以把该湖水看成一个灰色系统，抛开系统内各种因素的影响过程和程度，而从各种因素综合作用的最终结果——历史资料出发，通过灰色处理建立微分方程预测模型来研究和预测湖水污染浓度动态变化。假设湖中所进行的反应均为一级反应，有机物的存在不会对环境参数造成改变，环境固定（自然净化速率恒定）。

表 1　湖水浓度实测原始数据　（单位：mol/L）

年份	1	3	5	7	9	11	13
湖水浓度（$\times 10^{-4}$）	0.65	0.67	0.71	0.72	0.74	0.78	0.80

①取 n = 5，为了对模型进行验证，最后两个资料先不取，留作检验用，则原始时间序列（这里为计算方便将数据取为扩大 100 倍的整数）

$$X(t) = (65, 67, 71, 72, 74)$$

②建立 GM(1,1)模型，灰色预测模型建模原理与计算方法，得

$$\hat{X}(t) = 1\,943.74e^{0.034(t-1)} - 1\,878.74$$

计算结果如表 2 所示：

表 2　湖水浓度 GM{1,1}预报模拟值

原序列	模拟值	误差	相对误差（%）
65	65	0	0
67	67.517	-0.517	0.77
71	69.862	1.138	1.60
72	72.289	-0.289	0.40
74	74.800	-0.800	1.08

平均残差$\overline{\varepsilon(t)} = \frac{1}{4}(0.77\% + 1.60\% + 0.40\% + 1.08\%) = 0.9625\% < 10\%$，建模精度 =

$(1-0.9625)\% = 99.04\%$，可见该模型精度很好。

③外推预测（与实际数据比较）

当 $t=6$ 时，$\hat{x}(6) = 77.398$

当 $t=7$ 时，$\hat{x}(7) = 80.087$

$$\varepsilon(6) = 0.77\%$$

$$\varepsilon(7) = 0.11\%$$

与实际值的相对误差在允许范围，即该模型能够很好地预测第 11、13 年后的湖水浓度值。

④灰色预测模型的结果评价

根据前面的计算结果可知，当湖水自然净化速率一定及区域内有关条件不变的情况下，根据湖水浓度历史资料，可很好地预测出湖水浓度变化趋势，且精度很高。可见，根据预测出的湖水浓度变化趋势，可为决策者确定湖水浓度的控制指标、湖水的保护规划提供决策依据。同理，结合湖水周边由于土壤径流发生的土壤腐蚀等变化，测量土壤大量营养元素 N、P 等相关数据，分析预测含量变化趋势，结合回归分析、相关性分析等技术，建立动态模型，对农业立体污染系统进行综合集成研究，发挥安全性预警预报的作用。

五、结论

①在我国未来 5 ~ 10 年农业立体污染防治过程中，优先考虑的研究领域包括农业立体污染的预警预报研究。尝试对农业立体污染系统中水体循环模块、土壤循环模块、生物循环模块、大气循环模块的参数因子进行预测，灰色建模理论是一个有力的数学工具，利用灰色预测建模方法预测具有建模数据少、方法简单、预测精度高的优点，因而不失为一种可行且可靠的预测方法。

②灰色建模理论解决了一向认为不能解决的微分方程建模问题，在系统预测、实验数据处理等方面有着广泛的用途，为农业立体污染防治中宏观政策的制定提供理论依据。

③利用灰色预测法预测农业立体污染仍是初步尝试，需在今后的预测实践中不断改进、发展；对灰色预测建模方法在农业立体污染预警预报中的应用方法的完善和拓展，尚需做进一步研究。

参考文献

[1] 韩中庚．数学建模方法及其应用．北京：高等教育出版社，2005.

[2] 刘来福，曾文艺．数学模型与数学建模．北京：北京师范大学出版社，2002.

[3] 章力建，蔡典雄．治理农业污染必须抓“链条”．科技日报，2004 - 12 - 10.

[4] 祁春清，梁中华，索迹．基于灰色预测模型的 IGBT 变频器控制研究．电力系统及其自动化学报，2005，17（3）：20 ~ 23.

[5] 周霞，邱宏，王鹏．灰色预测建模方法及在医学中的应用．数理医药学杂志，2007，1（20）：73 ~ 75.

[6] 聂荣，章力建，蔡典雄．系统动力学在农业立体污染防治中的应用．农业科技通讯，2006，2：7～8.

[7] 覃志豪，章力建，蔡典雄等．遥感技术在农业立体污染防治监测中的应用．国土资源遥感，2006，3（1）.

[8] 季敏，王尚旭，陈双全．灰色理论在地球物理勘探开发中的应用综述．地球物理学进展，2005，12（4）：1164～1170.

[9] 章力建，张志芳．现代生物技术在农业立体污染防治中的作用．生物技术通报，2005，（1）：7～12.

[10] 秦中，张捷，都金康．水体污染遥感监测的可行性分析．长江流域资源与环境，2004，13（4）：384～388.

[11] 联合国环境规划署．世界环境数据手册．北京：中国科学技术出版社．1990.

[12] 李森照，罗金发等．中国污水灌溉与环境质量控制．北京：气象出版社，1995.

[13] 章力建，朱立志．我国“农业立体污染”防治对策研究．农业经济问题，2005，2：4～7.

[14] 袁东升．采煤工作面瓦斯涌出量的灰色建模及预测研究．焦作工学院学报（自然科学版），2003，9（5）：335～337.

（杨永坤、蔡典雄、章力建、武雪萍）

环境放射性核素示踪技术在防治农业立体污染中的应用

防治农业污染是一个复杂的系统工程，需要查明农业立体污染的本底，弄清农业立体污染来源和传输途径。由于农业立体污染分布面积广，污染源多样，在时间、空间上存在很大的不确定性，因而应用传统的污染监测技术难于解决农业立体污染中的这些问题。目前，研究农业污染存在两个明显缺陷：一是缺乏时空格局高分辨率技术，准确地监测污染源的方法及基础数据信息的采集则是查明污染源本底的关键；二是对农业立体污染链的关键点、污染根源、整个污染发生、迁移过程机理不清楚，难以对立体污染进行针对性的监测，以及有的放矢地采取污染防治措施。与传统的农业污染的研究方法比较，环境放射性核素（^{137}Cs、^{210}Pb、^{7}Be）示踪技术具有快速、准确的优点，是探索农业立体污染物质来源、去向和空间再分布的关键技术之一。

据此，我们从论述环境放射性核素^{137}Cs、^{210}Pb、^{7}Be 的来源和示踪原理入手，提出了应用环境放射性核素探索农业立体污染物质的来源、去向和传输规律的新思路。

一、环境放射性核素示踪原理

环境放射性核素，尤其是^{137}Cs、^{210}Pb 和^{7}Be 三种核素，已经被广泛应用于土壤侵蚀及其相关的泥沙来源研究。自 1995 年以来，国际原子能机构组织了全球 23 个国家参加的研究队伍，开展了应用环境放射性核素示踪技术评价土壤侵蚀与土壤保持措施的有效性研究，并取得了重要进展。

1. ^{137}Cs 示踪技术

^{137}Cs 系 20 世纪 50 年代和 60 年代的核爆炸产生而散落在大气中的人工放射性核素。^{137}Cs 在全球沉降开始于 1954 年，1963 ~ 1964 年达到高峰，随即降低。由于 1986 年的前苏联切尔诺贝利核电站泄漏事故产生的^{137}Cs 没有进入平流层，影响范围主要限于前苏联和西欧地区，所以^{137}Cs 在全球沉降于 20 世纪 80 年代初期结束。土壤环境中的^{137}Cs 几乎全部来源于大气核试验，环境中不存在天然来源的^{137}Cs。大气核试验产生的^{137}Cs 进入平流层后，在全球范围均匀分布，而后进入对流层，随大气降水和降尘到达地表。这部分^{137}Cs 沉降在数十公里范围内是很均匀的，其沉降量取决于雨季的气象条件、出现在大气中的放射性尘埃的数量和高度，受降雨和当时空气中^{137}Cs 浓度的控制。^{137}Cs 被表土中的有机和无机组分强烈吸附，基本上属于不可交换态，后期的化学和生物过程导致的^{137}Cs 运移十分有限。因此^{137}Cs 在环境中的迁移主要是尘降、侵蚀、耕作、沉积等土粒物理搬运过程引起的。通过测定^{137}Cs 在地表水平断面和垂直剖面上的空间分布，与当地无干扰样点的^{137}Cs 背景值相比较得到^{137}Cs 损

失或增加百分比，经过定量模型的转换，可以得到流域不同景观及土地利用方式下土粒吸附的农业污染物迁移速率。因此，由大气粉尘—水—土迁移导致土粒中^{137}Cs的剥蚀或富集程度可以反映自^{137}Cs在环境中出现以来由尘降—水—土迁移造成的农业污染物迁移量。

^{137}Cs示踪技术具有明显的优势。首先，^{137}Cs半衰期为30.12年，环境中的^{137}Cs需要150年以上的自然衰变才能使其值下降到初始沉降量的3%，因而该技术可以长期应用；其次，由于^{137}Cs已经广泛分布于广大的大区域，因而可以进行较大面积的农业污染物来源去向研究，更不会对农民的耕作和农业生产产生不便，而且^{137}Cs容易测量，技术简单；最后，^{137}Cs仅凭一次野外采样就可以得到农业污染物再分布速率，可以为研究农业污染物随粉尘—水—土迁移的空间分布快速地积累大量信息。

2. ^{210}Pb示踪技术

与^{137}Cs不同，^{210}Pb系天然放射性核素。^{210}Pb是土壤/岩石中的^{238}U的衰变系列产物^{222}Rn释放到大气后再沉降到地表的放射性核素。^{210}Pb是自然环境中存在的天然放射性核素，^{210}Pb能和土壤颗粒紧密结合，在土壤侵蚀研究中，^{210}Pb主要用在沉积速率的测定及沉积记年的示踪研究上。尽管^{210}Pb在沉积年代学方面被广泛接受和使用，但其作为物质迁移示踪剂的研究却仍处于起步阶段。^{210}Pb（半衰期22.2年）是^{238}U系列衰变的产物，由^{222}Rn（气态，半衰期3.8天）衰变产生，而^{222}Rn是由岩石和土壤中天然存在的^{226}Ra衰变产生。因此，土壤中原地产生的^{210}Pb与土壤中的^{226}Ra平衡，称为^{226}Ra支持的^{210}Pb（supported^{210}Pb）。土壤和岩石中的少量^{222}Rn向上扩散，导致^{210}Pb进入大气，这部分^{210}Pb沉降在表土和水体沉积物上，不和其母体^{226}Ra平衡，称为无补给^{210}Pb（又叫过剩^{210}Pb，记为^{210}Pb），这部分^{210}Pb可以通过从土壤中总的^{210}Pb减去^{226}Ra支持的^{210}Pb得到。^{226}Ra支持的^{210}Pb可以用测量土壤样品^{226}Ra获得。在一定研究区域内$^{210}Pbex$的沉降量不随时间变化，相对是个常数。^{210}Pb一经从大气层降落到地表，就与表土层中的黏土矿物和有机质结合，它在地表的重新分布是由土地利用、水—土运移等物理过程所控制，因此具有定量水—土运移导致的农业污染物迁移速率的潜能。

3. ^{7}Be示踪技术

^{7}Be是宇宙线与大气层作用产生并随降水降落到地面的短寿命核素（半衰期为53.3天），在一定区域范围内，^{7}Be散落地表的输入量近于常量。土粒中的^{7}Be化学形态的改变主要受氧化还原条件变化的控制，自然环境条件下不易被溶析，主要随土粒运动而迁移，可以用于研究季节性的物质迁移规律研究。^{7}Be在自然环境中与水作用时，瞬息在表面形成难溶的氢氧化物，这一化学特性决定了^{7}Be的微粒迁移性质。通过沉降作用到达地表的^{7}Be能够很快被土壤吸附。从^{7}Be的环境化学行为来看，它可以作为土壤颗粒迁移的示踪剂。已经有研究证明了^{7}Be可较好地运用于湖泊、海湾沉积物表层微粒混合作用的示踪研究，并证明了其作为季节性环境微粒示踪剂的可能性。^{7}Be在表层土壤中的分布特征决定了其对表层土壤发生迁移的敏感性，为其示踪表层土壤的再分布奠定了基础。由于^{7}Be是自然界产生且连续沉降，加上较短的半衰期，所以它可以作为短期内，降水导致的土粒迁移空间分布特征的示踪剂，也可以作为评价不同土地利用方式下随土粒迁移的污染物迁移变化的示踪剂。^{7}Be示

踪技术应用于物质迁移速率研究原理与^{137}Cs和^{210}Pb技术是相似的。因此，^{7}Be定量物质迁移速率可以通过研究区域的^{7}Be含量与环境中^{7}Be输入量（称为背景值）相比较，得到各点^{7}Be含量减少或增加的百分比，然后通过定量模型将^{7}Be减少或增加的百分比换算成土壤迁移量。

综上所述，散落在地表的^{137}Cs、^{210}Pb和^{7}Be只能被土壤细颗粒吸附，很难被植物吸收。水力、风力及耕作活动是环境放射性核素^{137}Cs、^{210}Pb和^{7}Be在地球表层发生再分布的主要驱动力。环境放射性核素示踪技术可在不改变原始地貌的条件下进行农业污染物再分布规律研究，不需特殊的野外设施，可定量监测和评价土壤、水体和大气污染物质再分布空间格局。联合应用^{137}Cs、^{210}Pb和^{7}Be示踪技术，可以定量不同时间尺度包括短期（单次灾变）、中期（40年）和长期（100年）农业污染物质的空间变化格局和速率，对定量评价农业立体污染物质的来源、传输规律以及其区域环境效应具有传统污染研究技术无法替代的重要作用。

二、应用环境放射性核素示踪研究农业立体污染的构思

1. 查明农业立体污染物的背景值

我国农业立体污染家底的不清楚影响了对农业立体污染有的放矢的防治。农业污染物的迁移和运转是一个复杂的过程，单一的方法一般难以弄清其背景值及其迁移、运转过程。粉尘及水土资源是农业立体污染物迁移最重要的载体。应用具有不同半衰期的环境放射性核素^{137}Cs、^{210}Pb和^{7}Be示踪技术，充分考虑空间变异对大气粉尘、水分、泥沙及农业污染物迁移和输出的影响，结合RS/GIS及地统计学方法，以小流域、村镇或土壤利用单元建立农业立体污染综合信息数据库，实地采集和分析研究区不同季节、不同土地利用条件下农业立体污染物（主要为硝态氮、铵态氮、速效磷及有害重金属）数据，摸清农业立体污染的底数。根据大气粉尘—水—土—农业污染物输出结果在流域空间分配来确定农业立体污染的环境容量，并建立农业立体污染基础信息数据库。

2. 辨析农业立体污染物的来源及去向

已有研究表明，土壤细颗粒易在径流液中传输。侵蚀泥沙由土壤团聚体和不同粒径颗粒组成，内聚土粒通常以团聚体形式存在，反之非内聚土粒以土壤颗粒存在。土粒迁移结果往往导致了泥沙黏粒的富集和所吸附农业污染物的富集。农地土壤农业污染物迁移表现为两种形式，其一，溶解于径流中的农业污染物随径流流失，这一部分的污染物主要是可溶性污染物；其二，吸附和结合于泥沙颗粒表面以无机态和有机态形式存在的农业污染物随降水、尘降和径流移动。土壤是降雨和径流作用的界面，土壤污染物与降雨、径流相互作用过程是农业污染物迁移之所以产生的关键所在。

农业污染物主要来自于农业的废弃物，工业废水、废气、废渣，村镇养殖污水，生活污水，土壤的水蚀、风蚀以及大量化肥、农药的使用，因此，要准确监测农业立体污染，首先要监测大气尘降、降水或人类活动导致的水土流失量及地下水的质量变化，应用具有不同半衰期的环境放射性核素^{137}Cs、^{210}Pb和^{7}Be示踪技术，收集大气粉尘、实地采集不同土地利用

土壤和从径流源头、沟道到进入水库的土样和水样，分析农业污染物，获得农业污染物在大气粉尘—水体—土体的迁移变化规律，计算农业污染物的流失量和污染系数。根据大气粉尘—水—土—农业污染物输出结果在流域空间分配来识别农业立体污染的关键污染源区，弄清过去50年我国农业立体污染链的关键点，评价农业立体污染对人为干预与自然扰动相互作用的响应。

3. 确定农业立体污染迁移时空分布格局和速率

降水径流条件下，不同农业景观坡面农业污染物主要随地表径流迁移，但是产流过程中直接输出坡面的径流泥沙及其所包含的农业污染物仅仅是坡面物质迁移中的一部分，由于农业景观复杂、坡面较长、产流量较小或降雨停止等原因，径流中携带的大量农业污染物会在坡面不同部位发生沉积，这些沉积物质又成为以后坡面污染物质迁移的来源，输出坡面的径流泥沙可能是经过多次搬运—沉积以后才最终移出坡面的。因此，降水径流条件下坡地农业污染物迁移过程存在着空间变异性。

通过以坡地、小流域、区域不同土地利用方式为研究对象，应用环境放射性多核素计年技术，结合遥感信息和历史文献资料、土地利用和气候资料，分析不同区域尺度大气粉尘—水体—土体中^{137}Cs、^{210}Pb、^{7}Be和农业污染物分布特征及其变异性，定量大气粉尘—水体—土体物质迁移与农业污染物再分布格局变化再分布的关系，阐明典型小流域或区域尺度农业立体污染物的迁移速率及驱动机理。

4. 评价农艺措施和土地利用变化对农业立体污染的贡献

人为活动强烈影响下的水体和大气对土壤的迁移作用可能是农业立体污染的一个关键环节，然而由于研究技术的限制对大气粉尘—水体—土体—农业污染物迁移一体化的研究仍然是空白。应用环境放射性多核素联合示踪技术，结合GPS定位和野外模拟试验，测定典型田块、小流域和代表性区域尺度下大气粉尘—水体—土体中^{137}Cs、^{210}Pb、^{7}Be的活度，定量100年、50年和季节内农业立体污染物迁移变化规律，定量评价农艺措施和土地利用对农业污染物物理运移过程变化的贡献份额。

5. 建立基于环境核素示踪的农业立体污染分布式预测模型

利用根据不同半衰期环境放射性核素示踪得到的农业污染物的背景值及基础数据，在GIS框架下，确定不同时空尺度农业污染物变异的主控因子，构建大气粉尘—水体—土体农业污染物再分布式预测模型，分析并提炼我国农业污染物变化的空间格局与空间动态分异特征及其驱动机制，定量近50年来集约化农业条件下不同农艺措施和土地利用对农业立体污染变化的影响，并预测未来50年发展趋势。

三、结语

能否有效监测和防治我国的农业立体污染，是保障我国粮食安全和人民生存环境的重大理论和实践问题，需要崭新的研究思路和研究方法。环境放射性核素联合示踪技术，将为解决农业立体污染研究中的关键科学问题提供可能。目前，应用环境放射性核素示踪技术迫切需要解决如下重要问题：①查明农业景观系统中污染物质的本底值，②辨析污染物来源、去向和传输路径，③定量不同农艺措施和土地利用防治农业立体污染的有效性，④建立基于环境核素示踪的农业立体污染分布式预测模型。

参考文献

[1] 章力建，王庆锁，侯向阳．中国西部生态农业发展方略．北京：气象出版社，2004.

[2] 章力建，蔡典雄．治理农业污染必须抓“链条”．科技日报，2004－12－29.

[3] 章力建，蔡典雄，王小彬，张建君，金轲．农业立体污染及其防治研究的探讨．中国农业科学，2005，38（2）：350～357.

[4] 章力建，侯向阳，杨正礼．当前我国农业立体污染防治研究的若干重要问题．中国农业科技导报，2005，7（1）：3～6.

[5] 白占国，万国江．宇宙线散落核素^{7}Be在山区表土层中的分布特征及侵蚀示踪原理［J］．土壤学报，1998，35（2）：266～274.

[6] 万国江，白占国．湖泊现代沉积作用核素示踪研究进展［J］．地质地球化学，1996，2：9～13.

[7] Li Y.，Lindstrom M. J. Evaluating soil quality-soil redistribution relationship on terraces and steep hillslope. Soil Sci. Soc. Am. J. 2001，65：1500～1508.

[8] Li Y.，Poesen J.，Yang J. C.，Fu B.，Zhang J. H. Evaluating gully erosion using ^{137}Cs and ^{210}Pb/^{137}Cs ratio in a reservoir catchment. Soil Tillage Res. 2003，69：107～115.

[9] Li Y.，Tian G.，Lindstrom M. J.，Bork H. R. Variation of surface soil quality parameters by intensive donkey-drawn tillage on steep slope. Soil Sci. Soc. Am. J. 2004，68：907～913.

[10] Li Y.，Zhang Q. W.，Bai L. Y. Manual for IAEA/RCA Regional Training Course on Sustainable Land Use and Management Strategies for Controlling Soil Erosion and Improving Soil and Water Quality，Beijing &Yanqing，China，9～20 May 2005，98.

[11] Ritchie J. C.，Ritchie A. C. Bibliography of publications of ^{137}Cs studies related to erosion and sediment deposition. URL site：2004.

[12] Wallbrink P. J.，Murray A. S.，Olley J. M. Relating suspended sediment to its original soil depth using fallout radionuclides. Soil Sci. Soc. Am. J. 1999，63：369～378.

[13] Zapata F.（ed.）Handbook for the Assessment of Soil Erosion and Sedimentation Using Environmental Radionuclides. Kluwer Academic Publishers. Dordrecht/Boston /London. 2002，p1～13.

[14] Zapata F.（ed.）Field application of the ^{137}Cs technique in soil erosion and sedimentation studies. Special Issue. Soil & Tillage Research，2003. 69（1-2）：1～18.

（李勇、章力建、张晴雯）

农业立体污染中的农药污染

一、农业立体污染的潜在挑战

据资料记载，中国农业病虫草害达 2 284 种，其中病害 742 种，害虫（螨）838 种，杂草 704 种，农田害鼠 20 种。在这些有害生物中，构成农作物灾害的主要病虫草害达 100 种以上。如不进行防治，每年将损失粮食 15% 左右、棉花 20% ~25%、果品蔬菜 25% 以上。我国农作物病虫害年均发生面积 2.84 亿 hm^2（次），较 20 世纪 80 年代增长 33%。2000 年以后，年均发生面积 3.73 亿 hm^2（次），较 90 年代增长 31%，实际防治面积 3.87 亿 hm^2（次）挽回粮食损失 5 845 万 t，棉花 101 万 t，油料 228 万 t，苹果 537 万 t，柑橘 119 万 t，蔬菜 4 500 万 t。尽管通过大力防治挽回直接经济损失高达 800 亿元人民币，但因生物灾害近年来仍然损失粮食 1 600 多万 t、棉花 30 多万 t、油料 140 万 t 以上[1]，直接影响到农业的持续稳定发展和农村经济的增长。

1. 中国有害生物的发生与危害

（1）重大病虫害发生危害居高不下

蝗虫是我国历史上第一大害虫，常年发生面积波动在 100 万 ~200 万 hm^2 之间。黏虫是一种具有远距离迁飞能力的“爆发性害虫”，主要危害稻麦等禾本科作物，也危害大豆、花生、白菜，甚至连柳树、榆树也不放过。尤其在黏虫迁飞时，更是饥不择食，几乎所有绿色植物都被掠食一空。小麦吸浆虫是一种毁灭性害虫，常年发生面积 300 万 hm^2 左右。稻飞虱是中国乃至亚洲各国的主要害虫，年发生面积约 700 万 hm^2；水稻螟虫（三化螟、二化螟）是中国水稻的重大害虫，常年发生面积 1 000 万 hm^2 左右。稻纵卷叶螟是东南亚和东北亚各国水稻上的一种迁飞性害虫，20 世纪 80 年代以来，在中国平均每 3 年就有 2 年猖獗发生，频率明显加快，常年发生面积约 1 000 万 hm^2。

小麦条锈病是对中国小麦最具威胁的病害之一，近 50 年来发生三次大流行，常年发生面积 500 万 hm^2。鉴于生理小种的不断变化，如果抗病品种跟不上，气候条件适宜，仍有大流行的可能。稻瘟病是水稻上的一种流行性、突发性和毁灭性病害，进入 20 世纪 80 年代以来，由于病菌小种变异和品种抗病性丧失，在南方早、中稻区发生过 3 次大面积流行。常年发生面积 400 万 hm^2 左右。

（2）次要病虫害上升为主要病虫害

草地螟是间歇性爆发成灾的害虫，在我国曾出现过两次大发生周期。自 1996 年草地螟进入第三次爆发周期以来，常年发生面积波动在 100 万 ~300 万 hm^2 之间，轻者减产，重者绝收。稻瘿蚊已成为华南稻区的主要害虫，不少地方列为农作物病虫害之首。在华南、西南南部稻区发生面积进一步扩大，危害加重，年发生面积 100 万 ~200 万 hm^2。20 世纪 70 年代以来，小麦蚜虫的发生与危害不断加重，常年发生面积也在1 000万hm^2以上。

小麦白粉病进入20世纪70年代以来其危害逐步加重。1997年出现大流行，波及到江淮、华北和西北主要小麦产区，发生面积900万hm^2。已成为在小麦上猖獗的麦类病害。小麦纹枯病进入20世纪90年代以后，在黄淮、江淮麦区蔓延。发生面积波动在600万～800万hm^2。水稻纹枯病在湖南、江西、湖北被认为是当地水稻的第一大病害，全国发生面积为1 000万hm^2，损失极为严重。水稻细菌性条斑病20世纪50年代在我国被发现，60年代开始蔓延，70年代得到控制，80年代又复燃。此外稻曲病、恶苗病也呈现加重发生趋势，在部分地区已成为水稻的主要病害。

（3）病毒病爆发成灾

小麦病毒病主要包括小麦红矮病、小麦黄矮病等。由于系属沙叶蝉、灰飞虱带毒传播，蔓延十分迅速。此外玉米粗缩病和玉米矮花叶病，虽然目前发生面积较小，但潜在威胁很大，是一类值得重视的病毒病害。

（4）侵入型病虫害已构成威胁

美洲斑潜蝇自1994年侵入我国三亚以来，已蔓延到21个省市，273万多hm^2农田受害；水稻象甲于1988年在唐山地区首次发现，目前已扩展到9个省市。B型烟粉虱1997年在广东省部分地区成灾，2000年以后蔓延到河北、山东、北京等地，一般造成蔬菜作物减产7～8成，重者绝收。近年来发现的外来有害生物还有蔗扁蛾、芒果象甲、灰豆象甲、椰心叶甲，以及香蕉枯萎病、苜蓿黄萎病和坏死环斑病毒病害。此外，危害林业的有害生物主要有松材线虫病、美国白蛾、松突圆蚧、日本松干蚧、湿第松粉蚧、双钩异翅长蠹、红脂大小蠹、松针褐斑病、杨树花叶病毒病等。

（5）蔬菜果树病虫害呈加重发生趋势

伴随农业产业结构的调整，设施农业发展很快，保护地蔬菜的主要病虫害有：霜霉病、白粉病、疫病、根腐病、灰霉病、根结线虫、潜叶蝇、粉虱等。果树病虫害发生较重的有柑橘红蜘蛛和黄蜘蛛，锈壁虱、介壳虫、苹果叶螨、金文细蛾和疮痂病等。

有害生物的发生与成灾是一个动态的自然变异过程，只要有寄主作物的存在，就有其寄生生物的繁殖，这就构成了有害生物生存与危害的长期性。由于农作物与有害生物同处在一个不断发展变化的生态环境，这又决定了有害生物发生与危害的复杂性和突发性。面对有害生物发生危害的严峻形势，确保人类生存的唯一抉择就是控制有害生物的危害。根据目前植物保护科学的发展水平，使用化学农药仍然是最有效、最方便的防治措施。诺贝尔奖获得者，“绿色革命之父”博劳格说，没有化学农药的应用，人类将面临饥饿的危险。中国如果每年减少农药用量30%，将导致3.5亿人遭受饥饿。农业生产离不开化学农药。

2. 化学防治仍然是植物保护的重要技术支撑

根据目前植物保护科学的发展水平，农业生产离不开化学农药，常规农药仍然是农药市场的主体。据Phillips McDougall的市场调查，1997～2003年以批发销售水平计，尽管常规农药市场逐年下降，但仍然占居80%以上的市场份额（表1）[4]。从农药类别分析，除草剂用量最大，2003年除草剂占常规农药市场的50.2%（表2），在各类作物中，农药用量最大的是果树和蔬菜，2004年，占农药市场的28%以上（表3）[5]。

表 1　1997～2003 年全球农药市场比例（%）

种类	1997	1998	1999	2000	2001	2002	2003	2008 *
常规农药	97.75	94.65	92.22	91.26	89.54	88.37	87.15	82.76
农业生物技术	2.25	5.35	7.78	8.74	10.46	11.63	12.85	17.24
总计	100	100	100	100	100	100	100	100

表 2　2003 年世界各类农药的市场

种类	除草剂	杀虫剂	杀菌剂	其他	总计
销售额（百万美元）	13 408	6 651	5 743	908	26 710
比例（%）	50.2	24.9	21.5	3.4	100

表 3　近年来六大作物的农药市场分布（%）

种类	1995	1999	2000	2002
种类果蔬	25.7	23.4	27.0	28.1
谷物	15.0	14.2	14.5	15.6
水稻	11.8	9.4	10.2	10.5
玉米	10.7	10.3	10.0	10.0
棉花	9.6	6.3	6.9	8.8
大豆	7.2	7.5	9.4	8.2

中国农药工业经过 50 年的发展，特别是近 10 年的快速发展，基本上形成了包括新品种开发，原药生产，制剂加工等在内的工业体系。现有农药生产企业 2 800 多家，其中原药生产 600 多家，制剂加工企业 2 100 多家，年产农药原药约 100 万 t，居世界第二位。农药的实际产量也从 2000 年的 64 万多 t，增长到 2005 年的 100 多万 t，5 年内增长了 56%，年均增长 10%（表 4）。这与世界农药市场萎缩的形势大相径庭。2005 年注册的农药原药多达 657 种，其中杀虫剂 210 种，杀菌剂 206 种，除草剂 198 种，其他 43 种，几乎涵盖了世界上的所有农药品种；制剂高达 22 292 种，其中杀虫剂为 10 125 种，杀菌剂 5 274 种，除草剂 4 264种，其他 2 629 种，注册品种之多可谓是世界之最（表 5）。

表 4　2000～2005 年中国各类农药产量的比较

年份	杀虫剂		杀菌剂		除草剂		其他		总产量（k.t.）
	产量（k.t.）	%	产量（k.t.）	%	产量（k.t.）	%	产量（k.t.）	%	
2000	397.2	61.3	68.7	10.6	116.2	18.0	65.6	10.1	647.7
2001	429.9	59.6	69.0	9.6	151.9	21.1	70.1	9.7	720.9
2002	459.4	55.9	74.7	9.1	202.4	24.6	85.2	10.4	821.7
2003	474.4	55.0	79.5	9.2	210.7	24.4	98.4	11.4	863.0
2004	425.0	48.9	91.0	10.5	230.0	26.4	124.0	14.2	870.0
2005	434.0	42.1	105.0	10.2	297.0	28.8	194.0	18.9	1 030.0

表5　2005年中国农药登记数量（种）

类别	杀虫剂	杀菌剂	除草剂	其他	总计
有效成分	210	206	198	43	657
制剂	10 125	5 274	4 264	2 629	22 292

伴随农药工业的发展，农药的用量也在增加（表6）[6]，制剂从1995年的109.0万t增加到2005年的142万t，有效成分也从21万t，增加到28万t，十年内增长了30%以上。全国农药平均用量为2.33kg/km^2。各地用药水平差异较大，同农业生产水平密切相关。呈现出从西到东，从北到南农药用量逐渐递增的分布特征，残存于环境要素中的农药分布也有类似趋势，农业环境质量进一步恶化。这就构成了农业立体污染的物质基础，为农业立体污染研究赋予新的内涵，也是研究农业立体污染的魅力所在。

二、农药农业立体污染的环境学基础

所谓环境是指与中心事物有关的周围客观事物的总和。对于环境学而言，中心事物是人类。环境是以人类为主体，与人类密切相关的外部世界。它包括生态环境和社会环境两大部分。生态环境是指人类赖以生存所必需的自然条件和自然资源。如空气、水源、土壤、动物、植物等。生态环境与社会环境既相对独立，又相互依存，既彼此制约，又相互促进，相辅相成，相得益彰。社会的进步，科学的发展，物质的丰富，必然对社会制度，政策法规，意识形态，科学理念产生重大影响。“农业立体污染”这一概念的提出，就是对全面落实科学发展观，实施农业循环经济，坚持农业可持续发展理论的丰富，是对农药污染机理认识上的“飞跃”，也是对农业污染概念的重新定义。

1. 农药农业立体污染的生态环境基础

生态是指生物在一定的自然环境条件下生存与发展的状态、动态和势态。这里的状态是指各种不同的生物在生态系统中的相对状态关系，包括在食物链结构、水平分布和垂直层次中的相对位置和作用；动态是指生物状态随时间的推移所发生的有规律或无次序的变化；势态则是指生物在生态系统物质、能量和信息交换过程和所起的特殊地位和作用。所以生态环境是指在生态系统边界内影响生物三态的所有环境条件的综合。这里提及的生态环境不等同于通常意义上的环境，其内涵是指生态系统中相对于生物系统的外部条件的总和，包括特定空间中可直接或间接影响有机体生活和发展的各个因素，即生物因素和非生物因素。任何生物因子（动物、植物和微生物），或非生物因子（温度、湿度、空气和土壤等）的变化都会影响到生态关系。温度、湿度改变会引发生物灾害。如果前一年干旱，则第二年飞蝗发生的可能性较大。当土壤含水量在8%～22%时，蝗卵可发育孵化，超过30%时，蝗卵不能孵化。孵化期降雨、降温会影响卵块的孵化，一般阴天孵化较少，雨天很少发现孵化。因此改造蝗虫孳生地生态环境，实施调控措施可有效地控制蝗灾，如河北黄骅港、海南蝗区均取得了良好效果。稻瘟病是我国水稻生产中的主要病害。南起海南岛，北至黑龙江，西起西藏，东至台湾。凡种植水稻的地方都可能有稻瘟病的发生，但构成流行病害的条件取决于自然条件和人类活动。其实，人类的一切生产活动都会影响到生态环境的改变，而且这种改变是绝对的、必然的、不可避免的。

因此，人类关心的重点不应该是生态环境发生什么样的变化，而是这种变化的结果是否更有利于人类的生存与生态环境的协调发展。这就是研究农药农业立体污染的生态学基础。

2. 农业生态环境的污染概况

组成农业生态环境的基本要素是水、土和作物，因此讨论农药对农业生态环境的污染，也就是探讨农药对农业环境安全的污染。

（1）农药对土壤的污染

根据目前推广的农药使用技术水平，农药在目标作物上的原始沉积量不超过30%，绝大部分农药都坠落在土壤。因此土壤被视为农药的“贮藏库”与“集散地”。农药对土壤的污染主要来自三条途径，其一，为防治有害生物的直接撒施；其二，农药企业生产排放的“三废”；其三，被农药污染植物残体回归大田。我国有机氯农药用量最大的时期是20世纪80年代初期，自1950年开始使用六六六、DDT到1983年停止生产，全国累计使用六六六490多万t，DDT40多万t，也就是说530万t的高残留农药已进入我国的土壤环境。据1980年调查，全国耕地土壤中六六六的平均残留水平为0.742mg/kg，DDT为0.419mg/kg，当时被有机氯农药污染的耕地约0.14亿hm^2，占总耕地面积的1/7。1983年我国停止生产六六六、DDT后，土壤中的有机氯农药残留水平逐渐下降，1985年耕作层土壤中六六六的残留范围为0.181～0.245mg/kg，DDT为0.222～0.73mg/kg，显示出六六六的降解速率大于DDT。根据1989年农业部对中国9省市土壤中有机氯农药残留状况的抽查结果显示，耕作层土壤中六六六、DDT的残留水平都有较大幅度的下降，通常下降一个数量级。有机氯农药对土壤的污染形势趋于缓解，但个别田块污染还相当严重。

有机氯农药的禁用，扩大了替代品种的应用范围和投放量。这些替代品种虽然不像有机氯农药那样构成大范围、持久性土壤污染，但农药对土壤的污染形势不容乐观。估计目前我国仍有100万hm^2的耕地被农药污染，有人对47个县市郊区的259万hm^2耕作层土壤农药污染状况进行调查。结果显示，75%的县市耕地受到不同程度的农药污染。其中除草剂对耕地土壤的污染相当严重，甚至出现药害，造成减产或绝收。根据1995年7月至1996年8月间，对江苏、广东、黑龙江等19省市的调查结果，在此期间共发生药害事件200多起，药害面积13万多hm^2，直接经济损失5亿元人民币。又如2000年对23个省市调查的结果显示，当年共发生农业环境污染事件891起，污染农田4万hm^2，直接经济损失2.2亿元人民币。2005年仅在黑龙江省农业科学院咨询的除草剂残留药害事件就多达53起，药害面积6 000多hm^2。

（2）农药对水体的污染

农药对水体的污染，主要来自于水源的直接施药；施药后随雨水、灌溉水的迁移；农药厂的排污和漂浮在大气中农药的降尘。一般而言，农药的水溶解度越大，性质越稳定，对水体污染的可能性越大。目前地球上找不到一处未被农药污染的清水。就连南北两极的冰山上也都留下了农药的足迹。根据我国1998年对全国109 700km河流进行的评价，70.6%的河流长度被农药污染。黄河水资源保护研究所于1986～1988年连续3年对黄河三门峡到花园口河段的水源进行检测，结果表明，六六六的检出率为100%，残留范围为0.04～2.00mg/L（表6）[15]。1997年辽宁省昌图县引用条子河水灌溉稻田，由于条子河上游吉林省一家农药厂将废水排入河道，致使河水中阿特拉津浓度超过0.1mg/L，造成2.8万hm^2稻苗死亡。直接经济损失4 200万人民币。农药对地下水的污染也很严重，1984年美国在18个州的地下水中发现12种农药。1986年在23个州的地下水中检出17种农药。其中二溴乙烷超出规定允许标准64倍，被迫封闭了1 000多眼井。在加利福尼亚调查了2 000眼井，检出了57种农药，封闭了1 500眼井。艾奥瓦州27%居民的饮水受到农药污染。在中国也有报道，2003年7月，发现北京市北安河村自备井的水有农药味。检测结果表明，在清水地电井近端出口和清水地果园水中均检出了对硫磷农药，其浓度分别为0.000 6mg/L和0.214mg/L，在一农户水样中检出对硫磷浓度高达0.398mg/L，超出国家规定的饮用水水质标准（0.013mg/L）30倍。2003年9月23日在浙江省丽水市黄村中学发生一起57名中学生中毒事件，经流行病学、临床症状和水样检测，确认是一起农药污染水源引发的中毒事件。在黄村小学、中学井水中和周边小溪水样中，均检测出了氧化乐果，其中以水塔水样中浓度最高。

表6　地表水体系中有机氯农药的污染现状

名称	残留范围			
	六六六	均值	DDT	均值
官厅水库永定河水系	ND～46.8ng/L		0.09～53.5ng/L	
珠江广州段	0.76～119.50μg/L		0.02～0.50μg/L	
黄河	0.04～2.00μg/L			
长江	9.07～11.89ng/L		1.15～2.27ng/L	
白洋淀	0.3～2.0μg/L		ND～0.90μg/L	
辽河下游	48～193ng/L		13.2～71.7ng/L	
九龙江	51.3～2 479ng/L		0.16～63.2ng/L	
兴化湾河水	10.96～56.31ng/L		1.08～15.72ng/L	
松花江	0.04～0.55μg/L			
海河	225～1 269ng/L			
闽江	214～1 819ng/L			
西班牙 Ebro 河				3.10ng/L
西班牙 Guadalquivir 河				3.10ng/L
英国 Humber 水域			0.23～1.75ng/L	
南美洲 Kingston 港		19ng/L		

（3）农药对食品的污染

残存于环境要素中的农药对人身健康构成危害的途径主要来自食入、饮进和呼吸。其中进入人体农药总量的75%来自食入，因此讨论农药对人体健康构成的危害，重点是评价农药在食品中的残留水平。在食品中又以水果、蔬菜农药污染最为严重。

江海区卫生防疫站于1995～1999年共检测集餐用蔬菜250件。其中蔬菜194件，阳性44件，阳性率22.68%；瓜果类36件，阳性3件，阳性率8.33%；鲜豆类20件，阳性2件，阳性率10.00%。此次检测结果的检出率高达19.60%，是1992～1996年江门市集餐用蔬菜检出率（9.92%）的2倍。表明近年来农药对蔬菜中的污染有所加重。云南省疾病预防控制中心共采集云南省农贸市场14种蔬菜，120件样品，依据GB18406.1-2000蔬菜中农药残留限量标准要求，甲胺磷、甲拌磷、对硫磷为不可检出，杀螟硫磷<0.5mg/kg，敌敌畏为<0.2g/kg，乐果<0.1g/kg。本次调查的120件蔬菜样品中，25件超过国家标准，超标率为20.83%，其中3种蔬菜使用了国家禁用的甲胺磷、对硫磷。该中心为配合2004年卫生部，健康相关产品监督检查工作，还检测了121件蔬菜样品。在供测的蔬菜样品中检出有机磷农药43件，检出率为35.5%。其中有3件样品同时检出两种有机磷农药。在42件有农药残留的蔬菜中，17件样品超标，占40.4%。其中19件检出敌敌畏，14件检出了杀螟硫磷，12件检出了对硫磷。

2000年辽宁省农业科学院测试分析中心，对沈阳市冬季蔬菜进行了农药残留检测，供测的10种蔬菜153件样品结果显示，高毒农药甲胺磷、氧化乐果、甲拌磷、甲基对硫磷的超标率为5.9%～17%，依次为甲拌磷17%，甲胺磷9.8%，甲基对硫磷8.5%，氧化乐果5.9%。中毒农药敌敌畏的超标情况也相当严重，其中菠菜为11.8%，韭菜为6.7%。

据2001年1、2、3季度国家质检总局组织抽查了23个大中城市的大型蔬菜批发市场，涉及菜花、番茄、甘蓝、黄瓜、茄子、白菜、油菜等10余大类，181件样品进行了农药残留监督检查，其中，86件农药残留超过了最大残留限量（MRL），占被检样品的47.5%。检出含氧化乐果的蔬菜25件，含呋喃丹的18件，含水胺硫磷的16件，含3种农药超标的9件，含2种农药超标的13件。

西北农林科技大学测试中心于2002年按照国家标准GB/T8855-1988，研究了西安市郊区白菜、菜花、甘蓝等9种蔬菜中甲胺磷、敌敌畏、乙酰甲胺磷、氧化乐果、甲拌磷等9种农药的残留情况。在供测的样品中共检出了7种农药，依检出率大小为：氧化乐果>敌敌畏>甲胺磷>乙酰甲胺磷>马拉硫磷>对硫磷>毒死蜱。氧化乐果检出率最高为25.43%，甲拌磷和乐果没检出。其中有4种农药残留水平超标，依次为甲胺磷、氧化乐果、马拉硫磷和对硫磷。而这些都是国家明令禁止在蔬菜上使用的高毒农药。该中心2000年还对西安市农贸市场和基地10种蔬菜、7种农药、80件样品进行了检测。结果表明，氧化乐果污染最为严重，在各种蔬菜中都有检出，个别样品浓度高达2.5mg/kg，总体超标35.0%。甲胺磷对韭菜污染比较普遍，检出率为75%。

根据重庆市渝中区疾病预防控制中心2003年7月至2005年1月，对本区18个农贸市场，8个大型超市，1 600件蔬菜样品检测结果显示：不同种类蔬菜农药残留的阳性率分别为：叶菜类为11.9%，瓜果类为7.8%，根茎类为6.4%。不同季节检出阳性率差异较大，一季度阳性率为4.4%（17/382），二季度为8.8%（9/102），三季度为24.4%（77/316），四季度为6.1%（49/800）。这一结果与不同季节农药的使用水平相吻合。鞍山市农产品质量检测中心于2003～2004年对市售蔬菜进行了农药残留检测，在148件样品中，检出含有机磷农药残留样品75件，检出率为50.7%。超标样品42件，占28.4%。其中韭菜样品超标最为严重，高达90%。大棚污染较大田严重，大棚黄瓜农药残留的检出率为100%，超标率高达60%。

大量的农药污染调研报告，大量文献报道，大量检测数据证实，农药对构成环境的主要要素，水、土和作物污染是严重的，也是提出加强农业立体污染研究的自然环境基础。

3. 农药农业立体污染的社会环境基础

社会环境是在自然环境的基础上，人类通过长期有意识的社会劳动所制造的物质和精神财富，是社会制度的上层建筑，包括社会的经济基础，城乡结构，以及与社会制度相适应的政治、法律、法规和哲学理念。社会环境的进步与完善，会促进自然环境的发展与改变。人类的社会意识形态、政治制度、法律法规、哲学理念、对环境的认识程度、保护环境的措施、污染源的管理等，都会对自然环境质量的提高产生重大影响。因此世界各国都在加强自然环境建设的同时，通过制定法律法规，建立标准规则，加大了对污染源和污染物的管理力度。

（1）我国已把农药管理纳入了法律程序

为了贯彻落实国务院颁布的《农药管理条例》和《农药管理条例实施办法》，各部委先后出台了决定、通则、办法、通知等数十项。

农业部相继发布了如下公告：

关于进行第二批农药临时登记超过有效期限产品清理工作的通知，农药检［2002］57号；关于做好农药限制使用管理工作的通知，［2003］16号；关于修改《农药管理条例实施办法》的决定，农业部第18号令；关于做好撤销甲胺磷等农药部分产品登记工作的通知，农药检【2003】25号；批准农药登记田间及卫生杀虫剂药效试验认证名单，农业部第221号公告；农业部公布农药登记残留试验认证单位，农业部第273号公告；关于进一步加强农药登记药效试验管理的通知，农药检【2002】60号；关于清查收缴毒鼠强等禁用剧毒杀鼠剂的通告，农业部、公安部等九部委联合发布；关于贯彻落实《国务院办公厅关于深入开展毒鼠强专项整治工作的通知》的通知，农业部等11部委联合发布；农业部关于加强农药安全管理工作的通知；农业部关于加强杀鼠剂产品标签管理工作的通知；农业部吊销5个农药产品临时登记证；农业部关于发展农产品和农资连锁经营的意见。

由商务部发布的通知：关于调整进出口经营资格标准和核准程序的通知，商贸发【2003】254号。

由国家发展和改革委员会发布的规定：制止价格垄断行为暂行规定和农药生产管理办法等。

（2）推进了农业生产标准化进程

国家质检总局于2001年9月6日批准了8项农产品质量安全国家标准。同年9月7日农业部公布了首批73项无公害农产品行业标准。2002年农业部制定了《农药产品标签通则》和《农业部全面推进“无公害食品行动计划”的实施意见》。至此，已发布有关农业国家标准1 911项，行业标准3 144项，地方标准5 463项，初步形成了适合我国农业可持续发展、保障环境与食品安全的标准化体制，为遏止农药负面效应的产生发挥着重要作用。

（3）撤销了一批高毒农药分装登记和在作物上的使用

2004年1月1日撤销了甲胺磷等5个高毒有机磷农药混剂登记共457个；321家企业；

2004年6月30日禁止销售和使用上述混剂；

2005年1月1日撤销甲胺磷等5个高毒有机磷农药非原药企业单剂登记共284个；

2005年1月1日原药企业单剂登记范围缩小为棉花、水稻、玉米和小麦共70个；

2007年1月1日撤销所有甲胺磷等5个高毒有机磷农药产品的登记，禁止使用，保留出口。

（4）禁止11种农药的新增登记

停止受理高毒农药登记的品种是：甲拌磷（phorate）、氧乐果（omethoate）、乙基异柳磷（isofenphos-ethyl）、特丁硫磷（terbufos）、甲基硫环磷（phosfolan-methyl）、治螟磷（sulotep）、甲基异柳磷（isoenphos-methyl）、内吸磷（demeton）、涕灭威（aldicarb）、克百威（carbofuran）、灭多威（methomyl）。

（5）公布了18种禁止使用的农药

六六六（BHC）、DDT（DDT）、毒杀芬（strobane）、二溴氯丙烷（dibromochloropane）、杀虫脒（chlordimeform）、二溴乙烷（EDB）、除草醚（nitrofen）、艾氏剂（aldrin）、狄氏剂（dieldrin）、汞制剂（mercury compounds）、砷（arsenide）、铅（plunbum compounds）类、敌枯双、氟乙酰胺（fluoroacetamide）、甘氟（gliftor）、毒鼠强（teramine）、氟乙酸钠（sodiumfluoroacetate）、毒鼠硅（silatrane）。

（6）公布了21种农药的使用范围

不可用于蔬菜、水果、茶叶和中草药的农药品种有：甲胺磷（methamidophos）、甲基对硫磷（parathion-methyl）、对硫磷（parathion）、久效磷（monocrotophos）、磷胺（phosphamidon）、甲拌磷（phorate）、甲基异柳磷（isoenphos-methyl）、特丁硫磷（terbufos）、甲基硫环磷（phosfolan-methyl）、治螟磷（sulotep）、内吸磷（demeton）、克百威（carbofuran）、涕灭威（aldicarb）、灭线磷（ethoprophos）、硫环磷（phosfolan）、蝇毒磷（coumaphos）、地虫硫磷（fonofos）、氯唑磷（isazofos）、苯线磷（fenamiphos）；不得用于茶叶的品种是：三氯杀螨醇（dicofol）、氰戊菊酯（fenvaleerate），也就是说，任何农药产品都不得超出农药登记批准的使用范围。

（7）农药企业与产品结构调整已提到议事日程

根据粮食作物（水稻、小麦、玉米）种植面积减少，设施农业扩大的农业结构调整需要，针对中国农药企业厂家分散、技术落后、品种老化、供大于求的现状，实施包括生产厂家，能力、产量、品种、制剂等在内的总量控制，严格审批、注册制度、制止低水平重复建设，关停并转一批不合格企业是贯彻落实《农药管理条例》，进行农药企业改革的重大举措。估计到2010年农药生产企业将从目前的2 000多家减少到600家左右，重点企业将集中在40家，其中大型农药企业只保留15家。这些大型、重点企业年产农药原药将达到全国农药总产量60%。届期农药年产量将从现有的100万t下降到50万t，高毒、高残留品种所占比例也将从目前的20%下降到5%，农药产品结构将得到进一步优化。

我国已把农药管理纳入了法律程序。通过制定农药法律法规，建立标准规范、完善注册制度，改革管理体制，加大管理力度，为贯彻落实国务院颁布的《农药管理条例》和《农药管理条例实施办法》，奠定坚实基础，也为治理农业立体污染提供了法律保障和政策支持。也是研究农业立体污染的社会环境基础。

三、农药农业立体污染的毒理学基础

毒理学（Toxicology）是一门研究有毒物质的科学。农药毒理学是研究作为农药的化学物质，对有机体产生有害作用的科学。农药对有机体的毒害作用可分为急性毒性和慢性毒性。急性毒性是指农药一旦进入机体，短时间内引起的中毒现象。通常所指的投毒、服毒、误食引发的中毒事故，即为急性中毒。农药的慢性中毒是指农药长期反复作用于机体，引起药剂在体内的蓄积，或造成机体损害引起的中毒现象，常见于高残留农药引发的中毒现象。当然，农药残留引发的急性中毒事故也不少见，主要为高毒或剧毒农药。农药的种类很多，作用机制各异，不论是神经毒剂或是胆碱酯酶抑制剂，之所以称为药，就是有毒。常言道：是药三分毒，医药如此，农药更是如此。

1. 农药的急性中毒

中国每年农药急性中毒者约有 5 万人次（表 7），其中 85% 以上为杀虫剂中毒。根据农药中毒方式可分为三种情况。

表 7　中国农药急性中毒情况（1992 ~ 1995）

农药类别	1992		1993		1994		1995	
	事故数（件）	所占百分比（%）	事故数（件）	所占百分比（%）	事故数（件）	所占百分比（%）	事故数（件）	所占百分比（%）
杀虫剂	61 497	87. 1	45 231	86. 5	37 446	87. 5	41 404	85. 6
杀菌剂	766	1. 1	681	1. 3	446	1. 0	403	0. 8
杀鼠剂	1 497	2. 1	1 407	2. 7	1 141	2. 7	1 387	2. 9
除草剂	773	1. 1	607	1. 1	417	1. 0	531	1. 1
混合制剂	1 170	1. 6	452	0. 9	486	1. 1	1 120	2. 3
其他	4 915	7. 5	3 909	7. 5	2 876	6. 7	3 530	7. 3
总计	70 618	100	52 287	100	42 812	100	48 377	100

（1）生产性中毒

生产性中毒是指人类在生产活动中违章作业或自我保护意识不强酿成的中毒事故。由于我国农药品种结构不合理，大量剧毒、高毒农药投入使用，加之农民业务素质不高，自我保护意识不强，乱用滥用，违章作业现象严重，酿成农药使用者中毒事故屡屡发生。1994 年山东招远县农药中毒者高达 1 000 余人次，其中 94. 33% 是农药使用者中毒。在中毒人员中，使用有机磷中毒者占 89. 64%，使用氨基甲酸酯中毒者占 6. 11%，其他占 4. 25%。

中国医科大学沈阳第一附属医院对 2003 ~ 2004 年来院就诊的 89 例农药中毒患者调查发现，中毒人群主要是从事农牧业生产者，占中毒病例的 76. 4%。其中杀鼠剂中毒 41 例（46. 07%），杀虫剂中毒 34 例（38. 20%）。在杀虫剂中，有机磷农药中毒 31 例，氨基甲酸酯类农药中毒 2 例，其他 1 例。有机磷是主要中毒农药。

（2）非生产性中毒

非生产性中毒即服毒、投毒、误食等引起的中毒事件。在生活水平日益提高，生活节奏加快的今天，人们开始由物质生活的需求，转向对精神生活的追求。其中恋爱婚姻、家庭纠纷、经济状况、精神障碍和躯体疾病等原因，已成为服毒自杀的主导因素。误食现象也较普遍，1999 年 3 月 1 日，深圳市 10 名流动人员把氟乙酰胺误当面粉食用，全部中毒，6 人死亡。上海市宝山区疾病预防控制中心于 1998～2003 年对该区非生产性农药中毒情况进行了统计分析。在此期间共发生非生产性农药中毒 315 例，占农药中毒总病例（426 例）的 73.94%。其中男性 109 例，占非生产性中毒病例的 34.6%。女性 206 例，占 65.4%。构成非生产性农药中毒的农药种类，以有机磷杀虫剂为主，占所有农药种类的 70% 以上。其中甲胺磷最为多见，高达 28.57%。造成死亡最多的农药是甲胺磷、敌敌畏和乐果。这三种农药造成的死亡病例占死亡病例的 74.60%（表 8）[44]。从中毒年龄分布来看，主要分布在 20～49 岁年龄段，女性高于男性，且发病区域集中在较为贫困地区。

表 8　1998～2003 年宝山区非生产性农药中毒农药种类与中毒情况

农药种类	1998	1999	2000	2001	2002	2003	合计	构成比（%）	死亡人数	病死率（%）	构成比（%）
甲胺磷	10	15	18	15	16	16	90	28.57	21	23.33	33.33
敌敌畏	7	5	11	10	8	13	54	17.14	17	31.48	26.98
乐果	6	5	4	5	4	10	34	10.79	9	26.47	14.29
其他有机磷	3	3	9	11	19	8	53	16.83	5	9.43	7.94
氨基甲酸酯	1	0	2	3	2	0	8	2.54	1	12.50	1.59
菊酯类	2	3	3	5	4	3	20	6.35	0	0.00	0.00
其他杀虫剂	3	2	6	5	6	1	23	7.30	5	21.74	7.94
杀鼠剂	0	0	0	0	4	5	9	2.86	0	0.00	0.00
杀螨剂	0	0	0	0	4	5	9	2.86	0	0.00	0.00
杀菌剂	0	0	0	0	2	1	3	0.95	0	0.00	0.00
其他	0	1	2	1	4	4	12	3.81	1	8.33	1.59
不详	0	0	0	1	3	1	5	1.59	4	80.00	6.35
合计	32	34	55	57	73	64	315	100.00	63	20.00	100.00

（3）农药残留中毒

在生产活动中，由于使用禁用高毒农药品种，或不按《农药合理使用准则》操作，导致食品中农药残留量过高引发的中毒事故也不少见。1984 年美国在棉花田使用了涕灭威。1985 年人们食用了在该棉花田种植的西瓜，造成 108 人中毒。1999 年广西贺州市一中，因食用被农药污染的青菜造成 332 人中毒。1994、1995 年全国因食用被农药污染的蔬菜造成中毒者高达 8 211 人，其中死亡 61 人。

据报道，1997 年在 25 省市上报的急性农药中毒报告中，有机磷农药中毒占 74.59%，其中剧毒农药甲胺磷和对硫磷就占了 57.38%。1998 年 4 月在南京召开的第七次全国会诊医学会议上，有关急性中毒论文252篇，报告急性中毒15 921例，其中农药中毒为6 289例，占60.75%。在农药中毒中明确有机磷农药中毒5 549例，占88.23%。

2. 农药的慢性中毒

农药的慢性中毒是长期连续摄入农药引发的中毒现象。主要摄入途径来自食入、呼吸和皮肤接触。这些农药的有效成分及其有毒降解物、衍生物、代谢物、副产物被人体纳入，而在某些器官或组织中不断积累，表现出的毒性称之为“蓄积性毒性”。由“蓄积性毒性”引发的病理反应，或造成的器官损伤就是毒理学意义上的农药慢性中毒。如果长期生活在被农药污染的环境，如农药车间，喷洒过农药的农田，以及食用被农药污染的农牧产品等，都会对人体构成慢性中毒的威胁。有机磷和氨基甲酸酯类农药慢性中毒，主要表现为血中胆碱酯酶活性下降。并伴有头晕、头痛、恶心、呕吐、多汗、乏力等症状。有机氯和菊酯类农药慢性中毒，主要表现为食欲不振、腹痛、失眠、头痛等症状。由于慢性中毒系农药的“蓄积”效应，起病缓慢，持续期长，涉及面广，隐蔽性强，不易引起注意。因此，农药慢性中毒比急性中毒对人体造成的潜在危害更值得关注。

农药对环境污染的首击目标是作物，虽然施药后沉积在靶标作物上的农药只占20%左右，而且可因挥发、流失、和吹落等原因脱离作物体进入土壤，或返回空气中。但仍有部分农药残留于作物体内外，依植物性食品为生的家畜、家禽，由于食用了被农药污染的饲料而污染了自身。人类不可能离开食品而生活，更不能脱离环境而存在。既然农药存在于环境，干预了生态，当然人类本身也就必受其危害。因此研究农药的立体污染，立足点应基于土壤上，着眼点应盯在食品上，落脚点应放在人体上。

（1）农药在人体中的蓄积

20世纪70年代中期，美国在“清洁水法”中规定了129种重点污染物，其中有17种属于有机氯农药。目前有机氯农药污染主要是指DDT、六六六和各种环戊二烯类化合物的污染。由于此类化合物具有结构稳定，很难分解，脂溶性强，蓄积量大，残留期长，易溶于有机溶剂等特性，即使在环境要素中浓度很低的情况下，也可以通过食物链逐级富集，生物放大，危害食物链末端的生物。而人正处在食物链的末端，是农药污染的最终受害者。植物对外来污染物显示出一定的忍耐力与富集量。植草3个月后草中DDT的含量为0.675～12.05mg/kg（干重），六六六为0.094～8.110mg/kg，Dicofol为0.030～3.310mg/kg。不同品种的草对农药的吸收与富集能力有差异，草对农药吸收与富集量大小的顺序为：DDT>六六六>Dicofol。土壤中农药的浓度愈高，相应的草中所富集农药的量也愈大。当土壤中DDT浓度为0.2～0.3mg/kg时，草中DDT浓度为0.675～3.405mg/kg（干重）；当土壤中DDT浓度为1mg/kg时，草中DDT浓度可达3.305～12.055mg/kg（干重）。草中农药浓度随种植时间的延长而变化，通常草中农药的浓度以种植了1个月或2个月时为最高。在水生生物链中，当水体中DDT的浓度为3ng/kg时，在食鱼鸟类体内可高达25mg/kg.，DDT浓度被放大了3百万倍以上。在美国图尔湖的研究表明，DDT在水鸟小壁脂肪中的浓度高出湖水浓度76万倍之多。又如北美五大湖的黑背水鸟体内所含的多氯联苯（PCB）浓度竟达到湖水浓度的2 500万倍。在土壤中DDT可残存10年，六六六为5～6年，狄氏剂为8年。全世界生产了约150万tDDT，其中有100万t左右仍残留在海水中，我国土壤中积累的DDT总量约为8万t。虽然已停用20多年，但在土壤等环境要素中仍能检测到。不同农药在同一环境要素中的残留水平不同，同一种农药在不同种类的食物中残留水平也不相同。以六六六为例，在植物性食品中六六六的残留趋势一般为：茶叶 > 蔬菜 > 水果 > 粮食。在动物食品中一般为：蛋类 > 肉类 > 鱼类。我国公民摄入六六六的量是美国人的84倍，日本人的15倍。DDT摄入量中国人是澳大利亚人的16倍，美国、日本人的24倍。由于人类食用了被农药污染的食品，势必在人体内蓄积。根据1983年以前对我国16个省市调查结果表明，我国人体内脂肪中六六六的蓄积量高于世界其他各国[12]。同世界上人体脂肪中六六六蓄积量最高的印度相比，我国人体脂肪中六六六含量是印度人的2.6～18.8倍。当时六六六对中国环境的污染可称之谓“世界之最”。1998～1999年采集柬埔寨、印度、日本和菲律宾人乳样品以及日本两家顶尖食品公司的牛奶奶粉样品进行六六六、六氯苯、氯丹、DDT和多氯联苯的检测。结果表明，柬埔寨人乳中DDT含量相当高，印度人乳中六六六最高，菲律宾人乳中有机氯残留量高于奶粉，日本奶粉中有多氯联苯检出。北京市疾病预防控制中心于1982～1998年对北京市母乳中的有机氯农药（DDT、六六六）含量进行检测，并对婴儿从母乳中摄取有机氯农药的水平进行了估测。结果表明，北京市自1983年停用DDT、六六六农药以来，母乳中有机氯农药残留水平呈现明显下降趋势。印度尼西亚自1984年起就禁止使用了DDT，2年后人乳中DDT的残留量为45.3mg/L脂肪，8年后为7.2mg/L，14年后（1998年）为4.8mg/L。14年后消解了89.4%，DDT在脂肪中的降解如同在其他环境要素中一样，降解相当缓慢。六六六也是一样，这是有机氯农药的共同特性，也是造成慢性中毒的物质基础。

（2）农药对酶体系的损伤

有机氯农药通过食物链可以逐级富集，逐级放大，不断蓄积，当蓄积到一定浓度时对有机体就会产生伤害。有机氯农药对肝微粒体多功能氧化酶有诱导作用。多功能氧化酶是哺乳动物体内一组常见的多功能酶系，是一种解毒酶，能把体内有毒物质（如农药）氧化或羟基化成极性化合物排除体外。但同时又能诱导肝微粒体多功能氧化酶细胞光滑内脂增生，使哺乳动物肝负荷量增大，对肝功能产生不利影响。有机氯农药还可以诱导肝脏甾醇羟化酶，微粒体酶，从而加速内源性激素的代谢和排泄。如DDT对ATP酶有抑制作用，艾氏剂、狄氏剂可以使大鼠谷-丙转氨酶和醛缩酶活性增高。乙撑硫脲（ETU）和代森锰锌是甲状腺过氧化物酶的抑制剂等。

有机磷农药的作用机理，是当农药进入生物体内，立即与体内胆碱脂酶结合，形成比较稳定的磷酸化胆碱脂酶，使胆碱脂酶失去活性，丧失对乙酰胆碱的分解能力，造成体内乙酰胆碱的蓄积，引起神经传导紊乱，出现一系列有机磷中毒症状。有机磷农药除对胆碱酯酶产生抑制外，对其他酶也会产生影响。陆枫林等1998年对浙江省嘉兴县、安吉县100名农药喷洒者进行了血生化和血常规检测，并以100名未从事农药使用的门诊健康者作为对照组。体检结果表明，喷洒组有6例皮肤瘙痒，7例头晕、恶心，12例眼部有刺激感，表现出慢性、轻度中毒症状。化验结果还显示，肝、肾功能及血常规各项不正常指标，喷洒组明显高于对照组（表9）。由此说明，化学农药除容易造成急性中毒外，还可以对人体的造血、肝肾、免疫功能等构成潜在威胁，只不过中毒症状潜伏期长，发展缓慢，表现轻微，易被忽视而已，但影响后果相当深远。

表 9 喷洒组与对照组血液生化及血常规异常人数比较

项目	喷洒组（N=100）	对照组（N=100）
谷丙转氨酶	22 *	8
谷草转氨酶	14 *	4
总胆红素	17 *	4
谷氨酰转肽酶	34 *	11
碱性磷酸酶	24 *	6
血清胆碱酯酶	6 *	0
肌酐	0	0
尿素氮	23 *	2
尿酸	19 *	8
白细胞	27 *	6
血红蛋白	16 *	6
血小板	69 *	14

［注］ *：χ^2 检验，$P<0.01$。

（3）农药对神经系统的影响

有机氯农药（六六六、DDT）和菊酯类杀虫剂都是神经毒剂，它们引起的中毒症状都伴有兴奋、痉挛、麻痹等现象的出现。

残存于生物体的有机氯农药 DDT 作用于肾上腺皮质，可降低血浆中胆红素的含量，提高胆红素葡萄糖转移酶的活性，干扰内分泌，从而影响神经系统内氨基酸的分泌，导致人体免疫功能下降，出现易疲劳、精神抑郁、记忆力衰退等症状。丙体-666 可引起血液反应异常，而且由于刺激神经系统，引发神经中毒，造成麻痹、运动失调、甚至引发皮炎、眼睛受损、神经紊乱、神志不清。有机磷农药除了通过抑制胆碱酯酶，阻碍神经传导外，还可以引发中枢神经系统功能失常，出现共济失调、震颤、嗜睡、精神错乱、抑郁、记忆力减退和语言障碍等。测试结果表明，接触农药组儿童的手和眼睛协调能力失常，30min 记忆力差，而且画人形象时多数都画不相。在美国有 5% ~10% 的学龄期儿童有好动症、注意力分散、记忆力减退和一些运动技能障碍等。由于内分泌紊乱造成的精神失控，行为异常，情绪激昂，趋向进攻以及发生暴力等犯罪现象时有发生。近年来世界上年轻人犯罪率出现增高的态势，而且越来越趋于低龄化。

有机磷农药急性中毒 12 ~30d 后，还会发生周围神经病。患者临床症状表现，四肢末梢麻痹，运动功能失调，重者出现瘫痪等。这一现象称之为有机磷中毒引发的迟发性神经毒性（OPIDN）。迟发性神经病是有机磷农药中毒后发生的严重并发症，约占有机磷农药中毒病例的 5%，且多发生在中毒症状消失，血液胆碱酯酶活性基本恢复正常之后。

（4）农药对生殖发育的影响

有些农药可以损害人体的生殖系统，引起不育症、自然流产、早产等。如土壤熏蒸剂“二溴氯丙烷”可引起男性不育症；“杀虫双”与自然流产和早产有关。有的农药如“杀虫脒”在孕妇体内积聚，引起婴儿出生体重不足，死亡率增加等。此外，出生婴儿身体缺陷可能与接触农药有关。

提到农药对人类生殖发育的影响，不得不提出在 21 世纪充满神秘色彩，充溢媒体电台的时尚名词—“环境激素”（environmental hormones EH）。环境激素也称环境内分泌干扰物（Environmental endocrine disruption chemicals EDC），或称环境雌性激素（Environmental estrogens），当然也称内分泌干扰物（Endocrine disruptors）等。由于对环境激素的理解不同，也给出了基本一致略有不同的定义。美国白宫科学委员会的定义：“由于介入生物体内的荷尔蒙合成、分泌、体内输送、结合或分解作用，而影响生物体的正常性维持、生殖、发育或行动的外来物质”。美国环境保护署（EPA）曾对内分泌干扰物定义为：“对生物的繁殖、发育、行为及保持动态平衡的体内天然激素的合成、分泌、传输、结合和清除起干扰作用的外源物质。”欧盟委员会（EC）对内分泌干扰物（EDs）的定义：“能改变内分泌系统功能，并对完好生物体的后代或其种群产生不良影响的外源物质或混合物。”不管对环境激素如何定义，其基本内涵是指：环境中存在的一些能够像激素一样影响人体内分泌功能的外因性化学物质。这些外因性化学物质主要影响激素的正常代谢，以造成动物的雌性化为重要特征。1996 年美国科学家 Colbcrn 在《我们被偷窃的未来（our stolen future)》一书中，首先启用了“环境激素”这一崭新概念。1997 年日本在“NHK”播出的节目中率先响应，欧洲环境毒理和化学学会（SETAC）将环境激素定为 1998 年年会的主题。因此环境激素已成为国际研究的热点领域。

目前世界上有多少种环境激素尚没有定论，随着科学的发展，研究的深入将不断候补。1996 年美国 EPA 公布的环境激素 60 种。1997 年世界野生动物基金会提出环境激素 68 种，可疑化合物 150 多种。同年日本环境厅提出 67 种，而日本化工学会和化学物质安全情报中心列出 145 种物质作为环境激素有关化合物。1998 年美国提出了 68 种环境激素，其中农药占 44 种。在这 44 种农药中，杀虫剂及其代谢物 25 种，除草剂 10 种，杀菌剂 9 种。1999 年世界自然基金会在《环境中被报告具有生殖和内分泌干扰作用的化学物质清单》中，公布了 125 种环境激素化合物。其中农药 86 中，占 125 种环境激素的 68.8%。其他农业污染物 39 种，占 31.2%。在 68 种农药中包括杀虫剂 38 种、除草剂 29 种、杀菌剂 15 种，其他农药 4 种。在典型环境激素农药中有机氯农药占有相当大比重。到目前为止，比较确认的具有内分泌干扰作用的农药也在 50 种以上[53]。另外，多菌灵（carbendazim）、异菌脲（iprodione）、福美双（thiram）、咪鲜胺（prochloraz）、二溴乙烷（dibromoethane）、敌稗（propanil）、迪草隆（diuron）、二嗪农（diazinon）、倍硫磷（fenthion）等，也有认为是环境激素的报道。

有机氯农药能蓄积于鸟体，并引起慢性中毒，尤其是 DDT 及其代谢物 DDE 和狄氏剂等能导致许多鸟类蛋壳变薄。其作用机理一般认为是由于农药使雌鸟甲状腺功能紊乱，破坏体内激素平衡，导致钙代谢异常的缘故。生活在被农药污染环境中的鸟类，生殖成功率降低，后代出现先天性畸形和代谢异常。

DDT 对哺乳动物生殖器官的损害是造成睾丸萎缩，DDT 及其各种代谢物还可减少哺乳动物和鸟类的抗体产生，雏鸡喂饲含有 DDT 的食物，对雏鸡产蛋率和蛋的受精率有微弱影响或无影响，但是当 DDT 浓度为 100mg/kg 或更高时，蛋孵化率和雏鸡的存活率降低。陈海燕等选用 5 种有机磷农药和 4 种拟除虫菊酯农药进行了大鼠子宫雌激素受体（ER）竞争结合试验和人类乳腺癌 MCF-7 细胞增殖试验。结果显示，氰戊菊酯、溴氰菊酯、氯氰菊酯及苄氰菊酯 4 种拟除虫菊酯农药通过激活 ER 显示抑雌激素活性。沈苏南发现氰戊菊酯导致大鼠外周血雌二醇水平升高。詹宁育等进行低剂量辛硫磷和氰戊菊酯的联合作用研究，发现联合作用与单剂相比，未见明显的增毒效应，但能对大鼠睾丸产生毒性，提示可能干扰了大鼠体内生殖激素。

环境激素对生殖健康的影响在人类身上也有明显体现，有报道称，生产开蓬（chlordecone）的工人，不仅失去了性欲，发生阳萎，并且精子数量很少。芬兰 1970～1986 年间出生的男孩尿道下裂发病率比以前增加了 2 倍。当母亲血清中 DDE 浓度达到 85.6mg/L 时，男孩患隐睾，尿道下裂危险性相对增高，说明母亲孕期暴露于一定浓度的 DDE 环境中会引起生殖器官畸形。

（5）农药对免疫系统的影响

近年来随着农药的广泛应用和免疫毒理学方法的建立，农药的免疫毒性研究越来越受到重视。Institoris 等对氯氰菊酯的免疫毒性进行了许多研究，选择的剂量范围为 4.0～55.4mg/kg，并与重金属等联合使用。结果表明，氯氰菊酯在 11.1～55.4mg/kg 剂量范围内对溶血空斑试验和迟发型变态反应等有影响。对甲基对硫磷的免疫毒性进行的研究表明，仅 0.436mg/kg 和 0.291mg/kg 剂量对溶血空斑试验和迟发型变态反应等均有影响。氰戊菊酯和氯氰菊酯可诱导 MCF－7 增殖，对雌鼠研究表明，还能影响体液免疫系统和激素水平。O'P－DDT 对大鼠、鸡、鹌具有雌性激素样作用。当 O'P－DDT 食入剂量达到 4mg/kg 体重时，可引起狗的肾上腺皮质萎缩和细胞退变。在正常情况下机体对体内的异物具有识别、灭杀、清除机能，从而维持机体内环境的平衡。但在环境激素的长期作用下，就会造成机体免疫功能失调和病理反应。一些杀虫剂可引起疫性溶血性贫血。常见传染病已成为发展中国家的一大杀手，这可能与发展中国家公民长期暴露在被农药污染的环境中有关。婴儿的免疫能力特别容易受到杀虫剂的影响，人体许多免疫调节作用需要内分泌激素的参与，如糖皮质激素和甲状腺素等。而二噁英和己烯雌酚等在很低浓度时，就能改变这些激素的活性，干扰机体的免疫功能。德国的流行病学调查结果支持了这一作用机理。受二噁英污染的工人在暴露后的 36 年间，罹患多种感染和寄生虫病的机会比未受暴露的工人均大为增加。也有人认为生理浓度的雌激素可以提高机体的免疫力，剂量较大时则增加免疫性疾病的易感性。

有机磷农药对免疫功能的影响主要表现在两个方面，其一是某些农药可能使机体发生致敏反应。这是由于某些有机磷农药化合物具有半抗原性，它们可以与体内蛋白质结合成为复合抗原，从而产生抗体，使抗体发生过敏反应。另一方面是某些有机磷农药本身具有免疫抑制作用。敌百虫可使受试动物的网状内皮系统的吞噬功能下降，从而降低机体的抵抗能力。敌百虫的降解产物敌敌畏还可损害鲤鱼的免疫功能。长期接触低剂量的马拉硫磷能够降低几种不同免疫系统的功能。此外，作为农药制剂组分的许多溶剂也能抑制免疫反应。农药影响内分泌、神经、免疫、生殖等系统的作用是彼此影响，相互制约的链锁反应。神经—内分泌—免疫系统试验证明，农药具有免疫毒性，其可抑制小鼠 B 细胞活化，直接抑制生物体激素免疫系统和细胞介导的免疫。另一类是抑制抗体生成细胞、辅助性 T 细胞和 T 细胞等具有特异性作用的物质，降低机体对超抗原微生物、寄生虫、病毒和肿瘤细胞的抵抗力，导致免疫力低下，免疫缺陷等，从而造成神经－内分泌－免疫系统之间网络的破坏。

（6）农药的“致癌、致畸、致突变”作用

有些农药有致癌、致畸、致突变作用已成为不容置疑的客观事实。其“三致”作用的基本机制是，当某些农药的活性基团作用于细胞染色体时，使染色体的数目或结构发生变化，进而改变携带遗传信息的某些基因，使这些组织、细胞生长失控，发生变异。如发生在生殖细胞，则可能造成流产、畸胎或患遗传性疾病，胎儿出生后，体细胞遗传物质的突变易引起肿瘤。流行病学调查发现，许多农药接触者的染色体畸变率高于对照组，农药喷洒季节染色体的畸变率比非喷撒季节高5倍。多环芳烃、芳族胺、芳族偶氮化合物、氯乙烯、有亲电子基的烷化剂等都是强致癌物。它们或其代谢产物可与DNA共价键结合，造成DNA的不可修复性损伤，导致细胞癌变。

目前世界上投入使用的农药在500种以上，涉及到的制剂数以万计。究竟有多少种农药具有“三致”作用，可以诱发多少种癌症不得可知。多数明确有“三致”作用的农药是后来在生活实践中发现的。目前已报道有“三致”作用的农药：二溴乙烷、除草醚致癌、致畸、致突变；二溴氯丙烷致癌、致突变、致男性不育；2、4、5-T敌枯双、三环锡、内吸磷、二嗪农、西维因、腐霉利、多菌灵、利谷隆等致畸形；杀虫醚、杀草强、羟基乙基、肼灭草隆、DDT、六六六、艾氏剂、狄氏剂、莠去津、乙撑硫脲、氰草津等致癌；敌百虫、敌敌畏、乐果等致突变。已报道诱发的癌症有：乳腺癌、前列腺癌、睾丸癌、卵巢癌、甲状腺癌、子宫内膜癌、精巢癌、膀胱癌、食道癌、胃癌、肝癌等。近30年的肿瘤发病率调查显示，肿瘤发病率有增高趋势。流行病学调查结果表明，农药职业暴露与多种肿瘤发病率升高有关。国外对农药与淋巴瘤，多发性骨髓瘤，白血病等进行过多年研究。有证据显示，一些杀真菌剂可导致淋巴瘤发病率升高；有机磷农药与多发性白血病关系密切。其中敌敌畏、敌百虫、乐果、甲基对硫磷等进入人体能与细胞的DNA“鸟嘌呤”起甲基化作用，引起细胞病变，且敌敌畏作用最强。常与除草剂接触的人群，多发性骨髓瘤的发病率是正常人群的8倍。还有调查表明，乳腺癌以及食道癌、胃癌、肝癌等消化系统的肿瘤增加与有机氯农药暴露有关。一些氨基甲酸酯类农药能产生亚硝氨类化合物。这些“亚硝酸盐”除了损害神经系统外，还有致癌作用。有些除草剂可以引发癌症，用氰草津对大鼠进行2年的致癌性研究发现，摄入25mg/kg和50mg/kg处理的成年大鼠，恶性肿瘤的发病率或发病时间明显高于或早于对照组。许多报告提示，人体内有机氯农药的蓄积量与乳腺癌发病率密切相关。体内脂肪和血清中DDE及多氯联苯（PCBs）含量高的妇女，其乳腺癌发病率高于低含量的妇女。

四、农药农业立体污染的经济学基础

伴随工业发展，经济繁荣，生活水准的提高和生活节奏的加快，人们也改变了对食物结构的需求。二次大战前，日本人的膳食结构是“大米加酱汤”。20世纪50年代仍以“填饱肚子”为基本目标。60～70年代开始由“温饱型”向“营养型”转化。总的趋势是粮食消费量减少，副食品消费量增加。60年代初到70年代中，日本人均粮食消费量由149.6kg减少到122.2kg。与此相反，蔬菜由99.7kg增加到109.5kg；水果由23.3kg增加到42.4kg；肉类由5.0kg增加到17.9kg；蛋类由6.3kg增加到13.7kg；奶类由22.3kg增加到53.5kg。

年均递增率分别为：0.63%、4.83%、8.87%、5.32%、5.98%。也就是说，日本人的食品结构已从高淀粉转变为高蛋白、高营养。80年代以后发达国家的食品结构基本定型，开始追求优质、味美、新鲜、方便和多样化的高档食品。

中国是一个以农业为主的发展中国家，随着社会的进步、科学的发展，中国农业产业结构也作了重大调整。在1952～1978年间，中国种植业与林牧渔业之间始终稳定在7：1的水平。在种植业中，粮食作物的产值份额维持在80%以上，而经济作物的产值份额不足10%。1978年在党的十一届三中全会上，提出了调整农业产值结构的战略部署。到1999年种植业的产值在农业总产值中的份额由80%下降到57.5%，下降了22.5个百分点，林牧业由20%提升到42.5%，上升了22.5个百分点。伴随农业产业结构的调整，人民膳食结构也发生了很大变化。1998年全国人均消费粮食251kg；植物油、蔬菜、水果、食糖、肉类、蛋类、奶类、水产品人均消费分别为5.66kg、132.6kg、15.2kg、6.7kg、17.7kg、5.6kg、3.4kg、5.5kg。其中水果、蛋、奶类等尚远低于1975年日本人的消费水平。到2000年中国人的膳食结构进一步趋向合理，基本上实现了由“温饱型”向“小康型”的转变。人均消费粮食206kg、植物油8.2kg、食糖7.0kg、肉类25.3kg、蛋类11.8kg、奶类5.5kg、水产11.7kg。2000年与1982年相比，除人均消费粮食下降了18%以外，其他食品消费均有不同程度的提高。提高水平依次为：水产品113%、蛋类111%、奶类62%、植物油45%、肉类43%、食糖4%。中国人的膳食结构已从“淀粉型”转位到“蛋白型”。国内外的经验与实践表明，提高人类的生活水准，改善食品结构，必须从调整农业产业结构开始；调整农业产业结构又必须实施“立体农业”的生产模式。

中国是一个农副产品出口的国家，其中粮食、禽肉等近十项农副产品的产量居世界各国之首，但对外贸易额不到全球总贸易额的2%。发达国家对中国实施技术性贸易壁垒由来已久，早在20世纪70年代就以中国农副产品中六六六残留量超标，把中国鸡蛋排斥在国际市场之外。冻兔肉是中国大宗出口商品，20世纪80年代，以美国为首的发达国家多次作难。1980年以冻兔肉中六六六残留超过MRL值，一次要求索赔7万美元，比出售额4万美元还高出1.4倍。近年来形势更为险峻，2001年由于欧盟增加了茶叶中农药检测的种类，降低了MRL值，导致中国对欧盟出口的茶叶减少了37%。多年来欧盟一直禁止中国禽肉进口，经多方努力于2001年刚刚开禁，欧盟兽医委员会又以中国农药残留检测体系达不到欧盟要求，于2002年再次停止从中国进口。2001年日本、韩国以中国鸡肉中携带流感病毒为由，拒绝从中国进口。2002年日本Marubeni公司以中国菠菜中毒死蜱残留超过了日本规定的0.01mg/kgMRL值，把中国货拒之国门之外。2003年韩国、日本又以中国菠菜、禽肉中农药残留量超过本国规定为由，再次禁止中国菠菜、禽肉进入该国市场。不仅影响到中国的对外贸易，而且降低了中国的国际信誉。

为了应对发达国家对中国实施的技术性贸易壁垒，中国已从农副产品生产基地的建设、管理、检测等方面做了大量工作，也取得了一定成效。但距离满足人民物质生活提高的需要和适应国际贸易发展的要求，还有更艰巨的工作要做。这就是提议加强农业立体污染研究的经济学基础。

五、结束语

1. 农业生产离不开化学农药

中国是世界上生物灾害发生最为严重的国家之一。据统计中国农作物病虫害种类高达1 600多种，构成农作物灾害的100多种；农田杂草700多种，构成危害的数十种，其中恶性杂草15种；比较严重的鼠害20多种。

有害生物的发生与危害是一个互相依存、彼此制约的动态变异过程。只要有寄主作物的存在，就一定有寄生生物的繁衍，而且作物与有害生物同居于一个生态体系，这就构成了有害生物发生与危害的必然性、长期性和复杂性。根据目前世界植物保护科学的发展水平，还没有任何一种“植保技术”可以完全替代化学农药。化学农药仍然是最方便、最有效、最稳定的防治措施。换句话说，人类还不能“完全禁止”化学农药的使用，这就构成开展农业立体污染的生态学基础。

2. 农药残留已遍及环境要素的各个角落

在《中华人民共和国环境保护法》中，把环境定义为：“影响人类生存和发展的各种天然的和经过人工改造的自然因素的总称”。包括大气、水体、土壤、动物、植物、城市、乡村等。因此讨论农药对环境的立体污染，实质上是讨论农药对环境要素的立体污染。

根据目前常用的农药使用技术，农药在目标作物上的原始沉积量，不超过投放量的30%，绝大部分农药都坠落在土壤。因此土壤被称做农药的“贮藏库”与“集散地”。农药对土壤的污染主要来自防治有害生物的直接撒施和农药企业排放的“三废”。目前中国被“三废”和农药污染的耕地的占总耕地面积的16%。2000年对23个省市调查结果显示，当年发生农业环境污染事件891起，污染农田4万hm^2，直接经济损失2.2亿元人民币。

农药对水体的污染可分为地表水和地下水两种情况。据1998年对我国109 700km河流检测结果发现，70.6%的河段被农药污染。

“国以民为本，民以食为天”。近年来有关化学农药对生态环境，特别是对食品的污染引起了国际社会的强烈关注。2000年春节期间农业部对全国11个省市市售蔬菜、水产17种农药监测结果显示，17种农药的检出率为32.28%，超标率为25.20%。设施农业污染较露地严重，大棚黄瓜农药残留的检出率为100%，超标率高达60%。大量的农药污染调查报告、大量的文献报道，大量的检测数据证实，农药污染已遍及环境要素的各个角落。

3. 农药污染已威胁到人类健康

农药对确保农业丰产丰收所做出的贡献，无可置疑。当然也有它的负面效应，造成人、畜中毒。但这种负面效应不是必然的、绝对的，是可控的，可以避免的。农药中毒可分为生产性中毒，即人类在生产活动中，违章作业，酿成的中毒事故。非生产性农药中毒高于生产性农药中毒，女性高于男性。农药残留中毒，是指在生产活动中由于使用禁用的高毒农药品种或不按照《农药合理使用准则》操作，导致食物中农药残留过高引发的中毒事故。无论是生产性农药中毒，还是非生产性农药中毒，或者是农药残留过高中毒，其根源不是农药有毒造成的，而是环境保护意识淡薄，轻生意念作祟，是人类无知行为造成的恶果。因此加强农业立体污染研究的主要任务是对广大群众进行文化素养、科学知识、思想道德教育，落实科学发展观，树立革命人生观才是杜绝农药中毒事故发生的根本措施。

4. 立体农业与农药污染防治

为了解决粮食的严重不足，近半个世纪高投入高产出的现代农业发展很快。现代农业由于化肥和农药的大量使用，造成了严重的土壤板结和环境污染，又提出了有机农业。前几年叫得最响的是生态农业，相继又出现了替代农业、持续农业、低投入农业、深化生态农业和立体农业等。虽然对上述农业类型的理解和解释不尽相同，但大体上可分为三种类型。其一，是企图以加强管理、技术性劳动和机械化耕作方式取代农药、化肥的使用，这就是所谓的低投入农业。推行低投入农业的最大优点是可以改善农业环境，但致命弱点是产量太低。其二，是深化生态农业，它强调生态系统中的一草一木和人的生命同等重要，这是对生命本质的尊重。这种观点似乎有悖于“生物竞争”、“相克相生”的基本原则，起码在当今社会还必须强调以人类为主体的生态平衡。其实，平衡是相对的，不平衡则是绝对的，人类的责任应该是促使生态平衡沿着良性循环的方向发展。其三，是发展立体农业的构思。它已经超出高投入、高产出现代农业的理论范畴，突出人类在生态系统中的导向作用，强调自然循环与经济循环的同步发展。立体农业不仅重视环境问题，以及与此相关的食品安全和质量控制，而且还考虑到当今社会经济发展和食品结构改善的需要，按照“时、空、生”三维结构原理发展农业。把“劳动密集型”提高到“技术密集型”，把单纯种植业的“水平扩展”提高到农工商为一体的多层次“垂直发展”。圈层的加厚与圈层的扩展是立体农业的主要特征。就食物链空间结构的利用而言，植物是生产者，动物是消费者，微生物是还原者，每一循环都产生第二循环的物质基础。无机物被植物吸收，通过封闭式自我循环系统转变成有机物，提供食品工业的物质基础。就产业空间结构而言，既体现了各个产业中的立体利用，又发展了各个产业间的互相结合。就物质和能量空间结构而言，在物质沿食物链循环的同时，还存在能量沿交换链的运转，从而从总体上保持生态系统的相对平衡。

5. 农药在环境中的移动与归宿

农业环境是由环境要素组成，要素之间彼此开放的立体空间体系。不管采用什么样的施药方式，这些被撒施的农药，最终归宿都要投胎环境要素。撒施在土壤、水面、作物、牧场、森林上的农药，以环境的基本要素：土壤、水体、大气和生物为媒介或载体，通过扩散与吸附、运动与吸收，富集与消解等多方式、多轨迹的运动与循环，进行能量与物质的转移与交换。运动与循环、转移与交换的结果，在某一阶段或载体上，农药的毒性可能减弱或消失；在另一阶段或载体上，农药可能得到富集或变异，致使毒性增强。残留农药毒性的强或弱，除与农药本身结构，或变异基团的活性有关外，也与农药在靶标作物上的沉积量，作物对农药的吸附、吸收、富集量的多少有关。

农业环境是单元之间首尾衔接，物质之间彼此转移，能量之间互相交换的循环体系。凡是农药都具有一定的挥发性，残存于水体、土壤中的农药可以通过蒸腾，进入大气。漂浮在大气中的农药微粒，借助气流进行迁移，通过降雨或受海拔高度影响重新返回地表。当温度升高时，这些返回地表的农药还会再次进入大气进行迁移。这就是熟知的“全球蒸腾效应”。这种蒸腾效应是连续发生的，没有国界的，滚动扩展的，连续循环的。这就是农药造成农业立体污染的理论基础。

参考文献

[1] 姚建仁，郑永权．中国农作物病虫害发生演替趋势与未来的农药工业，世界农药［J］，2001，23（4）：1～5.

[2] 陈英旭．环境学［M］．北京：中国环境科学出版社，2001.

[3] 张宗炳．杀虫毒剂的分子毒理学［M］．北京：农业出版社，1987.

[4] 胡笑形．全球转基因作物与常规农药的发展趋势［二］［J］．国际化工信息，2005，（3）：15～190.

[5] 胡笑形．全球常规农药市场与发展趋势［J］，新农药，2005，（1）：4～12.

[6] 王运浩．我国农药进出口分析［J］，农药科学与管理，2004，26（2）：4～7.

[7] 肖军，赵景波．农药污染对生态环境的影响及防治对策［J］．安徽农业科学，2005，33（12）：2376～2377.

[8] 郑国，王淑贤，李学军．谈化学农药污染及其引发的生物效应辽宁农业科学［J］，2004，（4）：26～27.

[9] 张俊、王定勇．蔬菜的农药污染状况及其农药残留危害［J］．河南预防医学杂志，2004，15（3）：182～185.

[10] 魏明，叶青，廖成华．绵阳市市售蔬菜有机磷农药污染情况调查分析［J］．西南科技大学学报，2004，19（3）：76～77.

[11] 余晓萍，段毅宏．云南省蔬菜农药污染现状调查及控制对策［J］．职业与健康，2005，21（12）：1971～1972.

[12] 姚建仁，焦淑贞，陈英旭等．六六六的取代与农业环境保护［J］．植物保护研究报告，1985，（1）：52～61.

[13] 姚建仁，刘连馥．绿色食品工程的理论基础与生命力［J］．科技导报，1991，（3）：34～36.

[14] 张菲娜，祁士华．福建兴化湾水体有机氯农药污染状况［J］．地质科技情报，2006，25（4）：86～91.

[15] 康跃惠，刘培斌，王子建等．北京官厅水库—永定河水系水体中持久性有机氯农药污染［J］．湖泊科学，2003，15（2）：125～132.

[16] 宋安乔．北京市北安河村水质农药污染的调查［J］．中华流行病学杂志，2004，25（1）：73.

[17] Jin Xing Huang. Acute pesticide poisoning in China. Http：/www. nihs. go. JP/GINC/meeting/7th/7profile/China. pdf.

[18] 何光好．我国农药污染的现状与对策［J］．现代农业科技，2005，（6）：57.

[19] 张超美，桂勇，谢英，等．重庆市渝中区蔬菜污染调查［J］．现代医药卫生，2005，21（22）：3186～3187.

[20] 倪艳华，李忠阳．食品污染状况及监督管理对策［J］．中国卫生监督杂志，2005，12（1）：58～60.

[21] 肖振林．福州市蔬菜农药污染状况与治理对策［J］．福建农业科技，2005，（1）：33～34.

[22] 朱建如，宋毅．食品中农药污染及其防治对策［J］．公共卫生与预防医学，2005，16（2）：64～65.

[23] 吴锐凡．250 份集餐用蔬菜有机磷农药污染监测结果分析［J］．广东卫生防疫，2001，2（1）：

89 ~ 90.
[24] 段志敏，余晓萍，段毅宏等．蔬菜中农药污染状况调查［J］．职业与健康，2005，21（7）：1020 ~ 1021.
[25] 回滨．鞍山市农药污染状况及防治途径［J］．环境保护科学，2004，30（122）：46 ~ 47.
[26] 孟淑洁．蔬菜中农药残留问题讨论［J］．农业经济，2003，（1）：48.
[27] 杨江龙，刘拉平，李岚．蔬菜中有机磷农药残留研究及对策．环境污染与防治，2003，25（6）：370 ~ 372.
[28] 刘拉平，杨江龙，李岚．西安市夏季蔬菜中农药残留污染调查［J］．西北农林科技大学学报（自然版），2004，32（1）：51 ~ 56.
[29] 李绥晶，田疆，孙广玖等．辽宁省蔬菜农药污染现状、污染原因及控制对策［J］．中国公共卫生，2003，19（3）：302 ~ 303.
[30] 张菊兰．2001 ~ 2005 年常州市武进区农药中毒特征分析［J］．上海预防医学杂志，2006，18（9）：450 ~ 451.
[31] 刘淑英，赵敏，王玉芝．综合性医院急性农药中毒病人状况调查［J］．中国医科大学学报，2006，35（3）：316 ~ 317.
[32] 江文辉．一起甲胺磷农药污染蔬菜引起食物中毒的调查报告［J］．广东卫生防疫，2001，27（3）：87.
[33] 鲍晓红，陶丽春，李敏．一起食用有机磷农药污染青豆角引起的食物中毒［J］．中华当代医学，2005，3（3）：96.
[34] 陈晓勇．一起有机磷农药污染导致学生食物中毒的调查报告［J］．中国卫生监督杂志，2004，11（5）：272 ~ 273.
[35] 曾长佑．一起农药污染水源引起学生中毒事件调查［J］．浙江预防医学，2004，16（6）：29.
[36] 吴萍，赵天荣．急性有机磷农药中毒事故一起［J］．中华劳动卫生职业病杂志，2006，24（7）：393.
[37] 周明祥，吴小秋．一起农药中毒事故案例的调查分析［J］．中国卫生监督杂志，2004，11（6）：323 ~ 324.
[38] 刘安明．农村口服农药自杀状况调查［J］．湖北预防医学杂志，2003，14（1）：33.
[39] 张桂兰，侯金荣，杜丽伟．1995 ~ 2003 年泰安市农村农药中毒资料分析［J］．预防医学论坛，2005，11（4）：477.
[40] 谢文俭，边维良．有机磷农药中毒情况分析及防治对策［J］．中华医学研究杂志，2005，5（9）：949 ~ 950.
[41] 靳秀宏．136 例农药中毒分析及建议［J］．中国健康教育，2005，21（9）：703.
[42] 王丽华，张海燕，陈燕．杭州市 1997 ~ 2003 年农村农药中毒情况分析［J］．浙江预防医学，2005，17（6）：1 ~ 2.
[43] 汤建英．上海市嘉定 1998 ~ 2004 年农药中毒情况分析［J］．职业与健康，2006，22（8）：561.
[44] 孙悦晰，秦景香．1998 ~ 2003 年宝山区非生产性农药中毒情况分析［J］．职业与健康，2004，（10）：24 ~ 25.
[45] 李玉新，李倩，葛明等．章丘市 1994 ~ 2003 年农药中毒资料分析［J］．预防医学论坛，2004，10（6）：752.
[46] 施宝兴，孙东红，周宏东．急性有机磷农药中毒后迟发性神经病 88 例调查［J］．中华内科杂志，1994，33（5）：614 ~ 615.

[47] 丁小东，朱明华．环境激素污染研究［J］．能源环境保护，2006，20（4）：13～15.

[48] 仲维科，郝戬，孙梅心等．我国食品的农药污染问题［J］．农药,2000，39（7）1～3.

[49] 安凤春，莫江宏，郑明辉等．化学农药污染土壤植物修复中的环境化学问题［J］．环境化学，2003，22（5）：419～425.

[50] 朱雅兰，吴风林．黄石市蔬菜农药污染现状及对策［J］．长江蔬菜，2006，（9）：54～56.

[51] 李芳，刘波．当代植保的矛盾分析［J］．科学技术与辩证法，2005，22（2）：32～34.

[52] 孟海涛，王丽君，由京周等．环境激素类农药的危害［J］．职业卫生与应急救援，2003，21（3）：125～127.

[53] 吕潇，李惠冬，杜红霞等．农药内分泌干扰物的研究进展［J］．华中农业大学学报，2006，25（1）94～99.

[54] 文卫华，刘萍．农药的内分泌干扰效应研究进展［J］．环境与职业医学，2005，22（1）：67～69.

[55] 张美英．环境激素与生殖健康［J］．西北人口，2002，（2）：54～55.

[56] 程萍，彭秀丽．环境激素与人类健康［J］．郑州铁路职业技术学院学报，2006，18（3）40～42.

[57] 李晓梅，李军．环境激素及其对人类健康的影响［J］．中华预防医学杂志，2003，37（3）：209～211.

[58] 夏云．环境激素对人类健康的影响［J］．中华临床新医学，2004，4（12）：1104～1105.

[59] 陈檪，忻茜．环境激素对人类健康的危害及其作用机制［J］．生命的化学，2005，25（6）：506～508.

[60] 张萍，梁高道．环境激素对人类健康的危害及监测方法［J］．公共卫生与预防医学，2005，16（6）：63～65.

[61] 潘程远，莫建初．环境激素的毒理学研究进展［J］．城市害虫防治，2005，（4）：6～9.

[62] 郑继翠，肖现民．环境激素对儿童健康的影响［J］．临床儿科杂志，2005，23（11）：828～830.

[63] 阎秀花，李玉珍．农药污染与人类健康［J］．衡水师专学报，2002，4（1）45～47.

[64] 谢永红．农药污染对人体健康的危害［J］．四川农业科技，2003，（11）：30～31.

[65] 赵全辉，赵晓莉．农药污染对人体健康的危害及防治［J］．气象教育与科技，2003，25（2）：21～25.

[66] 蒋德安，黄晓松．有机磷农药中毒后迟发性神经病临床分析［J］．中国医师杂志，2003，5（7）：988～989.

[67] 陆枫林，黄季琨．农药对喷洒员健康影响的研究［J］．环境与职业医学，2004，21（1）：39～41.

[68] 姚建仁，郑永权，董丰收．关于 WTO 农副产品技术性贸易壁垒的思考［J］．农药科学与管理，2004，25（2）：29～33.

[69] 章力建，蔡典雄，王小彬，张建君，金轲．农业立体污染及其防治研究的探讨．中国农业科学，2005，38（2）：350～357.

[70] 章力建，侯向阳，杨正礼．当前我国农业立体污染防治研究的若干重要问题．中国农业科技导报，2005，7（1）：3～6.

（郑永权、姚建仁、董丰收、刘新刚）

土壤农药污染与生物修复技术研究

土壤是水体—土壤—生物—大气这一立体生态系统的重要构成要素，对土壤农药污染的防治和修复是控制农业立体污染的重要一环。目前国内外对土壤污染的防治研究大致可归结为如下几个方面：①从源头减少病虫草害的发生，主要包括研究重要病害的发生规律，杜绝危险性病原物的传入；研究危险性病原物的快速扑灭技术，通过栽培措施的改进，压低有害微生物种群的数量等；②寻找化学农药的替代技术，如各类低毒和无毒土壤处理技术的研发，施用生物农药以减少化学农药的施用量等；③对污染土壤进行原位修复。深入开展生物修复技术研究对综合防治农业立体污染具有重要意义。

一、土壤农药污染现状

农业是我国的基础产业，病虫草害是影响我国农业生产的重要因素，我国每年要施用80万~100多万t化学农药。这些农药无论以何种方式施用，均会在土壤残留。据估计，地上部喷施农药时大约只有10%~15%真正作用于有害生物，其余的则残留于植物组织、水体和土壤之中。直接施用于土壤的农药则直接造成对土壤的污染。

有机磷和有机氯农药是造成土壤农药污染的主要种类。目前世界上的有机磷农药商品达上百种，在我国使用的有机磷农药约30余种，使用量为20万t，其中80%以上是剧毒农药，如甲胺磷、甲基对硫磷、对硫磷、久效磷、敌敌畏等，其中甲胺磷的使用量一年就高达6.5万t。目前我国有机磷农药占据农药主导地位的局面难以在短期内改变，仍将长期使用。有机氯农药是造成土壤农药污染的另一大类。在瑞典通过的《关于持久性有机污染物的斯德哥尔摩公约》需要首批控制的农药名单中有9种属于有机氯农药。我国有机氯农药的主要污染地区集中在华北和华东地区，在土壤、农产品、河流沉积物中都检测到了该类农药的残留。虽然随着时间的推移，这些禁用有机氯农药的残留在逐渐降低，但目前仍在使用的有机氯农药如三氯杀螨醇、五氯酚和五氯酚钠等，同样造成土壤、植物和水源的污染。

其他土壤有机污染物还包括氨基甲酸酯类、有机氮类杀虫剂和磺酰脲类除草剂，这些种类的农药毒性较低，但因使用范围扩大，其对土壤造成的污染亦不容忽视。

二、土壤农药污染物的微生物降解

1. 可降解的微生物种类

关于农药的微生物降解，国内外已经进行了较多的研究。已报道细菌、真菌和放线菌均能够降解农药。目前对有机磷农药污染的细菌降解研究较深入，包括降解菌株的获得、降解酶的分离纯化、降解酶基因的克隆以及降解菌的田间应用等。能够降解有机磷农药的细菌种属主要有假单胞菌、芽孢杆菌属、黄杆菌属、产碱菌属等。对降解有机磷农药的真菌研究报道比较少，已知瓶形酵母菌、曲霉对甲胺磷有降解作用，曲霉属真菌对乐果具降解作用，木霉菌和链格孢菌对甲基对硫磷具降解作用；其他能够降解有机磷农药的真菌种属还有镰刀菌属、头孢菌属、毛霉属、黏帚酶属、链孢霉属、根霉菌属等。

对有机氯农药的降解研究比较少。方玲等曾经分离到能够降解六六六的芽孢菌属、无色杆菌属和假单胞菌属菌株以及降解 DDT 的产碱杆菌属和无色杆菌属菌株。张国顺等从六六六的富集液中克隆到了 β-2BHC 脱氯基因。对有机氯杀菌剂和除草剂的降解研究各有 1 例报道，分别为吉氏拟杆菌对五氯硝基苯的降解和恶臭假单胞菌 S25 对 2,4-D 的降解。本课题组最近分离到 1 株百菌清的高效降解菌株 TP-D1，将其鉴定为苍白杆菌（Ochrobactrum lupini），其 16S rRNA 在 Genebank 的登录号为 EF998851。

2. 降解农药的酶（制剂）及其应用

农药的降解方式主要有酶促与非酶促两种，而微生物的降解作用主要是通过其分泌酶来完成的。常见的降解酶类主要有水解酶类（包括磷酸酶、对硫磷水解酶、酯酶、硫基酰胺酶、裂解酶等）以及氧化还原酶类（过氧化物酶、多酚氧化酶）。如，Lewis 等由黄杆菌分离到一种酯酶或磷酸酯酶，可降解对硫磷，显著降低原药毒性；同时还可水解另外 10 余种有机磷农药，如久效磷、对氧磷和马拉硫磷等。Kaufman 和 Kearney 从假单胞菌中分离到能切断氯苯胺灵酰胺键或酯键的降解酶。Wallnofer 和 Bader 则发现球形芽孢杆菌（B. sphaericus）无细胞抽提物具有酰胺酶活性，可降解苯胺类除草剂。刘建平等和钞亚鹏等分别从甲基营养菌中分离到甲胺脱氢酶和甲胺磷降解酶，对催化农药甲胺磷降解非常有效。Bollag 等从节杆菌（Arthrobacter sp.）得到了一个多功能氧化酶，可降解 2，4-D 和 3，5-二氯酚。但这种多功能氧化酶在进行催化解毒时需要辅基因子—NADPH 和氧的存在。其他降解酶的催化反应则不需要辅助因子，而且酶可能比细胞更能忍受不良环境（如不适宜的 pH 值和温度、高盐和高溶剂浓度等），例如，对硫磷水解酶能够耐受 10% 的盐浓度和 1% 的有机溶剂浓度，以及 50℃ 的高温。而假单胞菌在这样的条件下，则不能正常生长繁殖。虞云龙等将产碱菌 YF-11 产生的酶固定化后，不仅对氰戊菊酯的净化效果好，还可以降解多种有机磷和拟除虫菊酯类杀虫剂。因此，认为用酶处理农药污染的土壤、农产品和水源有很大的应用潜力。但需要考虑酶法处理可能造成的二次污染及酶作用需要辅基时的生产成本问题。

3. 微生物降解酶基因的克隆和表达

近年来，伴随着分子生物学的发展，国内外已经有多个有机磷农药降解酶基因被克隆，主要来源于黄杆菌、假单胞菌、单胞菌、节杆菌、邻单胞杆菌、土壤杆菌和紫色杆菌等。

降解酶基因的研究也被用于新型高效降解菌的分离上。Chakrabartyk 在分离 2，4，5-T 的降解菌时加入了含有降解质粒 CAM、TOL、SAL、pAC21 和 pAC25 等的多种微生物，共同培养 8 ~ 10 个月后，筛选出高效降解 2，4，5-T 的恶臭假单胞菌 AC1100，其细胞内含有 pDG3，pDG4 等多种质粒，该多质粒工程菌在 6 周内可将 1 000mg/L 的 2，4，5-T 降解至

500mg/L。

采用基因重组技术构建高效工程菌是目前的重要研究方向之一。Haugland 等将可降解 2，4，5-T 的恶臭假单胞菌 AC1100 菌株和 2，4-D 降解菌 Alicaligenes eutophus JMP134 进行细胞融合，使 JMP13 的降解质粒转入 AC1100 菌株，得到一株新工程菌 RHJ1，可同时降解 2，4-D 和 2，4，5-T。

国内在降解酶基因的重组和表达方面的研究也已有相当进展。邓敏捷等从类产碱假单胞菌中克隆出一个新的有机磷降解酶基因 *ophc2* 与载体 pET-30a 构建重组表达质粒，得到的表达产物具有正常的生物学活性。刘璐璐等和傅国平等则采用不同的载体质粒和转化系统，实现了甲基对硫磷水解酶基因在异源宿主中的大量表达，并对表达产物进行了纯化和酶活力的检测。张国顺等则从六六六的富集液中扩增到基因 *lin*N，并将其克隆到 pET229α 表达载体中，转化 *Escherichia coli* BL21 后得到分子量约 17kD 的蛋白，转化子的降解能力明显提高，为进一步分离纯培养和构建多功能农药残留降解菌提供了基础。

总之，利用基因工程技术可使人们按照需要构建具有特殊功能、降解效率高、降解范围广和表达稳定的新菌株。但目前该类研究尚停留在实验室水平。

4. 影响土壤中农药降解的因素

微生物对土壤中污染物的降解效率受多种因素的影响。首先与污染物的结构、特性和浓度有关。结构简单、分子量小、易溶于水的农药较易降解。不同取代基苯酚化合物在消化污泥中完全降解所需时间不同，硝基酚和甲氧酚较易消失，而氯酚和甲基酚所需时间较长。就是具有同一取代基的苯酚物，由于取代位置不同，其消失时间也不同。苯环上取代氯的数目越多，降解越困难。以氯的位置而言，苯环上间位取代的类型最难降解。其次，与污染物的生物可利用性有关，即在土壤中微生物或其胞外酶对有机污染物的可接近性。它受土壤理化性质和微生物种类等许多因素的综合影响。促进土壤中污染物和微生物的解吸附，增强非水相基质的溶解，加速土壤污染物与微生物之间的能量传递，可以增强污染物的可利用性和生物降解的速率。施用表面活性剂和电动力学方法可有效地增强污染物的生物可利用性。第三，与土壤中微生物的活性关系密切，而土壤中微生物的活性又受多种因素影响，如农药的浓度、土壤的理化特性、有机物种类和含量、微生物区系组成等。

三、土壤污染的植物修复

国内外目前主要集中于对重金属造成的土壤污染的植物修复研究，对有机物造成的污染的植物修复研究相对较少。与对重金属的富集修复不同，植物对有机污染物的修复机理主要是通过根际微生物的作用进行的。安凤春等研究了 10 种植物对 DDT 污染土壤的修复作用，结果表明植物本身对 DDT 只有少量的吸收，只占原施药量的 0.13% ~1.08%，而主要因素是土壤中的微生物降解。朱雪梅等的研究表明 DDT 在根际土壤中的降解略快于非根际土壤，说明根际环境及根际微生物是植物降解有机污染物的主导场所和因素。但也不排除植物释放到根区的分泌物和酶能有效降解有机农药和其他有机污染物的可能性。对污染土壤植物修复的深入研究导致了植物根际修复新技术的产生和发展，目前已成为污染物修复的研究热点之一。加强对有机物在土壤—植物系统中污染物的迁移、转化和降解等方面的研究，以及从分子水平探讨相关机理是未来发展的方向。

四、土壤生物修复技术现状、发展趋势及存在问题

作为一项有效的环境治理技术，污染土壤的原位生物修复技术正越来越受到重视。原位生物修复技术是生物修复技术中最简便的方法，包括投菌法、生物培养法、生物通气法、农耕法和植物修复等。但目前大部分技术仍处于试验和小规模的应用阶段。由于目前的土壤污染并不仅仅是单一污染物造成，而是逐渐呈现多种污染物（重金属、化学肥料、农药、农膜等）的复合污染趋势，尤其呈现出土壤、生物、水体、大气的立体污染。因此应用多种修复技术的联合修复将是未来发展的重点方向，如植物—微生物联合修复、化学—微生物联合修复，以及综合了微生物修复、植物修复和化学修复技术的污染生态化学修复等。需要特别引起注意的是无论是采用单一方式还是多种方式的联合修复，在修复技术的实施过程中需要遵循一定的条件和原则。当土壤中的污染物不能被土著微生物降解或降解效率太低，或需要立即处理污染土壤时，可考虑有针对性地引入目标污染物的降解菌，同时要考虑引入的降解菌是否能快速生长，可否与土中微生物竞争并发挥较高的降解活性，另外要注意引入微生物的遗传稳定性和致病性。

值得注意的是某些有机污染物在生物修复过程中还产生不同程度的次生代谢产物，其中有些产物的毒性比其母体污染物的毒性更大，往往会导致所处理土壤的生态毒性增强。因此如何对污染土壤的生物修复进行评价成为需要解决的重要问题。

生物修复并不是简单将降解微生物接种到污染土壤中。生物修复的成功运作涉及到一系列科学问题，包括微生物对污染土壤的适应机制、有机污染物化学结构与微生物降解途径之间的关系，以及有机污染物浓度和降解产物的变化对土壤生态的影响。因此，从机理上阐明上述问题将为生物修复技术的成功运作扫除障碍，为农业立体污染的生物控制和修复提供技术保障。

参考文献

[1] 安凤春，莫汉宏，郑明辉等. DDT 污染土壤的植物修复技术. 环境污染治理技术与设备，2002，3（7）：39～44.

[2] 安琼，董元华，王辉，王霞，王梅农，郭宗祥. 苏南农田土壤有机氯农药残留规律. 土壤学报，2004，141（13）：414～419.

[3] 陈玉成. 土壤污染的生物修复. 环境科学动态，1999，2：7～11.

[4] 陈志良，罗军，王成刚，廖华，胡月玲. 土壤有机农药污染的降解机理与生物修复技术. 环境污染治理技术与设备，2003，4（8）：73～77.

[5] 程国峰，李顺鹏，沈标等. 微生物降解蔬菜残留农药研究. 应用与环境生物学报，1998，4（1）：81～84.

[6] 联合国环境规划署. 关于对某些持久性有机污染物的斯德哥尔摩公约. 斯德哥尔摩：联合国环境规划署，2001.

[7] 罗启仕，张锡辉，王慧，钱易．生物修复中有机污染物的生物可利用性．生态环境，2004，13（1）：85～87.

[8] 宋玉芳，宋雪英，张薇，周启星，孙铁珩．污染土壤生物修复中存在问题的探讨．环境科学，2004，25（2）：129～133.

[9] 汪海珍，徐建民，谢正苗．甲磺隆污染土壤生物修复的初步探索．农药学学报，2003 5（4）：53～57.

（郭荣君、李世东、章力建、李正）

设施园艺土壤生物污染的修复技术

近二十年来，随着我国工业化和城市化进程的推进、矿产资源的大规模开发利用和农业的规模化集约化经营，农田土壤的各类污染问题日趋突出，严重影响我国社会经济的可持续发展和人民生活质量的提高。土壤污染包括多个方面，如农药污染、重金属污染、持久有机物的污染、石油污染、畜禽粪便污染等。而植物病原微生物和动植物共患病原微生物在农田土壤中的入侵、扩散、定殖和累积造成的土壤生物污染已经受到人们的关注，成为农业立体污染的另一重要方面。研究此类生物污染的修复治理，对保护生态环境、促进农业生产的可持续发展以及维护公共卫生安全同样具有十分重大的意义。

一、设施园艺土壤生物污染的成因

许多农业有害微生物在特定的农田土壤生态系统中原本并不存在，或者存在数量较低，不构成对生态的破坏和农业生产的威胁。但是，现代社会经济和农业生产的快速发展为植物病原微生物的入侵、扩散、繁殖和为害提供了条件。农产品贸易量的快速增加和交通旅游业的发展使得外来有害生物的大量入侵成为现实；农作物的大面积单一种植、连作、密植和水肥条件的加强等为有害微生物的快速大量繁殖和病害的严重发生创造了绝好的条件，并由此而引发包括环境破坏、食品污染和公众健康水平下降等一系列社会问题。在设施蔬菜生产中，此类生物污染问题尤为严重和突出。蔬菜是人民群众日常生活中不可短缺的农产品，设施蔬菜因可延长生产季节和实现反季节生产目前已成为我国蔬菜市场供应的主渠道之一，今后随着人民群众生活水平的进一步提高、国际市场需求的推动以及为保障“绿色奥运”的顺利进行，势必对蔬菜产品的安全生产提出更高的要求。但由于设施蔬菜生产本身的特点，加之目前我国设施蔬菜的生产条件和管理水平仍较为低下，致使土壤中植物病原微生物的污染和土传病害的发生特别严重。大量未经严格检验和检疫的种子种苗的频繁调运和未经适当消毒的生产工具的转移使用极大地增加了病原菌的传播机会；菜农和企业为提高经济收益经常采取的重茬和高强度连续种植的生产方式为病原菌的繁殖提供了适宜的寄主作物，导致其种群数量迅速增加，并最终在土壤微生物生态系统中占据主导地位，造成土壤微生物区系严重恶化和土传病害问题异常严重；此外，许多情况下未经有效处理的蔬菜病残体直接还田更进一步加剧了土壤中植物病原菌的污染。此类病原物常见的如侵染多种蔬菜的根结线虫、枯萎病菌、立枯病菌、青枯病菌、根肿病菌和多种土传病毒等。此类土壤污染在国内外园艺作物生产上发生十分普遍和严重，有的甚至到了生产难以为继的地步。值得关注的是，近年发现土壤中许多植物病原菌和根际微生物也可引起人和动物的疾病。如引起洋葱、大蒜和葱软腐病的洋葱伯克氏菌（*Buckholderia cepacia*）和在植物根际广泛存在的铜绿假单胞菌（*Pseudomonas aeruginosa*）和嗜麦芽窄食单胞菌（*Stenotrophomonas maltophilia*）等在某些条件下可导致人的严重呼吸道疾病。此外，土壤中的许多植物病原微生物亦可产生大量的毒素物质，严重影响蔬菜的生长发育和造成蔬菜产品的污染。

二、设施园艺土壤生物污染的控制和修复技术

对园艺土壤生物污染的控制和修复，国内外已作过大量的研究。主要包括源头控制、土壤自然修复、原位扑灭和铲除技术、生物防治技术以及土壤有机改良等五个方面。源头控制技术主要是研究有害生物的发生和传播规律，建立必要的法规、制度和管理措施，阻断和减少其传播，避免进入农田；采用相关的技术措施，对各类污染源进行无害化处理等；土壤自然修复技术指依靠土壤生态系统的自洁能力，通过休闲与合理轮作来达到达修复之目的。但该种修复方法需时较长，短则数月，长则数年甚至数十年。

1. 原位扑灭和铲除技术

利用各类物理和化学的手段，如化学熏蒸、热力消毒（热水、蒸汽和太阳能等）等方法对污染生物进行快速扑灭。

（1）化学熏蒸剂

土壤熏蒸（soil fumigation）是防治土壤植物病原污染物的最直接、最有效的方法。溴甲烷（Methyl Bromide）是目前世界上公认最优良的土壤熏蒸剂，但溴甲烷是一种显著的消耗臭氧层物质，根据《蒙特利尔议定书哥本哈根修正案》，发达国家将于2005年、发展中国家将于2015年全面淘汰溴甲烷。随之需要一些替代药剂和替代技术来防治土传病害。

目前，控制设施园艺作物土壤生物污染物的化学药剂中研究和应用较多的有碘甲烷、氯化苦、威百亩和氰氨化钙（俗称石灰氮）等。

Sims J. J 报道碘甲烷（Methyl iodide）对植物的土壤病原菌、线虫、昆虫和杂草种苗的杀灭能力比 MBr 略强或相近。然而，因其价格远高于 MBr 及氯烃、硫化物熏蒸剂，目前尚未推广。

加利福尼亚研究者曾报道氯化苦（Chloropicrin）对草莓根部病害有很好的防治效果，但对线虫和杂草的防治效果较差。李宝聚等人的研究表明，99.5%氯化苦原液对茄子黄萎病具有较好的防治效果，是防治黄萎病的优良杀菌剂。另外氯化苦和棉隆及氯化苦和1，3-二氯丙烯混用有极强的杀菌、杀线虫和除草的能力。

Metam Sodium（N-甲基二硫代氨基甲酸酯）又名威百亩（Vapam 含量42%的水剂）和棉隆（Dazomet 95%粉剂和70%颗粒剂）。这两种化合物进入土壤后，经水解作用放出异硫氰酸甲酯气体以及甲胺、CS_2、甲醛等产物起灭生作用。刘丽娟等用95%棉隆（必速灭）拌土及在定植沟深施防治甜椒、辣椒疫病，防效分别为97.44%和95.42%。棉隆对花生根结线虫病的防治作用，以用量为$61.5kg/hm^2$时防病增产效果最明显。必速灭用量为$40g/m^2$时对黄芪出苗和生长安全，施药后60d除草效果能达到75%，使线虫数量降低40%，并且还能延缓黄芪根腐病的发生。威百亩熏蒸土壤主要用于防治线虫病，并兼有杀真菌、线虫、杂草和昆虫等作用。但威百亩在土壤中的分散速度太慢，很难形成均匀分布，因此在同一地块中的防效不一致。而且威百亩的接触毒性及呼吸毒性都比较高，所以这些都会限制其推广应

用。此外，在缺水的高地，土壤含水量不足时药剂不能水解而影响药效，从而限制了它在干旱地区的推广。

目前常用的氰氨化钙（俗称石灰氮）是一种高效的土壤消毒剂。分解的中间产物氰氨和双氰氨都具有消毒、灭虫防病的作用。利用氰氨化钙和高温闷棚的方法进行土壤消毒，是近年来日本进行无公害蔬菜生产的一项主要措施。由于石灰氮与高温的双重杀菌作用，可防治各种土传病害及地下害虫，特别是对真菌性病害防治效果较好，如莴苣的大脉病，豌豆的茎腐病，十字花科蔬菜的根瘤病、根缩病、软腐病，菠菜的萎凋病、立枯病等。对十字花科蔬菜根肿病的防治效果可达95%以上，大白菜可增产33%～42%。1999年山东省农业厅引进该项技术，经有关单位试验后在生产中推广应用，取得了较好的效果。该技术与其他消毒方法相比较，具有效果好、成本较低、无任何残毒、操作安全等优点，但存在需时较长的缺点。

最近发展的土壤熏蒸剂硫酰氟对番茄土壤真菌（*Fusarium* spp.）、线虫均有良好的杀灭效果，防治后番茄产量与使用溴甲烷50g/m^{2}相当，其用量仅为25～50g/m^2。硫酰氟蒸气压高，穿透性强，可杀死深土层中的线虫及病原菌，是比较有希望的溴甲烷土壤消毒很替代品，但还需要进一步深入研究。

目前，还有一些有潜力的替代药剂，如：溴丙炔、溴化硝基甲烷、无机叠氮化物、二溴乙烯、二氯异丙醚、四硫化碳酸钠、无水氨、臭氧等。但在土壤熏蒸方面，尚无一种化学药剂能够完全替代溴甲烷，也没有一种药剂能够单独使用达到溴甲烷广谱的应用效果。另外上述土壤消毒技术主要是灭生性的，在杀灭病原菌的同时也杀灭了其他有益微生物，因而消毒后的土壤一旦易被病原菌侵染，常造成病害的迅速蔓延。

（2）太阳能消毒

太阳能消毒（Soil Solarization）就是使用太阳能来防治土传病、虫及杂草。土壤经暴晒后，一些有益微生物如嗜温真菌、细菌等不仅可存活下来，且能攻击暴晒后活力较弱的病原，是一种重要的无公害消毒办法。

目前，这项技术已在40个以上国家进行开发研究和实际应用。约旦加沙地区和希腊，广泛应用在番茄和黄瓜的大棚中，除了防治由镰刀菌和轮枝菌引起的萎蔫病外，也能防治软木状的根腐病和根瘤线虫病。日本南部地区主要用在草莓地。以色列Avara河谷和约旦河谷地区，主要用于番茄和洋葱地以及西瓜和香瓜上土传真菌和线虫病的防治。在美国主要用于苹果、柑橘和花卉土壤病害的防治。Freeman等对苹果根腐病发病严重的果园进行太阳能消毒试验，太阳能消毒的果树在第2年都存活，而对照发病率达35%。处理后第3年，太阳能消毒的果树无一死亡，而对照死亡株率则接近100%。Tjamos对受萎蔫病为害的橄榄园（10～15年生），用太阳能消毒处理2个月后，病原菌在地表下不复存在，而有益真菌Talaromyces flavus的数量则显著上升，树势也明显恢复。但土壤暴晒需要消耗一定量的劳力，不耕种时间要有1～3个月，对于那些可移动的土壤病原体（如线虫）时，效果不显著。如果和其他病虫防治方法有机结合，会收效更好。

（3）生物熏蒸剂：生物熏蒸是近年来主要由澳大利亚和菲律宾的科研人员发现和开发的一种无公害土壤处理技术。目前，国外研究较多的生物熏蒸材料是芸薹属植物（*Brassicas* spp.）。芸薹属植物组织中含有大量的硫代葡糖酸脂（Glucosinolates，GSLs），而植物组织腐烂过程中自身产生的黑芥子酶（Myrosinase）可水解 GSLs，产生异硫氰酸脂类（Isothiocyanates，ITCs）物质，该类物质具有挥发性，且有很强的杀生性，并具有与化学熏蒸剂——威百亩和棉隆相近的作用效果。从而，人们对于芸苔属植物能够用于生物熏蒸及其机理有了明确的定论。

用芸薹属植物组织作为绿肥翻耕到土壤中，可减少镰刀菌、某些卵菌、小麦全蚀病菌、立枯丝核菌、大丽轮枝菌等土壤病原菌数量和为害，一些植物甚至显示了对甜菜胞囊线虫以及根结线虫的杀线虫活性。该技术已经在澳大利亚和菲律宾得到较深入研究，可使茄属蔬菜如马铃薯、番茄和茄子增产 40%，并已在菲律宾和北昆士兰进行田间试验，以考察制取生物熏蒸剂实践的方法。

目前，我国在生物熏蒸方面研究和应用的相关报道较少。郝永娟用甘蓝、芥蓝和芥菜渣添加于土中发现可以显著降低豌豆根腐病的发生。2001 年赵婴荣等按甘蓝：稻草：鲜牛粪的2：2：3 比例按照 $7kg/m^2$ 的施用量做生物熏蒸处理，对番茄的生长有良好的促进作用，增产幅度为 18.9%，成熟时间比对照提前 3 天。李明社等报道了生物熏蒸对土传病原真菌和蔬菜根结线虫的控制作用。土壤生物熏蒸对植物不产生药害，对环境无污染，其直接经济效益大于溴甲烷熏蒸。

我国芸薹属植物资源丰富，但目前国内有关利用该属植物材料进行土壤生物熏蒸的研究报道不多，而且大量应用时原料来源受到制约而限制了该技术的推广和应用。

2. 生物防治技术

利用有益微生物减轻和消除土壤有害生物污染在国内外已有大量研究和报道，部分微生物制剂已经商品化，所使用的微生物制剂主要包括真菌制剂、细菌制剂和放线菌制剂三大类。

（1）真菌生物农药

目前已经商品化并在田间表现出良好防治效果的真菌制剂主要有以色列开发的用于防治蔬菜萎蔫病、猝倒病和根腐病的哈氏木霉制剂 Trichodex，欧洲研发 Superesivit（*Trichoderma* spp.）和 Primastop（*Gliocladium catenulatum*）以及美国用于防治丝核菌引起的立枯病和腐霉引起的猝倒病的绿色黏帚菌产品 SoilGard 等。黏帚霉属中的绿黏帚霉（*G. virens*）、粉红黏帚霉（*G. roseum*）、链孢黏帚霉（*G. catenulatum*）可用于防治土传病害。链孢黏帚霉（*G. catenulatum*）对腐霉、菌核菌引起的猝倒病、种腐病、根腐病和萎蔫病都有很好的抑制作用。张拥华等用诱捕法获得粉红黏帚霉（*Gliocladium roseum*）菌株 67-1，对核盘菌菌核具有强寄生能力，并研制了该菌的可湿性粉剂，对大豆菌核病防效最高可达 71.7%，增产效果在 11.7% 以上。该菌剂对小麦纹枯病也具有较好的防治效果。国内还研制了防治植物根部线虫病害和真菌病害的“植物保根菌剂”、“灭菌宁”、“灭线灵”等。

应用菌根真菌防治土传病害是另一个重要方面，研究较多的菌根主要是丛枝菌根真菌（AMF）和泡囊丛枝（vesicular arbuscular，VA）菌根。AM 真菌作为“生物肥料”、“生物农药”，以及在改良土壤理化性状等方面的潜在作用日益得到广泛的重视。对 AM 真菌抑制土传病原物的机理的可能的解释是：提高植物抗病性的作用机制主要包括改善植物营养、改变根系形态结构、与病原物竞争光合产物和侵染位点、改变菌根周围内微生物区系组成、激活植物防御机制等方面。

AM 真菌能减轻由 Phytophthora、Gaeumannomyces、Fusarium、Pythium、Rhizoctonia、Sclerotium、Verticillium 和 Aphanomyces 属内的病原真菌和病原线虫 Rotylenchus、Pratylenchus 和 Meloidogyne 等对植物所造成的危害。如 Schonbeck 和 Dehne 发现有菌根的棉花植株比无菌根的棉花植株更能抵抗病原菌根串珠霉（*Thielaviopsis basicola*）的感染；接种菌根可减轻由假单胞菌（*Pseudomonas solanacearum*）引起的番茄青枯病的危害，而该病是一种较难防治的世界性土传病害。AM 菌还能寄生于大豆胞囊线虫的胞囊内，也能不同程度地降低燕麦、大豆、棉花、黄瓜、番茄、菜豆、苜蓿、柑橘、桃等的各种线虫病害。

但值得注意的是 VA 菌根所引起的寄主植物抗病性的提高，因 VA 菌和病原菌的种类而异，与 VA 菌的接种体数量、菌根的形成时间、菌根的感染率、寄主植物的生长和营养状况以及病原菌的种类和数量、土壤环境条件等都有很大的关系。

另外利用无致病力的弱毒株防治病害也是一个重要的研究方向。德国科学家 Cland Alabourvette 的实验室从镰刀菌抑病土壤中获得无致病力尖孢镰刀菌（*Fusarium oxysporum*）菌株 FO-47，并对其进行了长达 25 年的研究。该菌株能有效地防治康乃馨、番茄的萎蔫病和番茄的根腐病，并已在德国商业化生产。

（2）细菌生物农药

利用细菌成功防治植物病原已经有悠久的历史。目前研究主要集中于在芽孢杆菌（Bacillus）、假单胞菌（Pseudomonas）和土壤杆菌（Agrobacterium）等属对植物病原物的控制技术上。最早应用细菌控制植物病害的成功的离子是应用土壤放线杆菌（*Agrobacterium radiobacter*）K-84 防治根瘤土壤杆菌（*A. tumefaciens*）引起的桃、樱桃、葡萄、玫瑰等植物的根癌病，并在澳大利亚、美国、加拿大等 9 个国家推广应用。许多细菌还能促进植物生长，被称作 PGPR（Plant growth promoting bacteria），该类细菌一般来自于根际，易于在根际定殖，而成为防治土传病害的热点。

国内外应用最广泛的是芽孢杆菌，商品化的制剂包括 Gustafson 公司的枯草芽孢杆菌制剂 Kodiak、混合制剂 BioYield、百抗、G3 制剂、NCD-2 制剂等。Kodiak 主要用于棉花、土豆种子处理和沟施，1994 年 200 万 hm^2 以上土地使用该生防菌，而 BioYield 则是解淀粉枯草芽孢杆菌和枯草芽孢杆菌的混合制剂；解淀粉芽孢杆菌 FZB24 还作为植物促长剂已在德国商业化生产，并于 2000 年 2 月获得 EPA 的注册，用于控制温室和大田植物真菌病害。国内的百抗制剂，其主要有效成分是枯草芽孢杆菌 B908，主要用于水稻纹枯病的防治，大田应用中对水稻纹枯病防效达 70% 以上，已获得农药部登记注册，并在多个省推广使用，面积约 4 667hm^2。河北省农科院植保所研制的萎菌净主要用于棉花黄萎病的防治，而枯草芽孢杆菌 G3 制剂主要用于蔬菜病害的防治，本课题组研制的枯草芽孢杆菌制剂、地衣芽孢杆菌制剂主要用于大豆和蔬菜根部病害的防治以及有益生态菌群的重建。

（3）放线菌生物农药

对于放线菌的研究以往主要集中于抗生素的产生和利用方面。利用放线菌活菌制剂防治植物土传病原最早的应用是我国 20 世纪 50 年代对 5406 的研究，5406 主要是用作菌肥，并大面积应用。仝赞华等研究了灰色链霉菌 AS818 的发酵工艺和作用机理，将其用于大豆种子包衣处理，对大豆根腐病的防治效果达到了 64.3% ~74.5%，增产 12%，应用示范面积约 1 300 万 hm^2；胡江春等研制了海洋放线菌 MB-97，作为大豆重茬调控剂获得较好的控制效果。王占武等从温室番茄根际分离得到具有抗病和促生功能的链霉菌 S506 菌株，对番茄苗期立枯病和枯萎病的防效分别达到了 86.1% 和 89.4%，与化学药剂的防效相当。但国内还未见到登记注册的放线菌活菌制剂的生物农药。

微生物制剂在土壤生物污染的控制和修复中发挥了重要作用，但一般微生物制剂作用缓慢、稳定性较差，对环境要求较为特殊，其在生产中的大面积推行尚待时日。

3. 土壤有机改良

土壤有机改良主要指向土壤中施用新鲜的或堆制的动植物有机肥，以改良土壤的理化和生物学特性，达到促进有益微生物增殖和减少有害微生物累积的目的。常见的有机改良剂包括新鲜绿肥、厩肥、堆肥、淤泥和经过处理的动植物残体和垃圾等。实践证明，施用合适的有机肥能够显著抑制某些有害微生物的数量和减轻土传病害的发生。然而应该指出，这方面的研究目前大都并不深入，对其作用机理多数并不清楚，多数研究只是筛选一些廉价的有机废弃物，距离在特定的条件下用特定的改良剂抑制特定的病原物种群的要求还有距离。

土壤施入某些有机物能够增强土壤微生物的活性，影响土壤病原菌的活力和残存数量，可以有效抑制土传病害的发生。目前，用于土壤处理添加的成分主要有壳质类、粪肥和植物有机体等。

（1）壳质类

水产品加工或餐食所剩余的副产物如虾皮、蟹壳等是壳质类物质丰富的原料来源。利用壳质类物质作为土壤有机改良物质，不仅能提高土壤肥力，而且对土传病害的防治具有一定作用。用蟹壳中的几丁质及从几丁质中提取的乙酰壳多糖进行土壤处理大大降低由 F. oxysporum 引起的马铃薯的根腐病。在温室和田间施用壳质可以防治由镰刀菌引起的豌豆枯萎病。在大豆、胡萝卜、莴苣、甜菜等土壤中加入龙虾壳或甲壳素，发现土壤中放线菌数量增加，能分解几丁质的细菌数量也增加 3～5 倍，这些分解几丁质的细菌产生几丁质酶能够抑制部分真菌的生长或杀死线虫的卵，使根腐病、苗期猝倒病和线虫病发生减轻。

（2）粪肥

利用粪肥抑制土壤病原物研究较多的主要是蚓粪、鸡粪等，但目前的研究都处于试验阶段，还没有大面积应用于生产上。

蚓粪对植物土传病害的抑制作用与其含有丰富的微生物区系有很大关系，使土壤中的微生物量和微生物活性提高，大大增强了病土中与病原菌进行能源竞争的微生物的竞争能力。在生长介质中加入蚓粪，极大地抑制镰刀菌属病原真菌对西红柿的感染，随着蚓粪加入量的增加，其抑病程度相应增大。蚯蚓粪处理黄瓜地降低了苗期土传病害的发生，并表现出明显的促生效果。

土壤施入鸡粪可以明显降低蔬菜根结线虫的根结数量，鸡粪水溶液可有效抑制根结线虫的孵化，随着鸡粪用量的增加和处理时间的延长，幼虫死亡数量也相应增多。用蘑菇泥与鸡粪混用，在一定程度上可以有效控制土传病害的发生，尤其对青枯病防治效果可达到 86.8%。

对于粪肥的防病机理的相关报道较少，认为源于对土壤肥力和微生物区系的改善以及自身含有一些杀生物质，而对病害产生一定的抑制作用。

（3）植物有机体

植物有机残体作为土壤有机改良物对土传病害也具有很好的控制作用。将油菜的叶片添加到土壤中可以有效地降低土壤中线虫（*Meloidogyne* spp.）的群体密度，土壤处理后6周内线虫不能生存，还可明显降低棉花黄萎病的发生。在土壤中添加紫花苜蓿后，可减轻由Phtophthora、Fusarium和Thielaviopsis等病菌引起的根部病害；豆科作物如花生、大豆的叶片粗粉，可明显降低马铃薯萎蔫病的发病率。

综上所述，国内外对设施园艺土壤生物污染的控制和修复尽管已作了大量的研究，但多局限于单一技术的研发和应用，其应用范围和效果有限，难以满足日益严重的土壤生物污染的治理需求。笔者在以往研究的基础上，提出了一套以土壤灭生净化为基础，以土壤有益微生物群重建和有益微生物群定向生态调控为核心内容的土壤生物污染快速生态治理理论，并研发了相应的产品和技术。在云南对三七种植园土壤有害微生物的治理结果表明，对三七根病的防效平均在70%以上，最高可达90%以上。在上海和北京郊区以及山东的蔬菜产区试用也取得了明显的效果。深入研究和完善该技术体系对我国设施蔬菜生产的可持续发展和维护土壤生态健康具重要意义，也对土壤中人畜病原生物污染的治理和保障公共卫生安全具重要的借鉴意义。

参考文献

[1] 张立新，谢关林，罗远婵．洋葱伯克氏菌在农业上应用的利弊探讨．中国农业科学，2006，39（6）：1166～1172.

[2] UNEP. Report of the Methyl Bromide Technical Options Committee，1998. 3.

[3] 李世东，马承铸，陈昱君等．经济作物土传病害治理中的甲基溴替代技术研究．见彭友良主编．中国植物病理学会2006年学术年会论文集．北京：中国农业科学技术出版社，2006，398～400.

[4] 杨振翠．温室土壤日光能高温消毒技术研究．甘肃农业大学学报，2001，36（2）：179～183.

[5] 李明社，缪作清，李世东，赵震宇．用于土传病害防治的土壤处理技术．见中国农业大学农学与生物技术学院编著．中国作物科学研究现状与展望，北京，2005：342～351.

[6] 李明社，李世东，缪作清，郭荣君，赵震宇．生物熏蒸用于土传病害治理的研究．中国生物防治，2006，22（4）：296～302.

[7] Lumsden R D，Locke J C. Biological control of damping-off caused by Pythium ultimum Rhizoctonia solani with Gliocladium virens in soilless mix. Phytopathogy，1989，79：361～366.

[8] Paulitz T C，Belanger R R. Biological control in greenhouse systems. Annu Rev Phytopathol，2001，39：103～133.

[9] 顾真荣，马承铸．产儿丁质酶芽孢杆菌对病原真菌的抑菌作用．上海农业学报，2001，17（4）：88～92.

[10] 郭荣君，王步云，李世东．营养对生防菌株BH1芽孢产量的影响研究．植物病理学报，2005，35（3）：283～285.

[11] 张拥华，李磊，彭志刚，李世东．粘帚霉可湿性粉剂助剂的初步研究．农药，2007，46（2）：94～96.

[12] ZHANG Yonghua, MA Guizhen, GAO Huilan and LI Shidong. Mycoparasitism of Gliocladium isolates in China. Journal of Zhejiang University (Agri. & Life Sci.), 2004, 30 (4): 412~413.

[13] 李世东. 土壤有机改良与植物线虫治理. 见刘杏忠主编. 植物线虫病害的生物防治. 北京：科学技术出版社, 2004：210~220.

[14] 李洪连, 黄俊丽, 袁红霞. 有机改良剂在防治植物土传病害中的应用. 植物病理学报, 2002, 32(4)：289~295.

[15] 李世东, 马承铸, 陈昱君, 缪作清, 郭荣君, 高微微. 三七栽培地病原性连作障碍的生态修复. 见陈士林和肖培根主编. 中药资源可持续利用导论. 北京：中国医药科技出版社, 2006：240~245.

（李世东、缪作清、郭荣君）

从农业立体污染看水体富营养化防治

人类活动导致的水体富营养化现象是当今世界水环境治理的一大难题，随着我国经济的飞速发展和现代农业生产的不断升级，我国江河湖泊等地表水的富营养化问题日趋突出，其结果是不仅直接影响水体功能的实现，还威胁到未来水资源的可持续利用。从20世纪60年代末Vollenweider用磷和氮对湖泊的营养状态作定量分析以来，有关水体富营养化的发生机理、影响危害及其控制对策越来越成为人们关注的热点；近20年来，我国对水体富营养化问题进行了一系列的理论与实践的探索和研究，各级政府为富营养化水体治理投入了大量资金，但是水体富营养化问题仍未得到有效控制，富营养化问题在理论上和实践上尚未有突破性进展。

目前，我国一批科学家通过在农业环境领域多年的实践探索与研究总结，针对新时期农业污染的特点与发展态势，提出“农业立体污染”的概念和理论，认识到水污染形成的复杂性、多元交叉与叠加性、新旧污染与二次污染相互复合的特性，为水体富营养化治理的防治对策和治理技术提供了新思路和新方法。

一、我国水体富营养化现状

早在1986年底由国家环境保护局统一部属、中国环境科学院和中国科学院南京地理与湖泊研究所等20多个单位共同组成“全国湖泊富营养化调查研究课题组”，对我国24个有代表性的湖泊开展了富营养状况调查，在所调查的湖泊中，富营养化湖泊有16个，此时湖泊的富营养化问题已凸显出来；至新世纪水体富营养化程度不断加剧，据2004年我国水资源公报显示：被评价的49个湖泊中，17个湖泊处于中营养状态，32个湖泊处于富营养状态；国家重点治理的“三湖”中，太湖中营养水面积占23%，富营养占77%；滇池全湖处于富营养状态；巢湖的东半湖、中庙湖、西半湖水体均处于富营养状态；水体富营养化问题已给水环境带来十分严重的危害，水生生态系统失衡或破坏，大量繁殖的藻类隔离了水体与空气的接触，水体溶解氧急剧下降，底部沉积物附近形成还原状态，有机物无机化不完全、产生甲烷气体、硝酸盐还原、脱氮反应发生，硫酸盐还原形成H_2S、底泥中铁、锰等离子溶出释放到水中等，直接影响居民用水安全和身体健康以及工农业用水。2007年5月江苏太湖的蓝藻暴发，无锡市民饮用水出现危机，引起中央政府与社会各界的广泛关注。持续恶化的水体富营养化问题已经成为我国水环境污染的核心问题。

二、农业立体污染是造成水体富营养化的重要原因

农业生产是一个典型的人类干预自然的生产活动，在追求农产品产出量最大的同时，农

业环境污染呈现立体化、复杂化、多元化特征。不合理的农药和化肥的施用、畜禽粪便的排放、农田废弃物处置、耕种措施以及工业废弃物农业利用等，造成农业生态系统中各环境要素的立体交叉污染，污染物不仅危及某个“点”和“面”，而且通过时空迁移、转化、交叉、嵌套等过程，又在土壤、水体、生物、大气当中产生新的污染。这种复杂多元而又有机联系的农业立体污染主要从以下两方面影响水环境，最终导致湖泊、水库等地表水体的富营养化。

1. 大量营养物质进入水环境是水体富营养化的直接原因

水体富营养化的根本原因是营养物质的增加，反映水体富营养化程度的评价指标主要有总氮、总磷、生化需氧量（COD）、叶绿素 a 以及透明度这 5 项指标（表 1），其中，总氮、总磷的浓度不仅是评价水体富营养化的重要指标，而且这 2 项指标的浓度直接影响叶绿素 a 和透明度的高低，所以常常把总氮和总磷的浓度作为衡量水体富营养化的最基本的指标。

表 1　中国湖泊富营养化的评价标准

营养程度	评价参数				
	总氮（mg/m^3）	总磷（mg/m^3）	生化需氧量（mg/L）	叶绿素 a（mg/m^3）	透明度（m）
贫营养	≤30	≤2.5	≤0.3	≤1.0	≥10.0
贫中营养	≤50	≤5.0	≤0.4	≤2.0	≥5.0
中营养	≤300	≤25.0	≤2.0	≤4.0	≥1.5
中富营养	≤500	≤50.0	≤4.0	≤10.0	≥1.0
富营养	≤2 000	≤200.0	≤10.0	≤64.0	≥0.4
重富营养	>2 000	>200.0	>10.0	>64.0	<0.4

农田生态系统是氮、磷这 2 种元素输入和输出通量最大的生态系统，农田中不能被作物利用的氮、磷、有机物等营养物质通过地表径流、水土流失，从土壤转移到河流、湖泊、水库等地表水，水体中的营养盐积累到一定程度，在其他外界条件的刺激下藻类就会疯长，暴发“水华”、水质恶化。

2. 农业立体污染影响水体富营养化的途径

（1）农田径流与水土流失

农田径流和水土流失是农业污染的最主要途径，流失的水土是污染物的重要载体。通过试验发现，径流中的泥沙（特别是细颗粒泥沙）能够包含或吸附大量的营养物质，包括有机物、金属、铵离子、磷酸盐以及其他有毒物质的主要携带者。以松花湖为例，松花湖湖区泥沙入库量从建厂时设计的每年 145 万 t 增长到 20 世纪 90 年代的 700 万 t，淤泥入库量增加了近 5 倍，土壤养分流失每年总 N 达 31 414. 75t，总 P 达 1 020. 46t，K 为 8 561. 31t，有机质为 64 914t，这些营养物质通过 152 条大小支流输入松花江，对湖水造成污染。

（2）畜禽养殖粪便的不合理排放

对环境影响较大的大中型畜禽养殖场 80% 集中在人口密集、水系发达的东部沿海地区和大城市周围。随着养殖业的迅速发展，各大城市相继出现畜禽养殖污染问题，城郊农田施用畜禽粪便造成的磷流失成为水体富营养化的重要污染源，也是磷限制性湖泊暴发“水华”的直接原因。例如，在江苏太湖地区水污染物排放的研究发现，磷排放量最高的是畜禽粪尿，在CODCr、TP、TN等污染物中，总磷对水体的污染最严重；在杭州湾污染调查发现，在各类污染源中畜禽粪便对杭州湾总磷的贡献率最大，而且呈上升趋势。

3. 水产养殖直接增加水体营养盐

水产养殖业是最直接利用水资源，同时也是最直接污染水环境的农业生产活动，集约化、高密度的水产养殖业切断了水体生态系统食物链循环，养殖对象的残剩饲料、排泄物、死亡残体等大量有机物失去了被其他生物利用的机会，营养物质直接在水体中积累，浮游植物过量生长，近海水域的赤潮和内陆湖泊的“水华”都与水产养殖业的关系极大，尤其是投饵网箱养鱼、施肥养鱼等养殖方式给水环境带来巨大的压力。近年来网箱养鱼的危害已被人们认识，网箱养鱼的养殖方式逐渐被取缔以后，又兴起了大规模的鱼塘养鱼，在湖泊、水库或河边建有许多鱼塘，鱼塘置换出的污水最终汇入湖泊等地表水，湖边的鱼塘甚至直接抽取河湖水体作为置换用水。据云南洱海的调查研究显示，洱海湖滨带鱼塘面积达147hm^2，每年向洱海换排水661.4 m^3，输出氮32.7t，输出磷3.77t。水产养殖业给水体带来的污染直接导致水体富营养化。

三、从农业立体污染综合防控的角度控制水体富营养化

水环境不是孤立的系统，它与农业生态系统进行着大量的物质交换。水污染的治理只有从整个农业生态系统和流域出发，应用立体污染防治的设计理念和生态工程技术，加强生态管理与调控，建立稳定、和谐和良性循环的生态系统，才能既减少农业污染，又能使水生生态系统具有较强的净化外来污染物和抗干扰的能力。

从农业立体污染的角度解决水体富营养化问题的途径可以归纳为以下几方面：①加强土壤养分管理——推广平衡施肥、改善施肥方法、减少化肥施用量，科学合理的施用化肥是减少水体营养负荷的当务之急；②开展小流域综合治理，控制水土流失——保持土壤养分、可持续利用耕地，切断农田营养物质进入水体的途径；③规范养殖业，减少环境污染负荷；④湿地和缓冲带防治法——湿地、缓冲带、水陆交错区可以作为污染物质的“汇”接纳一些营养物质等，通过植物、微生物的吸收和生物降解等方式实现对污染物的过滤被拦截污染物或有害物质的条带状、受保护的土地，它包括缓冲湿地、缓冲林带、缓冲草地带3种类型，缓冲带通过滞缓径流、沉降泥沙、强化过滤和吸附等功能来实现，能明显降低各类污染物浓度。

四、结语

农业立体污染具有污染源多元性、多重性，污染过程的交叉性、立体性，污染源与污染受体存在着错综复杂的关系。农业立体污染从多途径、全方位影响水环境以及水体富营养化

的发生和发展。水体富营养化的控制对策和治理途径必需与农业立体污染防治紧密结合起来，从农业立体污染防治的思路和措施入手，充分认识农业生态系统对水环境的作用，在系统的层面上认识水体富营养化的形成与演变，将农业立体污染防治的对策与技术应用到水体富有营养化的治理当中。总之，所有防治农业立体污染的对策和措施都不同程度的对水体富营养化问题的解决有所贡献。建立稳定、和谐与良性循环的农业生态系统是治理农业立体污染的长久之计，也是解决水体富营养化问题的关键所在。

参考文献

[1] 国家环境保护总局科技标准司编．中国湖泊富营养化及其防治研究．北京：中国环境科学出版社，2001：1～15，179～185.

[2] 章力建，蔡典雄，王小彬，张建君，金轲．农业立体污染及其防治研究的探讨．中国农业科学，2005，38（2）：350～357.

[3] 舒金华．我国主要湖泊富营养化程度的评价．海洋与湖沼，1993，24（6）：616～620.

[4] 张维理，武淑霞，冀宏杰，Kolbe H. 中国农业面源污染形势估计及控制对策 I. 中国农业科学，2004，37（7）：1008～1017.

[5] Vollenweider RA. OECD Techniocal Report DAS/CSI/68. 27，Pairs，OECD. 1968. 159pp.

[6] Reynolds CS，Reynolds SN，Munawar IF，*et al.* The regulation of phytoplankton population dynamics in the world's largest lakes. Aquatic Ecosystem Healthand Management，2000，3：1～21.

[7] 杨文龙，杨树华．滇池流域非点源污染控制区划研究．湖泊科学，1998，10（3）：55～60.

[8] 杨林章，王德建，夏立忠．太湖地区农业面源污染特征及控制途径．中国水利，2004（20）：29～31.

[9] 金相灿，刘鸿亮，屠青瑛．中国湖泊富营养化，北京：中国环境科学出版社.

[10] 鲁如坤，时正元，施建平．我国南方6省农田养分平衡现状评价和动态变化研究．中国农业科学，2000，33（2）：63～67.

[11] 张大第，张晓红，章家骐等．上海市郊区非点源污染综合调查评价．上海农业学报，1997，13（1）：31～36.

[12] 李荣刚，夏源陵，吴安之等．江苏太湖地区水污染物及其向水体的排放量．湖泊科学，2000，12（2）：147～153.

（章力建、任天志、王迎春、王立刚）

农业立体污染中的兽药污染

随着我国畜牧业的发展和动物疾病的日益复杂，兽药（包括兽药添加剂）在保障动物健康，提高畜禽生产力等方面的作用越来越重要。兽药的使用量日渐增加，使得兽药在生产、销售、运输、使用和销毁过程中向环境暴露的可能性增大，更重要的是兽药经动物代谢后，其原型化合物或代谢物将随着动物的排泄物进入环境。而兽药品种众多，药效各异，不同药物的生物效应迥异，同一种药物对不同生物的效应差距更大。药物进入环境后作用更复杂，将给土壤、水体等生态环境带来不良影响，并通过食物链产生毒害作用，影响环境中植物、动物和微生物的正常生命活动，最终将影响人类的健康。我们把兽药通过各种途径以原型化合物或代谢物的方式进入环境，暴露给环境生物或人，并超过环境生物或人的承受能力，对环境生物或人产生毒害的过程叫做“兽药污染”。

以往的毒理学研究人们主要关注的是兽药对人和动物直接的毒副作用，对兽药在生产使用过程中进入环境和对环境的毒害作用知之甚少，我国尤其缺乏这方面的研究。而随着我国兽药使用量的剧增，兽药已经成为农业污染源的一个重要方面，成为“农业立体污染”防治工程中不可忽视的重要一环。

一、兽药污染来源和路线

一般来说兽药污染的来源主要有三个方面：

第一方面：生产、加工、运输、储存过程中操作不慎以及废弃兽医器具、失效兽药处置销毁不当，导致的兽药直接进入环境。这个途径一般容易被人们察觉，但仍有可能随着雨水等的搬运作用把药物扩散到土壤、水体中。

第二方面：鱼药、环境消毒剂等直接进入环境。鱼药进入水体除影响水生生物外，还能随着水的渗透作用进入淤泥，而水中的淤泥被用作肥料后药物又被人工搬运扩散到其他农业环境中。环境消毒剂一部分进入消毒地区的土壤，再随雨水扩散；一部分可能附着在尘埃上，随风扩散到更远的地方，再随雨水淋洗进入土壤；还有一部分可能被蚊蝇等生物携带扩散。近年来，由于一些烈性传染病的暴发，环境消毒剂使用量剧增！它们在环境中的残留量和生态效应应该进一步评估，不能造成消除烈性传染病后产生污染环境污染，再来治理的被动局面。

第三方面：动物用药后通过排泄物携带原型药物及代谢物进入环境。动物用药后药物在体内代谢，除了在体内被最终代谢成二氧化碳和水之外的其他物质，一部分残留在动物可食性组织中，污染人类食品；一部分随着动物粪便排除体外。如果粪便被用作肥料，那么药物可能由于淋洗作用进入土壤；如果粪便和污水一起排放，那么药物也将进入水体。因此，兽药污染的来源不同以及环境中雨水等的搬运作用，使兽药在环境中形成多条转移路线，图 1

显示了兽药进入环境和在环境中的转移路线。

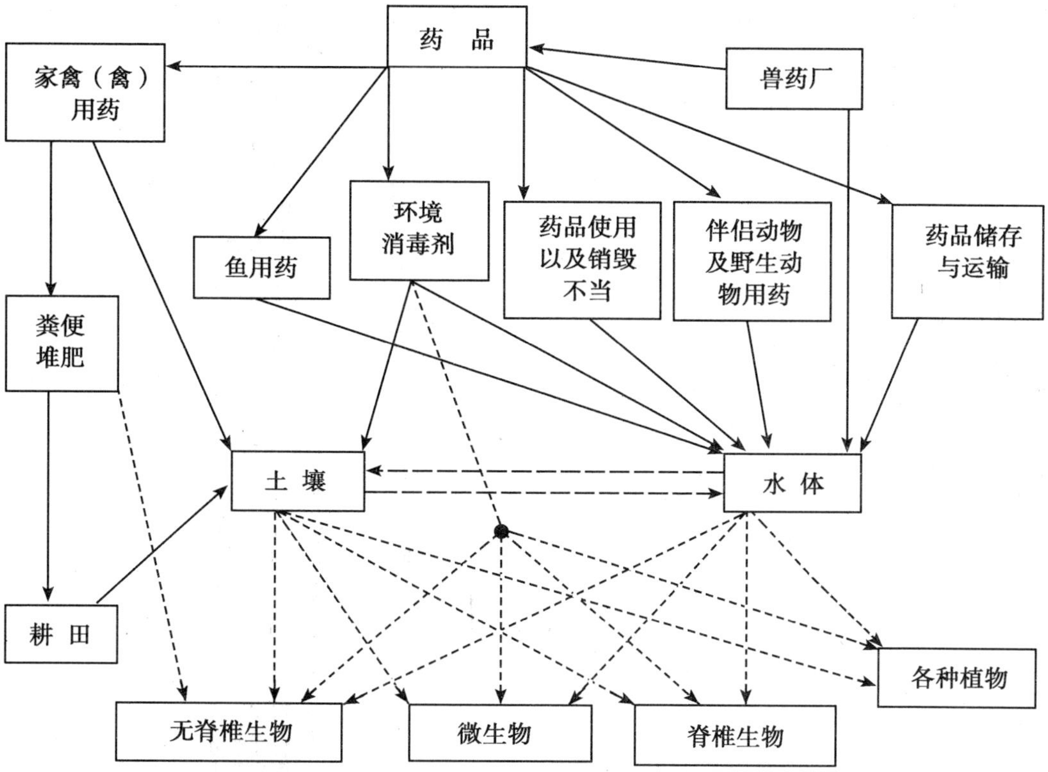

图1　兽药污染路线

药物不仅能随着各种物质流转移，并且在转移过程中，因药物既会对不同的环境生物产生不同影响，同时也会受环境中各种物理、化学和生物等因素的作用，在环境中产生降解、与沉积物结合等形式的转移或在植物、动物中富集。例如：1992 年，Samuelsen 发现在海洋渔场使用土霉素后，土霉素的半衰期为 87～144d，并能以较低浓度存在很长时间，说明土霉素在环境中降解很少并能在环境中蓄积；伊维菌素与土壤有机物质有很高的亲和力，在土壤中的转移能力有限，因此易在土壤中蓄积，0.1～1mg/kg 伊维菌素在土壤中的半衰期为 14～28d；据报道，一个万头猪场即使仅在商品猪日粮中使用砷制剂，则每年要用去 360kg 砷制剂，向环境排放的砷 8 年即可达 1t 之多，16 年内可人为地使土壤中砷含量翻一倍。而猪场周围土壤中砷的含量每升高 1mg/kg，甘薯块根中砷含量即上升 0.28mg/kg，不用 10 年该地区甘薯就会因含砷量即超过国家卫生标准而不能食用。

了解药物污染的路线将有助于初步评估某种药物暴露环境的可能性以及在环境中的行为，从而提出正确的兽药污染防治方法。从图 1 可知，鱼药和家畜（禽）粪便中原型药物及代谢物是最主要的污染源，而堆肥、雨水搬运等作用又可以使药物扩散到农田，并通过土壤淋洗作用进入河流或湖泊。所以，鱼药和家畜（禽）粪便排泄物中的兽药污染应该是兽药污染研究与治理的重点。

二、兽药对环境生物的主要影响

兽药是用于预防、治疗、诊断动物疾病和调剂动物生长性能的一类物质，种类繁多，主要包括疫苗、抗菌药、抗寄生虫药、环境消毒剂、激素及其他促生长调节剂等。由于集约化养殖业的快速发展兽药使用量不断增加，尤其是用于防病和促生长在饲料中添加的药物，药物又是具有生物活性的化学物质，能特异性地作用于某些受体、酶等生物系统，产生相应的生物效应，因此，同一生物对不同药物的反应不一，不同生物对同一药物的反应也不一样。这使得药物进入环境后对环境生物产生的影响呈现多态性。

1. 对植物的影响

药物通过堆肥或地表水的搬运作用进入农田或森林的土壤并能蓄积达到一定浓度，而土壤是植物生长所必需的，因此产生对植物的毒害效应。

美国环保局报道指出，美国每年大约有700万t淤泥用于土壤施肥，并且估计就有300万t被循环利用，而残留在淤泥中的抗生素能蓄积在植物根、茎、叶等，并影响植物生长甚至毒害植物，这样淤泥在提高产量的同时也成为重要的循环污染源。有研究表明，用含有四环素的动物粪便处理土壤，如果浓度达到0.009～0.012mg/L，将对猩猩木的液体培养物产生毒害作用。高浓度的恩诺沙星能蓄积在黄瓜、莴苣、菜豆、萝卜等植物根部并显著抑制幼根的生长。恩诺沙星的浓度为50～5 000μg/L时，对4种植物的发芽都有影响，50～100μg/L时植物出现毒物兴奋效应。磺胺地索辛能在植物的根部和树叶中富集，根部的浓度比树叶中的浓度更高。300～900mg/L的磺胺地索辛能明显抑制车前草、玉米等作物的生长。饲料中添加的铜和锌等重金属也能抑制植物的种子发芽和根伸长，单一的铜污染抑制白菜根伸长12.7%的浓度为250mg/kg，而与锌复合污染时，根伸长抑制11.6%的铜浓度仅为30mg/kg。研究还表明，重金属对作物的毒害作用首先发生在根部，并在根部积累，进而危害茎叶及整株植物。

2. 对水生生物的影响

由于鱼药直接进入水体，水中的药物浓度通常较高，此外畜禽养殖排放的粪便直接通过各种途径最终都能进入水体，越来越多的水体检测发现药物呈阳性。因此，水生生物是兽药污染最直接的受害者。水中藻类、水蚤、鱼、虾等生物又形成一个相对独立的生物圈层和食物链，药物在水中可能被富集和逐级放大，这使得药物的行为会变得更复杂。

研究已经证明，四环素类药物能抑制铜绿微囊藻和绿藻的蛋白质合成，对水生藻类植物属于强毒或中等毒性化学物，而青霉素、金霉素、螺旋霉素、泰乐菌素对藻类也有较强毒性，对铜绿微囊藻的ED_{50}为5～100μg/L，对绿藻的ED_{50}为1～100mg/L。Migliore等研究氟甲喹对水草*Lythrum salicaria L*的毒性，结果50μg/L时能影响水草第三叶的长度，100mg/L能抑制水草的发芽，表明氟甲喹对水草具有很大的毒性。Wollenberger等研究畜禽常用抗菌药甲硝唑、喹乙醇、萘啶酸、土霉素和泰乐菌素等对甲壳细水蚤的作用，结果发现喹乙醇对甲壳细水蚤的急性毒性最强，对水环境有潜在的不良作用；而慢性毒性试验中四环素的EC_{50}值也只有44.8mg/L，土霉素为46.2mg/L。当消毒剂高锰酸钾达到16μg/L及其以上浓度时，耳萝卜螺卵的孵化率明显下降甚至胚胎死亡。

在对鱼虾的影响方面，伊维菌素对太阳鱼和虹尊鱼 48h 的半数致死浓度分别只有 4.8μg/L 和 3.0μg/L。洛克沙胂对鲫鱼具有毒性，30.45mg/L 能极显著抑制鱼脑的谷胱甘肽 S 转移酶（GSH-ST），也能抑制鱼鳃和肝的 GSH-ST、鱼脑的 T-SOD（超氧化物歧化酶），在第 5d Cu-SOD 和 Zn-SOD 活性也极显著降低，鲫鱼巯基酶和抗氧化功能同样受到明显抑制。达氟沙星能使施氏鲟鱼的肝组织结构发生明显的变化，其中线粒体和内质网的受损最明显，细胞核也部分萎缩甚至消失。喹乙醇对鲤鱼蓄积毒性的研究结果表明，喹乙醇在鲤鱼体内的蓄积系数为 1.45～1.90，根据蓄积作用的评价标准，喹乙醇在鲤鱼体内有明显的蓄积作用。该药还能导致鲤鱼心肌细胞、肝细胞内糖原颗粒减少，线粒体肿胀，嵴结构模糊不清或溶解坏死，肠上皮细胞微绒毛脱落，崩解。

3. 对陆生无脊椎动物的影响

畜牧业发达的欧洲及澳大利亚等国在 20 世纪 70 年代曾试验给牛投服杀虫剂，期望能利用牛粪中所含有效杀虫成分驱杀困扰养牛业的体外寄生虫。结果在投药后虽然取得了惊人的杀虫效果，但采用该方法后放牧地牛粪久置不能分解，导致草地环境被严重破坏。这主要是因为与生物分解粪便有关的昆虫种类很多，数量也相当大，当粪便中残留了阿维菌素、伊维菌素等药物时，这些药物不仅抑制了微生物的发酵，还对草原中的多种昆虫及堆肥周围的多种昆虫有强大的抑制或杀灭作用，从而导致粪便分解缓慢。例如：伊维菌素经牛皮下给药后，可使粪虫的成虫繁殖能力下降，幼虫发育受阻，对金龟子的影响可维持到排泄后的 10d 左右，能使草场上双翅目昆虫的数量减少 36%。抗厌氧菌药甲硝唑在土壤中浓度为 0.5mg/g 时能使大豆根围的原虫密度减少 10%。由此可见，兽药污染对陆生无脊柱动物影响很大。

兽药污染还对蚯蚓等土壤动物也有影响。例如用自然土壤法测得的三种兽药对蚯蚓的 LC_{50}分别为：洛克沙胂 3.45g/kg 土壤、氯霉素 2.44g/kg 土壤、磺胺二甲嘧啶 5.33g/kg 土壤，说明这 3 种兽药对蚯蚓具有一定的毒性作用。氯代苯酚类化合物（chlorophenols）随化合物中氯原子数的增加对蚯蚓的急性毒性表现为 LC_{50} 值下降，即毒性明显增强。此外，重金属也对蚯蚓的酯酶同工酶活性有抑制作用。

4. 对微生物的影响

兽药对环境微生物的影响是巨大的，尤其是抗菌药物。它们不仅能破坏环境微生物的数量和功能，还形成耐药性选择压力，使水体和土壤中的微生物成为耐药菌基因的贮库，成为耐药基因扩展和演化的媒介。

Mirand 研究养殖场水体中分离的 103 种细菌，发现大多数细菌对阿莫西林、氨苄西林、红霉素、呋喃唑酮、氟苯尼考、氯霉素、头孢氨苄和甲氧苄啶都具有耐药性。Raloff 检测美国 15 条河流，发现 5%～50% 的细菌对青霉素有抗性，对其他药物的抗性也很严重。我国猪链球菌病事件的发生也极可能与环境抗菌压力选择有关。土壤中恩诺沙星残留对土壤微生物的影响强弱顺序为：细菌 > 放线菌 > 真菌，其影响作用随浓度从每克土壤 0.01～10μg 的增加而加大，药物作用活性维持期为 6～8d，恩诺沙星残留能降低土壤微生物群落功能和多样性。阿维菌素浓度达到 125mg/kg 以上时，对土壤微生物的种群数量和细菌、真菌、放线菌的生长速度有明显的抑制作用。

杨居荣等对砷和重金属对土壤微生物的作用进行了调查和试验研究，发现砷对土壤固氮细菌、解磷细菌、纤维分解菌、真菌和放线菌均有抑制作用，减少土壤细菌总数，并能抑制土壤脲酶、土壤脱氢酶、多酚氧化酶、过氧化氢酶等的活性，使土壤呼吸强度降低，其 CO_2 的产量减少。而强力霉素能抑制土壤磷脂酸酶、脱氢酶的活性，使葡萄糖诱导的土壤呼吸作用减弱；粪便中残留的抗菌药物还可能抑制微生物，使得粪便难以分解消除。

5. 对陆生脊椎动物的影响

目前还没有药物污染直接危害陆生脊椎动物的报道，但是已知的很多药物对爬行动物、哺乳动物和鸟类都有负面影响，而食物链可富集环境中残留的兽药，并且可食性动物在被兽药污染的环境中也可能导致动物性食品发生兽药残留。因此，环境生物中特别是人类的食品生物，由于富集作用可能直接影响到人体健康，应该引起人们的重视。

修瑞琴通过调查我国渤海、黄海“藻类→水蚤类→鱼类→人体”的食物链关系，研究甲基汞污染与人体健康的关系，发现在沿海甲基汞污染浓度下（0.001mg/L）水体中第一环生物（浮游植物）对甲基汞的富集速度很快，富集能力很强。12h 藻体内甲基汞含量可达 1.58mg/kg，浓缩系数上千倍。浮游动物吞食浮游植物后 48h 体内富集甲基汞 1.51mg/kg，浓缩系数为 1 511 倍。食用了此浮游动物的鱼，体内甲基汞含量可高达 2.00mg/kg，浓缩 1 950倍，大大超过了食品卫生标准（最高可超标 6 倍以上）。实验还证明鱼类可以从水中直接富集甲基汞，然而已富集到鱼体内的甲基汞在两个多月中只能释放出一半。这些含甲基汞超标的鱼类作为食品被人食用后将甲基汞转入人体就会危害健康。Coats 研究报道了鸡粪中的氯羟吡啶、磺胺二甲基嘧啶、已烯雌酚和吩噻嗪在环境中的降解，发现氯羟吡啶、已烯雌酚降解很慢，且发现已烯雌酚能在食物链中高度蓄积。由此可见，人们应该警惕兽药污染通过食物链危害高等生物和人。

此外，兽药的使用还能污染畜舍，使畜舍成为病源细菌的耐药性储蓄库。兽药污染动物性食品，能导致兽药残留直接危害人类健康等不良影响。

三、兽药的环境安全评估

药物也是一类化学物质，与其他化学品一样具有对环境产生不利影响的可能性，而药物由于在动物体内的吸收和代谢方式多样，使进行药物风险评估时，不仅要知道药物的性质，而且要了解药物的中间代谢产物以及它们对生态系统各种成分的影响。所以，药物的环境风险评估相对于其他化学物质更困难，更需要多学科的参与。

20 世纪 70 ~ 80 年代发达国家已经开始关注药物对环境的影响，近年来又相继出台了研究兽药环境污染的计划和兽药环境安全评估的法规。欧美等国和组织的兽药污染研究计划有：ERAVMIS、REMPHARMAWATER、POSEIDON 等。经过多年的研究，他们的研究机构取得了环境中一些兽药残留量的数据和危害影响的数据，并促成了欧美国家制订兽药环境安全评估的相关法规。在美国，FDA 分别制订了第 89 号指南和第 166 号指南，以指导新兽药的环境安全评估。欧盟也制订了评价药物对环境影响的指导性文件。在欧美兽药环境安全审评文件中都采用两个阶段的评估体系，评价兽药对环境可能的污染状况。第一阶段（Phase I）是评估兽药暴露在环境中的可能性；第二阶段（Phase II）是分析兽药对环境潜在的影响。此外，欧美等国还在积极引进新的技术，建立新的、可靠的评估实验方法和探寻消除兽药污染的途径。

第一阶段主要解决几个问题：药物在体内的代谢物；药物进入水体中的浓度是否低于1μg/L；药物进入土壤后的浓度是否低于100μg/kg。如果药物及其代谢物在水中和土壤中的蓄积浓度不会达到上述值，那么可以认为药物对环境是安全的。否则，药物将进入第二阶段的评估。

第二阶段需要弄清药物在环境风险浓度（predicted environmental concentration，PEC）和预期对环境的无作用浓度（predict no-effect environmental concentration，PENC），即对药物分别进行环境暴露量的分析和对环境影响的实验。整个第二阶段的评估需要分两个层次进行：第一层次（Tier A）是收集药物物理化学性质数据；评估药物在环境中的转归；并用水生和陆生模式生物进行急性毒性试验，得到EC_{50}或LC_{50}，并根据各自试验所需的安全系数（Assessment Factors，AF）推测出药物的PEC。第二层次（Tier B），如果通过第一层次的实验证明药物的$LogK_{OW}$（辛醇－水分离系数）≥4，说明药物可能在环境中蓄积，应该继续进行药物在环境的转归研究。如果危险积分（Risk Quotient，RQ，RQ＝PEC/PENC）值≥1，用模式生物进行慢性毒性考察，得到无作用剂量（No-observed effect concentration，NOEC）。最后根据上述实验数据评估药物污染的危险性，并对制订药物使用和排放限量等管理措施。

环境药物暴露量是通过分析给药量、靶动物吸收率、动物和环境中药物代谢特征、土壤吸附作用和水的稀释等等因素，测试泥浆、泥土、表面和地表水等环境中的PEC，预测环境药物暴露的量。对环境影响的实验主要考察模式生物，如蚯蚓、植物、环境微生物、昆虫、藻类和特殊鱼类等生物的急性和慢性毒性，推测PNEC，得到RQ值，并建立剂量效应关系。

四、我国应加快研究的几个方面

兽药污染是伴随药物进入环境后形成的药物、环境及生物有机体三者之间的相互关系。随着养殖业的发展和新兽药不断出现，药物使用量和种类越来越多，进入环境的药物数量和种类也越来越多，加上环境中还存在着许多的其他来源的污染物，给环境造成的负担越来越重。因此，必须采取措施加快研究我国兽药污染的状况和防治措施。

1. 加快兽药污染的物理化学检测方法研究

我国兽药对环境污染的研究起步较晚，对品种繁多的兽药缺乏环境评估数据，相关研究领域有许多空白，尤其是缺乏环境中药物检测的标准方法。目前，国际上兽药污染的研究主要集中在：收集药物代谢、降解性和生物效应等数据；测定在环境中药物的真实浓度；研究泥浆、土壤和沉淀物对药物的吸附作用等方面。因此，建立基本的理化检测方法才能为解决这些问题提供技术支持。

兽药污染的理化检测包括兽药环境行为的监测和对土壤环境质量影响的监测。环境行为监测主要是弄清兽药在环境中的分布及其在环境中的移动、扩散与降解等规律，技术方法有微生物法、免疫化学法及物理化学测定法等。土壤环境质量监测主要弄清土壤生化活性，特别是氧化还原酶系和水解酶系的活性。

2. 加快兽药污染的生物监测方法研究

没有生物监测方法就无法对兽药的危害进行正确的评估，因此必须建立能反映我国环境安全的生物监测方法。在发达国家，药物对土壤生物群落和水生群落影响的正确评估方法或模式也尚未完全建立，目前，通常用于评价的模式生物前者首选蚯蚓以及土壤微生物，后者首选藻类、水蚤以及鱼类。此外，还有的采用监测鹌鹑繁殖和观测微宇宙系统等方法。鹌鹑繁殖试验能了解兽药影响鸟类繁殖的水平及毒效应。微宇宙系统观测既可研究自然生态系统的结构和功能，也可被应用于研究污染物的生态效应。

3. 建立我国兽药环境安全评估体系

由于我国对兽药污染的认识较晚，至今尚未建立兽药环境安全评估标准和评估体系。欧美许多国家已经建立了药物环境安全评估方法和评估体系，并大量考察本国兽药污染的状况，采集基本数据。在国际贸易中“绿色”技术壁垒越来越多，我国人民也越来越重视环境污染问题，与此同时我国兽药的使用量逐渐增多，自主创新和国外引进的新兽药也不断出现，它们对我国环境的影响需要认真考察。因此，有必要根据我国环境的特点，借鉴国外先进的经验，研究建立适合我国环境保护的兽药环境安全评估标准和体系。

4. 多学科联合攻关防治兽药污染

兽药在环境中行为的复杂性，需要综合药学、化学分析、生物学、毒理学等学科联合攻关。现代分子生物学方法和技术能用于研究兽药及其代谢产物与环境生物的相互作用，探讨药物污染的作用机理，也为建立新监测方法提供了一个可行的途径。有研究表明，在土壤中存在一些物质如腐殖酸等能减少植物对药物的摄入，利用分子生物学研究腐殖酸等物质的作用，可能为防治兽药污染提供一个可行的途径。

总之，兽药污染是农业立体污染防治的一个重要环节，兽药污染的防治在我国任重而道远，必须加快兽药污染的研究和采取农业立体防治的措施，才能保障兽药对环境和人的安全。

参考文献

[1] 章力建，蔡典雄，王小彬等．农业立体污染及其防治研究的探讨［J］．中国农业科学，2005，38（2）：350～357.

[2] Raloff J. Pharm pollution-Excreted antibiotics can poison plants [J] . The Weekly News magazine of Science, 2002, 161 (26): 406.

[3] 李术，朱蓓蕾，沈建忠．浅谈兽药与环境安全［J］．中国兽医杂志，2002，38（7）：45～47.

[4] Boxall ABA, Kolpin DW, BS, *et al.* Are veterinary medicines causing environmental risks? [J]. Environmental Science and Technology, 2003, 1: 286～294.

[5] Halling-Sorensen B, Nielsen SN, Lanzky PF, *et al.* Occurrence, fate and effects of pharmaceutical substances in the environment-a review [J] . Chemosphere, 1998, 36 (2): 357～393.

[6] Samuelse OB, Torsvik A. Long-range changes in oxytetracycline concentration and bacterial resistance toward oxytetracycline in a fish sediment after medication [J]. Soil Total Environ, 1992, 114: 25~36.

[7] Halley BA, Jacob TA, Lu AY. The environmental impact of the use of ivermectine, environmental effects and fate [J]. Chemosphere, 1989, 18: 1543~1563.

[8] 刘更另. 矿质微量元素与食物链 [M]. 北京: 中国农业科学技术出版社, 1994.

[9] 刘强. 从生态效益看砷制剂作为畜禽促生长剂应用的后果 [J]. 国外畜牧科技, 1997, 24 (2): 10~13.

[10] Kühne M, Ihnen D, *et al.* Stability of Tetracycline in Water and Liquid Manure [J]. J Vet Med A Physiol Pathol Clin Med, 2000, 47 (6): 379~384.

[11] Migliore L, Cozzolino S, Fiori M. Phytotoxicity to and uptake of enrofloxacin in crop plants [J]. Chemosphere. 2003, 52 (7): 1233~1244.

[12] Migliore L, Brambilla G, Cozzolino S. *et al.* Effect on plants of sulphadimethoxine used in intensive farming (Panicum miliaceum, Pisum sativum and Zea mays) [J]. Agriculture, Ecosystems & Environment, 1995, 52 (2): 103~110.

[13] Migliore L, Brambilla G, Casoria P. et al. Effect of sulphadimethoxine contamination on barley (*Hordeum distichum L*, Poaceae, Liliopsida) [J]. Agriculture, Ecosystems & Environment, 1996, 60: 121~128.

[14] van der Werf HMG, Petit J, Sanders J. The environmental impacts of the production of concentrated feed: the case of pig feed in Bretagne [J]. Agricultural Systems, 2005, 83 (2): 153~177.

[15] Raloff J. More Waters Test Positive for Drugs [J]. The Weekly Newsmagazine of Science, 2000, 157 (14): 212.

[16] Halling-Serensen B. Algal toxicity of antibacterial agents used intensive farming [J]. Chemosphere, 2000, 40 (7): 731~739.

[17] Lutzhoft HH, Halling-Sorensen B, Jorgensen SE. Algal toxicity of antibacterial agents applied on Danish fish farming [J]. Arch Environ Contam Toxicol, 1999, 36 (1): 1~6.

[18] Migliore L, Cozzolino S, Fiori M. Phytotoxicity to and uptake of flumequine used in intensive aquaculture on the aquatic weed, *Lythrum salicaria L* [J]. Chemosphere. 2000, 40 (7): 741~750.

[19] Wollenberger LB, Halling-Soerensen, Kusk KO. Acute and Chronic Toxicity of Veterinary Antibiotics to *Daphnia magna* [J]. Chemosphere, 2000, 40 (7): 723~730.

[20] 张文香. 高锰酸钾对耳萝卜螺的毒性作用 [J]. 淡水渔业, 2000, 30 (8): 32~33.

[21] Lutzhoft HH, Halling-Sorensen B, Jorgensen SE. Algal toxicity of antibacterial agents applied in Danish fish farming [J]. Arch Environ Contam Toxicol. 1999, 36 (1): 1~6.

[22] 孙永学, 陈杖榴, 陈展飞等. 洛克沙胂对鲫鱼暴露胁迫的毒性效应 [J]. 华南农业大学学报, 2004, 25 (3): 101~104.

[23] 卢彤岩, 杨雨辉, 徐连伟等. 达氟沙星对施氏鲟的急性毒性及组织残留检测 [J]. 中国水产科学, 2004, 11 (6): 542~548.

[24] 汪开毓, 耿毅, 刘开永. 喹乙醇对鲤鱼蓄积毒性的研究 [J]. 四川农业大学学报, 2004, 22 (2): 183~186.

[25] 仓持胜久, 著. 房晓彤, 摘译. 兽药对放牧草场粪虫的影响 [J]. 国外畜牧科技, 2000, 27 (6): 45~46.

[26] Laffont CM, Alvinerie M, Bousquet-Melou A, et al. Licking behaviour and environmental contamination arising from pour-on ivermectin for cattle [J]. Int J Parasitol, 2001, 31 (14): 1687~1692.

[27] Jjemba PK. The effect of chloroquine, quinacrine, and metronidazole on both soybean plants and soil microbi-

ota [J]. Chemosphere, 2002, 46 (7): 1019 ~ 1025.

[28] 李银生，曾振灵，陈杖榴等. 三种兽药对蚯蚓的急性毒性试验 [J]. 农业环境科学学报，2004，23 (6): 1065 ~ 1069.

[29] Miyazaki A, Amano T, Saito H, et al. Acute toxicity of chlorophenols to earthworms using a simple paper contact method and comparison with toxicities to fresh water organisms [J]. Chemosphere, 2002, 47 (1): 65 ~ 69.

[30] 郭永灿，王振中，张友梅等. 重金属对蚯蚓的毒性毒理研究 [J]. 应用与环境生物学报，1996，21 (1): 132 ~ 140.

[31] Raloff J. Waterways carry antibiotic resistance [J]. The Weekly Newsmagazine of Science, 1999, 155 (23): 356.

[32] Mirand CD, Zemelman R. Antimicrobial multiresistance in bacteria isolated from freshwater Chilean salmon farms [J]. Sci Total Environ. 2002, 293 (1 ~ 3): 207 ~ 218.

[33] 王传彬，王宏伟. 猪链球菌的耐药性值得关注 [EB/OL]. http://news.sina.com.cn/c/2005-07-26/18257330456.shtml, 2005, 7, 26.

[34] 王加龙，刘坚真，陈杖榴等. 恩诺沙星残留对土壤微生物数量及群落功能多样性的影响 [J]. 应用与环境生物学报，2005，11 (1): 86 ~ 89.

[35] 张跃华，罗志文，赵永勋. 阿维菌素对土壤微生物的活性影响 [J]. 佳木斯大学学报（自然科学版），2002，20 (1): 49 ~ 51.

[36] 杨居荣，任燕，刘虹，等. 砷对土壤微生物及土壤生化活性的影响 [J]. 土壤，1996，2: 101 ~ 109.

[37] Fernandez C, Alonso C, Babin MM, *et al.* Ecotoxicological assessment of doxycycline in aged pig manure using multispecies soil systems [J]. Science Of The Total Environment, 2004, 323 (1 ~ 3): 63 ~ 69.

[38] 修瑞琴. 生态毒理学环境生物技术 [J]. 中国药理学与毒理学杂志，1997，11 (2): 95 ~ 96.

[39] Coats JR, Metcalf RL, Lu PY, *et al.* Model ecosystem evaluation of the environmental impacts of the veterinary drugs phenothiazine, sulfamethazine, clopidol, and diethylstilbestrol [J]. Environ Health Perspect. 1976, 18: 167 ~ 179.

[40] Food and Drug Administration Center for Veterinary Medicine. Environmental impact assessments (EIA'S) for veterinary medicinal products (VMPS) -Phase I [EB/OL]. Guidance for Industry #89, VICH GL6, March 7, 2001.

[41] Food and Drug Administration Center for Veterinary Medicine. Environmental impact assessments (EIA'S) for veterinary medicinal products (VMPS) -Phase II [EB/OL]. Guidance for Industry #166, VICH GL38, August, 2003.

[42] The European Agency for the Evaluation of Medicinal Products Veterinary Medicines Evaluation Unit. Note for guidance: Environmental risk assessment for veterinary medicinal products other than gmo-containing and immunological products [EB/OL]. EMEA/CVMP/055/96, Final approval by the CVMP, January 14 ~ 16, 1997.

[43] European Medicines Agency. EMEA Conference on Environmental Risk Assessment for Human and Veterinary Medicinal Products [EB/OL]. EMEA/359945/2005, European Medicines Agency Press office, October 27 ~ 28, 2005.

[44] Boxall ABA, Kay P, Blackwell PA. Assessing the Environmental Fate and Effects of Veterinary Medicines [EB/OL]. http://agriculture.de/acms1/conf6/ws4other.htm, November 11, 2005.

（张可煜、薛飞群、章力勇）

畜禽排泄物与农业立体污染防治

畜牧业是我国农业的重要组成部分，在我国农村经济中处于优势产业和支柱产业地位。畜牧业的迅速发展相伴随的环境问题的日益突出，畜禽养殖废弃物排放已成为影响我国环境状况改善的重要污染源之一。国家环境保护总局于2001年颁布了专门的管理法规和标准，将畜禽养殖业环境管理作为农村环境保护的重中之重，纳入法制化轨道。2003年我国畜禽养殖业共产生31.90亿t粪便，是当年工业产生固体废物的3.2倍；畜禽粪便及其中的氮、磷纯养分平均耕地负荷分别为24t/hm^2，107kg/hm^{2}和29kg/hm^2。我国畜牧业污染已成为环境保护的严峻问题，也是农业立体污染防治中的重要问题。

一、畜禽排泄物的环境问题和现状

1. 畜禽排泄物的排放量

畜牧业的发展和菜篮子工程的实施，集约化畜禽业迅速发展，畜禽排泄物的排放量急剧增加。正常情况下畜禽排泄物的排放量及氮、磷等含量（见表1、表2），估计一个年出栏1万头猪的畜牧场，平均每天猪粪排出量达17.5t，N、P的排放量分别达到105kg、70kg；年饲养1万羽产蛋鸡的养鸡场，平均每天鸡粪排放量达1.5t，其中N、P的排放量分别达24.45kg、23.1kg。据报道，全国畜禽排泄物年排放量已达25亿t。

表1　各种畜禽排泄物的排放量　（单位：kg/只·日）

畜禽种类	奶牛	哺乳母猪	育肥猪	羊	产蛋鸡
排粪量	55~65	7~11	3.5	2.66	0.15

表2　畜禽排泄物的化学成分　（单位:%）

种类	水分	有机质	氮（N）	磷（P_2O_5）	钾（K_2O）
猪粪	81.5	15.0	0.6	0.40	0.44
牛粪	83.3	14.5	0.32	0.25	0.16
羊粪	65.5	31.4	0.65	0.47	0.23
鸡粪	50.5	25.5	1.63	1.54	0.85

2. 对土壤的污染

土壤的基本功能之一是提供植物生长发育所必需的水分、养分、空气和热能等条件，即提供作物生长的条件；另一基本功能是可分解有机物质。这两方面构成了土壤自然循环的重要环节。畜禽排泄物对土壤既有利也有弊，在一定条件下两者可相互转化。其利在于能够施用于农田作为肥料培肥土壤；粪液也为土壤提供必要的水分；施用粪肥也能增加土壤有机质和有益微生物，改善土壤结构与耕性，提高土壤抗蚀能力，改变土壤的空气和耕作条件，增加土壤有机质和作物有益微生物的生长。其弊端在于使用排泄物过度会危害农作物、土壤、表面水和地下水水质，造成环境污染。

3. 对水体的污染

畜禽养殖场未经处理的污水中含有大量的污染物质，其污染负荷很高。高浓度畜禽养殖污水排入江河湖泊，由于N、P含量高，导致水体严重富营养化；大量畜禽排泄物污水排入鱼塘及河流，会使对有机物污染敏感的水生生物逐渐死亡，严重的将导致鱼塘及河流丧失使用功能。而且，土壤中的硝态氮含量过高，经淋溶进入地下水，会对地下水造成污染，威胁人体健康。

4. 对大气的污染

畜禽场大量的粪便和垫料分解产生的含有氨、硫化物、甲烷等有害物质的恶臭气体，严重污染环境，危害人体健康。排泄物恶臭主要来源于饲料中蛋白质的代谢终产物，或粪便中代谢产物和残留养分经细菌分解产生的恶臭物质，包括氨、硫化氢、吲哚、硫醇，对人畜健康影响最大的主要有氨气（NH_3）和硫化氢（H_2S）。硫化氢含量高时，会引起头晕、恶心和慢性中毒症状。人长期在氨气含量高的环境中，可引起目涩流泪，严重时双目失明。由于CH_4与NH_3对全球气候变暖贡献较大，因而近年来对畜禽粪便中的这两种气体研究较多。CH_4、CO_2和N_2O都是地球温室效应的主要气体，据研究，CH_4对全球气候变暖的增温贡献大约为15%。在这15%的贡献率中，养殖业对CH_4的排放量占有较大比重。根据测验，猪排放CH_4为0.768kg/头·年，CCh为0.714kg/头·年，N_2O为0.002kg/头·年。1990年中国动物粪CH_4排放总量为1.249t，占全球畜禽粪便CH_4排放量的5%左右。一般来说，散发的臭气浓度和粪便的磷酸盐及氮的含量成正比，家禽排泄物中磷酸盐含量比较高，猪粪便又比牛粪便高，因此牛场有害气味比猪场少尤其比鸡场少。挥发性气体及其他污染物质随风可传播很远，但随距离加大，污染物的浓度和数量会明显降低。

5. 畜禽粪尿的生物病源污染

已患病或隐性带病的畜禽会随粪便排出多种病菌和寄生虫卵，如沙门氏菌和鸡金黄色葡萄球菌、大肠杆菌，鸡传染性支气管炎、禽流感和马立克病毒，蛔虫卵、球虫卵等。若处理不当，就会成为危险的传染源，造成疫病传播，不仅影响畜禽健康，而且影响人类的健康。此外，畜禽排泄物中含有大量源自动物肠道中的病原微生物和寄生虫卵。据报道，畜禽场排放的污水，平均每1ml中含有33万个大肠杆菌和69万个大肠球菌；沉淀池每升污水中含有高达190多个蛔虫卵和100多个毛首线虫卵。这些病原微生物和寄生虫卵进人水体，会使水体中病原种类增多，菌种和菌量加大，出现病原菌和寄生虫的大量繁殖和污染，导致介水传染病的传播和流行。特别是在人畜共患病时，会引发疫情，给人、畜带来灾难性危害。在研究接纳灌溉水农田地下水中的细菌时，发现土壤基质过滤会大幅减少粪便中大肠杆菌的数量，细菌在水体沉积物里可存活几个星期。

6. 药物及饲料添加剂的污染

为保证畜禽的健康和生产性能，通常在饲料中添加一定量的药物添加剂，但是盲目追求畜禽生长速度而滥用药物添加剂的现象越来越普遍。许多药物添加剂会随畜禽尿液排出，混合在粪便中。这种粪便废弃物若不经任何有效处理就作为肥料施用，其中的药物添加剂如被植物吸收会残留在其组织中。而且药物及饲料添加剂进人环境后作用更复杂，将给土壤、水体、大气等生态环境带来不良影响，并通过食物链产生毒害作用，影响环境中植物、动物和微生物的正常生命活动，最终影响人类的健康。

三、畜禽排泄物的循环利用途径

1. 肥料化

畜禽排泄物中含有大量农作物生长所必需的氮、磷、钾等营养成分和有机质，将其堆肥后施于农田是一种被广泛使用的利用方式。这种方式不仅可以杀死排泄物中大部分的病原微生物，而且有利于改良土壤结构，提高土壤肥力和农作物产量。为了进一步减少恶臭物质的散发，提高肥效，许多发达国家还利用现代微生物技术和发酵工艺，在对禽粪进行快速发酵、杀菌、脱臭后添加适量的大量及中、微量元素肥料，制成复合有机肥。

2. 能源化

能源化手段主要有 2 种。一种是进行厌氧发酵，生产沼气，为生产、生活提供能源。经测算，含水率 20% 的鸡粪热值相当于标准煤的 40%，10 万只鸡的年产粪便转化为沼气热值约等于 232t 标准煤。同时沼渣和沼液又是很好的饲料和有机肥料。这样既减少了污染，又提高了污染物治理的经济效益。另一种是将畜禽粪便直接投人专用炉中焚烧，供应生产用热。据报道，英国萨福克郡建立的艾伊鸡粪发电站，装机容量达 1 215MW，每年可以消耗鸡粪 1 215 万 t。

3. 饲料化

畜禽排泄物中含有大量未消化的蛋白质、维生素 B、矿物质、粗脂肪和一定数量的糖类物质。如鲜猪粪蛋白质质量分数为 3.5% ~4.1%，牛粪为 1.7% ~2.3%，羊粪为 4.1% ~4.7%，鸡粪为 11.2% ~15%。另外，畜禽排泄物中氨基酸品种比较齐全，且含量丰富。如干鸡粪中含有 17 种氨基酸，其质量分数达 8.27%。由于较高的蛋白质含量和齐全的氨基酸种类，目前鸡粪已成为最受关注的一种非常规饲料资源。国内外大量研究结果表明，鸡粪不仅是反刍动物良好的蛋白质补充料，也是单胃动物和鱼类良好的饲料蛋白来源。

参考文献

[1] 章力建，董红敏，蔡典雄，李玉娥．农业立体污染及其防治．中国农业科学院院报，2004－11－10.

[2] 章力建，董红敏，蔡典雄，李玉娥．农业立体污染不容忽视．农业日报，2004－11－30.

[3] 章力建，蔡典雄．治理农业污染必须抓“链条”．科技日报，2004－12－29.

[4] 国家环境保护总局自然生态保护司．全国规模化畜禽养殖业污染情况调查及防治对策．北京：中国环境科学出版社，2002.

[5] 吴淑杭，姜震方，俞清英．禽畜粪便污染现状与发展趋势．上海农业科技，2002（1）：9～10.

[6] 彭里．畜禽粪便环境污染的产生及危害．家畜生态学报．2005（26）4：104～106.

[7] J. A. Moore and M. J. Gamroth, Calculating the fertilizer value of manure from livestock operatins. Oregon state university extension service EC1094, Reprinted November 1993：1～7.

[8] 刘卫东，黄炎昆．鸡场粪污的综合治理．畜牧兽医杂志，2000，19（1）：25.

[9] 赵晨曦，肖波，禹逸君．畜禽粪便污染和处理技术现状与发展趋势．湖南农业科学 2003（6）：52～55.

[10] 孔源，韩鲁佳．我国畜牧业粪便废弃物的污染及其治理对策的探讨［J］．中国农业大学学报，2002，7（6）：92～96.

[11] 张玉珍，洪华生，曾悦等．九龙江流域畜禽养殖业的生态环境问题及防治对策探讨．重庆环境科学，2003，25（7）29～34.

[12] Jung-Jeng Su, Bee-Yang Liu, Yuan-Chie Chang. Em ission of greenhous gas from livestock waste and wastewater treatment in Taiwan. Agriculture, Ecosystems and Environment, 2003, 95：253～263.

[13] 董红敏，林而达，李玉娥等．中国农业系统甲烷排放量的初步估算．Ambio，1996，25（4）：292～295.

[14] Raloff, J. Pharm pollution-Excreted antibiotics can poison plants. The Weekly Newmagazine of Science, 2002, 161（26）：406.

[15] 曹五七．我国家畜环境污染问题及其保护对策．家畜生态，1998，19（3）：32～36.

[16] 孙守琢．畜禽粪便饲料的开发和利用．饲料博览，1995（3）：30.

（周勇志、章力勇、周金林、沈杰）

农业立体污染中的畜禽粪便在疾病传播中的危害及防治

随着我国集约化畜禽养殖场的迅速发展，由此带来了畜禽废弃物的排放和污染问题，制约了畜牧业的可持续发展，通常一个饲养规模为10万羽的集约化养鸡场，每年可产粪尿3 600多t，一个千头养猪场年排粪尿达2 500t。1999年全国的畜禽粪尿总数达到19亿t，是工业固体废弃物的2.4倍，畜禽粪便（COD化学需氧量）的排放量已达7 118万t，远远超过工业废水和生活污水的排放量总和。近年来人畜共患疾病如疯牛病（BSE）、禽流感、非典型性肺炎（SarS）病毒和血吸虫病的肆虐，对人类公共卫生健康已造成极大的危害，据文献报道，人类和禽、畜共患疾病数目为：家禽26种，猪42种，牛50种，羊46种，狗65种。畜禽粪便含有大量的未被消化吸收的有机物质、有害气体、重金属、病原微生物、寄生虫卵，对大气、水体、土壤、生物造成多方面的污染，在整个“农业立体污染”中占有重要的比重，动物粪便的随意处置，给疾病的传播、发展创造了条件。

一、畜禽粪便的危害

1. 有机污染

未经处理的人、畜粪尿中含有各种抗生素、激素等化学药物，直接进入农田，伴随而来的是对公众健康和环境的潜在危害。另外，畜禽粪便中含有大量的氮和磷的化合物，这些氮和磷直接进入土壤后，会转化为硝酸盐和磷酸盐，含量过高会使土地失去生产价值。造成地表水和地下水的污染。

2. 卫生学污染

人类和畜禽粪便中含有各种肠道菌群和条件性病原体，发生疾病时含有病原微生物，对水体卫生学污染影响巨大，应用畜禽粪便污染的灌溉水或未经无害化处理的粪肥可导致食用农产品卫生学污染。

3. 传染病、寄生虫病的潜在威胁

人和畜、禽如果受到某些传染病或寄生虫病的感染，其排泄物中将不可避免地带有这些病毒或细菌、寄生虫虫卵。若不加处理直接进入环境，有造成传染病暴发的危险。在我国南方地区的一些水域发达省份，受农田地理、地势条件和农村耕作习惯的限制，家庭耕牛的饲养量较多，耕牛多散养在江、河、洲、滩水草丰富的地区，耕牛粪便无法得到有效处理，已成为人畜共患血吸虫病的传播和流行最主要的传染源。粪便处理已成为防制血吸虫病爆发流

行的重要因素。再如，困扰英国人的“疯牛病”，病毒可通过牛粪作肥料的蔬菜传给人类。土源性寄生虫的传播主要由粪便造成。

现在畜禽养殖场兽药和畜禽饲料添加剂的用量较高，造成肉食品的药物残留，给人类健康带来了危害，另外导致耐药株微生物的形成和畜禽病毒、细菌的变异，形成新的微生物传染和流行。同时，这些兽药和畜禽饲料添加剂以原药和代谢产物的形式存在粪尿中，对植物造成毒性和残留，土壤微生物的生态平衡失调。

粪便中有机物、粪水随意堆放，一到夏天，臭气熏天，蚊子、蝇类大量孳生，这些传播媒介的大量繁殖给动物疾病又创造了条件，如猪伪狂犬病、附红小体病、猪繁殖和呼吸综合症等病由传播媒介传染。

二、存在问题

1. 治理畜禽污染的投入力度不够

近年来，治理畜禽粪便污染受到各级政府部门的重视，相继制定了法律法规，划分了养殖区和禁养区，养殖场自行解决污染问题，养殖场向经济发达的周边小城市农村发展，虽然远离了人群聚集的地区，减少了部分污染，可畜产品的数量还要满足人民生活水平的需要，治理污染需要经济投入，在科学饲养水平低、经济欠发达、污染更集中、严重的地区不能解决好粪便污染，生产出的畜产品质量安全存在隐患，所以，满足市场对新鲜、优质畜产品的需求根本上还要解决畜禽粪便的污染。

2. 畜禽粪便处理率低、处理方式不当

治理畜禽粪便污染，通常采用粪便污水处理、堆埋法、热效应处理、沼气净化处理。粪便污水处理每年需投入较多的运行费用、管理费用。堆埋法、热效应处理、沼气净化处理原理都是在一定温度下，利用厌氧微生物分解有机物的方法，前两种因部分暴露在空气中，厌氧处理不彻底，造成空气污染，费用较低，而沼气净化处理在密闭的厌氧环境中，分解产物更有利于土壤对有机肥的需求并杀灭部分细菌、病毒、寄生虫虫卵。现在的畜牧场多采用堆埋法或直接进入农田施肥。而利用热效应处理、沼气净化处理的畜牧场屈指可数。

3. 常规沼气池的卫生效果尚不能满足禽畜共患传染病疫区的卫生要求

目前我国农村沼气装置推广力度很大，全国农村沼气装置数量已达1 100万（2003年的统计），将其作为改善农村能源和生态环境的重要措施。但是在实施和推广沼气项目中，通常注重于常规环境指标达标和能源效益，对于卫生指标和相关的发酵控制条件重视不够。

通过粪便的沼气技术的处理，能将大部分有机物分解为低分子有机酸（丁酸和乙酸）和乙醇等产物，同时释放出 H_2 和 CO、NH_3 等气体，能杀灭或抑制部分的需氧菌、寄生虫虫卵、病毒，但沼气的常规发酵温度很难达到消灭病原微生物的温度（表1）。

表 1 常见病菌与寄生虫灭活的温度与时间

名 称	温度（℃）	时间（min）	名 称	温度（℃）	时间（min）
蝇 蛆	51	1	大肠杆菌	55	60
蛔虫卵	50～55	50～10	结核杆菌	55	30
钩虫卵	50	3	炭疽杆菌	50～55	60
蛲虫卵	60	1	霍乱菌	55	30
痢疾杆菌	55	10～20	猪丹毒杆菌	55	15
伤寒杆菌	50～55	10	口蹄疫菌	60	30

在自然条件下，存在于鼻腔分泌物和粪便中的病毒，由于受到有机物的保护，具有极强的抵抗力。据报道，在鸡淘汰 105d 后，仍可从鸡舍湿粪便中分离到具有传染性的病毒。粪便中病毒的传染性在 4℃时可保持 30～35d 之久，20℃可存活 7d。堆积发酵的粪便中 10～20d，可将高致病性禽流感病毒毒株全部灭活。

其次，养殖场由于其冲洗用水都是常温，又不具备增温的条件，一般都采用常温发酵，即在自然条件下进行厌氧处理，也有个别地方冬季采用辅助加热措施实现中温发酵。常温发酵的最大缺点是受四季温度变化的影响对废水处理的数量、程度以及产沼气量的影响较大，夏天温度高时可处理废水的数量大，处理的效果也比较好，沼气产量也高；而冬天温度较低时，废水处理的量小，处理的效果也不是十分理想，沼气产量也很低。但采用常温发酵的优点是投资省、运行费用较低。春、秋冬季节常温发酵的温度达不到消灭病原微生物、寄生虫虫卵。而春、秋冬季节又是传染病的高发季节。

三、防制对策

如何对畜禽的粪便进行处理，阻断疾病的传播途径、建立有效的公共卫生体系，是目前急待解决的课题。

①政府环保部门加大环境治理的力度。加大污染和相关法律法规的宣传，依法处置违规生产企业，杜绝“只罚款，不治污”的怪现象。

②提高畜禽生产企业的准入制度，发展大型畜牧场，减少污染点，有利于利用沼气工程技术处理粪便，同时节约治污成本。

③利用厌氧消化处理禽畜粪污，推广沼气技术。沼气技术一方面能处理污染物减少污染，另一方面能制取沼气为生活和生产提供能源。

继 2001 年在中国广西召开了第一届国际生态卫生大会后，2003 年 4 月又在德国 Lubeck 召开了第二届国际生态卫生大会。会上世界卫生组织（WHO）、联合国教科文组织（UNESCO）、国际水协会（IWA）、世界银行水卫生规划署（WBWSP）、联全国开发计划署（UNDP）及欧盟（EU）、德国的 GTZ、瑞典的 URBAN Water、瑞典的生态卫生资源（Eco. San. Res）等机构共同呼吁参会的 60 个国家及国际生态卫生机构的成员国一致认为应当把当沼气技术作为生态卫生的一项核心技术给予重视和加强。生态卫生的含义为：着重生态整合，保护海水淡水，促进健康生命，从人、畜、禽粪便中回收养分用于农业生产。

④加强沼气技术研究，强化沼气卫生灭菌效果，从源头上消灭病原微生物，控制畜禽疾病的发生和人畜共患病的发生。

四、结语

在环境治理中，应当把无害化放在首位，缩小与发达国家在人、畜、禽粪便处理方面的差距。欧洲一些国家已经将高温厌氧消化装置作为控制阻断禽畜传染病的重要设施。若某地发生禽畜疫病侵袭时，可在一般农场沼气装置模式上强化疫病防控措施。例如德国农场的做法是，将厌氧发酵温度立即从 28 ~ 35℃ 中提高到 55℃ 高温，增设高温预处理灭菌箱（75 ~ 85℃ 最高可达 140℃，欧盟针对动物疫情高峰所定高温），同时强化后处理力度，或加药处理（易造成二次污染）。丹麦制定出一项新法规，凡施用于农田作肥料的人畜禽粪便，必须经过厌氧消化即沼气发酵处理，以防各种疫病，病毒和寄生虫病的传染至水体和土壤、粮食、蔬菜作物，即使是经过堆沤处理的人畜禽粪便也不能施于农田。

沼气工程无害化处理人畜禽粪便等敏感的疫病传播的卫生效果是肯定的，但完善其工程的卫生效能的工作还须从出水指标的监测、工艺的改进，设计的优化及对卫生灭菌效果的增加，适应抗疫病新情况及当地的客观自然条件等各方面着手，强化沼气的卫生灭菌功能，推进生态卫生沼气技术的研究和开发已成为治理畜禽粪便污染和发展沼气能源的重要一环。

我国畜牧场属微利产业，提高治污成本，很难在国内实现推广应用，开发有效的生态卫生设施和装置，已成为应对日益增长畜禽粪便污染的迫切需要的手段。利用沼气技术处理畜禽粪便再造能源，变废为宝，发展循环经济，已成为我国经济发展的新思路。

参考文献

[1] 章力建，朱立志．我国“农业立体污染”防治对策研究．农业经济问题，2005（2）．

[2] 章力建，蔡辉益，陈志敏．饲料工业中立体污染防治对策与技术研究．中国饲料，2005（11）．

[3] 吴力斌．对厌氧消化工艺作为先进卫生工程实用技术在预防和抗击禽流感传染病方面的鉴别和思考．

（陈永军、章力勇、曹淑华）

畜牧业生产立体污染防治

畜牧业作为农业的重要组成部分，在国民经济中具有举足轻重的作用。改革开放20多年来，我国畜牧业得到了快速发展，取得了举世瞩目的辉煌成就，肉类、奶类和禽蛋年产量递增率在10%以上。1991年后肉类产量一直保持世界第一，肉鸡年产量居世界第二，仅次于美国。从事畜牧业生产的劳动力有1亿多人，全国农民人均纯收入中的230元来自畜牧业。与此同时，我国饲料业跃居国内十五大行业之一。

随着养殖业的迅速发展，特别是20世纪80年代末以来，全国各省市先后实施和大力发展菜篮子工程，畜禽养殖业生产规模不断扩大，集约化程度不断提高。但是由于措施不力、投入不够，畜牧业生产、饲养管理、加工和交易过程中产生的大量粪便、病原微生物，畜禽饲料添加剂带来的有毒残留物、抗生素、重金属、氨气、硫化氢、粪臭素等恶臭气体和粪尿中的氮磷元素等，造成严重的环境问题，已经成为一个不可忽视的农业立体污染源。

一、畜牧业生产造成立体污染的现状

1. 畜牧业生产过程中的立体污染

畜牧业生产过程中的立体污染主要是由畜禽在生产过程中产生的大量粪便和尿液造成的。养殖场的粪便及其他污染物的排放量是很大的。根据上海市环境保护局推荐的估算系数，参照日本农业公害手册和上海市农业科学院畜牧研究所根据试验得出的畜禽粪便污染物排泄系数，生猪、蛋禽、肉禽、牛粪便的日排泄系数分别为2 200g/头、75g/羽、150g/羽、30 000g/头，年排泄系数分别为396kg/头、27.375kg/羽、8.25kg/羽、10 950kg/头；生猪、牛尿的日排泄系数分别为2 900g/头、18 000g/头，年排泄系数为522kg/头、6 570kg/头。专家认为，饲养一头猪、一头牛、一只鸡，每年所产生的粪尿、污水、臭气的污染负荷，其人口当量分别为8～10人、30～40人、5～7人。1998年我国出栏的猪、牛、羊等牲畜排放的污染人口当量约达50亿人，是全国人口生活污染负荷的4倍左右。2006年全国畜禽粪便排放总量达25亿t（国家农村小康环保活动），同年全国工业固体废弃物产生量的15.2亿t，畜禽粪便年产生是工业废物产生量为1.64倍。其中各种污染成分的年产生量，氮约为1 597万t，磷约为363万t，化学耗氧量（COD）约为6 400万t；生化需氧量（BOD）约为5 400万t。畜禽粪便进入水体流失率高达25%～30%，市郊畜禽粪便的流失率更高达30%～40%。COD排放总量、粪便中的氮、磷流失量已经超过化肥。在一些大城市，养殖业畜禽粪便排放量超过了1 000万t（如北京市养殖业年粪浆排放量超过1 200万t），大大超过了这些城市生活污水、工业废水和固体废弃物的总排放量。这些粪便和污染物严重污染周边的大气、水体和土壤。

(1) 污染大气

主要来自粪便中产生的有害气体、粉尘和微生物等。畜禽排泄物迅速腐烂发酵，产生H_2S、NH_3、胺、硫醇、苯酚、挥发性有机酸以及吲哚、粪臭素、乙醇、乙醛等上百种有毒有害物质。如果不及时处理，排放到大气中就会污染空气，使空气中含氧量下降。如年出栏5 000头的猪场每天通过粪便向空气排放的氨气达6.7kg以上，饲料粉尘近20kg；年饲养100头牛的牛场每天的氨气排放量达0.8kg以上。来源于粪便的恶臭（含氨气、硫化氢、甲硫醇、硫化甲基、苯乙烯、乙醛和粪臭素等成分）会对现场及周围人们的健康产生不良影响，如引起精神不振、烦躁、记忆力下降、免疫力下降和心理状况不良等，也会使畜禽的抗病力和生产力降低，呼吸道疾病频发。而且蚊蝇孳生，严重恶化畜禽场内外环境的空气质量。

(2) 污染水体

畜禽粪便一般通过两种途径进入水体：一是在饲养过程中直接排放进入水环境；二是在堆放储存过程中因降雨和其他原因，污染物经地表径流和土壤渗滤进入地表水体、地下水层，造成水体污染、水井报废。由于畜禽对蛋白质饲料的利用率不高，饲料中50%～70%的氮以粪氮和尿氮的方式排出体外。粪便中N、P等营养物促使水体富营养化，或使地下水中的硝态氮或亚硝态氮浓度增高，水体中藻类等生物大量繁殖，大量消耗溶解氧，使水体变黑发臭，水质腐败，危害水产业，导致水生生物死亡，并影响沿岸的生态环境。据测定，当畜禽场粪水流入池塘而使水中氨含量达到0.2 mg/L时就会对鱼产生毒性。Evans等(1984)、Fleming等(1992)研究表明，随着粪肥的施用，地下水中的NO_3^-－N污染物会增加；施用液态粪肥会导致水质下降，超出简单播撒粪肥对水质的影响。Edwards等(1994)研究发现总氮、氨氮、溶解态磷和总磷的浓度随禽粪和猪粪用量的增加而呈线性递增。

当前，我国水环境污染加剧的趋势虽有所遏制，但水环境质量仍难以根本改善。对水污染防治，环保部门往往只注意工业废水和生活污水，实际上畜禽养殖产生的粪尿、污水对水体的污染负荷已经或正在成为比工业废水和生活污水更大的污染源。据粗略估计，某个100万人口的城市，其畜禽养殖排放出来的粪便量为100万t/年、污水300万t/年、BOD_5 3万t/年，BOD_5排放量约为这个城市工业废水和生活污水产生的BOD_5的3倍左右。上海市1999年底公布，其郊区1 600多个规模畜禽场全年粪便尿液的排放量为740多万t。畜禽粪便流失污染地表水的现象已经成为全国不少省市最大的有机污染源和最引人注目的非点源污染问题之一。这就是一些城市虽然对大部分工业废水和生活污水进行了有效处理而水环境质量没有明显改善的重要原因之一。太湖流域畜禽养殖每年排入环境的COD约30万t，是流域内最大的氮磷及有机污染源，也是太湖富营养化的主要原因。1998年底太湖流域开展“零点行动”，大部分工业废水实现了达标排放，但太湖及入湖、出湖河道的水质却没有显著的变化，印证了上述分析。同样，由于农业的面源污染、工业污水的排放、生活污水和畜禽养殖场的发展，整个长江三角洲的地表水受到严重污染并出现了普遍的质量型缺水。迄今在长江三角洲的河网地区，除长江这样的大河以外，已经几乎找不到可供饮用的洁净地表径流，如黄浦江上游汇水区由畜禽粪便的流失而排放到水体中的COD和NH_3－N负荷比超过生活污染源和工业污染源。20世纪90年代上海市90%以上的畜禽场周围河水夏季出现黑臭现象，鱼类濒危。据历年监测资料分析，上海市污染河道占河长的87%～92%，江苏省占82%～87%，浙江省占72%～79%。

（3）土壤污染

我国畜禽养殖产生的氮、磷量最大已达到1 721kg N/hm^2 和639kg P_2O_5/hm^2，大大超过了许多国家规定的农田可承载的畜禽粪便的最大负荷（150kgN/hm^2）。全国每年使用的微量元素添加剂为15万~18万t，但由于其生物效价低，大约有10万t未被动物利用而随粪便排出体外污染环境。我国畜禽粪便的总体土地负荷警戒值已经达到0.49（小于0.4为宜），体现出一定的环境胁迫水平，北京、上海、山东、广东等地已经呈现出比较严重的环境压力水平。畜禽排泄物中的主要成分有含氮化合物、钙、磷、可溶无氮物、粗纤维、其他微量元素及某些药物。各种成分的含量随畜禽品种、饲料原料及配方、饲料方式等不同而不同。其随粪便排出后将引起严重的土壤污染，磷、铜、锌及其他微量元素、药物在土壤中富积，导致作物减产，影响人体健康。另外，畜牧业本身所产生的废水与废弃物中所含的有机污染物质，虽然毒性较低，但猪、牛、鸡、鸭等所排放的粪尿却是一种高浓度的有机废水，其BOD可能高达10 000 mg/kg 。因此，这些粪尿若不经适当的处理就直接排入土壤中，将与土壤中的动植物争夺氧气，影响动植物生长。

此外，畜牧场粪便的堆积非常容易招引老鼠和鸟类，畜牧场内及其周围的鼠雀及其他昆虫的密度远远高于离畜牧场较远的地方。

2. 饲养管理过程中的立体污染

（1）滥用抗生素及激素等饲料添加剂造成的严重污染

目前一些饲料生产与畜禽养殖企业，为达到对某些畜禽疾病如球虫病、蛔虫病、白痢病等的预防与治疗，在饲料中长期或超标使用各种抗菌（虫）药物；或以促进畜禽生长发育为目的，往往置饲料法规于不顾，长期或超标滥用促生长激素和一些化学合成药物，如盐酸克伦特罗、安眠药等。每年用于畜牧业的抗生素为6 000t（还不包括用于鱼塘的消毒剂）。由于滥用抗生素及添加剂，严重影响了饲料的安全性和畜禽健康，污染环境。同时，由于缺乏相应的兽药使用知识，不能严格遵守兽药的使用对象、使用期限、使用剂量以及休药期等规定，导致兽药在动物体内大量蓄积，造成动物性食品的严重污染与残留。

①环境污染

动物用药后，兽药常以药物原形或代谢产物的形式随粪便、尿液等排泄物排出。绝大多数兽药排出到环境中仍具有活性，可直接污染土壤、水源、饲料、植物（包括饲草）及动物的生活环境，造成兽药在生态环境中的蓄积或残留，并通过食物链重新进入动物体内，造成动物性食品的污染与残留。人或动物食入动物性食品后，又可通过排泄物将兽药残留和耐药菌株等释放到环境中，污染空气、土壤、水源及环境，再次危害动物、植物及微生物，进而危及人类身体健康。

对土壤生物的影响：Hamscher等（2000）报道，在用动物排泄物施肥的土壤0~40cm的表层检测了四环素、金霉素的残留，最大浓度竟分别高达32.3mg/kg和26.4mg/kg。Coats等利用模型生态系统研究发现，己烯雌酚、氯羟吡啶在环境中降解很慢，并且己烯雌酚有生物富积现象。这些兽药在土壤中的残留和蓄积，必然会对土壤微生物等造成影响。

对水生生物的影响：牧场应用抗菌药后，随无处理的污水一起进人水中的药物增加，造成水环境中耐药菌的数量显著增加，这样水环境不仅成为耐药菌基因的贮库，也成为耐药基因扩展和演化的媒介。Wollenberger 等（2000）研究了畜禽常用抗菌药甲硝唑、喹乙醇、土霉素、泰乐菌素等对甲壳细水蚤的作用，测定了上述药物对它的急性毒性和最大无作用浓度，发现喹乙醇对甲壳细水蚤的急性毒性最强，对水环境有潜在的不良作用。此外，敌百虫等化学物对鱼的酶活性、免疫功能或胚胎发育等有诸多影响。

对昆虫的影响：抗寄生虫药物，尤其是体内外抗寄生虫抗生素如阿维菌素类，在体内代谢较少，大部分以原形从体内排出，进人环境后，仍具有杀虫活性，对土壤线虫、环境昆虫生态会造成一定的影响。Strong 等（1993、1996）报道了阿维菌素、伊维菌素和美倍霉素在环境中的滞留和对局部环境昆虫的影响，发现这些药物在动物粪便中能保持 8 周的活性，对草原中的多种昆虫及堆肥周围的多种昆虫都有强大的抑制或杀灭作用。房晓彤等（2000）报道，伊维菌素牛皮下给药后，排泄物所含的药物约占投药量的 40% ~75%，对粪虫（甲壳虫）蚴虫的影响较成虫大，可使成虫繁殖能力下降，幼虫发育受阻，对金龟子的影响可达排泄后 10d 左右。在野外试验中，6 ~8 月间投药放牧草场粪源昆虫比未投药对照草场减少了 36%，投药量增加 50% 后，各种粪虫的减少率都明显增加，第二年调查时恢复到正常水平。

②对动物源性食品的污染

我国不仅是一个畜牧业大国，也是畜产品的消费大国，动物性食品在国民的食品结构中占有重要的地位。1998 年我国人均占有肉类 47kg，比世界人均水平 38kg 还多 9kg，达到了中等发达国家的水平；人均占有禽蛋 16. 8kg，大大超过世界人均 7. 1kg 的水平。我国生产的畜禽产品 99% 是国内消费，畜产品质量的好坏将直接影响到我国人民的健康。在畜禽饲养过程中，由于不合理使用、滥用或违法使用兽药及违禁药品，使畜禽产品中兽药残留超标。目前对畜禽产品质量和人体影响较大的兽药及药品添加剂主要有：抗生素（青霉素类、四环素类、大环内酯类、氯霉素类等），合成抗菌药物（磺胺类、呋喃唑酮、喹乙醇、恩诺沙星等），激素类（己烯雌酚、雌二醇、丙酸睾丸酮、肾上腺皮质激素等），β-兴奋剂（盐酸克伦特罗等），安定药类（安眠酮等），驱虫药（敌百虫、伊维菌素等）。

动物性食品中兽药残留的危害非常严重，具体表现在以下几个方面：a. 慢性毒理作用。动物组织中兽药残留（原药及其代谢产物）水平通常较低，长期、低水平的接触，主要产生各种慢性、蓄积性毒理作用，有害健康或引起慢性中毒。如长期食入残留有氯霉素和磺胺类药物的动物性食品，可破坏人体的造血机能，导致食入者再生障碍性贫血；四环素类药物能够与骨骼中的钙结合，抑制骨骼和牙齿的发育；红霉素、泰乐菌素易诱发肝脏损害和听觉障碍；链霉素、庆大霉素和卡那霉素主要损害前庭和耳蜗神经，导致眩晕和听力减退。b. 激素样作用。性激素及其类似药物常被用作畜禽促生长剂，被人食入后可产生一系列激素样作用或潜在性发育毒性，如引起儿童早熟、女性男性化和男性女化性。近年来我国常有儿童性早熟的报道，这与养殖业中非法使用性激素作促生长剂有一定关系。c. “三致”作用。主要指致癌、致畸、致突变作用。苯丙咪唑类药物可干扰细胞的有丝分裂，具有明显的致畸作用和潜在的致癌、致突变效应；雌激素、砷制剂、喹恶啉类、硝基呋喃类和硝基咪唑类药物等都已证明有“三致”作用，许多国家都禁止用于食品动物，要求在食品中不得检出；磺胺二甲嘧啶等一些磺胺类药物，连续给药能够诱发啮齿动物甲状腺增生，并具有致肿瘤倾向。d. 诱导耐药菌株。抗微生物药物的广泛使用，特别是在饲料中长期亚治疗剂量添加抗微生物药物，易于诱导耐药菌株。e. 致敏作用。一些抗菌药物如青霉素、磺胺类、氨基糖苷类和四环素类均具有致敏作用。f. 造成畜禽机体免疫力下降。畜禽摄入大量抗生素后，会随血液循环分布到淋巴结、肾、肝、骨骼等各组织器官，动物机体的免疫能力就被逐渐削弱，使慢性疾病增多而频频复发。还会导致抗原质量降低，直接影响免疫过程，从而对疫苗接种产生不良影响。g. 引起畜禽内源性感染和二重感染。抗生素会抑制或杀死体内的有益菌群，尤其当大量、长期连续使用后，造成机休内菌群失调，潜伏的有害菌趁机大量繁殖，从而使微生态平衡遭到严重破坏而引起内源性感染和二重感染。

近年来，有关畜产品安全对人身体健康产生极大危害事件的报道很多，如 1998 年 5 月内地供港活猪内脏含“盐酸克伦特罗（瘦肉精）”导致 17 人中毒；2001 年 1 月 10 日浙江余杭市临平镇先后有 50 多人因食入含有“瘦肉精”的猪肉而发生食物中毒等。

此外，抗生素等药物残留超标也严重影响了我国畜产品的出口。1990 年我国出口日本的 1 万 t 肉鸡因检测出抗球虫药氯羟吡啶残留超标，被要求全部销毁。我国出口的畜禽产品还多次出现安眠酮、雌激素、抗生素等药物残留超标而被取消出口的事件。截至 2004 年 2 月 5 日，已有日本、韩国、欧盟等 41 个国家和地区（含欧盟 15 国）对我国禽类及其产品实施禁止和限制进口措施，造成很大的经济损失，对养殖业、饲料业和人类健康产生了严重的负面影响。

（2）滥用重金属（微量元素）饲料添加剂造成的污染

微量元素在畜牧业生产方面起着十分重要的作用，无机矿物质作为饲料添加剂在我国已被广泛使用。但是高剂量微量元素对公共卫生存在着巨大危害，可造成环境污染、资源浪费、在畜产品中蓄积，间接通过食物链危害人体健康。

①造成环境污染、危及食品安全

微量元素在消化道吸收率较低，高铜的表观吸收率，断奶仔猪在 5% ~20% 之间，成年动物一般不高于 5% ~10%；高锌由于以氧化锌的形式存在，吸收率更低，断奶仔猪为 5% ~10%；有机砷制剂很少在消化道被吸收，大部分通过粪便排出，被吸收的则主要从肾脏排出体外。微量元素大部分排出体外，在造成资源浪费的同时，也污染了环境。长期使用微量元素含量高的粪便施肥，将导致土壤中微量元素蓄积污染，从而对植物（特别是农作物）产生毒害作用，严重影响植物的生长发育，使农作物减产。杨居荣等（1982、1996）对砷和重金属对土壤微生物的作用进行了调查和试验研究，发现砷对土壤固氮细菌、解磷细菌、纤维分解菌、真菌和放线菌均有抑制作用。土壤受砷污染后，土壤呼吸强度降低，其 CO_2 产量减少并与土壤细菌总数呈正相关关系。邓继福等（1996）对重金属 Cu、Zn、As、Hg 等对土壤中的蚯蚓等动物种群的生态影响作了研究，发现污染重金属的土壤动物的种类和数量的减少表现在敏感种群的减少或消失。Mitchell 等（1992）报道长期施肉鸡粪的田间，Cu、Zn 含量已积累到毒害水平。同样，畜牧业大量应用砷制剂将显著提高土壤中砷含量。据估计，若饲料中添加阿散酸 100mg/kg，一个万头猪场每年可向环境中排放 125kg 砷，若将这些排泄物施用在 133.3hm^2（2 000 亩）的土地上，则 8 年可使土壤砷含量人为增加 4.6mg/kg。土壤砷含量的提高将会导致作物砷含量的提高。据报道，土壤砷含量每增加 1mg/kg，甘薯块根中砷含量即增加 0.28mg/kg。按此计算，在不到 10 年的时间里上述土壤所产的甘薯砷含量即超过国家卫生标准，不能供食用。当铜、锌、砷、镉、铅共存时，其间存在协同作用，污染能力更强。土壤富集的微量元素，通过植物的再次富集，直接影响到人的食品安全和引起反刍动物中毒。

含高浓度微量元素的粪便一旦污染水源，也将产生巨大危害，可降低水体自净能力，使水质恶化，水生物死亡。铜对水生生物毒性很大，在水中浓度为0.5mg/kg时，能使35%～100%的原生淡水植物死亡。水中锌过高时，可影响水质味道。水源一旦被砷污染后，可被水生生物（特别是海洋生物中贝类）高度富集，通过食物链，最终将危害人体的健康。

②造成动物慢性中毒和引起营养缺乏。铜在体内有蓄积性作用，长期饲用高铜会导致动物蓄积性中毒

微量元素之间存在着相互作用，某种微量元素含量过高，将会拮抗其他微量元素的吸收，导致缺乏，如铜、锌、铁三者之间存在拮抗作用，日粮高铜使得锌、铁的利用率降低，诱发缺锌、铁，表现为腹泻和皮肤病增多。饲料中矿物质过多，必将对维生素的稳定性产生负面影响，导致维生素的缺乏。使用高水平铜、锌、铁和锰的日粮中，天然生育酚的氧化速度提高，高铜能在22d之内使饲料中的生育酚的水平减少到几乎为零；过量铜干扰具有自由巯基的含硫化合物如半胱氨酸的利用率，增加动物对含硫氨基酸（蛋氨酸、胱氨酸）的需要量。

（3）饲料霉变造成的污染

大多数霉菌是中湿性微生物，在25～35℃、80%～100%的空气相对湿度，即相应的饲料含水量为15%以上、存在氧气时，适宜生长，繁殖迅速，产生大量的霉菌毒素。迄今发现的霉菌毒素已有200种，以黄曲霉毒素危害最大。畜禽吃了霉变的饲料后可能急性中毒，也可能因长期食含少量霉菌毒素的饲料而引起慢性中毒，诱发癌变、致畸和致突变等，甚至死亡，给养殖业带来严重损失。残留在畜产品中的霉菌毒素可以通过食物链传递给人，对人的健康造成直接威胁。

3. 交易和加工过程中的立体污染

综观我国畜产品的现行交易方式，特别是农牧区集市贸易或经纪人走乡串户的贩运，多为封闭式的或是隐蔽型的一手钱一手货的交易。这种交易方式带来诸多弊病，由于走乡串户收购活畜，给防疫、检疫工作带来很大困难；经纪人有时为了获得最大利润，把病畜甚至死畜收购进行加工后长途贩运，给动物防疫、检疫带来困难，甚至引发传染病的流行，使农牧民造成更大损失。

目前我国畜禽屠宰加工企业的建筑设施水准较低，屠宰加工操作也不规范，卫生管理工作较差。在畜产品加工过程中，如屠宰时肉制品易受到染疫动物、不洁水源、加工设备、加工操作人员等造成的微生物污染。畜禽胴体污染比较严重，尤其是沙门氏菌等致病菌在肉品中的检出率较高，是影响我国肉类食品安全的主要因素之一。20世纪中叶开始，国内外一些危害人类健康和生命的污染事件不断发生，其案例触目惊心。如我国每年都会出现由于食品污染致病菌所造成的成千上万的食物中毒病例，这些致病菌主要包括沙门氏菌、大肠埃希菌、志贺菌、金黄色葡萄球菌、溶血性链球菌、空肠弯曲菌等；在国际上，如2000年法国发生的李斯特菌污染熟肉罐头事件，日本发生的O_{157}大肠杆菌污染食品事件和2000年雪印牌牛奶金色葡萄球菌污染事件等。

畜禽屠宰加工过程中产生的大量废水也是重要的污染源，其中含有大量的病原微生物和有机污染物。

软包装罐头产品和火腿肠是我国肉类产品的主要品种，奶粉产量占到乳制品产量的70%。这些产品在生产过程中均需要高温高压消毒干燥，产品包装主要用的是难以分解的塑料复合薄膜，对生活环境的污染较严重、生产能源消耗大。

在贮藏时还受到超标防腐剂、着色剂、消毒剂等化合物的污染。

4. 畜禽病原微生物对人、畜健康造成的危害

畜禽在生产过程中易被病原微生物感染并进而繁衍和扩增。这些病原微生物会污染大气、水源、土壤，不仅危害其他畜禽的健康和生长状况，其中，许多还能感染人类，造成严重的公共卫生事件。

（1）畜禽病原微生物对大气的污染

畜禽带有多种病原微生物，这些微生物通过呼吸、皮屑、毛发和灰尘，或通过动物运动使混有粪便的垫草卷起，排往舍内外环境的空气中。测定结果显示，一个年出栏10 000头的猪场每小时可向大气排放约1.5亿个菌体，距猪场80m远的空气中所含的细菌数量也足以引起动物致病。距离猪舍和牛舍100m处的环境中细菌总数与舍内所测量的值相对应。一般情况下，需距离动物舍200m远即无气源性传播。但少数病原微生物特别是病毒性病原体可借助空气传播几公里，如猪疱疹病毒、口蹄疫病毒借助气流甚至可以传输60km。

（2）畜禽病原微生物对水体的污染

粪便中细菌对地下水水质污染程度的影响因素比较复杂，不同细菌的生存和繁殖环境差异较大。据分析，畜牧场所在地排放的污水中平均含33万个/ml大肠杆菌和69万个/ml肠球菌。畜禽场内及周围水体内微生物的含量是其他良好水体的30倍以上。未经处理的畜禽粪便直接用于施肥，也会污染水体。Dean等（1992）对12种施用液态粪肥的措施进行比较，其中的8个在施用粪肥后的20min到6h之内，导致了地下水质下降。Cook（2001）研究地下排水道水体中细菌和营养物的输送量与所施用的液态猪粪肥的使用量之间的函数关系，发现在高施用量与低施用量之间有明显差异。

（3）粪便病原微生物对土壤的污染

畜禽养殖场粪便无处理散发导致了土壤微生物污染。液体粪便到达环境的细菌数有时是巨大的，一个牛群沙门氏杆菌爆发时测得$10^4 \sim 10^6$CFU/ml，因此未消毒的液体粪便存在严重的传染威胁。在临床健康牛群，研究结果表明，粪便细菌含量在$10^4 \sim 10^6$CFU/g之间。固体粪便细菌含量更高，其中沙门氏杆菌的感染率最大，占5.2%。存在于土壤中的病原微生物也不易失活，鼠伤寒沙门氏杆菌污染浓度为8×10^6 CFU/cm^{2}时，存活时间为42～56d；实验性草地污染的存活时间长达4～11周；土壤中细菌（如炭疽杆菌）孢子感染力更可保持10年或更多，这对特殊流行性疾病的流行具有一定的意义。

（4）畜禽病原微生物对人、畜造成的危害

改革开放以来，我国养殖业无论在数量上、质量上和技术水平上均有很大的发展和提高。但畜禽疾病却种类繁多、情况复杂。据有关部门统计，1996年我国因动物疫病造成的直接经济损失约300亿元，因动物疫病造成的生产性能下降、药物消耗、饲料和人力浪费等

造成的间接经济损失达800亿元。现在畜牧业，如养鸡业要接种的疫苗种类增加了很多，有的甚至多达十几种疫苗和几十次的接种。防治用的抗菌药物和抗球虫药物也比以前更优秀，很多养禽场的卫生防疫也已达到较高水平，但是家禽传染病仍不时发生，主要的原因就是畜禽养殖环境已受到病原微生物的严重污染，如鸡球虫病、猪蛔虫病等，通过粪便排出体外，严重污染环境。养殖环境的病原微生物污染问题一日不解决，畜禽传染病的防制就难达到预期的效果。

同时，由动物传染给人的疾病也造成了严重的公共卫生问题。特别是近两年来，遭遇了传染性非典型肺炎（SARS）、高致病性禽流感、血吸虫病、口蹄疫、疯牛病等，疫情发生突然，传播迅速，死亡率高，对人类造成严重威胁，畜牧业生产受到冲击，内外贸易遇到很大困难，给社会造成极大损害。如新近流行于东南亚各国及我国部分地区的禽流行性感冒（简称禽流感），是一种由甲型流感病毒亚型中具有高致病性毒株所引起的禽烈性传染病，主要发生在鸡、鸭、鹅、鸽子、候鸟等动物身上，表现出禽全身系统中毒症状或严重呼吸道综合征，发病突然、迅速蔓延，发病率和死亡率高，被国际兽疫局定为A类传染病，被我国农业部列为甲类监测传染病，被国际上列为反生物恐怖内容之一。它可以从消化道、呼吸道、皮肤损伤和眼结膜等多种途径传播给人，死亡率高于SARS；同样，家畜血吸虫虫卵污染环境，是人、畜血吸虫病最重要的传染源，如果未能有效地控制家畜血吸虫病，就不能最终在中国控制和消灭血吸虫病。在现在已知的200多种动物传染病和150多种动物寄生虫病中，至少有200多种可以传染给人类。近几年又出现了许多新的疾病，如SARS、疯牛病等。据统计，20世纪末30年间，世界范围内发现的新传染病和新病原有40余种。这些新传染病中，有近30种为动物源性疾病（或称为人兽共患病（Zoonosis）），这个数字现在还在不断增加。动物源性疾病中曾造成大规模流行，死亡率较高的有数十种，如鼠疫、黄热病、炭疽、艾博拉、狂犬病、艾滋病、结核病、森林脑炎、口蹄疫、疯牛病等。有些疾病迄今人类至今尚未攻克，如狂犬病，感染后如不及时救治，几乎会导致百分之百的死亡率，成为危害性最强的一种。统计表明，全世界有87个国家有狂犬病报道，全世界每年约5万人死于狂犬病。根据我国卫生部公布的2004年全国法定报告传染病疫情统计数字显示，狂犬病以死亡人数2 651人高居各类法定报告传染病死亡数首位。

近年来，由水源受畜禽病原微生物污染而爆发疾病的现象时有发生。1984和1987年，美国先后两次因饮用水污染爆发隐孢子虫病，发病总人数为1.5万人。其中，1987年在美国佐治亚州发生的一次隐孢子虫大爆发，导致1.3万人发生胃肠炎，让人窘迫的是该饮水系统已经氯处理过并符合州和联邦政府的卫生标准。1993年在美国威斯康星州的密尔沃基爆发了隐孢子虫病大流行，受感染的人数高达40.3万，死亡100多人。

总之，畜禽饲养过程产生的大量病原微生物不仅导致周围其他畜禽的感染发病，造成巨大的经济损失，而且严重地危害着人类的健康，造成严重的公共卫生问题，使疾病的发生和流行情况更加复杂，防控更加困难，影响社会安定、人类和谐。

二、畜牧业立体污染防治不力的原因分析

1. 对畜牧业立体污染防治认识不足

对污染防治，环保部门往往只注意工业废水和生活污水，忽视畜牧业立体污染。可实际上畜牧业生产、管理、加工、交易过程中造成的立体污染已经或正在成为比工业污染和生活污染更大的污染源。许多城市在实施“菜篮子工程”、兴建规模化畜禽场、畜产品加工交易企业时，忽视进行环境影响评价，大多数畜禽场未经“三同时”（要求防止污染设施与主体工程同时设计、同时施工、同时投产）验收就投入生产使用，产生了大量粪便、污水、病原微生物、有害气体和恶臭，造成了严重的立体污染。1999 年，广东省环保局调查全省 3 209家养殖场发现，经环保部门审批的仅有 213 家，审批率为 6.6%，进行环境影响评价的有 176 个，占 5.4%。

一部分畜禽业从业人员对保持环境卫生和消毒防疫工作仍缺乏自觉性，病死畜禽乱丢，甚至上市销售。例如畜禽发生传染病后未能按规定做好无害化处理，而是将有病或带菌带毒的畜禽尽快上市；种畜场发生传染病时，仍继续向畜禽饲养户销售种苗；蛋禽、奶场发生传染病时，禽蛋、牛奶仍照样流通上市等，均使传染病病原恶性扩散、环境受到严重污染。

2. 对畜牧业立体污染防治投入不足，措施不力

目前，畜牧业立体污染治理工作中最大的困难在于资金短缺。1999 年，在广东省 3 209 家养殖企业中，只有 219 家企业兴建了污水处理设施，占 6.8%；其余 93.2% 的养殖企业未建设任何污水处理设施。污水处理设施的现状不容乐观，普遍存在废水处理设施数量少，污水处理工艺落后，有的企业仅仅是配套了化粪池和沉淀池，对禽畜污水进行初级简单处理，污水处理率仅有 35%，对生态环境造成较大的危害。1992 年以来上海市着手对畜牧业造成的污染进行治理，但是随着畜禽数量及其产生的污染物逐年增多，治理投入却一直维持在 1 000万元左右，在国内生产总值中所占的比重逐年下降。国内一些省市情况也基本相似，与 GDP 相比，现有的环保投资明显偏低。畜牧业作为微利产业，本身的经济实力薄弱，而治理畜禽粪便污染需要相当多的投资，农民和畜牧经营者难以承受。环境保护具有明显的外部性，因此国家、市、县（区）、场、社会等各方应采取一定的投融资策略，加大环保投资力度，使之产业化，发展环保这一发展最快、最有前途的产业。国外在这方面都给予很大的资助，例如，日本在财政年度预算中，拨出一定的款额来防治畜禽粪便污染；英国和丹麦为使粪肥能安全地储存越冬，分别承担农民建造储粪设施费用的 50% 和 40%；荷兰为促进过剩粪肥运往缺肥区，对距离 100km 以上和 50km 以上的给予运输补贴，1m^3 鸡粪运输 50km 以内补贴 1.2 美元，150km 以上补贴 2.2 美元等。

同时，畜牧业立体污染防治不能单抓技术措施，还要抓行政措施、经济措施、法制措施和宣传教育。只有恰当地综合运用环境管理的上述五个方面措施，才能更好地推进畜牧业立体污染的综合防治工作。在具体操作上要根据当地经济社会发展、人口状况、市场对肉蛋奶的需求、自然条件和生产条件等进行统筹规划，提出合理的自给率，确定养殖规模，合理布局、控

制发展速度和饲养密度，筛选和探索符合我国国情和当地实际的畜禽污染物处理和利用方法。

3. 畜牧业立体污染防治法规不够健全，监督不严

现行的污染源管理工作主要是针对工业污染源，无论是“三同时”制度，还是排污许可证制度均主要针对工业企业等点源污染源，对畜禽污染一类的立体污染源研究和考虑得不够。

在饲料添加剂使用方面，国家目前发布的禁止在饲料和动物饮水中使用的药品、兽药和化合物共有6大类55种（类），其中包括氯霉素、氨苯砜、呋喃唑酮、甲硝唑，以及各种抗生素滤渣等。一些养殖场（户）不遵守168号公告，在饲料或饮水中超剂量长期添加药物、微量元素，或添加违禁和淘汰药物，导致畜产品药物残留严重超标。同时，目前添加剂中所含的药物品种、数量往往不在标签上标识，或标识的药物添加剂品种和实际添加的不一样，极易造成重复用药，有些场户为迅速取得经济效益，还把治疗量长期当作预防量添加，以致发生动物中毒，最终影响到人类自身的生命安全。

此外，由于种种原因，兽医卫生执法也未能不折不扣地执行。在一些地方，对种畜禽场生产种苗的产地检疫、对市场畜禽的检疫、对运输的畜禽及其产品的检疫往往流于形式。

4. 畜牧业立体污染防治研究基础不够，技术支撑不足

由于投入不足，畜牧业污染防治的研究基础明显不够。许多环境污染物、畜产品中残留药物、微量元素检测技术缺乏、灵敏度低、速度慢、费用高；对畜禽及环境中病原微生物还需建立许多新的、快速简便的检测技术，制定相应技术标准；要大力加强疫病的监测、防治技术研究，加强流行病学调查；加强畜禽粪便的减量化、无害化、资源化技术研究，发展生态型畜牧养殖业技术，促进生态环境良好循环；改善饲料品质，提高饲料利用率；尚缺乏有效的污染防治技术措施，要在充分、综合运用生物技术、生物工程技术优势的基础上，建立种植业与养殖业紧密结合的生态工程，将养殖场从“自我封闭”中解脱出来；发挥沼气技术优势，走种植业与养殖业结合道路，实现生态系统中种植业与养殖业相互协调的良性循环等方面加强研究，为畜牧业立体污染防治提供强有力的技术支撑。

三、畜牧业生产中立体污染的防治

随着我国创建和谐社会目标的提出，在追求可持续发展的过程中，应特别重视防止畜牧业发展对环境造成的污染。解决畜禽生产中造成立体污染的根本出路是贯彻科学发展观，树立农业可持续发展的思想，发展生态型畜牧养殖业，促进生态系统的良好循环。要加强畜禽生产造成立体污染的综合治理力度，制订畜牧业污染防治法；重新审视各省市郊区畜禽养殖场的分布格局，下决心关、并、停一批污染严重、规模小、布局不合理的畜禽场；大力推进规模化养殖，逐步配套和完善大型畜禽养殖场立体污染的综合治理设施，实现畜禽污染物的资源化、减量化、无害化和生态化，形成布局合理、设施先进、清洁生产、达标排放的畜牧业生产新格局。

1. 加强畜牧业立体污染情况的调查与分析

开展较为广泛的畜禽立体污染情况调查、监测分析和评价工作，获得基本资料，建立统一的监测指标和评价指标体系，为畜牧业环保工作提供依据。

2. 加强畜牧业立体污染防治重要性的宣传，提高认识

随着人民生活水平日益提高和国际贸易的快速发展，畜牧业生产过程造成的立体污染、畜产品质量安全、动物源性疾病等问题已成为当前亟待解决的主要任务。要由政府主管部门牵头，组织有关人员积极开展相关法律的宣传教育工作，使法律、法规深入人心，成为人们的自觉行动，并彻底改变传统落后的观念和思维方式，提高对畜牧业立体污染危害的认识，使企业和农户掌握无污染无公害畜产品的生产技术要求，自觉按无公害畜产品的标准、准则组织生产。尤其是畜禽业密集发展的地区，更要加强这方面宣传教育工作，逐步提高与畜禽业直接或间接相关人员的科学知识水平及保持畜禽饲养环境卫生清洁的自觉性，创造和维持畜禽饲养的良好环境。

3. 加强畜牧业立体污染防治的立法工作，加大执法力度

自20世纪50年代起，发达国家开始进行大规模的集约化养殖，在城镇郊区建立集约化畜禽养殖场。由于每天有大量粪便、污水、病死畜禽等废弃物产生，难以处理利用，造成了严重的环境污染。20世纪60~70年代，日本用“畜产公害”这一概念高度概括了这个问题的严重性。与此同时，许多发达国家迅速采取措施加以干预和限制，并通过立法进行规范化管理。日本在70年代便制订了《废弃物处理与消除法》、《恶臭防止法》等7部法律，对畜禽污染管理作了明确的规定；美国的联邦水污染法中的规定侧重于禽畜场建设管理，超过一定规模的畜禽场，建场必须通过环境许可；荷兰的畜牧业高度密集，早在1971年就立法规定直接将粪便排到地表水中为非法行为。

在控制和治理畜牧业立体污染的立法上，参照发达国家的做法，在充分调查研究的基础上，尽快根据畜牧业生产和污染治理的实际情况，制订和健全我国畜牧业立体污染防治的相应管理法规，使环境监督管理工作有法可依、有章可循。

同时，加大执法力度，严格依法行政。对产地环境、生产投入品、疫病防制、饲养管理、屠宰加工等关键环节进行全程监控，推行标准化生产和产业化经营；大力推动优质环保型饲料添加剂的研究、开发及推广；严格按照《饲料和饲料添加剂管理条例》、《饲料药物添加剂使用规范》、《允许使用的饲料添加剂品种目录》、《无公害食品畜禽饲养兽药使用准则》等组织畜禽饲料生产，全程监控饲料和饲料添加剂生产、经营和使用，切实抓好饲料质量安全监管工作，严禁使用有致畸、致癌、致突变作用的兽药，绝不允许在饲料生产过程中添加呋喃唑酮、杆菌肽锌、螺旋霉素、卡巴氧、哨呋烯腙等违禁抗生素药品，积极推行ISO认证、GMP管理体系和HACCP认证，真正实现安全、环保、可持续发展的目标；对于违法使用禁用药品和发生重大质量安全事故的饲料企业，要取消其生产和经营资格，依法追究有关责任人的法律责任。

健全和完善立体污染防治监管体系建设。积极引进先进的检测技术和设备，努力缩

小与发达国家在检验检疫方面的差距。进一步加强各级立体污染监测体系建设，以国家级立体污染防治、监测中心为龙头，形成工作网络，推进畜牧业立体污染监管工作的质量和效率。

4. 加强畜禽场的规划和管理，增强立体污染防治能力

适度规模、合理规划是防止畜禽生产造成立体污染的重要途径。一方面，小规模分散饲养不仅不利于提高经济效益，而且使污染的面扩大而难以治理；另一方面，畜禽场的选址应总体规划，在人口稠密区和环境敏感区应严格限制发展畜禽场，对已有的畜禽场应加强污染治理，并逐步进行搬迁，关闭并停办一批污染严重、规模小、布局不合理的畜禽场。如英国是个基本无畜产公害的国家，虽然其人口和工业比较集中，但畜牧业远离大城市，与农业生产紧密结合，经过处理后的畜禽粪便全部作为肥料，既避免了环境污染又增加了土壤肥力。2000 年江苏省太湖水污染防治委员会确定畜禽养殖治污“倒计时”期限，规定饮用水源区 1km 范围内的小规模畜禽养殖场立即关闭或搬迁，养殖规模在 500 头以上的养殖场在年底前实现畜禽粪便全部综合利用或废水达标排放。《上海市 1999 ~ 2002 年畜禽粪便综合治理实施方案》列出了上海市重点治理的四个区域：黄浦江上游水源保护区、县城和主要集镇周围的养殖场除了治理外，原则上关闭或搬迁；苏州河上游支流范围内、外环线以内的养殖场全部关闭或搬迁，使上海的畜禽场从 1 600 个削减为 1 000 个以下。

切实做好农村散养户、专业户、养禽企业内部小环境的清洁卫生，包括常规的清洁、消毒、饮水和饲料卫生、粪便、杂物及其他下脚料的管理和无害化处理。自觉做好饲养场周围大环境清洁卫生工作。死禽不乱扔，有病的或患病期间的畜禽、种苗、蛋品等不上市或经过清洁消毒处理后再上市。逐步实现种畜禽场传染病的净化工作，向社会提供无病原体污染的种苗。随着畜禽养殖业和国民经济的发展，鼓励和引导畜禽场逐步向集约化、集团化生产发展，逐步减少星罗棋布的小型畜禽养殖点和农村放养的畜禽。

5. 增加科技投入，为抓好立体污染治理提供有力的技术支撑

大力加强畜牧业立体污染监测、防治技术研究。根据畜牧业立体污染防治监管需要，按照产前、产中、产后标准相配套的原则，尽快研究、制定饲料中药物特别是违禁药物和抗生素残留、动物性食品中药物、重金属等残留、畜禽病原微生物、尤其是人畜共患病原微生物检测、防治技术，加紧组织修订、颁布强制性标准。

研究开发优质、高效、安全、无污染、无公害、无残留的新型饲料添加剂，提高饲料产品的档次，开发一些紧跟国际先进水平的绿色安全的饲料添加剂新品种，加速推广微生态制剂、酶制剂、酸化剂、中草药制剂、甘露寡糖、低聚糖、果寡糖、大蒜素等无公害产品，减少或代替抗生素药物的使用，有效克服抗生素添加剂的弊端。

增加科研投入，加强环境畜禽病原微生物净化技术研究。要加强粪便管理，大力发展沼气池，利用沼气池杀灭病原；尽快研究出快速、高效、安全的畜禽疾病诊断、预防和控制的新方法，污染物控制和消除技术，协助生产部门逐步减少畜禽传染病的发生，逐步实现无重大传染病的发生。

参考文献

[1] 章力建，蔡典雄．治理农业污染必须抓“链条”．科技日报，2004－12－10.

[2] 章力建，董红敏，蔡典雄等．“农业立体污染”及其防治．中国农科院院报，2004－12－10.

[3] 章力建，侯向阳，杨正礼．当前我国农业立体污染防治研究的若干重要问题．中国农业科技导报，2005，7（1）：3～6.

[4] 章力建，蔡典雄，王小彬等．农业立体污染及其防治研究的探讨．中国农业科学，2005，38（2）：350～357.

[5] 章力建，侯向阳．我国农业立体污染防治研究进展．作物杂志，2005，（5）：1～4.

[6] 李庆康，吴雷，刘海琴等．我国集约化畜禽养殖场粪便处理利用现状及展望．农业环境保护，2000，19（4）：251.

[7] 潘耀国．“十一五”期间我国畜牧业发展的前景和重点．中国家禽，2005，27（15）：1～4.

[8] 刘培芳，陈振楼，许世远等．长江三角洲城郊畜禽粪便的污染负荷及其防治对策．长江流域资源与环境，2002，11（5）：456～460.

[9] 田宁宁，李宝林，王凯军等．畜禽养殖业废弃物的环境问题及其治理方法．环境保护，2000，12：10.

[10] 黄炎坤．应用酶制剂减轻畜禽粪便对环境的污染．农业环境与发展，2000，17（2）：39～41.

[11] Evans PO，Westerman PW，Overcash MR. Water quality from land application of seine lagoon effluent Trans. ASAE，1984，27（2）：473～480.

[12] Fleming RJ，Bradshaw SH. Contamination of Subsur faced rainge systems during manure spreading . ASAE，St Joseph Ml. 92～2618.

[13] Edwards DR，Daniel TC. Quality of run off form fescuegrass plots treated with poultry litter and inorganic fertilizer Environ. Qual，1994，23（3）：579～584.

[14] 杨自立，江立方，杨再等．对畜禽粪便污染治理的一些看法．家畜生态，2001，22（4）：47～49.

[15] 施杏芬，陆国林，周文海等．抗生素饲料添加剂的危害及防止对策．中国动物检疫，2005，22（1）：28～29.

[16] 耿志明，陈明，王冉等．动物源性食品中兽药残留的现状、危害及对策．中国标准报道，2004，11：14～16.

[17] 陈杖榴，杨桂香，孙永学等．残留的毒性与生态毒理研究进展．广东饲料，2001，10（1）：25～26.

[18] 转引自：王延周，齐德生．高剂量微量元素对环境的危害及预防．中国饲料，2002，10：25～26.

[19] 辛总秀．减轻畜禽粪便对环境污染的现状及技术探索．青海畜牧兽医杂志，2004，34（4）：35～37.

[20] 张彦明主编．无公害动物源性食品检验技术．北京：中国农业科学技术出版社，2003.

[21] 柴同杰，王海荣，林海等．畜禽传染病病原体在环境中的传播途径．畜牧与兽医，2000，32（增刊）：121～125.

[22] 丁疆华．广州市畜禽粪便污染与防治对策．环境科学研究，2000，13（3）：57～59.

[23] Dean DM，Foran ME. The effect of farm liquid waste application on tiledrainage. J soil and water Cons，1992，47（5）：368～369.

[24] Cook，MJ，Baker JL. Bacteria and nutrient transport totile lines shortly after application of large volume of liquids wine manure . Trans ASAE，2001，44（3）：495～503.

[25] 廖华乐．禽流感与人类健康．中国食品卫生杂志，1998，10（5）：39～40.

[26] 陈晓光．人兽共患病的危害及防制．动物保健，2004，31（1）：158.

[27] 步秀萍，杨占清．我国新发人畜共患病的流行病学与防治研究进展．实用医药杂志，2003，20（10）：780～781.

[29] 董军，常建宇，张秀环．饲养宠物要预防人畜共患病．中国兽医杂志，2003，39（11）：40～41.

[30] MacKenzie WR, Hoxie NJ, Proctor ME, et al. A massive outbreak in Milwaukee of Cryptosporidium infection transmitted through the public water supply. N Engl J Med, 1994, 331：161～167.

[31] 广东省规模化畜禽养殖业污染调查办公室．广东省规模化畜禽养殖业污染情况调查报告. 2001，（2）.

（林矫矫、陈兆国、章力建、蔡幼民、章力勇）

动物源食品安全生产农业立体污染防治

现代集约化的畜牧业生产除了受畜禽重大疫病威胁外，环境污染因素成为制约畜产品品质的又一重大隐患。全国每年因动物源食品的质量所导致的贸易摩擦事件屡屡发生，并且对人类健康安全构成了潜在的、巨大的威胁。围绕“健康动物，安全食品，健康人类”这一主题，运用防治农业环境立体污染的新思路，开展动物生产环境立体污染的系统化研究，综合分析并制定适合我国高品质畜禽产品生产的环境保障体系，建立畜禽疫病安全有效的防治措施，将为我国优质高效的畜牧业和食品产业的国际化提供良好的保障，并将产生巨大的经济、社会和环境效益。

一、畜禽安全生产所面临的环境污染因素与危害分析

在现代集约化的畜牧业生产过程中，动物饲料安全、兽药残留、重大疫病和环境污染等因素对畜禽安全生产构成了严重的威胁。尤其是环境因素导致的动物源食品污染错综复杂，交互影响。

1. 重金属污染

铅（Pb）、镉（Cd）、汞（Hg）、砷（As）、氟（F）、铜（Cu）和锌（Zn）等矿物元素是主要的环境重金属污染物。主要通过工业生产、汽车尾气、矿山开采、动物排泄物等释放到环境中，污染水源、土壤、大气等，形成重金属的立体污染。重金属元素长期低水平排放形成的环境与生物富积效应及其地壳中元素不均态分布是畜禽产品中重金属元素残留的主要因素。例如在湖北恩施和陕西紫阳，水和土壤环境中硒（Se）含量较高，曾经导致动物牧草硒中毒发生；贵州、内蒙古一些地区的水和土壤氟含量严重超标，造成了人、畜氟中毒。重金属元素污染对人和动物多器官系统产生中毒效应，包括对神经、造血、泌尿、免疫、解毒、生殖和心血管等系统的直接损害。如铅的胚胎毒性影响卵母细胞的成熟、受精及受精卵卵裂和早期胚胎发育等。环境铅污染地区妇女自然流产、早产、畸胎和婴幼儿行为异常增多。环境矿物元素污染引起人和动物的恶性中毒事件备受关注。20 世纪 40 年代，日本神通川流域因矿厂废水排放，镉污染了当地稻田土壤而生产的所谓“镉米”，并导致人“疼痛病”发生；中国江西赣南矿厂钨和钼污染环境引起当地水牛“ 红皮白毛症”；贵州一些地区因采矿使当地水源和土壤被氟污染，造成当地人、畜氟慢性蓄积性中毒现象非常严重。这些金属中毒事件属于典型的人为立体环境污染，直接危害了人、畜的生命与健康安全。

此外，畜禽生产自身所造成的环境污染问题也不容忽视。20 世纪 60 ~ 70 年代，在一些规模化畜禽养殖业发展较快的国家或地区，畜禽粪便对环境造成严重污染。局部大气气味恶臭，养殖场周边水体富营养化，引起社会各界的广泛关注。在饲料添加剂中过量微量元素添

加造成的“富裕”元素排泄对动物及其生态环境造成了新的污染。据报道，在西班牙西北部的加里卡亚地区，当地奶牛体内铜、锌元素的含量与环境中的猪的饲养密度呈密切的正相关关系，主要原因是猪饲料中添加了过量铜、锌元素，经粪便排泄到周围环境中，猪粪作为优质有机肥施播到天然牧场，增加了土壤中元素的浓度，富裕的铜、锌元素又通过牧草蓄积在牛羊的肝脏中，导致奶牛和羊体内元素中毒效应的发生。类似的现象在英国、荷兰和丹麦等养猪业发达的国家也曾发生。

2. 药物残留对动物源食品生产的危害

兽药残留是指动物使用药物后，蓄积和贮存在细胞、组织和器官内的药物原形及其代谢物，包括兽药在生态环境和动物性食品中的残留。在现代集约化动物养殖过程中，用于动物生产和疾病防治的药物、促生长的饲料添加药物等是动物性食品药物残留的直接原因。兽药中抗生素类、驱肠虫类、生长促进剂类、抗原虫类、灭锥虫类、镇静类、β-肾上腺素等化学物质残留对人体产生急、慢性毒性作用，引发过敏反应、性早熟和致癌、致畸、致突变等病理生理反应，并引起细菌的耐药性增加和环境污染等现象发生。因此，国际社会对动物源食品中的化学药物残留检测标准不断提高。如美国 FDA 和日本最近对进口肉、禽、水产品等动物源性食品 11 种药物的最高限量标准作出了更高的要求，最高限量标准分别为：氯霉素 0. 05mg/kg、磺胺甲基嘧啶 0. 02mg/kg、磺胺二甲嘧啶 0. 01mg/kg、磺胺-6-甲氧嘧啶 0. 03mg/kg、磺胺二甲氧嘧啶 0. 04mg/kg、磺胺喹噁林 0. 05mg/kg、噁喹酸（喹菌酮）0. 05mg/kg、乙胺嘧啶 0. 05mg/kg、基夫拉松（别拉松）0. 01mg/kg、尼卡巴嗪 0. 02mg/kg 和其他抗生素 0. 01mg/kg。所以，我国畜禽产品的出口将不得不面临近乎苛刻的检测标准的考验。动物源性食品药物残留的因素比较复杂，首先，是在动物生产中违禁药物的滥用。在经济利益的驱使下，个别养殖户使用一些对人体具有危害效应的违禁药物以促进动物的生长和提高瘦肉率。如盐酸克仑特罗、甾体激素、甲状腺抑制剂、激素类（如甲基睾丸酮等）或激素类样（类固醇类）物质（去甲雄三烯醇、玉米赤霉醇等）等添加剂的违法使用，对人类的健康构成巨大威胁，并产生一些不良反应或中毒事件。如瘦肉精属于 β-兴奋剂，能促进动物生长，提高瘦肉率，曾作为生长促进剂大量使用，因其可扰乱激素平衡，引起人食物中毒，我国已于 1997 年禁用；人工合成的雌激素己烯雌酚具有促进动物增重、增加蛋白质沉积、减少脂肪沉积、增加瘦肉率、提高饲料转化率等作用，但同时也具有致畸和致癌的毒性也已禁用。

其次，抗生素的滥用与药物休药期的执行不力也是动物源性食品药物残留的主要因素，尤其在发展中国家此类现象更为明显。抗生素及其残渣能刺激动物生长，也具有一定的疾病防治功效，被作为饲料添加剂广泛应用。一些廉价广谱抗菌药物如四环素类抗生素（包括四环素、金霉素、土霉素、强力霉素即脱氧土霉素）、磺胺类药、喹乙醇等成为畜禽养殖中的常用添加药物。长期应用抗生素作为添加剂在动物生产中的应用，将可能导致病原体产生耐药性或耐药性增加，对动物疫病的有效防治产生不利影响，增加动物生产风险。不同抗生素药物的临床使用有着严格的休药期，但在实际生产中，动物出栏前不按休药期停药的现象普遍存在，动物及其产品药物残留量增加，品质降低。目前，国际市场特别是发达国家对动物性食品的药物残留检测技术和标准不断地提高，因此，在动物生产中合理应用抗生素添加剂和严格执行休药期，对控制动物性食品的药物残留和防止环境污染具有重要的意义。

3. 化肥、农药等对动物生产、生活环境的污染与及其产生的危害

人类工业化进程和现代农业生产的人为干预超越了生态环境自身的净化能力，突出地表现在工业“三废”无节制地、盲目地排放，矿山资源、石油天然气的不合理开发和化肥、农药及其农业杀虫剂（除草剂）等的过度使用，导致了环境内分泌干扰物的大量存在，对人类的生命安全和健康构成了威胁。各种杀虫剂、除草剂、消毒剂、灭鼠剂所含有机磷、有机氯和有机氟等有害物质进入生态环境中，污染水源、空气和饲料，进而转移到肉、奶、蛋中，形成食物链式的扩散效应。一些不易被降解的农药，如DDT、六六六和二噁英（Dioxin）等有毒物质可长期在环境（水源、土壤、大气）和动物（肉、蛋、乳）、植物（籽实、茎、叶）体内残留并循环迁移，通过食物链的逐级富集作用，进入人体内，产生毒副效应，或长期暴露在空气中形成环境生物内分泌干扰效应。尤其是农药硫丹、乙基对硫磷、马拉硫磷、氯氰菊酯及多种有机氯农药被称为环境激素或环境内分泌干扰化合物（environmental endocrine disrupting chemicals，EDTCs），它们具有雌激素样活性，可与下丘脑、垂体、子宫等脏器的雌激素受体结合，对动物和人类的生殖系统、生长发育、内分泌系统产生不良效应，甚至有致癌作用。

二、控制和降低动物源食品生产环境立体污染的对策

1. 开展动物性食品产地环境立体污染状况的系统性调查研究和治理

农业环境立体污染的治理是一个非常复杂的综合性工程。树立立体污染的新观念，系统地开展环境立体污染研究，揭示环境立体污染的内在规律和相互作用，寻求环境生态安全与现代工业生产“双赢”的环保措施，深入调查畜禽生产区或养殖基地环境污染物的种类、分布及其链式循环污染规律，有针对性地限制周边农业生产区内农药、化肥和杀虫剂的使用；研发高效、低毒、低残留的新型化学药物，规范畜禽生产用药，以控制和降低水源、土壤和空气的化学物质污染。

2. 发挥天然药物优势，提高中草药在动物保健和疾病防治中的应用

充分发挥中草药的独特优势，结合化学药物构建我国现代绿色动物生产疫病防治技术，是缓解当前诸如兽药残留、环境污染等关于动物性食品质量安全问题的有效技术手段。现代集约化的动物生产模式对兽药的依赖性很高，目前有关休药期内动物疫病的药物防治和保健仍然是一片空白。在休药期内停药，往往会引起各种动物疫病的发生。若不合理地用药，将会造成动物及其产品的药物污染。而中草药具有各种成分结构的自然状态和生物活性的特点，其天然性不会造成药物残留和环境的污染。中草药在安全动物性食品生产中的特点和优势包括中草药的广谱抗菌（包括黄芩、黄连、黄芪、金银花、连翘、柴胡、蒲公英、穿心莲、白头翁、藿香等味药）、抗病毒（如板蓝根、大青叶、藿香、金银花等）、抗真菌、抗寄生虫（如常山、柴胡等）和抗螺旋体等药理学作用。与化学药物和抗生素联合应用不仅可以提高临床治疗效果，还可以减少病原体抗药性的产生和兽药残留。同时，中草药特有的

天然性、低毒、无抗药性、多能性和双向调节等特点也是动物饲料添加剂应用的基础，是安全环保中草药的独特优势所在。另外，中草药含有蛋白质、糖、脂肪、淀粉、维生素、矿物质、微量元素，能有效地补充动物生长所需的营养，发挥激素样和维生素样作用，有利于促进动物生长。中药含有的多糖类、有机酸类、生物碱类、甙类、挥发油类等均有增强免疫效应，有利于动物保健和提高对各种疫病的防御能力。中草药双向调节和抗应激及“适应源”样作用，对调节和缓解应激反应，调节生理平衡，保障动物生长具有重要的意义。

3. 加快健全我国动物性食品安全生产与药物管理法规建设，加大执法力度，实现动物性食品安全生产及兽药使用有法可依

结合我国农业环境污染存在的问题，依照国际相关标准和规定，尽快出台我国有关食品添加剂、兽药、农药、污染物的限量标准和准则，制定相关的法律规定，实现动物性食品安全生产及其兽药使用有法可依。

参考文献

[1] 章力建，蔡典雄．治理农业污染必须抓“链条”．科技日报，2004－10－12.
[2] 侯为道，傅小鲁，张立实．动物性食品中兽药残留的监测与控制．中国公共卫生，2003，19（2）：241～244.
[3] 李爱师．动物性食品中兽药残留问题．解放军预防医学杂志，1997，15（3）：232.
[4] 杨志强，郑继方，王学智．微量元素与动物疾病．北京：中国农业科学技术出版社，1998.
[5] 黄有德，刘宗平．动物中毒与营养代谢病学．兰州：甘肃科学技术出版社，2001.
[6] Lopez Alonso M，Benedito JL，Miranda M，et al. The Effect of pig farming on copper and zinc accumulation in cattle in Galicia（North-Western Spain）. The Veterinary Journal，2000，160：259～266.
[7] 陈杖榴，杨桂香，孙永学等．兽药残留的毒性与生态毒理研究进展．华南农业大学学报，2001，22（1）：88～91.
[8] 朱蓓蕾．动物性食品药物残留．上海：上海科学技术出版社，1994.
[9] 单体中，汪以真．猪肉安全问题及生产安全猪肉的措施．黑龙江畜牧医，2004，（12）：68～69.
[10] 杨军，于加良．关于上市鲜猪肉、白条鸡抗生素残留的检测．中国动物检疫，1994，11（3）：13.
[11] 李卫华．环境内分泌干扰物毒理研究的现状及展望．卫生毒理学杂志，2000，14（1）：1.
[12] 王福传，韩一超，张玉换等．兽用中草药高效免疫增强剂研究初报．山西农业科学，2001，29（2）：74～80.
[13] 陈忠斌，王升启．抗流感病毒药物研究进展．国外医学 药学分册，1998，25（2）：71～76.

（杨志强、章力建、张建瑜、王学智、李建喜、李建勇）

饲料工业中的立体污染及防治技术

饲料工业中存在的污染问题是立体污染的关键一环，主要是指畜禽摄取饲料后，通过动物排泄物对自然环境和生活环境产生的污染。使用营养不均衡、配比不合理、利用效率低的饲料不仅降低动物的生产性能，且未被消化的剩余部分随着畜禽粪尿排放到周围环境中，使各种不易被分解的物质在土壤中富集，造成不同程度的环境污染。未经处理的粪便，一部分 NH_3 挥发到大气中构成酸雨，一部分被氧化成有害的硝酸盐渗入地下水，其中氮（N）和磷（P）经污水流入河沟、池塘，可以使藻类等大量繁殖，产生多种毒素，污染水体、大气和土壤，最终通过食物链影响人类的生存。

一、畜禽生产对环境污染的现状

自 20 世纪 80 年代以来，我国畜牧业一直保持着快速增长的发展态势，全国各种规模化的养殖场不断增加。通常，一个饲养规模为 10 万羽的集约化养鸡场，每年可产粪尿 3 600 多 t，一个千头猪场年排粪尿达 2 500t。全国养殖场的畜禽粪便进入水体的流失率高达 25% ~30%，有的专家认为平均已达 35% ~40%，而东部地区更高，全国养殖场的 COD（化学耗氧量，表示水质污染程度的一个重要指标）约占全国 COD 污染负荷的 36.5%，高于工业废水的 31.6% 和生活废水的 31.9%，而我国的畜禽粪便总产生量则已达工业固体废物产生量的 2.2 倍。动物排泄物中的主要成分是氨化物、钙、磷、可溶无氨物、粗纤维、其他微量元素及某些药物，各种成分的含量随动物品种、饲料原料的种类及配方、饲养方式等不同而不同，所以，畜牧生产对环境的污染与饲料工业直接相关。

1. 氮、磷的污染

在我国相当一部分地区，畜牧生产仍是粗放型，饲料报酬低，日粮营养没有达到良好的平衡。在很多情况下，为了满足畜禽对限制性氨基酸的需要，饲料中含有较高水平的蛋白质，但由于氨基酸不能在体内存留，其结果是不平衡的、多余的氨基酸在体内降解并排出体外，不仅造成饲料转化率低，还导致空气氨污染，土壤和地下水硝酸根污染。另外，谷物饲料中的植酸磷不能被动物消化吸收，绝大部分随粪便排出体外，造成土壤和地下水的磷污染。未经处理的污水，若混入灌溉水，对玉米、水稻等作物造成毒害，导致减产；若混入渔塘，可导致水中溶氧度降低，危害渔业生产；若排入江河，则严重影响沿岸的生态环境。

2. 重金属元素的污染

近年来，随着饲料工业的发展，新型饲料添加剂不断涌现，其中不乏有一些含铜、砷等重金属元素的饲料添加剂，它们给环境带来的危害不可忽视。以砷为例，一个万头猪场按美国 FDA 允许使用的砷制剂剂量推算，若连续使用含砷饲料，5～8 年之后将向猪场周边排放近 1t 砷。16 年后土壤中砷含量则可翻一番，同时地下水中砷含量也将相应地升高。土壤中砷含量每升高 1mg/kg，则甘薯块根中砷含量即上升 0.28mg/kg，据此计算，不出 10 年，该地所产甘薯中砷含量会全部超过国家食品卫生标准，这片耕地只能废弃或改种其他作物。

3. 抗菌素的污染

抗菌素随饲料进入动物消化道后，短时间内进入动物血液循环，大多数的抗菌素经肾脏的过滤随尿液排出体外，极少量没有排出的抗菌素就残留在动物体内。当人吃入这种动物的肉、蛋、奶时，也间接地吃入了这些抗菌素。长此以往的后果是在人体内产生抗药性，破坏人体内正常的微生态平衡，造成肠道菌群失调症，有时还可能造成严重的抗菌素过敏反应。

二、防治对策

1. 制定完善政策法规为防治立体污染提供保障

近年来，畜禽生产引起的环境污染问题已引起了广泛关注，针对我国国情，制定出一套切实可行的畜牧场环境质量标准、畜禽排泄物排放标准、饲料原料质量标准和饲料添加剂应用标准刻不容缓。国家环保总局已于 2001 年 5 月颁布了《畜禽养殖场污染防治管理办法》，把常年存栏量为 100 头以上的养牛场、500 头以上的养猪场和 3 万羽以上的养鸡场，以及达到规定规模标准的畜禽养殖场纳入管理范围。2003 年，国家环保总局与国家质检局又联合发布了《畜禽养殖业污染物排放标准》，对集约化、规模化的畜禽养殖场和养殖环境的各种污染物排放标准作了明确规定。养殖场在治理规模化畜禽养殖污染时，必须认识到“制定标准，规范管理”的重要性，坚持“预防为主”，实行“分批治理与全面预防”相结合，针对国家的法律法规，制订出相应的治理措施，才能从根本上解决污染问题。

2. 合理规划布局与正确选址、场区绿化

养殖场的布局要与种植业和水产业相结合，建立综合生态型养殖场。选址应远离居民区，排污及处理方便。另外，对场区进行绿化，绿化带可阻留净化 25%～40% 的有害气体和吸附 35%～67% 的粉尘。有害气体经过绿色植物至少 1/4 被阻留净化。有些植物能吸收氨气作为自身生长所需氮源，其比例可达 10%～20%。

三、防治关键技术

1. 环保型配合饲料生产技术

畜禽日粮中营养物质的不完全吸收是畜禽排泄物造成环境污染的主要因素之一，因此，通过贯彻生态营养理念，推广环保型配方技术，可以控制和减少污染物的排出量。采用“理想蛋白质模式”，从氨基酸平衡着手在畜禽日粮中添加使用合成氨基酸，能够降低饲料

粗蛋白质水平，提高日粮中氮的利用率，减少粪尿中氮的排泄量。这样既可以节省天然蛋白质饲料资源，又可以减轻集约化畜牧业生产对环境造成的氮污染。畜禽日粮中氮的吸收率通常为30% ~50%，要提高氮的利用率，就必须提高日粮的平衡性，当日粮必需氨基酸占总氮的45% ~55%时，氮的利用率最高（Lenis，1996）。在日粮氨基酸平衡性较好的条件下，日粮蛋白质降低2个百分点对动物的生产性能无显著影响，但这可使氮的排泄量下降20%。Shriver等（2003）用粗蛋白质水平降低了4%（添加合成氨基酸达到与对照组相同的氨基酸水平）的日粮，使总氮的排泄量降低49%，但并不影响生产性能。而Canh等（1998）用添加合成氨基酸的方法，使各组日粮达到相同氨基酸水平，而粗蛋白质水平分别为16.5%、14.5%和12.5%饲喂生长猪时发现，尿氮含量和粪尿pH值因粗蛋白质水平的下降而下降，而粪氮含量不受粗蛋白质水平的影响。据统计，通过理想模型计算出日粮的粗蛋白质水平每下降1个百分点，粪尿氨气的释放量就下降10% ~12.5%。除氨气外，动物排泄物中的臭气物质，例如，含硫氨基酸降解产生的硫化氢、过量色氨酸降解产生的吲哚类物质，以及芳香族氨基酸、酪氨酸降解的苯酚类产物等，均严重危害人与动物的健康。Hobbs等（1996）通过向日粮中添加合成氨基酸，而使生长猪和肥育猪日粮的蛋白质水平分别从21%降到14%、从19%降到13%，结果尿氮的排出量减少40%，同时，两者粪尿中的臭味物质亦显著减少。

2. 饲料添加剂的安全使用技术

近年来，一些养殖企业片面追求经济利益，在畜禽日粮中添加高剂量的铜、砷、锌等微量元素，这虽可提高畜禽的生长速度，但其增加了排泄物中重金属的排出量。动物粪便作为有机肥料播撒到农田中将导致磷、铜、锌及其他微量元素、药物在土壤中的富积，从而对作物产生毒害作用，严重影响作物的生长发育，使作物减产。一般认为，当土壤中有效态铜和锌分别达100 ~200mg/kg和100mg/kg以上时，即可造成土壤铜污染和植株中毒。当土壤中砷酸钠加入量为40mg/kg时，水稻减产50%，加入量为160mg/kg时，水稻不能生长。灌溉水中砷浓度为20mg/kg时，水稻颗粒无收。更为严重的是，一旦土壤受到污染，这些有害物在农产品中的含量会大幅度提高，最终通过食物链输入人体或动物体内，产生危害。针对这些问题，我国修订并重新颁布了《饲料和饲料添加剂管理条例》。为贯彻落实饲料添加剂安全使用规范制度，农业部组织专家编写了《饲料添加剂安全使用规范》，系统整理了允许使用的饲料添加剂、饲料药物添加剂以及禁止使用的药品、兽药及其他化合物目录。严格按照国家标准使用饲料添加剂，对违反规定的企业加大处罚力度并加强专业人员的培训，才能保证畜牧业与环境的可持续发展。

3. 无公害饲料添加剂及其应用技术

（1）除臭剂

为了减轻畜禽排泄物的臭气污染，可在饲料或畜舍垫料中添加各种除臭剂。常用的商品除臭剂，一种是从菝葜 *Smilacis rhvzoma* 植物中萃取，能阻断尿素酶活性，减少氨的产生，促进乳酸菌增殖的物质；另一种是从丝兰属 *Yucca schidigcra* 中提取的，可与氨气、硫化氢、吲哚等有毒有害气体结合，控制恶臭；同时能与肠内微生物协同，共同促进营养物质的吸收，抑制尿素分解，使尿中氨含量降低40% ~60%的物质（廖新悌，1999）。

膨润土和沸石粉也有与粪尿中氨结合的功能。生长猪饲粮中添加海泡石或膨润土就会减少粪尿中氨散发量。另外，被用做除臭剂的还有腐植酸钠和硫酸亚铁。

（2）植酸酶制剂

畜禽植物性饲料中约75%的磷是植酸磷，它不能被畜禽利用，大部分从粪尿中排出，会使土壤和湖水中的磷浓度超过卫生标准，造成土壤的营养累积和水体的富营养化，引起严重的环境污染。同时，植酸又是一种重要的抗营养因子，会严重影响动物对于多种微量元素的吸收。植酸酶是能够将植酸（肌醇六磷酸）水解成肌醇与磷酸（或磷酸盐）的一类酶的总称，属磷酸单酯水解酶，包括植酸酶与酸性植酸酶两种。现在已知有3种类型，即肌醇六磷酸3-磷酸水解酶（E. C. 3. 1. 3. 8）、肌醇六磷酸6-磷酸水解酶（E，C. 3，1，3. 26）和非特征性的正磷酸盐单酯磷酸水解酶。

目前，植酸酶的主要使用对象是猪、鸡和鱼类。日粮中添加植酸酶，可以提高植酸磷的利用率，降低粪中磷含量并可改善饲料利用率。在水产养殖中，植酸酶能显著提高小条纹石鳢、小鲇鱼的体增重和体长，提高鳟鱼和草鱼的磷利用率，降低磷排泄量，大大降低对养殖水体的污染。

当前，商品微生物植酸酶处理饲料的成本已很低，扩大了植酸酶的应用范围。在使用小麦、小麦麸、黑小麦、大麦和燕麦等原料的饲料中添加植酸酶，对于植酸磷的利用和生产成本的降低均有很好的效果。一般认为，饲料中植酸磷含量在0.2%以上时，才考虑使用植酸酶制剂。

（3）有机微量元素

用有机微量元素替代无机微量元素，可减少微量元素在饲料中的添加量，减轻动物微量元素排泄对环境造成的污染。

试验表明，有机微量元素对畜禽生（产）长性能、畜产品品质、抗应激性、机体免疫功能和其他养分利用率等多个方面均表现出一定的生物学效应。李素芬等（2001）在综述中总结了有机微量元素对动物作用效果的59次试验，绝大多数试验结果表明，有机微量元素对畜禽的作用效果高于（半数以上）或等同于等量的无机微量元素。目前应用于生产的氨基酸螯合物有蛋氨酸锌、赖氨酸铜、蛋氨酸锰、蛋氨酸铁、甘氨酸铁、蛋氨酸铜、蛋氨酸铬及赖氨酸锌等产品。其中，以蛋氨酸锌（陈洪亮，2001；Nunnery等，1996,）、赖氨酸铜、蛋氨酸锰（朱玉琴等，1998）等对动物的效果最为显著。另外，这些氨基酸螯合物还可能作为“单独单元”在动物机体内起特殊作用，如改进动物毛皮状况，减少早期胚胎死亡等，而这些不能用添加高水平的无机微量元素来代替。

（4）微生物饲料

微生物饲料是指从微生态理论和绿色食品意识出发，在微生态理论指导下采用已知有益的微生物与饲料混合经发酵、干燥等特殊工艺制成的含有活性或无活性益生菌及其代谢产物的安全、无污染、无残留的优质饲料。该定义的主要内涵：具有安全性好的已知微生物，通过发酵既能降解饲料中有毒有害成分、丰富营养、提高饲料的品质和卫生，又能预防疾病、治理环境污染的动物“绿色食品”。

4. 畜禽排泄物的无害化处理技术

随着我国畜牧业的快速发展和畜禽粪便量的日益增多，可以采用多种途径对畜禽排泄物进行无害化处理和资源化再加工。例如，利用热效应和喷放机械效应的作用对粪便进行烘干膨化干燥，既除臭又能彻底杀菌、灭虫卵，而达到商品性肥料和饲料的要求；利用受控制的厌氧细菌分解作用，将粪便中的有机物转化成简单的有机酸，然后再将简单的有机酸转化成沼气和二氧化碳；通过螺旋藻养殖分解粪便，通过建立沼气池方式使用排泄物等技术，建立起一整套综合立体性的防治技术，达到畜禽养殖场的零排放目的，还能起到变废为宝的作用。

通过防治饲料工业立体污染的系统研究，因地制宜地制定综合防治措施，可以在农业立体污染中把由于饲料导致的环境污染降到最低，从而达到生态、环保和畜产品优质安全的目的，为生产无公害绿色食品打下基础，实现畜牧业的可持续发展。

参考文献

[1] 陈洪亮．蛋氨基酸铬和锌对断奶仔猪生产性能的影响．中国饲料，2001，1：21～22.

[2] 李素芬．有机微量元素对动物的效应及其作用机理研究进展．中国畜牧杂志，2001，37（2）：51～53.

[3] 廖新悌．生态系统原理对解决动废弃物问题的启发．家畜生态，1999，20（4）：10～14.

[4] 章力建，董红敏，蔡典雄，李玉娥．“农业立体污染”不容忽视．农民日报，2004－12－30.

[5] 朱玉琴．0～4 周龄肉籽鸡不同锰源锰需要量的研究．畜牧兽医学报，1998，29（2）：121～127.

[6] Canb T Ammonia emission from excreta of growing-finishing pigs as affected by composition．Wageninger Agricultural University. The Netherlands，1998.

[7] Hobbs P J，Pain R M ，Kay，Lee P L．Reduction of odorous compounds in fresh pig slurry by dictay control of crude protein．Sci Feed Agric.，1996，71：508～514.

[8] Lcenis N P. Utilization of nitrogen and animo acids in growing pigs as affected by the ratio between essential and nonessential amino acid in the diet. J. animal Science ，1996，1：72.

[9] Nunnery G A ，Cartens G E ，Greene L W，Feedlot performance and carcass characteristics in steers ted different sources and levels of supplemental zinc. J Anim Sci.，1996，74（suppl. 1）：294.

[10] Shriver J A ，Carter S D ，Sutton A L，Richert B T，Senne B W ，Pettey L A. Effects of adding fiber sources to reduced-crude protein. amino acid-sup-plemnted diets on nitrogen excretion ，growth performance，and carcass traits of finishing pigs. J Anim Sci.，2003，81（2）：492～502.

（蔡辉益、陈志敏）

饲料配制技术和农业立体污染防治

我国不到30年的饲料工业，取得了辉煌的成就，年饲料产量超过1亿t，成为继美国之后的第二饲料大国。饲料工业的发展带动了畜牧养殖业的飞速发展，同时也应该看到，饲料养殖业的发展过程中也存在一些不协调的因素，饲料、畜产品、环境的污染问题显得日益突出。

饲料工业的污染主要表现为以下几个方面：①配合饲料中未消化部分向环境的转移。突出的问题是饲料中未降解氮、磷排放，造成水体和土壤污染。如果排泄物随雨水流向湖泊、江河、大海，造成的后果就是水体中藻类过度繁殖。比如最近太湖出现的蓝藻大量繁殖，污染水体，严重影响居民用水问题。如果在海洋出现水体富营养化，则会引起海洋的赤潮，在附近的水生物就会大面积死亡，最严重的情况可能出现死海。②饲料中有毒有害成分向畜产品中转移，造成肉蛋奶的污染。主要包含农药、抗生素、霉菌毒素等。这些成分直接威胁到人类健康，只有通过严格的饲料监控体制才能逐步减少这类污染的出现。③饲料中不合理添加物对环境的污染。比如，有机砷制剂，现在我国使用仍然合法，但是对环境的污染远远被忽略。高剂量铜，国内仍然没有得到很好的控制。还有其他高剂量微量元素的普遍使用，对环境造成的危害是潜在、不可估量的。④饲料包装物的白色污染。不可降解塑料制品污染。

一、合理的饲料配方调配，提高饲料利用效率，减少环境污染

提高饲料利用效率是动物营养科学工作者终身研究的话题，通过提高利用率可以降低饲料成本、减少环境污染、提高动物生产性能。

1. 选择适宜的配方能值体系

国内普遍的做法是：猪采用消化能体系，家禽采用代谢能体系，反刍动物采用净能体系。随着研究方面的进展，可能以后更多要朝向净能方面发展。使配方营养水平尽量接近动物的营养需求，减少浪费和污染物排泄。

2. 采用有效氨基酸进行配方

以前主要是用粗蛋白进行配方。随着氨基酸工业化生产技术的日趋成熟，工业化氨基酸的成本降低，在饲料中直接应用变成现实。在猪方面，通过使用有效氨基酸的配方技术，可以降低饲料的粗蛋白水平3%左右而不影响猪的生产性能。仅此一项技术可以减少猪排泄物中氮排泄50%左右。饲料蛋白质水平降低1%氨氮的排泄可以减少10%（Canh等，1998）。

3. 根据动物不同生长阶段的特点进行配方

动物初生阶段，骨骼发育很快，注意多使用钙磷。在生长前期，动物主要是蛋白质沉积为主，应该多补充蛋白质和氨基酸。在动物生长后期，脂肪沉积较多，注意增加能量性原料供给。根据不同阶段生长特点，合理调配饲料，提高动物的生产性能和饲料的消化效率。

4. 选择优质饲料原料进行配方

如果单纯从减少环境污染的角度出发，应该尽量选用消化率高的饲料原料，使饲料中的营养成分尽量多地被动物吸收，减少排泄。在实际生产中，消化率很高的原料可能十分昂贵，很难用于配制饲料。这就需要平衡经济成本和环境保护两方面的关系。

二、饲料原料中有效成分的快速测定

在饲料配方中，我们往往是对饲料原料中的有效成分不十分清楚，根据经验进行配方。在实际生产中，绝大部分饲料厂都不能先测定每批饲料原料中的营养成分值（特别是有效成分，比如有效能、有效氨基酸和矿物元素等），然后进行饲料配方。这样的后果就是，配制得到的饲料可能出现营养水平低于或者高于动物营养需要。如果饲料中的营养水平低于动物的营养需要，动物的生产性能降低，单位畜产品的成本提高，生产变得不经济。如果饲料中的营养水平高于动物的营养需要，则饲料中过量营养成分不能被动物消化吸收，造成资源浪费，同时不能被消化的部分以粪尿形式排泄，造成环境污染。

如果我们能够对每批饲料原料的有效成分进行预先测定，然后进行配方，使饲料中的营养成分与动物的需求基本吻合，这样可以尽量满足动物的生产性能、提高饲料利用效率、减少粪尿排泄物污染。

从现在的检测技术发展来看，近红外是一种十分有潜力的快速检测技术，在国内部分大型饲料厂已经开始得到应用。现在的主要问题是，近红外的基础数据不是很多，预测的准确性值得怀疑。

三、利用酶制剂（特别是植酸酶）提高饲料利用效率

使用酶制剂的主要理论根据是：①饲料中很多营养成分不能被动物的消化酶分解。比如，纤维素、木质素、葡聚糖、木聚糖、蜜三糖、水苏四糖、半乳糖苷、植酸等。动物体内不分泌相应的酶，所以这些成分无法被动物分解利用。更重要的是，这些不能被消化的成分还阻碍消化酶对其他营养物质的分解作用，使饲料消化率降低。②幼龄动物的消化道发育不完善、消化酶分泌低下。需要额外补充外源酶。③非常规饲料资源的开发利用，需要使用酶制剂。为了降低饲料成本，会使用大量非常规饲料原料，这些原料的消化率往往很低，通过添加额外的饲用酶能够提高这些非常规原料的利用效率。比如，羽毛粉是很难被动物消化的一种蛋白原料，通过使用角蛋白酶的处理，就能大大提高其消化率，做到变废为宝。

一般认为，通过使用复合酶制剂，可以提高饲料利用效率 5% ~10%。提高的程度与使

用原料的种类、动物品种、动物生长阶段密切相关。

植酸酶是饲料工业中唯一单独广泛应用的饲用酶。使用植酸酶的基本原理是，植物性饲料原料中70%的磷是以植酸盐形式存在，而动物又不分泌分解植酸的酶，所以，饲料中70%的磷不能被动物利用而白白地从动物粪便中排泄掉。使用植酸酶对环境污染的缓解作用主要表现为以下几个方面：

1. 植酸酶提高饲料中磷的利用效率，减少磷排放

通过使用植酸酶，饲料中额外添加的磷可以减少50%左右，蛋鸡可以减少70%。如果全国的配合饲料都使用植酸酶，可节约磷10万t，折合磷酸氢钙60万t，相当于粪便中磷的排放减少10万t，折合磷酸氢钙60万t。

2. 植酸酶提高矿物元素利用效率

饲料中常用二价矿物元素铁、铜、锰、锌、钙等，容易与植酸形成植酸盐，这样矿物元素就不能被动物利用。要满足动物对这些矿物元素的营养需求，就必需过量添加，这样会提高饲料中矿物元素的用量、增加成本、增加粪尿中矿物元素的排泄、污染环境。使用植酸酶就可以避免二价矿物元素形成不能消化的螯合盐。最近的研究报道表明，使用植酸酶的后期生长猪饲料中，可以不用额外添加微量元素，而不影响生产性能。

3. 植酸酶提高饲料中能量利用效率

Driver等（2006）的研究结果表明，在花生粕为主要蛋白的肉鸡日粮中，使用高剂量的植酸酶（12 000U/kg饲料），花生粕的代谢能值（AMEn）从3 209kcal/kg提高到3 559kcal/kg，有效能值提高9%。

4. 植酸酶提高饲料中氨基酸的利用效率

Ravindran等（1999）测定了几种常用原料玉米、高粱、小麦、豆粕、双低油菜粕、棉粕、葵花粕中添加植酸酶对氨基酸利用效率的影响，各种氨基酸的消化率都有不同程度的改善。

四、饲料的合理加工调制

1. 饲料的制粒与膨化

在没有饲料工业之前，直接饲喂各种饲料粮，效率极其低下。饲料工业的出现，提高了饲料的利用效率。但是，不同的饲料加工工艺会影响饲料利用效率。粉状饲料进行制粒，可以减少采食过程的浪费，提高采食量，提高饲料利用效率5%。对肉鸡饲料、仔猪饲料，制粒显得特别突出。唐仁勇等（2007）用乳猪进行的实验研究结果表明，与粉状饲料相比，颗粒饲料可以提高断奶仔猪日增重9.7%，日采食量提高13.5%

对水产饲料而言，绝大部分都需要制粒才能保证饲料在水体中能够被鱼虾摄入。对水产

料进行膨化制粒又可以进一步提高饲料效率。膨化颗粒料（漂浮料）的饵料系数比普通硬颗粒料能提高20%以上。通过膨化制粒，使饲料中的淀粉糊化，提高饲料消化率，同时减少水体污染，保护水体环境，有利于鱼类的更好生长。通过挤压膨化，虹鳟对豆粕表观消化率从75.5%提高到78.4%，大麦从43.6%提高到67.2%，玉米面筋粉从74.2%提高到86.0%，小麦从46.7%提高到71.1%（刘春雪等，2003）。

2. 液体饲料

丹麦在2000年全面禁用抗生素作为饲料添加剂。为了减少动物腹泻，他们开始大面积采用液体饲料。粉状饲料在饲喂猪之前，用一定比例的水浸泡，并自然发酵，使饲料的pH值降低到4左右再饲喂猪。液体发酵饲料的主要好处包括：降低饲料的pH值，杀灭部分有害微生物；低pH值可以更好地激活胃蛋白酶的活性，提高消化效率；饲料浸泡后，有利于饲料中营养物质和消化酶接触，有利于动物的消化。唐仁勇等（2007）的试验结果表明，液态组仔猪全期平均日采食量和日增重均高于固态组，分别提高了10.3%和12.9%。

3. 提高饲料生产的混合均匀度

如果一个饲料厂的变异系数为2%，这意味着有2%的饲料资源被浪费。如果我们能够把变异系数降低1%，意味着全国每年节约100万t饲料。

4. 饲料原料的加工调制

很多饲料原料中都存在抗营养因子，可以通过适当的加工调制减少抗营养因子的危害。比如，大豆中的抗胰蛋白酶因子，可以通过适宜高温处理使之失活；豆粕去皮可以提高氨基酸和能量利用率。棉粕中1%左右的棉酚，可以通过添加等量的二价铁离子使棉酚失活。鱼粉的高温处理，可以使硫胺素酶失去活性，但是过度高温又会产生肌胃糜烂素等有毒物质，欧洲出现的低温鱼粉可以在饲料中大量使用并且表现出良好的生产性能。羽毛粉的利用率很低，通过先进行酶解，就能大大提高利用率。普通加工的血粉利用率很低，通过低温喷雾干燥，利用率可以高于普通鱼粉。如果把血浆单独分离出来，再低温喷雾干燥，可以得到很好的优质血浆蛋白粉，价格远远高于鱼粉。

五、饲料原料的选择和储存

如果单纯从环境污染的角度出发，应尽量选用优质易消化的饲料原料。考虑到饲料成本，很多这类原料无法在饲料中广泛应用。饲料原料中某些有毒有害成分还可能直接向畜产品中转移，直接危害人类的健康和安全。

1. 拒绝使用高污染的原料

比如，皮革蛋白粉中含有大量的铬。不宜直接在饲料中使用。抗生素渣中可能含有很多不清楚的次生代谢物，大量使用可能会转移到畜产品中。发霉变质的饲料原料中含有大量霉菌毒素，特别是黄曲霉毒素 B_1，会向畜产品中转移，具有强烈的致癌作用，对动物和人类都是十分危险的。加工和保管不当的肉骨粉，可能被沙门氏菌污染，威胁动物和人类的健康。

2. 使用螯合微量元素

使用螯合微量元素可以提高微量元素利用效率。但是，现在距离大面积广泛使用仍需要不断完善。主要表现为以下几个方面：生产成本高，经济上不合算；螯合微量元素的理论研究方面仍待突破，包括测定方法、什么样的螯合度最有利于动物利用等。

3. 原料的储存

在储存农药的库房保存饲料原来或者成品，造成饲料污染。最终农药向畜产品中转移。

六、避免饲料添加剂的滥用

滥用饲料添加剂是导致畜产品和环境污染的重要原因。这里说到的滥用包括两个方面：使用违禁的饲料添加剂；超剂量使用饲料添加剂。

1. 瘦肉精等违禁添加物的使用

这些违禁药物主要包括：瘦肉精及其衍生物，磺胺类药物，镇静剂等。尽管国家早已禁止使用，但是由于利益的驱动，仍然有少量饲料厂、养殖场使用类似药物。

2. 高铜、高锌、高砷的危害

为了达到促生长的目的，大量使用硫酸铜，使用量是动物需要量的几十倍。饲料中的铜主要是两个去路：直接在动物内脏中大量沉积，向畜产品中转移；大量的铜随粪便排泄，污染水体和土壤。丹麦在禁用抗生素后选用高剂量氧化锌来防止猪的腹泻，取得一定效果。但是高锌对环境的污染是显而易见的。砷对人和动物都是剧毒，但是为了使猪看起来比较红润，很多饲料厂都超剂量使用。国内目前使用有机砷制剂仍然是合法的，但是这对畜产品、土壤、水体的污染是不容忽视的，应该尽早取消这些添加剂的生产、使用，为子孙后代营造一个干净的环境。

七、减少畜牧养殖业污染的其他途径

①包装物污染的控制。美国广泛采用配料车送料，很少使用包装物。这样既降低了生产成本，又防止了塑料制品的白色污染。中国现在养殖仍然比较分散，要普遍达到美国的饲料车供料仍需要一段时间，但是在部分大型养殖场首先使用是完全可行的。另一方面，对小型散养户可以考虑使用可降解包装物，减少包装物对环境的破坏作用。

②培育饲用作物新品种，提高营养成分的含量和消化率。比如，高油玉米，高赖氨酸玉米，双低油菜，低棉酚棉花，高蛋白大豆等。

③养殖品种的培育和改良。全面提高养殖品种，淘汰劣质品种，提高饲料利用效率。

④养殖场排泄物、动物死尸的适宜处理。动物尸体深埋，减少对环境的污染。排泄物进行发酵后做肥料，或者用作沼气的能源。

⑤提高饲料检测技术，避免饲料添加物的滥用。防止饲料厂或者养殖场使用明文禁用的饲料添加剂，防止用户过量使用饲料添加剂。

参考文献

[1] 刘春雪，高立海，程宗佳. 挤压膨化对水产饲料营养成分及消化率的影响. 广东饲料，2003，(03)：17~19.

[2] 唐仁勇，陈代文，张克英，余冰，郭秀兰. 饲料的不同形态与状态对早期断奶仔猪生产性能的影响. 中国畜牧杂志，2007，43 (03)：55~58.

[3] Canh, T T, Aarnink, A J A, Schutte, J B., Sutton, A L., Langhout, D. J., Verstegen, M. W. A., Schrama, J. W. Dietary protein affects nitrogen excretion and ammonia emission from slurry of growing finishing pigs. Livest. Prod. Sci. 1998, 56: 181~191.

[4] Driver, J. P., Atencio, 2 A., Edwards, H. M., Pesti, Jr., and G. M. Improvements in nitrogen-corrected apparent metabolizable energy of peanut meal in response to phytase supplementation. Poultry Science, 2006, 85 (1): 96~99.

[5] Ravindran, V, Cabahug, S, Ravindran, G, Bryden, WL. Influence of microbial phytase on apparent ileal amino acid digestibility of feedstuffs for broilers Poultry Science, 1999, 78 (5): 699~706.

（徐俊宝、杨禄良）

农田灌溉系统中的立体污染防治技术

一、农田灌溉系统中的立体污染问题

农田灌溉系统中的污染主要表现为以下几个方面：一是灌溉水水质对土壤—作物系统污染；二是不合理灌溉造成深层渗漏、淋溶对地下水源污染；三是灌溉退水与农田排水对下游农田及地面水源污染。

1. 灌溉水源污染

灌溉水源污染近年来表现较为突出。我国是世界上水资源严重短缺的国家之一，人均水资源占有量2 200m^3，仅为世界平均值的1/4，特别是长江以北的许多地区人均水资源占有量已接近或低于国际公认的1 700m^3/人·年的缺水警戒线，区域性水资源缺短更为严重，已成为农业生产乃至整个国民经济持续稳定发展的重要制约因子。我国2002年城市和农村工业以及生活污水排放总量为606亿m^3，预计2010年将达到885亿m^3，2050年为648亿m^3。

由于大部分的污水未能达到排放标准就直接进入了河流、湖泊、水库，使自然水体遭受了不同程度的污染。对全国9.2万km长度的河流进行的水质评价结果显示，Ⅰ类水河长占5.6%，Ⅱ类水河长占33.1%，Ⅲ类水河长占26.0%，Ⅳ类水河长占12.2%，Ⅴ类水河长占5.6%，劣Ⅴ类占17.5%。全国有30%~40%的水源已不符合灌溉水质标准。全国湖泊约有75%以上的水域水质也受到不同程度污染。

2000年的统计结果显示，我国城市污水的处理率尚不到15%。由于我国北方地区水资源严重短缺，农民在得不到清水灌溉的情况下，经常会引用污水进行灌溉，这在城市郊区最为突出。据有关报道：我国1991年污水灌溉面积为306.7万hm^2，2000年达到430多万hm^2。

由于污水灌溉技术研究与科技推广滞后，以及缺乏对污灌区农田环境质量监测与调控技术的研究与开发，已出现了土壤、农作物甚至地下水的严重污染。据1994年中国环境报报道：我国不适当的污水灌溉已使66万hm^2耕地受到重金属和有机化合物质污染。最新调查研究显示（中新社北京2003年10月30日），全国约有一半城市市区的地下水污染比较严重。可以预见，随着各地农业用水紧缺程度的不断加剧，污水灌溉及由此引发的环境污染问题将会进一步加剧。由此造成的污灌农田土壤和地下水污染，以及污染物质在农产品中的残留，不仅影响了污灌区饮水及食物安全，而且威胁着当今乃至21世纪全国16亿人口的食物安全。

2. 灌溉方法不当造成地下水污染

由于灌溉设施不配套，灌溉方式、方法不当，灌溉制度不科学以及管理水平低等原因，导致田间灌水效率低，深层渗漏现象严重。深层渗漏不仅浪费了灌溉水量，还造成土壤中可溶性养分随水大量流失。加之过量施肥现象普遍存在，肥料种类配比不合理，如高产地块每公顷耕地年施氮量高达300～450kg，氮磷钾之比仅为1：0.35～0.40：0.1～0.2，进一步加大了溶质的淋失量。尤其是氮素以硝酸根离子淋失是引起许多地区地下水污染的主要原因，对直接饮用浅层地下水的广大居民健康构成极大威胁。有关方面对我国地下水水质最新调查显示，按国际标准（10mg/L以氮计）45%地下饮用水的硝酸盐超标；按国内标准（20mg/L以氮计）20%地下饮用水超标。

3. 农田排水不当引起地面水源污染

灌溉退水与农田排水对下游农田和地面水源造成严重污染。在农业生产中，水和肥是决定生产力的两个重要因子，两者作用的发挥存在着强烈的相互依赖性。如果灌溉与施肥在时间、数量和方式与方法上配合不当，均会降低水分和肥料的利用效率，增加损失。其中地面径流与土壤侵蚀，造成河流、湖泊富营养化。

二、灌溉污染防治国内外研究进展

1. 污水灌溉

（1）污水灌溉污染物控制指标研究

美国国家环境保护局1992年提出了污水灌溉建议指导书，包括污水灌溉的处理工艺、水质要求、监测项目、监测频率、安全距离等各个方面，对类似地区的污水灌溉提供了重要的指导信息。美国各州制定的污水灌溉水质标准各不相同，但规定具体，要求严格，以确保作业人员或其他接触灌溉水人员的安全，保证污水灌溉的可持续利用（肖锦，2002）。亚里桑那州污水灌溉标准允许用未经消毒的二级出水灌溉纤维作物、畜牧饲料作物和不接触水的果园作物。以色列对于不同的灌溉项目制定了具体的灌溉水灌溉标准，规定果园和葡萄园可以使用二级出水灌溉，生食作物除剥皮水果外，不得灌溉。前联邦德国规定果园和葡萄园不可采用喷灌，可食作物仅在收获前4周灌溉，对生食作物一般不采用污水灌溉。

世界卫生组织（WHO）1989年出版了污水灌溉于农田灌溉和水产养殖的健康指南，要求污水灌溉于农田灌溉之前必须经过严格的处理。但是，该标准过于严格，世界上很多国家和地区都难于达到。联合国粮农组织（FAO）在世界各地开展污水灌溉的基础上，先后出版了污水处理与污水灌溉、污水灌溉水质控制两部技术报告（Pescod，1992；Westcot，1997），对灌溉于农业的水质要求和可以选用的污水处理方法进行了讨论，并根据各国的实际情况，提出了污水灌溉的指导性意见。

我国先后于1979年、1985年和1992年三次颁布了《农田灌溉水质标准》，在1992年的标准中增补了有机物。但随着我国国民经济的发展，工业废水和城市污水水质发生了显著变化，有毒有害有机污染物（如酚类、甲苯类、氯苯类、邻苯二甲酸酯类等）的存在对环境和农产品生产构成极大的危害，现有的《农田灌溉水质标准》某些指标已不能适应污水灌溉的要求。

（2）污水灌溉利用技术研究

为了安全高效地将污水灌溉于农业，避免负面影响，国外针对污水灌溉技术，开展了一系列研究工作。美国 Gushiken 教授研究了通过地下滴灌灌溉污水，该方法同喷灌、地面滴灌、漫灌等相比，可减少对健康危害的风险、恶臭、径流等。加拿大 McGill 大学的 Kaluli 等人研究表明，与地面灌溉相比，地下灌溉可减少硝酸盐淋失率达 70% 以上。澳大利亚开发了污水灌溉与处理相结合的污水利用系统，具有污水灌溉和污水处理的双重功能。以色列通过使用微灌、喷灌技术提高污水利用率，以达到节水和防治污染的双重目的。1981 ~ 1987 年，突尼斯农业和公共健康部，在联合国发展计划署（UNDP）的协助下，分别采用大水漫灌和沟灌方法，研究了污水灌溉对作物生产率、生长性状及土壤卫生质量的影响。结果发现：污水灌溉对土壤的物理和卫生学性状没有影响，但土壤的化学性质发生了变化，电导率增加，表层土壤中痕量重金属元素 Zn、Pb、Cu 等增加。

我国于 20 世纪 80 年代后期先后开展了城市污水处理后的出水灌溉于农业的科学试验研究，以及城市污水经人工快滤和人工湿地处理的出水用于农田灌溉而引起的环境、作物效应的研究，取得一定成果。但在这方面的研究远滞后于我国污水农业灌溉的发展。目前我国在污水灌溉于农业方面，主要以未经处理或处理程度较低的污水灌溉为主，灌溉方式粗放，灌溉量的大小完全凭经验，具有很大的盲目性；加上一些管理上的原因，使得污水灌溉管理处于混乱状态，在一些地区造成不同程度的危害。

2. 微咸水灌溉

（1）微咸水灌溉的安全控制指标体系研究

微咸水安全灌溉的基本要求是将土壤水的盐分浓度控制在作物耐盐临界值内，并通过适当的冲洗及排水措施来维持作物根层的盐分年内或多年的补排平衡。Maas 等（Maas 和 Hoffmann，1977；Maas，1986，1990）总结了 150 多种主要作物的耐盐阈值，并进行了耐盐等级的定性划分，该项成果得到广泛应用。Rhoades（1992）在总结他人研究成果的基础上指出，作物的耐盐能力除了与作物种类密切相关外，还与所处的土壤、气候、生育阶段、灌水方法、管理水平等因素有关。我国近年来对玉米、小麦、棉花、油葵等作物也开展了耐盐性能的研究（赵清等，1998；董美荣等，2000；王明治，2000；张妙仙等，1999；刘世卫等，1998）。

不当的微咸水灌溉会引起土壤盐分的积累。微咸水的灌溉需水量除了要满足作物正常需水量之外，还要满足淋洗土壤盐分的需水量。Hoffman 等（1990）对长期进行微咸水灌溉条件下的淋洗需水量进行了研究。《美国国家灌溉工程手册》（1998）列出了确定淋洗需水量的多种方法。进行微咸水灌溉时，田间排水措施是满足地下水位控制要求并保证淋洗效果的关键。目前关于地下水临界深度的确定方法和排水要求，世界各地有大量研究成果，但都是根据控制土壤返盐要求得出的，针对微咸水灌溉条件下如何利用排水设施进行土壤盐分控制，尚未见到专门的研究。

（2）微咸水灌溉技术和灌溉制度

微咸水同淡水一样，适用于地面灌溉、地下灌溉和喷微灌等各种灌溉方式（Patel 等，1999）。在美国 Texas 州的研究表明（Rhoades，1992），采用沟灌时，如果和适当的灌水技巧及农技措施相结合，则会获得更理想的效果。混灌与轮灌技术在一些国家得到应用。在以色列，微咸水被注入国家输水系统与淡水混合后使用（Rhoades，1992）；在美国的亚利桑那州（Dutt 等，1984），采用高咸度的水和低咸度的水对棉花进行轮灌已有几十年历史；在印度，Minhas 和 Gupa（1992）通过大量的试验分析证明，在同样的盐分水平下，咸淡水轮灌的作物产量高于咸淡水混灌的产量。Rhoades 等（1992）还对微咸水灌溉条件下的田间综合措施（作物种类、品种、栽培、灌溉排水、土地平整、肥料等）进行了总结。

我国近几年来开展了一系列的微咸水灌溉方法与灌溉制度研究。山西汾河三坝地区进行了小麦、玉米、棉花三种作物直接使用微咸水灌溉、先淡后咸、先咸后淡的轮灌方式研究（蔚宝龙等，1999）。尹美娥（2000）在黄淮海平原的微咸水灌溉制度试验资料的基础上进行了土壤盐分的分布规律研究。但这些研究多数只考虑微咸水的高效利用和农作物的高产，对微咸水灌溉的安全性与持续性以及多种水资源的联合利用考虑较少。

（3）微咸水灌溉可持续发展的保障技术

大面积微咸水灌溉的潜在威胁在于它改变了区域水资源与盐分的总量和循环，长期不当利用可能导致环境的恶化，影响微咸水灌溉的可持续发展，因此有必要对区域水盐动态进行监测与预测。

在微咸水灌溉监测方面，对于水质的判别，过去主要根据电导率（ECi）、钠吸附比（SAR）和各类作物对硼的耐抗限量等单项指标来评价。1976 年 FAO 根据微咸水的灌溉适宜性，综合考虑微咸水的电解质、渗透性、毒害性、悬移质、不溶性固体、pH 值等因素，出台了多项指标评价法。Rhoades 等（1992）提出了进行土壤水盐监测的内容和方法；Beltran（1999）等分析了微咸水灌溉可能在区域尺度上带来的环境问题，提出了包括减少淋洗量、排水再利用、种植耐盐作物、对微咸水进行淡化处理、减少向地下水体及下游排放盐分、设置高盐度的排水蒸发池等维持区域盐分平衡的多种措施。Tedeschi 等（2002）应用由 Jos van Dam（1997）等开发的土壤—水—大气—作物系统的模拟软件（SWAP）对地中海地区的微咸水灌溉的长期影响进行了预测。

我国在“六五”和“七五”期间对微咸水的分类、分布、埋藏条件、微咸水灌溉后的土壤水盐变化动态进行了研究（水利电力部科技司，1986；地质矿产部黄淮海平原地质综合评价组，1992；刘亚传等，1992）。但微咸水长期灌溉在区域尺度上的安全问题还缺乏足够的理论及试验研究。

三、灌溉污染防治应急对策

在目前污水灌溉技术研究落后与监控管理体系不健全的情况下，为减轻或缓解污水灌溉对农村水环境的破坏，建议有关部门采取如下对策：

①严格检查和控制污灌水源，停止使用医药、生物制品、化学试剂、农药、石油炼制、焦化和有机化工等行业排出的废水灌溉，对有毒有害的工业废水一定要严格把关，要求企业在厂内集中处理，达标排放。

②原生污水灌区要立即采取一些简便易行的污水预处理措施，例如，在排污口或排污河内设置沉淀池，或在污水进入农田前适当增加迂回水路等，除去污水中悬游物、虫卵和其他

固体颗粒，减轻污水对土壤和作物的危害。

③实施污灌时，要坚持少量、勤灌的原则，防止因深层渗漏过大而污染地下水。在有条件的地方，要检查污灌水质，普查土壤状况，根据情况采取定期污水休灌、与清水交替灌溉等措施。

④立即停止生食蔬菜和瓜果的污水灌溉。由于生食蔬菜、瓜果的主要成分是水，污水中的有害有毒物质被吸收后直接危害人体，而且生食蔬菜和瓜果的污水灌溉也容易造成直接污染。在目前既无监督管理部门，又无定期检查制度的情况下，应立即停止生食蔬菜和瓜果的污水灌溉，避免隐患发生。

⑤公共卫生部门应对污水灌区的饮水水质进行一次全面检查。对影响和威胁当地饮水安全的污灌区进行规范和管理，采取相应的保护措施，包括停止污灌等，对已造成饮水污染的地区应采取打深井或改用其他水源等措施。

参考文献

[1] 章力建，蔡典雄．治理农业污染必须抓“链条”．科技日报，2004－12－10.

[2] 章力建，董红敏，蔡典雄，李玉娥．“农业立体污染”及其防治．中国农科院院报，2004－12－10.

[3] 章力建，侯向阳，杨正礼．当前我国农业立体污染防治研究的若干重要问题．中国农业科技导报，2005，7（1）：3～6.

[4] 陈鸿烈，曾安新，梁家柱．台湾农村生活废水之水质特性及其影响研究．水土保持研究，1999，6（3）.

[5] 陈怀满等．土壤－植物系统这的重金属污染．北京：科学出版社，1996.

[6] 李森照等．中国污水灌溉与环境质量控制．北京：气象出版社，1995.

[7] 肖振华等．灌溉水质对土壤水盐动态的影响．土壤学报，1994，31（1）：8～17.

[8] 杨继富．污水灌溉农业问题与对策．水资源保护，2000，06.

[9] 尹美娥．咸水灌溉下的土壤水盐运动规律．水利水电技术，2000，31（7）：22～24.

[10] 张瑜芳、张蔚榛、沈荣开等．排水农田中氮素转化运移和流失．中国地质大学出版社，1997.

[11] 赵春林等．汾河三坝灌区浅层咸水利用的试验研究．太原理工大学学报，2000，31（5）：593～599.

（黄修桥、仵峰、吴海卿、范永申、章力建）

稻田生态系统立体污染及防治

水稻是我国最大的粮食作物，常年栽培面积3 000多万hm^2。作为一种独特的农田生态系统，稻田具有调节气候、净化污水、抗涝抗旱、缓解城市“热岛效应”等功能。虽然水稻本身并不会产生污染，但稻田作为CH_4的重要排放源，已经引起人们的广泛关注；同时由于稻作肥料、农药及农膜等的不科学使用、不合理耕作和秸秆的随意处置，也造成或加剧对稻米产品及土壤、水体和大气的立体污染，影响到了生态环境与稻米质量。因此，用农业立体污染防治的新观念与新思路对我国水稻生产中的污染问题进行剖析，对保障我国未来粮食与环境安全具有重要意义。

一、稻田立体污染状况

1. 稻田氮磷肥对水体的污染

随着稻田生产集约化水平的提高，稻田生产中肥料和农药施用量有增无减，多余的部分遇到下雨和排水极易流失，造成水体的污染。据中国水稻研究所王熹介绍，太湖流域农田面源氮、磷对总氮、总磷的贡献率分别为29%、19%（表1）；太湖、滇池、巢湖水体中总氮含量，1997年分别为4.69mg/L、5.0mg/L、2.94 mg/L，较1985年的0.90mg/L、0.23 mg/L、1.67mg/L分别提高了5.2倍、21.7倍、1.8倍；总磷含量1997年分别为0.11mg/L、0.061mg/L、0.27mg/L，较1985年分别提高了5.5倍、3.1倍、9倍。

李荣刚对苏南地区的人口、生活水平、耗水量，畜禽及水产养殖业的情况进行统计和计算，同时也根据肥料利用率、径流和淋失等数据及相应的换算系数，初步得出了源于农业和农村N素污染的相对比例（表2）。结果表明，农村和农业的各种N素面源污染中，以人类自己的排泄物和生活废弃物的贡献率最大，为54%以上，其次为禽畜养殖业，约占28%，而直接由农田进入水体的N素为7.5%，其中还包括来自于土壤有机肥矿化的N素。因此，可以认为，农村人畜废弃物和生活垃圾是太湖水体污染的主要来源，无机N肥的使用对目前水体N素的贡献率虽然尚不是主要的，但也不容忽视。

表1 太湖流域不同污染源对水体总磷、总氮的贡献率（%）

污染源类型	P贡献率	N贡献率	污染源类型	P贡献率	N贡献率
农田	19	29	农村生活	8	10
畜禽业	35	23	工业、城市生活	16	17
城乡结合部地区	22	21			

表2　太湖流域农村、农业N素污染对水体N素的相对贡献率

N素来源	负荷（t/年）	相对贡献率（%）
人排泄物	11 498.4	30.74
生活废弃物（固、液）	8 938.5	23.80
畜禽排泄物	10 454.8	27.85
淡水养殖业	3 739.7	10.15
其他：农田径流、淋失	2 773.9	7.46
总　　计	37 405.3	100.0

刘志伟等（2004）通过监测与水层深度模型推算，对长江中下游地区靖江市柏木乡典型水稻田的氮流失进行了估算，水稻田溶解态N通过径流的排放量为36.04 kg/hm^2，占N肥施用量的17.3%。

稻田土壤N的形态绝大部分是NH_4^+－N，淹水稻田土壤中也有少量的NO_3^-－N存在。因此，NO_3^-－N的流失与污染成为人们关注的焦点。大多数稻田质地黏重，犁底层较为发育，基本上不会有大量的渗漏水移动，一般每日的渗漏量只在2～3mm或测不到，此类稻田中施N量低于300kg/hm^2时，水稻生育期检测不到NO_3^-－N淋失。因此，NO_3^-－N很少进入地下水，井水中的NO_3^-－N含量与农业的施N量没有直接的关系。马立珊在20世纪80年代后期，对苏南太湖流域井水NO_3^-－N的污染调查表明，在51个井水样品中约有31%的样品超过了NO_3^-－N（>10mg/L）的允许标准。而邢光熹等（2000）初对该地区39个井水样的调查证明平均的NO_3^-－N浓度为7.89mg/L，其中约有28%的样品超过10mg/L的标准。这两次调查说明，苏南地区井水中NO_3^-－N的浓度一般有约30%的样品超过美国规定的NO_3^-－N为10mg/L标准。这与江苏省环保监测局监测的苏州、无锡、常州城区有20%～30%的井水有NO_3^-－N污染的结果也是相吻合。

但沿江、沿河、沿海等冲积性沙壤土上发育的稻田和少数质地轻、犁底层没有发育的渗水型稻田，全生育期的渗漏量在540mm左右，二季稻可收集到NO_3^-－N的淋失量为23kg/hm^2。此类稻田比例虽小，但大多分布在大江、大河两岸或沿海地区，其淋失的NO_3^-－N以向江、河、海等水体注入为主，污染江河，形成大范围污染。

曹志洪对稻田磷肥对地表水污染情况进行了测定。结果表明，苏南地区农田中每年径流或排水排放的P量为：稻麦轮作中，稻季排放量为0.29kg/hm^2，而麦季高达0.85kg/hm^2。根据在苏南太湖地区的调研证明，在排除工业点源污染后，由农业与农村地区引起的污染中，每年从农田进入水体的P素（含水体底下淤泥扩散的P素）的相对贡献率不到10%，而畜、禽、人排泄物及生活污水、淡水养殖业等的P素的相对贡献率达90%左右。特别应注意的是，旱作蔬菜地中土壤P素累积最多，对水体P污染威胁最大，蔬菜基地大量施用有机肥其土壤中积累的P素对水体富营养化的威胁不容忽视。

2. 稻田甲烷等温室气体的排放

对于稻田系统甲烷（CH_4）的排放，世界各国的科学家在不同地区已经进行了多年的测

量和研究工作，取得了很大进展。由于中国水稻种植分布很广，不同地区有不同的气候、水稻品种和土壤条件，农田管理措施差异也很大，仅靠有限点的数据很难准确估算整个稻田生态系统 CH_4的排放量。有些学者对稻田 CH_4 排放进行了数值模型的研究，模型综合了气象、土壤理化特性、田间管理等因子，为准确估算稻田 CH_4排放量提供了一条重要的途径。据江长胜（2004）报道，全球每年通过各种途径排放于大气中的 CH_4 达到535Tg，通过人类活动产生的 CH_4 排放为 375Tg，其中稻田是 CH_4 主要排放源，占总排放量的 12%，每年达到60Tg 左右。国内外许多研究者估计我国稻田年甲烷排放量在 6.79 ~41.4Tg。有研究认为，我国常规稻田每小时每平方米向空气中排放甲烷 4.71mg。肖玉等的研究中不同施氮处理稻田生育期内的甲烷排放量为 $1.92\times10^3\sim4\times10^3$ kg/hm^2，N_2O 排放量范围 17.47 ~ 187.37kg/hm^2。

影响稻田甲烷排放的因素很多，如土壤母质、土壤质地、土壤有机质、土壤氧化还原电位（Eh 值）、土壤 pH 值、土壤温度、水稻品种、施肥（化肥和有机肥）、稻草还田、水分管理、耕作制度等。一般来讲，水稻生长期 CH_4 排放具有 3 个典型排放峰，分别出现在水稻生长的返青、分蘖和成熟期。水稻生长期第 1 个 CH_4 排放峰值可能与水稻移栽前施入有机肥或淹水处理土壤水生植物的分解有关，第 1 个峰值通常较大。第 2 个峰出现在水稻分蘖盛期。气温也较高，植物体通气组织已比较发达，传输 CH_4 的净效应（CH_4 传输率减去 CH_4 氧化率）比较大。第 3 个峰出现在成熟期。水稻根系的腐败物质给土壤提供较多的产 CH_4 基质可能是出现第 3 个峰值的主要原因。在浙江、江苏、湖南等省能够观察到比较明显的 CH_4 平均排放率的年际差异。由于对单个影响因子如气候变化、水稻品种、土壤状况、水肥管理等了解远远不够，不同地区年际变化的原因还不明确，估计土壤类型与土壤特性、气候系统、水稻品种与生长体系、施肥效应、水管理等是造成这种差异的原因，其中，土壤类型与土壤特性是最重要的。据韩广轩等（2005）研究，“稻—麦”、“稻—油菜”轮作田的 CH_4 排放量较冬水田的低55.7% ~64.5%，稻谷产量（分别为 8 856kg/hm^2、8 606.3 hm^2）则高 15.7% ~70.8%（冬水田常规栽培稻谷产量 5 185.8kg/hm^2，冬水田强化栽培稻谷产量 7 439.3kg/hm^2）。

3. 农药对稻田环境的污染

稻田环境湿润，病虫杂草种类繁多。目前，我国水稻生产还离不开农药，所用的农药种类还很多。南方水稻生长季用药一般在 3 ~4 次，有的多达 6 次以上。一般有 70% ~80% 的农药遗散在环境中，不仅使稻田生物多样性降低，而且残留在土壤中，造成不同程度的土壤污染，或随水流迁移到水体或其他区域，造成污染，同时造成稻米产品的农药污染。余柳青等对浙江省安吉县稻田植物多样性进行了调查，发现禹山坞普遍使用化学除草剂乐草隆（乙草胺 + 苄嘧磺隆 + 甲磺隆），减少了稻田杂草种类，同时使杂草优势种发生变化。乐草隆不能防除水竹叶，使该杂草迅速蔓延，成为该村稻田的杂草优势种。而城北村由于未普遍使用化学除草剂，则使其保留了更多的稻田植物种类，稻田浮水生和潜水生杂草明显高于禹山坞，并保护了水莎草、槐叶萍、满江红、轮藻和尖头丽藻特有的稻田植物种类。陈中云等对施用杀虫剂（呋喃丹）、杀菌剂（多菌灵）和除草剂（丁草胺）后的黄壤土稻田产甲烷菌数量和甲烷排放通量的影响进行了研究。结果表明，低浓度的呋喃丹（1mg/kg 干土 ）和丁草胺（1mg/kg 干土）可增加黄壤土稻田产甲烷菌种群数量和甲烷排放通量，但大于 5 ~ 10mg/kg（干土）时，对产甲烷菌数量和甲烷排放通量呈现明显的抑制作用。他们在对土壤硫酸盐还原菌的实验中也得出了相似的结论。杀虫单是稻田的一种常用农药，在用药后 8d 内渗漏流失量可达总用药量的 8.5%，若用药当天遇到暴雨（50mm 雨量），杀虫单的径流流失量将达到用药量的 30% 以上。

4. 水稻秸秆的污染

水稻秸秆焚烧、弃置乱堆必然会污染环境。据全国农业技术推广服务中心 2000 年统计，水稻秸秆资源用作肥料的占 41.7%，用作饲料的占 16.2%，用作燃料的占 25.5%，用作原料的占 5.6%，无谓焚烧和弃置乱堆分别占到水稻秸秆资源总量的 7.8% 和 3.1%。无谓焚烧和弃置乱堆的比例虽然较低，但已经造成了对农业环境的污染。上海市水稻秸秆共 174 万 t，占秸秆总量 66%，高留茬焚烧是上海郊区最广泛的秸秆处理方式，焚烧后套播小麦和直播油菜，焚烧面积达 14.09 万 hm^2，占总面积的 2/3，秸秆焚烧量达 68.84 万 t，占总量的 40%，残留还田量仅占总量的 26.4%。

5. 稻田污染对稻米质量的影响

目前，重金属、农药、灌溉污水等对稻米品质的影响已经引起人们的广泛关注。引起稻米污染的主要重金属包括 Pb、Cd、Cr 、Hg 、As 等生物毒性强的金属元素，它们通过水稻的吸收和积累而与蛋白质结合存在于籽粒的胚乳中，造成稻米重金属的残留物含量超标，并参与食物链循环，造成对人畜健康的影响。工业“废气”的排放和化学品的挥发，造成大气中气体污染物（如 SO_2、O_3、氢氧化物等）和气溶胶污染物（如固体粒子、液体粒子等）严重超标，其中如 SO_2、氟化物、氯化物、光化学烟雾等 10 多种污染物对农业生态环境造成较大威胁，这些污染物可通过水稻呼吸、光合作用进入机体，造成稻米污染。

2002 年，农业部稻米及制品质量监督检验测试中心（杭州）对生产基地和市场稻谷与大米样品的检测表明，对照部颁《无公害食品-大米》标准，稻谷样品达标的比例仅为 57.4%，大米样品达标率 79.3%，污染物超标的主要是铅、镉、砷。2004 年，该中心抽检结果表明，稻谷超标率为 13.9%，镉、三唑磷、铅超标率分别为 11.4%、1.3%、1.1%。大米样品的重金属和农药残留超标的为 7.0%，接近超标的 37.8%，其中镉超标的高达 5.2%。污水灌溉也可能造成对稻米品质的影响。辽宁省的监测表明，8 个主要灌溉区的土壤因灌溉水质差而受不同程度污染的有 6.5 万 hm^2，污染因子主要为镉，其次为镍。

二、稻田立体污染防治的技术对策

从稻田污染发生发展的一般特点分析，稻田立体污染防治应当采取源头阻控、过程阻断和末端治理的技术思路。在实践中应重点采取以下技术对策。

1. 建立稻田环境质量监控体系

大米是我国人民的主食，公众对其质量安全的意识已经大大提高。在我国产地环境和农业污染监测体系中，应将其作为重要内容。主要监测内容包括：稻区环境质量与污染状况监测、大米安全监测等。以尽早摸清稻区环境本底，为降低立体污染打好基础。结合我国水稻生产布局和稻米发展战略，根据不同区域的污染特征和社会经济条件，在典型区域建立农业立体污染综合防治示范点，开展立体污染综合防治技术的区域适应性研究，筛选出关键防治技术，示范推广节本增效、环境友好的技术模式。

2. 开展稻区环境综合整治，为降低稻田立体污染奠定基础

稻区环境是影响稻田污染状况的大背景，只有将它治理好，才能有效开展绿色化生产。稻区环境综合整治的主要措施包括：处理好人畜粪便，管理好农村垃圾等有机废弃物，加大秸秆还田比率等。

防止秸秆焚烧、弃置乱堆造成的污染，较好的方法有三：一是发展畜牧业，这样既增加产值，又培肥土壤，有利于农业的良性循环。二是推广秸秆还田，特别是推行稻田保护性机械秸秆还田法，这样既可以减少污染，培肥土壤，又可以节约体力，省工省时，富有可行性。如广东近年推广工农 12K 手拖配 1GMS-69 型水田埋草旋耕机进行秸秆还田作业，不仅减少了稻草造成的环境污染，也使稻田土壤通透性和地力明显提高，有机质提高 12.6%，全氮提高 16.5%，全钾提高 10%，产量提高 270 ~ 375kg/hm^2。今后秸秆还田应在农艺与农机结合的技术上进一步完善。三是水稻秸秆的工业利用。目前已经有较多的方式，如用作制造建筑材料、制取酒精原料等。关键是拓展市场与提高经济效益，需要从经济政策上找出促进其利用的途径。

人、畜粪便的处理已经成为农村污染防治与环境整治中的一项基本内容。目前较为成熟的技术思路为沼气化处理与资源化利用。我国在这方面已经取得了很多成功的经验，并形成很多模式。如北方稻区的“三位一体”、“四位一体”模式，南方稻区的“猪 - 沼 - 果”、“鱼 - 沼 - 果”等模式。近年还形成了一大批村镇级大型沼气化工程，统一组织与安装，经济高效，适用方便。上述模式与工程既充分利用了人畜粪便中的能量物质，提高了经济效益，又使有机物进一步腐熟，有利于降低稻田 CO_2 的排放，大大推进了我国洁净型农业的发展。

3. 实施生态种植与生态防治策略

这方面的技术与模式很多，主要内容有选用高产高效与耐病虫草害的品种，提高化肥、农药等利用效率，降低农药化肥的使用量，推行生物防治，降低药肥的流失，提高稻米品质。如我国目前推行的稻鸭共育、稻萍鱼复合种植模式等都可以减少稻田甲烷排放。福建省农业科学院连续 5 年定点研究表明，采用稻萍鱼耕作系统可减少化肥用量 50% ~60%，减少农药用量 30% 以上，使稻田甲烷排放减少 35%。但稻谷产量不减或略有增加，鱼产量可达 10.7t/ hm^2（大面积推广时达到 3 ~5t），同时提高了稻谷质量，较好地保持了土壤肥力。土壤有机质、全氮、全磷比试验前分别提高 41.5%、42.1% 和 32.1%。我国农民素有稻田

无污染管理的传统经验，我国在稻田生物防治方面也已经开展了多年研究，取得了一批技术成果。如人工田间除草和生物技术除草，赤眼蜂等天敌生物在生产中的应用，对水稻病害具有较好控制作用的“蜀农”水稻种衣剂、微生物制剂“纹曲宁”、植物源杀虫剂经验，植物源“绿浪”等新型农药的应用等。

4. 采用环境友好型生产资料

随着对环境问题的重视，农业生产中的环境友好性材料越来越多，已经有一批开始投入生产。目前相对成熟的材料有新型有机肥、（控释）缓释肥料、多元平衡肥、有效微生物菌剂（EM）、光解薄膜、生物农药、甲烷抑制剂等。在稻区大力推行化肥和有机肥混施技术，可明显减少稻田 CH_4 排放。腐熟度较高的沼渣肥作为一种特殊形式的有机肥，能明显降低 CH_4 排放量。施用有效微生物菌剂（EM）可取代化肥增加产量，抑制 CH_4 排放。尽可能地使用生物农药，如苦参碱、复方 Bt、井岗霉素、阿维菌素、Bt 制剂等，防治水稻卷叶螟、稻飞虱、稻象甲、稻瘟病等主要病虫害。李晶等人研究发现，稻田使用称为 AMI-AR2 的液体状肥料型 CH_4 抑制剂，不仅能抑制稻田 CH_4 排放，而且有一定的经济效益。此抑制剂通过把有机质转化成腐殖质，减少 CH_4 形成的基质，增加稻田的肥力和水稻的产量。但是它只适用于中等肥力和肥力条件差的稻田。另有研究表明，农药型 CH_4 排放抑制剂 GCH 和肥料型抑制剂 PB21 对水稻田 CH_4 排放有抑制效果并能减轻病虫害，而且对水稻有增产作用，应用这两种抑制剂可降低稻田 CH_4 排放量低 9% ~15%。

5. 实施精准化农业

精确农业或称为精准化农业是综合应用地球空间信息技术、计算机辅助决策技术、农业工程技术等现代高新科技，以农田“高产、优质、高效”为目标的现代化农业生产模式和技术体系，是有效利用生态资源与实现现代农业可持续发展的方向。20 世纪 90 年代前后，在美国、英国、德国、荷兰、意大利等发达国家纷纷兴起了精准农业，通过采用先进的生物技术、化工技术、信息技术和航天技术等使农业生产过程更加精确高效。其技术核心包括地理信息系统（GIS）、全球定位系统（GPS）、遥感（RS）、计算机信息管理系统（GMS）和决策支持系统（DSS），同时综合了施肥、用药、灌溉、机械和品种等技术，最终实现农业的低消耗、高效率和低污染，生产出优质安全的农产品。

我国精准化农业总体处于起步试验阶段，应在以下方面进行拓展：精准化施肥灌水技术、与工艺相结合的机械技术、精准农业变量施肥智能决策支持系统、以“3S”技术为核心的现代信息技术、集软硬件于一体的平台组建技术等。精准施肥灌水技术是依据土壤养分状况，作物需肥规律和产量目标，调节灌水、施肥量，选择适宜的氮磷钾比例和施肥时期，达到提高水肥利用率，最大限度地利用水土资源，获取最高产量和最大的经济效益，同时达到保护农业生态环境和自然资源的效果。1999 年，黑龙江农垦总局引进了美国凯斯公司 2366 轴流谷物收获机，用于小麦、大豆精准化播种；新疆兵团也引入并在棉花生产中得以应用，播量比原来下降了 25% ~40%，取得了很好的效果。

6. 实施稻田保护性耕作法

建立稻田保护性耕作制度，实施少耕法，减少人为对农田土壤的影响，降低温室气体排放；实施水旱轮作，减少稻田病虫害发生，降低农药的使用量；采用垄作水稻栽培法（即水稻种植点高于株间土壤，株间土壤淹水而水稻植物根部不淹或少淹）能够减少 CH_4 排放。垄作栽培能够改善水稻植株根部的通气条件，从而有利于根系的发育并抑制 CH_4 的排放。四川省农业厅土肥生态处与成都农科所试验提出“稻田保护性耕作技术”，其主要特点包括免耕栽培、节省投资；秸秆还田，培肥地力；覆盖栽培，节省用水；避免焚烧，保护生态。在川西平原县进行扩大示范，效果十分明显。以每个工日 10 元计，每 667m^2 增收节支 100 元以上；单就种植水稻 1 季，每 667m^2 节约灌溉水 1 100m^3；连续 8 年试验结果，从第 3 年起每年减少 10% ~15% 的施肥量，产量也不会降低。该模式适合在南方有水源保障的两季田示范与推广。

参考文献

[1] 章力建，蔡典雄．治理农业污染必须抓“链条”．科技日报，2004 – 12 – 10.

[2] 章力建，董红敏，蔡典雄，李玉娥．“农业立体污染”及其防治．中国农科院院报，2004 – 12 – 10.

[3] 章力建，侯向阳，杨正礼．当前我国农业立体污染防治研究的若干重要问题．中国农业科技导报，2005，7（1）：3 ~6.

[4] 章力建，蔡典雄，王小彬等．农业立体污染中的碳氮链研究．中国农业科技导报，2005，7（1）：7 ~12.

[5] 李荣刚．苏南太湖地区水体中总氮何总磷的负荷量．博士论文：苏南高产农田氮磷肥料的利用率和管理．北京：中国农业大学，2000：26 ~36.

[6] 刘志伟，徐志红，徐凯．长江中下游地区水稻田溶解态氮流失量的估算—以江苏省靖江市柏木乡为例. 中国生态农业学报，2004，(4)：119 ~121.

[7] 曹志洪．施肥与水体环境质量—论施肥对环境的影响（2）．土壤，2003，35（5）：353 ~363.

[8] 任万辉，许黎，王振会．中国稻田甲烷产生和排放研究①Ⅱ模式研究和减排措施．气象，2004，30，6（7）：1 ~7.

[9] 唐龙飞等．稻田高效、低耗、低污染的持续农业模式研究．中国农业科学，2000，33（3）：60 ~66.

[10] 肖玉等．稻田生态系统气体调节功能及其价值．自然资源学报，2004，19（5）：619 ~623.

[11] 韩广轩．川中丘陵区稻田甲烷排放及其影响因素．农村生态环境，2005，21（1）：1 ~6.

[12] 江长胜，王跃思，郑循华等．稻田甲烷排放影响因素及其研究进展．土壤通报，2004，35（5）：663 ~668.

[13] 陈中云，闵航，吴伟祥．农药污染对黄松稻田土壤产甲烷菌数量和甲烷排放通量影响的研究．中国沼气，2003，21（1）：18 ~21.

[14] 唐浩，陆贻通，张大弟．农药杀虫单的稻田流失规律研究．上海环境科学，2002，21（11）：647 ~650.

[15] 石利利，林王锁，徐亦钢等．苏南地区土壤和作物中农药残留监测．农业环境保护，2001，20（3）：158 ~159.

[16] 四川省农业厅土肥生态处．稻田保护性耕作技术模式．四川农业科技，2003，(6)：39.

（庞乾林、章力建、周晓霞、杨正礼）

棉田生态系统立体污染防治

棉花是我国化学农药用量最大的作物，棉田农药用量占全部农作物总用量的30% ~ 40% ，而农药的有效利用率只有10% ~30% 。农药的大量、无节制施用和农药残留对土壤、水体和大气造成极其严重的污染，生态平衡受到破坏，生物多样性明显下降，同时对人类健康威胁极大。我国棉田农膜用量大，土壤残留量大。农膜的大量残留，破坏土壤结构，影响土壤的透气性，并导致土壤质量下降；同时阻碍种子根系生长，影响产量；残膜被随意丢弃，严重影响环境，造成白色污染。棉花也是施肥水平较高的作物，由于肥料用量过大和施用方法不妥等，致使氮肥有效利用率很低，造成土壤、空气和水质的污染；土壤中残留的有害化学元素，又影响农产品，最后通过食物和饮用水而危害人们的健康。因此，棉田生态系统立体污染的防治已迫在眉睫，对于减少化学农药的施用量、提高农药和化肥的利用率、提高我国棉田土壤质量、保障棉田生态环境的安全，保护棉田生态系统平衡和人类健康具有重要的理论和现实意义，同时可以为制订相关的政策和管理措施提供科学依据。

一、我国棉田生态系统立体污染现状

1. 棉田农药、化肥的土壤残留严重

我国每年生产的农药品种约200多个，加工制剂500多种，原药的生产量约40万t（折纯），仅棉田农药用量占其中的30% ~40% 。我国农田农药的利用率只有10% ~30% ，其余20% ~30% 进入大气和水体，50% ~60% 残留在土壤中。大量的有毒物质残留在土壤中，对土壤的质量及农作物的质量都会产生深远的影响。有机氯农药禁用后，对土壤的残留影响总的来讲已较缓和，但尚有不少地区受残留影响还较严重。我国农作物氮肥的用量高达2 233.5万t，氮的利用率平均为30% ~35% ，这意味着每年约有1 000万t的氮通过不同途径流失，对生态环境造成的污染或潜在的污染已相当严重。棉田肥料施用量及养分配比不合理、棉花生育期长、施肥量大、施肥次数多，再加上施用方法不合理，造成肥料利用率明显偏低，棉田氮肥损失尤其严重。化肥的不合理施用造成有害物质砷、镉、铬和氟等对土壤的污染，有机肥如粪便和垃圾中微生物种类繁多，其中有不少对人体和植物有害的病原体，这些病原体通过肥料进入土壤，有的进入水体，有的与作物接触使作物感染病害，甚至通过食物链进入人体；植物残体，也携带植物病原菌，如棉花枯黄萎病等，未经无害化处理，这些病菌随植物残体以有机肥方式施入土壤，再次感染作物。

2. 棉田农药、化肥对水体污染严重

部分农药在雨水的作用下或者渗透到地下，污染地下水，或者随地表径流进入河流、农

田、池塘。对地表水的污染直接破坏了天然水产资源和饮用水的质量，影响人们的健康。地下水是人们生活饮用水的主要来源，农药将导致水中的有机磷、有机氯等有害物质过多，影响人类健康。土壤中的营养物质，包括施肥中的营养物质随水往下淋溶，通过土层进入地下水，造成地下水污染。氮肥在土壤中会由于微生物等作用而形成 $NO_3^- - N$，它不被土壤吸附，最易随水进入地下水。$NO_3^- - N$ 在一定条件下能还原成致癌物质亚硝酸盐。同时过量施肥还可造成水体的富营养化。

3. 棉田农膜污染严重

从 20 世纪 80 年代初期开始，地膜覆盖技术大面积应用于我国棉花生产，目前已在我国各棉区广泛运用，成为现代农业不可缺少的关键技术之一。目前我国农膜实际消费量已超过 110 万 t，且以每年 10% 的速度递增，使用农膜的土地面积达到 1 400 万 hm^2 以上。我国农膜年残留量高达 35 万 t，残膜率达 31.8%。我国长江流域和黄河流域棉田年用膜量为 37.5 ~ 45kg/hm^2，西北内陆年用膜量为 79 ~ 90kg/hm^2，农膜在土壤中年残留量按平均残留率 20% 计算，每公顷棉田残留量 7 ~ 18kg，5 年累加达 35 ~ 90kg，残膜碎片 60 多万块，加上农田中棚膜残留及其他化工塑料品污染，残膜留量越来越重，面积越来越大。研究发现，每公顷残膜达到 37 ~ 45kg 时，棉花减产 10% ~ 15%，小麦减产 7% ~ 10%，蔬菜减产 10% ~ 20%。若棉田连续使用地膜且不注意残膜清理，地膜覆盖的增产效应将逐步被残膜污染所造成的减产而抵消。而且农膜不易腐烂，在土壤残存时间长达 200 ~ 300 年，势必殃及子孙。

农膜是塑料制品，降解过程中还会溶出有毒物质，尤其是连续使用，残膜累积，持续污染棉田土壤生态环境，影响棉田可持续发展。随着地膜栽培年限的增长，残膜若得不到及时回收，残留量不断增加，造成土壤结构破坏，会影响土壤的透气性，阻碍土壤水肥的运移，最终导致土壤质量下降；同时这些高聚物难以分解，且分解后易产生有毒物质，若长期滞留地里，阻碍棉花直播种子的发芽，阻碍根系生长及穿扎，影响根系对水肥的吸收，最终导致作物产量的下降；还可能缠绕农作犁头、播种机械和其他机器，影响田间作业；而且残膜或被丢弃于田头地角，或积存于排灌渠道，或散落于湖泊水体，或随意焚烧，污染了棉田周边环境。

4. 农药的不合理施用严重危害人体健康

棉田农药的大量使用引起农药中毒的现象严重。据卫生部统计资料表明，1992 ~ 1996 年我国 26 个省（市、自治区）的不完全统计，农药中毒 243 749 例。仅在我国棉铃虫大暴发的 1992 年，全国农药中毒人数高达 70 618 人。其中，杀虫剂中毒人数为 61 497 人、杀菌剂中毒人数 766 人、除草剂中毒人数 773 人、农药混合制剂中毒人数 1 170 人，其他农药中毒人数 4 915 人。近几年，以食物中农药残留为主要特征的急性中毒事件有明显的上升趋势。

环境中大量的残留农药可通过食物链经生物富集作用，最终进入人体。长期微量食入，虽然不能导致直接的伤害，但残留在体内的农药可以诱发基因产生突变，致使癌变、畸形的比例和可能性异常提高，这也是目前我国农药污染对人体健康所产生的最大和最广泛的影响。

5. 农药的不合理施用严重破坏生态平衡

化学农药的大量使用对自然天敌和有益生物的杀伤严重，天敌的控害作用锐减，破坏了生态平衡。据调查，进入20世纪90年代以来，北方棉区棉田用药量比80年代提高了5~8倍，自然天敌的种类和数量锐减，优势捕食性天敌种类减少72%，棉田一、二、三代棉铃虫发生期百株优势捕食性天敌的数量分别减少82.1%、83.4%和89.5%；棉铃虫卵和幼虫的寄生率分别减少86.4%和47.4%。同时，大量化学农药渗入或残留在土壤中，对土壤生物如蚯蚓的种群数量影响严重，进而也影响了土壤的理化性质。

6. 农药的不合理施用致使棉花产生药害

棉田不合理施用化学农药和除草剂，可导致棉花产生药害。如敌敌畏药害，叶肉先变紫色，后变鲜红色或浅黄色，叶脉保持绿色，后叶脉也变黄；波尔多液药害，叶上产生大小不等的焦枯斑、硬化、早落，植株萎缩；施用2，4-D、二甲四氯等除草剂常产生内吸性类型的药害，植株矮化、畸形、叶肉增厚、叶色浓绿、叶片皱缩等，严重时侧枝丛生，生长点坏死；氟乐灵过量施用可导致棉花主根形成肿瘤等。据统计，我国每年产生各种药害的棉花面积在20万hm^2左右，严重影响棉花的产量和品质。此外一些诸如铜制剂农药如波尔多液，含汞农药如西力生的大量使用，致使重金属元素在土壤中的富集，引起植物中毒。

7. 农药的不合理施用导致害虫抗性剧增

大量、单一、无节制地施用化学农药，必然导致害虫抗药性的产生。目前我国棉区棉铃虫对拟除虫菊酯的抗性一般在十几倍到几百倍，高抗地区甚至达到上千倍；对有机磷类杀虫剂的抗性仍处于中抗水平；对灭多威等氨基甲酸酯类杀虫剂的抗性已达到中抗水平。棉蚜对有机磷农药的抗性达到中抗或高抗水平；对拟除虫菊酯的抗性程度居高不下，仍处于高抗水平，对氨基甲酸酯类农药的抗性有上升趋势。

8. 农药化肥的不合理施用严重污染大气

农药施用过程中由于使用不当或雾滴过细可对空气造成污染。停留在空气中的细雾滴可以随风进行长距离的漂移，从而造成更大面积的污染。人们已从世界屋脊——青藏高原的南迦巴瓦峰（海拔4 250m）的积雪中检测出有机磷农药。大气中残留农药的危害主要表现在两方面：一方面施药人员吸入含药的空气造成中毒；另一方面随风漂移的农药对非靶标区的作物造成药害。与大气污染有关的营养元素是氮。施肥对大气的污染主要有NH_3的挥发、反硝化过程中生成的NO_X（包括N_2O和NO等）、沼气（CH_4）、有机肥的恶臭等。NO_X与农田产生的CH_4以及卤化烃等均是温室效应气体。

二、我国棉田生态系统立体污染防治对策

1. 棉田生态系统立体污染源头阻断技术

运用群落生态学和景观生态学的原理和方法，研究棉田生态系统害虫的发生规律和害虫地位的演化，研究主要害虫自然控制、生态控制、抗病虫品种利用、减量化学防治、物理防治技术措施，组建我国三大棉区棉田生态型 IPM 技术体系，形成棉田病虫害防治技术标准。

运用植物营养学和经济学的原理和方法，研究我国主要棉区氮、磷、钾和微量元素肥料的适宜用量、比例及施用方法，提出我国不同棉区配方平衡施肥的方案，并形成棉田平衡施肥技术标准。

2. 棉田生态系统污染阻控技术

通过改良低容量、小雾滴喷雾的喷雾器械，并研究隐蔽施药、局部用药等应用技术，推广利用环境友好农药品种或增效剂，提高农药利用率，减少农药的残留和污染。

通过研究新型环境友好、高效棉花栽培和耕作措施，并研究推广缓释肥料，减少化肥的施用次数，降低化肥的残留和损失，提高肥料利用率。

研究适用于棉田的含有杀虫剂、杀菌剂、除草剂的光降解、生物降解和光－生物降解专业农膜；利用天然产物和农副产品的秸秆类纤维生产农用薄膜，取代或部分取代农用塑料，减少普通农膜对土壤的污染。

3. 棉田生态系统污染修复技术

利用生物技术手段，研制农药地膜残留降解技术、土壤中重金属离子络合和螯合技术和化肥及其降解产物的吸收利用技术。

利用 ELISA 分析方法，测定转基因抗虫棉花不同组织器官中杀虫蛋白在土壤颗粒中的积累和残留，分解周期和分解规律，研究快速监测技术，形成监测技术标准。

大力发展生物技术，培育抗棉铃虫、蚜虫、棉叶螨等害虫的多抗棉花新品种，可有效地降低棉田农药用量，阻断棉田农药污染。利用生物技术培育优良的抗旱耐盐碱材料，可以减少农田灌溉水量，减轻土壤的盐碱化和肥水流失。

培育高肥效材料，降低化肥施用量。大气中含有大量 N_2，而土壤中含有丰富的磷资源，但多数农作物不能直接利用。生物技术的运用可使植物拥有或提高这一能力。如通过转基因技术实现生物固氮，提高磷肥利用率，从而降低氮肥、磷肥的田间用量，减少化肥污染等。

参考文献

[1] 章力建，朱立志．我国“农业立体污染”防治对策研究．农业经济问题，2005，2：4～7.

[2] 毛树春．中国棉花可持续发展研究．北京：中国农业出版社，1999：149.

[3] 米长虹，黄士忠，王继军等．农药对农田土壤的污染及防治技术．农业环境与发展，2000，17（4）：

23～25.

[4] 章力建，侯向阳，杨正礼．当前我国农业立体污染防治研究的若干重要问题．中国农业科技导报，2005，7（1）：3～5.

[5] 李祖章，刘光荣，袁福生．江西省农业生产中化肥农药的污染状况及防治策略．江西农业学报，2004，16（1）：49～54.

[6] 江希流，华小梅．加强农药的环境管理刻不容缓．农村生态环境，2000，16（2）：35～38.

[7] 赵风梅．地膜棉花滴灌与常规灌溉效益比较．中国棉花，2005，32（5）：33～34.

[8] 陈德华，陈源，周桂生等．高产条件下与棉铃发育有关的养分流研究．棉花学报，2002，14（1）：28～32.

[9] 中国农业科学院棉花研究所．棉花优质高产的理论与技术．北京：中国农业出版社，1999.

[10] 杨晓涛．农膜污染的防治对策．Agro-environ and develop，2000，17（1）：28～29.

[11] 季道藩，汪若海，潘家驹．棉花百科知识．北京：中国农业出版社，2001.

[12] 陈曙阳．1992～1996 年我国农村农药中毒报告发病情况．农药科学与管理，1997，4：40～43.

[13] 夏敬源，文绍贵．北方棉铃虫暴发成灾原因与治理对策．中国棉花，1993，20（2）：9～11.

[14] 崔金杰，马奇祥，马艳．棉花病虫害诊断与防治原色图谱．北京：金盾出版社，2004.

[15] 王运浩．食品农药残留与分析控制技术展望．现代科学仪器，2003，87（1）：8～12.

[16] 祝水金，季道藩，刘胜安等．棉花色素腺体和棉酚对棉铃虫抗药性的诱导作用及其酯酶同工酶谱分析．棉花学报，2002，12（1）：12～16.

[17] 吴家和，陈志贤，李淑君等．转 Bt 基因棉花各组织器官对棉铃虫抗性的研究．棉花学报，1999，11（4）：222～223.

[18] 曹仁林．我国集约化农业中 N 肥污染问题及防治对策．土壤肥料，2001（3）：3～6.

[19] 张维理．我国北方农用氮肥造成地下水硝酸盐污染的调查．植物营养与肥料学报，1995，1（2）：80～87.

（李付广、章力建、崔金杰、董合林）

茶树生态系统中的立体污染链与阻控

茶叶作为一项产业在我国发展得非常稳健。1997 年我国茶产业的产值为 70 亿元，到 2005 年上升到 450 亿元以上。其所以增幅如此大的原因，一是茶产业链的延伸，从 1997 年起我国茶饮料和茶叶中有效成分提取的迅速发展，使得茶产业获得明显增值；二是茶学和医学、食品科学等学科的交叉和渗透，使茶叶的健康效应越来越为世界各国消费者接受；三是茶文化的崛起为茶产业的发展提供了一个平台；四是名优茶在全国范围的持续发展使得茶产业的发展具备了基础。茶叶以一种健康的、绿色的、天然的饮料的身份出现在人们面前，而如何使茶叶能保持这样的状态是茶产业能否实现持续发展的关键。必须看到，我国茶产业尽管发展迅速，但茶叶的安全质量问题仍然是茶产业发展中存在的一个瓶颈，也是茶叶生产者和消费者共同关注的问题。

一、茶叶生产中的立体污染源

和其他植物相比，由于具有如下一些独特的特点，在同等条件下茶树比其他植物对污染更为敏感：①茶树是多年生常绿植物，它的叶片与其他一年生植物相比可以有更多的时间吸附和沉积空气中的污染物；②茶树的经济收获部位是幼嫩新梢，也是直接施用农药的部位。按美国 Hoerger 和 Kenega 的单位剂量残留量（RUD）概念作为标准，茶树的 RUD 值界于最高的第一类和第二类之间[1]；这就是在同样使用剂量和空气中同样污染物浓度条件下，相同重量的茶树芽叶由于拥有较大的叶面积，可以沉积有较高的农药原始沉积量或吸附有较高浓度的环境污染物；③茶树是一种能富集土壤和环境中氟和铝元素的植物，在叶片中氟的浓度常常可以超过 1 000mg/kg、铝的浓度可达到几千 mg/kg 级的含量，幼嫩芽叶中的含量比成叶和老叶中低，但也分别可以有几十到几百和几百到上千 mg/kg 级的浓度，明显较其他植物为高[2~6]；④茶树是一种全年多次采收的作物，每年从早春到秋季可以多次采收，在喷施农药条件下，喷药距采收的间隔日期远较其他作物为短，因而出现污染物积累的可能性较大；⑤茶树叶片中的萜烯类化合物含量很高，因而具有比一般植物强的吸附活性，无论在田间条件下或是在室内密闭条件下，对一些挥发性的污染物具有强的吸附力；⑥茶树上采下的鲜叶通常不经洗涤直接加工，因此与其他作物相比，茶叶上的污染物残留水平会较高；⑦茶叶是一种饮用植物，饮用时用水（一种极性溶剂）连续浸泡茶叶，因此浸出的可能性较大。

正因为上述原因，茶叶中的污染物问题显得比其他植物引起更多的关注。如 20 世纪 60 年代的六六六和滴滴涕农药残留问题，90 年代的铅含量问题，90 年代后期的氟问题和有害微生物污染问题，新世纪的氰戊菊酯农药残留问题以及 2002 年起出现的八氯二丙醚（S-421）污染等。这些污染物的发生给茶产业带来了显著的负面影响。表 1 列举了茶树生态系统中各种污染物的污染途径及其污染源，如果从污染源进行分析，茶叶生产中的污染物可以来自如下几个方面：

1. 土壤污染源

土壤中的污染源包括一些矿质元素（如铅、氟、铝等），它们在土壤中的形态决定茶树对这些元素的吸收数量[7~13]。土壤中化肥的使用量增加会促进土壤的酸化，提高上述元素的生物有效性；土壤中沉积的农药是植物中农药残留的一个重要污染源；一些持久性的稳定型农药往往是水不溶或低溶的，它们可以被土壤吸附并和土壤有机质相结合，在微生物的作用下逐渐分解并释放到大气中。此外，施入茶园土壤的氮肥在土壤中转化成硝酸盐和亚硝酸盐，经淋溶作用污染水体，或经反硝化作用转为温室气体排放，成为一种污染源。

2. 水体污染源

水体中的污染源包括由土壤中淋洗而流入地下水的硝酸盐和亚硝酸盐。此外，一些水溶性的农药会从植物上流入地下水或小河和水塘中，成为污染源，但这种水溶性的农药往往是非持久性的，它们的半衰期会很短。茶树上微量甲胺磷残留就是由水源中的污染源造成的。当然，水源中的污染物根据水汽压的高低会不同程度地挥发到气相中进一步进行循环和污染。

3. 大气污染源

大气污染源是茶树立体污染中最为重要的一环。20 世纪 70 ~ 80 年代茶叶生产中六六六和滴滴涕的残留徘徊不降主要是稻田用药时随着空气漂移进行循环转移和污染的；大气中的铅通过干湿沉降到达茶叶表面，成为茶区铅污染的一个重要污染源[14~16]。

表 1　茶树生态系中不同污染物对茶叶构成的污染源

污染物	污染源	主要污染途径	资料来源
六六六、滴滴涕 BHC，DDT	空气漂移	污染物吸附在空气中的尘埃上，通过气态转移	[17]
甲胺磷	水源传带	由地下水转移到水源	陈宗懋等（未发表资料）
八氯二丙醚	蚊香	茶叶成品吸附蚊香烟雾中的八氯二丙醚	[18]
PAH，PCDD/PCDF	大气、燃料、木材燃烧等	①茶树叶片吸附空气中的气态污染物； ②茶叶加工时木材等燃料燃烧产生，被茶叶吸附	[19，20]
铅	大气、土壤、加工	大气中的铅通过干湿沉降到达茶叶表面或被茶树吸收 随外源生产资料投入带入 土壤酸化等因子促进铅由不可利用态转变为可利用态而为茶树根系吸收	[8，11 ~ 15，21]

续表

污染物	污染源	主要污染途径	资料来源
氟、铝	土壤、大气	主要通过茶树根系从土壤中吸收，也可从大气中吸收	[6，9，22]
硝酸盐，亚硝酸盐	肥料、大气沉降	氮肥在土壤中转化为硝酸盐，经淋溶污染水体，或经反硝化作用转为温室气体排放，污染环境	[23，24]

二、茶叶生产中的立体污染链

尽管生态系中的土壤、水系和空气都可能成为茶树污染的源头，但是每一种污染物的污染源并非固定不变，而是会在不同界面间转移。章力建等提出了农业立体污染（Agricultural tri-dimension pollution）的新概念，将点、面的污染提升为立体的模式[25,26]。它的涵义是：由农业系统内部引发和外部导入，包括农业生产过程中不合理农药和化肥的施用、畜禽粪便排放、农田废弃物处置、耕种措施以及工业和生活废弃污染物农业利用，构成农业系统中水体-土壤-生物-大气的立体交叉污染[25]。在这里，生物是中心，水体、土壤和大气从不同的界面对生物体带来污染的可能性。从对茶树生态系若干种污染物的迁移转化过程研究，证实了这种立体污染链现象以及不同界面在构成污染上的作用（图1）。

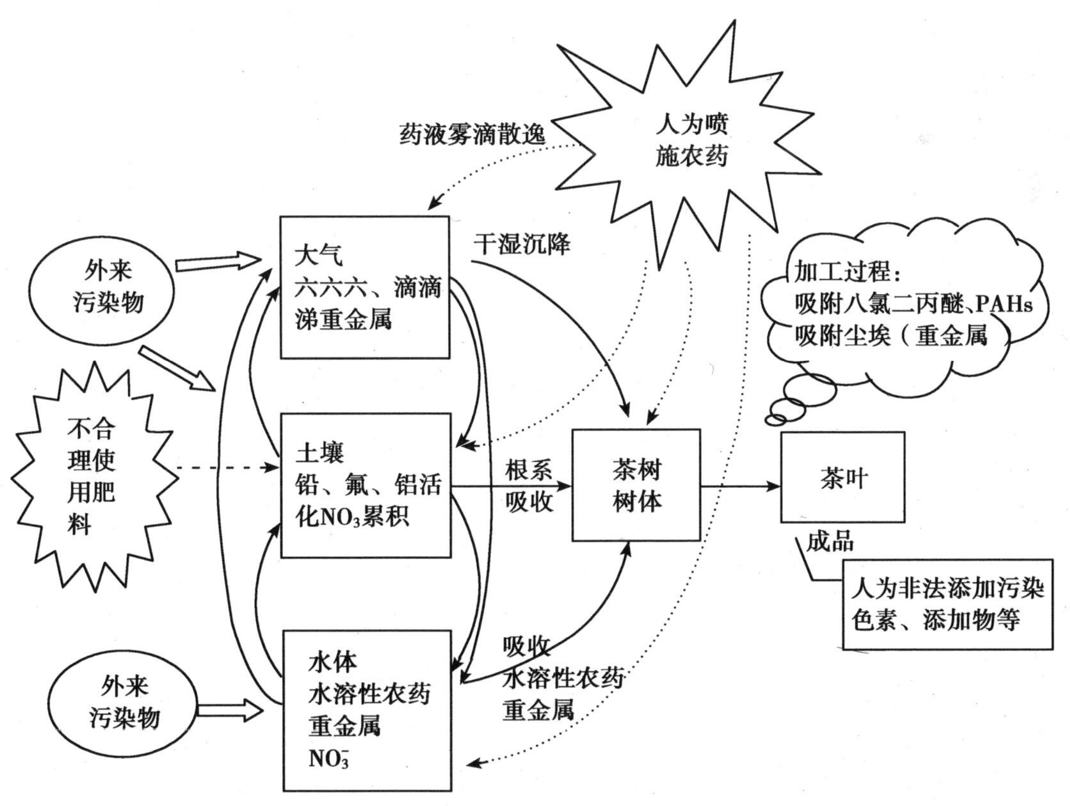

图1　茶叶生产中的立体污染链示意图

1. 土水界面间的污染物转移

土水界面间污染物转移的实例是土壤中氮肥转化成硝酸盐，并淋溶到地下水中，或汇流到河塘中。硝酸盐和亚硝酸盐之所以是一种环境污染物是因为它们随着食品进入人胃中，在酸性的条件下，会与二级胺化合成亚硝胺，而亚硝胺是一种强致癌物。在施氮量比较高的茶园土壤内经常会累积大量的硝态氮。茶叶中土水界面间污染物转移的另一个实例是一种有机磷农药——甲胺磷。甲胺磷是茶园中的禁用农药，却是稻田中的常用农药。近年来在对我国茶叶中农药残留的检测时，发现茶叶中有时会出现有残留水平不高（0.03 ~ 0.1mg/kg）的甲胺磷。据分析，这种残留不一定直接来自施药，而与周围水源有关。在稻田喷施甲胺磷后过量的农药会流入土中，再由土壤淋洗到周围的水塘中。当用这种水源进行灌溉和喷施时，水相中的甲胺磷农药就会传递到茶园系统，成为茶园污染物的一个来源。

2. 土气（植物）界面间的污染物转移

土气界面间污染物转移的最好实例是六六六和滴滴涕两种农药在生态系中的转移。六六六和滴滴涕是两种持久性的有机污染物，从20世纪50年代初起在我国的农业生产中广为应用，造成在农产品中含有很高的六六六和滴滴涕农药残留，严重影响茶叶的出口。1974年农业部宣布禁止在茶树、果树和蔬菜上使用这两种农药，茶叶中的残留随之有明显的下降，但在70年代后期至80年代初其总体残留水平仍维持在0.3 ~ 0.5mg/kg，而国际上食品的MRL值均订在0.2mg/kg。80年代初对六六六在茶树生态系中的来源、动态变化进行了跟踪研究。研究表明，茶叶中的六六六农药的污染源并非来自土壤和水源中存在的污染物，而主要是来自空气漂移[17]。从连续两年对同一块茶园的土壤和茶梢（在没有芽梢的月份，采集成叶进行分析）进行残留测定的结果表明，茶梢中六六六农药残留水平和茶园上空空气中六六六农药含量的增减呈现同步的增减动态[17]。

另一个例子尽管不完全属于土—气层面转移，但可以说明由空气层面向茶叶中转移的情况。90年代后期在茶叶中出现一种名为八氯二丙醚的化合物，在有些省份出口欧洲的茶叶中检测到较高的残留超标率。其原因是茶叶生产地区，每年的夏至秋季蚊虫和蠓普遍发生，在茶叶加工车间有时会点蚊香以驱蚊。由于茶叶具有非常强的吸附能力，在一间点过蚊香的室内，在48h内空气中八氯二丙醚的含量足以让原来无污染的茶叶吸附至超过欧盟标准（0.01mg/kg）的残留量，造成八氯二丙醚对茶叶的气态污染[18]。在对茶叶中16种多环芳烃类污染物（PAHs）含量和来源的研究中提出，加工时作为燃料的木材在燃烧时释出而存在于加工车间空气中的PAHs是茶叶中这些污染物的重要来源[20]，这也是气态污染的一个实例。

在茶叶生产中，如果大量施用氮肥超过茶树吸收需要时，多余的N通过反硝化作用释放大量的N_2O。

3. 土壤—生物界面的污染物转移

土壤中的污染物直接或通过另一个界面向植物转移在生产中屡见不鲜。茶叶中铅的污染曾经是20世纪90年代后期茶叶中含量较高的一种重金属元素。从2000年开始进行的实验结果表明，它的污染来源主要有如下几个途径：一是通过根系从土壤中吸收；二是大气中的铅通过干湿沉降并黏着于茶叶表面，或通过叶片吸收系统被吸收；三是在加工过程中污染所致，如通过茶厂所用燃料中含有的铅在燃烧时释放出的铅烟雾实现的气态传递，或者由于加工场所环境较差以及加工原料直接与地表接触，造成空气尘埃和泥土进入茶叶，带来污染[8,12,15,16,21,27,28]。其中由根系直接从土壤中吸收也是一个重要的方面，我国大部分茶园分布于生态条件较好的山区或半山区，土壤中的铅一般在土壤背景含量水平[13,14,29]，而且在通常情况下，土壤中绝大部分的铅以茶树不易吸收的矿物态、吸附结合态等形态存在，只有极少量的铅以生物有效形态存在而被茶树吸收，并不构成污染；但是在土壤酸化条件下，部分以矿物态或结合态存在的铅可转化为游离态而被植物根系所吸收[11,14]。在某些情况下如施用重金属含量高的磷肥或有机肥，也有可能带来土壤和对茶叶的污染。

茶树是一种典型的聚铝植物，在茶树老叶中铝的浓度可达到几千甚至30 000mg/kg[3,4,30]，在成品茶叶中的含量一般在1 000mg/kg以下[5]。茶叶铝含量高的主要原因，一是可能与茶树生长需要一定量的铝有关，因为适量的铝能促进茶树的生长[31,32]；而且茶树根系具有活化根际土壤铝有效度的能力，与非根际土壤相比，茶树根际土壤的水溶性铝、交换性铝和吸附羟基态铝的浓度显著增加[33]。二是可能与茶树生长的酸性土壤中铝的含量很高有关[7, 10]，茶园土壤的交换性铝（1 mol/L KCl浸提）含量为2.5～988mg/kg[10]。

茶树叶片的氟含量明显高于其他植物，显示茶树对氟具有特别的累积特性[3, 6, 34]。茶叶中氟素污染除了来自砖瓦、磷肥、金属冶炼、化工、水泥、陶器等生产厂释放的烟雾中含有的氟素通过气态传送外[22]，主要通过根系吸收土壤中的氟而积累在芽叶中的[9]。茶树根系对氟的吸收与外界有效氟水平有关，随介质（溶液或土壤）氟浓度提高而增加[9]，因此茶叶氟的含量与土壤全氟或水溶性氟含量呈正相关。在pH值小于5.5的酸性土壤中，土壤溶液中的氟以氟铝络合物为主要形态，铝能促进茶树对氟的吸收[9]。与此相反，在土壤或吸收溶液中添加钙则显著降低茶树对氟的吸收[35,36]，从而降低氟从土壤向植物的传递。

4. 水土气生界面间污染链的形成

各种污染物尽管可以通过水、土、气各种界面进行转移和交换，但实际上水、土、气和生物是一个整体，是一个大循环链，各个界面中的污染物都可能或多或少地向其他界面进行转移，这和污染物的物理、化学特征以及生物体的特性有密切关系。如一些水不溶性或低溶性化合物在水体界面中存在的可能性较小，持久性稳定化合物在土中的可能性较大，蒸汽压较大的化合物在气态中存在的可能性较大。从污染物在大循环链中的转移、交换来看，有如下几个特点。

①污染源对不同层面的偏嗜性：水体、土壤和大气都可能成为茶树污染物的来源，但必有一个主要的污染源。不同的污染物由于其不同的物理、化学特性使得它们可以偏嗜在某一个界面上扩展、转移，最后给茶树带来污染。

②污染物的时空变化特性和相（phase）间或界面（interface）间的转移特性。从生态学的角度分析，物质转化和迁移是农业立体污染的基础。

三、茶叶生产中立体污染链的安全性评价、阻控和对创新技术的需求

1. 茶叶中污染物的安全性评价

在对污染物进行污染源和转移研究的同时，必须对存在于茶叶中的污染物进行安全性评价。不同的污染物对人体具有不同的毒性程度，要按照风险分析的原则进行安全性评价。从茶叶生产而言，最重要的是应关注茶汤中的污染物浓度，即人体通过饮茶可能摄入的污染物数量。以农药残留为例，溶解度愈高的农药在泡茶时的浸出率也愈高，这样可以按最大的茶叶日消费量测算摄入量占污染物每天允许摄入量（ADI）值的比率。根据所占比率的大小即可判断其安全性的大小。

但另一方面，一些在水中溶解度较高的污染物（如乐果、敌敌畏、马拉硫磷和甲胺磷等农药，硝酸盐和亚硝酸盐，铅、氟等污染物）在泡茶时的浸出率相对较高，风险性也相对较大。对于这类水溶性高的农药从人体安全考虑，不适宜在茶叶生产中使用。

2. 茶叶生产中立体污染链的阻控

从茶叶生产而言，关键是贯彻茶叶全程清洁化生产过程，对各种污染物进行源头管理，控制与阻断各界面间污染源传递，以实现茶叶生产中的污染物治理。

茶叶种植中的清洁化是当前阻控农药残留、重金属、硝酸盐污染源的关键控制点，特别是要合理选用农药，继续贯彻禁止使用国家禁用和停用的农药种类（如氰戊菊酯、三氯杀螨醇、乐果、甲胺磷、乙酰甲胺磷、甲氰菊酯等），严格实施安全间隔期规定；要摸清不同地区铅污染的来源，针对性地采取措施降低污染；对酸化严重的土壤进行改造，降低铅、铝、氟等元素的生物活性。茶叶生产加工清洁化包括贯彻食品卫生法，严格杜绝茶叶中加入添加剂和注意夹杂物的进入；加强茶厂中的设备改造和清洁卫生，尽可能实现茶厂生产的连续化，做到“不落地生产”；注意茶厂加工人员的清洁卫生，逐步实现茶厂的“封闭”式生产，加工机械原料、燃料和机械用润滑油的清洁化应提到新世纪的茶厂改造计划中。茶叶深加工过程的清洁化要注意溶剂残留问题，向“绿色产业”的方向发展。茶叶包装、运输和保管贮存的清洁化同样至关重要，要求包装材料不含有害物质，运输过程中严防污染。

3. 茶叶立体污染阻控对创新技术的需求

农业立体污染是工农业快速发展的一个伴生产物，是不合理的农业生产方式和人类的活动引起的，因此在立体污染的防控技术上一方面要审视以往技术上暴露出来的问题；另一方面要进行科技创新，研究新问题，提出新方法。

农药残留问题占当前茶叶生产中污染总量的60% ~70%，减少化学农药的用量已是世界上的共识，但农作物上有害生物的治理到目前为止还离不开化学农药。从茶树这个饮用型的健康作物而言，减少化学农药的应用量显得更为必要，如何实现这个目标任重道远。应用综合防治策略是减少茶园农药用量、降低农药残留量的一项有效技术措施。近年来，在化学

生态学方面的研究为实现有害生物控制描绘出了诱人的前景。植物通过挥发物的释放来调节生态系统中的生物种群，在遇到有害生物危害时通过挥发物的释放向有益生物发出“SOS”求救信号[37]；而小小天敌昆虫也非无能之辈，它们可以凭借两根纤细的触角辨别出人鼻无法辨别的挥发性化合物而寻找到有害昆虫。这些并非是童话片中的故事，而已为许多实验所证实[38, 39]。如何通过人类的帮助和介入用模拟的挥发物来调节茶园生态系中有害生物和有益生物种群的比例以达到种群平衡的目的，并帮助天敌找到害虫，是目前和未来几年农业立体污染研究的一项研究内容。

不合理的化肥使用也是农业立体污染的一个重要方面。日本茶叶生产中施用高剂量的氮肥，使得地下水中硝酸盐和亚硝酸盐的含量比日本规定的标准（10mg/L）高出 4 倍，而且温室气体如 N_2O 排放量也大幅度增加，引起环保工作者的关注。我国近年来茶叶效益较好，促使氮肥的投入快速增长，在部分地区存在着氮肥投入过量的问题。如对浙江省杭州市西湖区和新昌茶园氮肥的用量平均达 560kg/hm^2，为收获的生物量的 4 倍，据此推算平均表观利用率在 25% 左右，一些茶园在 20% 以下。大量施用氮肥还造成土壤质量严重退化，特别是茶园土壤酸化严重，pH 值低于 4.0 的土壤极为普遍，相当一部分茶园土壤的 pH 值在 3.5 以下，增加了重金属铅等的溶出和茶树对铅的吸收，近年来受广泛关注的茶叶铅含量超标问题可能与此有关。损失的氮素大部分进入地下水或进入大气，造成水资源和大气污染，引发水体富营养化和气温升高等严重的环境问题，而一些有机肥中的重金属也对茶叶的清洁化生产构成了威胁。因此，未来需要研究茶园系统内养分元素的吸收、转化和循环的基本规律，提出养分管理和施肥的新技术，在提高施肥效率的同时，减轻茶叶生产对环境的影响；随着重金属残留污染风险增加，建立产地环境评价体系，提出茶叶安全、清洁化生产过程中重金属污染的预防、减轻和治理技术等，也是未来的一项重要工作。

立体污染物的检测是对农业立体污染链防患于未然的重要步骤。要及时掌握茶园生态系中污染物的总体水平和污染源的水平，对目前已列入“黑名单”的污染物种类要进行系统检测，对尚未觉察的污染物更要掌握动态，必要时要发出予警，引起政府重视。要掌握和分析国外有关标准的进展，认真和科学地解读国外有关标准。

参考文献

[1] Hoerger F, Kenaga EE. Pesticide residues on plants: Correlation of representative data as a basis or estimation of their magnitude in the environment. In ‘Environmental quality and safety’ Vol. 1. Global aspects of chemistry, toxicology and technology as applied to the environment, 1972, 1: 9 ~ 28.

[2] Müller M, Anke M, Illing-Günther H. Availability of aluminium from tea and coffee. *Z. Lebensm Unters Forsch A*, 1997, 205: 170 ~ 173.

[3] Ruan JY, Wong MH. Accumulation of fluoride and aluminium related to different varieties of tea plant. *Environmental Geochemistry and Health*, 2001, 23: 53 ~ 63.

[4] Matsumoto H, Hirasara E, Morimura S, Takahashi E. Localization of aluminium in tea leaves. *Plant Cell Physiology*, 1976, 17: 627 ~ 631.

[5] Xie M, von Bohlen A, Klockenk? mper R, Jian X, Günther K. Multielement analysis of Chinese tea (*Camellia sinensis*) by total-reflection X-ray fluorescence. Z. Lebensm Unters Forsch A, 1998, 207: 31 ~ 38.

[6] 陈宗懋．茶叶中的环境污染物．国外农学—茶叶，1984，3：1～10.

[7] Dong D, Xie Z, Du Y, Liu C, Wang S, Influence of soil pH on aluminium availability in the soil and aluminium in tea leaves. *Communicatin in Soil Science and Plant Analysis*, 1999, 30 (5～6): 873～883.

[8] 陈宗懋，吴询．关于茶叶中的铅含量问题．中国茶叶，2000，22 (5)：3～5.

[9] Ruan JY, Ma LF, Shi YZ and Han WY. Uptake of fluoride by tea plant (*Camellia sinensis* L.) and the impact of aluminium. *Journal of the Science of Food and Agriculture*, 2003, 83: 1342～1348.

[10] Ruan JY, Ma LF, Shi YZ. 2006, Aluminium in tea plantations; mobility in soils and plants, and the influence of nitrogen fertilizers. *Environmental Geochemistry and Health* (In press).

[11] Han WY, Zhao FJ, Shi YS, Ma LF, Ruan JY. Scale and causes of lead contamination in Chinese tea. *Environmental Pollution*, 2006, 139: 125～132.

[12] Jin CW, He YF, Zhang K, Zhou GD, Shi JL and Zheng SJ. Lead contamination in tea leaves and non-edaphic factors affecting it. *Chemosphere*, 2005, 61: 762～732.

[13] 石元值，马立锋，韩文炎，阮建云．浙江省茶园中铅元素含量现状研究．茶叶科学，2003，23：163～166.

[14] Jin CW, Zheng SJ, He YF, Zhou GD and Zhou ZX. Lead contamination in tea garden soils and factors affecting its bioavailability. *Chemosphere*, 2005, 59: 1151～1159.

[15] Tsushida T, Takeo T. Zinc, copper, lead and cadmium contents in green tea. *Journal of the Science of Food and Agriculture*, 1977, 28: 255～258.

[16] Michie ND, Dixon EJ. Distribution of lead and other metals in tea leaves, dust and liquors. *Journal of the Science of Food and Agriculture*, 1977, 28: 215～224.

[17] 陈宗懋，韩华琼，万海滨，岳瑞芝，朱俊庆．茶叶中六六六、DDT 污染源的研究．环境科学学报，1986，6 (3)：278～285.

[18] 汤富彬，陈宗懋．茶叶中八氯二丙醚污染源的研究，农药学学报，2007 (待发表).

[19] Fiedler H, Cheung CK, Wong MH. PCDD/PCDF, chlorinated pesticides and PAH in Chinese teas. *Chemosphere*, 2002, 46,: 1429～1433.

[20] Lin DH, Zhu LZ. Polycyclic aromatic hydrocarbons: pollution and source analysis of a black tea. *Journal of Agricultural and Food Chemistry*, 2004, 52: 8268～8271.

[21] 石元值，韩文炎，马立峰，阮建云．龙井茶中重金属元素 Pb 含量的影响因子探．农业环境科学学报，2004，23 (5)：899～903.

[22] 高绪评，王萍，王之让，潘孝永．环境氟迁移与茶叶氟富集的关系．植物资源与环境学报，1997，6 (2)：43～47.

[23] Kihou N, Yuita K. Vertical distribution of nitrate nitrogen in soil water under tea gardens and adjacent forests. *Japanese Journal of Soil Science and Plant Nutrition*, 1991, 62: 156～164.

[24] Toda H, Mochizuki Y, Kawanishi T, Kawashima H. Estimation of reduction in nitrogen load by tea and paddy field land system in the Makinohara area of Shizuoka. Japanese *Journal of Soil Science and Plant Nutrition*, 1997, 68: 369～375.

[25] 章力建，蔡典雄，王小彬，张建军，金轲．农业立体污染及其防治研究的探讨．中国农业科学，2005，38 (2)：350～357.

[26] 杨修，章力建，李正，孙芳，农业立体污染防治的生态学思考．生态学报，2005，25 (4)；904～909.

[27] 石元值，马立峰，韩文炎，阮建云．汽车尾气对茶园土壤和茶叶中铅、铜、镉元素含量的影响．茶

叶，2001，27（4）：21～24.

[28] 吴永刚，姜志林，罗强．公路边茶园土壤与茶树中重金属的积累与分布．南京林业大学学报（自然科学版），2002，26（4）：39～42.

[29] 孙威江，罗星火，陈志雄，郑金贤．福建名优绿茶产地土壤环境质量现状评价．福建农业大学学报，1998，27：172～176.

[30] Wong MH，Zhang ZQ，Wong JWC，Lan CY. Trace metal contents（Al，Cu and Zn）of tea：tea and soil from two tea plantations，and tea products from different provinces of China. *Environmental Geochemistry and Health*，1988，20：87～94.

[31] Konishi S，Miyamoto S，Taki TStimulatory effects of aluminum on tea plants grown under low and high phosphorus supply. Soil Science and Plant Nutrition，1985，31：361～368.

[32] 阮建云，王国庆，石元值，马立锋．茶园土壤铝动态及茶树铝吸收特性．茶叶科学，2003，23（增）：16～20.

[33] Ruan JY，Ma LF，Shi YZ，and Zhang FS. Effect of litter incoporation and nitrogen fertilization on the contents of extractable aluminium in the rhizosphere soil of tea plant（*Camellia sinensis* L.）. *Plant and Soil*，2004，263：283～296.

[34] Xie ZM，Ye ZH，Wong MH. 2001. Distribution characteristics of fluoride and aluminium in soil profiles of an abandoned tea plantation and their uptake by six woody species. *Environment International*，26：341～346.

[35] Ruan JY，Ma LF，Shi YZ，Han WY. The impacts of pH and calcium on the uptake of fluoride by tea plants（*Camellia sinensis* L.）. *Annals of Botany*，2004，93：97～105.

[36] Fung KF，Wong MH. Application of different forms of calcium to tea soil to prevent aluminium and fluorine accumulation. *Journal of the Science of Food and Agriculture*，2004，84：1469～1477.

[37] Paschold A，Halitschke R，Baldwin T. Using 'mute' plants to translate volatile signals. *The Plant Journal*，2006，45：275～291.

[38] 陈宗懋．茶树害虫防治的新途径—化学生态防治．茶叶，2005，31（2）：71～74.

[39] 陈宗懋，许宁，韩宝瑜，赵冬香．茶树-害虫-天敌间的化学通讯联系．茶叶科学，2003，23（增）：38～45.

（陈宗懋、阮建云、蔡典雄、章力建）

果树生态系统立体污染防治

果树本身并不会产生污染，但果树生产中大量使用农药、化肥和烂果、残枝的随意处置，从而造成农业立体污染。开展果树生产中的立体污染防治技术的研发，对促进我国果业、农村可持续发展战略的实施有着重大意义。

一、我国果园立体污染的现状

1. 农药对果园环境的污染

农药不合理使用后，农药直接进入土壤，被土壤颗粒吸附；大气中的残留农药和果树上的农药经雨水冲刷落入土中，直接或间接与土壤微生物接触。可杀灭土壤微生物，从而影响土壤的腐熟和通透性，破坏土壤结构和土壤肥力，造成土壤板结，影响果树生长发育，降低果实品质。喷洒的农药一部分洒落在果园，通过降水淋洗落入土中或经灌溉进入沟渠、池塘、河流，污染水域，严重影响了水生植物的生长发育。同时，喷洒农药时，农药颗粒随风移动，也污染了空气，通过呼吸道进入人体，造成直接危害，每年都有因农药使用不当造成人体中毒。另一方面，通过饮食或食物链间接进入人体也会造成急性或慢性中毒，甚至致癌。农药还对果园昆虫有影响，在杀灭害虫的同时，也将天敌杀害，破坏了生物链，造成果园生态平衡的破坏；同时使害虫产生抗药性，导致害虫种群数量急剧上升，有些次要害虫，由于天敌数量的急剧减少，很快发展成为主要害虫；其次，大部分农药对蜜蜂具有杀伤作用。

2. 大气污染对果树生产的影响

唐登明等人研究证明，金帅苹果与污染源的距离不同，叶片的含硫量不同。距污染源越近，叶片含硫量越高，病叶率越高，叶片焦枯越重；距污染源越远，叶片含硫量越低，病叶率越低，叶片受害也越轻。距离 240m 的叶片含硫量达 0.32%，病叶率 80%，叶片全焦枯，即使背风面亦大量落叶；距离 600m 的叶片含硫量为 0.19%，病叶率 64%，叶缘焦枯，落叶少；而距离 1 500m 的叶片含硫量是 0.11%，叶片基本无受害症状，不落叶。大气污染还对苹果产量和质量有影响，干灰窑散发的烟尘严重影响金帅苹果的产量，且距离越近减产越多。相距 100m 的产量仅是对照（无烟尘污染）的 7.22%，相距 150m 和 200m 的分别为对照的 11.96% 和 16.10%。受单一 SO_2 污染，距离 1 250m 的金冠苹果产量为对照的 46.48%，红玉苹果是 81.63%；SO_2 与烟尘混合污染，距离 400m 的金帅苹果产量仅是对照的 8.89%，红富士苹果是 4.69%，红玉苹果是 9.24%。可见富士苹果对大气污染更敏感。

大气污染还严重影响果品质量。以 SO_2 为例，废气由气孔进入组织内，在有氧气和水分的条件下进行光化学反应，形成亚硫酸，进而伤害树体，出现各种症状，如漂白、脱水，叶片失绿、枯死、脱落；污染物刺激幼果表皮，形成木栓结构并发生龟裂，果锈连片，影响果实正常膨大，严重降低果品质量。

3. 果树施氮肥的环境污染

氮肥施入土壤后除被果树吸收利用外，还有15% ~46%的氮残留在土壤中，挥发损失3% ~57%，入渗损失10% ~38%，氮肥有70%左右进入环境。氮肥对环境的污染主要是硝酸盐。硝酸盐本身对人体没有毒害，但在人体内经硝酸还原菌作用后被还原为亚硝酸盐。亚硝酸盐使血液中的血红蛋白转变为不能载氧的氧化血红朊，使人缺氧，还会引起小儿和牲畜中毒事故。硝酸盐是果树氮素营养的主要供给源，其含量水平不仅反映植物氮素营养状况，而且多数情况下还与产量及质量呈正相关。但硝酸盐积累过多，则会使农产品品质变坏，并对人、畜健康构成潜在性危险。因为60% ~80%的硝酸盐是随植物性产品进入人体的。我国目前果树高产区过量施用氮肥是比较普遍而突出的问题，而氮肥的淋溶流失和氮素的地表径流损失分别是地下水和地表水污染的一个重要原因。我国对地面水的环境质量有明确规定（表1），应加强检测，防止超标污染。

表1　地面水环境质量标准（GB3838—88）*

项　目	Ⅰ类	Ⅱ类	Ⅲ类	Ⅳ类	Ⅴ类
硝酸盐	<10	≤10	≤20	≤20	≤25
亚硝酸盐	≤0.06	≤0.1	≤0.15	≤1.0	≤1.0

* mg/L，以N计

4. 土壤重金属污染对果树生长结果的影响

近年来，随着我国工业化进程的加快和乡镇企业的崛起，“三废”的超标排放已经导致许多果园土壤出现了重金属污染。土壤重金属的种类很多，但目前污染比较严重的主要有铜（Cu）、镉（Cd）、汞（Hg）、铅（Pb）、铬（Cr）和砷（As）。

土壤中Cu过多时能抑制果树生长。研究表明，褐土中施用过量的Cu能抑制苹果新梢的伸长，其抑制程度与Cu素施用量呈正相关。据报道，柑橘园酸性土壤施Cu过量会引起树干流胶。波尔多液喷施过多会使树体生长减缓，出现部分早期落叶，严重时导致枝梢枯萎，甚至全树死亡。土壤Cd过量时同样会抑制果树生长。随着土壤Cd浓度的增加，草莓叶片生长受到显著抑制，Cd处理使草莓结果数、果重、果实维生素C及矿质元素（如K、Ca、Cu、Zn、Mn、Fe）含量减少。果实中Cd含量与土壤中Cd浓度呈极显著正相关，当土壤中Cd浓度2.5mg/kg时，果实中Cd就会大大超过0.3mg/kg国家食品卫生标准。土壤中Hg浓度大时会使果树的叶、花、茎变为棕色或黑色。土壤被Hg污染（3 ~10mg/kg）后，苹果明显减产，而且果实中Hg含量迅速增加。Pb抑制植物的光合作用和蒸腾作用，影响其正常生长。Pb对植物的危害表现为叶绿素含量下降，植物的呼吸及光合作用受阻。葡萄根中Pb、Cu、Zn和Cd含量与土壤中重金属浓度以及根龄具有显著相关。葡萄根系从土壤中吸收的重金属大部分被营养根（直径1mm）固定，少量的通过输导系统运至大根中。在大气污染严重地区生长的葡萄，其不同器官组织中大部分Pb、Cu、Zn和Cd来自于大气污染，少部分则通过根系吸收，再转运到地上部不同器官中。Cr 虽然是植物需要的微量元素，但过量的 Cr 也会使植物受害，抑制其生长发育。土壤被 Cr 污染后，会抑制微生物的活动，降低土壤微生物的硝化作用。

5. 果园烂果和病虫枝对环境的污染

据联合国粮农组织（FAO）统计，1999 年，我国果树栽培面积为 993 万 hm^2，占世界果树总面积的 20. 39%，位居世界第一 。产量达 6 238 万 t，占世界水果总产量 39 687. 3 万 t 的 15. 7%。全国每年因鲜果销售不畅和储藏加工不力，造成采后损失达 28%，即每年有 17 46. 64万 t 果实被烂掉，严重污染了环境。

大多数果树每年都需修剪，还有一部分果树通过高接换优等手段进行品种更新，这样就会产生相当多的残枝。苹果、梨、桃每棵树每年剪枝量因树龄而不同，低幼龄果树一般年剪 50 ~ 100kg/667m^2。进入盛果期，苹果、梨一般年剪 100 ~ 150kg/667m^2，桃一般剪 250 ~ 400kg/667m^2；葡萄一般剪 300 ~ 350kg/667m^2。如果果树采用高接换优等手段进行果树品种更新，以及果树 17 ~ 20 年就要进行砍伐更新，一次性产生的残枝量会成倍增加。根据初步调查，全国年产生果树残枝量约 2 263. 38 万 t。

大部分残枝不可避免地被堆放在果园边、路旁和宅院附近，极易产生以下后果：一是由于残枝带有许多病原菌，极易诱发虫害，威胁果树生长；二是干燥的树枝露天堆放，腐烂后易产生细菌，污染土质和水源，也容易造成火灾，影响农民生活环境。

二、果园立体污染防治的技术对策

1. 建立完善“果园立体污染”防治法规和政策体系

把政府政策和市场机制结合起来，利用经济手段，建立果业环境补偿机制，利用价格和税收机制，如征收污染税，对化肥和农药的使用征收附加费，采取鼓励性或限制性措施，促使污染者减少。科学合理的建立果业污染防治法规体系，使防治工作有法可依。例如，美国 1972 年通过了《联邦水污染控制法》，1976 年美国国会又通过了《有毒物质控制法》，进一步加强了对有毒物质的控制。环境保护是一项公益性的工作，应该加强国家支持力度。如对使用粪肥等有机肥实行补贴。施用粪肥具有正的外部性，即粪肥被施用的同时减少了污染，为了推动粪肥的资源化利用，应给予粪肥施用者以某种补贴。还要通过科普和大众媒体，加强教育和培训，提高全民对“农业立体污染”的认识和自觉参与防治污染的意识，鼓励企业和农民采取环境友好技术，实现减少立体污染和促进农业、农村可持续发展战略。

2. 完善果园环境质量监控体系

在农业系统已有的监测网站的基础上，完善并形成覆盖重点果树区域的“农业立体污染”监测网络。通过长期定点监测，摸清“果园立体污染”的底数，为我国“农业立体污染”防治技术的研发和农业环境污染政策的制定提供科学依据。主要监测内容包括果区环境质量与污染状况监测、果品安全监测等。以尽早摸清果树区环境本底，为降低立体污染打好基础。结合我国果树生产布局和果树发展战略，根据不同区域的污染特征和社会经济条件，在典型区域建立果业立体污染综合防治示范点，开展立体污染综合防治技术的区域适应性研究，筛选出关键防治技术，示范推广节本增效、环境友好的技术模式。

3. 实施生态种植与综合整治策略

运用生态系统的物质循环原理，建立闭路循环工艺，实现资源和能源的综合利用，实施生态种植与综合整治策略，可以杜绝浪费与无谓的损耗，减轻农业环境污染。例如，集生态、社会、经济效益于一体的生产布局，畜牧业与种植业相结合，加上以沼气发酵为主的能源生态工程、粪便生物氧化等多级利用生态工程、有机废弃物饲料化利用生态工程，实现有机废弃物资源化，不仅有效解决粪便、秸秆等有机废弃物污染，还可逐年提高土壤的有机质含量。利用环境友好性材料，包括新型有机肥、（控释）缓释肥料、多元平衡肥、有效微生物菌剂（EM）、光解薄膜、生物农药等。施用腐熟度较高的沼渣肥作为一种特殊形式的有机肥和有效微生物菌剂（EM）可取代化肥增加产量。尽可能地使用生物农药，如苦参碱、复方 Bt、井岗霉素、阿维菌素、Bt 制剂等，确保农业的可持续发展。实施有机废弃物的工业利用工程，即把农业废弃物中的纤维素和半纤维素分离出来，用于人造纤维、造纸及其衍生物的生产；通过纤维素和半纤维素的水解，将所含的多糖转化为单糖，再进行化学和生物化学加工，制取酒精、饲料酵母、葡萄糖等许多化工产品。

（1）防治农药对果园环境污染的技术对策

选用适合当地的优良品种；通过合理施肥、精细修剪、疏花疏果、果实套袋、翻耕果园等措施，增强树势，提高树体本身的抗性；预测预报，抓关键期及时防治，不盲目施药。注意树种之间的合理搭配，柏树和梨树、葡萄不能共处，柏树是梨锈病菌的越冬场所，葡萄附近栽柏树，葡萄果实延迟成熟；果园附近不能栽刺槐（洋槐），刺槐极易招引蟒象，危害苹果梨、桃、李子等果树；刺槐上的炭疽病菌也能感染苹果、梨等果树，造成大量落叶。葡萄园附近不要栽榆树，因为榆树是褐天牛喜食的树木，叶片是黑绒金龟子的食源。此外，榆树根的分泌物易造成葡萄减产甚至植株死亡。苹果与桃树不宜混栽，苹果与核桃不能混栽，核桃叶片分泌的胡桃醌，被雨水冲刷渗入土壤中，而苹果的根系接触到它就会发生毒害作用，造成苹果树势衰弱，甚至死亡；苹果和梨不能混栽，因为锈果病的病原体能长期潜伏在梨树中，苹果和梨混栽后，梨树上的病原体很快转移到苹果树上，使苹果发生锈果病；梨树和桃树不能混栽，以免加重梨小食心虫的危害。

物理防治和生物防治相结合防治病虫害。刮树皮、刨树盘、人工捕捉；清理果园，消灭越冬虫源；在果园内挂性诱剂诱杀害虫；利用黑光灯诱杀鳞翅目、鞘翅目成虫；树干束草诱杀害虫。用赤眼蜂控制苹果卷叶蛾、梨小食心虫，木虱跳小蜂防治梨木虱，日光蜂防治苹果绵蚜。为充分发挥天敌的作用，在天敌发生初期应严格控制用药种类，不用药或少用药。最好在果园行间间作蜜源植物（如紫花苜蓿）招引繁衍天敌或人工饲养释放天敌，增加天敌种群数量。

使用无公害农药。主要使用植物源农药、生物源农药和矿物源农药。目前果园所用生物农药主要有农抗 120、多氧霉素、克菌康、9281、灭幼脲 1～3 号、白僵菌、百菌清、阿维菌素、除虫菊素、苦参碱、烟碱等；矿物源农药主要是铜制剂和硫制剂。当病虫大发生时，做到科学合理施用高效、低毒、低残留，对果树和天敌安全、污染小或无污染的农药；禁止施用高毒、高残留农药，如久效磷、甲胺磷、氧化乐果、三氯杀螨醇、福美胂等；限量使用中毒农药如乐斯本、甲氰菊酯、功夫等，这类农药在果树生长期一般允许使用1次；选用低毒、低残留农药，如吡虫啉、杀铃脲、蛾螨灵、代森锰锌等。严格按照农药间隔期使用农药，以确保果品农药残留不超标。在用药过程中，做到适时、适量、准确用药，最好在发病之前或发病初期进行防治。虫害的防治应在害虫数量达到防治指标时，低龄幼虫隐蔽危害前，避开天敌发生期，选晴天用药。在有效范围内，尽量用低浓度。施药时，尽量做到多种病虫兼治；能选治的就不要普治。防治1次有效的不要多次喷药，尽量减少化学农药的施用，减少对环境的污染，使果品达到无公害。

（2）防止氮素化肥污染环境的措施

限制过量施用氮肥。环保部门需要对肥料应用与地表水、地下水养分富集及果树、果品的硝酸盐含量相关的问题建立可靠的数据，进行系统调查、分析，并保持长期的监测。农业部门应在改进施肥技术，提高氮肥利用率上下功夫，以减少肥料向环境的流失。调整化肥中的磷、钾比例，任何一种元素的缺乏都会限制果树产量的提高。我国近年氮肥用量大幅度增加而产量增加有限，磷、钾肥不足是主要原因之一。适当提高磷、钾肥的施用量，可提高氮肥的利用率。有机肥对培肥土壤和提高磷、钾养分的作用不容忽视，应广拓有机肥源，大力提倡秸秆还田，增加绿肥面积，积制人、畜粪肥。配方施肥、测土施肥是增加产量提高肥料利用率行之有效的措施，应根据果树需肥规律和现状水平，结合土壤肥力特点，进一步做到科学合理地简化配方施肥技术，使其在农村能更广泛、深入地得到应用。在此基础上，有计划地发展不同配比的专用复混肥，使配方施肥落到实处。推广深施、条施、穴施方法，以提高肥料利用率，并降低植物体内硝酸盐积累。农业技术推广人员在宣传普及肥料知识时，要大力宣讲过量施肥的害处，使人们在施肥时增强量的概念，了解施肥适量是合理施肥的先决条件。进一步加强有机果品的研究与推广，发展生态果园，并在农村建立了一些试点，增加投入，大力加强有机果品研究与开发，并将成功的范例向全国推广。

（3）降低土壤重金属危害的技术途径

目前，国内外尚无比较成熟的、经济有效的治理土壤重金属污染的方法。土壤重金属污染治理，必须坚持预防为主，综合治理的方针。降低土壤重金属危害的技术途径主要有四个方面：一是推行无公害栽培，预防土壤重金属污染。新建园周围应没有污染源，土壤重金属含量符合无公害环境限量要求。要重点注意有机肥、农药和化肥的合理施用，避免使用重金属超标的污水进行灌溉。推行果树病虫害的综合防治，科学合理用药，不使用重金属含量高的劣质化肥与劣质有机肥。二是选择适宜树种，抵抗或躲避重金属危害。不同果树对土壤重金属的抗性有所不同。在发生轻微污染的果园，可以选择对重金属抗性强且果实聚集率低的果树种类进行栽培。草莓植株容易吸收Cd，并且积累在地上部及果实中，所以Cd污染的土壤上要避免种植草莓。三是通过物理、化学以及生物方法，将土壤中污染物清除。采用客土法、电极法（用石墨电极）、热处理法（Hg）、植物修复（砷的超富集植物是蜈蚣草和大叶井口边草，能富集Cd高达2.30DW mg/kg的十字花科植物天蓝褐蓝菜），清除土壤重金属。四是改变重金属在土壤中的存在形态，降低其在土壤中的迁移性和有效性。改变土壤理化性质，在Cd污染的土壤上施用75kg/hm^2石灰，施用磷酸盐黏土可以使水溶液中重金属

(Pb^{2+}、Cd^{2+}和Zn^{2+})失活，施用$FeSO_4$或$Fe_2(SO_4)_3$可以减轻As的危害；增施无公害有机肥，用离子拮抗、微生物固定（培育出转基因细菌，能分泌出可与重金属结合的特殊蛋白质）等方法来降低土壤重金属危害。

（4）加强残次果、残枝的综合治理和资源化利用工程建设

在果品生产主产区建立残次果加工厂，将残次果加工成果醋、果酒和果汁，加工后的下脚料，进入沼气池再利用。2003年我国果品的总产量为7 551万t、其中苹果2 110万t、柑橘1 345万t、梨979万t、均位居世界第1位。而2003年我国果蔬饮料总产量为310.8万t、即使把这些饮料全部算作100%原果汁、出汁率按50%计算，所使用的水果原料也只有600多万t，不足果品总产量的1/10。当前我国人均果汁消费量不足1L，低于人均消费10L的世界平均值，更低于发达国家的人均消费40L的水平。所以，我国对果汁及其饮料存有巨大的市场需求和发展空间，而我国鲜榨果汁业更是处于空白状态。故此，开展残次果加工既能创造经济效益，又能解决环境污染，一举两得。

建立残枝粉碎加工厂，加强残枝原料加工、配送工程，完成果树及其他树木枝杈的剥皮、粉碎、灌装等工序，为制作各类中高密度建筑板材、无烟清洁木炭、沼气、食用菌、有机肥等技术产品提供原料，还可加工制作有机肥。

总之，实施引导和扶持政策，运用防治农业立体污染的循环经济新思维，建立和完善循环经济机制防治果业立体污染的法规体系，在采用循环经济机制防治果业立体污染过程中，改变相关群体的利益关系，达到利于防治果业立体污染的共赢，从而提高农业环境的保护效率。在研究与技术层面上，整合各部门、各产业现有的相关资源、资金、人才、技术，开展理论与技术的研究与创新，将以生物技术为主的高新技术有机地应用到果业污染的防治进程中，形成一个采用循环经济机制防治果业立体污染的协调、高效的平台。通过建立综合防治示范点，提供环境友好的技术模式，促进一批高新技术环保产业的产生和发展，达到公众采用循环经济机制防治果业立体污染。

参考文献

[1] ZHANG L. J., CAI D. X., WANG X. B., *et al*（章力建，蔡典雄，王小彬等）. A study of agricultural tridimension pollution. and discussion on its control. Scientia Agricultura Sinica（中国农业科学），2005，38（2）：350~357.（in chinese）.

[2] ZHANG L. J.（章力建）. Ecosystem reconstitution enviroment protection and poverty allevation for promoting GuiZhou province's sustainable development strategies into practice In：Proceedinngs of the 97 International Conference on GuiZhou Grovence's Reform and Development（贵州改革与发展国际研讨会论文集），1997：140~156.（in chinese）.

[3] ZHANG L. J.（章力建）. Discussions and suggestions on strengthening of the eco-agricultural development in mountainous of southwest of china. Chinese Agriculture Science and Technology Leading Report（中国农业科技导报），2000，2（6）：41~45.

[4] ZHANG L. J.（章力建）. Discussions on eco-agricultural development in the western regions of china. Problems in Agricultural Economy（农业经济问题），2001，（2）：23~26.（in chinese）.

[5] ZHANG L. J.（章力建）. Strengthening of the special agricultural industry in the mountain area of the rural

economy development in southwest region of china. Problems in Agricultural Economy（农业经济问题），2004，(3)：44～47.（in chinese）.

[6] ZHANG L. J.（章力建）. Concerning the development of biological technique industry in china agriculture. Scientia Agricultura Sinica（中国农业科学），2001，34（1）：91～97.（in chinese）.

[7] ZHANG L. J.（章力建），CAI D. X.（蔡典雄）. Pollution chain must be controlled for its prevention and cure. Science and Technology Daily（科技日报），2004－12－10.

[8] ZHANG L. J.（章力建），DONG H. M.（董红敏），CAI D. X.（蔡典雄），LI Y. E.（李玉娥）. Agriculture tridimensional pollution and its prevention. Chinese Academy of Agricultural Sciences Report（中国农业科学院院报），2004－12－10.

[9] ZHANG L. J.（章力建），CAI D. X.（蔡典雄）. Agriculture pollution can not be neglect. Agriculture Daily（农民日报），2004－12－30.

[10] ZHANG L. J.（章力建），HOU X. Y.（侯向阳），YANG ZH L（杨正礼）. A study some important problems on the agriculture tridimensionpollution and its prevention in china problems. Chinese Agriculture Science and Technology Leading Report（中国农业科技导报），2005，7（1）：3～6.（in chinese）.

[11] ZHANG L. J.（章力建），CAI D X（蔡典雄），WANG X B（王小彬）. A study on carbon chain of agriculture tri-dimension pollution. Chinese Agriculture Science and Technology Leading Report（中国农业科技导报），2005，7（1）：7～12.

[12] TANG D. M.（唐登明），XU D. X.（徐达勋），WANG ZH M（王志明）. Effects of air pollution to the fruit trees' prodution can not be neglect. NorthernFruit（北方果树），2002（4）：40～41.（in chinese）.

[13] JIAO R. L.（焦瑞莲），XUE Y. T.（薛彦棠）. Spraying pesticide residues to orchard environment pollution and its control measure. Fruit growers' friend（果农之友），2005（2）：42.（in chinese）.

[14] ZHANG J. G.，GUO Q. K.，SHI C. P.，*et al*（张建光，郭庆凯，史聪平等）. Effects of heavy mental contamination in soils and its control measure. ShanxiFruits（山西果树），2004（5）：33～35.（in chinese）.

[15] WANG J. G.（王建国），JIA D. S.（贾东生）. It is urgent to. establish securities fruits performance test examination system. ShanxiFruits（山西果树），2005（4）：47～48.（in chinese）.

[16] WU W. H.（吴卫华）. The orchard of mightseeing should to the fruit juice processing and the marketing depthdevelopment. Agricultural Production（农产品加工），2005（5）：11～12.（in chinese）.

（刘君璞、章力建、曹尚银、乔宪生、陈汉杰、周厚成）

农产品加工业立体污染防治

农产品加工是利用物理、化学、生物等技术，通过机械工程手段对农业生产的动植物产品及其物料进行各种加工处理的过程。农产品加工过程的立体交叉污染问题给农产品加工制品本身的质量与安全带来危害，同时加工过程中一些不合理的生产和排放又会造成新的立体污染。随着工农业经济的发展和产业结构的变化，农产品加工过程带来的农业污染问题（如发酵生产及淀粉加工产生的废水污染等）越来越严重，日益成为农业立体污染的主要途径之一。

鉴于农产品加工在调整农村产业结构、提高农业整体效益、增加农民收入和提升农产品国际竞争力等方面的重要作用，“十五”期间国家对农产品加工业的发展予以高度重视，在许多重大科技计划中予以重点支持，农产品加工业将进入快速发展期。农产品加工业发展带来的农业立体交叉污染问题日益凸现，其综合防治问题成为急需研究的重要课题。

一、农产品加工中的污染因素分析

在农产品加工与流通的各个环节，都存在着各种各样的污染因素。尽管污染因素错综复杂，种类不同、程度各异，甚至有时是潜在的，但概括起来可分为两大类：

1. 生物性污染

生物性污染是农产品加工业中涉及面最广，影响最大的一种污染。主要是指微生物本身及其代谢过程、代谢产物对农产品原料、加工过程和产品的污染，按生物种类又分为以下几类：

（1）细菌性污染

细菌性污染是指细菌及其毒素产生的危害。大部分的食品安全卫生问题是由于致病性细菌污染引起的。从历史资料来看，细菌性危害涉及面最广、影响最大、问题最多，而且未来这种现象还将继续。控制食品的细菌性污染仍然是目前解决食品安全性问题的主要内容。

（2）真菌毒素污染

食品中的真菌性危害主要包括霉菌及其毒素对食品造成的危害。霉菌性危害不仅使食品霉变腐败，还造成粮食类及其副产物食物中毒。霉菌毒素和细菌毒素不同，它能耐高温、没有抗原性、不能引起机体产生抗毒素，其产生的毒素致病性强，往往有强烈的致畸、致癌性。

（3）病毒性污染

病毒有专一寄生性，虽然不能在食品中繁殖，但是食品为病毒提供了很好的保存条件，因而可在食品中残存很长时间。常见的病毒性危害有：甲肝病毒、口蹄疫病毒、脊髓灰质炎病毒、Q 热病毒、呼吸道病毒、肠道病毒（诺沃克病毒）以及引起疯牛病和人类新变异型克雅氏病病毒。

2. 化学污染

化学污染因素主要包括农（兽）药残留、环境污染物、生物毒素和滥用食品添加剂带来的污染。

（1）农业种植、养殖阶段的源头污染

化肥、农药、兽药、生长调节剂等农用化学品的大量使用，从源头上给食品质量与安全带来极大隐患。我国每年氮肥的使用量达 2 500 万 t，农药超过 130 万 t，单位面积使用量分别是世界平均水平的 3 倍和 2 倍。过量化肥的使用会造成土壤板结、土质下降，导致蔬菜中硝酸盐过多积累，而硝酸盐会进一步形成强致癌物质亚硝酸胺，对人体造成危害；还会导致有些地方水体水质严重超过国际健康限度。

畜禽、水产养殖过程中兽药、激素和生长促进剂的不当使用，以及养殖环境的污染带来的加工原料质量受到影响，如品质低、含有重金属、抗菌素等污染物。

（2）环境污染对食品安全构成严重威胁

首先，江河、湖泊、近海等污染是导致食品不安全的重要因素。目前中国有 850 条河流、130 多个湖泊和近海区域受到不同程度的工、农业污染，51 个湖泊藻类污染及富营养化程度严重。这些被污染水体中的持久性有机污染物和重金属会在农、畜、水产品中富集，进而对人身健康造成严重危害。

二噁英污染又是一个环境污染的重要案例。含氯有机化工产品生产厂、钢铁及其他工厂、焚化炉燃烧废弃物、汽车尾气等都能产生二噁英及其类似物，进而直接或间接地污染肉、乳及水产品。

（3）生物毒素的污染

生物毒素污染主要包括细菌毒素和霉菌毒素两个方面。细菌毒素可直接引起细菌性食物中毒，如金黄色葡萄球菌产生的葡萄球菌肠毒素、肉毒杆菌产生的肉毒杆菌毒素都具有很强的毒性，使人产生严重的呕吐和神经中毒症状。一次性摄入含霉菌毒素的食品就会出现急性中毒症状，长期食用低含量的被霉菌污染的食品则引起慢性食物中毒，甚至癌症。

（4）滥用食品添加剂带来的污染

超量使用食品添加剂、滥用非食品用化学添加物、使用劣质原料制作食品等都会带来污染问题。合理使用面粉增白剂，将使面粉及其制品外观更宜人，口感优良，不影响面粉的烘焙性能，提高了商品的价值和市场竞争力。联合国粮农组织规定其使用量不得大于 75 mg/kg，我国《食品添加剂使用卫生标准》规定其在小麦粉中的最大使用量为 0.06mg/kg。如果超量长期使用，会引起人体肾、肝、免疫功能和神经系统受损。

此外，在食品加工制造过程中，非法使用和添加超出食品法规允许使用范围的化学物质：如熏蒸馒头、用二氧化硫增白包子、用矿物油使大米饼干增亮、用甲醛浸泡海产品以延长保存期和增加其韧性等、用工业酒精勾兑白酒、用工业油对大米抛光上蜡、用泔水油制作油炸食品、在饮料中滥用色素、防腐剂和化学合成甜味剂等，都会造成食品在加工过程中受到污染，这种食品对人体健康都会产生不同程度的危害。

二、农产品加工中引起污染的主要途径

农产品加工过程包括原料的采购、储运、加工、包装、成品储运等环节，按照加工过程要素，引起农产品加工污染的主要途径有以下几种：

1. 农产品原料带来的源头污染

农产品原料在种植、收获、储藏、运输而进入加工厂的过程中都可能带来污染。原料污染是农产品加工染污的第一环节，把好源头污染是获得高品质加工产品的前提，一旦原料污染，加工过程环节则难以消除。农产品原料污染的主要因素：一是化学性污染，包括农药残留、动植物激素和生长调节剂、重金属（汞、铅、锌、非金属砷）、多环芳烃类化合物（苯并芘）、亚硝酸盐等超标所带来的污染，以及原料本身含有的对人体健康有害的营养抑制因子；二是生物性污染，包括真菌、昆虫等造成的腐败和生物毒素的危害。如大米、玉米、大豆、花生中的黄曲霉毒素污染，苹果中的棒曲霉毒素、赭曲霉素污染，原料肉中的致病大肠杆菌、李斯特氏菌污染，原料奶中的真菌毒素、金黄色葡萄球菌、蜡状芽孢杆菌污染。

2. 原料储运期间带来的污染

通常在原料采购后到加工前还要经过运输、存储等中间环节，不当的储藏、保藏和运输措施可能带来污染。一是生物性污染，包括由于运输、存储环境不够清洁卫生、原料包装破损等原因造成的微生物及其毒素的污染；存储、运输条件不当造成的真菌大量繁殖及真菌毒素的产生。二是化学性污染，包括原料在运输过程中由于包装破损受到尘土和空气中化学物质的污染。在储存、运输过程中，采用药物熏蒸，以及滥用灭鼠药带来的粮油污染；采用化学保鲜剂造成的果蔬污染等。

3. 加工过程带来的污染

加工过程环节较多，不科学的加工工艺、缺乏全程质量控制、操作不当等都会带来污染。加工过程带来的污染主要是生物性污染和化学污染。生物性污染主要包括：由于生产环境卫生条件差，原辅料减菌化处理不充分，生熟材料混放等造成的微生物的污染和大量繁殖。化学性污染主要包括：过量使用化学添加剂或使用未经批准的非法添加剂造成的化学污染；原料清洗过程中清洗剂残留超标和操作技术不良、真空脱臭工艺不过关等原因造成的有机溶剂残留超标；设备润滑剂泄露造成的污染；包装材料、破损容器带来的化学污染；加工过程中产生的新的化学污染等。

4. 成品贮运环节带来的污染

在从生产厂家到销售市场的过程中，由于运输方式、设施和运输环境的影响都会带来污染问题。成品储运环节带来的污染问题与原料储运阶段大致相同，只是经过加工过程的杀菌、无害化处理，成品中的生物和化学性危害大大减少。成品的储运过程带来的污染主要是微生物带来的二次生物性污染。特别是果蔬、畜产品储运环节对运输条件（温度、湿度、

包装材料等）要求严格，温度的波动、湿度的变化、包装材料的完好程度都会带来成品的污染（图1）。

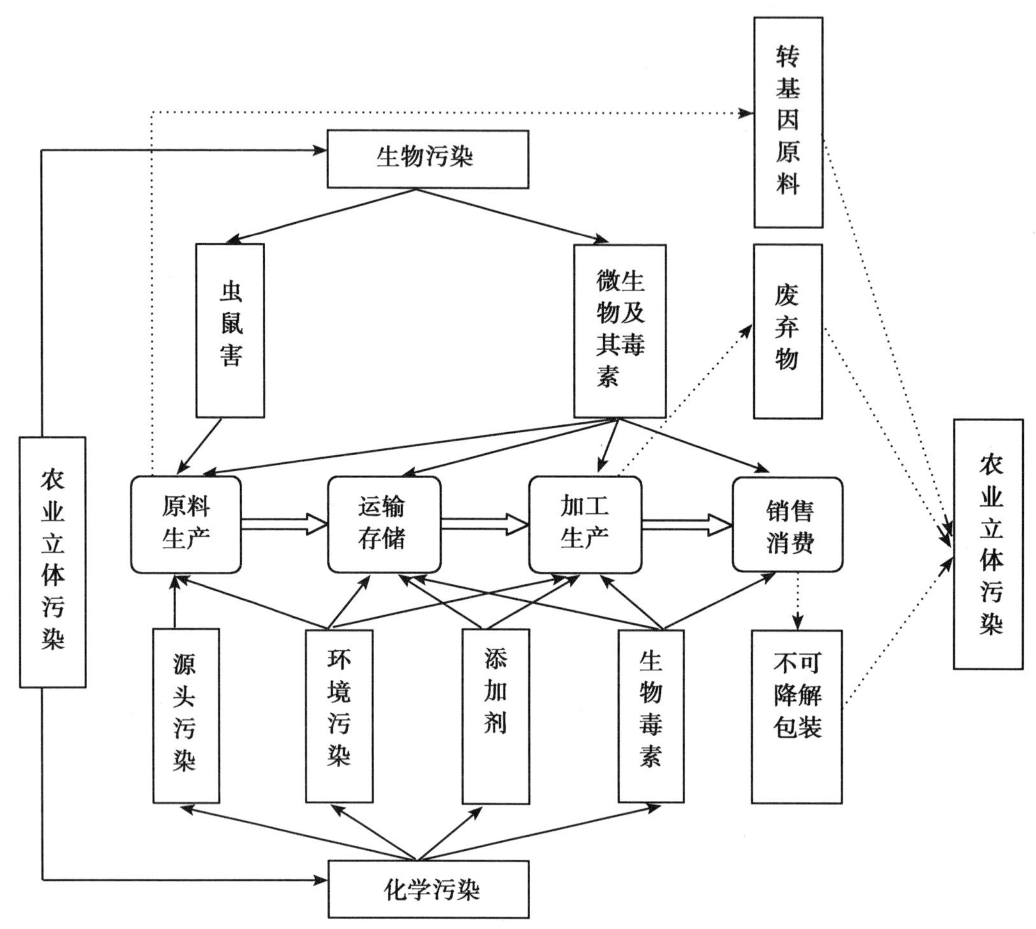

图1　农产品加工污染途径与农业立体污染的关系

三、农产品加工立体污染防治存在的主要问题

1. 缺乏立体污染系统监测与评价背景资料

生物性与化学性污染是目前引起农产品加工立体污染的主要因素，而当前我国缺乏相关的系统监测与评价资料，农产品加工立体污染本底不清。在微生物引起的生物性污染方面，美国疾病预防控制中心（CDC）通过主动监测网络对其进行监测和评价。一些西方发达国家积极开展禽、肉制品中沙门氏菌以及乳制品中李斯特菌的动态监测和定量危险性评估。而中国目前尚缺乏定点主动监测网络，尚无对引起中毒事件中常见重要致病菌（如沙门氏菌、金黄色葡萄球菌、肉毒梭菌、李斯特单核细胞增生菌和大肠杆菌 O157：H7 等）危险性评价的背景资料。在化学污染方面，早在 20 世纪 70 年代 WHO 就与联合国环境保护署（UNEP）、FAO 共同启动“全球环境监测规划/食品污染与监测项目”，其主要目的是监测全球

食品中主要污染物的污染水平及其变化趋势。一些发达国家都建立了固定的监测网络和比较齐全的污染物和食品监测数据。如美国有近 20 年来动物性食品中农药（如 DDT 等）的残留量资料。而中国在一些重要污染物（农兽药、重金属、真菌毒素等）方面仅开展了一些零星工作，缺乏系统的监测数据。

2. 关键检测技术手段落后

目前，我国缺乏对健康危害大而国际贸易中十分敏感的污染物（如二噁英及其类似物、氯丙醇和某些真菌毒素）的关键检测技术。如在农药残留检测方面，美国的 FDA 的多残留方法可检测 360 多种农药，德国的 DFG 方法可检测 325 种农药，加拿大多残留检测方法可检测 251 种农药（其中 GC-MS 检测 239 种，HPLC-Fluor 检测 12 种）。而我国缺乏同时测定上百种农药的多残留分析技术。在环境污染物检测方面，发达国家拥有检测二噁英及其类似物的超痕量（$10^{-12} \sim 10^{-15}$）、检测“瘦肉精”、激素、氯丙醇的痕量（10^{-9}）检测技术和大型精密仪器，而我国尚缺乏这些环境污染物的有效、快速检测方法、技术和设备。

3. 未全面采用与国际接轨的危险性评估技术和控制技术

危险性评估是 WTO 和国际食品法典委员会（CAC）用于制定食品安全法律、法规和标准的必要技术措施，也是有效防止食品污染有效性的重要手段。而中国现有的防治农产品污染技术措施与国际水平不接轨的原因之一，即是没有广泛采用危险性评估技术，特别是对化学性和生物性危害的暴露评估和定量危险性评估。近年来，发达国家建立了从源头治理到最终消费的监控体系，以有效防止农产品污染，广泛采用“良好农业规范”（GAP）、“良好兽医规范”（GVP）、“良好生产规范”（GMP）和“危害分析与关键控制点”（HACCP）等先进的安全控制技术，对阻断污染、提高质量安全十分有效。而在实施 GAP、GVP 源头治理方面，中国的科学数据尚不充分；在采用 HACCP 方面农产品加工企业才刚刚开始，尚缺少覆盖各行业的 HACCP 指导原则和评价标准。

4. 在对新技术、新工艺、新资源加工过程带来的污染问题缺乏研究和评估

和发达国家相比，中国在新技术、新工艺、新资源加工过程带来的污染的研究与评估方面存在较大差距。美国投入巨资开始对所批准登记的农药进行内分泌干扰活性的筛选，并将与 2008 年根据筛选结果重新确定农药的最高残留限量。而中国对目前大量使用的农药未进行内分泌干扰活性的筛选，对实际生产中广泛使用的植物生长调节剂也未进行安全性研究与评估。国外的功能食品多以营养素单一植物成分为原料，功能因子结构、含量、作用明确，质量有保证。而中国保健食品原料往往是多种植物的混合物，有效因子含量、功效不明确，缺乏安全性评价。欧美发达国家对食品工业用菌的管理、审批非常严格，对菌种的使用历史、分类鉴定、耐药性、遗传稳定性、有效性等都有明确的要求和数据库，建立了完善的菌种档案和安全性评价、检验方法。而中国多年来传统食品发酵中使用的一直是大量未经检验和科学性评价的菌种。

5. 法律、法规和标准研究亟待加强

法律、法规和标准是有效防止农产品污染的重要保证。美国、日本等发达国家十分重视

标准研究与制定工作。如美国政府每年有7亿美元的经费支付标准的研究与制定。日本1999年6月至2001年9月投资数亿日元，历时两年三个月完成了日本标准化发展战略的制定任务。美国、日本等发达国家均把基于健康保护为目的的食品安全标准作为标准化战略的重点领域。中国虽然制定了一系列有关食品安全标准，但许多标准标龄过长，缺乏科学性与可操作性，在技术内容方面与WTO有关协定和CAC标准存在较大差距。早在20世纪80年代初，英、法、德等国家采用国际标准已达80%，日本国家标准有90%以上采用国际标准，发达国家目前采用国家标准的面更广，某些标准甚至高于现行的CAC标准水平。而中国国家标准只有27%左右等同采用或等效采用国际标准，食品行业国家标准的采标率只有14.63%。

四、对策与建议

1. 提高有效阻控污染的科技水平

加大科技投入，增强学科发展和技术创新。针对当前我国农产品加工污染领域存在的科技“瓶颈”问题，重点从关键检测技术、危险性评估技术、关键控制技术和安全标准等方面进行攻关研究，不断提高有效阻控污染的科技水平和创新能力，尽快缩短与发达国家的差距，为科学控制农产品加工立体污染提供强有力的科技支撑。

2. 加强相关法律、法规和标准体系的建设

在分析、研究国际通用标准体系（如FAO/CAC，ISO/T34）的基础上，针对目前我国法律、法规及标准体系现状与存在的问题，认真研究、修订、完善有效防止农产品与食品污染的法律、法规、标准体系，加快与国际标准接轨的步伐，全面提升防控农产品加工立体污染的标准化水平，增强农产品加工业的国际竞争力。

3. 建立防控农产品加工立体污染的全程管理控制体系

积极吸纳国际先进的防控农产品加工立体污染的管理经验，将监督管理的重点从最终产品的检测过渡到生产经营的全程控制。种植养殖阶段应推动实施良好农业操作规范（GAP），生产加工阶段实施良好卫生操作规范（GMP）和危害分析关键控制点（HACCP），流通阶段进一步严格食品市场准入制度和加强食品市场的监督管理，加强食品追踪监测和对食源性疾患的控制，消费阶段应加强对消费者的宣传教育和全社会参与意识。

4. 完善防控农产品加工立体污染的信息与监测体系

系统、全面地收集、整理有关农产品污染方面的各种信息资料，建立国家农产品污染信息与监测网络体系，重点建立生物性和化学性污染的监测、溯源和预警系统、环境污染物监测体系、危险性评估体系、质量安全控制体系等，并积极与有关国际食品安全组织进行必要的信息交流与沟通。

5. 加大农产品与食品市场的安全管理与监督力度

通过多部门（行政执法与公安和司法部门）联合，进一步加强市场监管，从源头、生产、流通、销售各环节控制农产品加工的立体污染，加大对涉及农产品安全事件责任企业和责任人的惩罚和打击力度，健全市场管理和食品生产许可证、产成品市场准入制度和污染食品的强制返回制度，确保消费者吃上放心安全的食品。

参考文献

[1] 章力建，蔡典雄．农业立体污染必须抓“链条”．科技日报，2004-12-10.

[2] 章力建，蔡典雄，王小彬，张建君，金轲．农业立体污染及其防治研究的探讨．中国农业科学，2005，38（2）：350~357.

[3] 章力建，侯向阳，杨正礼．当前我国农业立体污染防治研究的若干重要问题．中国农业科技导报，2005，7（1）：3~6.

[4] 章力建，蔡典雄，王小彬，董红敏，李玉娥，张建君，金轲．农业立体污染中碳氮链研究．中国农业科技导报，2005，7（1）：7~12.

[5] 王强．中国食品安全问题与对策．农产品加工，2004，(6)：3~6.

[6] 陈锡文，邓楠．中国食品安全战略研究．北京：化学工业出版社，2004.

[7] 王强．我国农产品加工质量标准体系发展现状、重点及对策．中国农业科技导报，2001，3（6）：6~9.

[8] 王强．我国农产品加工标准体系与全程质量控制体系．中外食品工业信息，2001，(5)：14~17.

[9] 郭志伟，王强．二十一世纪我国农产品加工业科技创新与战略对策．中国农业科技导报，2001，3（6）：1~3.

[10] 王强．我国食品加工 GMP 的发展现状与差距．中国食物与营养，2002，(5)：10~12.

（王强、林定根、张宇昊、章力建）

致　谢

本书是在相关研究课题报告和研究成果基础上撰写完成的，得到了国家财政部项目“农业立体污染防治科学创新条件建设（140102－9）”、“土壤有机质提升”项目（1251610721336）、科技部国际合作重大项目“农业立体污染防治技术与模式研究”（2006DFB32180）、引进国际先进农业科学技术重点项目（948）“国际通行农产品质量安全管理技术体系（二期）引进与示范”课题“国际先进农产品产地污染防控与净化技术引进示范”（2006-G56）和农业部国际合作项目“黄河流域应对气候变化的保护性耕种技术研究”（UNJP/CPR/037/SPA）等项目的资助。

全书是我院和相关兄弟单位近100名科学家，经过4年多的努力，辛勤劳作的结晶。著者对这些同事积极参与课题研究以及良好的协作精神表示由衷的感谢，也为本书能反映他们精彩的工作成果而感到欣慰和自豪。

在书稿撰写过程中国家农业部、科技部、发改委、财政部有关领导为本书战略定位、研究方向提供了重要的指导，著者深感荣幸；同时，中国科学院、中国农业科学院、中国社会科学院、中国农业大学以及中国人民大学等单位的专家提出了宝贵建议；此外，我们还得到了中国农业科学院科技局、农业资源与农业区划研究所、农业环境与可持续发展研究所领导的大力支持；FAO、UNEP、UNDP等联合国驻京机构的相关负责人、专家为本书献计献策。在此向各位领导和专家表示最衷心的感谢！

由于立体污染综合防治是一项系统工程，相关研究时间和研究深度有限，撰写过程中难免有错误和不足之处，敬请读者批评指导，以便再版时修正。

编委会

二〇一〇年十月

2007 年，中国农业科学院副院长章力建博士会见比尔·盖茨先生（谈及农业生态环境保护合作等问题）

引自《中国农业科学院 50 年（1957—2007）》，第 143 页

蔡典雄教授在国际会议论述农业生态环境保护问题

2009 年，章力建博士（前排右四）率团赴不丹参加地区性国际会议，与不丹农业部长 PEMA 博士（前排右三）商讨草原资源保护在农业生态环境中的作用

蔡典雄教授（右一）野外考察农田污染情况